国家级精品课程
国家级精品资源共享课程 材料

材料力学

西南交通大学材料力学教研室
江晓禹 龚辉 修订

CAILIAO
LIXUE

西南交通大学出版社
·成 都·

内 容 提 要

本教材根据高等学校材料力学课程教学基本要求（参考学时范围：48～96学时）编写，适用于高等学校土木工程、机械工程、力学等相关专业多、中、少学时数的材料力学课程教学，也可供相关工程技术人员参考。

本教材内容包括：绪论、轴向拉伸和压缩、扭转、弯曲内力、弯曲应力、梁的位移、简单超静定问题、应力状态分析、强度理论、弯曲问题的进一步研究与组合变形、压杆稳定、能量方法、动荷载、交变应力等十四章和附录。

图书在版编目（CIP）数据

材料力学 / 江晓禹，龚辉修订. —5版. —成都：西南交通大学出版社，2017.1

国家级精品课程　国家级精品资源共享课程　材料力学主教材

ISBN 978-7-5643-4667-6

Ⅰ. ①材… Ⅱ. ①江… ②龚… Ⅲ. ①材料力学－高等学校－教材 Ⅳ. ①TB301

中国版本图书馆 CIP 数据核字（2016）第 085548 号

国家级精品课程
国家级精品资源共享课程　材料力学・主教材

材料力学
（第5版）

江晓禹　龚　辉　修订

*

责任编辑　张　波
封面设计　墨创文化

西南交通大学出版社出版发行
四川省成都市二环路北一段111号西南交通大学创新大厦21楼
邮政编码：610031　发行部电话：028-87600564
http://www.xnjdcbs.com
四川森林印务有限责任公司印刷

*

成品尺寸：185 mm × 260 mm　　印张：23.75
字数：595千
2017年1月第5版　　2017年1月第12次印刷
ISBN 978-7-5643-4667-6
定价：48.00元

图书如有印装质量问题　本社负责退换

第五版前言

本教材是在西南交通大学出版社2009年出版的《材料力学》(第四版)基础上改编而成的。适用于高等学校土木工程、机械工程、材料工程、工程力学等相关专业的教学,也可供相关工程技术人员参考。

本次修订,总结了西南交通大学材料力学国家级精品课程和国家级精品资源共享课程等的教学实践与改革思想,主要进行了如下修订:

全书图形的规范和重绘;

增补了单位力法的超静定问题求解,使得单位力法可以作为一个完整的内容进行选学;

增补了材料力学实验中的问题及分析,作为附录IV;

将构件连接的实用计算专题移到附录III;

此外,还对一些内容进行了完善。通过修订,形成了材料力学基础部分内容(第一章至第六章、附录)和提高专题(第七章至第十四章)两个部分。根据目前教学安排,我们提出如下一些教学建议,供教师和读者参考。

(1) 48学时,建议选基础部分(第一章至第六章、附录I),另选提高专题的简单超静定(第七章)和压杆稳定(第十一章)。可使少学时的读者能对材料力学的强度、刚度、稳定性这类基础问题有较为充分的了解。

(2) 60～80学时,建议选基础部分(第一章至第六章、附录),另选提高专题的第七章至第十二章。同时建议第十二章的能量方法选学单位力法或卡氏第二定理的其中之一。另外,动荷载和交变应力(第十三、十四章)可进行简单了解。这样,可使中等学时的读者较全面和深入地了解材料力学的主要内容。

(3) 96学时,建议学习本教材的全部内容。

(4) 本教材带*号内容,可根据具体教学要求进行取舍。

本教材配套实验指导书可选:王绍铭等编写的《材料力学实验教程》,西南交通大学出版社,2008年。

限于编者的水平,本教材中的疏漏和不妥之处,恳请读者指正。

编　者

2016年于成都

第四版前言

本教材是在李庆华教授主编《材料力学》(第三版)的基础上改编而成。本教材反映了高等学校基础力学课程指导委员会对材料力学课程多层次教学的要求,适用于高等学校土木工程、机械工程、力学等相关专业不同学时数的材料力学课程教学,也可供相关工程技术人员参考。

本教材继承了本教研组老一辈专家——孙训方、李庆华、金心全、奚绍中、李志君、许留旺、贺百玲、高庆、郑世瀛等的教学思想,总结了西南交通大学材料力学国家精品课程教研组的教学实践,结合现代材料力学多层次教学的要求,本着节约学时数、精练教学内容的目的,形成了本教材的材料力学基本教学内容(第一章至第七章)和提高专题(第八章至第十五章)两部分。基本教学内容部分适合于相关专业的学生充分了解材料力学的基本概念和基本方法,其中不再包含斜截面应力、应变能、超静定问题、弯曲中心等较难理解的内容。同时将这些问题编入相应的提高专题部分,并确保提高专题具有专题讲解的功能,如第十二章压杆稳定,可在无需讲解纵弯曲的前提下进行讲解和学习。其他专题如能量方法和简单超静定问题等内容单独成章,既可提高教学效率,也方便教师根据需要加以选用。

针对不同的学时数要求,也根据本教研组的教学经验总结,我们提出一些建议,希望对使用本教材的教师和读者有所帮助。

(1)48 学时类少学时的学习,可选择本教材的基本教学内容(第一章至第七章),另选提高专题第八章简单超静定问题和第十二章压杆稳定。可使学习少学时的读者对材料力学的强度、刚度和稳定性这类问题有基本了解。

(2)60～80 学时类中学时的学习,可选择本教材的基本教学内容(第一章至第七章),提高专题可选第八章至第十三章的内容,使读者较全面地了解材料力学的主要内容。同时建议在第十三章能量方法中选讲卡氏定理或单位力法。

(3)80～100 学时类多学时的学习,可选本教材全部内容。

(4)本教材带 * 号的内容可根据学时数进行取舍。

本教材的配套实验指导书可选:王绍铭等编写的《材料力学实验教程》,西南交通大学出版社,2008 年。

限于编者的水平,本教材有疏漏和不妥之处,恳请读者指正。

编　者

2009 年于成都

第三版前言

本教材的第一版于1990年2月出版，第二版于1994年6月出版。第一版曾获西南地区大学出版社优秀图书奖。为了适应当前的教学要求，根据多年的教学实践和兄弟院校的意见，对第二版做了适当修订。修订后的第三版满足国家教委制订的"材料力学课程的基本要求"，可作为高等工业院校土建类和机械类各专业多学时的教材。

原书的特色是便于教师讲授和学生自学，本次修订保留了原书的体系和特色。主要做了以下工作：

(1) 第三版中的名词和术语，量和单位名称、符号及书写方式，均按国家标准做了全面修订。

(2) 根据本课程教学的基本要求，适当补充了一些例题和习题，对原书的习题做了适当精减，并给出了习题答案，以弥补原书没有习题答案之不足。

(3) 在压杆稳定一章中，增加了"临界应力经验公式及稳定安全因数"，删去了钢压杆极限荷载一节中的公式推导，保留了压溃理论的基本概念及钢压杆的稳定计算。

(4) 把原书第十三章"动应力"的名称改为"动荷载"，§13-2"构件作匀加速直线运动和匀速转动"改为"动静法的应用"，本章内容做了适当扩充。

(5) 对原书中带*号的选修内容做了如下改动：删去了以下各节的*号，把选修内容改为必修内容，其中有§2-11装配应力和温度应力；§3-10圆杆的极限扭矩；§13-4提高构件抗冲击能力的措施；§14-8提高构件疲劳强度的措施。删去了以下各节，其中有§6-5平面曲杆纯弯曲时的正应力；§9-4双剪应力屈服准则；§14-6非对称循环下构件的强度校核；§14-7弯扭组合交变下构件的强度计算等。

受李庆华教授的委托，第三版的修订工作由许留旺负责，李定海同志协助。限于修订者水平，修订后的教材恐有疏漏和不妥之处，恳请读者批评指正。

编　者

2005年1月

第二版前言

本书是根据高等工业学校材料力学课程教学基本要求(参考学时范围:100～110学时)编写的,主要用作高等工业院校土建类及机械类各专业多学时材料力学课程的教材,亦可供工程技术人员参考。

本书共分十四章和附录,其中标有*号的部分为选修内容。有关材料力学实验另在《材料力学实验指导》中介绍。每章后均附有类型较多的习题,某些习题可供分析讨论课使用。书内所有插图的尺寸,凡未注明单位的均以毫米计。

参加编写工作的有:李庆华(主编,第一、六、九章和第十一章)、李志君(第二章和第十二章)、许留旺(第三、四章和第八章)、贺百玲(第五、七、十章和附录Ⅰ)、金心全(第十三章和第十四章)。

本书第二版删去了原书第十一章中的"临界应力的经验公式",增加了"钢压杆的极限承载力",并对有关的例题和习题做了相应修改。

限于编者的水平,不妥之处在所难免,请读者指正。

编　者

1994年6月

目　　录

第一章　绪　论

§1-1　材料力学的任务

随着社会的发展，各种类型的结构物和机械日益得到广泛应用和不断发展。组成各种结构物的元件和机械的零件，统称为**构件**。按其几何形状来划分，可把构件大致分为杆、板、壳和块体四种，如图1-1所示。对于长度远大于横向尺寸的构件称为**杆件**，它就是材料力学主要的研究对象。其中各横截面(与杆件轴线垂直的截面)的尺寸均相同的直杆，简称为**等直杆**，它是一种最基本的构件，也是材料力学研究的重点。

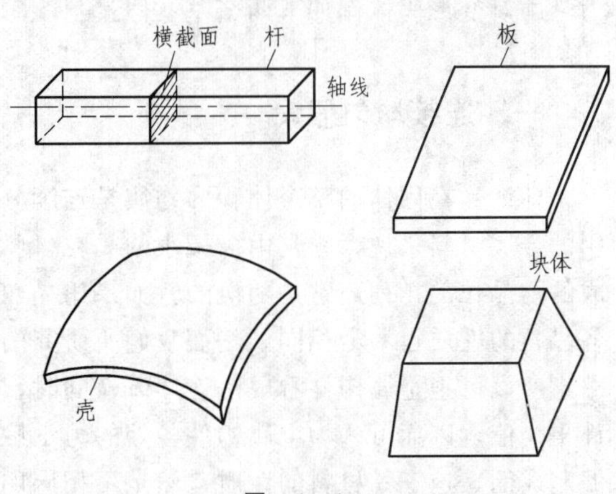

图　1-1

结构物和机械都要受到各种外力的作用，为了保证每个构件都能正常地工作，首先要求各构件在外力作用下不发生**断裂**，也不能产生显著的**塑性变形**(即撤除外力后不能恢复的变形)。例如，历史上曾多次发生钢轨断裂和车轴折断的事故，其后果是不言而喻的。有时构件虽未断裂，但如果产生了明显的塑性变形，这在工程上也认为已达到其使用极限。设想齿轮的齿由于产生了明显的塑性变形而失去了正常的齿形，势必会影响齿轮间的正常啮合。凡构件发生断裂或产生显著的塑性变形，统称为强度破坏。因而要求构件在一定的外力作用下应具有足够的**强度**。其次，构件在外力作用下虽未产生塑性变形，但或多或少总要产生**弹性变形**(即撤除外力后能恢复的变形)。工程上对弹性变形也要限制在允许的范围以内，例如铁路桥梁在承受列车荷载时，如果弹性下垂或弹性侧移过大，就会影响列车的平稳运行。又如机床主轴在工作时若弹性变形过大，则会影响工件的加工精度。因此，要求构件在一定的外力作用下其弹性变形不超过规定的限度，也就是说，构件应具有足够的**刚度**。此外，有些构件在外力作用下，还可能出现不能保持其原有平衡形式的现象。例如，细长直杆受轴向压力作用，当压力增大到一定程度后，就会显著变弯。历史上的桁架桥由于受压弦杆被压弯而丧失承载能力，以致酿成严重后果的事例是不少的。按照直杆受压的力学模型，可把直杆被压弯的现象看做是压杆丧失了直线平衡形式的稳定性，简称为**失稳**。所以要求压杆在一定的压力作用下，能保持其直线的平衡形式，亦即要求压杆应具有足够的**稳定性**。

研究构件的强度、刚度和稳定性的问题，都要涉及所用材料的**力学性能**，而材料的力学性能是要由实验来测定的。此外，实际问题往往比较复杂，在进行理论分析时难免要作某些简化，其准确性如何，有时需要通过实验来验证。甚至某些问题靠现有理论难以解决，必须用实验的方法来测定。因此，实验在材料力学中占有很重要的地位，有关实验的某些理论及方法将另在《材料力学实验指导》中介绍。

综上所述，材料力学是研究构件（主要是杆件）的强度、刚度和稳定性的学科，为将来合理地选择构件的材料、确定其截面尺寸和形状，提供必要的理论基础与计算方法以及实验技术。

§1-2 变形固体的基本假设

固体材料在外力作用下或多或少要发生变形，所以把它称为**变形固体**。在研究构件的强度、刚度和稳定性时，需要略去变形固体的次要性质，根据其主要性质作出某些假设，使之成为一种理想的力学模型。这样，可使问题得到简化并由此得出一般性的理论结果。在材料力学中对变形固体作如下两个基本假设：

一、连续均匀假设

即认为在固体的整个体积内物质是连续分布的，各处的力学性能是完全相同的。就拿常用的金属材料来说，它是由极微小的晶粒（例如每立方毫米的钢料中一般含有数百个晶粒）组成的，晶粒的排列通常是随机的。如果用晶粒大小的量级去衡量，晶粒之间可能存在空位，各晶粒的性质也不尽相同。然而我们所研究的构件或构件的某一部分，其尺寸远大于晶粒尺寸，所以可把金属构件看成是连续体；同时，金属材料的力学性能，是它所含晶粒性质的统计平均值，因而可认为金属构件各处的力学性能是均匀的。又如混凝土是由砂子、石块和水泥制成的，这三种材料的性质自然是不相同的，但只要混凝土构件足够大，并且搅拌均匀、捣固密实的话，也可采用这个假设。总之，在宏观研究中，我们把变形固体抽象为连续均匀的力学模型。这样，当研究构件内部的变形与受力等问题时，就可用坐标的连续函数来描述；同时，通过试件所测得的材料的力学性能，便可用于构件内部的任何部位。

二、各向同性假设

沿各个方向的力学性能均相同的材料称为**各向同性材料**。对于常用的金属材料，就单个晶粒来说，其力学性能是有方向性的，但只要晶粒的排列是随机的，从统计学的观点看，材料在各个方向的力学性能就接近相同了。所以在宏观研究中，一般可将金属材料看成是各向同性的。再如大块的混凝土，若搅拌与捣固良好，也可以认为是各向同性的。

复合材料在各个方向的力学性能一般说来是不同的，它就属于**各向异性**的材料。纹理直而无节的木材，可以看成是单向同性的材料。

材料力学中所讨论的变形固体，主要是各向同性的材料。这样，只需通过简单的实验来测定材料的力学性能，便可用于构件任何部位的任一方位上。

大多数构件在外力作用下所产生的变形与构件尺寸相比都很小，属于**小变形**。因此，在研究构件的平衡与运动以及内部的变形和受力等问题时，一般都可按变形前的初始尺寸进行计算。如图 1-2 所示简单桁架，在节点处受外力 F 作用，两杆因受力而发生变形，致使桁架的几何形状及外力的作用点位置都要发生改变。然而在小变形的条件下，节点的位移 Δ_1 和 Δ_2 与桁架的尺寸相比都很小，所以在计算两杆的受力时，仍可采用桁架的初始几何形状与尺寸。这也可称为**小变形假设**。只有在研究压杆的稳定性等问题时，才需按杆件变形后的形状进行分析。

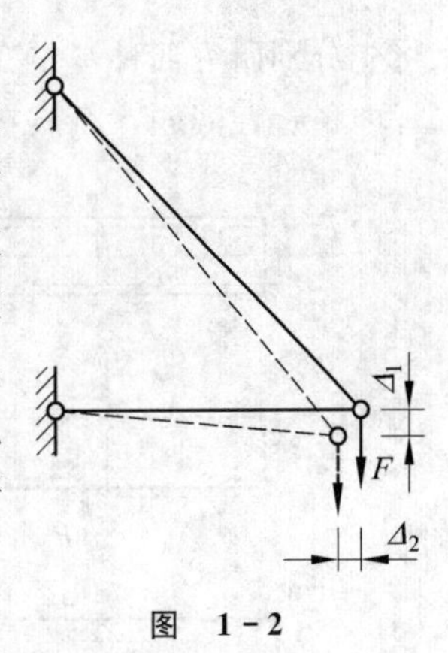

图 1-2

§1-3 杆件变形的基本形式

杆件所受的外力是各种各样的，因而杆件的变形一般也就具有较复杂的形式。但归纳起来，杆件的变形可分为下列四种基本形式：

一、轴向拉伸或轴向压缩

当直杆受一对大小相等、方向相反、作用线与杆件轴线重合的外力作用时，其主要变形是长度的伸长或缩短。前者称为轴向拉伸[图 1-3(a)]，后者称为轴向压缩[图 1-3(b)]。例如简单桁架中的各杆，它们的变形就属于这种基本变形形式。

二、剪　切

当直杆受一对大小相等、方向相反、作用线平行且相距很近的外力作用时，其主要变形是相邻截面沿外力作用方向发生相对错动[图 1-3(c)]。这种变形形式称为剪切。

三、扭　转

当直杆受一对大小相等、转向相反、作用面都与杆轴线垂直的力偶作用时，直杆的任意两个横截面将绕轴线发生相对转动[图 1-3(d)]。这种变形形式称为扭转。

四、弯　曲

当直杆受一对大小相等、转向相反、作用面与杆的纵向对称平面重合的力偶作用时，直杆的任意两个横截面将绕垂直于纵向对称面的轴作相对转动，杆的轴线由直线变为曲线[图 1-3(e)]。这种变形形式称为弯曲。

实际受力杆件的变形多数为上述几种基本变形形式的组合，这种情况称为**组合变形**。如图 1-4 所示的折杆，在外力 F 作用下，AB 段的变形就属于弯曲与轴向拉伸的组合。我们将先分别研究四种基本变形形式下的强度和刚度计算，在此基础上再讨论组合变形。至于压杆的稳定性问题，将放在后面专章讨论。

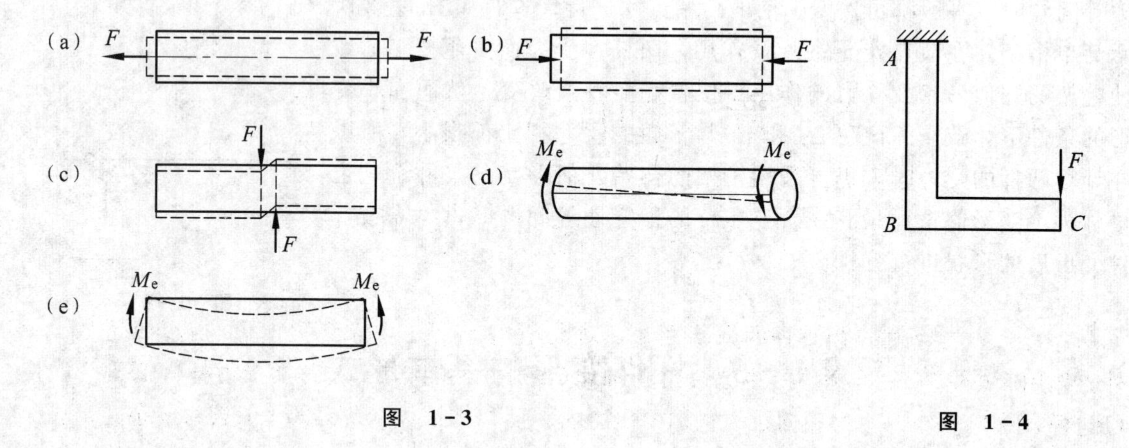

图 1-3

图 1-4

第二章　轴向拉伸和压缩

§2-1　概　　述

如§1-3中所述，当直杆的两端受到一对大小相等、方向相反、作用线与轴线重合的外力作用时(图2-1)，杆件的主要变形是轴向(纵向)伸长或缩短。这类受力杆件简称为**拉(压)杆**，这样的外力称为**轴向拉力**或**轴向压力**。它们作用于杆端的形式一般较为复杂，这里是经简化后以集中力的形式给出。图2-1反映了这类杆件的几何特征和受力特征，称为拉(压)杆的受力简图或计算简图。

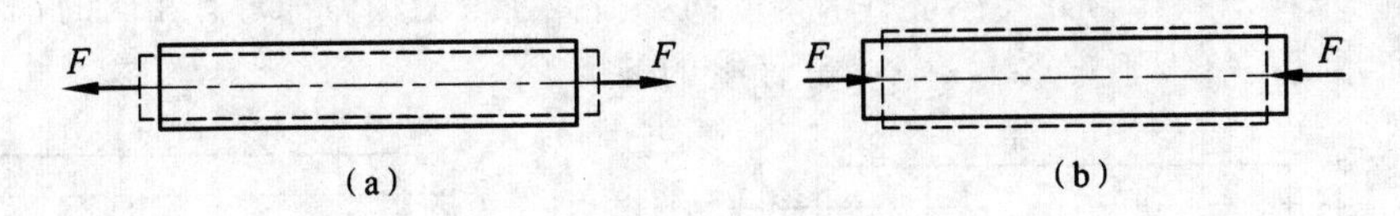

图　2-1

工程结构中的许多受力杆件，可以简化为拉(压)杆。图2-2(a)所示的钢木组合屋架，如果把各杆连接处简化为理想的铰接，且不计各杆的自重，则屋架的计算简图为平面桁架。如图2-2(b)所示，BC杆为拉杆，AC杆为压杆。

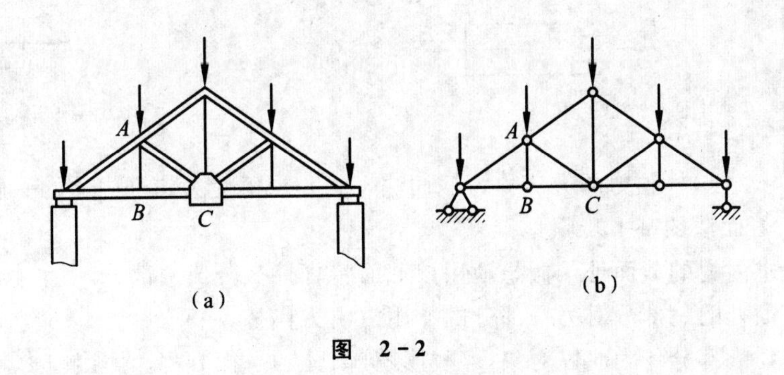

图　2-2

§2-2　拉(压)杆的内力

图2-1(a)所示的拉杆，在外力F作用下保持平衡的同时，杆件要发生伸长变形，因而在杆件的任一截面之间存在着相互作用力，通常称为**内力**。这里所谈的内力是因外力作用而引起的，存在于受力体内部，是固体力学范围内的内力概念。

我们用**截面法**来求拉(压)杆任一横截面上的内力。为了求得图 2-3(a)所示拉杆任一横截面上的内力，可假想地用 $m-m$ 横截面将杆截分为左、右两部分。截开面处一部分对另一部分的作用，分别以内力 F_N 和 F_N' 代替。这是一对大小相等、指向相反的作用力与反作用力[图 2-3(b)、(c)]。由于杆件处于平衡状态，故截开后的每一部分也都应保持平衡。若取左段作为研究对象，则由该分离体的平衡条件可建立沿轴向的平衡方程，即

$$\sum F_x=0,\quad F_N-F=0$$

得到

$$F_N=F$$

若取右段作为分离体，同样可得

$$F_N'=F$$

内力 F_N 和 F_N' 的作用线必然沿着杆的轴线方向即与横截面垂直，通常称为**轴力**，它们实质上是横截面上分布内力的合力。由于 F_N 和 F_N' 是同一横截面上的内力，只是根据不同的分离体求得而已，今后将不再加以区分，均用 F_N 表示；且对轴力 F_N 的正、负号作如下规定：对应于伸长变形的轴力为正，即 F_N 的指向背离截面时为正，这样的轴力称为**拉力**；反之，与缩短变形对应的轴力为负，即 F_N 的指向对着截面时为负，此时的轴力称为**压力**。这样，无论取哪一段作为分离体，所求得的同一横截面上的轴力都将有相同的正、负号。如图 2-4 所示的压杆，不难求出 $m-m$ 截面上的轴力 $F_N=-F$。

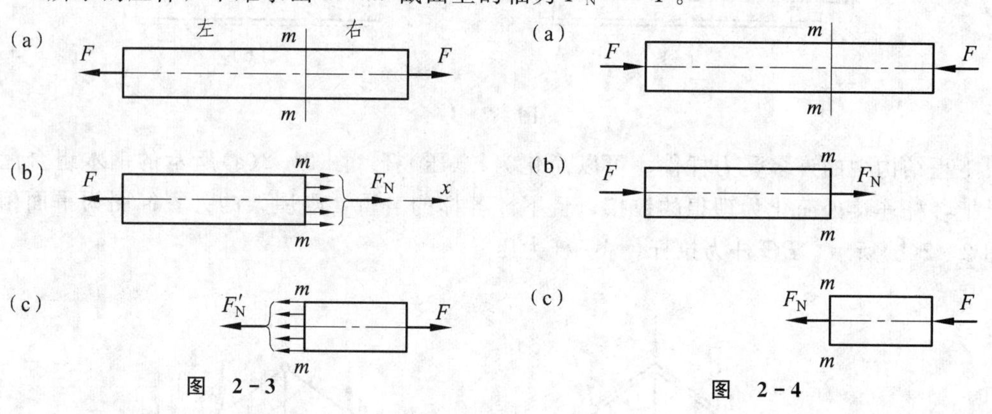

图 2-3　　图 2-4

上述求解拉(压)杆轴力的方法称为截面法，它是求解受力构件内力的一般方法，今后还要经常使用。截面法的基本步骤是：

(1) 在需求内力的截面处，假想地用该截面将杆件截分成两部分。

(2) 截开面处的一部分对另一部分的作用以内力代替。

(3) 选取任一部分作为研究对象，建立该分离体的平衡方程，解出内力。

如果杆件承受的轴向外力的数目多于两个时，在杆的不同区段的轴力一般是不同的。为了清楚地看到轴力沿杆长的变化规律，可以用图线的方式表示轴力的大小与横截面位置的关系。这样的图线称为**轴力图**。轴力图以平行于杆的轴线的坐标表示横截面的位置，以垂直于杆轴线的坐标表示轴力的大小，在给定的比例尺下，根据截面法求得的轴力数值，即可作出轴力图。

例 2-1　一等直杆受四个轴向外力作用，如图(a)所示。试作轴力图。

解　用截面法分别求各段杆的轴力。在 AB 段内用Ⅰ-Ⅰ截面将杆截开，取左段杆为分离体，如图(b)所示，并设截开面上未知的轴力为正(拉力)，建立平衡方程

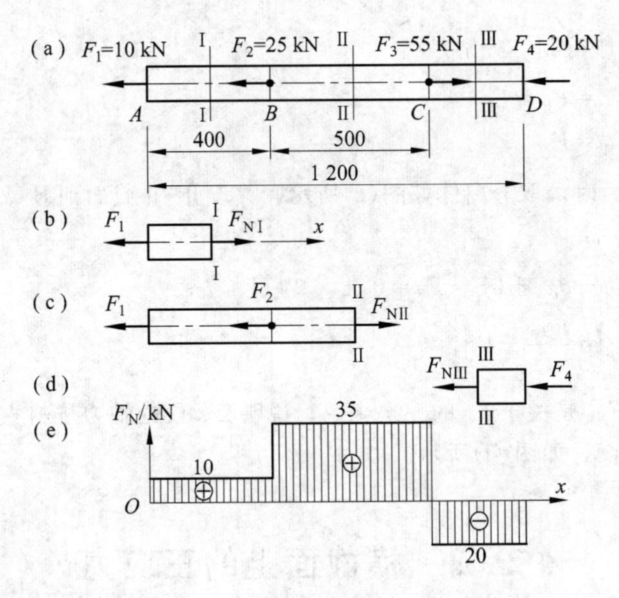

例 2 - 1 图

$$\sum F_x=0, \quad F_{N\,I}-F_1=0$$

解得 $$F_{N\,I}=F_1=10\ \text{kN}$$

结果为正，说明所设轴力为拉力是正确的。同理，可求得 BC 段内的轴力[图(c)]。

$$F_{N\,II}=F_1+F_2=10\ \text{kN}+25\ \text{kN}=35\ \text{kN}$$

在求解 CD 段内的轴力时，沿Ⅲ-Ⅲ截面将杆截开后，为了求解方便，取右段杆为分离体，仍假设 $F_{N\,III}$ 是拉力[图(d)]，由

$$\sum F_x=0, \quad -F_{N\,III}-F_4=0$$

得到 $$F_{N\,III}=-F_4=-20\ \text{kN}$$

$F_{N\,III}$ 是负值，说明假设的 $F_{N\,III}$ 的指向与实际的相反，应是指向横截面的压力。

最后，用平行于轴线的 x 轴表示横截面的位置，与 x 轴垂直向上的坐标轴表示轴力大小，根据前面的计算结果，作出轴力图，如图(e)所示。从图中得到最大轴力在 BC 段内，$F_{N,\max}=35\ \text{kN}$。

例 2 - 2 一受力如图(a)所示的阶梯形杆件，q 为沿轴线均匀分布的荷载。试作出轴力图。

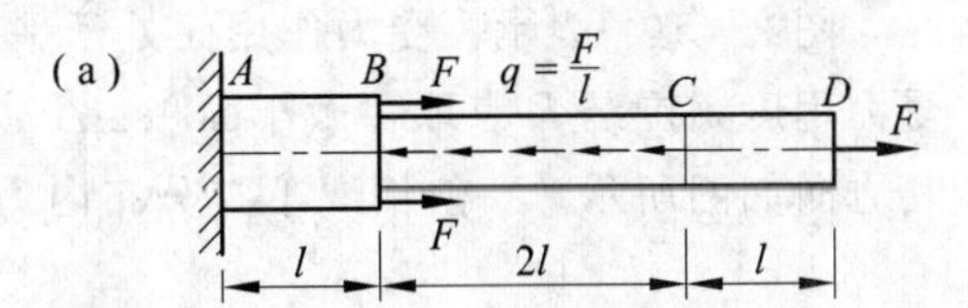

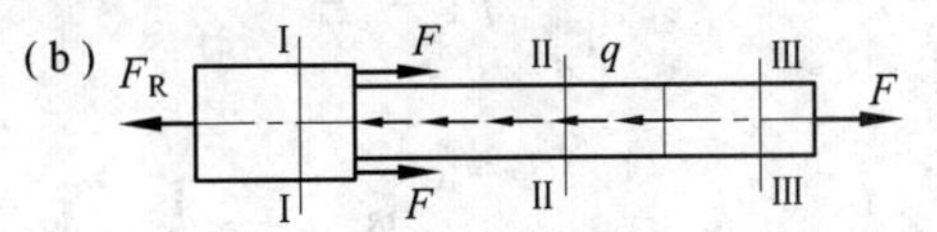

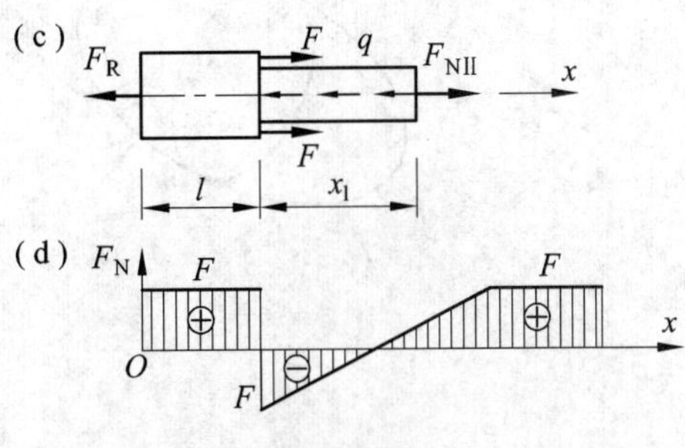

例 2 - 2 图

解 为了下面运算方便，首先求出支座 A 的反力 F_R。根据整个杆件[图(b)]的平衡条件可列出平衡方程

$$\sum F_x=0, \quad F-2ql+2F-F_R=0 \quad (1)$$

解得 $$F_R=3F-2ql=F \quad (2)$$

AB、CD 段的轴力易于得到，分别是

$$\left.\begin{aligned} F_{\mathrm{N\,I}} &= F_{\mathrm{R}} = F \\ F_{\mathrm{N\,III}} &= F \end{aligned}\right\} \tag{3}$$

在求 BC 段的轴力时，取分离体如图(c)所示，并设Ⅱ-Ⅱ截面到 B 截面的距离为 x_1，列出平衡方程

$$F_{\mathrm{N\,II}} - qx_1 + 2F - F_{\mathrm{R}} = 0 \tag{4}$$

解得

$$F_{\mathrm{N\,II}} = \frac{Fx_1}{l} - F \tag{5}$$

从(5)式可见，轴力 $F_{\mathrm{N\,II}}$ 是关于 x_1 的一次函数，说明 BC 段的轴力按斜直线规律变化。根据(3)、(5)式作出轴力图，如图(d)所示。

§2-3　横截面上的正应力

一、应力与应变的概念

单凭轴力的大小还不足以判断杆件的受力程度，例如，由相同材料制成粗细不同的两根杆件，在同样的轴向拉力作用下，轴力是相同的。若同时加大拉力，则细的一根必定先因强度不足而破坏。可见，拉(压)杆的强度除了与轴力的大小有关外，还与横截面的尺寸有关。从工程实用的角度，把单位面积上内力的大小作为衡量受力程度的尺度，并称为**应力**。应力的量纲是[力]/[长度]^2。在国际单位制中，应力的基本单位是帕斯卡(简称帕)，符号是 Pa，1 帕=1 牛顿/米^2(1 Pa=1 N/m^2)。在工程中常用兆帕(MPa)，1 MPa=10^6 Pa。

图 2-5(a)表示一受力作用而处于平衡状态的物体。为了描述截面 m-m 上任一点 B 的受力程度，围绕 B 点取一微小面积 ΔA[见图 2-5(b)]，设 ΔA 上的分布内力的合力为 ΔF，其方向如图所示。一般情况下，分布内力不是均匀分布的，比值

$$p_{\mathrm{m}} = \frac{\Delta F}{\Delta A}$$

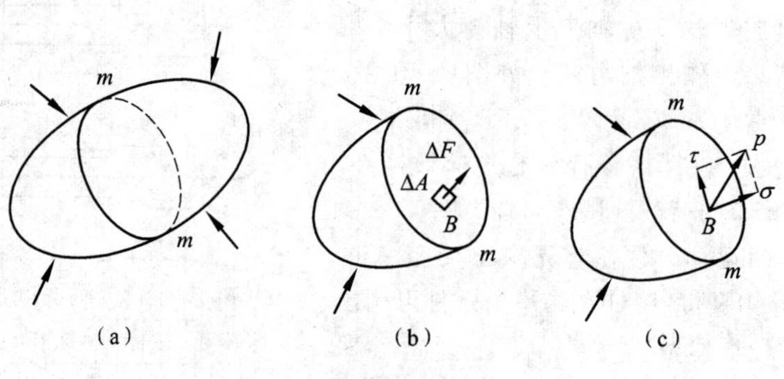

图　2-5

是微面积 ΔA 上的**平均应力**。为消除所取面积 ΔA 大小的影响，令 ΔA 逐渐向点 B 缩小而趋于零，得到 B 点的**总应力** p，即

$$p=\lim_{\Delta A\to 0}\frac{\Delta F}{\Delta A}=\frac{\mathrm{d}F}{\mathrm{d}A} \tag{2-1}$$

总应力 p 表示了在 B 点处分布内力的集度，它是一矢量，一般不与 $m-m$ 截面垂直[见图 2-5(c)]。将总应力 p 沿 $m-m$ 截面的法向和切向分解，得到 B 点处的两个应力分量：**正应力** σ 和**切应力** τ。正应力 σ 在 $m-m$ 截面的法向，切应力 τ 在 $m-m$ 截面的切向。

一般情况下，受力物体的变形也是不均匀的。为了描述受力物体上任一点 B 处沿某一 s 方向的变形程度，在物体受力前过 B 点沿 s 方向取一微线段 Δs[图 2-6(a)]。物体受力变形后[图 2-6(b)]，Δs 的长度增量为 $\Delta\delta_s$，比值

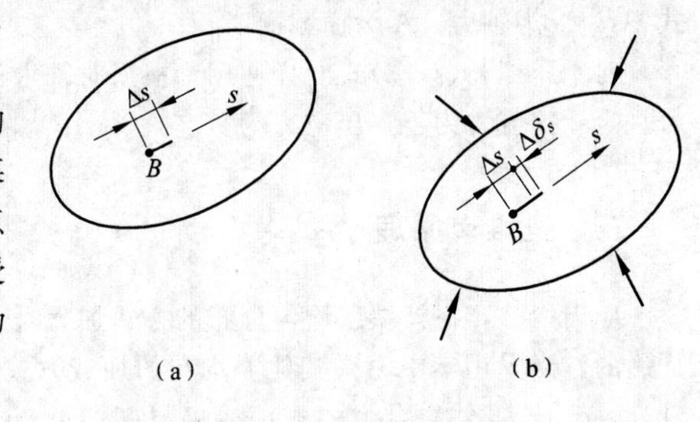

图 2-6

$$\varepsilon_{\mathrm{m}}=\frac{\Delta\delta_s}{\Delta s}$$

为 B 点处沿 s 方向的**平均线应变**。当 Δs 趋近于零时，得到受力物体 B 点处沿 s 方向的**线应变**

$$\varepsilon_s=\lim_{\Delta s\to 0}\frac{\Delta\delta_s}{\Delta s}=\frac{\mathrm{d}\delta_s}{\mathrm{d}s} \tag{2-2}$$

ε_s 表示了受力物体 B 点处沿 s 方向线变形的程度。

二、横截面上的正应力及其分布

为了确定拉(压)杆横截面上的应力，必须首先了解横截面上分布内力的变化规律。这通常是根据实验观察到的拉(压)杆变形时的表面现象，对杆件内部的变形规律作出假设，再利用变形与分布内力间的物性关系，便可得到分布内力在横截面上的分布规律。

在未受力等直杆(为了观察方便，可用橡胶制作)的表面画上相邻两条横向线 ab 和 cd[图 2-7(a)]，施加轴向拉力 F，使杆发生伸长变形。这时可观察到两横向线平行移到 $a'b'$ 和 $c'd'$，但仍与轴线垂直。

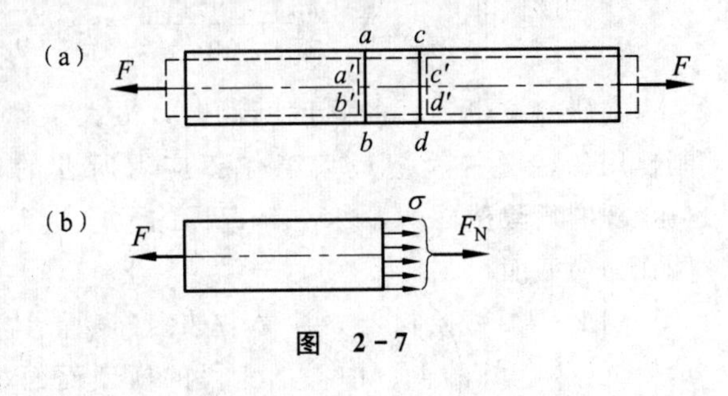

图 2-7

注意到所画横向线就是该横截面的轮廓线，因此，可由表及里地作出杆件变形的**拉压平面假设**：杆件变形后，原为平面的横截面仍然保持为平面。

如果设想杆件由许多纵向纤维组成，根据平面假设，相邻两个横截面间的所有纵向纤维的伸长是相同的。再根据材料是均匀连续的假设，可以得出横截面上的分布内力是均匀分布的。也就是说，横截面上所有各处具有相同的应力值。同时，该应力的方向与分布内力的方向一致，即沿着横截面的法线方向是**正应力**，用 σ 表示，如图 2-7(b)所示。由于正应力 σ 在横截面上保持常量，根据静力学求合力的概念，得

$$F_N = \sigma A \tag{a}$$

由(a)式解出正应力 σ 的计算公式

$$\sigma = \frac{F_N}{A} \tag{2-3}$$

式中，F_N 为轴力；A 为横截面面积。

对于压杆，(2－3)式同样适用。根据对轴力正、负的规定，由(2－3)式导出正应力的符号规定：拉应力为正，压应力为负。

三、圣维南原理

应当指出，在杆端以均匀分布的方式加力时[图 2－8(a)]，(2－3)式对任何横截面都是适用的。当采用集中力或其他非均布的加载方式时[图 2－8(b)、(c)]，虽外力合力的作用线仍与杆轴重合，但在加力点附近区域的应力分布规律却是比较复杂的，(2－3)式不再适用，然而影响的长度不超过杆的横向尺寸。这个结论来自被实验证实的**圣维南原理**。如果在杆的中间区段施加有轴向的集中力时，仍然存在着影响区，影响区的范围同样遵循圣维南原理。

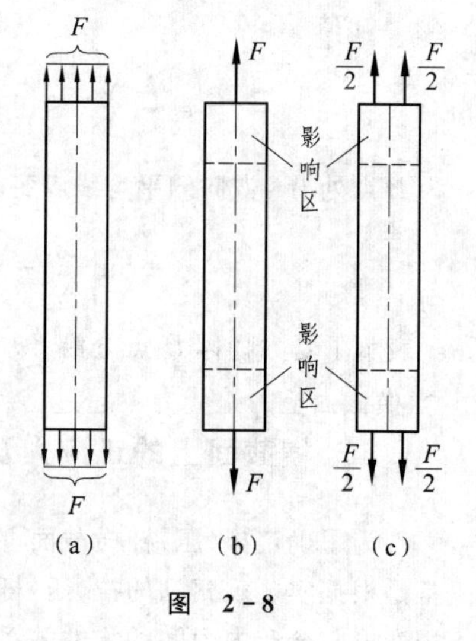

图 2－8

例 2－3 设例 2－1 中的等直杆为实心圆截面，直径 $d=20$ mm。试求此杆的最大工作正应力。

解 对于给定荷载的等直杆，最大工作正应力位于最大轴力 $F_{N,max}$ 所在的横截面上。从例 2－1 图(a)、(e)得知，$F_{N,max}=35$ kN，位于杆的 BC 段，利用公式(2－3)得到最大工作正应力

$$\sigma_{max} = \frac{F_{N,max}}{A} = \frac{F_{N,max}}{\pi d^2/4} = \frac{4\times 35\times 10^3\ \text{N}}{\pi\times(0.02\ \text{m})^2} = 111.4\times 10^6\ \text{Pa} = 111.4\ \text{MPa}$$

在研究拉(压)杆的强度问题时，最大工作正应力是起控制作用的，通常就把最大工作正应力所在的横截面称为拉(压)杆的**危险截面**。显然，等直杆的危险截面就是最大轴力所在的横截面。

例 2－4 一阶梯形立柱受力如图(a)所示，$F_1=120$ kN，$F_2=60$ kN。柱的上、中、下三段的横截面面积分别是 $A_1=2\times 10^4\ \text{mm}^2$，$A_2=2.4\times 10^4\ \text{mm}^2$，$A_3=4\times 10^4\ \text{mm}^2$。试求立柱的最大工作正应力。(不计自重)

解 首先作出立柱的轴力图，如图(b)所示。

由于阶梯形立柱是变截面直杆，必须求出各段杆的工作正应力，经比较才能确定最大工作正应力。各段杆的工作正应力依次是

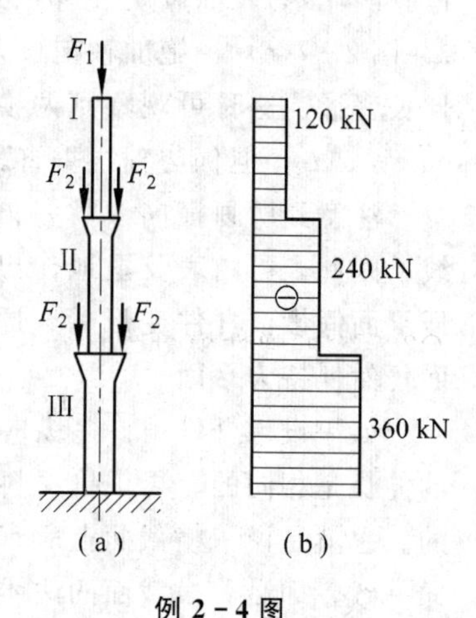

例 2－4 图

$$\sigma_1=\frac{F_{N1}}{A_1}=\frac{-120\times10^3\ \text{N}}{2\times10^4\times10^{-6}\ \text{m}^2}=-6\times10^6\ \text{Pa}$$

$$=-6\ \text{MPa}\quad（压应力）$$

$$\sigma_2=\frac{F_{N2}}{A_2}=\frac{-240\times10^3\ \text{N}}{2.4\times10^4\times10^{-6}\ \text{m}^2}=-10\times10^6\ \text{Pa}=-10\ \text{MPa}\quad（压应力）$$

$$\sigma_3=\frac{F_{N3}}{A_3}=\frac{-360\times10^3\ \text{N}}{4\times10^4\times10^{-6}\ \text{m}^2}=-9\times10^6\ \text{Pa}=-9\ \text{MPa}\quad（压应力）$$

结果表明，立柱的最大工作正应力在柱的中段，为 10 MPa 的压应力。

§2-4　拉(压)杆的变形和位移

轴向拉伸杆件的主要变形是纵向伸长，同时横向尺寸也略有缩小；轴向压缩杆件的主要变形则是纵向缩短，而横向尺寸稍有增大(图 2-1)。

设拉杆的原长为 l，受拉力 F 作用后长度变为 l_1(图 2-9)，杆的伸长量为

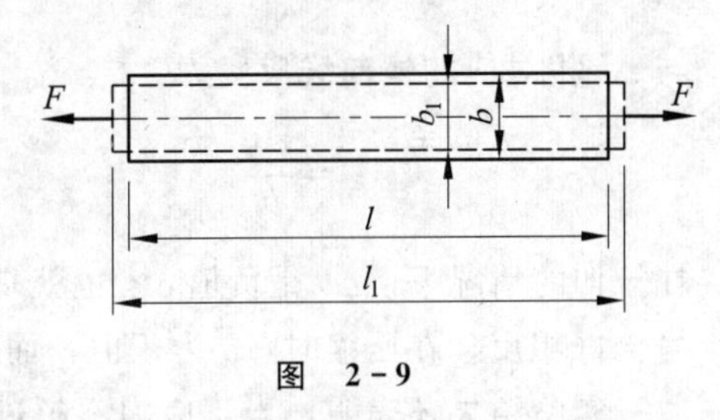

图　2-9

$$\Delta l=l_1-l \tag{a}$$

实验表明，对于由结构钢等材料制成的拉杆，当横截面上的正应力不超过材料的比例极限时(详见§2-5)，不仅变形是弹性的，而且伸长量 Δl 与拉力 F 和杆长 l 成正比，与横截面面积 A 成反比，即

$$\Delta l\propto\frac{Fl}{A}$$

引入比例常数 E，并注意到 $F_N=F$，得到

$$\Delta l=\frac{Fl}{EA}=\frac{F_N l}{EA} \tag{2-4}$$

对于压杆，(2-4)式依然成立。这一关系通常称为**胡克定律**。它是英国科学家罗伯特·胡克在 1678 年首先发现的。比例常数 E 称为材料的**弹性模量**，表示材料在拉伸(压缩)时抵抗弹性变形的能力，因而它是材料的一种力学性能，其量纲为[力]/[长度]^2，在国际单位制中的单位是 Pa，工程中常用吉帕(GPa)，1 GPa$=10^9$ Pa。其值随材料而异，由实验测定。例如 Q235 钢的弹性模量为 200～210 GPa。

EA 称为杆件的**拉伸(压缩)刚度**。对于受力相同，且长度也相等的杆件，其 EA 越大，变形量 Δl 却越小。有时还把 $k=EA/l$ 称为杆件的**线刚度**或**刚度系数**，它表示杆件产生单位变形($\Delta l=1$)所需的力。

由于伸长量(缩短量)Δl 与杆件原长 l 有关，不能反映杆件弹性变形的程度。为此下面引入相对变形的概念。图 2-9 所示拉杆各部分的伸长是均匀的，将伸长量 Δl 除以原长 l，则得到杆件单位长度的伸长，称为**纵向线应变**，用 ε 表示，即

$$\varepsilon=\frac{\Delta l}{l} \tag{b}$$

线应变 ε 是一个无量纲的量。

将(2-4)式改写为 $\Delta l/l=(1/E)\cdot F_N/A$，引入(b)式及 $\sigma=F_N/A$，得到胡克定律的另一形式

$$\varepsilon=\frac{\sigma}{E} \tag{2-5}$$

此式表明，只要 σ 不超过材料的比例极限，正应力就与线应变成正比。(2-5)式比(2-4)式的使用范围更广。只要拉(压)杆内某点处的正应力不超过材料的比例极限时，则在该点处的正应力和线应变就满足(2-5)式所示的关系。(2-5)式通常称为**单向应力状态下的胡克定律**。

Δl 和 ε 的符号规定保持与轴力 F_N 和正应力 σ 的符号规定相一致，伸长时为正，缩短时为负。

设拉杆的原始横向尺寸为 b，受轴向拉力作用后缩小成 b_1(图2-9)，横向尺寸的缩短量是

$$\Delta b=b_1-b \tag{c}$$

与 Δb 相对应的**横向线应变**为

$$\varepsilon'=\frac{\Delta b}{b} \tag{d}$$

在拉伸的情况下，Δb 是负值，ε' 也就是负值。此时纵向线应变 ε 为正值，故 ε' 与 ε 的正、负号恰好相反。在压缩时，ε' 为正值，而 ε 则为负值。

实验结果还表明，当正应力不超过材料的比例极限时，横向线应变 ε' 与纵向线应变 ε 的比为一常数，用绝对值的形式表示为

$$\nu=\left|\frac{\varepsilon'}{\varepsilon}\right| \tag{e}$$

或写成

$$\varepsilon'=-\nu\varepsilon \tag{2-6}$$

式中，ν 为材料的**横向变形因数**或**泊松比**(泊松——S. D. Poisson，法国科学家)，它是一个无量纲的量，其值随材料而异，由实验测定。

弹性模量 E 和横向变形因数 ν 都是材料的弹性常数。表2-1中给出了一些材料的 E、ν 的约值。

表2-1　弹性模量及横向变形因数的约值

材料名称	牌　号	E/GPa	ν
低碳钢	Q235	200～210	0.24～0.28
中碳钢	45	205	
低合金钢	16Mn	200	0.25～0.30
合金钢	40CrNiMoA	210	
灰口铸铁		60～162	0.23～0.27
球墨铸铁		150～180	
铝合金	LY12	71	0.33
硬质合金		380	
混凝土		15.2～36	0.16～0.18
木材(顺纹)		9～12	

例 2-5 一阶梯形钢杆如图所示。AB 段的横截面面积 $A_1=400\ \text{mm}^2$，BC 段的横截面面积 $A_2=250\ \text{mm}^2$，钢的弹性模量 $E=210$ GPa。试求：AB、BC 段的伸长量和杆的总伸长量；C 截面相对 B 截面的位移和 C 截面的绝对位移。

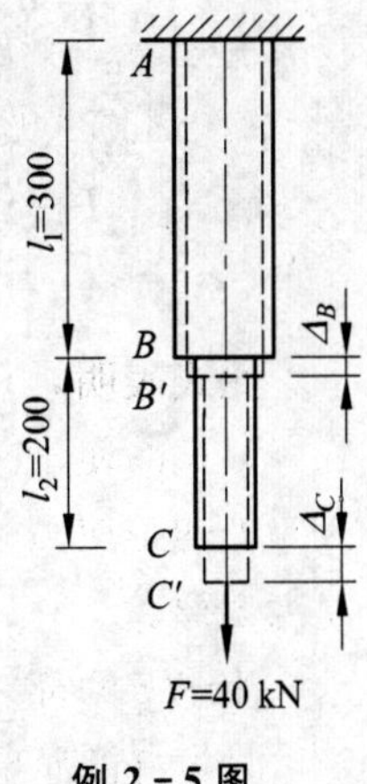

例 2-5 图

解 物体受力作用发生尺寸和形状的改变，称为变形。阶梯形杆受拉力 F 作用发生变形后的形状如图中虚线所示。杆件的纵向变形用 Δl 描述，根据公式(2-4)且各段轴力均为 $F_N=F$，得到 AB 段的伸长量 Δl_1 和 BC 段的伸长量 Δl_2 分别是

$$\Delta l_1=\frac{F_N l_1}{EA_1}=\frac{(40\times10^3\ \text{N})(300\times10^{-3}\ \text{m})}{(210\times10^9\ \text{Pa})(400\times10^{-6}\ \text{m}^2)}$$

$$=0.143\times10^{-3}\ \text{m}=0.143\ \text{mm}$$

$$\Delta l_2=\frac{F_N l_2}{EA_2}=\frac{(40\times10^3\ \text{N})(200\times10^{-3}\ \text{m})}{(210\times10^9\ \text{Pa})(250\times10^{-6}\ \text{m}^2)}$$

$$=0.152\times10^{-3}\ \text{m}=0.152\ \text{mm}$$

AC 杆的总伸长量为

$$\Delta l=\Delta l_1+\Delta l_2=0.143\ \text{mm}+0.152\ \text{mm}=0.295\ \text{mm}$$

位移是指物体上的一些点、线或面在空间位置上的改变。例如，由于 F 力的作用，杆件发生伸长变形，使 B、C 截面分别移到了 B' 和 C' 的位置，它们的位移(有时称为绝对位移)分别是 Δ_B 和 Δ_C。

显然，两个截面的相对位移，在数值上等于两个截面之间那段杆的伸长(或缩短)。因此，C 截面与 B 截面间的相对位移是

$$\Delta_{BC}=\Delta l_2=0.152\ \text{mm}\quad(\updownarrow)$$

结果为正，表示两截面相对位移的方向是相对离开。

在 A 截面固定不动的条件下，C 截面的位移是由于 AC 杆的伸长引起的，数值上就等于 AC 杆的伸长量，位移方向竖直向下，即

$$\Delta_C=\Delta l=0.295\ \text{mm}\quad(\downarrow)$$

变形和位移是两个不同的概念，但是它们在数值上有密切的联系。位移在数值上取决于杆件的变形量和杆件受到的外部约束或杆件之间的相互约束。关于杆件之间相互约束的情况，我们在下面的例题讨论。

例 2-6 图(a)所示三角架，AB 杆为圆截面钢杆，直径 $d=30$ mm，弹性模量 $E_1=200$ GPa。BC 杆为正方形截面木杆，其边长 $a=150$ mm，弹性模量 $E_2=10$ GPa，荷载 $F=30$ kN。试求节点 B 的位移。

解 为了求出节点 B 的位移，必须知道各杆的变形量。因此，第一步应求各杆的轴力。画出节点 B 的受力图，如图(b)所示，建立平衡方程

$$\sum F_x=0,\qquad F_{N_2}-F_{N_1}\cos30^\circ=0$$

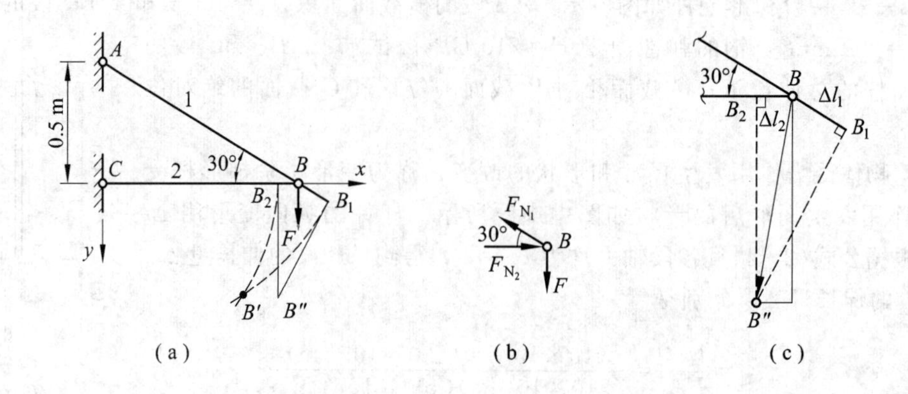

例 2-6 图

$$\sum F_y = 0, \quad F_{N_1}\sin 30^\circ - F = 0$$

解得 $\quad F_{N_1} = 60\ \text{kN}$ （拉力）， $F_{N_2} = 52\ \text{kN}$ （压力）

将 F_{N_1}、F_{N_2} 代入(2-4)式，求得各杆的变形量为

$$\Delta l_1 = \frac{F_{N_1} l_1}{E_1 A_1} = \frac{(60\times 10^3\ \text{N})(0.5\times 2\ \text{m})}{(200\times 10^9\ \text{Pa})\left[\frac{\pi}{4}(30\times 10^{-3}\ \text{m})^2\right]}$$

$$= 0.42\times 10^{-3}\ \text{m} = 0.42\ \text{mm} \quad (\text{伸长})$$

$$\Delta l_2 = \frac{F_{N_2} l_2}{E_2 A_2} = \frac{(52\times 10^3\ \text{N})(0.5\times 2\times \cos 30^\circ\ \text{m})}{(10\times 10^9\ \text{Pa})(150\times 10^{-3}\ \text{m})^2}$$

$$= 0.20\times 10^{-3}\ \text{m} = 0.20\ \text{mm} \quad (\text{缩短})$$

现利用几何作图的方法，来求各杆变形后节点 B 的位置。设想解除节点 B 的约束，以 A 为圆心、$AB_1 = l_1 + \Delta l_1$ 为半径画一圆弧[图(a)]，再以点 C 为圆心、$CB_2 = l_2 - \Delta l_2$ 为半径画一圆弧，两圆弧的交点 B' 即为该节点的新位置。**根据小变形的假设，可近似地用切线代替圆弧**，得到交点 B'' 作为 B 点位移后的位置[图(c)]。从图(c)可得节点 B 的水平位移

$$\Delta_x = \Delta l_2 = 0.20\ \text{mm} \quad (\leftarrow)$$

铅垂位移

$$\Delta_y = \frac{\Delta l_1}{\sin 30^\circ} + \Delta l_2 \tan 60^\circ = \frac{0.42\ \text{mm}}{\sin 30^\circ} + 0.20\ \text{mm}\tan 60^\circ = 1.19\ \text{mm} \quad (\downarrow)$$

节点 B 的总位移

$$\Delta = \sqrt{\Delta_x^2 + \Delta_y^2} = \sqrt{(0.20\ \text{mm})^2 + (1.19\ \text{mm})^2} = 1.21\ \text{mm}$$

总位移的方向为图 C 中矢量 $\boldsymbol{BB''}$ 的方向。

通过此例进一步看出变形与位移两个概念的区别。从数学的概念上理解，变形是标量，而位移是矢量。

另外，如要得到节点 B 的位移的精确值，建立 x、y 坐标系如图(a)所示。所作两段圆弧的方程分别为

$$\begin{cases}x^2+(y+0.5)^2=(l_1+\Delta l_1)^2\\ x^2+y^2=(l_1\cos30°-\Delta l_2)^2\end{cases}$$

将 $\Delta l_1=0.42\times10^{-3}$ m 及 $\Delta l_2=0.20\times10^{-3}$ m 代入以上方程组，得到

$$\begin{cases}x^2+(y+0.5)^2=1.000\ 84\\ x^2+y^2=0.749\ 65\end{cases}$$

解此方程组，得到节点 B' 的坐标

$$x=0.865\ 82\ \text{m},\qquad y=0.001\ 19\ \text{m}$$

节点 B 的位移是

$$\begin{aligned}\Delta_x'&=l_1\cos30°-x=\cos30°-0.865\ 82\\&=0.205\ 4\times10^{-3}\ \text{m}=0.205\ 4\ \text{mm}\quad(\leftarrow)\\ \Delta_y'&=y=1.19\ \text{mm}\quad(\downarrow)\end{aligned}$$

由此可见，在小变形的情况下，近似解与精确解的误差是十分小的。

例 2-7 图(a)所示结构中，①、②、③杆的材料和横截面面积分别相同，其弹性模量 $E=200$ GPa，横截面面积 $A=1\ 000\ \text{mm}^2$，AB 为刚性杆。试求 A、B 两点的位移。

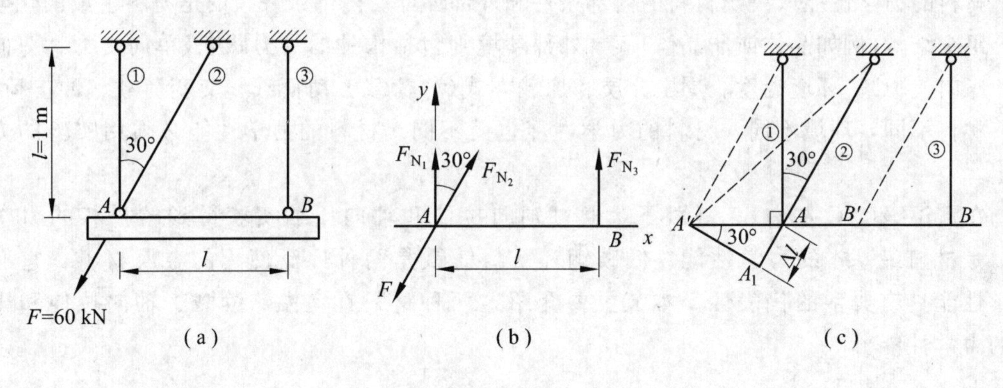

例 2-7 图

解 AB 杆的受力图如图(b)所示，由平衡方程

$$\sum M_A=0,\qquad F_{N_3}l=0$$

$$\sum F_x=0,\qquad F_{N_2}\sin30°-F\sin30°=0$$

$$\sum F_y=0,\qquad F_{N_1}+F_{N_2}\cos30°+F_{N_3}-F\cos30°=0$$

解得 $$F_{N_1}=F_{N_3}=0,\qquad F_{N_2}=F=60\ \text{kN}$$

②杆的伸长量为

$$\begin{aligned}\Delta l_2&=\frac{F_{N_2}l_2}{EA}=\frac{(60\times10^3\ \text{N})(1\ \text{m}/\cos30°)}{(200\times10^9\ \text{Pa})(1\ 000\times10^{-6}\ \text{m}^2)}\\&=3.46\times10^{-4}\ \text{m}=0.346\ \text{mm}\end{aligned}$$

因为 $F_{N_1}=F_{N_3}=0$，所以①杆和③杆不会产生变形。设想解除②杆 A 点处的约束，由于②杆

产生伸长量Δl_2，A点移至A_1点，过A点和A_1点分别作①杆和②杆的切线，两切线相交于A'点，A'点即为变形后A点的位置。由于AB杆为刚性杆，B点将向左水平移至B'点，且$\overline{BB'}=\overline{AA'}$，结构变形后的位置如图(c)所示。

由图(c)可得，A、B两点的水平和竖直位移分别为

$$\Delta_{Ax}=\frac{\Delta l_2}{\sin 30^\circ}=\frac{0.346\ \text{mm}}{0.5}=0.692\ \text{mm}\quad(\leftarrow)$$

$$\Delta_{Bx}=\Delta_{Ax}=0.692\ \text{mm}\quad(\leftarrow)$$

$$\Delta_{Ay}=\Delta_{By}=0$$

§2-5　材料在拉伸、压缩时的力学性能

杆件在外力作用下是否会破坏，除计算工作应力外，还需知道所用材料的强度，才能作出判断；在计算杆件的变形时，要涉及材料的比例极限和弹性模量。这些都是材料受力时在强度和变形方面所表现出来的性能，均属于材料的力学性能。

材料的力学性能取决于材料的内部条件和外部环境。内部条件指的是材料组成的化学成分、组织结构(例如晶体或非晶体)等。外部环境则包括构件的受力状态(单向受力、双向受力、三向受力)、环境温度、周围介质和加载方式(静荷载、动荷载、交变荷载、冲击荷载)等。材料不同，环境不同，材料的力学性能也就不同。材料的力学性能必须用实验的方法测定。

在室温(20 ℃左右)、静载下，通过轴向拉伸和轴向压缩实验得到的材料的力学性能，是材料最基本的力学性能。低碳钢和灰口铸铁是两种广泛使用的金属材料，它们的力学性能具有典型的代表性。本节主要介绍这两种材料在室温、静载、轴向拉伸和压缩时的力学性能。

一、低碳钢材料拉伸时的力学性能

为了使不同材料的实验结果能够进行比较，拉伸试样必须按国家标准《金属拉伸试验试样》(GB 6397—86)制成标准试样(图2-10)。试样的几何形状和受力条件都符合轴向拉伸的要求。两端加粗是为了便于装夹和避免在装夹部位发生破坏。在试样的等直部分划上两条相距为l的横线，横线之间的部分作为测量变形的工作段，l称为**标距**。通常规定：对圆截面试样，$l=10d$或$l=5d$，d为工作段的横截面直径；对矩形截面试样，$l=11.3\sqrt{A}$或$l=5.65\sqrt{A}$，A为工作段的横截面面积。

低碳钢是含碳量不大于0.25%的碳素钢。将低碳钢试样装在试验机上，缓慢加载，由测力装置读出试样承受的拉力F，测量变形的装置记录标距l的伸长量Δl。以纵坐标表示拉力F，横坐标表示伸长量Δl，根据测试的数据，绘出低碳钢拉伸试样的$F-\Delta l$关系曲线，通常称为试样的**拉伸图**(图2-11)。

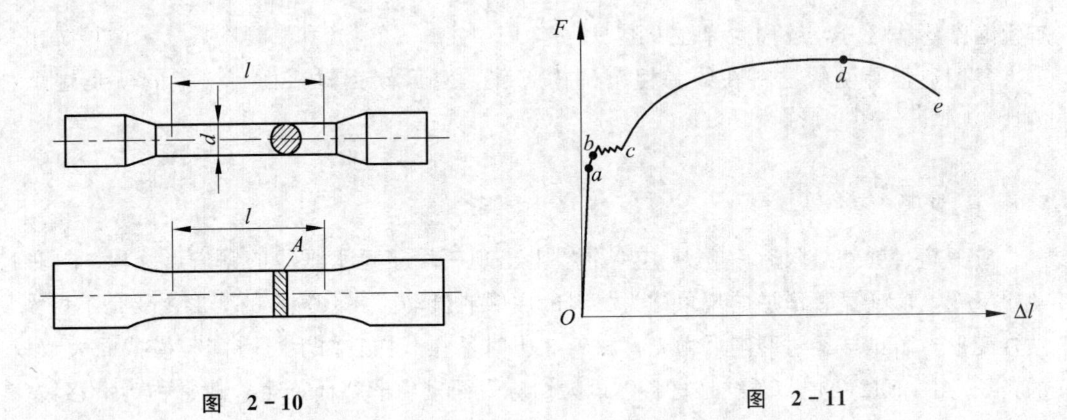

图 2-10　　　　图 2-11

拉伸图中的拉力 F 与伸长量 Δl 都与试样的尺寸有关。若将试样的标距 l 加大，则由同一拉力 F 引起的伸长量 Δl 也增大；反之，缩小试样的直径 d，则在同一伸长量 Δl 下，所需的拉力 F 下降。为消除试样尺寸的影响，反映材料本身的力学性能，将拉力 F 除以试样的原始横截面面积 A，得到工作段横截面上的正应力 σ；将伸长量 Δl 除以原始标距 l，得到工作段的纵向线应变 ε。根据 σ 和 ε 的数据，以 σ 为纵坐标，ε 为横坐标，绘出 σ-ε 关系曲线，称为材料的**应力-应变曲线**，它反映了材料的力学性能。图 2-12(a)是低碳钢材料拉伸时的应力-应变曲线，显然，它与低碳钢试样的拉伸图相似。

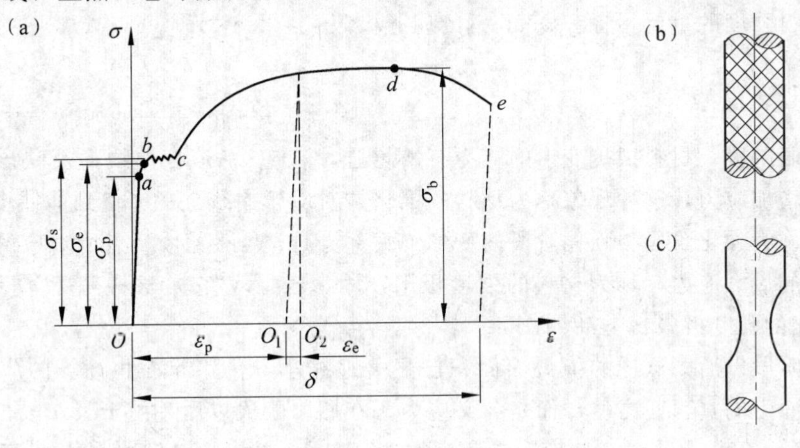

图 2-12

根据低碳钢应力-应变曲线不同阶段的变形特征，整个拉伸过程依次分为**弹性阶段**、**屈服阶段**、**强化阶段**和**颈缩阶段**，现分别说明如下：

1. 弹性阶段 Ob

当试样的正应力未超过 b 点所对应的应力时，试样的变形是弹性的。在这个阶段将荷载卸去，变形全部消失，试样恢复其原有长度。对应于弹性阶段最高点 b 的应力称为材料的**弹性极限**，以 σ_e 表示。在弹性阶段内的 Oa 段为一直线，它表明应力与应变成正比关系，即满足胡克定律 $\sigma=E\varepsilon$，弹性模量 E 相当于 Oa 直线的斜率。对应于 a 点的应力称为材料的**比例极限**，以 σ_p 表示。弹性极限 σ_e 和比例极限 σ_p 的意义虽然不同，但它们的数值非常接近。工程上通常不作区分，统称为弹性极限①。

我们通常所说的材料在线弹性范围内工作，对低碳钢材料而言，指的就是这个弹性阶段。

2．屈服阶段 bc

应力超过弹性极限后，应力-应变曲线上出现一段接近水平线的锯齿形线段。这种应力几乎不变，应变显著增加的现象称为材料的**屈服**或**流动**。屈服阶段的变形主要是不可恢复的塑性变形。若试样经过磨削后抛光，材料屈服时，在试样表面上可看到与横截面大致成 45°的条纹[图 2-12(b)]。条纹是材料沿最大切应力面发生滑移而产生，通常称为**滑移线**(参见第八章关于滑移线产生原因的分析)。

在屈服阶段，应力 σ 有微小的波动。其第一次下降前的最大应力称为上屈服点；除第一次下降的最小应力外，在屈服阶段的最小应力称为下屈服点。很多因素对上屈服点的数值有影响，而下屈服点则较为稳定。因此，将下屈服点的应力值确定为材料的**屈服极限(流动极限)**，以 σ_s 表示。

低碳钢在屈服阶段总的塑性应变是比例极限所对应的弹性应变的 10～15 倍。考虑到低碳钢材料在屈服时将产生显著的塑性变形，致使构件不能正常工作，因此就把屈服极限 σ_s 作为衡量材料强度的重要指标。Q235 钢的屈服极限 $\sigma_s \approx 235$ MPa。

3．强化阶段 cd

经过屈服阶段，材料抵抗变形的能力有所增强，在应力-应变曲线上反映出：如要增加应变，必须增加应力，这种现象称为材料的**强化**。对应于曲线上的 c 点到曲线上的最高点 d 这一阶段，称为强化阶段。强化阶段的变形绝大部分是塑性变形。d 点所对应的应力，是材料所能承受的最大应力，称为材料的**强度极限**，用 σ_b 表示，它是材料另一个重要的强度指标。Q235 钢的强度极限 $\sigma_b \approx 380$ MPa。

在屈服阶段以后，试样的横截面面积已显著地缩小，仍用原面积计算的应力 $\sigma = F/A$，不再是横截面上的真正应力值，而是名义应力。在屈服阶段以后，由于工作段长度的显著增加，线应变 $\varepsilon = \Delta l/l$ 也是名义应变。真应变的计算应考虑每一瞬时工作段的长度。

4．局部变形阶段 de(颈缩阶段)

应力达到强度极限后，在试样的某一局部区域，其横截面显著缩小，形成"**颈缩**"现象[图 2-12(c)]。由于颈缩部分横截面面积急剧减小，试样继续伸长所需的拉力也随之迅速下降，直至试样被拉断。从出现颈缩到试样断裂这一阶段称为局部变形阶段或称颈缩阶段。按名义应力和名义应变得到的应力-应变曲线如图中的 de 段所示。如果用试样所承受的拉力

① 比例极限和弹性极限都难以精确测定。国家标准《金属拉伸试验方法》(GB 228—87)给出的是测定"规定非比例伸长应力(σ_p)：试样标距部分的非比例伸长达到原始标距百分比时的应力。表示此应力的符号应附以角注说明，例如 $\sigma_{p0.01}$、$\sigma_{p0.05}$、$\sigma_{p0.2}$ 等分别表示规定非比例伸长率为 0.01%、0.05%和 0.2%时的应力。"

除以每一瞬时的横截面面积，则得出横截面上的平均应力，称为真应力。那么，按真应力和真应变所画出的应力-应变曲线在这一阶段内仍是上升的。

可以把屈服、强化及颈缩三个阶段统称为**塑性阶段**。如果在强化阶段的任一点 f 停止加载，并逐渐卸载[图 2-12(a)]，卸载时的应力-应变关系近似为一直线，如图中 fO_1 所示。并与弹性阶段的直线 Oa 接近于平行。这通常称为**卸载规律**。应力卸为零后，从图 2-12(a)中可以看出，应变未全部消失，遗留下来的塑性应变 ε_p，通常称为残余应变。卸载后消失的应变 ε_e 则是弹性应变。故强化阶段的任何一点 f 的应变 ε 由弹性应变 ε_e 和塑性应变 ε_p 两部分组成。

卸载后立即再加载，应力-应变关系基本上沿着卸载时的 O_1f 直线上升到 f 点后，再沿着 fde 曲线直到断裂。在重新加载的过程中，正应力达到屈服极限 σ_s 的值时，材料并不发生流动，而上升到了 f 点的应力值时，才产生塑性变形。低碳钢在常温下经受塑性变形后比例极限提高、塑性降低的现象，称为**冷作硬化**。工程上有时利用冷作硬化来提高材料的比例极限，例如对钢缆绳、钢丝等进行预张拉，以提高其在弹性范围内的承载能力。

工程上对钢材的塑性变形能力也有一定的要求，通常用试样拉断后的平均塑性应变作为衡量塑性的指标。其值用百分比表示，称为**伸长率** δ，即

$$\delta=\frac{l_1-l}{l}\times 100\% \tag{2-7}$$

式中，l 为标距的原长；l_1 为拉断后的标距长度。显然，工作段的塑性伸长量由两部分组成：一是屈服、强化阶段，工作段的均匀塑性伸长，用 $\Delta l'$ 表示；二是颈缩阶段局部的塑性伸长，用 $\Delta l''$ 表示，则伸长率可表示为

$$\delta=\left(\frac{\Delta l'}{l}+\frac{\Delta l''}{l}\right)\times 100\%$$

式中的第一项与试样的标距、横截面尺寸均无关；但第二项 $\Delta l''/l$ 取决于横截面尺寸与标距长度的比值。考虑到这一因素，国标规定了工作段长度与横截面尺寸的比值。δ_5 和 δ_{10} 分别表示 $l/d=5$ 和 $l/d=10$ 的标准试样的伸长率。有时将伸长率 δ_{10} 的下标略去写成 δ。

衡量材料塑性的另一个指标是**断面收缩率** ψ。

$$\psi=\frac{A-A_1}{A}\times 100\% \tag{2-8}$$

式中，A_1 代表试样拉断后断口处的最小横截面面积。

Q235 钢　　$\delta_5=26\%$，$\delta_{10}=22\%$

16Mn 钢　　$\delta_5=28\%$，$\delta_{10}=24\%$，$\psi=50\%$

45 号优质碳素结构钢　　$\delta_5=16\%$，$\psi=40\%$

δ 和 ψ 都表示材料被拉断时，其塑性变形所能达到的程度，它们的值越大，说明材料的塑性越好。工程上一般将 $\delta\geqslant 5\%$ 的材料称为**塑性材料**，$\delta<5\%$ 的材料称为**脆性材料**。

二、其他材料拉伸时的力学性能

其他材料拉伸时的力学性能，也用拉伸应力-应变曲线来表示。图 2－13 中绘出了几种材料拉伸时的应力-应变曲线。可以看出：45 号钢与 Q235 钢的应力-应变曲线完全相似，具有完整的四个变形阶段；合金铝和黄铜都没有明显的屈服阶段，但其他三个阶段都存在；35CrMnSi 材料只有弹性阶段和强化阶段，没有屈服阶段和颈缩阶段。上述材料的共同特点是伸长率 δ 都较大，属于塑性材料。

对于没有明显屈服阶段的塑性材料，通常规定以产生塑性应变 $\varepsilon_p=0.2\%$时，所对应的应力值作为**名义屈服极限**，以 $\sigma_{p0.2}$ 表示(或称为**“规定非比例伸长应力** $\sigma_{p0.2}$**”**——详见 GB 228—87)。根据卸载规律，图 2－14 示出了 $\sigma_{p0.2}$ 与塑性应变 0.2%之间的关系。

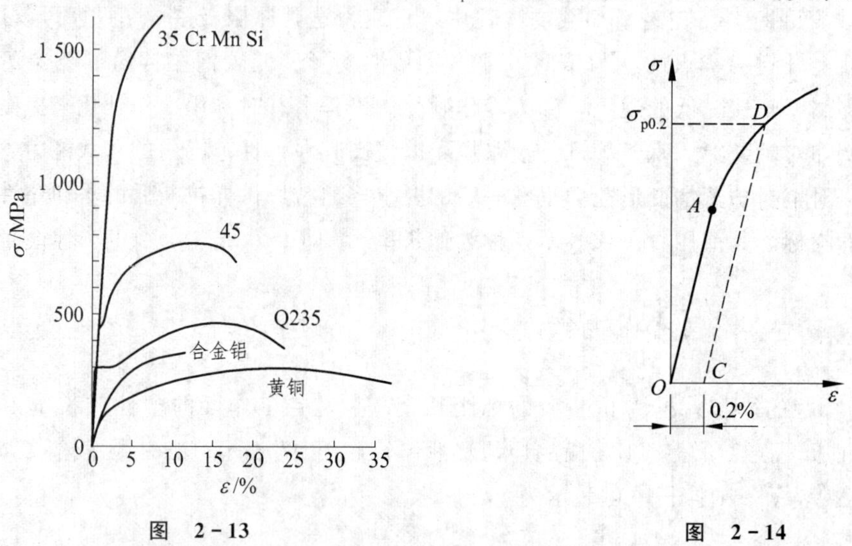

图 2－13　　图 2－14

图 2－15(a)中示出了灰口铸铁和玻璃钢拉伸时的应力-应变曲线，它们的伸长率都很小，属于脆性材料。玻璃钢应力-应变曲线的特点是：直到试样快断裂时，应力与应变都保持正比关系，即线弹性阶段持续到接近断裂。灰口铸铁的应力-应变曲线有以下一些特点：应力很低时，应力-应变曲线就不是直线，而是一微弯的线段，无屈服和颈缩现象；在变形很小的情况下，试件就断裂了，伸长率 δ 为 0.5%左右。工程计算中，通常是在一定范围内用割线代替 $\sigma-\varepsilon$ 曲线的开始部分(图 2－16)。即认为在这一范围内，材料近似地服从胡克定律。并以此割线的斜率作为弹性模量，称为**割线弹性模量**。另外，灰口铸铁只有唯一的强度指标，即拉伸强度极限 $\sigma_{b,t}$，它可以看做试样被拉断时的真正应力值。牌号为 HT25－47 的灰口铸铁的拉伸强度极限 $\sigma_{b,t}=284\sim196$ MPa。

灰口铸铁拉伸试样的断裂沿横截面拉断，断口平齐[图 2－15(b)]。

三、材料在压缩时的力学性能

金属材料的压缩试样，通常采用圆柱体(图 2－17)，高度为直径的 1～3.5 倍，即 $h=(1\sim3.5)d$(见《金属压缩试验方法》GB 7314—87)。实验时将试样放在试验机的两压座间，施加轴向压力。根据记录的压力 F 和缩短量 Δl 的数据绘出的 $F-\Delta l$ 关系曲线，称为试样的

压缩图。然后可改画为材料压缩时的应力-应变曲线。

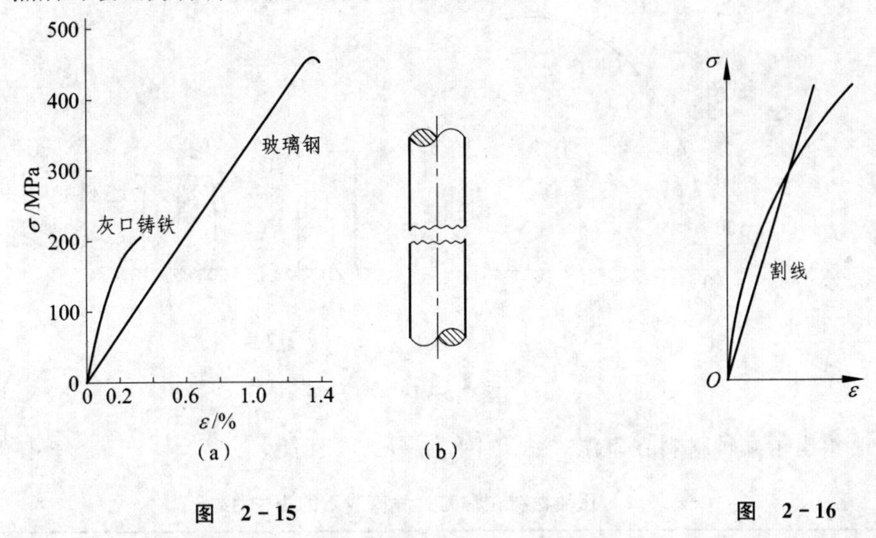

图 2-15　　　　图 2-16

图 2-18 中的实线是低碳钢在压缩时的应力-应变曲线，虚线是低碳钢拉伸时的应力-应变曲线。在弹性阶段与屈服阶段两条曲线基本重合。因此低碳钢压缩时的弹性模量 E、屈服极限 σ_s 都与拉伸时基本相同。在进入强化阶段后，试样逐渐被压成鼓形[图 2-18(c)]，横截面面积越来越大，然而在计算应力时，仍用试样初始的横截面面积，结果使压缩时的名义应力大于拉伸时的名义应力，压缩时的应力-应变曲线向上翘。由于试样压缩时不会发生断裂，因此，无法测定低碳钢压缩时的强度极限。根据上述情况，像低碳钢一类塑性材料的力学性能通常均由拉伸实验确定。

脆性材料拉伸和压缩时的力学性能显著不同，图 2-19(a)绘出了灰口铸铁压缩时的应力-应变曲线。该应力-应变曲线的直线段也很短，因此是近似地符合胡克定律；但是压缩时的强度极限和塑性指标均比拉伸时大得多，因而灰口铸铁适合于作受压构件。HT25-47 牌号的灰口铸铁压缩强度极限 $\sigma_{b,c}=981$ MPa，是其拉伸强度极限的 3.5～5 倍。

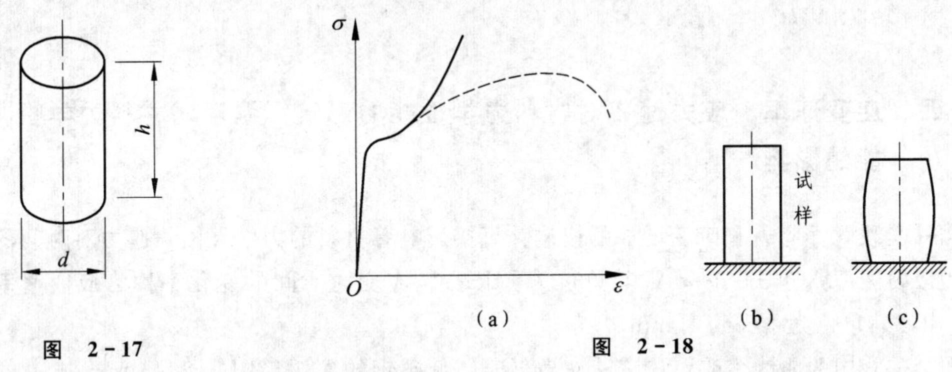

图 2-17　　　　图 2-18

灰口铸铁试样受压破坏的情况如图 2-19(c)所示。破坏面大约与横截面成 50°～55°，这说明是剪断的(参见第八章关于铸铁压缩破坏原因的分析)。

其他的脆性材料，如混凝土、天然石料等，它们的压缩强度均远大于其拉伸强度。因此，在使用脆性材料时，应充分利用其压缩强度高的特点。

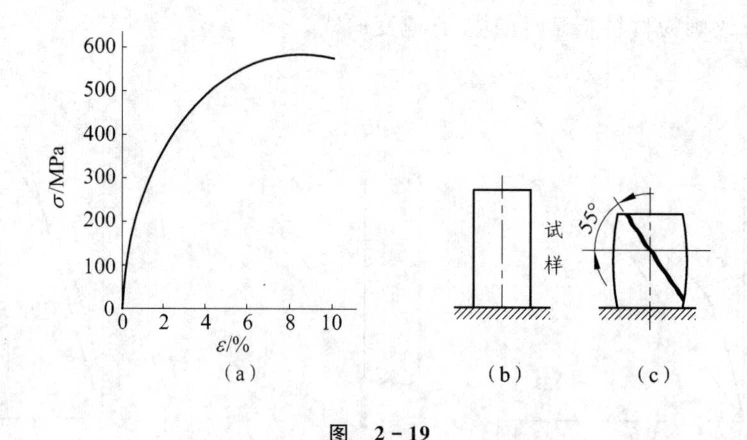

图 2-19

表 2-2 给出了几种材料在室温、静载下的主要力学性能。

表 2-2 几种材料在常温、静荷载下的力学性能

材料名称	牌号	屈服极限		强度极限		伸长率/%	
		σ_s /MPa	$\sigma_{p0.2}$ /MPa	拉伸 $\sigma_{b,t}$ /MPa	压缩 $\sigma_{b,c}$ /MPa	δ_5	δ_{10}
普通碳素钢	Q235	235～215		372～460		26	22
优质碳素结构钢	45	352		597		16	
低合金结构钢	16Mn	343～274		509～470		22～19	
合金结构钢	40CrMnMo	784		980		10	
灰口铸铁	HT25-47			284～196	981		
纯铜(板材)	T3			294			3
硬铝(棒材)	LY L2		274	421			10

注：数据均取自国家标准。可参阅《实用机械设计手册》。

*四、应变速率、应力速率对材料力学性能的影响　温度对材料力学性能的影响

构件受载时，应力和应变增加的快慢，直接影响着材料的力学性能。应力对时间的变化率称为**应力速率**，即 $\dot{\sigma}=\mathrm{d}\sigma/\mathrm{d}t$，其单位为 MPa/s。应变对时间的变化率称为**应变速率**，即 $\dot{\varepsilon}=\mathrm{d}\varepsilon/\mathrm{d}t$，其单位为 1/s 或 1/min。

图 2-20 中的曲线表明：应变速率较低时，低碳钢的屈服极限 σ_s 和强度极限 σ_b 的变化不显著；应变速率较高时，σ_s 和 σ_b 都明显地随应变速率的增大而上升。图 2-21 绘出了 Q235 钢的屈服极限 σ_s 随应力速率增大而上升的曲线。上述现象在塑性材料中普遍存在。因此，在静载拉伸实验中，为了得到可以相互对比的屈服极限 σ_s，国标 GB228—87 中规定弹性模量大于或等于 150 GPa 的金属材料屈服前的应力速率为 3～30 MPa/s。

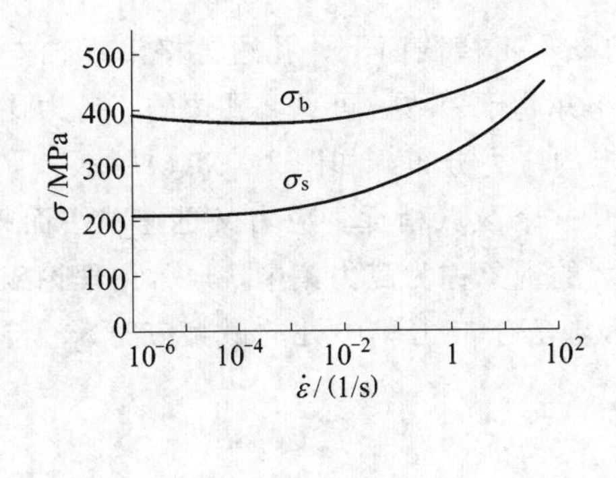

图 2-20

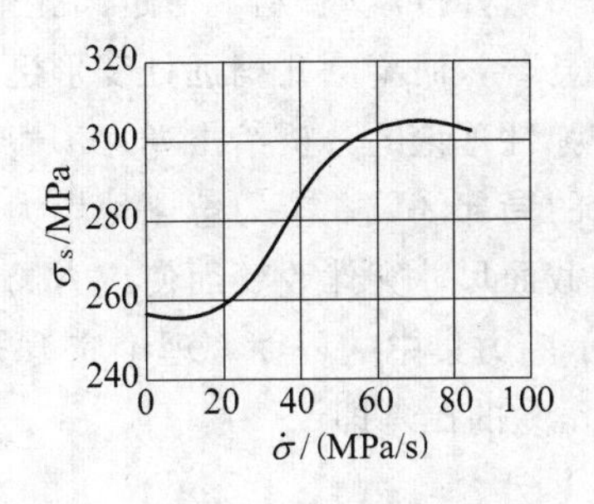

图 2-21

应变速率在 $10^{-4}\sim10^{-2}$/s 范围内，金属材料的力学性能没有明显的变化，可以按静荷载处理。当应变速率很大时，金属材料的力学性能将发生显著变化，必须考虑应变速率增大带来的力学性能的改变。

高温下，材料的力学性能除与温度高低有关外，还与加载的时间长短有关。这里只介绍短期静载拉伸条件下，温度对材料力学性能的影响。简易的实验可在一般试验机上附加保持恒温的装置(例如高温电炉，干冰、液氮为冷却剂的低温箱)来实现。实验表明，加载持续时间一般为 20～30 min 时，材料的力学性能较为稳定。图 2-22 给出了低碳钢的力学性能随温度增高而变化的情况。材料的 E、σ_s随温度的升高而降低。材料的 σ_b、δ 和 ψ 在温度 200～300 °C 间有一个峰值。峰值之前，随着温度的上升，σ_b 增大，δ 和 ψ 却减小；峰值之后，随着温度的上升，σ_b 减小，δ 和 ψ 却增加。大量的实验曲线表明：金属材料的弹性模量 E、屈服极限 σ_s，随温度的升高而降低；碳钢及某些低合金钢(如 CrMoV 钢)随着温度的上升，σ_b 呈现从上升到峰值，然后再下降的情形；其他金属的 σ_b 均随着温度的上升而下降；碳钢及低合金钢(如 CrMoV 钢)的 δ 和 ψ 的变化规律与低碳钢的变化规律相似，但其峰值所在的温度区间不同。

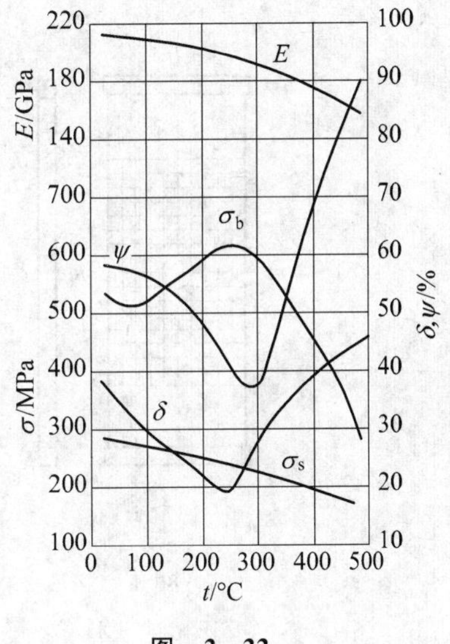

图 2-22

§2-6 应力集中

受轴向拉伸(压缩)的等直杆，其横截面上的正应力是均匀分布的。但是工程上有些拉(压)杆，由于实际的需要而有切口、切槽、螺纹、油孔等，以致这些部位的横截面尺寸发生突然的改变。光弹性实验和弹性理论的分析都表明，在横截面尺寸急剧变化的区域，当材料在线弹性范围内工作时，横截面上的正应力已不再均匀分布。为直观起见，我们考察带有圆孔的板条(可用橡皮制作)承受轴向拉力时的变形情况。

在带有小圆孔板条的表面，事先画上许多小方格[图 2-23(a)]，然后施加轴向拉力[图

2-23(b)]。这时可以看到，通过圆孔中心的 $m-m$ 横截面上，孔边方格沿杆轴方向的伸长变形最为显著，而离圆孔稍远处变形迅速减小并趋于一致。可见，孔边的正应力比其他各处大得多。弹性理论的分析给出 $m-m$ 横截面上的应力分布，如图 2-23(c)所示。它表明在小圆孔附近的局部区域，应力急剧地增大；离开这个区域稍远，应力又迅速减小而趋于均匀。这种由于截面尺寸突然改变而使应力局部增大的现象称为**应力集中**，通常用**理论应力集中因数** $K_{t\sigma}$表示应力集中的程度。理论应力集中因数等于应力集中处的最大应力 σ_{max}与该截面的平均应力 σ_{nom}的比，即

$$K_{t\sigma}=\frac{\sigma_{max}}{\sigma_{nom}}$$

式中，$\sigma_{nom}=F_N/A$，A 是考虑截面削弱后的横截面面积，称为净面积。有时平均应力的计算也可以不考虑截面的削弱。

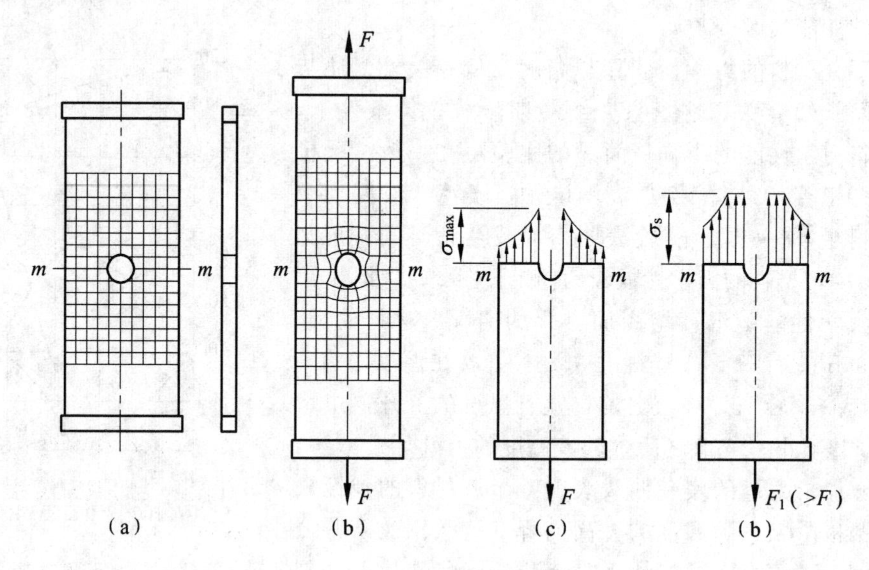

图 2-23

理论应力集中因数 $K_{t\sigma}$始终大于 1。对于板宽超过孔径 4 倍的板条，理论应力集中因数 $K_{t\sigma}\approx 3$。实验和理论分析都指出，截面尺寸变化越剧烈(例如孔越小，角越尖)，应力集中就越严重。因此，在杆件的设计中应尽量避免截面尺寸的急剧改变，以减缓应力集中的影响。

在静荷载的条件下，由塑性材料制成的杆件可以不考虑应力集中的影响。因为当孔边的最大局部应力 σ_{max}达到材料的屈服极限 σ_s时，其他部位的材料还处于弹性阶段，尚未丧失承载能力，荷载能够继续增加。依据材料的屈服特性，在荷载继续增加时，孔边的材料可继续变形而应力保持为 σ_s 不变。邻近区域的应力则相继上升到屈服极限，使屈服区域由孔边向外逐渐扩展[图 2-23(d)]，这就使横截面上的应力逐渐趋于均匀。因此，对整个杆件的承载能力来说，可不考虑应力集中的影响。但由质地均匀的脆性材料制成的杆件，情况就不相同。当孔边的最大应力 σ_{max} 达到材料的强度极限 σ_b 时，该处首先产生微小裂纹，从而导致整个杆件断裂破坏。所以应力集中将使这种杆件的承载能力大为降低。至于铸铁，由于其内部存在气孔、杂质等缺陷，将是产生应力集中的主要因素，而构件外形改变产生的应力集中是

次要的，在计算构件的承载能力时，可不必考虑应力集中的影响。但是在动载作用下，不论是塑性材料或是脆性材料均应考虑应力集中的影响(详见第十四章)。

§2-7 强度计算

前面的分析已经说明，由塑性材料制成的拉(压)杆的工作正应力达到材料的屈服极限 σ_s 时，杆件将出现显著的塑性变形；由脆性材料制成的拉(压)杆的工作正应力达到材料的强度极限 σ_b 时，杆件将发生断裂破坏。因此，把屈服极限 σ_s 和强度极限 σ_b 分别作为塑性材料和脆性材料的强度指标，统称为材料的**极限应力**，以 σ_u 表示。

为了保证构件能够正常工作并具有必要的安全储备，不能用极限应力作为拉(压)杆最大工作正应力的限值，一般将极限应力除以大于 1 的因数 n，作为工作正应力的最大许用值，称为材料的许用应力，以$[\sigma]$表示，即

$$[\sigma]=\frac{\sigma_u}{n} \tag{2-9}$$

式中，n 称为**安全因数**。(2-9)式可进一步写成

$$\text{对塑性材料}\quad [\sigma]=\frac{\sigma_s}{n_s} \quad \text{或} \quad [\sigma]=\frac{\sigma_{p0.2}}{n_s} \tag{2-10}$$

$$\text{对脆性材料}\quad [\sigma]=\frac{\sigma_b}{n_b} \tag{2-11}$$

式中，n_s 和 n_b 分别为塑性材料和脆性材料的安全因数。

以许用应力作为最大工作正应力的限值，其原因主要在于：

(1) 理论计算的最大工作正应力与实际工作正应力存在差异。实际结构与经过简化得到的计算简图之间存在着差异；实际工作荷载与设计荷载会有出入；构件的截面尺寸与设计尺寸之间允许有偏差：这些因素都有可能使实际工作正应力大于理论计算值。

(2) 规范给出的材料的极限应力或者材料经抽样实验得到的极限应力，都是用概率统计方法处理后给出的。材料的极限应力必然有一定的分散性。实际使用材料的极限应力有可能低于给定值。

(3) 除了上述因素外，构件还应有必要的强度储备。因为在使用期间可能会遇到偶然超载或不利的工作环境，有时要为将来的发展留有余地。

上述种种因素是以安全因数的形式来考虑的。正确地选择安全因数是十分重要和复杂的问题。安全因数偏大，会造成材料的浪费；安全因数过小，又可能发生事故。因此，各种材料在不同工作条件下的安全因数或许用应力，均由国家专门机构在规范中加以具体规定。

为了保证拉(压)杆具有足够的强度，必须使杆件的最大工作正应力不超过材料拉伸(压缩)时的许用应力，即

$$\sigma_{max}\leqslant[\sigma] \tag{2-12}$$

(2-12)式称为拉(压)杆的强度条件。对于等直杆，(2-12)式可改写成

$$\frac{F_{N,max}}{A}\leqslant[\sigma] \tag{2-13}$$

应用强度条件可以进行下面三类计算：

1. 强度校核

已知荷载、杆件的横截面尺寸和材料的许用应力，即可计算杆件的最大工作正应力，并检查是否满足强度条件的要求。这称为强度校核。在最大工作正应力大于许用应力的情况下，则应加大横截面面积。另一方面，考虑到许用应力是概率统计的数值，为了经济起见，最大工作正应力也可略大于材料的许用应力，一般认为以不超过许用应力的5%为宜。

2. 选择杆件的横截面尺寸

已知结构承受的荷载和材料的许用应力，即可算出杆件的最大轴力 $F_{N,max}$，并利用(2-13)式确定杆件的横截面面积。

$$A \geqslant \frac{F_{N,max}}{[\sigma]}$$

3. 确定许用荷载

已知杆件的横截面尺寸和材料的许用应力，可根据强度条件计算出该杆所能承受的最大轴力，亦称许用轴力

$$[F_{N,max}] \leqslant [\sigma]A$$

然后根据静力平衡条件，确定结构所许用的荷载。

例 2-8 阶梯形杆如图(a)所示。AB、BC 和 CD 段的横截面面积分别为 $A_1=1\ 500\ \text{mm}^2$、$A_2=625\ \text{mm}^2$、$A_3=900\ \text{mm}^2$。$F_1=120$ kN、$F_2=220$ kN、$F_3=260$ kN、$F_4=160$ kN。杆的材料为Q235钢，$[\sigma]=170$ MPa。试校核该杆的强度。

解 首先画出杆的轴力图，如图(b)所示。

由轴力图和各段杆的横截面面积可知，危险截面可能在 BC 段或 CD 段，BC 段和 CD 段横截面上的正应力分别为

$$\sigma_2=\frac{F_{N_2}}{A_2}=\frac{-100\times10^3\ \text{N}}{625\times10^{-6}\ \text{m}^2}=-160\times10^6\ \text{Pa}=-160\ \text{MPa}\quad(\text{压应力})$$

$$\sigma_3=\frac{F_{N_3}}{A_3}=\frac{160\times10^3\ \text{N}}{900\times10^{-6}\ \text{m}^2}=177.8\times10^6\ \text{Pa}=177.8\ \text{MPa}\quad(\text{拉应力})$$

结果表明，杆的最大正应力发生在 CD 段。

$$\sigma_{max}=\sigma_3=177.8\ \text{MPa}>[\sigma]=170\ \text{MPa}$$

σ_{max} 稍大于$[\sigma]$，超过的量为

$$\frac{177.8-170}{170}\times100\%=4.6\%<5\%$$

故该杆满足强度条件。

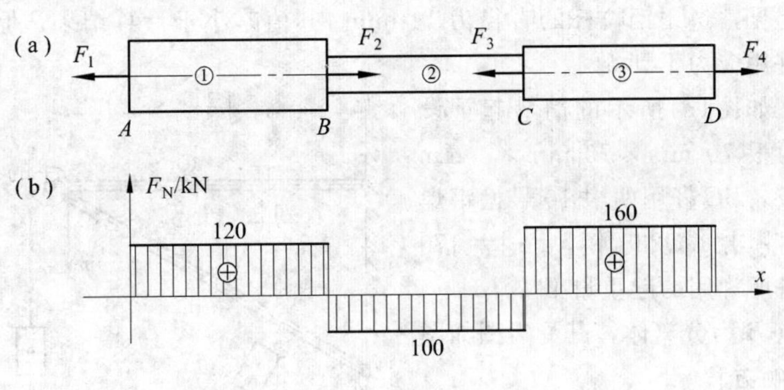

例 2－8 图

例 2－9 某屋架的主要尺寸如图(a)所示，它所承受的竖向均布荷载沿水平方向的集度为 $q=4.2\ \text{kN/m}$。屋架中钢拉杆的材料为 Q235 钢，$[\sigma]=170\ \text{MPa}$。试选择钢拉杆的直径。

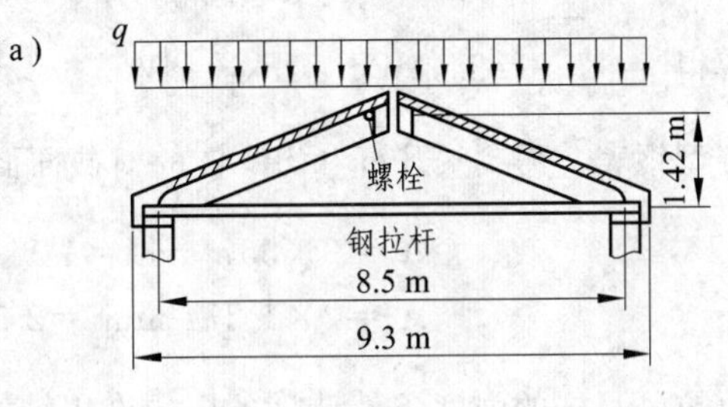

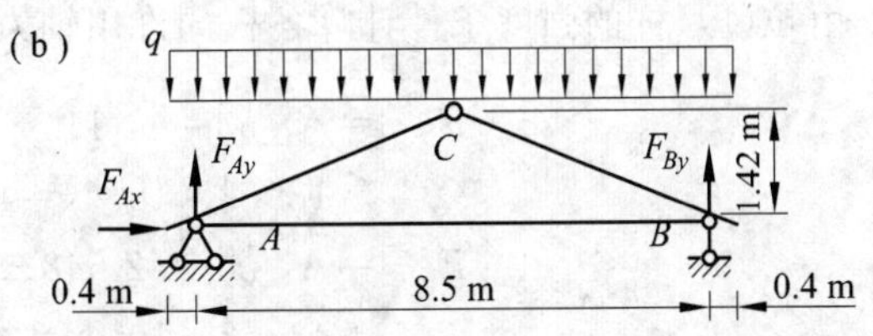

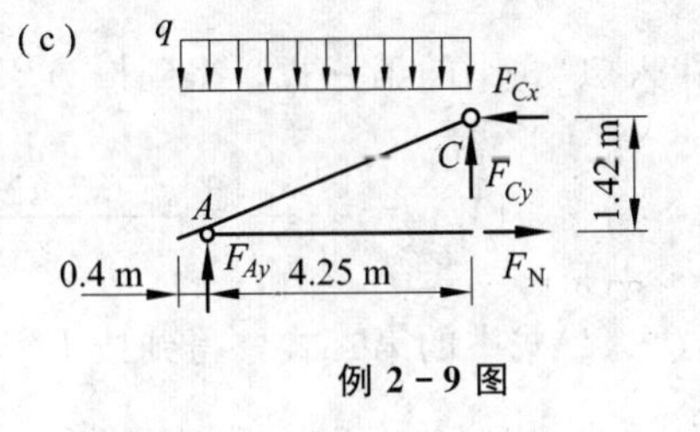

例 2－9 图

解 由于两屋面板之间和拉杆与屋面板之间的接头不是十分坚实，可将各处接头看做铰接，得到屋架的计算简图如图(b)所示。

从屋架的整体平衡，列平衡方程 $\sum F_x=0$，得到

$$F_{Ax}=0$$

利用对称关系，得

$$F_{Ay}=F_{By}=\frac{1}{2}(4.2\ \text{kN/m})(9.3\ \text{m})=19.53\ \text{kN}$$

为求拉杆的轴力，取半个屋架为分离体，如图(c)所示，对 C 点取矩建立平衡方程

$$\sum M_C=0,\quad (1.42\ \text{m})F_N+\frac{(4.65\ \text{m})^2}{2}q-(4.25\ \text{m})F_{Ay}=0$$

解得 $$F_N=\frac{1}{1.42\ \text{m}}\left[(4.25\ \text{m})(19.53\ \text{kN})-\frac{1}{2}(4.65\ \text{m})^2(4.2\ \text{kN/m})\right]=26.5\ \text{kN}$$

由强度条件(2－16)式

$$\sigma=\frac{F_N}{A}=\frac{4F_N}{\pi d^2}\leqslant[\sigma]$$

解出钢拉杆所需的直径为

$$d\geqslant\sqrt{\frac{4F_N}{\pi[\sigma]}}=\sqrt{\frac{4(26.5\times10^3\ \text{N})}{\pi(170\times10^6\ \text{Pa})}}=0.0141\ \text{m}=14.1\ \text{mm}$$

为了经济起见，选用钢拉杆的直径为 14 mm。其值略小于计算结果，但是钢拉杆的工作正应力超过许用应力不到 5%。

例 2－10 如图(a)所示的简易起重设备，AB 杆用两根 70 mm×70 mm×4 mm 的等边角钢组成，BC 杆用两根 10 号槽钢焊成一整体。材料均为 Q235 钢，$[\sigma]=170$ MPa。试求设备所许用的起重量 W。

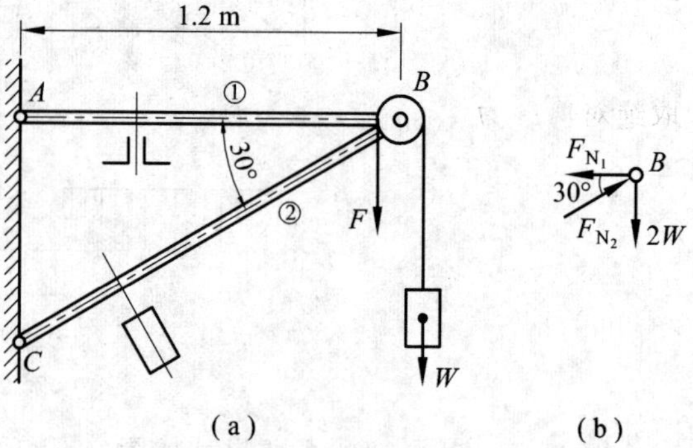

(a) (b)

例 2－10 图

解 取节点 B 为分离体，其受力图如图(b)所示，由平衡方程

$$\sum F_y=0,\quad F_{N_2}\sin30°-2W=0$$

$$\sum F_x=0,\quad F_{N_2}\cos30°-F_{N_1}=0$$

解得 $F_{N_1}=3.46W,\quad F_{N_2}=4W$ (1)

查型钢表，得到 AB 杆和 BC 杆的横截面面积分别为

$$A_1=2\times557\ \text{mm}^2=1\ 114\ \text{mm}^2$$
$$A_2=2\times1\ 274\ \text{mm}^2=2\ 548\ \text{mm}^2$$

由拉(压)杆的强度条件计算各杆的许用轴力

$$[F_{N_1}]=A_1[\sigma]=(1\ 114\times10^{-6}\ \text{m}^2)(170\times10^6\ \text{Pa})=189.3\times10^3\ \text{N}=189.3\ \text{kN}$$

$$[F_{N_2}]=A_2[\sigma]=(2\ 548\times10^{-6}\ \text{m}^2)(170\times10^6\ \text{Pa})=433.2\times10^3\ \text{N}=433.2\ \text{kN}$$

将$[F_{N_1}]$代入(1)式中的第一式，得到按 AB 杆强度要求计算的许用荷载

$$[W_1]=\frac{[F_{N_1}]}{3.46}=\frac{189.3\ \text{kN}}{3.46}=54.7\ \text{kN}$$

将$[F_{N_2}]$代入(1)式中的第二式，得到按 BC 杆强度要求计算的许用荷载

$$[W_2]=\frac{[F_{N_2}]}{4}=\frac{433.2\ \text{kN}}{4}=108.3\ \text{kN}$$

如果起重量是 108.3 kN，BC 杆的工作正应力恰好是许用应力，而 AB 杆的工作正应力将超过许用应力，所以结构的许用起重量是 54.7 kN。

例 2－11 一高为 l 的等直混凝土柱如图(a)所示，材料的密度为 ρ，弹性模量为 E，许用压应力为$[\sigma]$，在顶端受一集中力 F。在考虑自重的情况下，试求该柱所需的横截面面积和顶端 B 截面的位移。

解 柱的自重可看做沿柱高均匀分布的荷载。为了求该柱所需的横截面面积 A，应首先确定最大轴力。为此，取分离体如图(b)所示。由分离体的平衡条件，得到任一横截面上的轴力。

$$F_N(x)=-(F+\rho gAx)$$

据此绘出的轴力图是与轴线倾斜的直线，如图(d)所示。危险截面位于底部，最大轴力取绝对值后为

$$F_{N,max}=F+\rho gAl \quad (\text{压力})$$

柱的强度条件是

$$\sigma_{max}=\frac{F_{N,max}}{A}=\frac{F+\rho gAl}{A}\leqslant[\sigma]$$

解出柱所需要的横截面面积为

$$A\geqslant\frac{F}{[\sigma]-\rho gl}$$

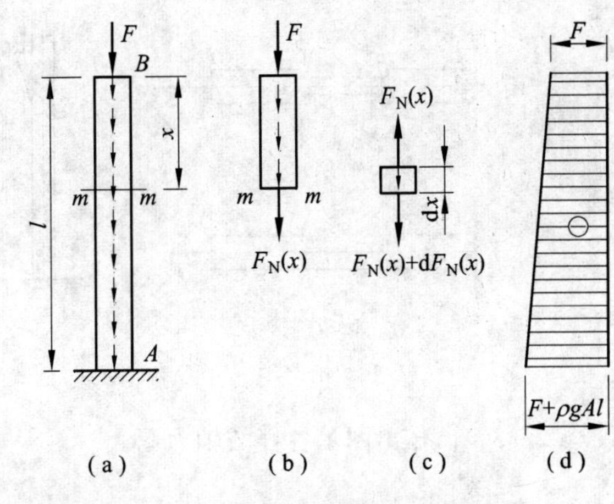

例 2-11 图

如果 ρgl 与$[\sigma]$相比很小，则可忽略 ρgl 不计。

为了求 B 截面的位移，需先计算柱的缩短量。在考虑自重的情况下，各横截面轴力不相等，不能直接用(2-4)式求柱的变形。因此从 x 截面处取长为 dx 的微段，其受力如图(c)所示。略去微量 $dF_N(x)$，dx 微段的缩短量为

$$\Delta(dx)=\frac{F_N(x)dx}{EA}=-\frac{F+\rho gAx}{EA}dx$$

积分上式得到柱的缩短量

$$\Delta l=-\int_0^l\frac{F+\rho gAx}{EA}dx=-\left(\frac{Fl}{EA}+\frac{\rho gl^2}{2E}\right)=-\frac{(F+0.5W)l}{EA}$$

式中，$W=\rho glA$ 是柱的自重。由此可见，等直柱因自重引起的缩短量，等于将柱重的一半加于柱端时引起的缩短量。

由于 A 端固定，B 截面的位移在数值上等于柱的缩短量，方向竖直向下，即

$$\Delta_B=\frac{(F+0.5W)l}{EA}\quad(\downarrow)$$

习　题

2-1　试判断在杆件的 BC 区段内是否是轴向拉伸(压缩)?

2-2　一等直杆受力如图(a)所示。根据理论力学中力的可传性原理，将力 F 移到 C 点[图(b)]和 A 点[图(c)]。然后按照(a)、(b)、(c)图，分别求 $m-m$ 横截面上的轴力。由计算结果，你认为在应用力的可传性原理时应注意些什么?

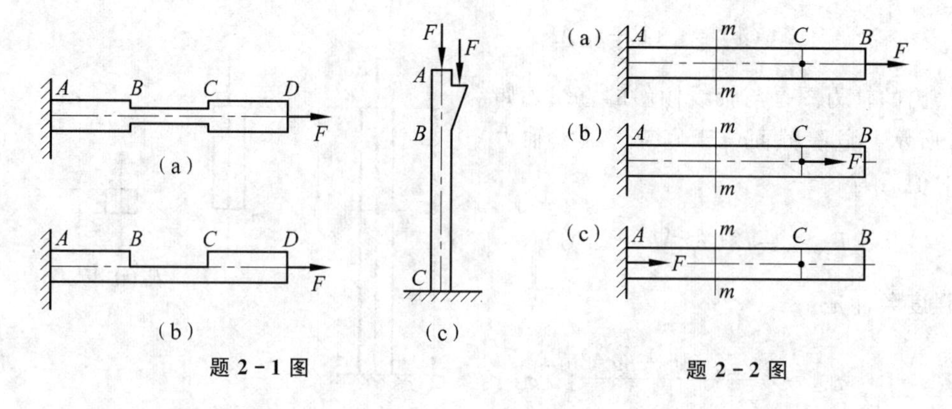

题 2-1 图　　　　题 2-2 图

2-3　试作出图示各杆的轴力图。

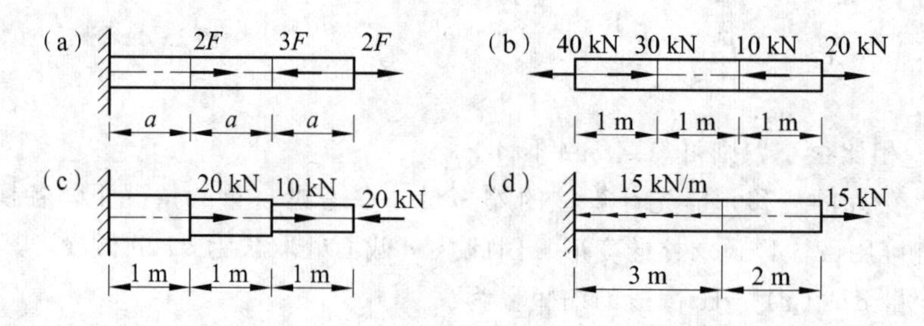

题 2-3 图

2-4　图示一混合屋架结构的计算简图。屋架的上弦杆 AC、CB 用钢筋混凝土制成，下弦杆 AE、EG、GB 均用两根 75 mm×75 mm×8 mm 的等边角钢构成，已知竖直均布荷载 q=20 kN/m。求拉杆 AE 和 EG 横截面上的应力。

2-5　杆件 $ABCD$ 是用 E=70 GPa 的铝合金制成，AC 段横截面面积 A_1=800 mm^2，CD 段横截面面积 A_2=500 mm^2，受力如图所示，不计杆件自重。试求：(1) AB、BC、CD 段的纵向线应变；(2) AB、BC、CD 段的伸长或缩短量及杆件的总伸长量；(3) C 截面和 D 截面的位移。

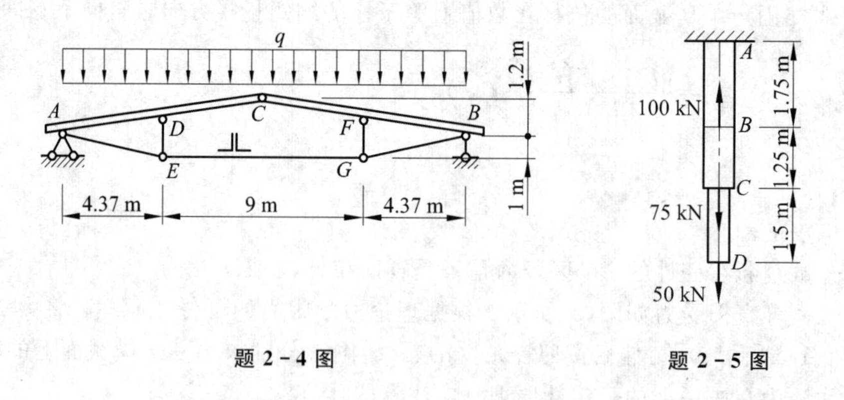

题 2-4 图　　　　题 2-5 图

2-6　(1) 一受轴向拉伸(压缩)的圆截面杆，试证明其横截面沿圆周方向的线应变 ε_s 等于直径的相对变化 ε_d。(2) 一直径为 d=10 mm 的圆截面杆，在轴向拉力作用下，直径减小 0.0025 mm，如材料的弹性模量 E=210 GPa，横向变形因数 ν=0.3，试求轴向拉力 F。

(3) 空心圆截面钢杆，外直径 $D=120$ mm，内直径 $d=60$ mm，当受到轴向拉伸时，已知纵向线应变 $\varepsilon=0.001$，求此时的壁厚 δ。材料的横向变形因数 $\nu=0.3$。

2-7 试求受轴向拉力 F 的箱形截面杆在 A、B 两点间的距离改变量 Δ_{AB}。已知此杆材料的弹性常数为 E、ν。

2-8 求图示圆锥形杆在轴向拉力作用下的伸长量。已知该杆材料的弹性模量为 E。

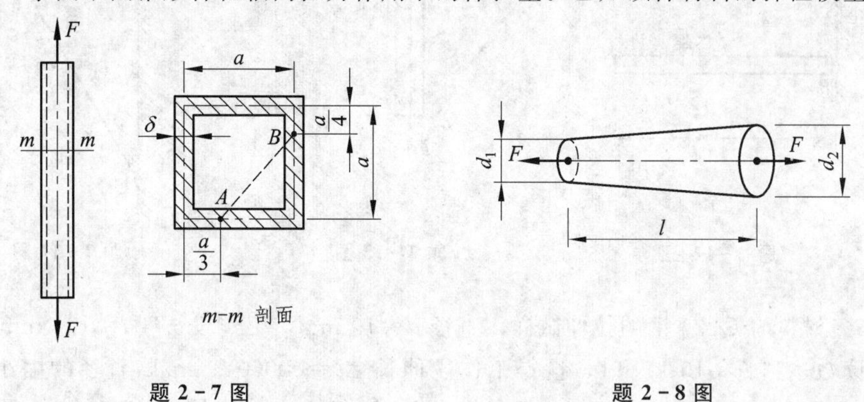

题 2-7 图　　**题 2-8 图**

* **2-9** 图示实心圆钢杆 AB 和 AC 的直径分别为 $d_1=12$ mm 和 $d_2=15$ mm，弹性模量 $E=210$ GPa，铅垂向下的力 $F=35$ kN。试求 A 点的铅垂方向的位移。

* **2-10** 在图示 A、B 两点之间原来水平地拉着一根直径 $d=1$ mm 的钢丝，然后在钢丝的中点加一铅垂荷载 F。已知钢丝的线应变 $\varepsilon=0.0035$，材料的弹性模量 $E=210$ GPa，钢丝的自重不计。试求：(1) 钢丝横截面上的应力。假设钢丝经过冷拉，在断裂前可认为符合胡克定律。(2) 钢丝在 C 点下降的距离 Δ。(3) 此时荷载 F 的值。（注：该题虽是线弹性材料，但并不是小变形问题。）

2-11 图示结构中 AB 为水平放置的刚性杆，1、2、3 杆材料相同，已知 $l=1$ m，材料的弹性模量 $E=210$ GPa，$A_1=A_2=100$ mm^2，$A_3=150$ mm^2，$F=20$ kN。试求 C 点的水平位移和铅垂位移。

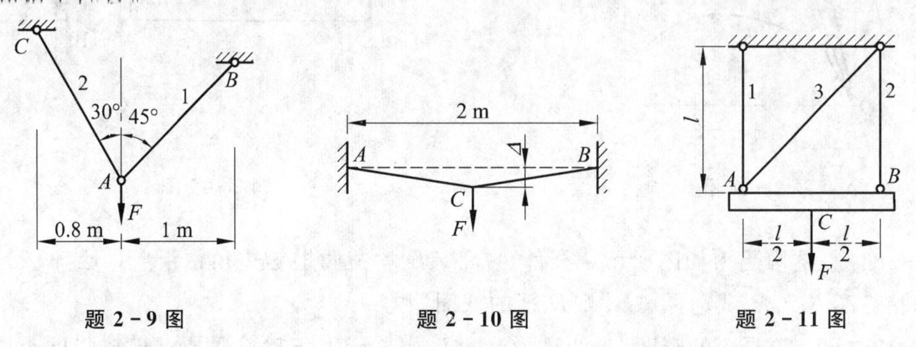

题 2-9 图　　**题 2-10 图**　　**题 2-11 图**

2-12 图示结构中，设 BD 为刚性杆；AC 杆由 Q235 钢制成，$E=200$ GPa，直径 $d=12$ mm。已知 $l=0.5$ m，$\alpha=30°$，$F=5$ kN。试求刚性杆 D 端的铅垂位移。

2-13 图示杆件的长度 l 和拉伸刚度 EA 及所受荷载 F、q 均为已知，且杆件在线弹性范围内工作。试分别绘出轴力、横截面上的应力和横截面的位移沿轴线变化的曲线。

2-14 1、2 两杆的弹性模量均为 $E=200$ GPa，横截面面积分别为 $A_1=300$ mm^2、A_2

$=200\ mm^2$，荷载 $F=30$ kN。试求 B 点的水平位移 Δ_{Bx} 和铅垂位移 Δ_{By}。

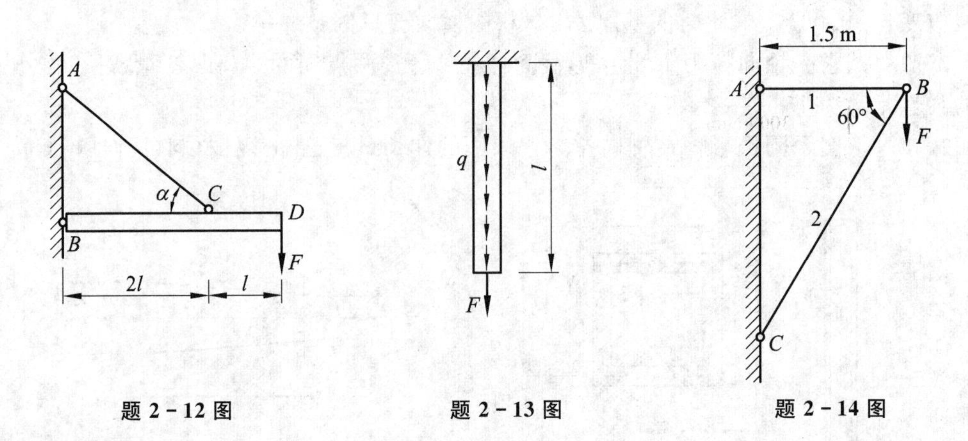

题 2-12 图　　题 2-13 图　　题 2-14 图

2-15　材料为 Q235 钢的拉伸试样，直径 $d=10$ mm，工作段长度 $l=100$ mm。当实验机上荷载读数达到 $F=10$ kN 时，量得工作段伸长 $\Delta l=0.060\ 7$ mm，直径的缩小为 $\Delta d=0.001\ 7$ mm。试求此时试样横截面上的正应力 σ，并求材料的弹性模量 E 和横向变形因数 ν。已知 Q235 钢的比例极限为 $\sigma_p=200$ MPa。

2-16　三种材料的应力-应变曲线分别如图中 a、b、c 所示。试指出强度最高、弹性模量最大、塑性最好的分别是哪一种材料？

2-17　一块厚 10 mm、宽 200 mm 的钢板，其截面被直径 $d=20$ mm 的圆孔所削弱，圆孔的排列对称于杆的轴线，已知轴向拉力 $F=200$ kN，材料的许用应力 $[\sigma]=170$ MPa。试校核钢板的强度。

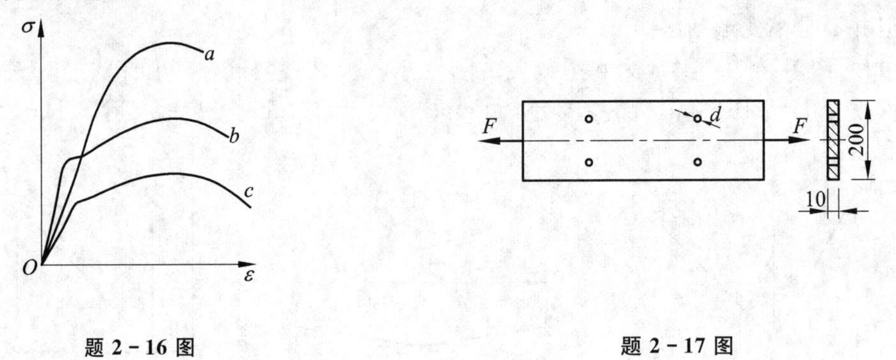

题 2-16 图　　题 2-17 图

2-18　一结构受力如图所示，杆件 AB、AD 均由两根等边角钢组成，已知材料的许用应力 $[\sigma]=170$ MPa。试选择 AB、AD 杆的截面型号。

2-19　已知混凝土的密度 $\rho=2.25\ t/m^3$，许用压应力 $[\sigma]=2$ MPa，试按强度条件确定图示混凝土柱所需的横截面面积 A_1 和 A_2，如混凝土的弹性模量 $E=20$ GPa。求柱顶 A 的位移。

2-20　图示桁架的 1、2 两圆截面杆均由 Q235 钢制成，$[\sigma]=170$ MPa，直径 $d_1=30$ mm，$d_2=20$ mm，荷载 F 铅垂向下。试确定许用荷载。

2-21　半圆形三铰拱如图所示，AC 和 BC 部分为刚性块，AB 为圆截面钢杆，其许用应力 $[\sigma]=160$ MPa，$R=12$ m，$q=90$ kN/m。试设计 AB 杆的直径 d。

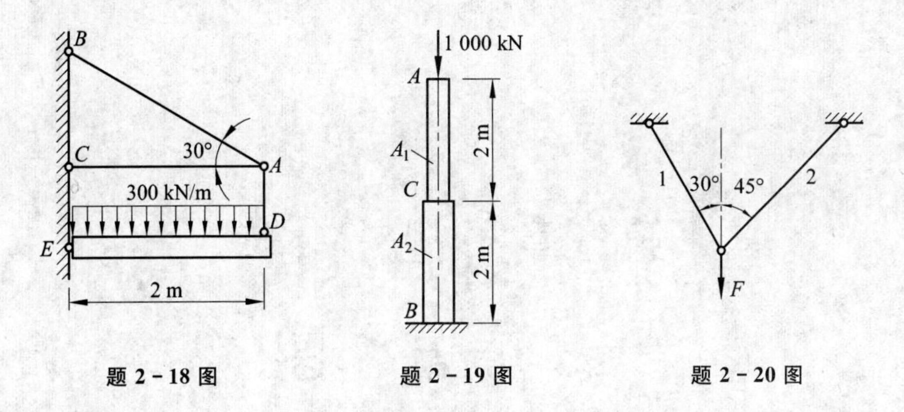

题 2－18 图　　题 2－19 图　　题 2－20 图

2－22　图示结构中，1、2 两杆的材料相同，且拉伸和压缩时的许用应力均为$[\sigma]$，横截面面积分别为 A_1 和 A_2，BC 杆的长度 l 保持不变，AB 杆长度随 θ 角的变化而改变。欲使两杆应力同时达到许用应力，且使结构用料最省，求此时的 θ 值。

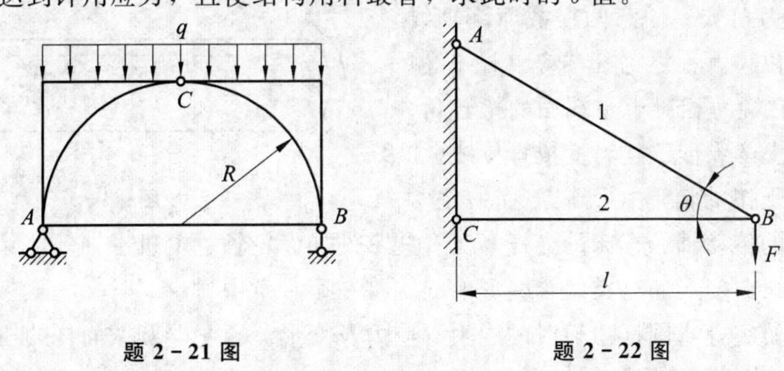

题 2－21 图　　题 2－22 图

第三章　扭　　转

§3-1　概　　述

图 3-1 表示一等直圆杆在两端受一对大小相等、转向相反、作用面垂直于轴线的力偶作用，杆的各横截面绕轴线作相对转动，这种变形形式称为**扭转**。任意两横截面绕轴线转动的相对角位移，称之为**扭转角**。图 3-1 中的 φ_{AB} 就是右端面相对于左端面的扭转角。同时，杆表面上的纵向线均将变成螺旋线。

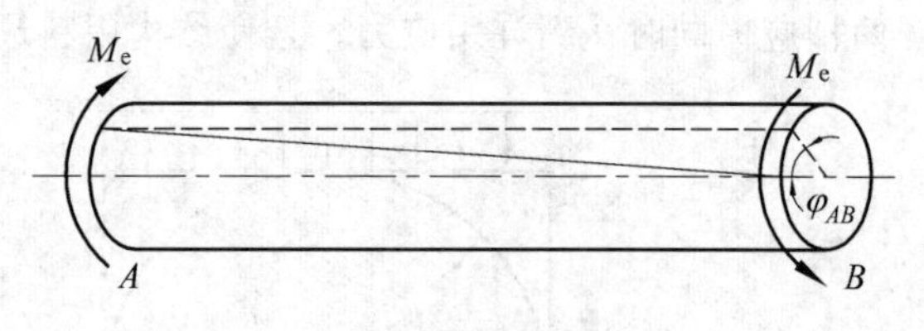

图　3-1

圆截面杆受扭的情形在机械工程中是常见的，如汽车的传动轴、车床的光杆等。有些零件如齿轮轴、电机主轴等，除发生扭转变形外，还伴随有弯曲变形。这类组合变形的问题将在第十章中讨论。

本章着重研究等直圆杆扭转时的内力、应力及变形。至于非圆截面杆的扭转问题只介绍一些弹性力学中分析的结果。

§3-2　外力偶矩计算　扭矩及扭矩图

一、功率、转速和力偶矩之间的关系

作用在杆上的外力偶矩，一般可通过横向力及其到轴线的距离来计算。但对于机械中的传动轴，通常只知道它的转速和传递的功率。所以在分析内力之前，首先需要根据转速、功率来计算外力偶矩。例如，图 3-2 所示的传动轴、已知通过皮带轮输入的功率及轴 AB 的转速，如何计算作用在轴 AB 上的外力偶矩 M_e？

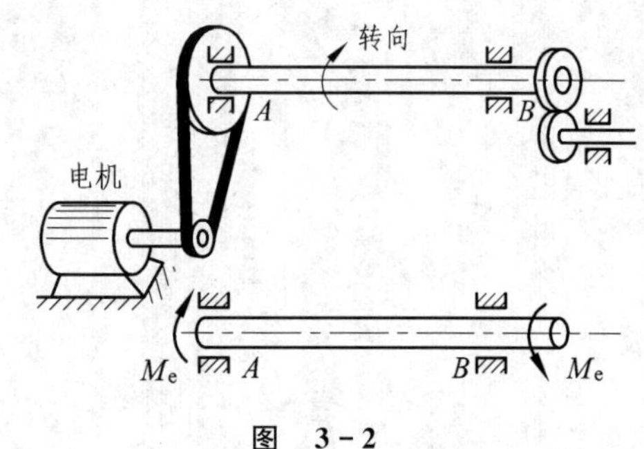

图　3-2

力偶矩 M_e 与角速度 ω 的乘积为功率 P，即

$$P=M_e\omega$$

工程上，功率 P 的常用单位为 kW(千瓦)，而 1 kW=10^3 N·m/s；转速 n 的常用单位为 r/min(转/分)，故上式又可写为

$$P\times10^3=M_e\times\frac{2\pi n}{60}$$

由此可得 $$\{M_e\}_{N\cdot m}=\frac{60\times10^3}{2\pi}\frac{\{P\}_{kW}}{\{n\}_{r/min}}\approx9\ 549\ \frac{\{P\}_{kW}}{\{n\}_{r/min}} \tag{3-1}$$

在确定外力偶的转向时应该注意，主动轮上外力偶的转向和轴的转向一致，从动轮上外力偶的转向和轴的转向相反，这是因为从动轮上的外力偶是阻力。

二、扭矩和扭矩图

现在研究圆截面杆受扭时横截面上的内力，所用的方法仍为截面法。例如，求图 3-3(a)所示的 $m-m$ 横截面上的内力。假想用 $m-m$ 截面将杆 AB 截分为左、右两部分。若取左段为研究对象[图 3-3(b)]，根据分离体的平衡条件可知，$m-m$ 截面上的内力必定是一个位于横截面平面内的力偶，该力偶矩用 T 表示。由

$$\sum M_x=0,\quad T-M_e=0$$

得 $$T=M_e$$

T 称为 $m-m$ 截面上的**扭矩**，它是该截面上切向分布内力的合力偶矩。

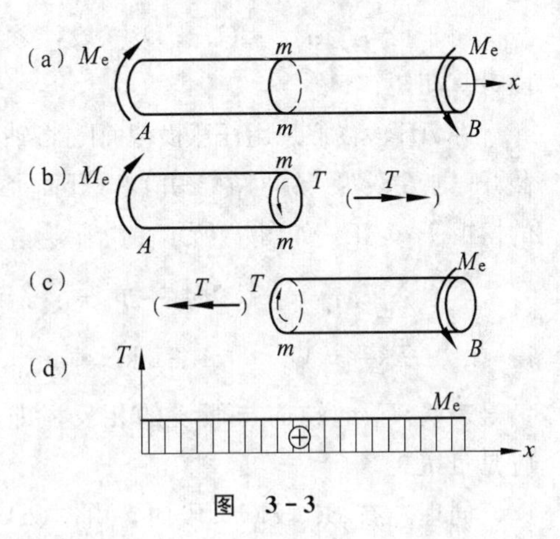

图 3-3

如果取右段为研究对象，如图 3-3(c)所示，所得到的 $m-m$ 截面上的扭矩 T，其值仍为 M_e，但转向与图 3-3(b)中所示者相反。为了使两种情况得到的 $m-m$ 截面上的扭矩 T 有统一的正负号，对扭矩的符号作如下规定：按右手螺旋法则，将扭矩用矢量表示，若矢量的指向离开截面时，则该扭矩为正，反之为负。图3-3(b)、(c)中圆括号内示出了扭矩 T 的矢量表示方法，可见图中 $m-m$ 截面上的扭矩为正。

一般情况下，杆件各横截面上的扭矩是不同的，为清晰地表示各截面上的扭矩沿轴线变化的情况，可依照作轴力图的方法绘制**扭矩图**。作图时，沿杆的轴线方向的横坐标表示横截面的位置，垂直于轴线方向的纵坐标表示扭矩。上述 AB 杆的扭矩图如图 3-3(d)所示。

例 3-1 图(a)所示的传动轴，转速 $n=300$ r/min，转向如图所示。C 轮为主动轮，输入功率为 $P_C=360$ kW。A、B、D 轮为从动轮，输出功率分别为 $P_A=60$ kW，$P_B=120$ kW，$P_D=180$ kW。试绘该轴的扭矩图。

解

(1) 计算外力偶矩。

由式(3-1)可知，作用在 A、B、C、D 轮上的外力偶矩分别为

$$\begin{aligned}M_A&=9\ 549\times\frac{P_A}{n}=\left(9\ 549\times\frac{60}{300}\right)\text{N}\cdot\text{m}=1.91\times10^3\ \text{N}\cdot\text{m}\\&=1.91\ \text{kN}\cdot\text{m}\end{aligned}$$

$$\begin{aligned}M_B&=9\ 549\times\frac{P_B}{n}=\left(9\ 549\times\frac{120}{300}\right)\text{N}\cdot\text{m}=3.82\times10^3\ \text{N}\cdot\text{m}\\&=3.82\ \text{kN}\cdot\text{m}\end{aligned}$$

$$M_C = 9\ 549 \times \frac{P_C}{n} = \left(9\ 549 \times \frac{360}{300}\right)\ \text{N} \cdot \text{m} = 11.46 \times 10^3\ \text{N} \cdot \text{m}$$
$$= 11.46\ \text{kN} \cdot \text{m}$$
$$M_D = 9\ 549 \times \frac{P_D}{n} = \left(9\ 549 \times \frac{180}{300}\right)\ \text{N} \cdot \text{m} = 5.73 \times 10^3\ \text{N} \cdot \text{m}$$
$$= 5.73\ \text{kN} \cdot \text{m}$$

各外力偶矩的转向，分别如图(b)所示。

(2) 计算扭矩。

将轴分为 AB、BC、CD 三段，逐段计算扭矩。

在 AB 段内假想用任意横截面Ⅰ-Ⅰ将轴截开，取左段为研究对象，并设截开面上的扭矩 T_1 为正，如图(c)所示。由

$$\sum M_x = 0, \quad M_A + T_1 = 0$$

得 $T_1 = -M_A = -1.91\ \text{kN} \cdot \text{m}$

负号表明 T_1 的转向与假设的相反，即应是负扭矩。

同理，在 BC 及 CD 段内，由图(d)及图(e)可求得这两段的扭矩分别为

$$T_2 = -(M_A + M_B) = -5.73\ \text{kN} \cdot \text{m}$$
$$T_3 = M_D = 5.73\ \text{kN} \cdot \text{m}$$

(3) 绘扭矩图。

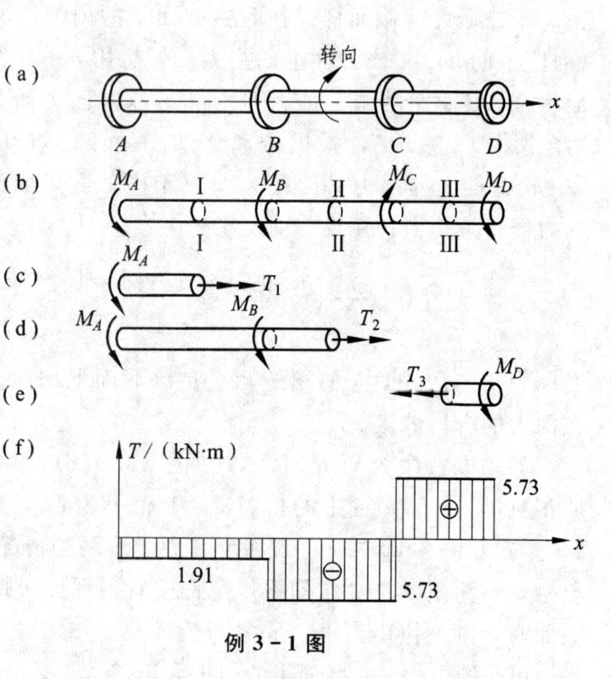

例 3－1 图

根据上面的计算结果，作出扭矩图如图(f)所示。可见，$|T|_{max}$ 在 BC 段和 CD 段，其值为 5.73 kN·m。

§3－3　薄壁圆筒的扭转

在讨论实心圆杆受扭时的应力与变形之前，先研究一种最简单的扭转问题，即薄壁圆筒的扭转，以便介绍和切应力、切应变等有关的一些基本概念。

一、薄壁圆筒扭转时的应力及变形

当圆筒的壁厚 δ 远小于其平均半径 R_0（一般认为 $\delta \leqslant R_0/10$）时，称为薄壁圆筒，如图 3－4(a)所示。薄壁圆筒受扭时，用截面法仅能确定横截面上的扭矩 T，它是切向分布内力的合力偶矩。而切向分布内力的集度即切应力在横截面上如何分布尚属未知。这与分析拉(压)杆的应力相类似，也要从分析薄壁圆筒受扭时的变形入手。为此，预先在圆筒的表面上用等间距的圆周线和纵向线画出一系列大小相同的矩形网格，如图 3－4(a)所示。然后，在

其两端施加一对外力偶(其矩为 M_e)。在小变形的情形下，将会看到：各圆周线的形状、大小及其间距均未改变，只是绕轴线作相对转动；各纵向线均倾斜了同一角度 γ，所有矩形都变成平行四边形[图 3-4(b)，图中的变形情况是假设左端不动而画出的]。

因为壁很薄，故可将圆周线绕轴线的转动视为横截面的转动，任意两个横截面相对转动的角度称为**相对扭转角**。图 3-4(b)中的 φ 角是右端相对于左端的扭转角。现在设想用两相邻横截面和两相邻的径截面而厚度为 $\mathrm{d}\delta$，从杆中取出一个微小正六面体，称为单元体[图 3-4(c)]。由于相邻横截面的距离未变，圆周线长度也未变，故该单元体沿 x 和 s 方向均无线应变，从而可知杆的横截面和径截面上均无正应力。然而该单元体左、右两个面发生了相对错动，这种变形叫剪切变形。因错动而倾斜的角度，也就是单元体直角的改变量 γ，称为**切应变**，其单位为弧度(rad)。与切应变相对应，单元体左、右两个面上必有切应力 τ。因为沿圆周方向所有单元体的切应变 γ 是相同的，根据材料是均匀连续的假设可知，横截面上沿圆周各点处的切应力 τ 也应相等，而方向垂直于半径(因为剪切变形发生在垂直于半径的平面内)。至于切应力沿半径方向的变化，由于壁很薄，可设 τ 沿壁厚均匀分布[图 3-5(a)]。

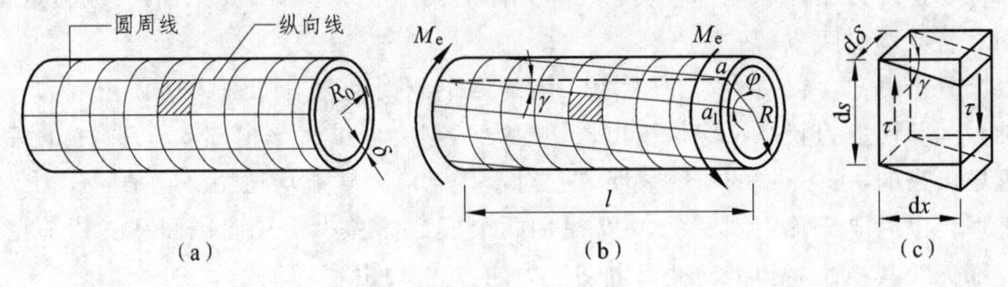

图 3-4

要得到切应力 τ 的计算公式，还需知道切应力 τ 和扭矩 T 的关系。在图 3-5(b)中，取微面积 $\mathrm{d}A=\delta R_0\mathrm{d}\theta$，其上的切向内力为 $\tau\mathrm{d}A=\tau\delta R_0\mathrm{d}\theta$，它对圆心的力矩为 $\tau\mathrm{d}AR_0=\tau\delta R_0^2\mathrm{d}\theta$，于是可得横截面上的扭矩 T 如下

$$T=\int_A R_0\tau\mathrm{d}A=\int_0^{2\pi}\tau R_0^2\delta\mathrm{d}\theta=\tau 2\pi R_0^2\delta$$

由此得

$$\tau=\frac{T}{2\pi R_0^2\delta} \tag{3-2}$$

此即薄壁圆筒扭转时横截面上的切应力计算公式。τ 的指向应与扭矩 T 的转向相对应。由于假设切应力沿壁厚均匀分布，故该式是近似公式，其精确程度将在下一节中讨论。

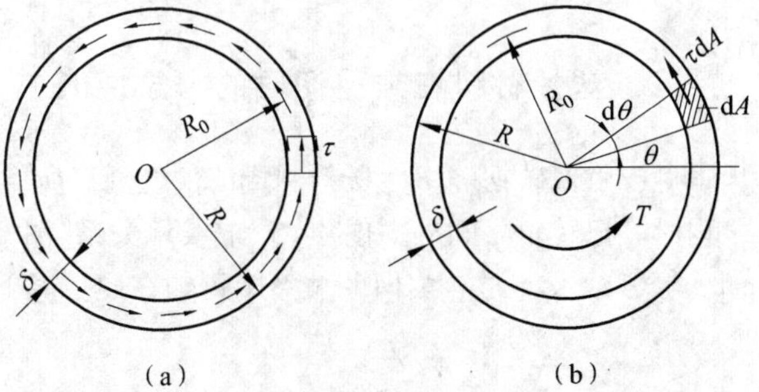

(a)　　(b)

图 3-5

此外，由图 3-4(b)所示的几何关系，并注意到小角度时

$$\gamma\approx\tan\gamma=\frac{\overline{aa_1}}{l}$$

及

$$\overline{aa_1}=\varphi R$$

可得

$$\gamma=\frac{\varphi R}{l} \tag{3-3}$$

若由实验测得扭转角 φ，则可由(3-3)式求出切应变 γ。式中 R 为外半径，对于薄壁圆筒，可用平均半径 R_0 代替 R。

二、切应力互等定理

现在进一步研究图 3-4(c)所示单元体上、下两个面(即两个径截面)上的应力。边长 ds 在这里改用 dy 表示(图 3-6)。单元体左、右两个面属于圆筒的横截面，其上作用有等值反向的切应力 τ。这两个面上的切向内力均为 $\tau \mathrm{d}\delta \mathrm{d}y$，它们组成一个力偶，其矩为 $(\tau \mathrm{d}\delta \mathrm{d}y)\mathrm{d}x$。要保持单元体的平衡，在上、下两个面上必有等值反向的切应力 τ'。根据单元体的力矩平衡条件得

$$(\tau' \mathrm{d}\delta \mathrm{d}x)\mathrm{d}y=(\tau \mathrm{d}\delta \mathrm{d}y)\mathrm{d}x$$

故

$$\tau=\tau' \tag{3-4}$$

这一关系称为**切应力互等定理**。它表明在单元体的两个互相垂直截面上的切应力**数值相等**，而指向均对着或背离两截面的交线。

由以上分析可知，在图 3-6 所示单元体的四个侧面上只有切应力而无正应力，这种应力状态称为**纯剪切应力状态**。应该指出，切应力互等定理虽然是由图 3-6 所示的纯剪切应力状态推导出来的，进一步的研究表明，它对于任意应力状态均适用。它是固体力学中一个重要的定理，以后要经常用到。图 3-7 是用两个横截面和一个径向截面从受扭薄壁圆筒中截出的一部分，其横截面和纵向截面上切应力的方向如图 3-7 所示。

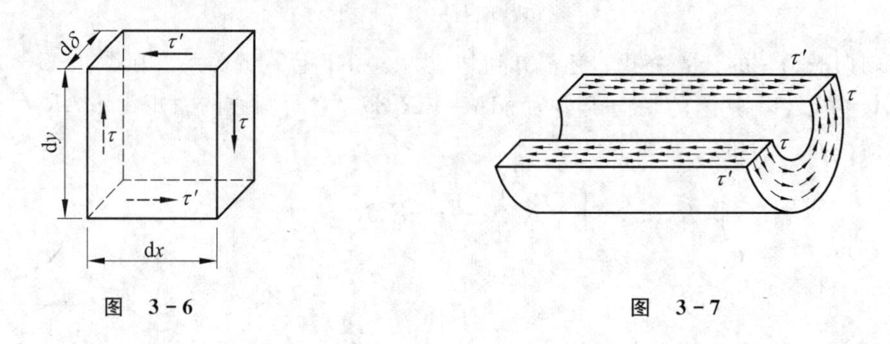

图 3-6　　　　图 3-7

三、塑性材料在纯剪切时的力学性能

对于由低碳钢等塑性材料制成的薄壁圆筒所做的扭转实验表明，当外力偶矩在某一范围之内时，扭转角 φ 和外力偶矩 M_e 成线性关系[图 3-8(b)]。利用(3-2)式及(3-3)式所示的 τ 与 T 以及 γ 与 φ 之间的关系，可知在此情况下 τ 与 γ 也成线性关系，即

$$\tau \propto \gamma$$

如果引进比例常数 G，则

$$\tau=G\gamma \tag{3-5}$$

这一关系称为材料的**剪切胡克定律**。比例常数 G 称为材料的**切变模量**，其值随材料而异，

由实验测定，常用单位为 GPa。钢材的切变模量约为 80 GPa。

(3-5)式成立的条件是 $\tau \leqslant \tau_p$，τ_p 称为材料的**剪切比例极限**。习惯上把切应力不超过 τ_p 的这一范围称为线弹性范围[图 3-8(c)]。

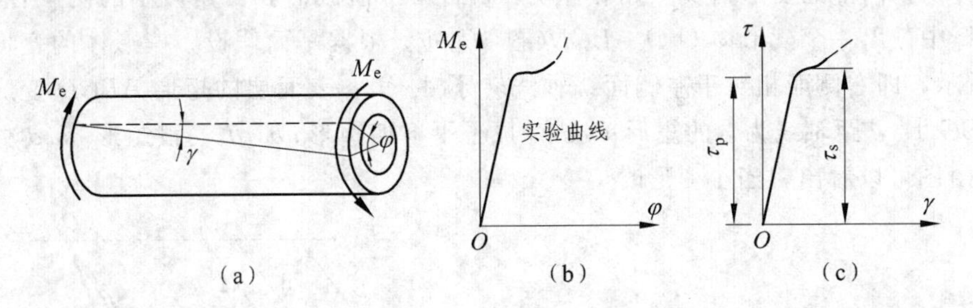

图 3-8

切变模量 G、拉(压)弹性模量 E 及泊松比 ν 均为材料的弹性常数。实验和理论(第七章)都表明，对于各向同性的材料，E、G、ν 三者之间存在以下关系：

$$G=\frac{E}{2(1+\nu)} \tag{3-6}$$

所以，对于各向同性的材料，通常由实验测定 E、ν 或 E、G，即可由上式求出第三个弹性常数。

与低碳钢的拉伸实验相类似，当切应力超过 τ_p 而达到图 3-8(c)中所示的 τ_s 时，材料也发生屈服现象，τ_s 称为材料的**剪切屈服极限**，它是塑性材料在纯剪切时的强度指标。

§3-4 等直圆杆的扭转

一、横截面上的切应力

和薄壁圆筒受扭时相仿，要导出实心圆杆受扭时横截面上的切应力计算公式，关键在于确定切应力在横截面上的分布规律。这仍需从研究变形入手，再利用切应力与切应变之间的关系来确定。最后通过静力学关系，把切应力和扭矩联系起来，方能得到横截面上的切应力计算公式。下面就从几何、物理和静力学这三方面来进行分析。

1. 几何方面

对于实心圆杆的扭转，用以观察表面变形的实验方法及所观察到的表面变形情况，均与薄壁圆筒扭转时相同(参看图 3-4)。即当小变形时，各圆周线的形状、大小及其间距均未改变，只是绕轴线作相对转动；各纵向线均倾斜了同一微小角度 γ，表面上所有矩形均变成平行四边形。

实心圆杆受扭时，还要知道其内部的变形情况。为此，必须依据表面的变形现象去推断内部的变形情况。注意到圆周线是横截面的轮廓线，因此，可以假设横截面像刚性平面一样绕轴线转动，此即**扭转平面假设**。具体地说，就是圆杆扭转变形时，各横截面仍保持为平面，其大小、形状及其间距均未改变；半径仍为直线，只是各横截面绕轴线作相对转动。根据这一假设所得到的应力和变形公式已为实验所证实，所以平面假设对圆杆扭转来说是能成立的。

为研究圆杆内部的变形情况，用相距为 $\mathrm{d}x$ 的两个横截面和夹角微小的两个径向截面，从受扭圆杆中截出一个楔形体 O_1O_2ABCD(图 3－9)。根据平面假设，楔形体的变形将如图 3－9(b)所示，即右侧面相对于左侧面绕轴线转了 $\mathrm{d}\varphi$ 角；表面层的矩形 $ABCD$ 变成了平形四边形 ABC_1D_1，距轴线为 ρ 的矩形 $abcd$ 变成了平行四边形 abc_1d_1。设矩形 $abcd$ 处的切应变为 γ_ρ，由图可以看出，当小变形时

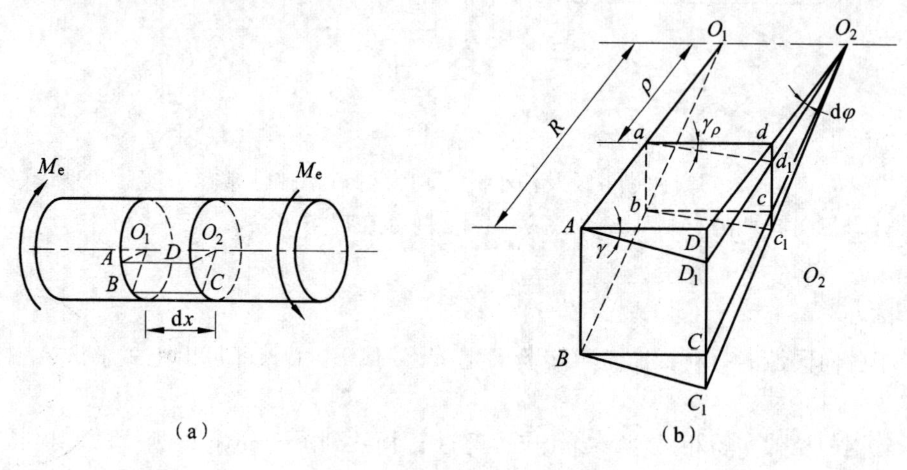

图 3－9

$$\gamma_\rho \approx \tan\gamma_\rho = \frac{\overline{dd_1}}{\mathrm{d}x} = \frac{\rho \mathrm{d}\varphi}{\mathrm{d}x}$$

即

$$\gamma_\rho = \rho \frac{\mathrm{d}\varphi}{\mathrm{d}x} \tag{a}$$

式中，$\mathrm{d}\varphi/\mathrm{d}x$ 为**扭转角沿杆长的变化率**，在同一横截面处，$\mathrm{d}\varphi/\mathrm{d}x$ 为一常量。可见，切应变 γ_ρ 和 ρ 成正比。

2．物理方面

知道了切应变的变化规律以后，应用物理关系即可确定切应力的分布规律。由剪切胡克定律可知，当 $\tau \leqslant \tau_p$ 时

$$\tau = G\gamma$$

将(a)式代入上式，即得横截面上半径为 ρ 处的切应力为

$$\tau_\rho = G\gamma_\rho = G\rho \frac{\mathrm{d}\varphi}{\mathrm{d}x} \tag{b}$$

其方向垂直于半径，这是因为剪切变形就发生在垂直于半径的平面内。

由(b)式可知，圆杆横截面上的切应力 τ_ρ 和 ρ 成正比，即切应力沿半径方向按线性规律变化，在距圆心等远的各点处 τ 的大小相等。上述分析完全适用于空心圆截面杆，图 3－10(a)、(b)分别示出了实心圆杆和空心圆杆扭转切应力沿半径变化的情况。由切应力互等定理

还可知道杆的径截面上的切应力分布规律，如图 3-10(c)所示。

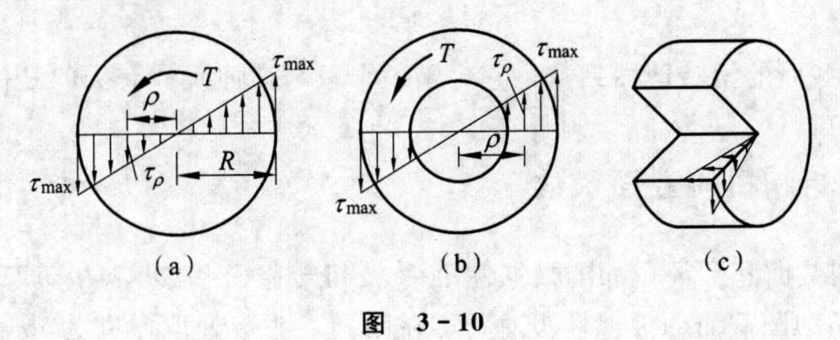

图 3-10

3. 静力学方面

(b)式中的$\dfrac{\mathrm{d}\varphi}{\mathrm{d}x}$值尚属未知，所以还不能由(b)式来计算切应力。显然，对于给定的杆件，$\dfrac{\mathrm{d}\varphi}{\mathrm{d}x}$值与扭矩的大小相关。故可利用横截面上的切应力与扭矩 T 间的静力学关系来解决这个未知问题。

设到圆心的距离为 ρ 处取微面积 $\mathrm{d}A$(图 3-11)，其上的切向内力 $\tau_\rho \mathrm{d}A$ 对圆心的力矩为 $\rho(\tau_\rho \mathrm{d}A)$，在整个截面上这些力矩之和就等于该横截面上的扭矩 T，即

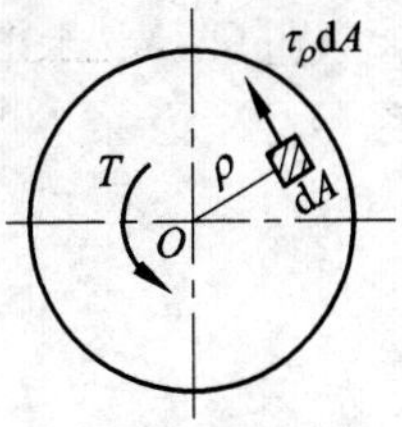

$$T=\int_A \rho\tau_\rho \mathrm{d}A$$

图 3-11

把(b)式代入上式，得

$$T=\int_A \rho\left(\rho G\frac{\mathrm{d}\varphi}{\mathrm{d}x}\right)\mathrm{d}A=G\frac{\mathrm{d}\varphi}{\mathrm{d}x}\int_A \rho^2\mathrm{d}A$$

令 $$I_\mathrm{p}=\int \rho^2\mathrm{d}A \tag{3-7}$$

则有 $$T=GI_\mathrm{p}\frac{\mathrm{d}\varphi}{\mathrm{d}x}$$

或 $$\frac{\mathrm{d}\varphi}{\mathrm{d}x}=\frac{T}{GI_\mathrm{p}} \tag{3-8}$$

此式是计算圆杆相对扭转角的基本公式。式中 I_p 称为圆截面的**极惯性矩**，它是一个只与截面尺寸有关的几何量。

把(3-8)式代回(b)式，得

$$\tau_\rho=\frac{T\cdot\rho}{I_\mathrm{p}} \tag{3-9}$$

这就是圆杆扭转时横截面上的切应力计算公式。

由(3-9)式可见，当 ρ 等于半径 R 时，即在横截面最外边缘处，切应力为最大，其值为

$$\tau_{\max}=\frac{TR}{I_\mathrm{p}}=\frac{T}{I_\mathrm{p}/R}$$

令 $$\frac{I_\mathrm{p}}{R}=W_\mathrm{p} \tag{3-10}$$

则 $$\tau_{max}=\frac{T}{W_p} \tag{3-11}$$

式中，W_p 称为圆截面的**扭转截面系数**，它也是一个只与截面尺寸有关的几何量。

二、极惯性矩和扭转截面系数

现在来推导圆截面和圆环截面的极惯性矩 I_p 及扭转截面系数 W_p 的计算公式。

在求直径为 d 的圆截面的极惯性矩时，可在距圆心为 ρ 处取厚度为 $d\rho$ 的环形面积作为微面积，即 $dA=2\pi\rho d\rho$[图 3-12(a)]。则由(3-7)式可得极惯性矩为

$$I_p=\int_A\rho^2 dA=\int_0^{d/2}\rho^2(2\pi\rho d\rho)=\frac{\pi d^4}{32} \tag{3-12}$$

由(3-10)式可得扭转截面系数为

$$W_p=\frac{I_p}{R}=\frac{I_p}{d/2}=\frac{\pi d^3}{16} \tag{3-13}$$

同理，对于图 3-12(b)所示的外径为 D、内径为 d 的圆环截面的极惯性矩和扭转截面系数分别为

$$I_p=\int_{d/2}^{D/2}\rho^2(2\pi\rho d\rho)$$

$$=\frac{\pi}{32}(D^4-d^4)=\frac{\pi D^4}{32}(1-\alpha^4) \tag{3-14}$$

$$W_p=\frac{I_p}{D/2}=\frac{\pi D^3}{16}(1-\alpha^4) \tag{3-15}$$

式中，$\alpha=d/D$。

对于薄壁圆环截面，若用平均半径 R_0 和壁厚 δ 表示其内、外径，即 $D=2R_0+\delta$，$d=2R_0-\delta$。把它们代入(3-14)式，并注意到 δ 很小，在略去 δ 的二次方以上项后得

$$I_p\approx 2\pi R_0^3\delta \tag{a}$$

相应的扭转截面系数为

$$W_p=\frac{I_p}{R_0+(\delta/2)}\approx 2\pi R_0^2\delta \tag{b}$$

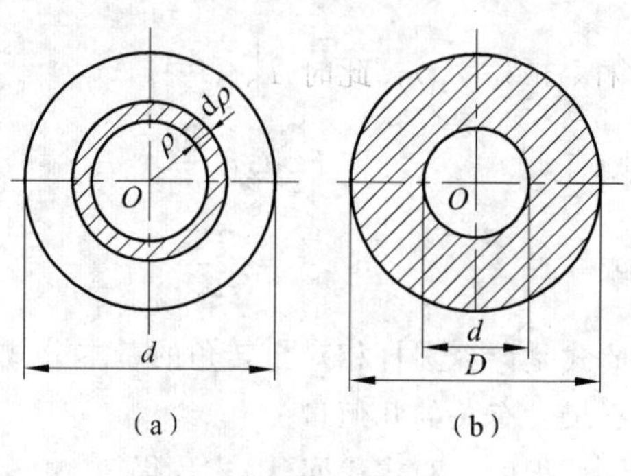

图 3-12

若将(b)式代入(3-11)式，即得薄壁圆筒扭转时横截面上的切应力计算公式(3-2)。欲了解(3-2)式的精确程度，可按(3-15)式计算 W_p 的精确值，即

$$W_p=\frac{\pi(2R_0+\delta)^3}{16}\left[1-\left(\frac{2R_0-\delta}{2R_0+\delta}\right)^4\right]$$

将它代入(3-11)式，经化简后得到薄壁圆筒横截面上 τ_{max} 的精确值为

$$\tau_{max}=\frac{T(2R_0+\delta)}{\pi R_0\delta(4R_0^2+\delta^2)}$$

而按(3-2)式计算时，其值为

$$\tau=\frac{T}{2\pi R_0^2\delta}$$

现以精确值 $\tau_{\max}$ 为基准，来讨论(3-2)式的误差 Δ，即

$$\Delta=\frac{\tau_{\max}-\tau}{\tau_{\max}}\times 100\%=\frac{\beta(1-\beta)}{(1+\beta)}\times 100\%$$

式中，$\beta=\delta/(2R_0)$。在§3-3中，曾限定 $\delta\leqslant R_0/10$ 方可按薄壁圆筒处理，这时 $\beta\leqslant 0.05$，由此得到 $\Delta\leqslant 4.5\%$。可见按(3-2)式计算薄壁圆筒受扭时的切应力，对实际工程应用来说已足够精确。

三、扭转角

现在计算圆杆受扭时的扭转角，其目的是为了建立刚度条件。

由(3-8)式可知，圆截面杆相距为 $\mathrm{d}x$ 的两横截面的相对扭转角为

$$\mathrm{d}\varphi=\frac{T(x)\mathrm{d}x}{GI_{\mathrm{p}}}$$

所以，相距为 l 的两个横截面的相对扭转角为

$$\varphi=\int_0^l\frac{T(x)}{GI_{\mathrm{p}}}\mathrm{d}x \tag{3-16}$$

此式为计算圆杆相对扭转角的一般公式。

对于长为 l、在两端受一对外力偶矩 M_{e} 作用的等直圆杆(图3-13)，此时 T、G、I_{p} 均为常量，故由(3-16)式可得两端横截面的相对扭转角为

$$\varphi=\frac{T}{GI_{\mathrm{p}}}\int_0^l\mathrm{d}x=\frac{Tl}{GI_{\mathrm{p}}} \tag{3-17}$$

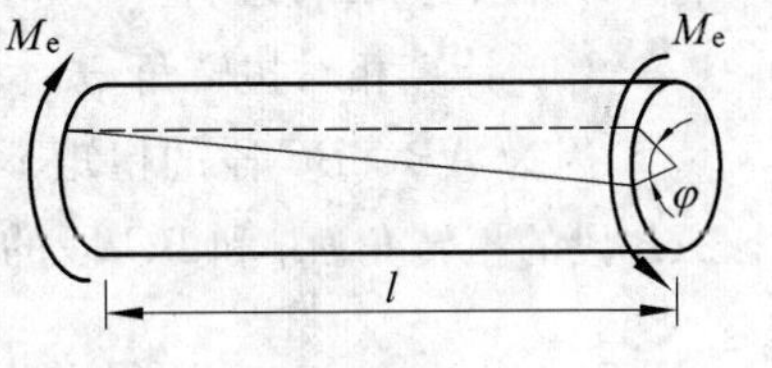

图 3-13

扭转角 φ 的单位为弧度(rad)，其转向和扭矩 T 的转向相同，它的正负号随扭转 T 的正负号而定。由于扭转角与 GI_{p} 成反比，故 GI_{p} 称为圆截面杆的**扭转刚度**。

例3-2 图(a)所示圆轴，其直径 $d=50$ mm，长 $l_1=1.5$ m，$l_2=1.0$ m，A、B、C 截面处的外力偶矩分别为 $M_A=1.5$ kN·m，$M_B=2.5$ kN·m，$M_C=1.0$ kN·m，材料的切变模量 $G=80$ GPa。求：

(1) 圆轴横截面上的最大切应力，并绘出该截面上的切应力分布图；

(2) C 截面相对于 A 截面的扭转角 φ_{AC}。

解

(1) 绘扭矩图。

用截面法求得 AB、BC 段的扭矩分别为 $T_1=-1.5$ kN·m，$T_2=1.0$ kN·m。据此绘出扭矩图，如图(c)所示。

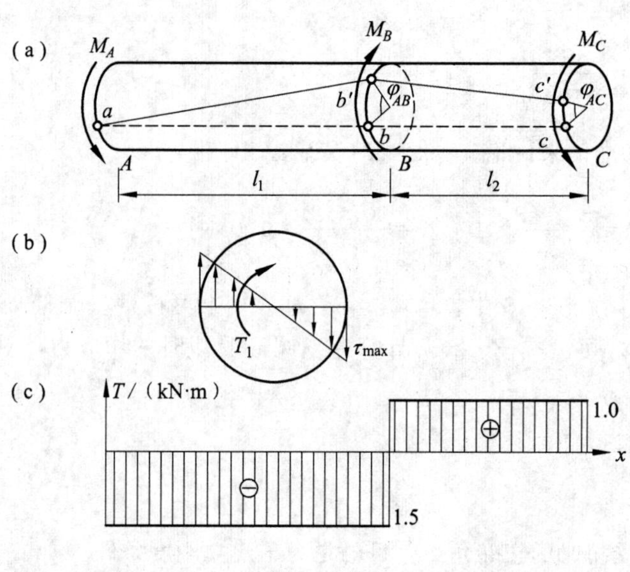

例 3-2 图

(2) 计算横截面上的最大切应力。

最大切应力在 AB 段内任一横截面的边缘处，由(3-11)及(3-13)式可得

$$\tau_{max}=\frac{T_1}{W_p}=\frac{16(1.5\times10^3\ \text{N}\cdot\text{m})}{\pi(50\times10^{-3}\ \text{m})^3}=61.1\times10^6\ \text{Pa}$$
$$=61.1\ \text{MPa}$$

图(b)所示为 AB 段内任一横截面上切应力沿半径的变化图。

(3) 计算相对扭转角 φ_{AC}。

因为 AB、BC 段的扭矩不同，为了计算 C 截面相对于 A 截面的扭转角 φ_{AC}，应先计算 AB 段的扭转角 φ_{AB} 和 BC 段的扭转角 φ_{BC}。由(3-17)式可得

$$\varphi_{AB}=\frac{T_1l_1}{GI_p}=\frac{(-1.5\times10^3\ \text{N}\cdot\text{m})(1.5\ \text{m})}{(80\times10^9\ \text{Pa})\frac{\pi}{32}(50\times10^{-3}\ \text{m})^4}$$
$$=-4.584\times10^{-2}\ \text{rad}$$
$$\varphi_{BC}=\frac{T_2l_2}{GI_p}=\frac{(1.0\times10^3\ \text{N}\cdot\text{m})(1.0\ \text{m})}{(80\times10^9\ \text{Pa})\frac{\pi}{32}(50\times10^{-3}\ \text{m})^4}$$
$$=2.037\times10^{-2}\ \text{rad}$$

由此得

$$\varphi_{AC}=\varphi_{AB}+\varphi_{BC}=-4.584\times10^{-2}+2.037\times10^{-2}$$
$$=-2.547\times10^{-2}\ \text{rad}$$

若设 A 端不动，B、C 截面相对于 A 端转动的扭转角示于图(a)中。因为研究的是线弹性和小变形问题，故求两端截面的扭转角 φ_{AC} 时，可以用叠加法。即设 A 端固定，分别求出 M_B、M_C 产生的 C 截面相对于 A 截面的扭转角，然后叠加，其表达式为

$$\varphi_{AC}=\frac{-M_B l_1}{GI_p}+\frac{M_C(l_1+l_2)}{GI_p}$$

$$=\frac{(-2.5\times10^3\ \text{N}\cdot\text{m})(1.5\ \text{m})}{(80\times10^9\ \text{Pa})\frac{\pi}{32}(50\times10^{-3}\ \text{m})^4}+\frac{(1.0\times10^3\ \text{N}\cdot\text{m})(2.5\ \text{m})}{(80\times10^9\ \text{Pa})\frac{\pi}{32}(50\times10^{-3}\ \text{m})^4}$$

$$=-2.547\times10^{-2}\ \text{rad}$$

可见，与上面所得的结果是完全相同的。

例 3-3 如图所示空心圆杆 AB，外径和内径分别为 D_1、D_2，A 端为固定端，底板 B 为刚性板，在其中心处焊一直径为 d 的实心圆杆 CB，在 C 截面处作用外力偶矩 M_e。实心杆和空心杆的长度分别为 l_1 和 l_2，材料的切变模量均为 G。试求：

(1) 空心杆和实心杆横截面上的切应力表达式，并画出横截面上的切应力分布图；

(2) 实心圆杆 C 截面的绝对扭转角 φ_C。

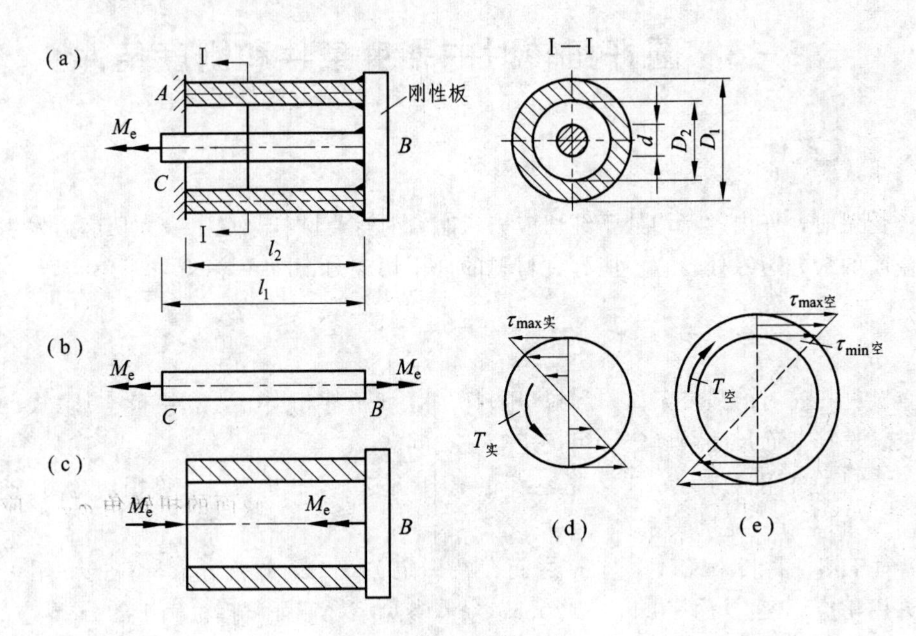

例 3-3 图

解

(1) 计算扭矩。

作用在实心圆杆 C 截面处的外力偶矩 M_e，是通过刚性块 B 传到空心圆杆的，实心圆杆和空心圆杆的受力图分别如图(b)和图(c)所示。由图可见，实心圆杆和空心圆杆的扭矩分别为

$$T_{实}=M_e,\qquad T_{空}=-M_e$$

(2) 计算横截面上的切应力。

实心圆杆的最大切应力为

$$\tau_{max实}=\frac{T_{实}}{W_{p实}}=\frac{M_e}{\pi d^3/16}=\frac{16M_e}{\pi d^3}$$

空心圆杆的最大切应力和最小切应力分别为

$$\tau_{\max空}=\frac{T_{空}}{W_{p空}}=\frac{16M_e}{\pi D_1^3(1-\alpha^4)}$$

$$\tau_{\min空}=\frac{T_{空}\ D_2/2}{I_p}=\frac{M_e D_2/2}{\pi D_1^4(1-\alpha^4)/32}=\frac{16M_e\alpha}{\pi D_1^3(1-\alpha^4)}$$

式中，$\alpha=D_2/D_1$。横截面上切应力分布情况分别如图(d)和图(e)所示。

(3) 计算绝对扭转角 φ_C。

在计算绝对扭转角 φ_C 时，应考虑 C 截面相对于 B 截面的扭转角 φ_{BC} 和 B 截面相对于 A 截面的扭转角 φ_{AB}，而且它们转向一致，故有

$$\varphi_C=\varphi_{BC}+|\varphi_{AB}|=\frac{T_{实}\ l_1}{GI_{p实}}+\frac{|T_{空}|\ l_2}{GI_{p空}}=\frac{32M_e l_1}{G\pi d^4}+\frac{32M_e l_2}{G\pi D_1^4(1-\alpha^4)}$$

§3-5 圆杆扭转时的强度条件和刚度条件

一、强度条件

圆杆受扭时，杆内各点均处于纯切应力状态。对等直圆杆来说，最大切应力发生于 $T_{\max}$ 所在横截面的最外边缘处，它不应超过材料的许用切应力，即

$$\tau_{\max}=\frac{T_{\max}}{W_p}\leqslant[\tau] \tag{3-18}$$

此即等直圆杆扭转时的强度条件。和拉(压)杆的强度条件相类似，利用(3-18)式也可解决强度校核、选择截面尺寸、确定许用扭矩等三类问题。

关于材料的许用切应力$[\tau]$，在静载荷情况下，实验及分析表明，许用切应力$[\tau]$与许用正应力$[\sigma]$之间存在一定的关系：

(1) 对于塑性材料来说，τ_s 与 σ_s 之间存在一定关系，因此，可由材料的许用正应力来确定其许用切应力值。$[\tau]=0.5[\sigma]$或 $0.577[\sigma]$(参见第九章强度理论例1的分析)。

但对于塑性材料制成的传动轴，考虑到动载荷的影响以及计算上的简化(例如当弯曲变形为次要变形时，只考虑扭转变形)等因素，许用切应力的值应比静载荷时为低。

(2) 对于铸铁类脆性材料来说，一般取$[\tau]=(0.8\sim1.0)[\sigma]$(参见第九章强度理论例1的分析)。

由铸铁类脆性材料制成的圆杆，在扭转破坏实验中，变形很小且无屈服现象，破坏时断口为螺旋面，约与横截面成45°倾角(图3-14)。把粉笔扭断即可看到这种现象。这是由于

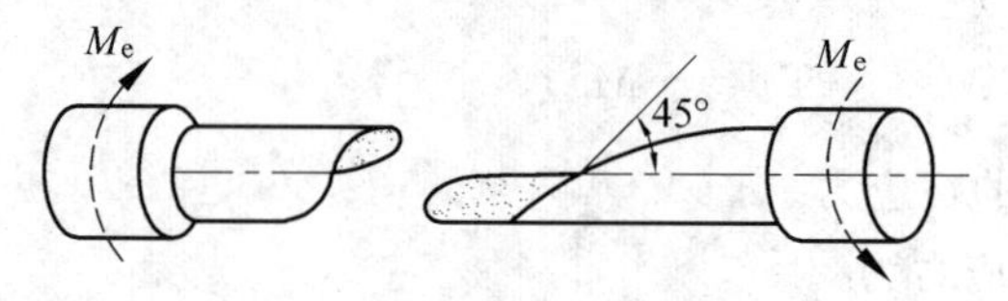

图 3-14

脆性材料的抗拉能力低于抗剪能力而发生的拉伸破坏(参见第八章关于铸铁扭转破坏原因的分析)。但习惯上仍按(3-18)式进行强度计算，这虽从形式上掩盖了脆性材料扭转破坏的实质，但实质上是一样的。

二、刚度条件

机械中的传动轴等构件，除了应满足强度条件外，还要对它的扭转变形加以限制，才能保证其正常工作。例如，机床主轴等若扭转变形过大会影响加工精度。通常是限制单位长度的最大扭转角$\left(\frac{d\varphi}{dx}\right)_{max}=\varphi'_{max}$不得超过许用值，即

$$\varphi'_{max}\leqslant[\varphi'] \tag{3-19}$$

此即为圆轴扭转时的**刚度条件**。$[\varphi']$称为单位长度杆的许用扭转角，其常用单位是度每米(°/m)。

由(3-17)式可知，$\varphi'_{max}=T_{max}/GI_p$，但考虑到许用扭转角$[\varphi']$是以每米若干度表示的，所以圆轴的刚度条件又可写为

$$\varphi'_{max}=\frac{T_{max}}{GI_p}\times\frac{180}{\pi}\leqslant[\varphi'] \tag{3-20}$$

式中，T_{max}、G和I_p的单位分别为N·m、Pa和m^4。

利用(3-20)式也可以解决刚度校核、选择截面尺寸、确定许用扭矩等三类问题。

例3-4 图示阶梯形圆轴，AB段的直径$d_1=40$ mm，BD段的直径$d_2=70$ mm。外力偶矩分别为：$M_A=0.7$ kN·m、$M_C=1.1$ kN·m、$M_D=1.8$ kN·m。许用切应力$[\tau]=60$ MPa，许用扭转角$[\varphi']=2(°)/m$，切变模量$G=80$ GPa。试校核该轴的强度和刚度。

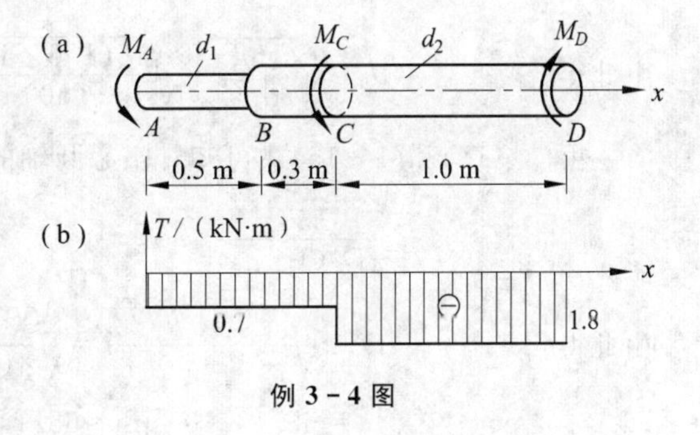

例3-4图

解

(1) 画扭矩图。

用截面法求得，AC、CD段的扭矩分别为$T_1=-0.7$ kN·m，$T_2=-1.8$ kN·m。据此绘出扭矩图，如图(b)所示。

(2) 校核强度。

虽然CD段的扭矩T_2大于AB段的扭矩T_1，但CD段的直径d_2也大于AB段的直径d_1，所以对这两段轴均应进行强度校核。

AB段内

$$\tau_{max_1}=\frac{T_1}{W_{p_1}}=\frac{16(0.7\times10^3\ N\cdot m)}{\pi(40\times10^{-3}\ m)^3}=55.7\times10^6\ Pa=55.7\ MPa<[\tau]$$

CD段内

$$\tau_{max_2}=\frac{T_2}{W_{p_2}}=\frac{16(1.8\times10^3\ N\cdot m)}{\pi(70\times10^{-3}\ m)^3}=26.7\times10^6\ Pa=26.7\ MPa<[\tau]$$

故该轴是满足强度条件的。

(3) 校核刚度。

单位长度扭转角的表达式为 $\varphi'=T/(GI_p)$，容易看出，其最大值发生在 AB 段内，即

$$\varphi'_{max}=\frac{T_1}{GI_{p_1}}=\frac{(0.7\times10^3\ \text{N}\cdot\text{m})}{(80\times10^9\ \text{Pa})\frac{\pi}{32}(40\times10^{-3}\ \text{m})^4}\times\frac{180}{\pi}=1.995\ (^\circ)/\text{m}<[\varphi']$$

可见该轴也满足刚度条件。

例 3-5 某传动轴，其横截面上的最大扭矩为 $T=1.6\ \text{kN}\cdot\text{m}$，许用切应力为$[\tau]=50\ \text{MPa}$，许用扭转角为$[\varphi']=1\ (^\circ)/\text{m}$，切变模量 $G=80\ \text{GPa}$。试按强度条件和刚度条件分别选择实心圆轴及空心圆轴($\alpha=d/D=0.8$)的横截面尺寸，并比较其重量。

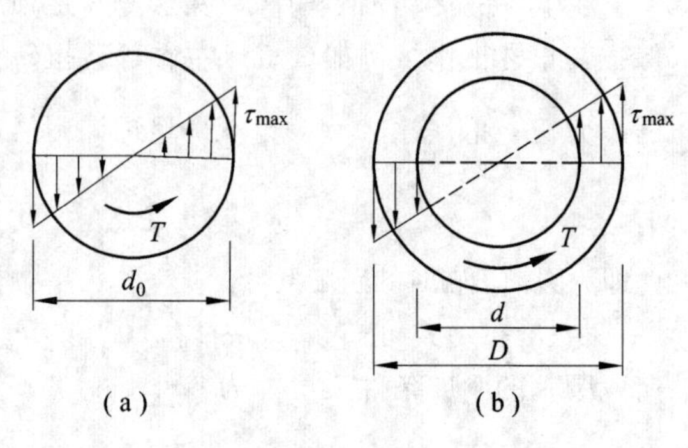

例 3-5 图

解

(1) 按强度条件确定实心圆轴的直径 d_0 和空心圆轴的外径 D 及内径 d。

由(3-18)式和(3-13)式可知，实心圆轴的强度条件为

$$\frac{16T}{\pi d_0^3}\leqslant[\tau]$$

由此得

$$d_0\geqslant\sqrt[3]{\frac{16T}{\pi[\tau]}}=\sqrt[3]{\frac{16(1.6\times10^3\ \text{N}\cdot\text{m})}{\pi(50\times10^6\ \text{Pa})}}=54.6\times10^{-3}\ \text{m}=54.6\ \text{mm}$$

由(3-18)和(3-15)式可知，空心圆轴的强度条件为

$$\frac{16T}{\pi D^3(1-\alpha^4)}\leqslant[\tau]$$

由此得

$$D\geqslant\sqrt[3]{\frac{16T}{\pi(1-\alpha^4)[\tau]}}=\sqrt[3]{\frac{16(1.6\times10^3\ \text{N}\cdot\text{m})}{\pi(1-0.8^4)(50\times10^6\ \text{Pa})}}$$
$$=65.1\times10^{-3}\ \text{m}=65.1\ \text{mm}$$

其内径为

$$d=\alpha D=0.8\times65.1\ \text{mm}=52.1\ \text{mm}$$

(2) 按刚度条件确定实心圆轴的直径 d_0 和空心圆轴的外径 D 及内径 d。

由(3-20)式和(3-12)式可知，实心圆轴的刚度条件为

$$\frac{32T}{G\pi d_0^4}\times\frac{180}{\pi}\leqslant[\varphi']$$

由此得

$$d_0\geqslant\sqrt[4]{\frac{32T\times180}{G\pi^2[\varphi']}}=\sqrt[4]{\frac{32(1.6\times10^3\ \text{N}\cdot\text{m})\times180}{(80\times10^9\ \text{Pa})\times\pi^2\times1\ (^\circ)/\text{m}}}$$
$$=58.45\times10^{-3}\ \text{m}=58.45\ \text{mm}$$

取 $d_0=59$ mm。

由(3-20)式和(3-14)式可知，空心圆轴的刚度条件为

$$\frac{32T}{G\pi D^4(1-\alpha^4)}\times\frac{180}{\pi}\leqslant[\varphi']$$

由此得
$$D\geqslant\sqrt[4]{\frac{32T\times180}{G\pi^2(1-\alpha^4)[\varphi']}}=\sqrt[4]{\frac{32(1.6\times10^3\ \mathrm{N\cdot m})\times180}{(80\times10^9\ \mathrm{Pa})\pi^2(1-0.8^4)\times1\ (^\circ)/\mathrm{m}}}$$
$$=66.68\times10^{-3}\ \mathrm{m}=66.68\ \mathrm{mm}$$

取 $D=67$ mm。其内径为
$$d=\alpha D=0.8\times67\ \mathrm{mm}=53.6\ \mathrm{mm}$$

取 $d=54$ mm。

比较上面的计算结果可知，该传动轴是由刚度条件所控制，即取 $d_0=59$ mm，$D=67$ mm，$d=54$ mm。

(3) 比较重量

因两轴的长度及材料均相同，故它们的重量比等于它们的横截面面积之比。设空心圆轴的重量为 W_{I}，实心圆轴的重量为 W_{II}，则有

$$\frac{W_{\mathrm{I}}}{W_{\mathrm{II}}}=\frac{\frac{\pi}{4}(D^2-d^2)}{\frac{\pi}{4}d_0^2}=\frac{67^2-54^2}{59^2}=0.45$$

可见空心圆轴比实心圆轴节省材料。

空心圆轴之所以比实心圆轴有利，从强度方面看，当图(a)所示的最大切应力达到许用值时，圆心附近各点处的切应力还很小，因而这部分材料未充分发挥作用。另一方面，从 $I_{\mathrm{p}}=\int_A\rho^2\mathrm{d}A$ 可知，圆心附近的面积提供的极惯性矩很小，故这部分材料抵抗变形的能力也很低。如果做成空心圆截面，必然提高材料的利用率。但应注意过薄的圆筒受扭时，筒壁可能发生皱折，而丧失承载能力。此外，在设计轴时还应考虑构造上的要求及加工成本等因素，不能在任何情况下都采用空心圆轴。

***例 3-6** 圆柱形密圈螺旋弹簧，簧圈的平均半径 $R=63$ mm，簧杆的直径 $d=10$ mm，弹簧材料的切变模量 $G=80$ GPa，许用切应力 $[\tau]=350$ MPa。弹簧所受的拉力 $F=1$ kN。

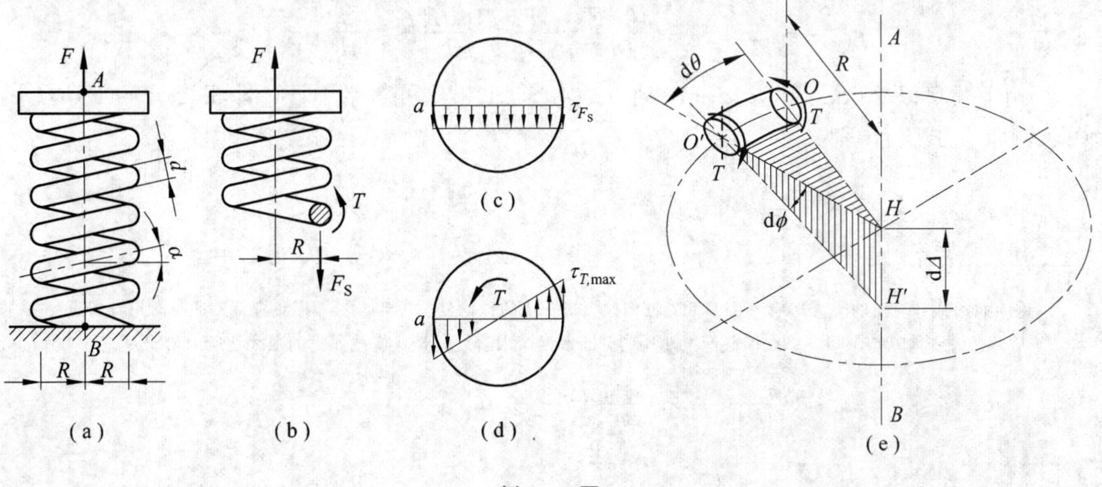

例 3-6 图

(1) 试校核弹簧杆的强度；

(2) 若要使弹簧伸长 60 mm，弹簧应有多少圈？

解

(1) 近似方法

圆柱形密圈螺旋弹簧是易于变形的一种构件，常用它来起缓冲减振作用，如车辆的弹簧；或用于控制机械运动，如内燃机的气阀弹簧等。由于簧杆的轴线是一条空间曲线，其应力和变形十分复杂。本问题将采用近似的分析方法，来研究弹簧在轴向拉(压)力作用下簧杆的应力和弹簧的变形。

(2) 簧杆横截面上的应力

图(a)中 α 为簧杆的倾角。由于 α 角很小(例如，$\alpha<5°$)，所以叫密圈弹簧。先研究簧杆横截面上的内力，因 α 很小，可近似地视作零度。即认为簧杆横截面与弹簧轴线在同一平面内。现以簧杆的任意横截面将弹簧截开，取上部为研究对象，如图(b)所示。由分离体的平衡条件可以看出，该横截面上必有一个通过截面形心的切向内力 F_S 和一个力偶矩 T，其值为

$$F_S=F, \quad T=FR$$

式中，F_S 称为簧杆横截面上的**剪力**；T 为该截面的扭矩。

现在来研究簧杆横截面上的应力。与剪力 F_S 对应的切应力，可近似地认为在横截面上均匀分布[图(c)]，即

$$\tau_{F_S}=\frac{F_S}{A}=\frac{F}{\pi d^2/4}=\frac{4F}{\pi d^2}$$

至于和扭矩 T 相对应的切应力，当 $d\ll 2R$ 时，可不计簧杆的曲率影响，而按直杆计算。由(3-11)式得最大扭转切应力为

$$\tau_{T,\max}=\frac{T}{W_p}=\frac{FR}{\pi d^3/16}=\frac{16FR}{\pi d^3}$$

横截面上扭转切应力的分布情况如图(d)所示。

横截面上任意点的总切应力应是上述两种切应力的矢量和，故总切应力的最大值在簧杆内侧 a 点处，其值为

$$\tau_{\max}=\tau_{T,\max}+\tau_{F_S}=\frac{16FR}{\pi d^3}+\frac{4F}{\pi d^2}=\frac{16FR}{\pi d^3}\left(1+\frac{d}{4R}\right)$$

由上式可以看出，当 $2R/d\geqslant 10$ 时，$d/4R$ 与 1 相比可忽略不计，即相当于略去剪力 F_S 的影响，上式又可写为

$$\tau_{\max}=\frac{16FR}{\pi d^3} \text{①} \tag{a}$$

---

① 由(a)式计算出的最大切应力是偏低的近似值。进一步的理论分析可知，当考虑了簧杆的曲率对扭转切应力的影响以及切应力 τ_{F_S} 在横截面上非均匀分布等两个因素后，簧杆横截面上的最大切应力公式为

$$\tau_{\max}=\left(\frac{4m-1}{4m-4}+\frac{0.615}{m}\right)\frac{16FR}{\pi d^3}=C\,\frac{16FR}{\pi d^3}$$

式中 $$C=\frac{4m-1}{4m-4}+\frac{0.615}{m}, \quad m=\frac{2R}{d}$$

m 称为弹簧指数，C 称为**曲度因数**。

(3) 弹簧的变形

图(a)的弹簧在拉力 F 作用下要伸长，即 A、B 两点要发生轴向位移。今从弹簧杆上用相邻的两截面假想截取一微段[图(e)]。先研究由于这一微段的扭转变形造成 A、B 两点沿轴线方向远离的距离。从这微段两个端面的圆心 O 和 O' 向弹簧轴线 AB 作垂线，此两垂线交于 AB 上的 H 点。$\angle O'HO=\mathrm{d}\theta$，$\overset{\frown}{OO'}=\mathrm{d}s=R\mathrm{d}\theta$。此微段在扭矩 $T=FR$ 作用下发生扭转角 $\mathrm{d}\phi$，设 OH 线不动，则 $O'H$ 线相对于 OH 转动到 $O'H'$ 位置。由于这一微段的扭转变形引起弹簧圈上 A、B 两点远离一微小距离 $\mathrm{d}\Delta=\overline{HH'}=R\mathrm{d}\phi$。对于 OO' 微段近似采用圆轴扭角公式

$$\mathrm{d}\phi=\frac{T\mathrm{d}s}{GI_{\mathrm{p}}}=\frac{FR(R\mathrm{d}\theta)}{GI_{\mathrm{p}}}$$

则

$$\mathrm{d}\Delta=\frac{FR^3\mathrm{d}\theta}{GI_{\mathrm{p}}}$$

如弹簧是由 n 圈组成，把上式在 n 圈的范围内累积起来，则得到由于整个弹簧杆的扭转而引起的弹簧伸长

$$\Delta=\int_0^{2n\pi}\frac{FR^3\mathrm{d}\theta}{GI_{\mathrm{p}}}=\frac{FR^3 2n\pi}{GI_{\mathrm{p}}}$$

或

$$\Delta=\frac{64FR^3n}{Gd^4} \tag{b}$$

令

$$k=\frac{Gd^4}{64R^3n}$$

则

$$\Delta=\frac{F}{k}$$

式中，k 代表弹簧刚度。

(4) 计 算

A. 校核簧杆的强度。

弹簧指数 $m=\frac{2R}{d}=\frac{2\times 63}{10}=12.6>10$

由本例(a)式可得

$$\tau_{\max}=\frac{16FR}{\pi d^3}=320.9\ \mathrm{MPa}<[\tau]$$

该簧杆是满足强度要求的。

B. 求弹簧圈数。

由本例(b)式可得

$$\Delta=\frac{64FR^3n}{Gd^4}$$

解得

$$n=\frac{\Delta Gd^4}{64FR^3}=\frac{(60\times 10^{-3}\ \mathrm{m})(80\times 10^9\ \mathrm{Pa})(10\times 10^{-3}\ \mathrm{m})^4}{64(1\times 10^3\ \mathrm{N})(63\times 10^{-3}\ \mathrm{m})^3}=2.99\ 圈$$

取

$$n=3\ 圈$$

§3-6 矩形截面杆的扭转

图 3-15 为矩形截面杆受扭时的变形情况。由图可以看出，横向线变成了曲线。这表明，矩形截面杆发生扭转变形后横截面不再保持为平面，这种现象称为**翘曲**。其他非圆截面杆在扭转时也都要发生翘曲现象。因此，建立在平面假设基础上的圆杆扭转时的应力与变形公式对于非圆截面杆均不适用。

非圆截面杆扭转时，横截面虽然要发生翘曲，但若各横截面翘曲程度均相同，则所有纵向纤维的长度均未改变，横截面上将没有正应力而只有切应力，这种情况称为**自由扭转**或**纯扭转**。反之，若各横截面的翘曲程度不同，则在横截面上不仅有切应力还将有正应力，这种情况称为**约束扭转**。自由扭转只有等直杆在两端受外扭矩作用，且各截面的翘曲不受外部约束的条件下才能实现(图 3-15)。至于由约束扭转引起的正应力，在实体截面杆中通常很小，可忽略不计；但对薄壁截面杆，这种正应力往往很大而不能忽略。

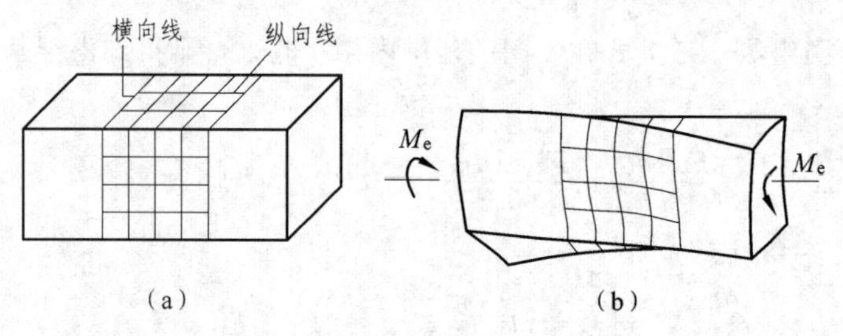

图 3-15

非圆截面杆的扭转问题，一般说来属于弹性力学的研究范畴。这里仅介绍矩形截面杆在自由扭转时的切应力和扭转角的分析结果，并结合已有的力学知识做些必要的说明。矩形截面杆自由扭转的情形在工程中虽极少见，但它却是研究薄壁截面杆扭转问题的重要基础。

矩形截面杆自由扭转时，若最大切应力未超过 τ_p，则横截面上的切应力分布将如图 3-16(a)所示。最大切应力 τ_{max}发生在横截面的长边中点处，其方向则与长边相切；四个角点处的切应力均等于零。周边上切应力的这种变化规律，可由图 3-15 所示的实验结果得到证实，在横截面的长边中点处切应变 γ 为最大；另外，由切应力互等定理也可推知周边上各点切应力的某些特征。例如，在横截面周边上某点 A 处(图 3-17)，若该处有垂直于周边的切应力分量 τ_n，则根据切应力互等定理可知，在杆的侧表面上应有与该周边垂直的切应力 $\tau_n'=\tau_n$，但在杆的侧表面上未施加任何切向力，故 $\tau_n'=\tau_n=0$。即横截面周边上各点的切应力必定与周边相切。根据同样的道理，在横截面的角点(如图 3-17 中的 B 点)处其切应力必为零。

最大切应力 τ_{max}和单位长度扭转角 φ'以及短边中点的切应力 τ_C 可按下列公式进行计算

$$\tau_{max}=\frac{T}{W_t} \tag{3-21}$$

$$\varphi'=\frac{T}{GI_t} \tag{3-22}$$

$$\tau_C=\nu\tau_{max} \tag{3-23}$$

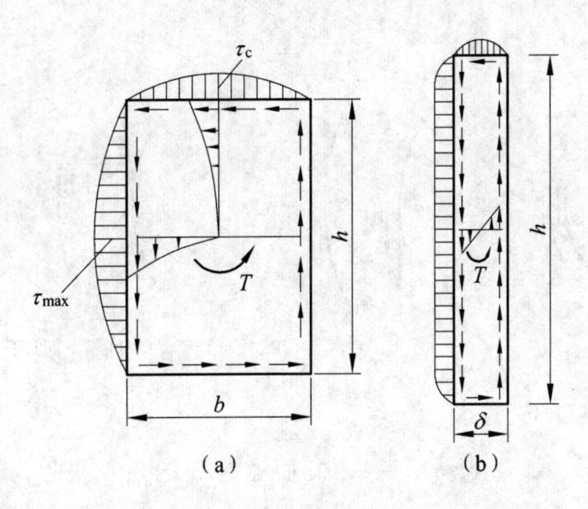

图 3-16

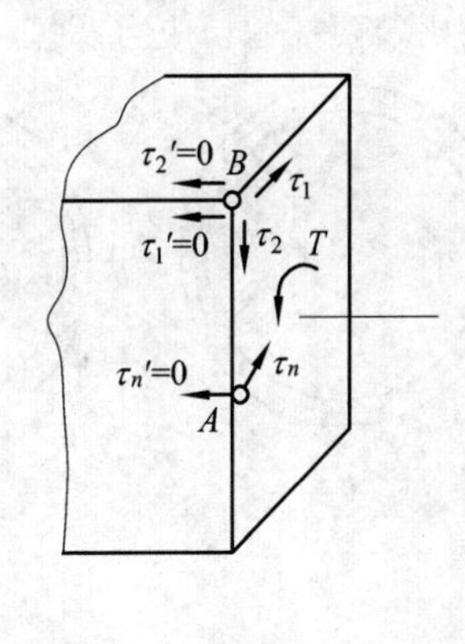

图 3-17

式中

$$W_t=\beta b^3 \tag{3-24}$$

$$I_t=\alpha b^4 \tag{3-25}$$

W_t 也称为扭转截面系数；I_t 称为截面的**相当极惯性矩**；而 GI_t 仍称为杆的扭转刚度。但这里的 I_t、W_t 除了和圆截面的 I_p 和 W_p 在量纲上相同以外，它们并没有具体的几何意义。必须按各式所给出的关系计算。各因数 α、β、ν 是与比值 h/b 有关的量，其值见表 3-1 所示。

表 3-1　矩形截面杆在纯扭转时的因数 α、β 和 ν

$m=h/b$	1.0	1.2	1.5	2.0	2.5	3.0	4.0	6.0	8.0	10.0
α	0.140	0.199	0.294	0.457	0.622	0.790	1.123	1.789	2.456	3.123
β	0.208	0.263	0.346	0.493	0.645	0.801	1.150	1.789	2.456	3.123
ν	1.000	—	0.858	0.796	—	0.753	0.745	0.743	0.743	0.743

注：① 当 $m>4$ 时，亦可按下列近似公式计算 α、β 和 ν：

$\alpha=\beta\approx\frac{1}{3}(m-0.63)$，$\nu\approx0.74$。

② 当 $m>10$ 时，$\alpha=\beta\approx\frac{m}{3}$，$\nu=0.74$。

一般认为，当 $h/b>10$ 时，为狭长矩形截面。根据表 3-1 的注 ②，此时 $\alpha=\beta\approx(1/3)\times(h/b)$。若用 δ 表示狭长矩形截面的短边，则有

$$I_t=\frac{1}{3}h\delta^3 \tag{3-26}$$

$$W_t=\frac{1}{3}h\delta^2=\frac{I_t}{\delta} \tag{3-27}$$

切应力在横截面上的变化情况如图 3-16(b)所示。沿长边各点处的切应力值除靠近角点附近外均接近相等，其方向仍与长边相切。至于切应力沿厚度 δ 的分布情况，在离短边稍远的地方，均可看做按线性规律变化。

例 3-7　有两根尺寸相同的薄壁钢管，设将其中一根沿纵向开一细缝，在两杆的两端各施加相同的扭转力偶矩 M_e。已知钢管的平均半径 $R_0=10\delta$，且两杆均在线弹性范围内工

作。试比较两杆的切应力及扭转角。

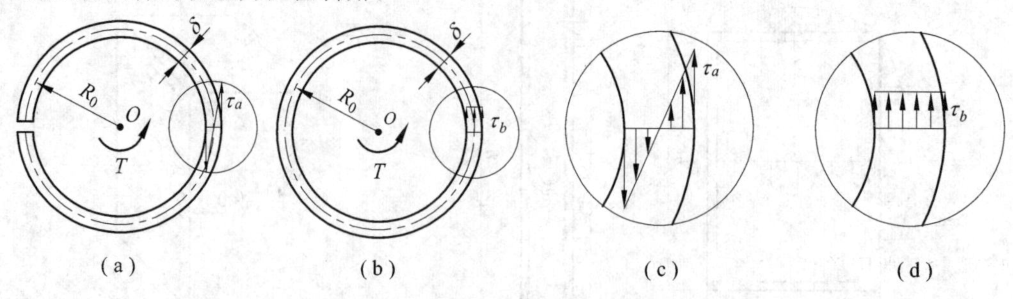

例 3－7 图

解 有纵向细缝时，近似地将横截面展成一长为 $h=2\pi R_0$ 而宽为 δ 的狭长矩形。由于 $h/\delta=20\pi$，远大于 10，故由(3－26)和(3－27)式可得

$$I_t=\frac{1}{3}h\delta^3=\frac{2}{3}\pi R_0\delta^3,\qquad W_t=\frac{1}{3}h\delta^2=\frac{2}{3}\pi R_0\delta^2$$

从而可得最大切应力和单位长度的扭转角分别为

$$\tau_a=\frac{T}{W_t}=\frac{3T}{2\pi R_0\delta^2},\qquad \varphi_a'=\frac{T}{GI_t}=\frac{3T}{2G\pi R_0\delta^3}$$

横截面上的切应力变化情况如图(c)所示。

无细缝时，由薄壁圆筒扭转时的公式(3－2)和(3－3)可得切应力和单位长度的扭转角分别为

$$\tau_b=\frac{T}{2\pi R_0^2\delta}$$

$$\varphi_b'=\frac{\gamma}{R_0}=\frac{\tau_b/G}{R_0}=\frac{T}{2\pi R_0^3\delta G}$$

横截面上的切应力变化情况如图(d)所示。

由以上四式可得两种情况下的切应力之比和扭转角之比分别为

$$\frac{\tau_a}{\tau_b}=\frac{3R_0}{\delta}$$

$$\frac{\varphi_a'}{\varphi_b'}=3\left(\frac{R_0}{\delta}\right)^2$$

将 $R_0=10\delta$ 代入，则有 $\tau_a=30\tau_b$，$\varphi_a'=300\varphi_b'$。

可见薄壁圆筒有纵向细缝时，其扭转切应力及扭转角均显著增大。工程上对受扭的开口薄壁杆件，通常采取加设横隔板等措施以提高其扭转刚度和强度。

* §3－7 圆杆的极限扭矩

由塑性材料制成的圆杆受扭转力偶矩作用时，工程上一般是把横截面边缘处的最大切应力达到材料的剪切屈服极限 τ_s 作为危险状态，并以此来建立强度条件的。然而，当边缘处

的切应力达到屈服极限时，其他部分仍处于线弹性工作状态，圆杆是不可能发生明显的塑性变形的，即扭矩还可以继续增加。

现在来研究超过弹性范围的扭转问题。我们仅限于讨论具有明显屈服阶段的材料(如低碳钢)，对这类塑性材料的 $\tau-\gamma$ 曲线可简化成如图 3-18(a)所示的曲线。即认为屈服前材料服从胡克定律，屈服后不考虑强化。

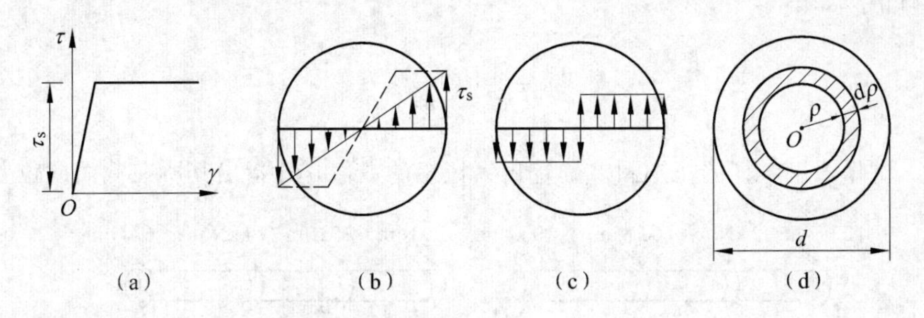

图 3-18

根据简化的 $\tau-\gamma$ 曲线，若圆杆横截面上的最大切应力恰好达到 τ_s 时，横截面上的切应力分布将如图 3-18(b)中的实线所示。在§3-5中就认为此时已达到危险状态。相应的扭矩用 T_s 表示，则有

$$\tau_{max}=\frac{T_s}{W_p}=\tau_s$$

或

$$T_s=W_p\tau_s=\frac{\pi d^3}{16}\tau_s \tag{a}$$

T_s 是圆截面边缘屈服时的扭矩，称为**屈服扭矩**。

若扭转力偶矩继续增大到某个值时，圆杆即进入弹塑性工作状态。实验表明，此时平面假设依然成立，因而切应变沿半径仍按线性规律变化。依据简化的 $\tau-\gamma$ 曲线可知，此时横截面上的切应力将如图 3-18(b)中的虚线所示。现在研究一种极限情况，即圆心附近的材料也都发生了屈服，近似地可认为整个横截面上的切应力均达到了 τ_s[图 3-18(c)]。此时的扭矩用 T_u 表示，并取微面积 $dA=2\pi\rho d\rho$[图 3-18(d)]，则有

$$T_u=\int_A(\tau_s dA)\rho=\int_0^{d/2}\tau_s 2\pi\rho^2 d\rho=\frac{\pi d^3}{12}\tau_s \tag{3-28}$$

T_u 称为**极限扭矩**。

极限扭矩 T_u 与屈服扭矩 T_s 之比为

$$\frac{T_u}{T_s}=\frac{\pi d^3\tau_s/12}{\pi d^3\tau_s/16}=\frac{4}{3}$$

或

$$T_u=\frac{4}{3}T_s \tag{3-29}$$

可见考虑材料塑性时实心圆杆的极限扭矩比屈服扭矩大了 1/3。如果对这两种状态采用相同的安全因数，则由(3-28)式得出的许用扭矩比(a)式得出者也增大 33.3%。

上面所述考虑材料塑性时的计算方法，是工程上的一种简化计算方法。实际上，当横截

面边缘处的切应力达到材料的剪切屈服极限 τ_s 时，随着扭转力偶矩的增大，塑性区逐渐向内扩展，同时横截面边缘处的材料开始强化，若继续加大扭转力偶矩，则裂纹首先从圆杆的最外层开始，最终沿横截面被剪断。低碳钢圆试件扭转破坏时的断口情况如图 3－19 所示。

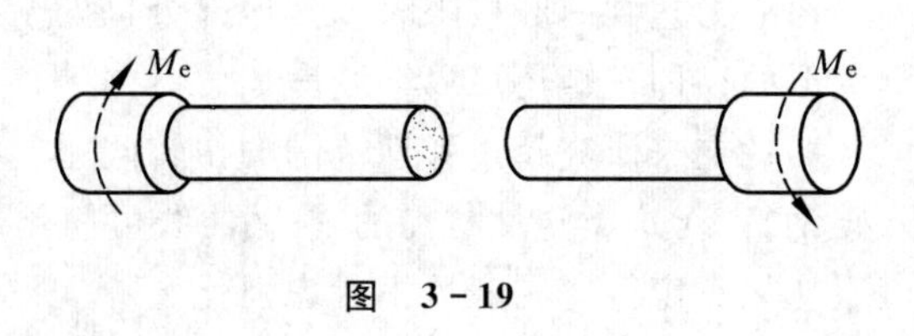

图 3－19

习　题

3－1　试作图示各杆的扭矩图。确定最大扭矩的数值，并指出其所在截面的位置。

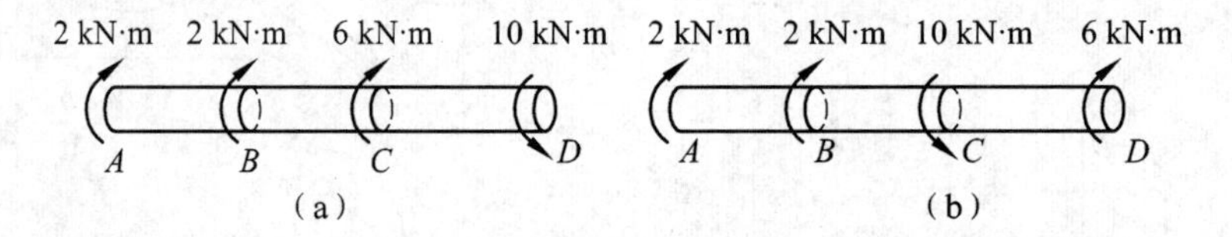

题 3－1 图

3－2　图示传动轴，转速 $n=200$ r/min，转向如图所示。2 轮为主动轮，输入功率 $P_2=60$ kW；1、3、4、5 轮为从动轮，输出功率分别为 $P_1=18$ kW、$P_3=12$ kW、$P_4=22$ kW、$P_5=8$ kW。试作该轴的扭矩图。

3－3　图示圆杆 AD，A 端固定，B 截面作用集中力偶矩 M_e，在 CD 段作用有分布力偶，其集度为 m，已知 $M_e=ml$。试作该轴的扭矩图。

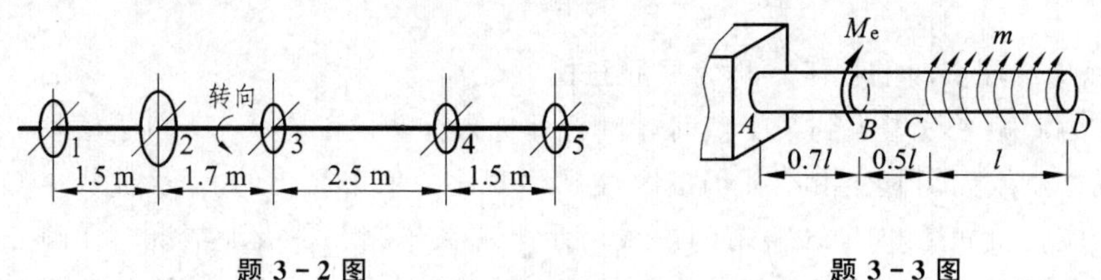

题 3－2 图　　　　题 3－3 图

3－4　图示阶梯形圆杆，AB 段直径 $d_1=75$ mm，长度 $l_1=750$ mm；BC 段直径 $d_2=50$ mm，长度 $l_2=500$ mm。外力偶矩 $M_B=1.8$ kN·m，$M_C=1.2$ kN·m。材料的切变模量 $G=80$ GPa。试求：(1) 杆内的最大切应力并指出其作用点位置；(2) 杆的 C 截面相对于 B 截面的扭转角 φ_{BC} 及 C 截面的(绝对)扭转角 φ_C。

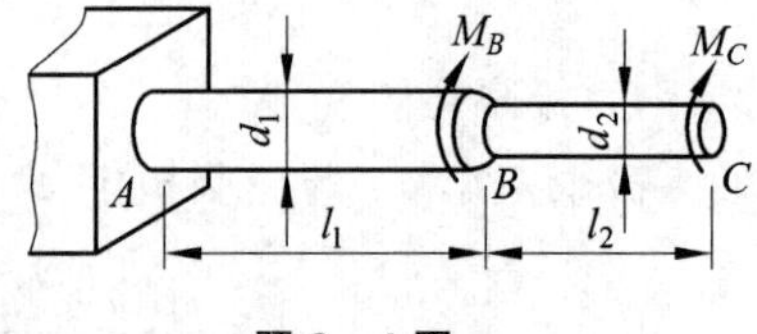

题 3－4 图

3－5　图示圆锥形杆，A 端直径为 d_1，B 端直径为 d_2，杆长为 l，两端受外力偶矩 M_e 作用。试求两端截面的相对扭转角。

3－6　圆杆 AB，A 端固定，直径为 d，材料的切变模量为 G，受一集度为 m 的均布外力偶矩作用。试求 B 截面的扭转角 φ_B。

3－7　直径 $d=25$ mm 的钢制圆杆，当受轴向拉力 60 kN 作用时，在标距 200 mm 的长度内伸长为 0.113 mm；当受到一对矩为 0.2 kN·m 的外力偶作用而扭转时，在标距 200 mm 长度内的相对扭转角为 0.732°。试求钢的弹性常数 E、G 和 ν。

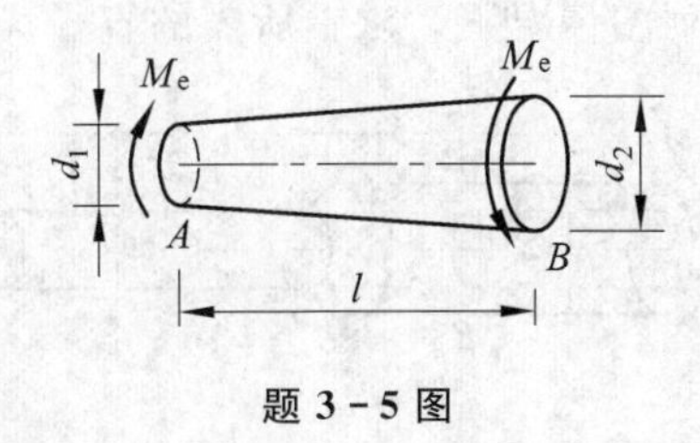

题 3-5 图

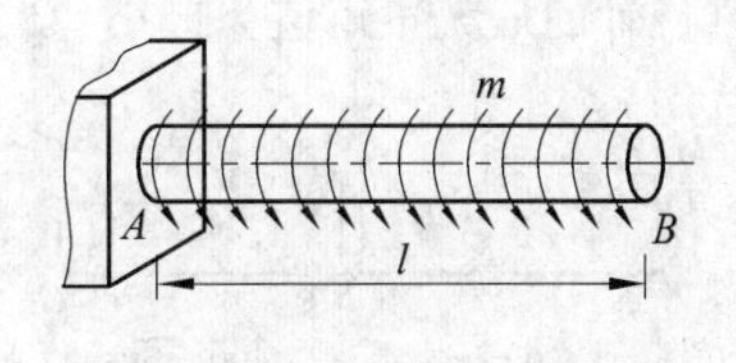

题 3-6 图

3-8 图示 AC 杆的直径 $d=40$ mm，材料的切变模量 $G=80$ GPa。BF、DE 可视为刚性杆。试求：(1) 当 AC 杆横截面上的最大切应力为 $\tau_{\max}=50$ MPa 时，荷载 F 的值；(2) 在该荷载作用下 D 点的竖直位移 Δ_{Dy}。

3-9 AB、CE、DF 为材料及直径均分别相同的圆截面杆，其切变模量为 G，直径为 d。它们均固结于刚性块 EF 上，A 端固定，在 C 截面处作用外力偶矩 M_e。试求 C 截面和 D 截面的角位移以及这两个截面形心的线位移。

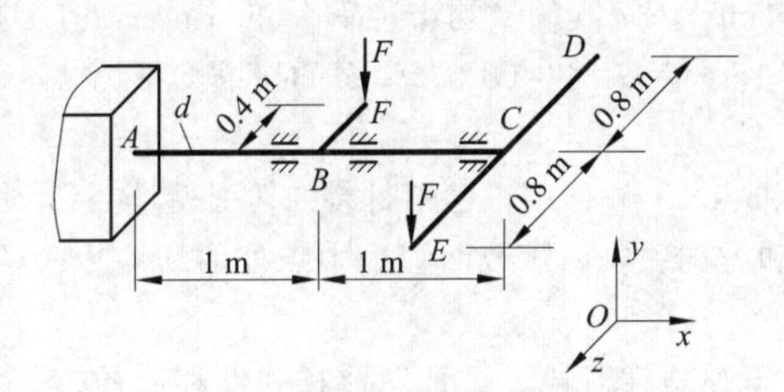

题 3-8 图

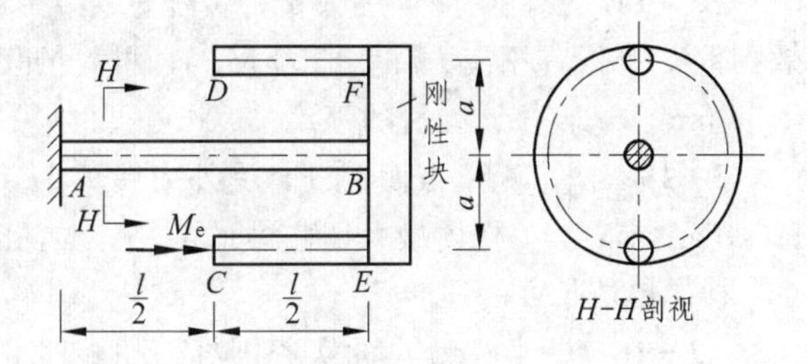

题 3-9 图

* **3-10** 在图(a)所示的受扭圆杆内，用横截面 ABE、CDF 和径向截面 $ABCD$ 截出一部分[图(b)]。试绘出各截面上的切应力分布图，并写出该部分的平衡方程。

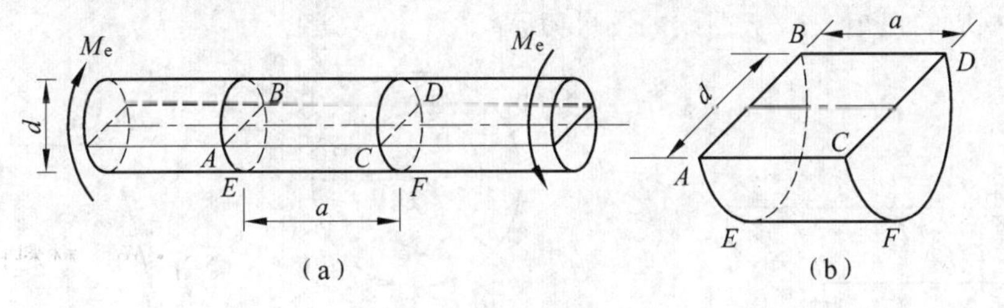

题 3-10 图

3-11 图示圆杆，外力偶矩 $M_A=7.20$ kN·m、$M_B=2.99$ kN·m、$M_C=4.21$ kN·m。许用切应力$[\tau]=70$ MPa，单位长度的许用扭转角$[\varphi']=1$ (°)/m，切变模量 $G=80$ GPa。试确定该轴的直径。

3-12 阶梯形圆杆，AE 段为空心，外径 $D=141$ mm，内径 $d=100$ mm；BC 段为实心，直径 $d=100$ mm。外力偶矩 $M_A=18$ kN·m，$M_B=32$ kN·m，$M_C=14$ kN·m。已知：$[\tau]=80$ MPa，$[\varphi']=1.2$ (°)/m，$G=80$ GPa，试校核该轴的强度和刚度。

3-13 图示圆轴上作用四个外力偶，其值分别为 $M_1=15$ kN·m、$M_2=2$ kN·m、$M_3=8$ kN·m、$M_4=5$ kN·m。许用切应力$[\tau]=80$ MPa，许用扭转角$[\varphi']=1.2$ (°)/m，切变模量 $G=80$ GPa。力偶作用的位置可以在 A、B、C、D 处任意调换。试问外力偶如何

排列最合理(使轴的最大扭矩值为最小)？在合理排列的情况下，求轴所需的直径。

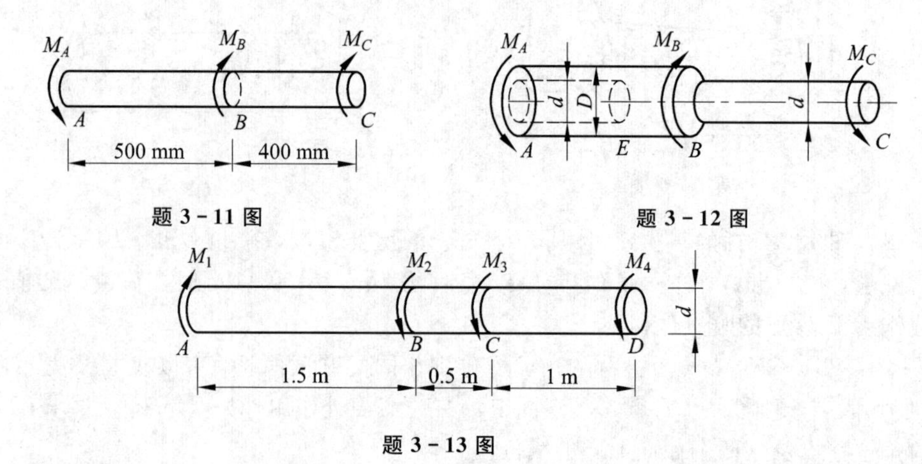

题 3-11 图

题 3-12 图

题 3-13 图

*3-14　圆柱密圈螺旋弹簧，簧杆直径 $d=14$ mm，簧圈的平均半径 $R=59.5$ mm，有效圈数 $n=5$。许用应力$[\tau]=350$ MPa，材料的切变模量 $G=80$ GPa。弹簧的压缩变形为 $\Delta=55$ mm。试校核该弹簧的强度。

3-15　图示矩形截面钢杆，受外力偶矩 $M_e=3$ kN·m 作用，已知材料的切变模量 $G=80$ GPa。求：(1) 杆内最大切应力的大小、位置和方向；(2) 横截面短边中点处的切应力；(3) 杆的单位长度的扭转角。

*3-16　一半径为 R 的实心圆杆，扭转时处于弹塑性阶段。试证明此杆弹性部分的核心半径[图(a)]为

$$r_0=\sqrt[3]{4R^3-\frac{6T}{\pi\tau_s}}$$

式中，T 为相应的扭矩。$\tau-\gamma$ 曲线如图(b)所示。

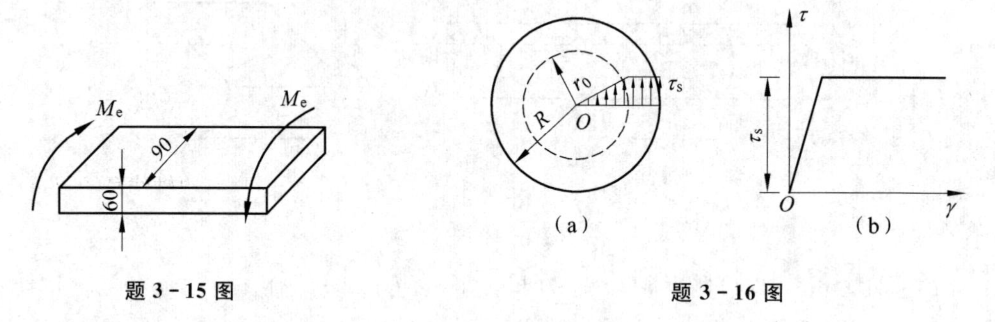

题 3-15 图

题 3-16 图

第四章 弯 曲 内 力

§4-1 平面弯曲的概念

当杆件受到垂直于杆轴线的外力(通常称为横向力)或外力偶(外力偶的向量垂直于杆轴)作用时，杆件将主要发生**弯曲变形**。弯曲变形的特点是：(1) 直杆的轴线变弯；(2) 任意两横截面绕垂直于杆轴的轴作相对转动。如车轴(图 4-1)、桥式起重机的大梁(图 4-2)等所发生的主要变形都是弯曲变形。凡以弯曲为其主要变形的杆件通常均称为**梁**。

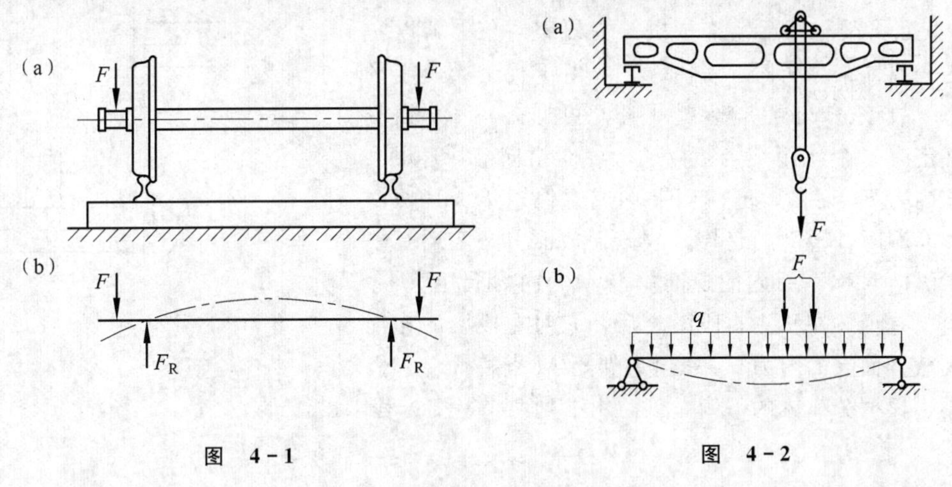

图 4-1　　　　图 4-2

工程中常用的梁，其横截面一般都具有一个对称轴(图 4-3)，因而梁就有一个通过轴线的纵向对称平面，如图 4-4 所示。当所有的横向力和外力偶都作用在此纵向对称平面内时，梁的轴线也将在该纵向对称平面内弯曲成一条平面曲线。梁变形后的轴线所在平面与外力所在平面相重合的这种弯曲称为**平面弯曲**，它是工程中最常见也是最基本的弯曲问题。

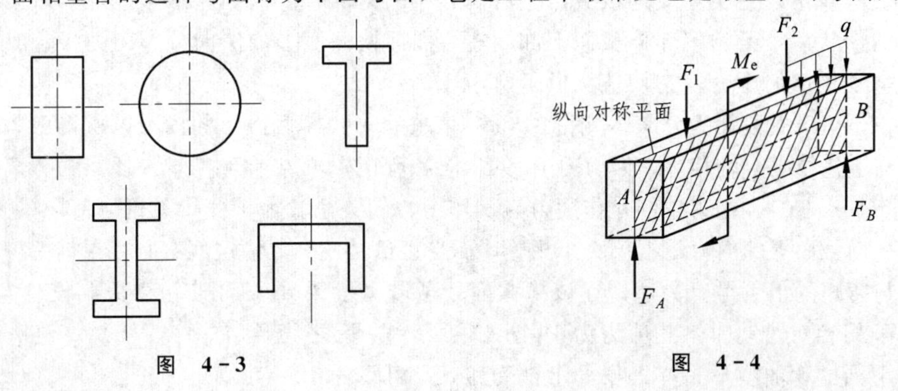

图 4-3　　　　图 4-4

本章先研究平面弯曲时梁的横截面上的内力，在以后两章里再讨论梁的应力和位移。

§4-2　梁的内力——剪力和弯矩

设所有的横向力和外力偶都作用在梁的纵向对称平面内，在求得约束反力(或称支反力)之后，利用截面法，由分离体的平衡条件即可求得梁任一横截面上的内力。

现以图 4-5(a)所示的简支梁为例来说明求梁横截面上内力的方法。梁在荷载和支反力的共同作用下是处于平衡状态的，因而由整个梁的平衡条件可求得支反力为

$$F_A=\frac{Fb}{l} \quad 和 \quad F_B=\frac{Fa}{l}$$

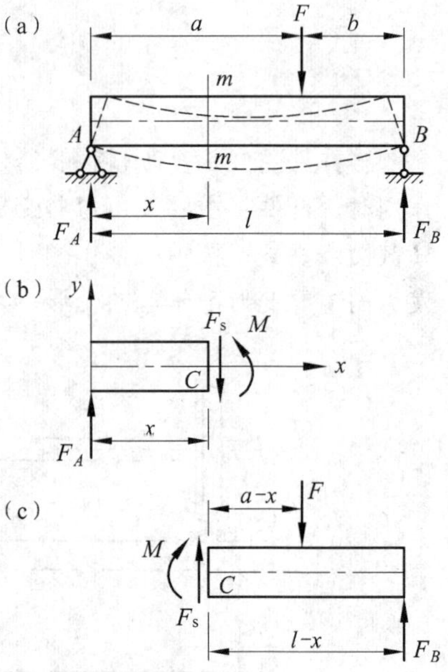

图　4-5

当研究任一横截面 $m-m$ 上的内力时，可假想地沿 $m-m$ 截面将梁截开，任选一段梁为研究对象。若以左段梁为分离体来分析[图 4-5(b)]，由于整个梁处于平衡状态，故该分离体也应保持平衡。可见在 $m-m$ 横截面上必定有一个作用线与 F_A 平行，而指向与 F_A 相反的切向内力 F_S 存在。F_A 与 F_S 形成力偶矩 F_Ax，使该分离体有顺时针转动的趋势，故该横截面上必定还有一个位于纵向对称平面内的逆时针转动的内力偶矩 M 存在。也就是说，在移去右段梁之后，它对左段梁的作用可以用截开面上的内力 F_S 和内力偶矩 M 来替代。它们的大小，根据分离体的平衡条件，由下列两个平衡方程求出，即

$$\sum F_y=0, \quad F_A-F_S=0$$

$$\sum M_C=0, \quad M-F_Ax=0$$

得

$$F_S=F_A, \quad M=F_Ax$$

F_S 称为 $m-m$ 横截面上的剪力，它实际上是该截面上切向分布内力的合力；M 称为 $m-m$ 横截面上的**弯矩**，它实际上是该截面上法向分布内力的合力偶矩。形象地说，该梁在弯成虚线所示的形状后，梁的下部伸长而上部缩短，因而横截面上的法向分布内力将合成一个拉力和一个与之等值的压力，它们就构成了弯矩 M。

我们也可取右段梁为分离体[图 4-5(c)]来求 $m-m$ 横截面上的内力，所得剪力和弯矩的大小必与上述结果分别相等，但剪力 F_S 的指向和弯矩 M 的转向则与取左段梁为分离体时相反[图 4-5(b)、(c)]，因为它们是作用力与反作用力的关系。为了使得无论取何段梁为分离体，所得同一横截面上的内力，不仅大小相等，而且正负号也一致，这就有必要根据变形情况来规定剪力与弯矩的正负号。为此，在该横截面处截取微段梁 dx，凡使该微段梁发生左边向上、右边向下的相对错动时，其剪力为正[图 4-6(a)]，反之为负[图 4-6(b)]。使该微段梁发生上凹下凸的弯曲变形，亦即梁的上部受压，下部受拉时，其弯矩为正[图 4-6(c)]，反之

为负[图 4-6(d)]。按此规定，图 4-5 中 $m-m$ 横截面上的剪力和弯矩都为正值。

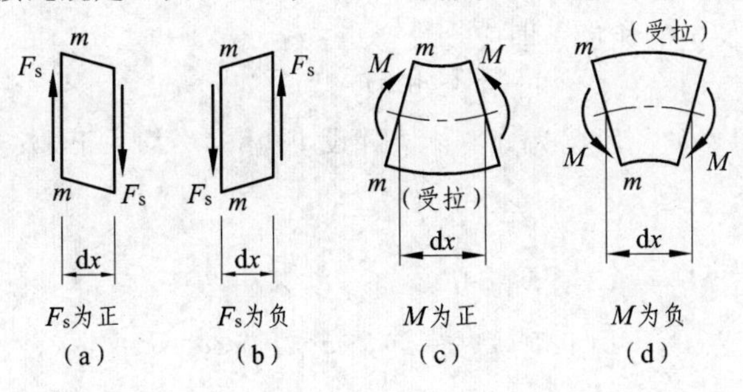

图 4-6

例 4-1 求图(a)所示外伸梁在 1—1、2—2、3—3 和 4—4 横截面上的剪力和弯矩。

解

(1) 求支反力。

首先取整个梁为研究对象，由平衡条件 $\sum M_A=0$ 和 $\sum F_y=0$ 求得支反力

$$F_B=2F$$

$$F_A=3F$$

求出支反力后，可用 $\sum M_B=0$ 是否得到满足来进行校核。

(2) 求 1—1 横截面上的剪力 F_{S_1} 和弯矩 M_1。

欲求横截面 1—1 上的内力，需假想地将梁沿该截面截开。现取左段梁为分离体，并假设该截面上的 F_{S_1} 和 M_1 均为正，如图(b)所示。根据分离体的平衡条件，由平衡方程

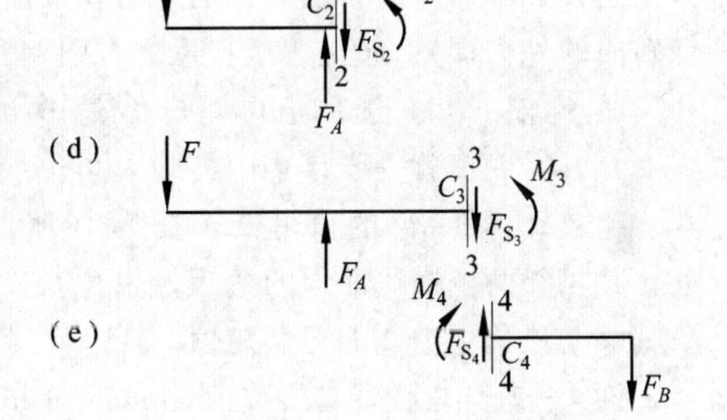

例 4-1 图

$$\sum F_y=0,\quad -F-F_{S_1}=0$$

$$\sum M_{C_1}=0,\quad M_1+Fa=0$$

得

$$F_{S_1}=-F$$

$$M_1=-Fa$$

F_{S_1} 和 M_1 均为负值，说明 1—1 横截面上实际的剪力指向和弯矩转向均与所设的相反。即该截面上的内力应是负剪力和负弯矩。

(3) 求 2—2 横截面上的剪力 F_{S_2} 和弯矩 M_2。

沿 2—2 截面将梁截开，仍取左段梁为分离体，并设 F_{S_2} 和 M_2 均为正[图(c)]，由

$$\sum F_y=0,\quad F_A-F-F_{S_2}=0$$

$$\sum M_{C_2}=0,\quad M_2+Fa=0$$

得

$$F_{S_2}=F_A-F=2F$$

$$M_2=-Fa$$

所得结果 F_{S_2} 为正，说明原先假定的剪力指向是正确的，即该剪力是正值；而弯矩 M_2 为负，说明它的实际转向与假定的相反，即应是负弯矩。

(4) 求 3—3 横截面上的剪力 F_{S_3} 和弯矩 M_3。

仍取 3—3 截面以左的一段梁为分离体，并设 F_{S_3} 和 M_3 均为正[图(d)]，由

$$\sum F_y=0,\quad F_A-F-F_{S_3}=0$$

$$\sum M_{C_3}=0,\quad M_3+F\times 2a-F_A\times a=0$$

得
$$F_{S_3}=F_A-F=2F,\ M_3=F_A\times a-F\times 2a=Fa$$

(5) 求 4—4 横截面上的剪力 F_{S_4} 和弯矩 M_4。

为计算简便，取 4—4 截面以右的一段梁为分离体，设 F_{S_4} 和 M_4 均为正[图(e)]，由平衡方程可得

$$F_{S_4}=F_B=2F$$

$$M_4=-F_B\times a=-2Fa$$

由此例可见：

① 在求梁横截面上的内力时，可直接由该横截面任一边梁上的外力来计算，即：

梁任一横截面上的剪力在数值上等于该截面左边(或右边)梁上所有外力的代数和，左边梁上向上的外力(或右边梁上向下的外力)引起正剪力；反之，引起负剪力。

梁任一横截面上的弯矩在数值上等于该截面左边(或右边)梁上所有外力对该截面形心的力矩之代数和。左边梁上向上的外力及顺时针转向的外力偶(或右边梁上向上的外力及逆时针转向的外力偶)引起正弯矩；反之，引起负弯矩。

② 比较 F_{S_1} 和 F_{S_2} 的值可知，在集中力 F_A 作用处，其相邻两侧横截面上的剪力值发生突变，且突变值就等于该集中力的大小。

比较 M_3 和 M_4 的值可知，在集中力偶 M_e 作用处，其相邻两侧横截面上的弯矩值发生突变，且突变值就等于该集中力偶的力偶矩值。

例 4-2 图示简支梁受到三角形分布荷载的作用，最大荷载集度为 q_0，试求 C 横截面上的内力。

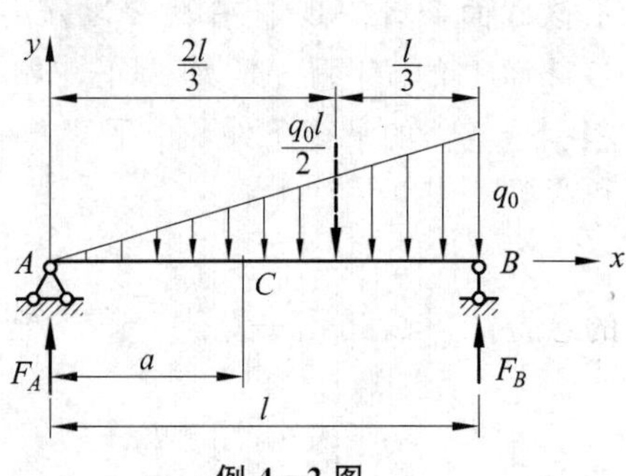

例 4-2 图

解

(1) 求支反力。

在求支反力时，可将梁上的分布荷载以其合力 $q_0l/2$ 代替，合力作用线到梁的 A、B 两端的距离分别为 $2l/3$ 和 $l/3$，由平衡方程

$$\sum M_A=0,\quad F_Bl-\frac{q_0l}{2}\times\frac{2l}{3}=0$$

$$\sum M_B=0,\quad \frac{q_0l}{2}\times\frac{l}{3}-F_Al=0$$

解得
$$F_A=\frac{q_0l}{6}$$

$$F_B=\frac{q_0l}{3}$$

支反力与荷载能满足 $\sum F_y=0$ 的平衡条件，故计算结果是正确的。

(2) 求 C 横截面上的内力 $F_{S,C}$ 和 M_C。

现直接由 C 横截面左边梁上的外力来计算该截面上的内力。C 点处梁上的荷载集度为 q_0a/l，故有

$$F_{S,C}=F_A-\frac{1}{2}a\times\frac{q_0a}{l}=\frac{q_0l}{6}-\frac{q_0a^2}{2l}=\frac{q_0(l^2-3a^2)}{6l}$$

$$M_C=F_A\times a-\left(\frac{1}{2}a\frac{q_0a}{l}\right)\times\frac{a}{3}=\frac{q_0l}{6}a-\frac{q_0a^3}{6l}=\frac{q_0a(l^2-a^2)}{6l}$$

值得注意的是：在求 C 横截面上的内力时，不能预先将作用在梁上的全部分布荷载用其合力来代替，否则，将得不到正确的结果，因为这样的替代就改变了该截面任一边梁上的荷载。

§4－3　剪力方程和弯矩方程　剪力图和弯矩图

从上节各例题可以看出，在一般情况下，梁横截面上的剪力和弯矩是随横截面位置而变化的。若沿梁轴方向选取坐标 x 表示横截面的位置，则梁的各横截面上的剪力和弯矩可以表示为 x 的函数，即

$$F_S=F_S(x)$$
$$M=M(x)$$

这两个函数表达式分别称为梁的**剪力方程**和**弯矩方程**。

为能一目了然地看出梁的各横截面上的剪力和弯矩随截面位置而变化的情况，可仿照轴力图和扭矩图的作法，绘出剪力图和弯矩图。绘图时，以 x 为横坐标，表示各横截面的位置，以 F_S 或 M 为纵坐标，表示相应横截面上的剪力值或弯矩值。下面举例说明列剪力方程和弯矩方程以及绘制剪力图和弯矩图的方法。

例 4－3　图(a)为在自由端受集中力 F 作用的悬臂梁，试列出该梁的剪力方程和弯矩方程，并作出剪力图和弯矩图。

解　取梁的轴线为 x 轴，并以梁的左端为坐标原点，变量 x 表示任意横截面的位置，如图(a)所示。在写梁的剪力方程和弯矩方程时，若取 x 截面左边一段梁为分离体，则需先求支反力。由平衡条件 $\sum F_y=0$ 及 $\sum M_A=0$，可求得固定端的支反力为

$$F_A=F,\quad M_A=Fl$$

根据 x 截面左边梁段上的外力直接求得该截面上的剪力和弯矩分别为

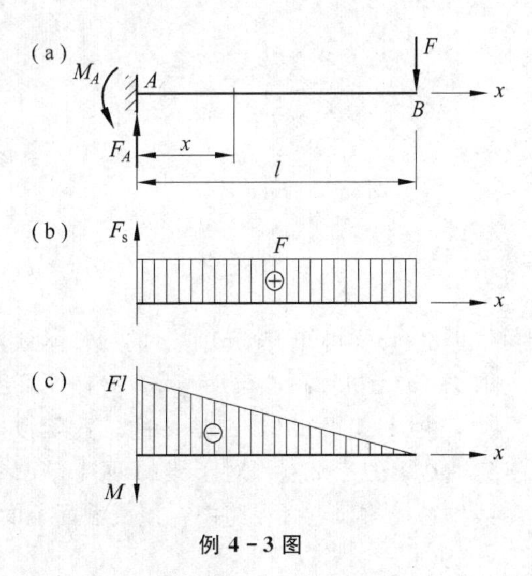

例 4－3 图

$$F_S(x)=F_A=F \quad (0<x<l) \tag{1}$$

$$M(x)=F_A x-M_A=Fx-Fl \quad (0<x\leqslant l) \tag{2}$$

这就是适用于全梁的剪力方程和弯矩方程。

(1)式表明梁各横截面上的剪力均相同，其值为 F，所以剪力图是一条在 x 轴上方且平行于 x 轴的直线，如图(b)所示。

由(2)式可知，$M(x)$为 x 的线性函数，因而弯矩图为一斜直线。只需确定直线上的两个点，例如

$$x=0, \quad M(0)=-Fl$$

$$x=l, \quad M(l)=0$$

即可绘出弯矩图，如图(c)所示。我们将弯矩图的纵坐标取向下为正，为的是使弯矩图始终位于梁的受拉一侧，即正值的弯矩(梁的下部受拉)画在横坐标的下方，而负值的弯矩画在上方。由图可见，在固定端处右侧横截面上的弯矩值最大，$|M|_{max}=Fl$，而剪力值在各横截面上均相同。应当指出：剪力和弯矩的正负号，仅表明梁的变形情况，并无一般代数符号的含义。

也可取 x 截面右边一段梁为分离体，这样，则不必求支反力，依此所得 F_S、M 方程与前面相同，读者可自行验证。一般来说，取外力较少的一段梁为研究对象，较为简便。

例 4-4 图(a)所示简支梁，受向下均布荷载 q 作用，试列出该梁的剪力方程和弯矩方程，并作出剪力图和弯矩图。

解 由对称关系可知此梁的支反力

$$F_A=F_B=\frac{ql}{2}$$

取距左端(横坐标的原点)为 x 的任意横截面，如图(a)所示，按该截面左边梁段上的外力直接计算此截面上的剪力和弯矩，即得梁的剪力方程和弯矩方程分别为

$$F_S(x)=F_A-qx$$

$$=\frac{ql}{2}-qx \quad (0<x<l) \tag{1}$$

$$M(x)=F_A x-qx\,\frac{x}{2}$$

$$=\frac{ql}{2}x-\frac{q}{2}x^2 \quad (0\leqslant x\leqslant l) \tag{2}$$

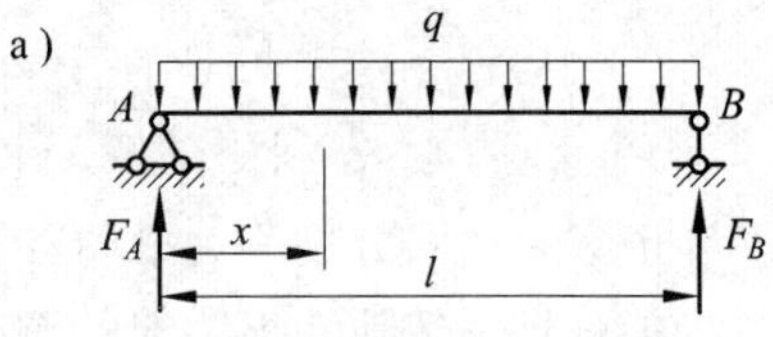

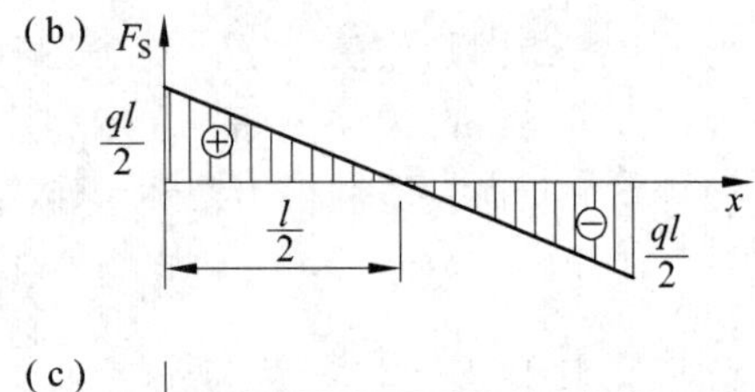

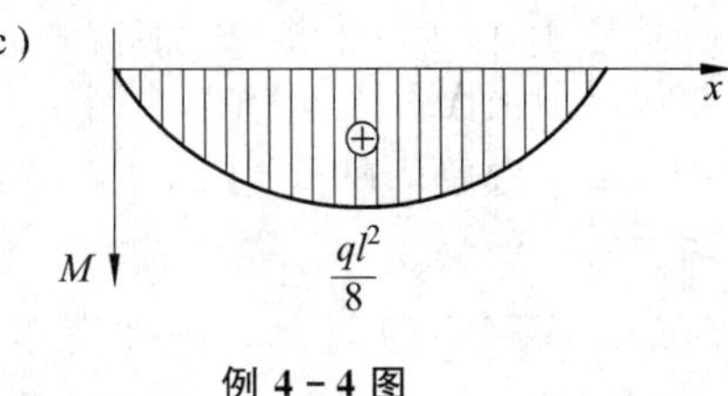

例 4-4 图

由(1)式可知 $F_S(x)$是 x 的线性函数，因而剪力图为一斜直线，只需确定其上两点(例如取 $F_S(0)=ql/2$，$F_S(l)=-ql/2$)，便可绘出剪力图，如图(b)所示。

由(2)式得知 $M(x)$是 x 的二次函数，弯矩图为二次抛物线，要绘出此曲线，至少需确定曲线上的三个点。对于梁的两端有 $M(0)=0$ 及 $M(l)=0$，因为外力对称于跨度的中点，故抛物线的顶点必在跨中，该横截面上的弯矩 $M(l/2)=ql^2/8$。据此即可绘出弯矩图，如图(c)所示。

由图可见，跨中横截面上的弯矩值为最大，$M_{\max}=ql^2/8$，而在该截面上，剪力 $F_S=0$；两支座内侧横截面上剪力值为最大，$F_{S,\max}=ql/2$。

例 4－5 图(a)所示简支梁，在 C 点处受集中力 F 作用，试列出此梁的剪力方程和弯矩方程，并作出剪力图和弯矩图。

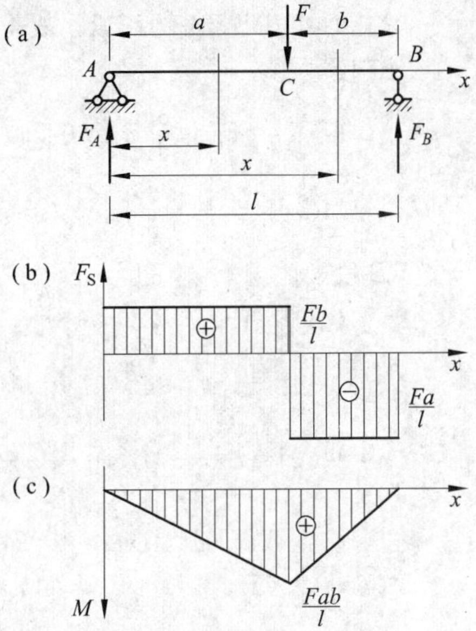

解 由 $\sum M_B=0$ 及 $\sum M_A=0$ 的平衡条件求得支反力[图(a)]为

$$F_A=\frac{Fb}{l},\quad F_B=\frac{Fa}{l}$$

例 4－5 图

由于集中力 F 将梁分为 AC 和 CB 两段，在 AC 段内任意横截面左侧的外力只有支反力 F_A，而在 CB 段内任意横截面左侧的外力有支反力 F_A 和集中力 F，所以两段梁的内力方程不会相同，应将它们分段写出。

AC 段

$$F_S(x)=F_A=\frac{Fb}{l}\quad(0<x<a)\tag{1}$$

$$M(x)=F_Ax=\frac{Fb}{l}x\quad(0\leqslant x\leqslant a)\tag{2}$$

CB 段

$$F_S(x)=F_A-F=-\frac{Fa}{l}\quad(a<x<l)\tag{3}$$

$$M(x)=F_Ax-F(x-a)=\frac{Fb}{l}x-F(x-a)\quad(a\leqslant x\leqslant l)\tag{4}$$

根据(1)式、(3)式作剪力图，AC 和 CB 段的剪力图各是一条平行于 x 轴的直线，如图(b)所示。当 $a>b$ 时，在 CB 段内任一横截面上的剪力值为最大，$|F_S|_{\max}=Fa/l$。

根据(2)式、(4)式作弯矩图，两段梁的弯矩图各是一条斜直线，如图(c)所示。在集中力 F 作用处的横截面上弯矩值为最大，$M_{\max}=Fab/l$。

如果 $a=b=l/2$，即集中力 F 作用在梁的跨中时，则最大弯矩发生在梁的跨中截面，其值为 $M_{\max}=Fl/4$。

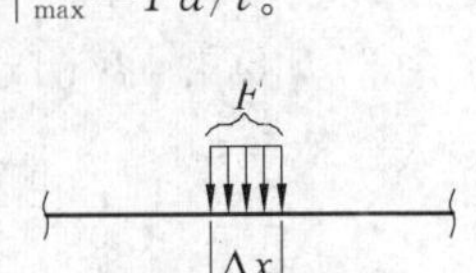

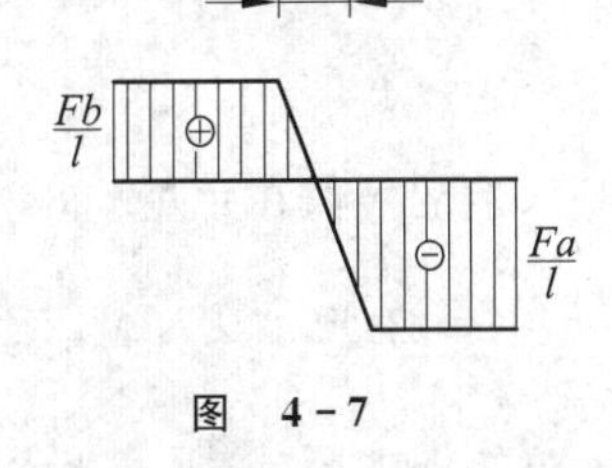

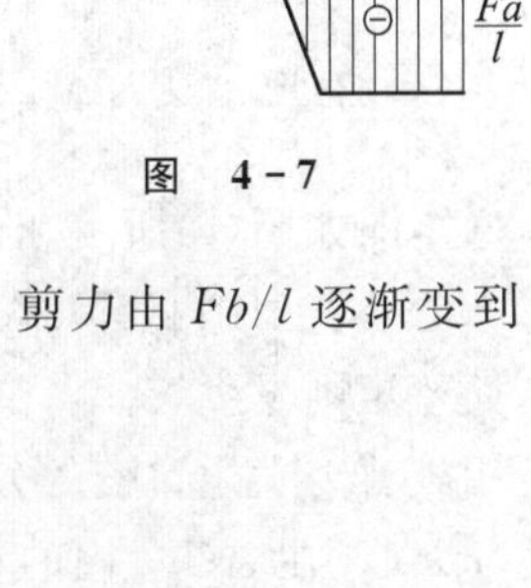

图 4－7

从剪力图和弯矩图可以看出，在集中力 F 作用处，其左、右两侧横截面上的弯矩相同，而剪力则发生突变，突变量等于该集中力之大小。发生这种情况的原因是由于把实际上分布在一个微段上的分布力，抽象成了作用于一点的集中力所造成的。如将集中力 F 视为作用在微段 Δx 上的均布荷载(图 4－7)，则在该微段内，剪力由 Fb/l 逐渐变到 $-Fa/l$，就不存在突变现象了。

例 4－6 试绘出图示简支梁的剪力图和弯矩图。

解 首先求支反力，由

$$\sum M_B=0,\quad 3qa^2+q\times 2a\times a-F_A\times 3a=0$$

$$\sum M_A=0,\quad F_B\times 3a+3qa^2-q\times 2a\times 2a=0$$

得
$$F_A=\frac{5}{3}qa,\quad F_B=\frac{1}{3}qa$$

梁上的外力将梁分为两段，故需分段列出剪力方程和弯矩方程。

AC 段

$$F_S(x)=F_A=\frac{5}{3}qa\quad (0<x\leqslant a)$$

$$M(x)=F_Ax=\frac{5}{3}qax\quad (0\leqslant x<a)$$

CB 段

$$F_S(x)=F_A-q(x-a)=\frac{5}{3}qa-q(x-a)\quad (a\leqslant x<3a)$$

$$M(x)=F_Ax-M_e-q\frac{(x-a)^2}{2}=\frac{5}{3}qax-3qa^2-\frac{q}{2}(x-a)^2\quad (a<x\leqslant 3a)$$

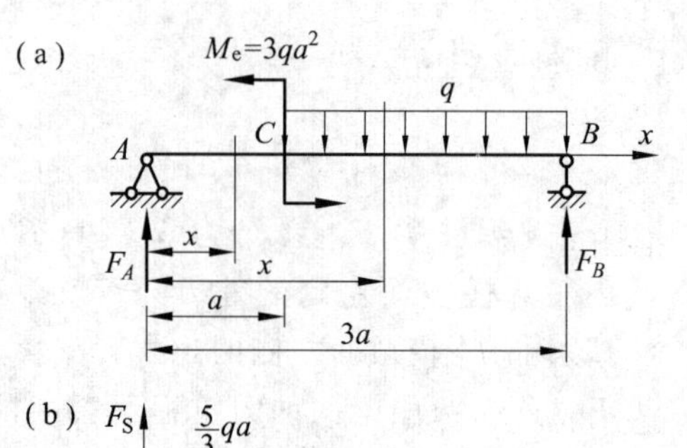

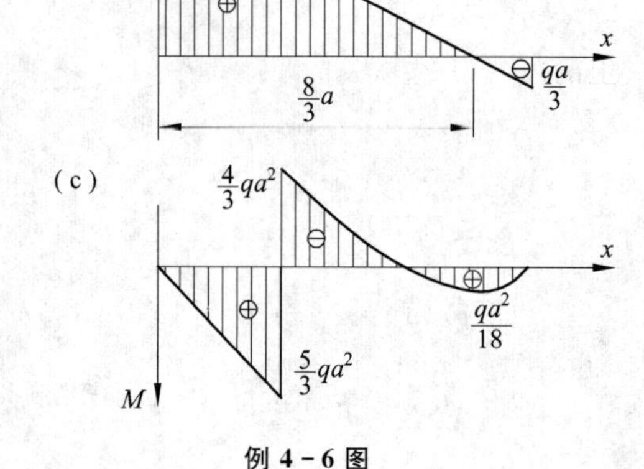

例 4-6 图

AC 段的剪力为常量，该段剪力图是一条水平直线；CB 段的剪力是 x 的线性函数，该段剪力图为一条斜直线，如图(b)所示。

AC 段的弯矩是 x 的线性函数，该段弯矩图为一斜直线；CB 段的弯矩是 x 的二次函数，该段弯矩图为二次抛物线，需确定三个截面的弯矩值。对于该段内的 C、B 截面有 $M(a)=-4qa^2/3$ 及 $M(3a)=0$。此外，尚需考察该段内弯矩有无极值，为此求 $M(x)$ 对 x 的一阶导数并令其为零

$$\frac{dM(x)}{dx}=\frac{5}{3}qa-\frac{q}{2}\times 2(x-a)=0$$

得
$$x=\frac{8}{3}a$$

弯矩的极值在距左端 $8a/3$ 的截面上，其值为

$$M_{极值}=\frac{5}{3}qa\left(\frac{8}{3}a\right)-3qa^2-\frac{q}{2}\left(\frac{8}{3}a-a\right)^2=\frac{qa^2}{18}$$

弯矩图如图(c)所示。

从剪力图和弯矩图可以看出，在集中力偶作用处，其左、右两侧横截面上的剪力相同，而弯矩则发生突变，突变量等于该力偶矩的数值。发生突变的原因，类似于上例对集中力作用处剪力发生突变的分析。由图得知，在 AC 段内任一横截面上的剪力值为最大，$F_{S,max}=5qa/3$；在 AC 段内的 C 截面上弯矩值为最大，$M_{max}=5qa^2/3$。

§4-4 弯矩、剪力与荷载集度之间的关系及其应用

从例 4-4 的内力方程 $F_{\mathrm{S}}(x)=(ql/2)-qx$ 和 $M(x)=(ql/2)x-(q/2)x^2$ 中可以看到，如将 $M(x)$ 对 x 求一阶导数，得 $\mathrm{d}M(x)/\mathrm{d}x=(ql/2)-qx$，这恰好是剪力方程等号右边的各项，也就是说 $\mathrm{d}M(x)/\mathrm{d}x=F_{\mathrm{S}}(x)$。如果再将 $F_{\mathrm{S}}(x)$ 对 x 求一阶导数，得 $\mathrm{d}F_{\mathrm{S}}(x)/\mathrm{d}x=-q$。上述两个关系式在例 4-6 中同样成立。其实，这些关系在直梁中是普遍存在的。下面就从一般情况来推证这些关系式。

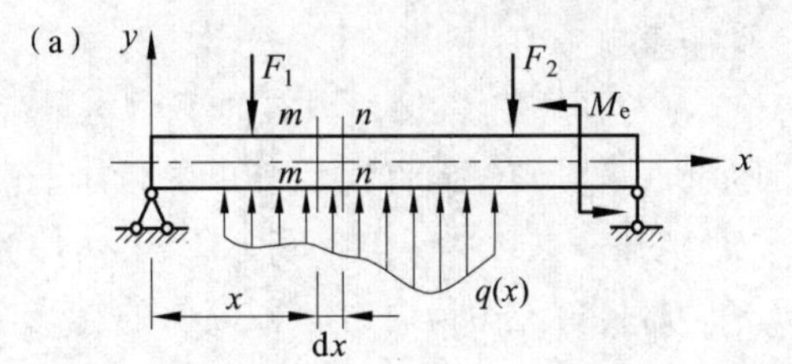

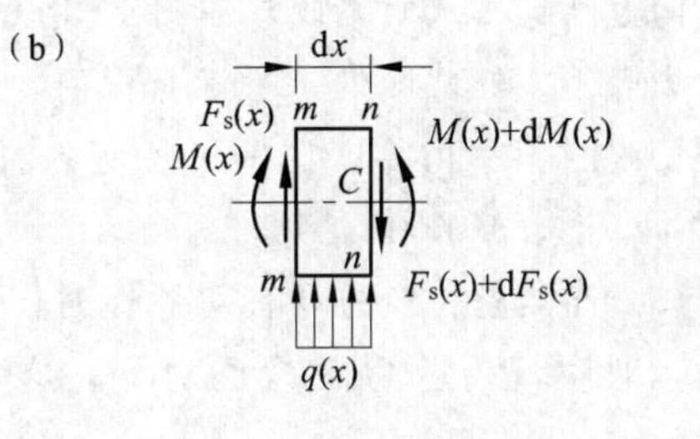

图 4-8

图 4-8(a)表示受横向力及外力偶矩作用的梁。坐标原点取在梁的左端，分布荷载集度 $q(x)$ 是 x 的连续函数，并规定以向上为正。现用 $m-m$ 和 $n-n$ 两个横截面从梁中取出长为 $\mathrm{d}x$ 的微段来研究[图 4-8(b)]。设距坐标原点为 x 的 $m-m$ 截面上的内力为 $F_{\mathrm{S}}(x)$ 和 $M(x)$，该处的荷载集度为 $q(x)$，而距原点为 $x+\mathrm{d}x$ 的 $n-n$ 截面上的内力将为 $F_{\mathrm{S}}(x)+\mathrm{d}F_{\mathrm{S}}(x)$ 和 $M(x)+\mathrm{d}M(x)$。以上各内力均设为正的，由于 $\mathrm{d}x$ 非常小，故可略去 $q(x)$ 在 $\mathrm{d}x$ 长度上的改变量。在上述各力作用下，该微段梁应保持平衡。

根据平衡方程

$$\sum F_y=0,\quad F_{\mathrm{S}}(x)-[F_{\mathrm{S}}(x)+\mathrm{d}F_{\mathrm{S}}(x)]+q(x)\mathrm{d}x=0 \tag{a}$$

$$\sum M_C=0,\quad [M(x)+\mathrm{d}M(x)]-M(x)-F_{\mathrm{S}}(x)\mathrm{d}x-q(x)\mathrm{d}x\frac{\mathrm{d}x}{2}=0 \tag{b}$$

由(a)式得

$$\frac{\mathrm{d}F_{\mathrm{S}}(x)}{\mathrm{d}x}=q(x) \tag{4-1}$$

由(b)式并略去二阶微量 $[q(x)/2](\mathrm{d}x)^2$ 后，得

$$\frac{\mathrm{d}M(x)}{\mathrm{d}x}=F_{\mathrm{S}}(x) \tag{4-2}$$

若将(4-2)式代入(4-1)式，则得

$$\frac{\mathrm{d}^2M(x)}{\mathrm{d}x^2}=q(x) \tag{4-3}$$

以上三式就是弯矩 $M(x)$、剪力 $F_{\mathrm{S}}(x)$ 和荷载集度 $q(x)$ 三函数间的关系式。需要指出的是，在推导以上三个式子时，x 轴以指向右为正，若将 x 轴的原点取在梁的右端，即 x 以指向左为正时，则(4-1)式和(4-2)式在等号的右边应加一个负号，(4-3)式则不会因坐标原点的改动而影响其正负号。

上述三式反映了弯矩、剪力与荷载集度之间的内在联系。对弯矩图和剪力图来说，这些关系式的几何意义是：(4-1)式表明，剪力图上某点处的切线斜率等于该点处荷载集度的大

小。(4-2)式表明，弯矩图上某点处的切线斜率等于该点处剪力的大小。利用这些关系式有利于绘制或校核剪力图和弯矩图。下面结合常见的荷载情况作些说明。并结合上节中的例题，对 F_S、M 图的某些特征，一并汇集如下。

(1) 若梁上某区段内无分布荷载，即 $q(x)=0$，则该区段内的剪力图为水平直线(或该区段内剪力均为零)，弯矩图为倾斜直线(或为水平直线)。可从例 4-3、例 4-5 的 F_S、M 图中看出。

(2) 若梁上某区段内有向下的均布荷载作用，即 $q(x)=$负常量，则该区段内的剪力图为向右下方倾斜的直线，弯矩图为向下凸的二次抛物线，如图 4-9(a)所示。当 $q(x)$为正的常量时，剪力图为向右上方倾斜的直线，弯矩图为向上凸的二次抛物线，如图 4-9(b)所示。在剪力等于零的截面处，弯矩有极值，此处弯矩图切线的斜率为零。这些可从例4-4、例 4-6 的 F_S 图、M图中看出。

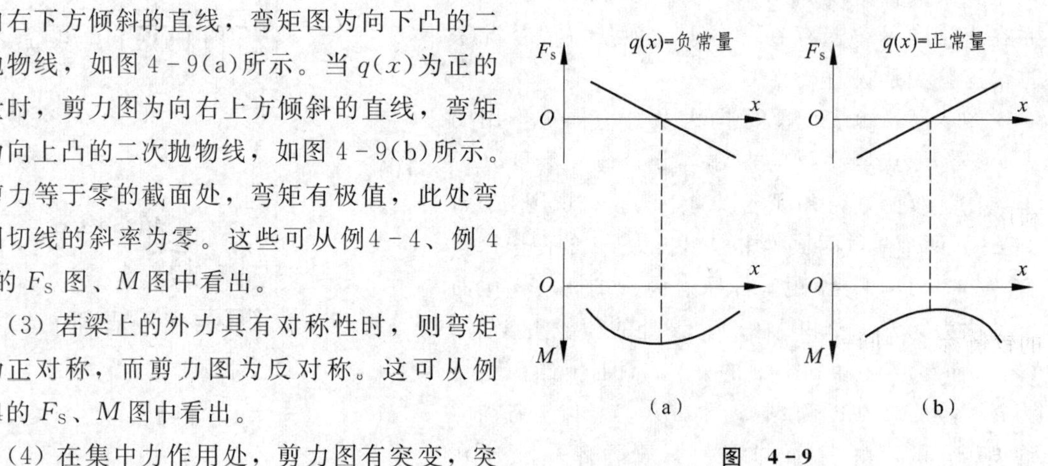

图 4-9

(3) 若梁上的外力具有对称性时，则弯矩图为正对称，而剪力图为反对称。这可从例 4-4的 F_S、M 图中看出。

(4) 在集中力作用处，剪力图有突变，突变量等于该集中力的大小，弯矩图有尖角；在集中力偶作用处，弯矩图有突变，突变量等于该力偶矩的数值。这些可从例 4-5、例 4-6 的 F_S、M 图中看出。

例 4-7 利用 M、F_S 和 q 间的关系校核图(a)所示简支梁的 F_S、M 图。

解

(1) 校核支反力。

所给支反力[图(a)]满足 $\sum M_A=0$ 及 $\sum M_B=0$ 的平衡条件，因而 F_A 和 F_B 大小及其指向均无误。读者可自行验证。

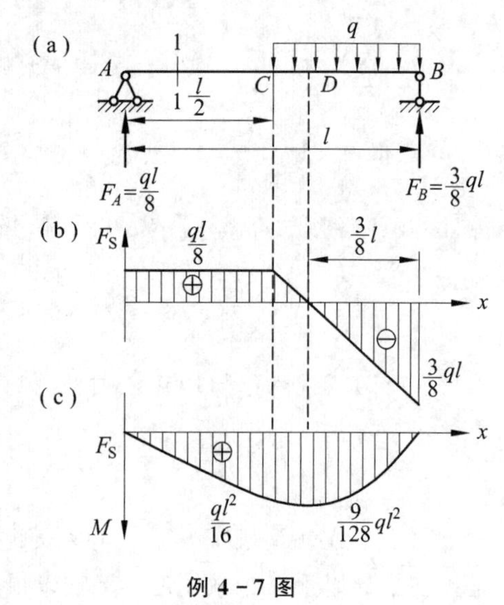

例 4-7 图

(2) 校核 F_S 图。

AC 段梁上 $q(x)=0$，F_S 图为水平直线，故只需知道该段梁任一截面上的剪力。例如对 1-1 截面，用左边梁上的外力来计算，可得

$$F_{S_1}=F_A=\frac{ql}{8}$$

CB 段梁上有向下的均布荷载，故 F_S 图为向右下方倾斜的直线，再计算 C、B 两截面的剪力得 $F_{S,C}=F_A=ql/8$，$F_{S,B}=-F_B=-3ql/8$。

由以上的定性分析和算出的三个控制截面上的剪力值表明所作的剪力图是正确的。

(3) 校核 M 图。

AC 段内 F_S 等于正的常量，所以 M 图为向右下方倾斜的直线。

CB 段上 $q(x)$ 等于负常量，由(4-3)式可知，M 图为向下凸的二次抛物线，在 $F_S=0$ 的 D 截面处，M 有极值。D 截面的位置可由剪力图上两相似三角形的关系求出，设 D 截面到 B 截面的距离为 a，则

$$\frac{a}{3ql/8}=\frac{(l/2)-a}{ql/8}$$

解得 $$a=\frac{3}{8}l$$

再来校核控制截面的弯矩值，对于 C 截面，用左边梁上的外力来计算，可得 $M_C=F_A\times l/2=ql^2/16$。对于 D 截面，若用右边梁上的外力计算得 $M_D=F_B\times 3l/8-q\times(3l/8)\times 3l/16=(9/128)ql^2$。可见所作的弯矩图也是正确的。

以上利用荷载集度、剪力和弯矩三函数间的关系来判断每一区段剪力图和弯矩图的规律，然后算出某些控制截面的剪力和弯矩值，即可校核所作 F_S、M 图的正确性。自然也可利用这种方法作剪力图和弯矩图，而不必写出剪力方程和弯矩方程，从而使作图过程简化，故称为**简易作图法**。

例 4-8 图(a)所示多跨静定梁，由主梁 AC 和副梁 CB 在 C 处用铰链连接而成。C 处的铰链称为中间铰。试用简易法绘出该梁的剪力图和弯矩图。

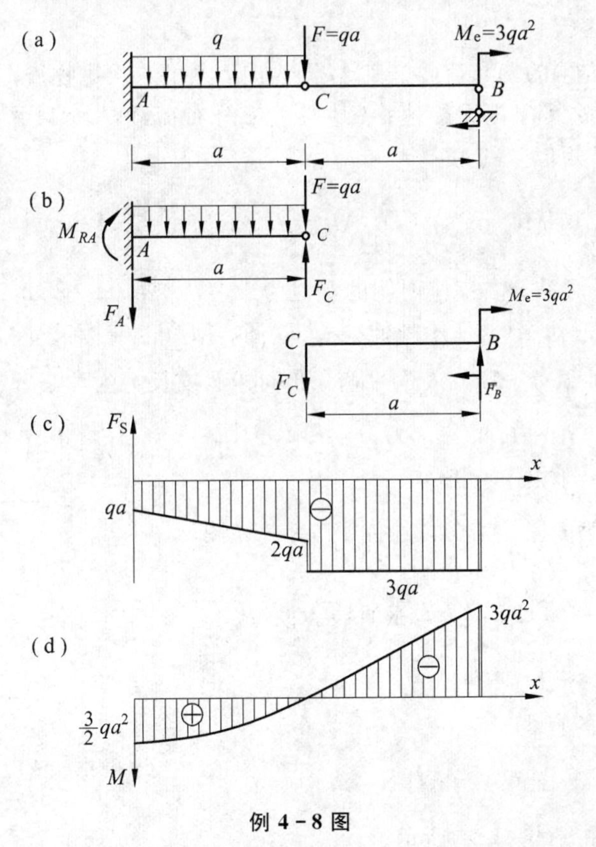

例 4-8 图

解

(1) 求支反力。

因为中间铰 C 只能传递力，不能传递力矩，所以梁在中间铰 C 稍右(或稍左)处的弯矩

为零。在求支反力时，可以将梁从中间铰 C 稍右(也可从 C 稍左)处拆开，AC 梁(连带中间铰)和 CB 梁的受力图如图(b)所示。

由 CB 梁的平衡方程求得

$$F_B = 3qa \quad (\uparrow), \qquad F_C = 3qa \quad (\downarrow)$$

将 F_C 反向加在 AC 梁的 C 截面处，由 AC 梁的平衡方程求得

$$F_A = qa \quad (\downarrow), \qquad M_{RA} = \frac{3}{2}qa^2 \quad (\downarrow)$$

(2) 画剪力图。

由于 AC 段上有向下的均布荷载，其 F_S 图为斜直线；CB 段上无分布荷载，其 F_S 图为水平直线；C 截面处有集中力 F 作用，该处的剪力要发生突变。A 稍右、C 稍左、C 稍右截面上的剪力值分别为

$$F_{SA右} = -F_A = -qa, \qquad F_{SC左} = F - F_C = qa - 3qa = -2qa,$$

$$F_{SC右} = -F_C = -3qa$$

剪力图如图(c)所示。可见 CB 段的剪力为最大值，$|F_S|_{max} = 3qa$。C 截面处的剪力的突变量等于 $F = qa$。

(3) 画弯矩图。

由于 AC 段上有向下的均布荷载，其 M 图为向下凸的二次抛物线，由 F_S 图可知，该段内无剪力等于零处，故其弯矩无极值；CB 段上无分布荷载，其 M 图为斜直线。A 稍右、C、B 稍左截面处的弯矩值分别为

$$M_{A右} = M_{RA} = \frac{3}{2}qa^2, \quad M_C = 0, \quad M_{B左} = -M_e = -3qa^2$$

弯矩图如图(d)所示。可见，右支座内侧的弯矩为最大，$|M|_{max} = 3qa^2$。

例 4-9 用简易法作图(a)所示外伸梁的 F_S 图、M 图。

解 由 $\sum M_B = 0$ 及 $\sum M_A = 0$ 的平衡条件可求得支反力为

$$F_A = 10\ \text{kN}$$

$$F_B = 15\ \text{kN}$$

由于梁上外力将梁分为三段，需分段绘制 F_S 图、M 图。

AC 段

因该段梁上 $q(x) = 0$，F_S 图为水平直线。而

$$F_{SA右} = F_A = 10\ \text{kN}$$

M 图为向右下方倾斜的直线。而

$$M_{C左} = F_A \times 2 = 20\ \text{kN} \cdot \text{m}$$

该段的 F_S 图、M 图如图(b)、(c)所示。

CB 段

因该段梁上 $q(x)$ 等于负常量，F_S 图为向右下方倾斜的直线。因 C 处没有集中力，故 $F_{SC} = F_{SA} = 10$ kN，而 B 处左侧截面上的剪力为

$$F_{S,B左}=F_A-q\times3=-20\ \text{kN}$$

该段梁的 F_S 图示于图(b)。

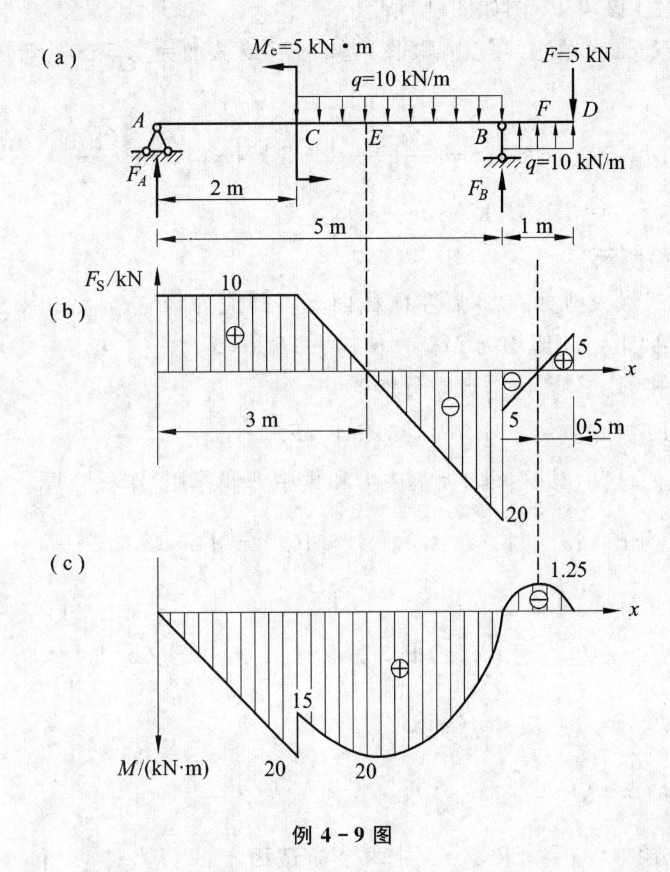

例 4-9 图

由(4-3)式可知，M 图为向下凸的二次抛物线。因 C 处有集中力偶作用，故 C 处右侧截面上的弯矩为

$$M_{C右}=F_A\times2-M_e=20\ \text{kN}\cdot\text{m}-5\ \text{kN}\cdot\text{m}=15\ \text{kN}\cdot\text{m}$$

在 $F_S=0$ 的 E 截面处弯矩有极值，设此截面的位置距 C 截面为 a，则

$$\frac{a}{10}=\frac{3-a}{20}$$

可得 $$a=1\ \text{m}$$

于是 $$M_{极值}=F_A\times3-M_e-\frac{q\times1^2}{2}=10\ \text{kN}\times3\ \text{m}-5\ \text{kN}\cdot\text{m}-\frac{10}{2}\ \text{kN}\cdot\text{m}=20\ \text{kN}\cdot\text{m}$$

B 截面的弯矩用右边梁上的荷载计算较方便，即

$$M_B=-F\times1+\frac{q\times1^2}{2}=-5\ \text{kN}\times1\ \text{m}+\frac{10}{2}\ \text{kN}\cdot\text{m}=0$$

该段梁的 M 图示于图(c)。

BD 段

因该段梁上 $q(x)$ 等于正的常量，F_S 图为向右上方倾斜的直线。B 处右侧截面上的剪力

按右边梁上的荷载计算较方便，即

$$F_{S,B右}=F-q\times1=5\text{ kN}-10\text{ kN/m}\times1\text{ m}=-5\text{ kN}$$

而 $F_{S,D左}=F=5$ kN。该段 F_S 图如图(b)所示。

M 图为向上凸的二次抛物线，由 F_S 图可知，距 D 截面为 0.5 m 处弯矩有极值，按右边梁上的荷载计算

$$M_{极值}=-F\times0.5+\frac{q(0.5)^2}{2}=-5\text{ kN}\times0.5\text{ m}+\frac{10\text{ kN/m}\times0.25\text{ m}^2}{2}$$

$$=-1.25\text{ kN}\cdot\text{m}$$

该段的 M 图如图(c)所示。

由图可见，梁的最大剪力在 B 点左侧截面上，其值为 $|F_S|_{max}=20$ kN。最大弯矩在 C 点左侧截面和 E 截面上，其值均为 $M_{max}=M_{极值}=20$ kN·m。

若将(4-1)式和(4-2)式改写成微分形式

$$\mathrm{d}F_S(x)=q(x)\mathrm{d}x,\quad \mathrm{d}M(x)=F_S(x)\mathrm{d}x$$

并在 $x=a$ 到 $x=b$ 的区间(该区间内无集中力和集中力偶作用)作积分得

$$\int_a^b \mathrm{d}F_S(x)=\int_a^b q(x)\mathrm{d}x,\quad \int_a^b \mathrm{d}M(x)=\int_a^b F_S(x)\mathrm{d}x$$

它们可写为

$$F_{S,b}-F_{S,a}=\int_a^b q(x)\mathrm{d}x,\quad M_b-M_a=\int_a^b F_S(x)\mathrm{d}x$$

或

$$F_{S,b}=F_{S,a}+\int_a^b q(x)\mathrm{d}x \tag{4-4}$$

$$M_b=M_a+\int_a^b F_S(x)\mathrm{d}x \tag{4-5}$$

式中，$F_{S,a}$ 和 $F_{S,b}$ 分别为 $x=a$ 和 $x=b$ 处两个横截面上的剪力；M_a 和 M_b 则分别为这两个截面上的弯矩；积分项 $\int_a^b q(x)\mathrm{d}x$ 和 $\int_a^b F_S(x)\mathrm{d}x$ 分别为这两个截面间的分布荷载图之面积和剪力图之面积，因为 $q(x)$ 和 $F_S(x)$ 是有正负的，所以在这两个面积的前面也应带有相应的正负号。

例如在例 4-9 中，已知 $F_{S,C}=10$ kN，$M_{C右}=15$ kN·m，利用以上两式，可求得 $F_{S,B左}$ 和 M_B 如下：

$$F_{S,B左}=F_{S,C}-q\times3=10\text{ kN}-10\text{ kN/m}\times3\text{ m}=-20\text{ kN}$$

$$M_B=M_{C右}+\frac{1}{2}\times1\times10-\frac{1}{2}\times2\times20=15\text{ kN}\cdot\text{m}+5\text{ kN}\cdot\text{m}-20\text{ kN}\cdot\text{m}=0$$

§4-5 平面刚架和曲杆的内力

通过下面两个例题来说明平面刚架和曲杆内力图的作法。

例 4-10 试作出图(a)所示平面刚架的内力图。

解 此平面刚架是由水平杆 BC 和竖直杆 AB 在 B 点处刚性连接而成。平面刚架各杆的内

力，除了剪力和弯矩外，还可能有轴力。作内力图的步骤与§4－3所述相同，但是由于刚架同时包含不同方向的杆件，为了能表达内力沿各杆轴线的变化规律，习惯上按下列约定作内力图：

弯矩图：画在各杆的受拉一侧，不注明正、负号。

剪力图：可画在刚架轴线的任一侧，但应注明正、负号（竖直杆与水平杆一样，凡使杆件微段有顺时针转动趋势的剪力为正）。

轴力图：可画在刚架轴线的任一侧，应注明正、负号（拉力为正、压力为负）。

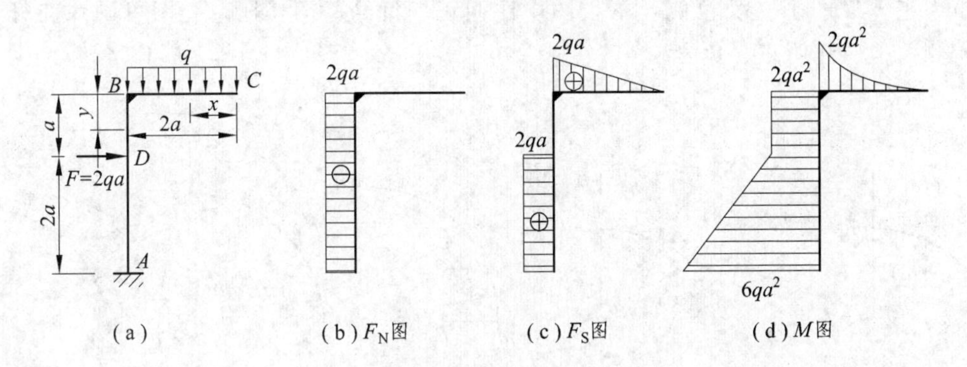

例4－10图

计算内力时，一般应先求出刚架的支反力。此题由于刚架的 C 点是自由端，故对水平杆若把坐标原点取在 C 点，并用右段杆上的外力来计算任一截面的内力；而对竖直杆把坐标原点取在 B 点，并取上段为研究对象，则可不必求出支反力。据此可分段列出如下内力方程：

CB 段

$$F_N(x)=0$$
$$F_S(x)=qx \qquad (0\leqslant x\leqslant 2a)$$
$$M(x)=-\frac{qx^2}{2} \qquad (0\leqslant x\leqslant 2a)$$

BD 段

$$F_N(y)=-2qa \qquad (0\leqslant y\leqslant a)$$
$$F_S(y)=0$$
$$M(y)=-2qa^2 \qquad (0<y\leqslant a)$$

（弯矩方程是设竖直杆的右侧受拉为正弯矩而写出的，对 DA 段也是这样。）

DA 段

$$F_N(y)=-2qa \qquad (a\leqslant y\leqslant 3a)$$
$$F_S(y)=2qa \qquad (a<y\leqslant 3a)$$
$$M(y)=-2qa^2-2qa(y-a)=-2qay \qquad (a\leqslant y<3a)$$

根据各段的内力方程即可绘出轴力、剪力和弯矩图，分别如图(b)、图(c)和图(d)所示。对于 CB 段的弯矩图，由该段的弯矩方程极易看出，其极值位置就在 C 点，故只需算出 C、B 两截面的弯矩值即可绘出其 M 图。

在刚性结点 B 处，因无集中力偶作用，故若取结点 B 为分离体，由该分离体的平衡条件，即可判定 CB 杆 B 截面上的弯矩应与 BD 杆 B 截面上的弯矩值相等，且均使杆的外侧受拉。

例 4-11 一端固定的四分之一圆环，在其轴线平面内受集中荷载 F 作用，如图(a)所示。试作出此曲杆的内力图。圆环的半径为 R。

解 平面曲杆在其轴线平面内受外力作用时，杆件的任一横截面上一般有三个内力分量：轴力 F_N、剪力 F_S 和弯矩 M。求内力的方法仍是截面法。对于圆环状曲杆，采用极坐标表示横截面的位置较为方便。现取圆环的中心 O 为极点，以 OB 为极轴，以 θ 来表示横截面的位置[图(a)]。对于曲杆，其横截面上弯矩的正负号通常规定为：使曲杆外侧受拉的弯矩为正。M 图画在受拉侧，不在图中注明正、负号。F_N 图和 F_S 图可画在曲杆轴线的任一侧，但应注明正、负号。

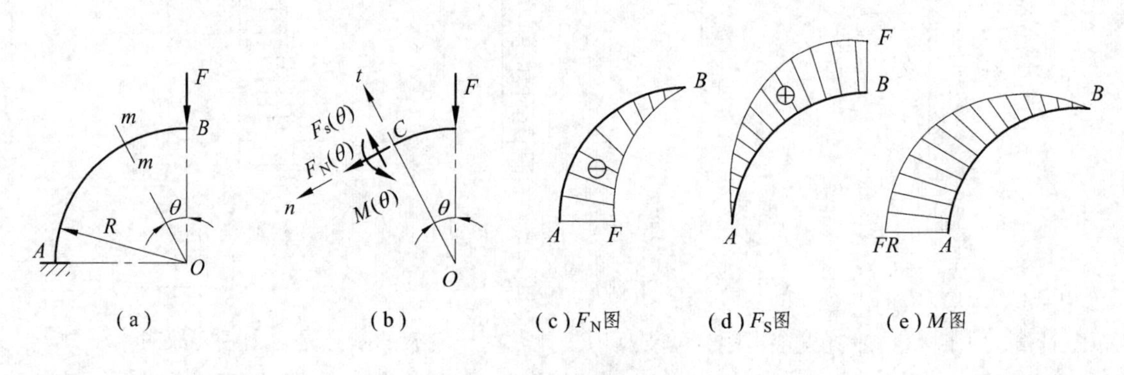

(a) (b) (c) F_N图 (d) F_S图 (e) M图

例 4-11 图

现求曲杆任意横截面 $m-m$ 上的内力。为此，取分离体如图(b)所示，该截面上的内力分量均设为正值。由平衡条件 $\sum F_n=0$，$\sum F_t=0$ 及 $\sum M_C=0$，可求得该截面上的轴力、剪力和弯矩分别为

$$F_N(\theta)=-F\sin\theta \qquad \left(0\leqslant\theta<\frac{\pi}{2}\right)$$

$$F_S(\theta)=F\cos\theta \qquad \left(0\leqslant\theta<\frac{\pi}{2}\right)$$

$$M(\theta)=FR\sin\theta \qquad \left(0\leqslant\theta<\frac{\pi}{2}\right)$$

以曲杆的轴线为基线，在各横截面相应的曲杆轴线的法线上，分别标出这些内力值，连接这些点的光滑曲线，即分别为轴力图[图(c)]、剪力图[图(d)]和弯矩图[图(e)]。

习　题

4-1 试求图示各梁中指定截面上的剪力和弯矩。(1—1 截面无限接近于端截面，2—2、3—3 截面无限接近于 C 截面。)

4-2 写出下列各梁的剪力方程和弯矩方程，作出剪力图和弯矩图，并指出最大剪力和最大弯矩的值以及它们所在的截面。

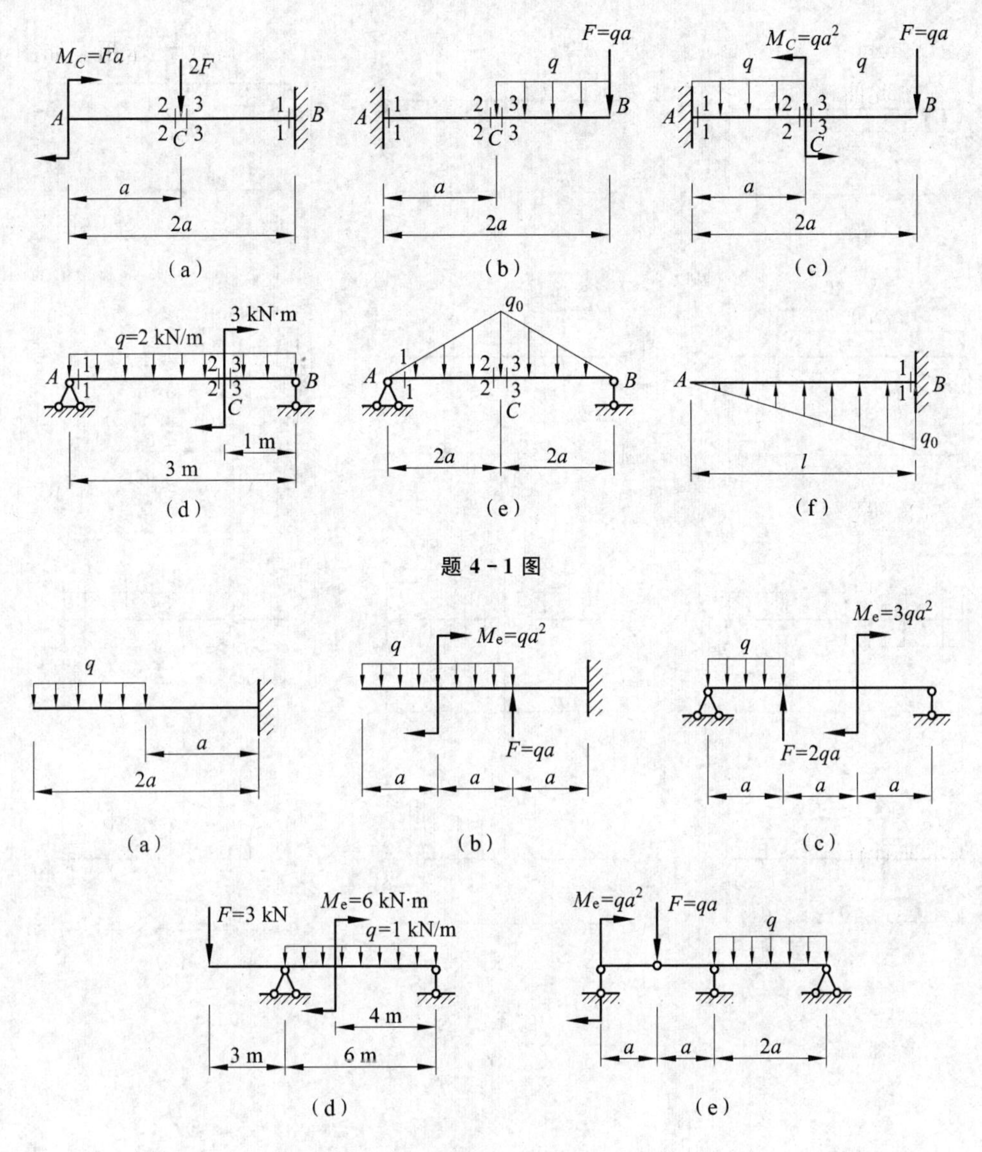

题 4-1 图

题 4-2 图

4-3 利用弯矩、剪力与荷载集度之间的关系作下列各梁的剪力图和弯矩图。

4-4 作简支梁在图示四种荷载情况下的弯矩图，比较它们的最大弯矩值。用这些结果说明梁上的荷载不能任意用其静力等效力系代替。

4-5 天车梁上小车轮距为 c，起重量为 P，问小车走到什么位置时，梁的弯矩最大？并求出 $M_{\max}$。

4-6 (a)起吊一根单位长度重量为 q kN/m 的等截面混凝土杆件，吊点离端部的距离 x[图(a)]为多少时，才最不容易使杆折断？

（提示：合理吊点的位置由起吊时梁在自重作用下所产生的最大正、负弯矩绝对值相等的条件来决定。）

(b) 图示跳板的支座 A 是固定的，支座 B 是可移动的，重量为 P 的小车经过跳板。若从弯矩方面考虑，支座 B 该放在什么位置(以 x 表示)时，跳板的受力最合理？

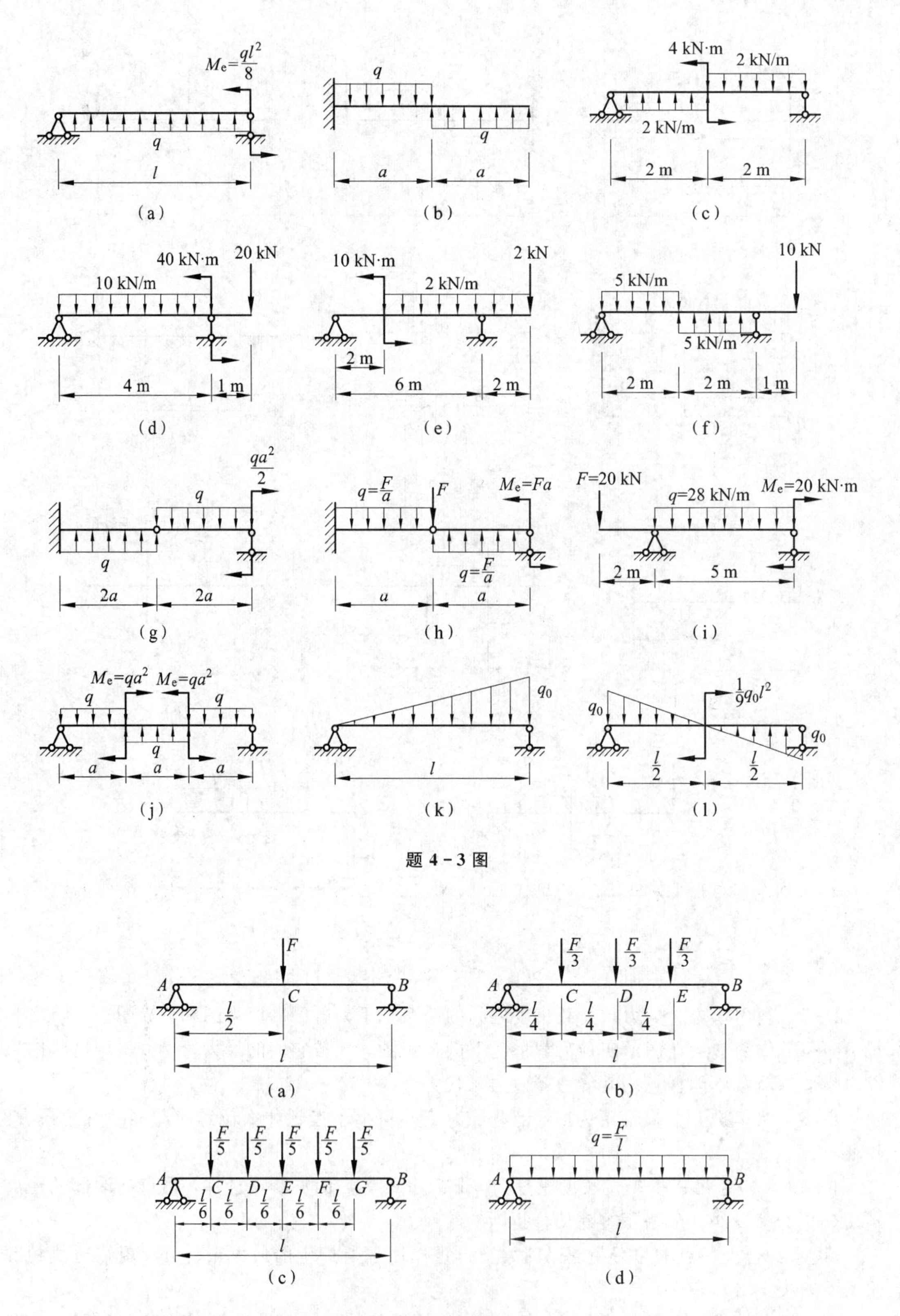

$M_e=\frac{ql^2}{8}$
q
l
(a)
q
q
a
a
(b)
4 kN·m
2 kN/m
2 kN/m
2 m
2 m
(c)
40 kN·m
20 kN
10 kN/m
4 m
1 m
(d)
10 kN·m
2 kN
2 kN/m
2 m
6 m
2 m
(e)
10 kN
5 kN/m
5 kN/m
2 m
2 m
1 m
(f)
$\frac{qa^2}{2}$
q
q
2a
2a
(g)
$q=\frac{F}{a}$
F
$M_e=Fa$
$q=\frac{F}{a}$
a
a
(h)
F=20 kN
q=28 kN/m
M_e=20 kN·m
2 m
5 m
(i)
$M_e=qa^2$
$M_e=qa^2$
q
q
q
a
a
a
(j)
q_0
l
(k)
$\frac{1}{9}q_0l^2$
q_0
q_0
$\frac{l}{2}$
$\frac{l}{2}$
(l)

题 4 - 3 图

F
A
B
C
$\frac{l}{2}$
l
(a)
$\frac{F}{3}$
$\frac{F}{3}$
$\frac{F}{3}$
A
C
D
E
B
$\frac{l}{4}$
$\frac{l}{4}$
$\frac{l}{4}$
l
(b)
$\frac{F}{5}$
$\frac{F}{5}$
$\frac{F}{5}$
$\frac{F}{5}$
$\frac{F}{5}$
A
C
D
E
F
G
B
$\frac{l}{6}$
$\frac{l}{6}$
$\frac{l}{6}$
$\frac{l}{6}$
$\frac{l}{6}$
l
(c)
$q=\frac{F}{l}$
A
B
l
(d)

题 4 - 4 图

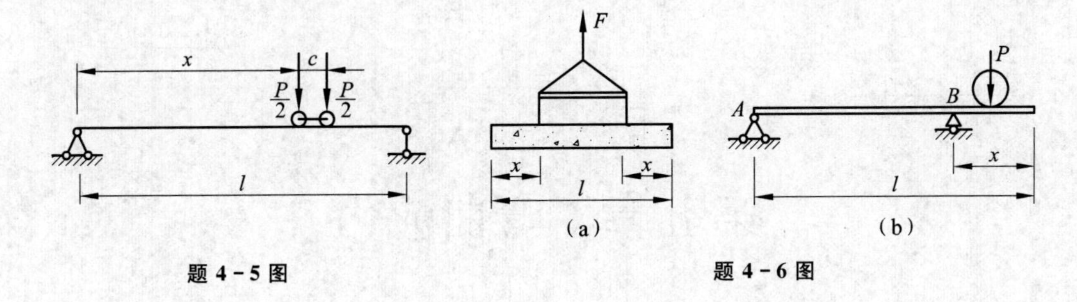

题 4-5 图　　　　题 4-6 图

4-7　作图示刚架的内力图。

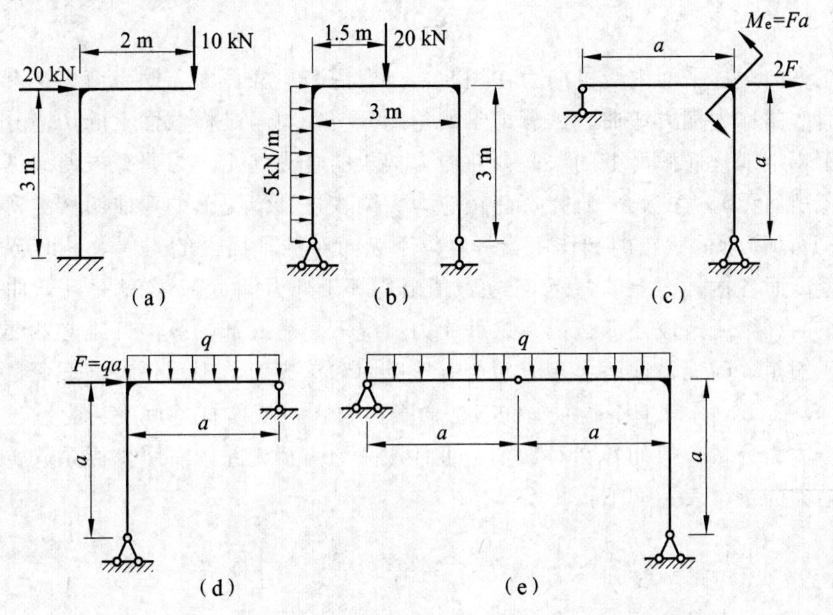

题 4-7 图

4-8　在圆弧形曲杆平面内受力如图所示，已知曲杆轴线的半径为 R，试作曲杆的内力图。

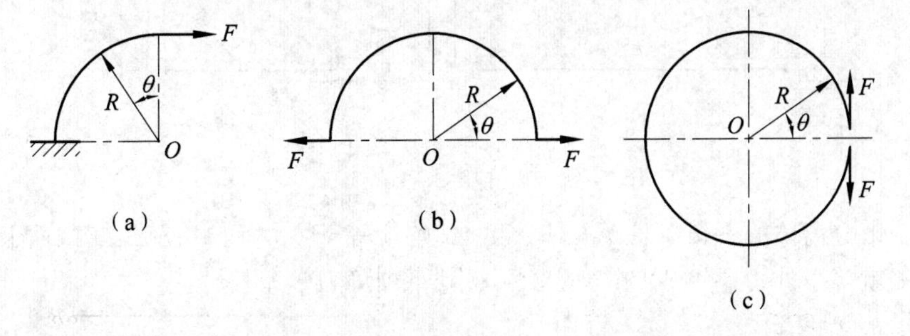

题 4-8 图

第五章　弯曲应力

§5-1　纯弯曲时梁的正应力

直梁在纵向对称平面内受横向力作用时，一般说来，横截面上既有剪力又有弯矩。梁在此情况下的弯曲称为**横力弯曲**。从静力学的角度分析，剪力是横截面上的切向分布内力组成的合力，而弯矩则是横截面上的法向分布内力构成的合力偶矩。为研究方便起见，可取横截面上只有弯矩而无剪力的梁来研究弯曲正应力。梁在这种情况下的弯曲叫做**纯弯曲**。

图 5-1(a)所示的梁在两端作用着一对位于纵向对称平面内的力偶。此时各横截面上的剪力均为零，而各横截面上的弯矩 M 在数值上均等于外力偶矩 M_e，就是纯弯曲的一例。若设想梁由纵向纤维所组成，那么梁在这种受力情况下，靠底部的纵向纤维必然要伸长，而靠顶部的则要缩短，因而横截面上相应地会有拉应力和压应力。现用任一横截面截取左段梁为分离体[图 5-1(b)]，由于横截面上的各法向微内力 $\sigma \cdot dA$ 构成空间平行力系，它们只可能简化成三个内力分量。假如暂在对称轴 y 上任取一原点 O，并按右手坐标系取 x 和 z 轴，那么这三个内力分量可表达如下：

$$F_N = \int_A \sigma dA, \quad M_y = \int_A z\sigma dA, \quad M_z = \int_A y\sigma dA$$

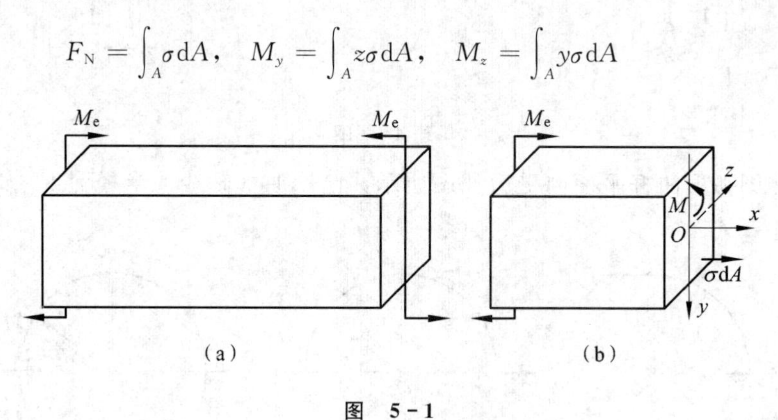

图　5-1

但是，由分离体的平衡条件可知 F_N 及 M_y 均应等于零，而 M_z 就是横截面上的弯矩 M，它在数值上就等于外力偶矩 M_e。于是，可得到下列静力学条件

$$F_N = \int_A \sigma dA = 0 \tag{a}$$

$$M_y = \int_A z\sigma dA = 0 \tag{b}$$

$$M_z = \int_A y\sigma dA = M = M_e \tag{c}$$

(a)式表明横截面上的法向微内力 $\sigma \mathrm{d}A$ 所组成的拉力和压力在数值上必定相等；(b)式由于 σ 应对称于 y 轴会自动得到满足；(c)式则把正应力 σ 和弯矩 M 相联系起来，而 M 与分离体上的外力偶矩 M_e 相平衡。

单靠这三个静力学条件是不可能确定正应力的，因为横截面上的正应力随点的位置不同而有无限多个不同的值，这是一个超静定问题。因此，必须确定正应力在横截面上的分布规律，才能由静力学条件得出正应力的计算公式。这可从研究纯弯曲时的变形关系(几何关系)着手，在线弹性范围内，利用胡克定律(物理关系)，由线应变去确定正应力的分布规律。

纯弯曲实验研究　为便于观察变形，在梁受力前，先在其侧面上画若干条与梁轴线平行的纵向线和与纵向线相垂直的横向线[图 5-2(a)]。为了简洁，图中只在靠近顶部与底部各画了一条纵向线段和两条相邻的横向线。然后在梁的两端施加一对位于纵向对称平面内的力偶，使梁发生纯弯曲[图 5-2(b)]。这时可以观察到下列现象：两相邻横向线仍保持为直线，只是相对转动了一个小角度；两纵向线段均变成弧段，并仍与转动后的横向线保持正交。靠底部的纵向线段伸长了，而靠顶部的则缩短了。由于变形的连续性，在侧面上必有一条纵向线段弯曲后既不伸长也不缩短。从这些现象可以得出结论：位于侧面上两横向线之间的所有纵向线段，它们的伸长或缩短变形，沿梁高是线性变化的。

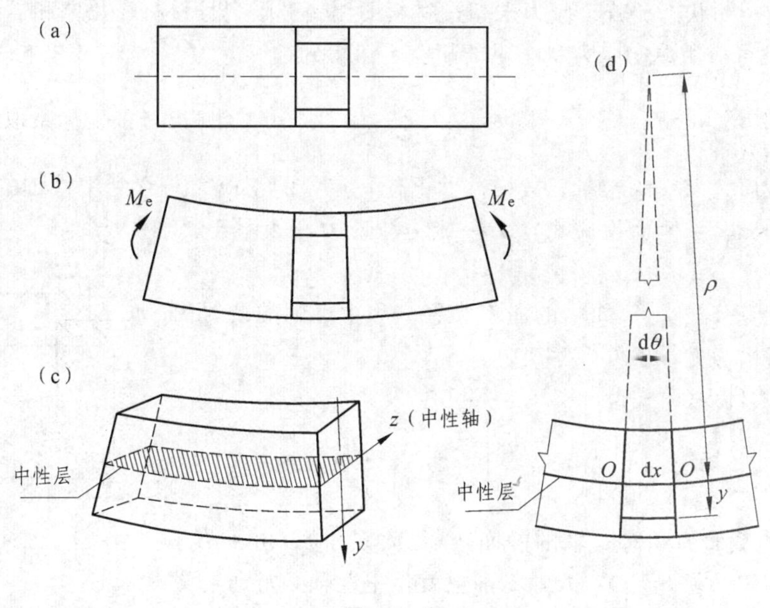

图　5-2

平面假设　由实验直观只能得到侧面上纵向线段的变形规律，而内部各纵向线段的变形如何，就需要根据观察到的表面变形现象作出推断。注意到所画横向线是原来的横截面与侧表面的交线，因此，可以作出如下**纯弯曲平面假设**：梁的横截面在梁发生弯曲变形后仍保持为平面，只是相邻横截面绕垂直于纵向对称面的轴相对转了一个小角度，并均和弯曲后的梁轴线保持正交。这就是梁在纯弯曲时的平面假设。它之所以能成立，是因为在此基础上所得到的理论公式能为实验结果所证实。

变形几何方程　根据平面假设，两相邻横截面之间所有纵向线段的变形规律，就一定与侧面上观察到的情形相同。从下部纤维的伸长逐渐过渡到上部纤维的缩短，其中必有一层纵向纤维弯曲后长度不变，这一层叫**中性层**，它与横截面的交线叫**中性轴**[图 5-2(c)]。由于外力偶作用在梁的纵向对称平面内，梁前后两半部分的变形应对称于该平面，所以中性层应与纵向对称平面相垂直，也就是中性轴应与横截面的对称轴 y 正交。相邻横截面正是绕中性轴相对转动的，可见在两横截面之间与中性层平行的某层纤维，其伸长(或缩短)变形是相同的，它只随该层纤维到中性层的距离不同而变化。

设相距为 $\mathrm{d}x$ 的两个横截面绕中性轴相对转了 $\mathrm{d}\theta$ 角，中性层的曲率半径用 ρ 表示[图 5-2(d)]。在写静力学条件时，曾把坐标原点取在对称轴 y 上的任一点，到了这里，自然把原点取在 y 轴与中性轴的交点上，亦即使 z 轴与中性轴重合。现求距中性层为 y 处的一层纵向线段的线应变，该层纵向线段的原长为 $\mathrm{d}x$，即 $\rho\mathrm{d}\theta$，变形后的长度为 $(\rho+y)\mathrm{d}\theta$，故其线应变为

$$\varepsilon=\frac{(\rho+y)\mathrm{d}\theta-\rho\mathrm{d}\theta}{\rho\mathrm{d}\theta}=\frac{y}{\rho} \tag{d}$$

在给定的横截面处 ρ 为常量，故纵向线段的线应变 ε 与它到中性层的距离 y 成正比①，而与 z 无关。

物理方程　由于弯曲变形微小，可设各层纤维之间没有挤压，亦即可认为各纵向纤维处于单向拉伸或压缩状态。若正应力未超过材料的比例极限，且材料在拉伸和压缩时的弹性模量 E 相同，就可应用单向应力状态时的胡克定律得到

$$\sigma=E\varepsilon=E\frac{y}{\rho} \tag{e}$$

在给定的横截面处 E/ρ 为常量，故横截面上任一点处的正应力与它到中性轴的距离成正比；并以中性轴为界，一侧为拉应力，另一侧为压应力，如图 5-3 所示。

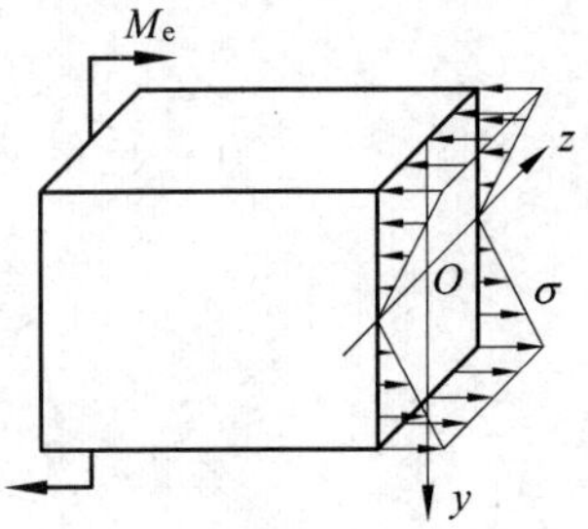

图　5-3

正应力计算公式　(e)式中的曲率半径 ρ 和中性轴的位置尚待确定，这可由静力学条件来解决。

先将(e)式代入(a)式得

$$F_{\mathrm{N}}=\int_A\sigma\mathrm{d}A=\frac{E}{\rho}\int_A y\mathrm{d}A=\frac{E}{\rho}S_z=0$$

式中，S_z 为横截面面积对 z 轴的静面矩(见附录Ⅰ)。由于 E/ρ 不可能等于零，必须 $S_z=0$，故知 z 轴也就是中性轴必定通过横截面的形心。

再将(e)式代入(c)式得

$$\int_A y\sigma\mathrm{d}A=\frac{E}{\rho}\int_A y^2\mathrm{d}A=\frac{E}{\rho}I_z=M$$

---

① $1/\rho$ 是中性层在给定横截面处的曲率，其正、负号规则将在第六章中讨论，这里只考虑它的绝对值。这样，在正弯矩的情况下，横截面上任一点处的线应变 ε 就与该点的坐标 y 在正、负号上相一致，这就是取 y 轴向下为正的原因。

式中，$I_z=\int_A y^2\mathrm{d}A$ 是横截面对中性轴的惯性矩（见附录 Ⅰ）。于是得到中性层曲率 $1/\rho$ 的表达式为

$$\frac{1}{\rho}=\frac{M}{EI_z} \tag{5-1}$$

EI_z 称为梁的**弯曲刚度**，因为在相同弯矩下，此值愈大，曲率就愈小。

将(5-1)式代回(e)式，最后得到

$$\sigma=\frac{My}{I_z} \tag{5-2}$$

这就是直梁纯弯曲时横截面上的正应力计算公式。M 为横截面上的弯矩。

当弯矩为正值时，以中性层为界，梁的下部纤维伸长，上部纤维缩短，故该横截面上中性轴以下各点均为拉应力，而以上各点均为压应力。当弯矩为负值时，则与上述情况相反。因此，在应用公式(5-2)时，通常将弯矩 M 和坐标 y 均代以绝对值，所求点的应力是拉应力还是压应力，则可根据该截面弯矩的正负或梁的变形情况直接判定。

在推导以上两个公式时，曾限定梁的横截面具有一个对称轴，外力偶就作用在该对称轴所构成的纵向对称平面内。在图 5-1 到图 5-3 中，虽将梁的横截面画成矩形，但在推导中并未涉及矩形的特殊几何性质。因此，凡具备上述条件的梁均可应用这两个公式，此时静力学条件中的(b)式由于受力的对称性而会自动得到满足。在这里，再从横截面的几何性质的角度作些说明。将(e)式代入(b)式得到

$$M_y=\int_A z\sigma\mathrm{d}A=\frac{E}{\rho}\int_A yz\mathrm{d}A=\frac{E}{\rho}I_{yz}=0$$

式中，$I_{yz}=\int_A yz\mathrm{d}A$ 为横截面对 y、z 轴的惯性积（见附录Ⅰ）。因为 y 轴是横截面的对称轴，必有 $I_{yz}=0$，可见(b)式一定是满足的。因 y、z 轴均通过横截面的形心，故它们就是横截面的形心主轴。从这里可以得到启示：当横截面没有对称轴时，只要外力偶作用在形心主轴之一（例如 y 轴）所构成的纵向平面内，公式(5-1)和(5-2)仍然适用。详细证明见§10-2。

此外，在以上两个公式的推导过程中，曾应用了单向应力状态时的胡克定律，并假定材料在拉伸和压缩时的弹性模量相等。因此，对于用铸铁、木材以及混凝土等材料制成的梁，在应用这些公式时，就都带有一定的近似性。

§5-2 横力弯曲时梁的正应力及其强度条件 梁的合理截面

一、横力弯曲时梁的正应力及其强度条件

公式(5-2)是在纯弯曲的情况下导出的，但最常见的却是横力弯曲，即梁的横截面上既有弯矩又有剪力的情形。这时梁的横截面上除了有正应力之外还有切应力。由于切应力的存

在，梁的横截面将发生翘曲(将在§5－3说明)。若各截面的剪力不等，例如受均布荷载 q 作用的简支梁[图5－4(a)]就是这种情况，这时相邻横截面的翘曲程度自然也就不同，由此就要引起纵向线应变。此外，若在上边缘处取一个单元体就可看出与中性层平行的各层纤维之间还有挤压应力，它的存在也将引起纵向线应变。然而弹性力学的结果表明：对于图5－4(a)所示的梁，当跨度与截面高度之比 l/h 等于5时，用公式(5－2)计算跨中截面上的最大正应力，其误差为1.07%，若该比值大于5时，误差还要小一些。至于受集中力 F 作用时[图5－4(b)]，在集中力作用点附近的横截面内应力分布是较为复杂的，不过这是属于局部应力。而且对于跨中截面边缘处的正应力，用公式(5－2)算出的结果并不比精确解来得小，所以对这种局部应力通常可不予考虑。由此可见，把纯弯曲时的正应力公式用于计算横力弯曲时的正应力，在大多数情况下是有足够精度的。只有当跨度与截面高度之比较小的深梁，才需用弹性力学的方法进行分析。

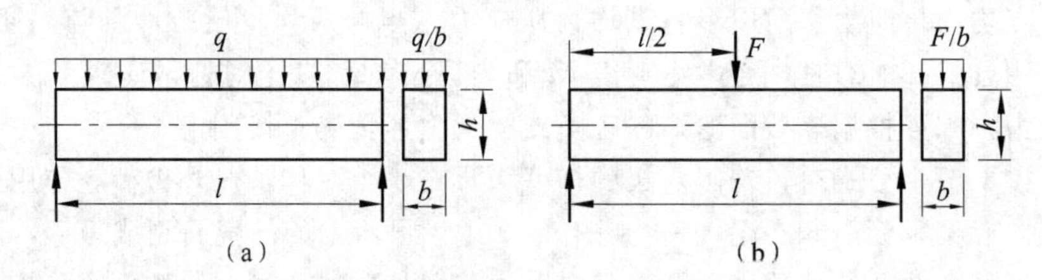

图 5－4

横力弯曲时各截面的弯矩是不同的。对于等截面梁，横截面上的最大正应力发生在弯矩最大的截面上离中性轴最远的边缘处，其值为

$$\sigma_{\max}=\frac{M_{\max}y_{\max}}{I_z} \tag{5-3}$$

引用记号

$$W_z=\frac{I_z}{y_{\max}} \tag{5-4}$$

则

$$\sigma_{\max}=\frac{M_{\max}}{W_z} \tag{5-5}$$

W_z 的值取决于横截面的几何形状及尺寸，故它是横截面的几何性质之一，称为**弯曲截面系数**。例如对于矩形和圆形截面，它们对中性轴的惯性矩已在附录Ⅰ中求出，按定义即可分别求得其 W_z 的值如下：

矩形截面(高为 h，宽为 b，中性轴与 h 边垂直)

$$W_z=\frac{I_z}{y_{\max}}=\frac{bh^3/12}{h/2}=\frac{bh^2}{6}$$

圆形截面(直径为 d)

$$W_z=\frac{I_z}{y_{\max}}=\frac{\pi d^4/64}{d/2}=\frac{\pi d^3}{32}$$

若梁的横截面对中性轴不对称，例如T形截面(图5－5)，则同一横截面上的最大拉应力和最大压应力之值并不相等。这时可令

$$W_{z,1}=\frac{I_z}{y_1} \quad 及 \quad W_{z,2}=\frac{I_z}{y_2}$$

将它们分别代入(5-5)式，或者直接将 y_1 及 y_2 的绝对值分别代入(5-3)式，所求出的边缘处的应力是拉应力还是压应力，可根据最大弯矩的正负或梁的变形情况直观判定。

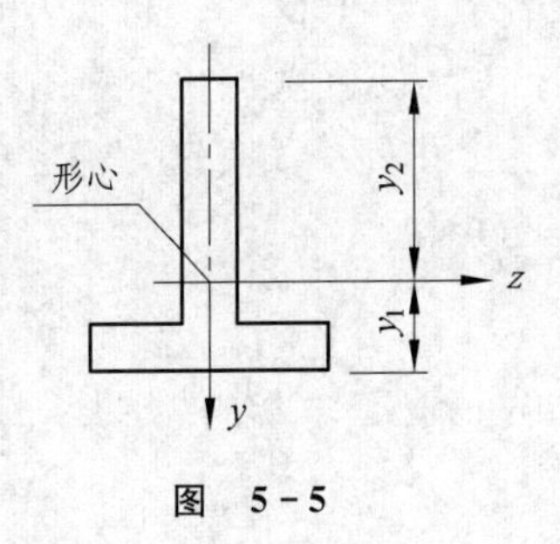

图 5-5

各种型钢截面的惯性矩及弯曲截面系数均可从型钢表(附录Ⅱ)中查到。

由于等直梁横截面上的最大拉应力和最大压应力所在的点，总是位于最大正弯矩或最大负弯矩的截面上离中性轴最远的边缘处，而这些点处的切应力有时为零或者较小(见§5-3)；此外，在有分布荷载作用时所引起的挤压应力与横截面上的最大正应力相比很小，可以忽略不计。因此，可把梁横截面上最大正应力所在点看做处于单向应力状态，便可仿照轴向拉伸和压缩时的强度条件，来建立横力弯曲时梁的正应力强度条件。即

$$\sigma_{\max}=\frac{M_{\max}}{W_z}\leqslant[\sigma] \tag{5-6}$$

这里的$[\sigma]$是材料的弯曲许用正应力。例如对于受静荷载作用的钢梁，一些规范把它规定得略高于钢材的许用拉(压)应力，这是考虑到当边缘处的最大正应力达到钢材的屈服极限 σ_s 时，该截面上其余部分的材料仍处于线弹性工作状态的缘故(详见§5-4)。在材料力学里可近似地用钢材的许用拉应力作为其弯曲许用正应力。对于由铸铁等脆性材料制成的梁，因为材料的抗拉强度和抗压强度不等，应近似地分别用材料的许用拉应力和许用压应力来替代，因而在进行强度计算时，就需要分别检算最大拉应力和最大压应力。

例 5-1 矩形截面简支梁，跨度 $l=4$ m，全长受均布荷载 $q=3$ kN/m 作用。矩形截面的宽度为 b，高度 $h=1.5b$。材料为红松，其弯曲许用正应力$[\sigma]=10$ MPa。试按正应力强度条件选择梁的截面尺寸。

解 当简支梁沿全长受均布荷载作用时，最大弯矩在跨中截面，其值为

$$M_{\max}=\frac{ql^2}{8}=\frac{(3\ \text{kN/m})(4\ \text{m})^2}{8}=6\ \text{kN}\cdot\text{m}$$

按公式(5-6)求出该梁所需的弯曲截面系数为

$$W_z\geqslant\frac{M_{\max}}{[\sigma]}=\frac{6\times10^3\ \text{N}\cdot\text{m}}{10\times10^6\ \text{Pa}}=6\times10^{-4}\ \text{m}^3$$

矩形截面的弯曲截面系数为

$$W_z=\frac{bh^2}{6}=\frac{b(1.5b)^2}{6}=0.375b^3$$

将它代入上式，即可求得所需的截面宽度如下：

$$b\geqslant\sqrt[3]{\frac{6\times10^{-4}\ \text{m}^3}{0.375}}=0.117\ \text{m}=117\ \text{mm}$$

从而 $\quad h\geqslant1.5\times117\ \text{mm}=175.5\ \text{mm}$

最后采用 $b=120$ mm，$h=180$ mm。

例 5-2 图(a)表示车辆车轴的受力简图。已知轴的直径 $d_1=170$ mm，$d_2=130$ mm，

荷载 $F=103$ kN，材料为 40 号车轴钢，其$[\sigma]=60$ MPa。试校核车轴的强度。

解 首先画出弯矩图如图(b)所示。

中间一段车轴为纯弯曲，该区段内各截面上的弯矩均为

$$M_{\max}=-23\ 845\ \text{N}\cdot\text{m} \quad \text{(a)}$$

先校核这一段轴的强度，由(5-6)式

$$\sigma_{\max}=\frac{M_{\max}}{W_z}=\frac{M_{\max}}{(\pi/32)d_1^3}$$

$$=\frac{32\times(23\ 845\ \text{N}\cdot\text{m})}{\pi(0.170\ \text{m})^3}$$

$$=49.4\times10^6\ \text{Pa}$$

$$=49.4\ \text{MPa}<[\sigma]$$

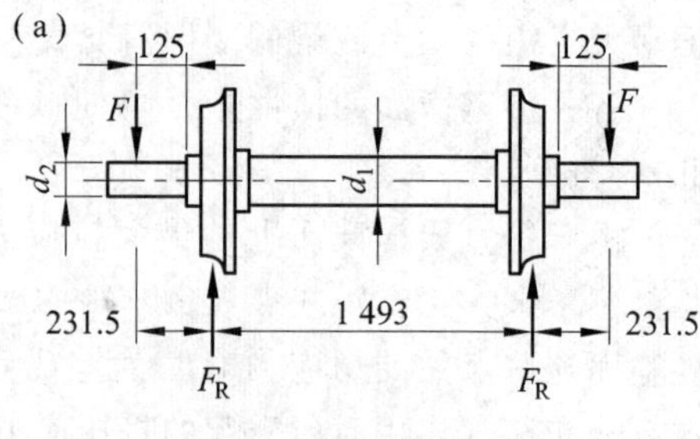

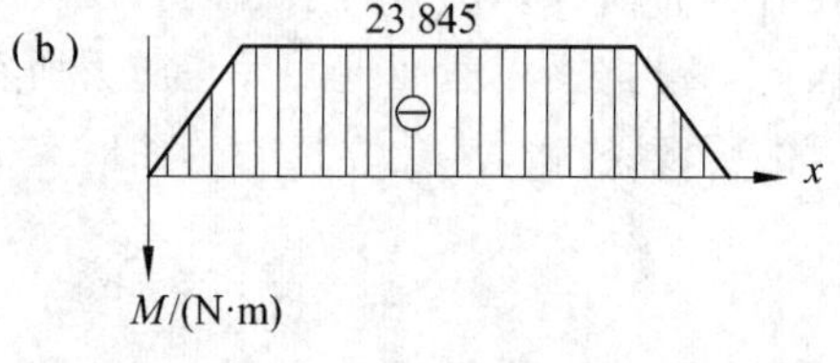

例 5-2 图

在车轴外伸臂靠近轮毂接合处，弯矩虽比 $M_{\max}$ 小一些，但轴的直径也小，所以也应当进行校核。该截面的弯矩为

$$M=-F\times0.125\ \text{m}=-12\ 875\ \text{N}\cdot\text{m}$$

计算该截面上的最大正应力，并据此校核强度如下

$$\sigma_{\max}=\frac{M}{W_z}=\frac{M}{(\pi/32)d_2^3}=\frac{32\times(12\ 875\ \text{N}\cdot\text{m})}{\pi(0.130\ \text{m})^3}$$

$$=59.7\times10^6\ \text{Pa}=59.7\ \text{MPa}<[\sigma]$$

故该车轴是满足强度要求的。在这里把$[\sigma]$的值取得较低，是因为车轴在旋转过程中，工作应力发生周期性变化的缘故，这将在第十四章中讨论。

例 5-3 图(a)示一槽形截面铸铁梁，其横截面尺寸及形心 C 的位置如图(b)所示。已知横截面对中性轴的惯性矩 $I_z=5\ 493\times10^4\ \text{mm}^4$，铸铁许用拉应力$[\sigma_t]=30$ MPa，许用压应力$[\sigma_c]=90$ MPa。试求此梁的许用荷载 F 之值。

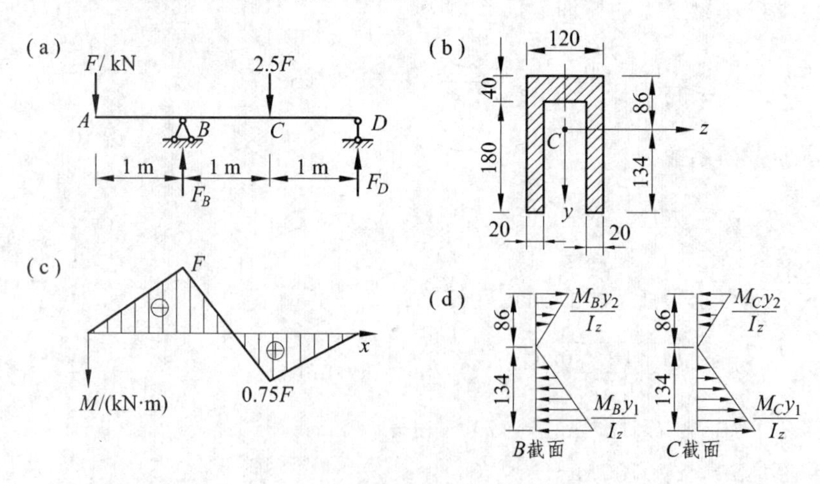

例 5-3 图

解 设 F 的单位为 kN，求出支反力为

$$F_B=2.75F\ \text{kN},\qquad F_D=0.75F\ \text{kN}$$

然后画出弯矩图，如图(c)所示。最大负弯矩在 B 截面上，而最大正弯矩在 C 截面上，其值分别为

$$M_B=-F\ \text{kN}\cdot\text{m},\qquad M_C=0.75F\ \text{kN}\cdot\text{m}$$

因而 B 截面的上边缘受拉，下边缘受压；而 C 截面则相反。B、C 截面上正应力分布规律如图(d)所示。

设下边缘和上边缘上各点到中性轴的距离分别用 y_1 和 y_2 表示。由于 M_B 的绝对值大于 M_C，且 y_1 大于 $|y_2|$，所以最大压应力必定在 B 截面的下边缘处；又因 $M_C\cdot y_1$ 大于 $M_B\cdot y_2$，故最大拉应力一定在 C 截面的下边缘处。依据(5-6)式即可分别求得 F 的值如下：

$$\sigma_{\text{c,max}}=\frac{M_By_1}{I_z}=\frac{(F\times10^3\ \text{N}\cdot\text{m})(0.134\ \text{m})}{5\,493\times10^{-8}\ \text{m}^4}\leqslant90\times10^6\ \text{Pa}$$

由此可得　　$F\leqslant36.9$ kN

$$\sigma_{\text{t,max}}=\frac{M_Cy_1}{I_z}=\frac{(0.75F\times10^3\ \text{N}\cdot\text{m})(0.134\ \text{m})}{5\,493\times10^{-8}\ \text{m}^4}\leqslant30\times10^6\ \text{Pa}$$

又可得　　$F\leqslant16.4$ kN

故应取 $F=16.4$ kN。

在本例中，由于 y_1/y_2 及 y_2/y_1 均大于$[\sigma_t]/[\sigma_c]$，这表明无论控制截面的弯矩是正或是负，梁的强度均由最大拉应力控制。因此，不论该梁的荷载如何复杂，只需按最大拉应力进行强度计算即可。

二、梁的合理截面

由于梁是以弯曲为主要变形的杆件，因此，弯曲正应力强度条件一般起着控制作用。若把(5-6)式改写成

$$M_{\max}\leqslant[\sigma]W_z$$

即梁所能承受的最大弯矩与弯曲截面系数成正比。可见在截面面积相同的条件下，选用各种不同截面形式，其中 W_z 愈大者愈是经济合理。

以直径为 d 的圆形截面与宽度为 b、高度为 h 的矩形截面[图 5-6(a)]作一比较，它们的面积分别为 $A=\pi d^2/4$ 和 $A=bh$，圆截面的弯曲截面系数为

$$W_z=\pi d^3/32=0.125Ad \qquad \text{(a)}$$

对于矩形截面

$$W_z=bh^2/6=0.167Ah \qquad \text{(b)}$$

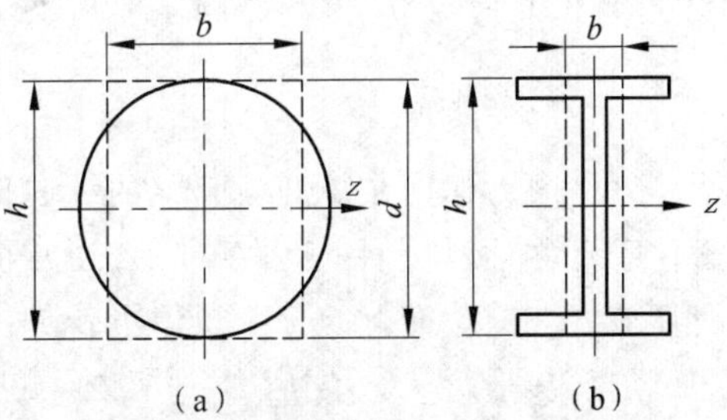

图 5-6

在横截面面积相同的条件下，为便于比较，不妨令 $h=d$，此时 $b=(\pi/4)h$。从以上两式可以看出，对于高度大于宽度的矩形截面要比圆形截面好。读者可自行验证，即使是正方形也

比相同面积的圆形截面为好。

再拿矩形截面与工字形截面[图 5 - 6(b)]作一比较。对于轧制的工字型钢，其弯曲截面系数为

$$W_z=(0.27\sim0.31)Ah \tag{c}$$

在横截面面积相同的条件下，若令两种截面的高度 h 也相同，则比较(b)、(c)两式可知，工字形截面又要比矩形截面为好。

上述三种截面形式的梁，以工字形截面最为合理。这种合理性也可从梁横截面上的正应力变化规律来说明。在线弹性范围内，梁横截面上各点的正应力是与各点到中性轴的距离成正比的。当离中性轴最远的边缘处之最大正应力达到材料的许用应力时，中性轴附近各点的正应力还很小，因而这部分材料并没有充分发挥作用。合理的做法是，应当把尽可能多的材料布置得离中性轴远一些。当然这也有一定的限度，因为梁的横截面上还有剪力，还必须满足切应力强度条件，这在下一节中讨论；此外，如果截面过分窄而高，梁还可能发生侧向倾斜而失稳。

除了要把中性轴附近的材料减少到最低限度以外，还应当顾及材料本身的性能。例如对于钢梁，由于钢材的拉、压许用应力相同，横截面宜对称于中性轴，故常采用工字形、圆环形和箱形等截面形式。但对铸铁梁，由于材料的许用拉应力比许用压应力小得多，故宜采用 T 形或 Π 形等一类截面，并将顶板置于受拉一侧。至于一般的木梁，自然采用圆截面或矩形截面最切合实际。

§5 - 3　梁的切应力及其强度条件

一、梁的切应力

横力弯曲时，梁的内力除弯矩外还有剪力，因而横截面上也就存在切应力。材料力学中分析弯曲切应力的方法是近似的，即对切应力在横截面上的分布作了基本符合实际的假定，然后再利用分离体的平衡条件得出弯曲切应力的计算公式。由于随截面形式不同，所作的假设也略有差异，故分几种截面形状的梁分别进行讨论。本节中只限于研究横向力作用在梁的纵向对称平面内的情形。

1. 矩形截面梁

设横向力作用在矩形截面梁的纵向对称平面内[图 5 - 7(a)]，则任一截面上的剪力 F_S 必位于对称轴 y 上[图 5 - 7(b)]。通常横截面的宽度 b 总是比高度 h 要小，在这种情况下，对切应力在横截面上的分布规律可作如下两个假设：① 各点处切应力 τ 的方向均与截面侧边(竖直边)平行；② 切应力 τ 沿截面宽度均匀分布(即其大小只与坐标 y 相关)。

现在对假设的合理性作些解释：由于梁的前后两个侧面均为自由表面，根据切应力互等定理，在横截面上位于侧边上的各点就没有与侧边垂直的切应力分量，也就是说，侧边上各点的切应力方向必须与侧边相切；又根据对称性，在 y 轴上各点的切应力方向必与该轴重合，也就是要与侧边平行。故当 b 小于 h 时，设想各点的切应力方向均与侧边平行是合理

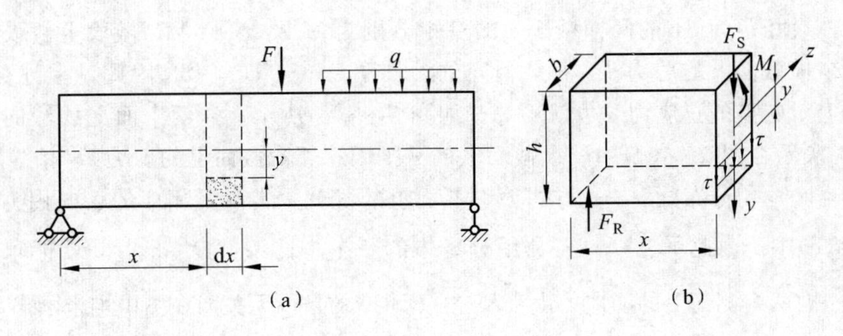

图 5-7

的。另外，横截面上的切应力对 y 轴应保持对称，当 b 比 h 小时，切应力沿截面宽度的变化不至于太大，所以假设 ② 也是合理的。由弹性力学可以证实，当 h 大于 b 时，依据上述假设所得出的切应力计算公式对于长梁是足够精确的。

既已确定了横截面上的切应力沿截面宽度的分布规律，实际上也就间接地确定了与中性层平行的纵截面上的切应力分布规律。为说明这个问题，可用相距为 dx 的两个横截面以及一个距中性层为 y 的纵截面从图 5-7(a)所示梁中取出一个分离体[图 5-8(a)]。按照以上两个假设，横截面上距中性轴为 y 的各点的切应力 τ 大小相等、方向均与侧边平行。根据切应力互等定理，距中性层为 y 的纵截面上必有与 τ 大小相等的切应力 τ'。可见 τ' 沿宽度均匀分布，方向均与纵、横截面的交线相垂直。因此，求出 τ' 的数值和指向，也就等于解决了 τ 的计算。其实 τ 的指向依据剪力 F_S 来确定更为简捷，只需求出它们的大小就足够了。

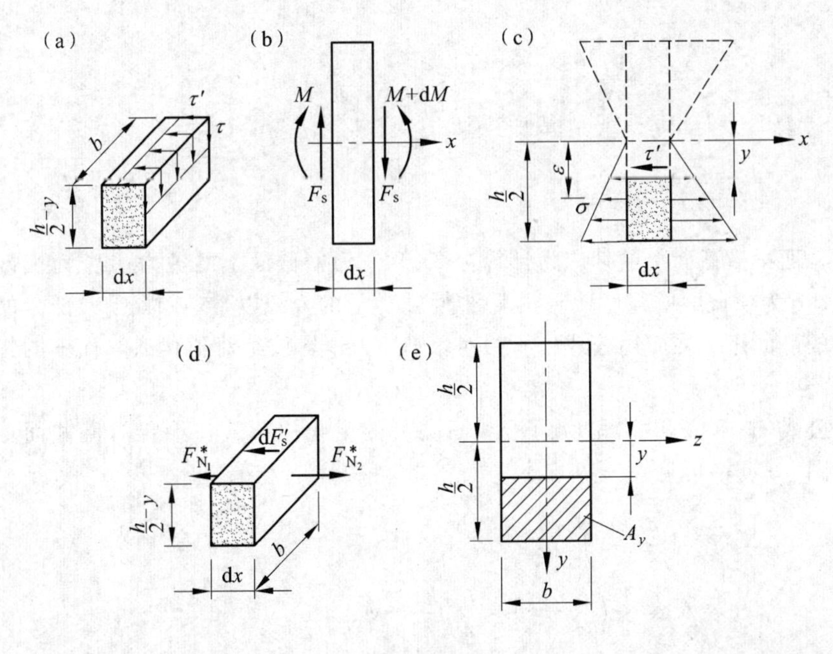

图 5-8

欲求 τ' 的大小，就需要利用刚才所取的分离体的平衡条件。横力弯曲时各横截面上的弯矩是不等的，设相距为 $\mathrm{d}x$ 的两横截面上的弯矩分别为 M 及 $M+\mathrm{d}M$；微段上暂设没有荷载作用，这两个横截面上的剪力 F_S 则是相同的，如图 5－8(b)所示。因此，上述分离体左、右两个侧面上对应点的正应力 σ 也就不等，如图 5－8(c)所示，这两个面上的法向内力分别用 $F_{N_1}^*$ 和 $F_{N_2}^*$ 表示在图 5－8(d)中。纵截面上的 τ' 则因相邻横截面上的剪力 F_S 相等因而沿 $\mathrm{d}x$ 长度上也应当是均匀分布的①，这样，该纵截面上的 τ' 就是常量，相应的切向内力用 $\mathrm{d}F_S'$ 表示在图 5－8(d)中。由此可见，只需利用分离体的一个平衡条件 $\sum F_x=0$ 就能求出 τ'。至于分离体左、右两个侧面上的切应力由于和 $\sum F_x=0$ 的条件无关而在图中均未画出。于是由

$$\sum F_x=0,\quad F_{N_2}^*-F_{N_1}^*-\mathrm{d}F_S'=0$$

得

$$\mathrm{d}F_S'=F_{N_2}^*-F_{N_1}^* \tag{a}$$

式中

$$\mathrm{d}F_S'=\tau' b\,\mathrm{d}x$$

为求 $F_{N_1}^*$ 和 $F_{N_2}^*$，在图5－8(c)所示分离体的左侧面上，距中性轴 z 为 ξ 处取微面积 $\mathrm{d}A$，该处的正应力 $\sigma=M\xi/I_z$，故

$$F_{N_1}^*=\int_A \sigma\mathrm{d}A=\frac{M}{I_z}\int_{A_y}\xi\mathrm{d}A=\frac{M}{I_z}S_z$$

式中，A_y 是分离体左侧面的面积，也就是距中性轴为 y 的横线以下部分的横截面面积[图 5－8(e)中的阴影面积]；S_z 是 A_y 对中性轴的静面矩。

同理

$$F_{N_2}^*=\frac{M+\mathrm{d}M}{I_z}S_z$$

将 $\mathrm{d}F_S'$、$F_{N_1}^*$ 和 $F_{N_2}^*$ 的结果代入(a)式，经化简后得

$$\tau'=\frac{\mathrm{d}M}{\mathrm{d}x}\cdot\frac{S_z}{bI_z}$$

利用关系式 $\mathrm{d}M/\mathrm{d}x=F_S$ 和 $\tau=\tau'$，最后得到

$$\tau=\frac{F_S S_z}{bI_z} \tag{5-7}$$

这就是矩形截面梁横截面上的切应力计算公式。F_S 为横截面上的剪力；I_z 为横截面对中性轴的惯性矩；b 为横截面的宽度；S_z 是距中性轴为 y 的横线以下(或以上②)部分的横截面面积对中性轴的静面矩。在应用公式(5－7)时，F_S 和 S_z 均按绝对值代入，而 τ 的指向可依据 F_S 的指向确定。

现在由公式(5－7)来讨论切应力沿截面高度的变化规律。在给定的横截面上，τ 随 S_z 而变化。由图 5－8(e)可见

$$A_y=b\left(\frac{h}{2}-y\right)$$

$$S_z=A_y\times\frac{1}{2}\left(\frac{h}{2}+y\right)=\frac{b}{2}\left(\frac{h^2}{4}-y^2\right)$$

---

① 当微段上有分布荷载作用时，τ' 沿 $\mathrm{d}x$ 长度上的改变量为一阶无穷小。

② 在图 5－8(c)中将 y 以上部分作为分离体，所得 S_z 的绝对值是相同的。

将 S_z 代入(5-7)式得到

$$\tau=\frac{F_S}{2I_z}\left(\frac{h^2}{4}-y^2\right)$$

这表明 τ 沿矩形截面高度按二次抛物线规律变化，它们的指向均与剪力 F_S 的指向相同(图5-9)。在离中性轴最远的上、下边缘处($y=\pm h/2$)，$\tau=0$；而在中性轴处($y=0$)切应力具有最大值。回到图5-8(c)所示分离体的受力图就能看出，当 $y=0$ 时，$F_{N_2}^*$ 和 $F_{N_1}^*$ 的差值达到最大，而纵截面的面积即受剪面积仍为 $b\cdot dx$，从而中性层处的 τ' 必为最大值。于是

$$\tau_{max}=\frac{F_S h^2}{8I_z}=\frac{3F_S}{2bh}=\frac{3}{2}\frac{F_S}{A} \tag{5-8}$$

式中，A 是横截面的面积。这说明矩形截面梁横截面上的最大切应力为平均切应力(即 F_S/A)的1.5倍。

顺便指出：由于 τ 及 τ' 沿矩形截面梁的高度呈二次抛物线变化，由剪切胡克定律 $\tau=G\gamma$，知切应变 γ 必定按同样规律变化。即在上、下边缘处的单元体 $\gamma=0$，而在中性层处的单元体 γ 达到最大值。这样，横截面就势必发生翘曲。如果各横截面的剪力均相等，并且各横截面又均能自由翘曲而不受到外部约束的话，则各横截面的翘曲程度也就相同。例如图5-10所示矩形截面悬臂梁在自由端受集中力 F 作用，在离两端稍远的各横截面就可认为属于这种情况。即是说在这一区段内事先画出两条相邻横向线，在梁弯曲变形后，这两条横向线既要相对转动，还要发生翘曲，但 $mm'=qq'=nn'=rr'$。由于相邻横截面翘曲程度相同，并不会影响纵向纤维因弯矩而引起的伸长与缩短，在这些截面处用纯弯曲导出的公式来计算正应力是正确的。至于在 F 力作用点及固定端附近，虽有局部应力，在§5-2中已经讲过，通常可不考虑这种局部影响。

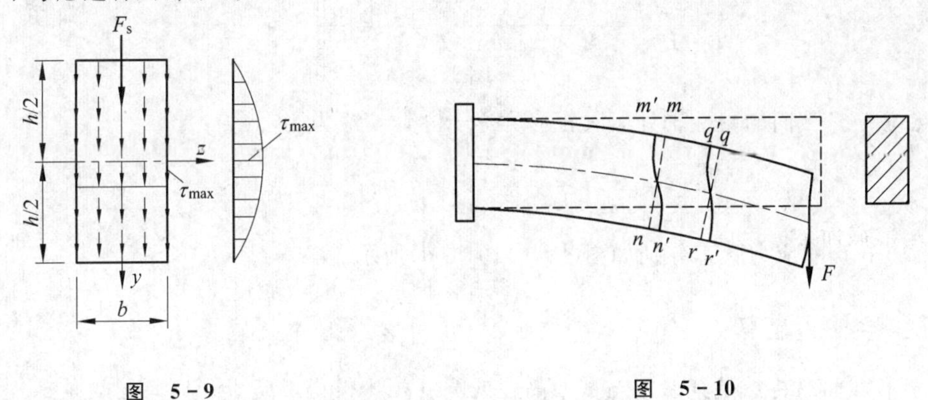

图 5-9　　　　图 5-10

例5-4　矩形截面悬臂梁如图所示。试求 C 截面上1、2、3点的应力，并用单元体示出各点的应力状态。

解　C 截面的弯矩和剪力分别为

$$M_C=\frac{Fl}{2},\qquad F_{S,C}=F$$

因为1点位于 C 截面的上边缘处，该点处的切应力等于零，正应力为

$$\sigma_1=\frac{M_C}{W_z}=\frac{Fl/2}{bh^2/6}=\frac{3Fl}{bh^2}\quad(拉应力)$$

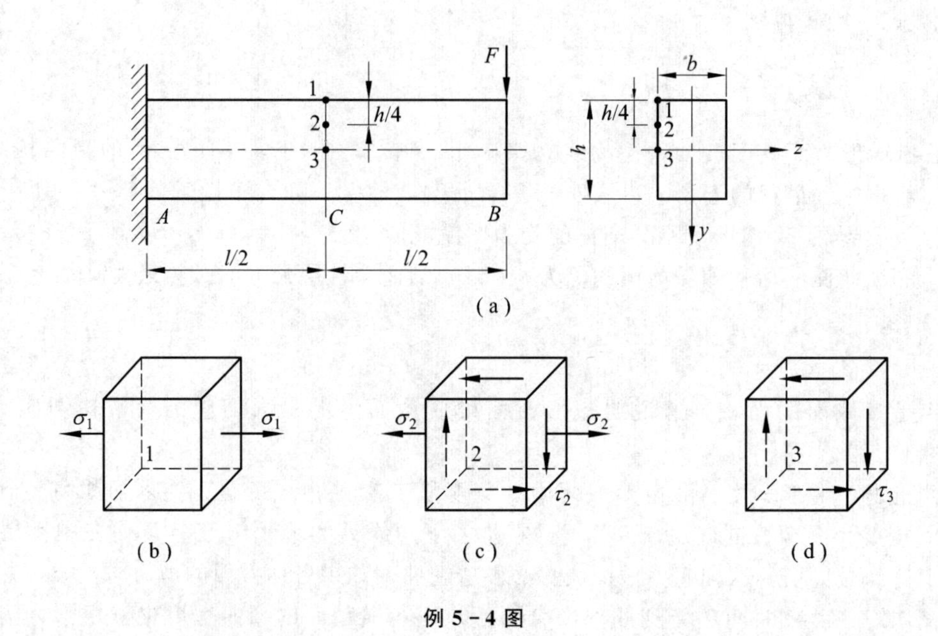

例 5-4 图

2 点的正应力和切应力分别为

$$\sigma_2=\frac{M_C\cdot y_2}{I_z}=\frac{\dfrac{Fl}{2}\times\dfrac{h}{4}}{\dfrac{bh^3}{12}}=\frac{3Fl}{2bh^2}\quad（拉应力）$$

$$\tau_2=\frac{F_{S,C}\cdot S_z^*}{b\cdot I_z}=\frac{F\times\left(\dfrac{3}{8}h\times b\times\dfrac{h}{4}\right)}{b\dfrac{bh^3}{12}}=\frac{9F}{8bh}$$

3 点位于 C 截面的中性轴处，其正应力等于零，切应力为

$$\tau_3=\frac{3}{2}\frac{F_{S,C}}{A}=\frac{3F}{2bh}$$

1、2、3 点的应力状态分别如图(b)、(c)、(d)所示。

2. 工字形截面梁

工字形截面的特点是其壁厚与截面高度或宽度相比很小，属于开口薄壁截面。

先讨论这种梁在横截面腹板上的切应力 τ。由于腹板是狭长矩形，完全适用对矩形截面梁的切应力分布所作的两个假设。于是，重复前面的推导过程[参看图 5-11(a)、(b)]，可以得到与(5-7)式类似的结果。即

$$\tau=\frac{F_S S_z}{dI_z}\qquad(5-9)$$

式中，d 为腹板的厚度；I_z 为横截面对中性轴的惯性矩；S_z 则是距中性轴为 y 的横线以下(或以上)部分的横截面面积对中性轴的静面矩。

在腹板范围内 τ 随 S_z 而变化。计算 S_z 时，可把图 5-11(a)所示横截面的阴影面积拆成

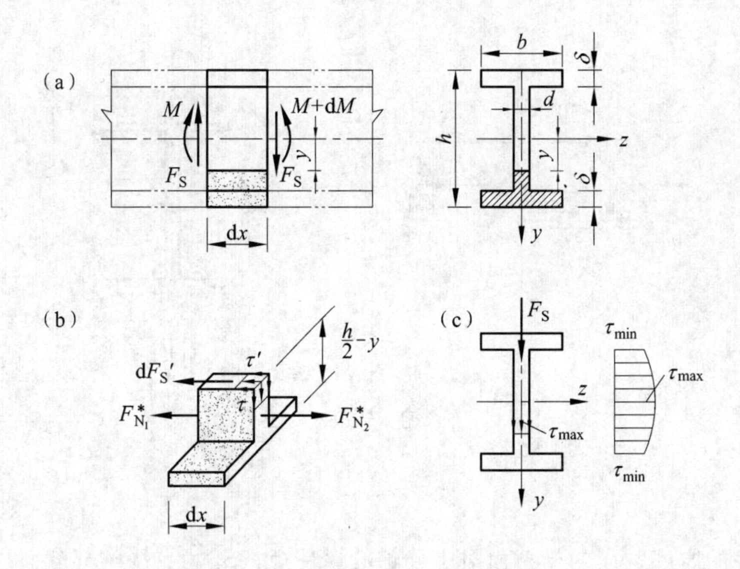

图 5-11

两块，下翼缘的面积对中性轴的静面矩是常量，另一块腹板部分的矩形面积对中性轴的静面矩则随 y 的改变而呈二次抛物线变化。可见 τ 沿腹板高度也是按二次抛物线规律变化，最大值在中性轴处，它们的指向与剪力 F_S 的指向相同[图 5-11(c)]。在分析了翼缘上的切应力之后就能知道，τ_{max}也就是整个横截面上的最大切应力，其值为

$$\tau_{max}=\frac{F_S S_{z,max}}{dI_z} \tag{5-10}$$

式中，$S_{z,max}$是中性轴一侧的半个横截面面积对中性轴的静面矩。对于轧制的工字型钢，可在型钢表中查用 $I_x:S_x$(型钢表中的 x 轴就是此处的 z 轴)的值，它就是这里的 $I_z/S_{z,max}$之值。

腹板上的最小切应力发生在腹板接近与翼缘交界处，从 S_z 的计算可以看出，它与最大切应力相差不太大。因此，腹板上的切向内力 F_R[$F_R=\int_{A'}\tau dA$(A'为腹板的面积，$dA=d\cdot dy$)]在剪力 F_S 中所占的比例就会相当大。以 20b 号工字型钢为例，计算结果为 $F_R=0.958F_S$，几乎就等于横截面上的剪力。顺便指出：由于翼缘的面积离中性轴比较远，其上的法向内力所组成的内力偶矩在弯矩 M 中占有的比例必定相当大。因而可以说腹板的主要功能之一是抗剪，而翼缘的主要功能之一是抗弯。

由于 $F_R\approx F_S$，所以翼缘上与剪力 F_S 相平行的切应力分量 τ_y 非常小，可以略去不计。然而翼缘上还有水平方向(与翼缘长边平行的方向)的切应力 τ_1，其分析方法与前面相类似。若从图 5-11(b)所示的下翼缘的后半部分取出一个分离体[图 5-12(a)]，图中的 η 是从下翼缘的最外端向里度量的。因为分离体的左、右两个侧面上的法向内力 $F^*_{N_1}$ 与 $F^*_{N_2}$ 不等，纵截面上一定有切向内力 dF_H'才能维持分离体的平衡，因而该面上就有切应力 τ_1'。在纵截面的上、下边缘处，由切应力互等定理可知 τ_1'必定与边缘相切，而翼缘的厚度很薄，可以假设纵截面上各点处 τ_1'的方向均与边缘平行并沿壁厚均匀分布。根据切应力互等定理，在翼缘的横截面上距最外端为 η 处必有切应力 τ_1，其值与 τ_1'相等。由分离体的平衡条件 $\sum F_x=0$，可以导得

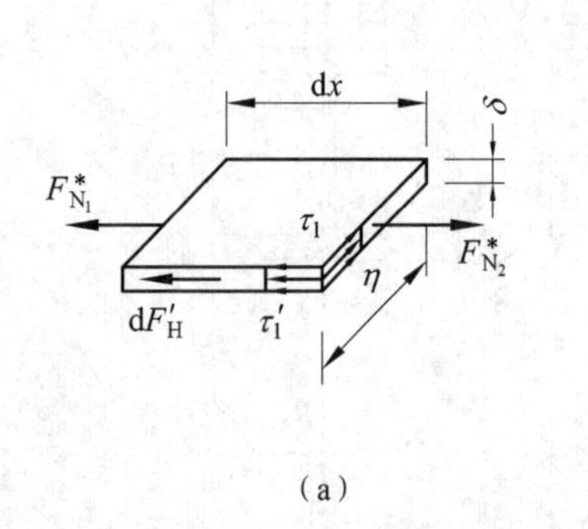

(a)

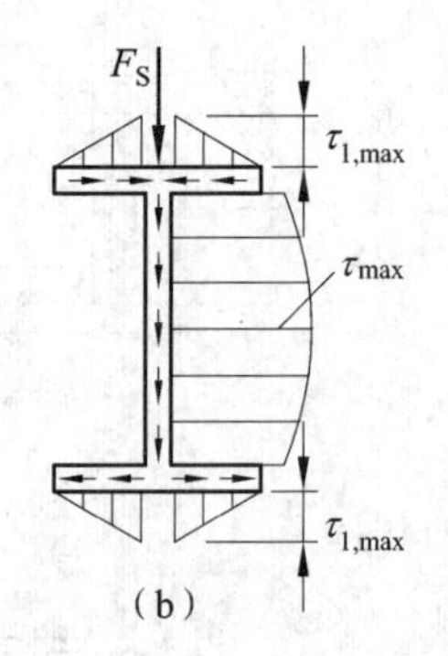

(b)

图 5-12

$$\tau_1=\frac{F_S S_z}{\delta I_z} \tag{5-11}$$

式中，δ 为翼缘的厚度；I_z 为横截面对中性轴的惯性矩；S_z 为翼缘的部分面积($\eta\delta$)对中性轴的静面矩，即

$$S_z=\eta\delta\left(\frac{h}{2}-\frac{\delta}{2}\right)\qquad\left[0\leqslant\eta\leqslant\left(\frac{b}{2}-\frac{d}{2}\right)\right]$$

可见 τ_1 的大小与 η 成正比。由于 dM 设为正，故分离体上的 $F_{N_2}^*$ 大于 $F_{N_1}^*$，从而下翼缘右边部分 τ_1 的指向向右，如图 5-12(b)所示。

当分析上翼缘右边部分的水平切应力时，若取与图 5-12(a)相类似的分离体，所得结果自然与(5-11)式相同，不过此时分离体上的 $F_{N_1}^*$ 与 $F_{N_2}^*$ 均为压力，故 τ_1 的指向恰好与下翼缘右边部分的相反。同理，可得翼缘左边部分 τ_1 的变化规律及其指向，如图 5-12(b)所示。

从图 5-12(b)可见，横截面上弯曲切应力的指向，犹如源于上翼缘两端的两股水流，经由腹板，再分成两股流入下翼缘的两端。所有薄壁截面杆其横截面上弯曲切应力的指向均具有这一特性，除非某点的切应力为零，否则决不会在该点相向或相背而流。通常把切应力的这一特点称为**切应力流**。因此，可以根据横截面上剪力 F_S 的指向确定腹板上切应力的指向，再利用切应力流的概念，就很容易确定翼缘上切应力的指向了。至于翼缘与腹板交界的局部区域，从切应力流可以想像到在这里是有应力集中的。对于轧制的型钢，在该处采用圆角，以缓和应力集中现象。

τ_1 的最大值发生在翼缘接近与腹板交界处，若把(5-11)式与(5-10)式作一比较就可看出，因 d 与 δ 相差不多，但 S_z 之值却差别很大。故 $\tau_{1,max}$ 要比 τ_{max} 小得多，所以在梁的强度计算中一般并不需要求 $\tau_{1,max}$。但是，通过上面的分析，掌握开口薄壁截面梁弯曲切应力的分析方法仍是很重要的。

对于 T 形、Π 形等开口薄壁截面梁，仿照上述方法对腹板和顶板的弯曲切应力进行分析，所得计算公式无论是形式或是各项含义均与公式(5-9)和式(5-11)分别相同，读者可自行验证。

*3. 薄壁圆环形截面梁

当平均半径 R_0 大于壁厚(δ)10 倍以上，一般就可认为是**薄壁圆环**，它是最简单的闭口薄壁截面[图 5－13(a)]。

根据切应力互等定理可以推知，位于横截面周边上各点的切应力必定与周边相切。由于壁很薄，故可假设切应力 τ 沿壁厚 δ 均匀分布而方向均与圆周的切线平行。

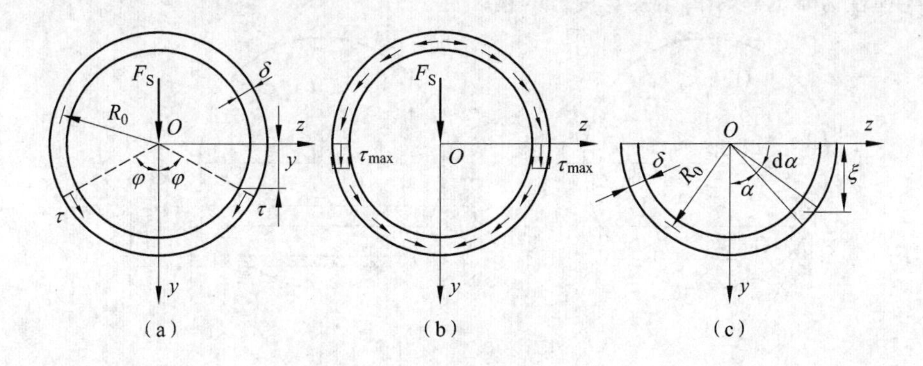

图 5－13

按照上述假设，再利用对称关系，即 y 轴两侧的切应力应对称于该轴。故自 y 轴向两侧各量取圆心角 φ，沿这两个厚度上的各点，其切应力 τ 的大小均应相等，方向分别与这两处圆的切线相平行[图 5－13(a)]。那么，由切应力互等定理可知，沿这两个厚度的纵截面(径向截面)上必有与 τ 大小相等的切应力 τ'。因此，取出长为 $\mathrm{d}x$ 而圆心角为 2φ 的一个分离体，由该分离体的平衡条件 $\sum F_x=0$ 可以导出切应力的计算公式为

$$\tau=\frac{F_S S_z}{(2\delta)I_z} \tag{5-12}$$

式中，S_z 是圆心角为 2φ 的部分圆环面积对中性轴的静面矩；分母中含有 2δ 是由于分离体纵截面面积为 $2\delta\mathrm{d}x$。

由上式可见，最大切应力仍在中性轴处，而位于对称轴 y 上的各点其切应力均为零，横截面上切应力流的情况示于图 5－13(b)中。对于薄壁圆环来说，中性轴一侧半个圆环面积对中性轴的静面矩，可按图 5－13(c)求其近似值，即

$$S_{z,\max}=\int_{A/2}\xi\mathrm{d}A\approx 2\int_0^{\pi/2}(R_0\cos\alpha)(\delta R_0\mathrm{d}\alpha)=2R_0^2\delta$$

而

$$I_z=\frac{\pi}{4}\left[\left(R_0+\frac{\delta}{2}\right)^4-\left(R_0-\frac{\delta}{2}\right)^4\right]\approx\pi R_0^3\delta$$

将 $S_{z,\max}$ 及 I_z 的结果代入(5－12)式，得

$$\tau_{\max}=\frac{F_S\times 2R_0^2\delta}{2\delta\times\pi R_0^3\delta}=2\frac{F_S}{A} \tag{5-13}$$

式中，$A=2\pi R_0\delta$ 为圆环截面的面积。可见薄壁圆环形截面梁其横截面上的最大切应力为平均切应力的 2 倍。

*4. 圆截面梁

圆截面梁横截面周边上各点的切应力必定与周边相切，切应力的这一特性已多次讨论过了。由对称性还可知 y 轴两侧截面上的切应力应对称于 y 轴。那么，距中性轴为 y 的弦线

的端点和中点的切应力其方向线必交于一点[图 5-14(a)]。现在对切应力在横截面上的分布规律作如下两个假设：① 距中性轴等远的各点的切应力其方向线均交于一点；② 距中性轴等远的各点的切应力其竖直分量 τ_y 均相等。根据这两个假设所得到的最大切应力的计算公式，与弹性力学的解答相比具有良好的精确性。

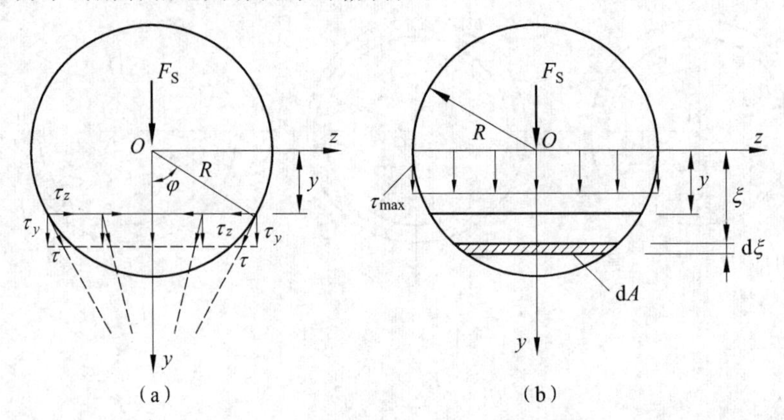

图 5-14

这样，对 τ_y 来说，就与对矩形截面梁所作的假设完全相当，故可直接应用(5-7)式得

$$\tau_y=\frac{F_S S_z}{b_y I_z} \tag{a}$$

式中，b_y 是距中性轴为 y 的弦线长度，即 $b_y=2\sqrt{R^2-y^2}$；S_z 是该弦线以下(或以上)部分的横截面面积对中性轴的静面矩，可按图 5-14(b)求得

$$S_z=\int_{A_y}\xi \mathrm{d}A=\int_y^R 2\xi\sqrt{R^2-\xi^2}\,\mathrm{d}\xi=\frac{2}{3}(R^2-y^2)^{3/2}$$

将 b_y 及 S_z 的结果代入(a)式，得

$$\tau_y=\frac{F_S(R^2-y^2)}{3I_z} \tag{5-14}$$

该弦线上切应力的最大值显然在其端点处，其值为

$$\tau=\frac{\tau_y}{\sin\varphi}=\frac{R}{\sqrt{R^2-y^2}}\tau_y=\frac{F_S R(R^2-y^2)^{1/2}}{3I_z} \tag{b}$$

由(b)式或(5-14)式均可看出，当 $y=0$ 时，即在中性轴上，切应力达到最大值，其方向均与剪力 F_S 平行[图 5-14(b)]。将 $I_z=\pi R^4/4$ 代入(b)式或(5-14)式，得最大切应力为

$$\tau_{max}=\frac{4}{3}\cdot\frac{F_S}{\pi R^2}=\frac{4}{3}\cdot\frac{F_S}{A} \tag{5-15}$$

式中，A 为横截面面积。可见圆截面梁横截面上的最大切应力为平均切应力的 1.33 倍。

二、切应力强度条件

对于等直梁，横截面上的最大切应力 τ_{max} 必定在最大剪力 $F_{S,max}$ 的截面上，一般均位

于该截面的中性轴处。归纳上面分析的结果，可以把最大切应力的计算公式写成统一的形式，即

$$\tau_{\max}=\frac{F_{S,\max}S_{z,\max}}{bI_z} \tag{5-16}$$

式中，$S_{z,\max}$为中性轴一侧的横截面面积对中性轴的静面矩；b为横截面在中性轴处的宽度或厚度；I_z为横截面对中性轴的惯性矩。

横截面上中性轴处的正应力恰好为零，当有分布荷载作用时，如果略去纵截面上数值较小的挤压应力，那么，在中性轴处用横截面和与中性层平行的纵截面(或与周线垂直的纵截面)取出的单元体就处于纯剪切应力状态。这样，就可仿照纯剪切应力状态时的强度条件，来建立弯曲切应力的强度条件，即

$$\tau_{\max}=\frac{F_{S,\max}S_{z,\max}}{bI_z}\leqslant[\tau] \tag{5-17}$$

这里的$[\tau]$是材料的弯曲许用切应力。例如对于钢梁，考虑到弯曲切应力在横截面上并非均匀分布，因此，有些规范把它规定得略高于钢材受纯剪切时的许用应力。在材料力学里可近似地用钢材受纯剪切时的许用切应力来替代。对于木梁，由于木材的顺纹抗剪强度较截纹时低得多，所以应当采用顺纹许用切应力。

如上一节所述，弯曲正应力强度条件一般起着控制作用，通常也就按正应力强度条件来选择梁的截面尺寸，然后再按切应力强度条件进行校核。对于钢梁，多半制成薄壁截面，当跨度较小或荷载离支座较近时，切应力强度条件也可能转变为控制因素；只有实体截面的钢梁，经验表明，(5-17)式总能得到满足，此时只需按正应力强度条件进行计算即可。然而对于木梁，由于木材的顺纹许用切应力很低，则必须按(5-17)式进行强度校核，特别是对较短的木梁或荷载离支座较近的情况，更应如此。

例 5-5 图(a)所示为一槽形截面简支梁，其横截面的尺寸和形心C的位置示于图(b)中。已知横截面对中件轴的惯性矩$I_z=1\ 152\times10^4\ \text{mm}^4$。试绘出$D$截面上的切应力分布图。

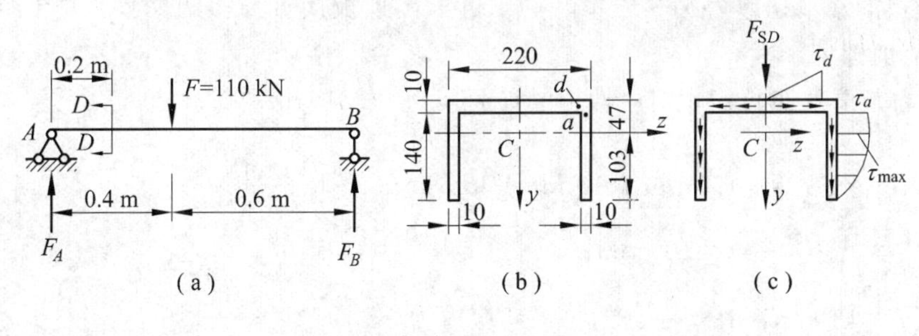

例 5-5 图

解 首先求出支反力为

$$F_A=66\ \text{kN},\qquad F_B=44\ \text{kN}$$

于是可求得D截面的剪力$F_{S,D}=66\ \text{kN}$。

腹板上的切应力沿截面高度是按二次抛物线规律变化的。在下边缘处等于零，中性轴处

为最大值，再求出腹板接近与顶板交界处[图(b)中的 a 点处]的切应力值，即可描出其变化图形。

中性轴以下两块腹板面积对中性轴的静面矩为

$$S_{z,\max}=2(103\ \text{mm})(10\ \text{mm})\left(\frac{103\ \text{mm}}{2}\right)=1\ 061\times10^{2}\ \text{mm}^{3}$$

横截面在中性轴处的厚度 $b=2\times10\ \text{mm}=20\ \text{mm}$，由(5-16)式可得

$$\tau_{\max}=\frac{F_{S,D}S_{z,\max}}{bI_z}=\frac{(66\times10^{3}\ \text{N})(1\ 061\times10^{-7}\ \text{m}^{3})}{(20\times10^{-3}\ \text{m})(1\ 152\times10^{-8}\ \text{m}^{4})}$$
$$=30.4\times10^{6}\ \text{Pa}=30.4\ \text{MPa}$$

从计算过程可以看出，由于横截面对 y 轴对称，故在中性轴以下取一块腹板计算 $S_{z,\max}$，并取一块腹板的厚度作为 b，所得 $\tau_{\max}$的值自然与上面的相同。这实际上相当于在中性轴以下取长为 $\mathrm{d}x$ 的一块腹板作为分离体来导出上面的切应力计算公式。

a 点以下一块腹板的面积对中性轴的静面矩为

$$S_z=(140\ \text{mm})(10\ \text{mm})\left(103\ \text{mm}-\frac{140\ \text{mm}}{2}\right)$$
$$=462\times10^{2}\ \text{mm}^{3}$$

而一块腹板的厚度 $b=10\ \text{mm}$，故 a 点处的切应力为

$$\tau_a=\frac{F_{S,D}S_z}{bI_z}=\frac{(66\times10^{3}\ \text{N})(462\times10^{-7}\ \text{m}^{3})}{(10\times10^{-3}\ \text{m})(1\ 152\times10^{-8})}$$
$$=26.5\times10^{6}\ \text{Pa}=26.5\ \text{MPa}$$

有了三个控制点处的切应力值，即可画出腹板上的切应力分布图，如图(c)所示。而它们的指向则均与 $F_{S,D}$的指向相同。

顶板上水平方向(与顶板长边平行的方向)的切应力是线性变化的。由对称性可知，位于对称轴上各点的水平切应力必等于零，只要再求出顶板接近与腹板交界处[图(b)中的 d 点处]的切应力值即可。

d 点以右部分的腹板面积对中性轴的静面矩为

$$S_z=(150\ \text{mm})(10\ \text{mm})\left(103\ \text{mm}-\frac{150\ \text{mm}}{2}\right)$$
$$=42\times10^{3}\ \text{mm}^{3}$$

顶板的厚度 $\delta=10\ \text{mm}$，故 d 点处的水平切应力为

$$\tau_d=\frac{F_{S,D}S_z}{\delta I_z}=\frac{(66\times10^{3}\ \text{N})(42\times10^{-6}\ \text{m}^{3})}{(10\times10^{-3}\ \text{m})(1\ 152\times10^{-8}\ \text{m}^{4})}$$
$$=24.1\times10^{6}\ \text{Pa}=24.1\ \text{MPa}$$

顶板上的切应力分布图亦示于图(c)中，它们的指向根据切应力流即可确定。

例 5-6 矩形截面简支梁受两个集中力 $F=35\ \text{kN}$ 作用，如图(a)所示。已知矩形截面

的高宽比为 $h:b=6:5$，材料为红松，其弯曲许用正应力$[\sigma]=10$ MPa，顺纹许用切应力$[\tau]=1.1$ MPa。试选择梁的截面尺寸。

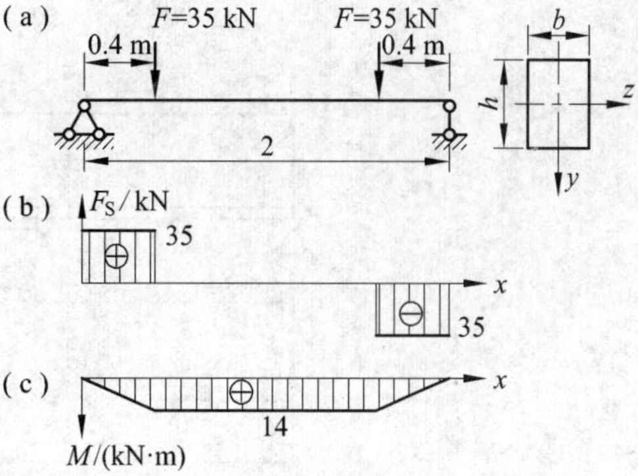

解 作出梁的剪力图和弯矩图，分别如图(b)及图(c)所示。由图可见

$$F_{S,max}=35 \text{ kN}$$
$$M_{max}=14 \text{ kN}\cdot\text{m}$$

先按正应力强度条件选择梁的截面尺寸，由(5-6)式可得

$$\sigma_{max}=\frac{M_{max}}{W_z}=\frac{14\times10^3 \text{ N}\cdot\text{m}}{\frac{1}{6}\left(\frac{5}{6}h\right)h^2}\leqslant[\sigma]$$

例 5-6 图

故 $$h\geqslant\sqrt[3]{\frac{(14\times10^3 \text{ N}\cdot\text{m})\times6\times6}{5\times(10\times10^6 \text{ Pa})}}=0.216 \text{ m}=216 \text{ mm}$$

从而 $$b=\frac{5}{6}h=180 \text{ mm}$$

再按(5-8)式计算最大切应力，并据此校核切应力强度

$$\tau_{max}=1.5\frac{F_{S,max}}{A}=1.5\times\frac{35\times10^3 \text{ N}}{(0.216 \text{ m})(0.180 \text{ m})}$$
$$=1.35\times10^6 \text{ Pa}=1.35 \text{ MPa}>[\tau]$$

可见必须按切应力强度条件重新选择截面尺寸，由

$$\tau_{max}=1.5\times\frac{35\times10^3 \text{ N}}{\left(\frac{5}{6}h\right)h}\leqslant[\tau]$$

故 $$h\geqslant\sqrt{\frac{1.5\times(35\times10^3 \text{ N})\times6}{5\times(1.1\times10^6 \text{ Pa})}}=0.239 \text{ m}=239 \text{ mm}$$

取 $$h=240 \text{ mm},\quad b=200 \text{ mm}$$

由于荷载离支座较近，且木材的顺纹许用切应力较小，故该梁的强度是由切应力强度条件控制的。

例 5-7 跨度为 6 m 的简支钢梁，是由 32a 号工字型钢在其中间区段焊上两块 100 mm×10 mm×3 000 mm 的钢板制成[图(a)]。材料均为 Q235 钢，其$[\sigma]=170$ MPa，$[\tau]=100$ MPa，试校核该梁的强度。

解 计算支反力得到

$$F_A=80 \text{ kN},\quad F_B=70 \text{ kN}$$

然后画出剪力图和弯矩图分别如图(b)和图(c)所示。由图可见

$$F_{S,max}=80 \text{ kN},\quad M_{max}=150 \text{ kN}\cdot\text{m}$$

而在截面变化处[图(a)中的 C 截面处]的弯矩为

$$M_C=120 \text{ kN}\cdot\text{m}$$

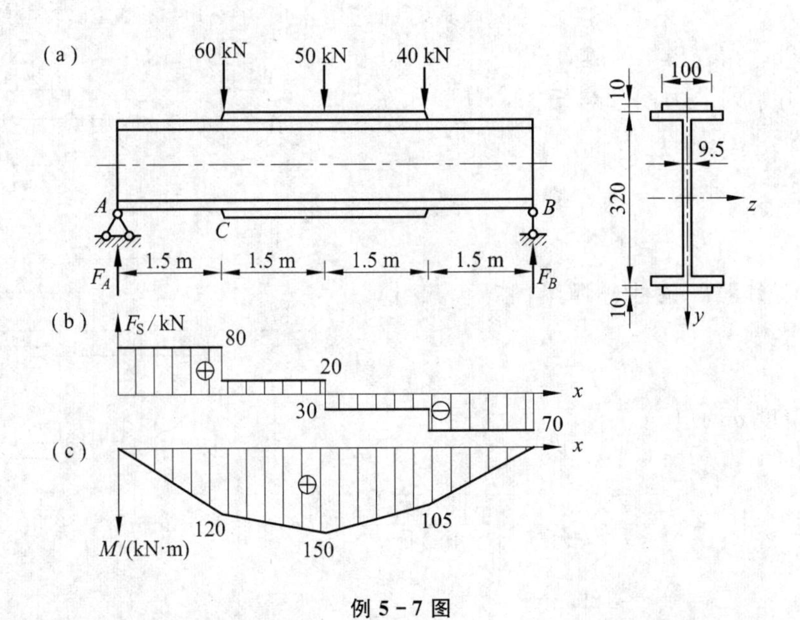

例 5-7 图

先按正应力强度条件进行校核。对于加强段，其横截面对中性轴的惯性矩可分成两部分来考虑。由型钢表查得 32a 号工字钢的 $I_z = 11\ 075.5 \times 10^4\ \text{mm}^4$，而加强板对中性轴的惯性矩可利用平行移轴公式求出，取两者之和即得所求的惯性矩为

$$I_z = 11\ 075.5 \times 10^4\ \text{mm}^4 + 2\left[\frac{(100\ \text{mm})(10\ \text{mm})^3}{12} + (100\ \text{mm})(10\ \text{mm})\left(\frac{320\ \text{mm}}{2} + \frac{10\ \text{mm}}{2}\right)^2\right]$$
$$= 16\ 522 \times 10^4\ \text{mm}^4$$

相应的弯曲截面系数为

$$W_z = \frac{I_z}{y_{\max}} = \frac{16\ 522 \times 10^4\ \text{mm}^4}{\left(\dfrac{320\ \text{mm}}{2}\right) + (10\ \text{mm})} = 972 \times 10^3\ \text{mm}^3$$

按公式(5-6)，有

$$\sigma_{\max} = \frac{M_{\max}}{W_z} = \frac{150 \times 10^3\ \text{N} \cdot \text{m}}{972 \times 10^{-6}\ \text{m}^3} = 154.3 \times 10^6\ \text{Pa} = 154.3\ \text{MPa} < [\sigma]$$

对于 C 截面，虽然弯矩 M_C 比 $M_{\max}$ 小，但此处截面也小，所以也需要校核该截面的正应力强度。由型钢表查得 32a 号工字钢的 $W_z = 692.2 \times 10^3\ \text{mm}^3$。依据(5-6)式

$$\sigma_{\max} = \frac{M_C}{W_z} = \frac{120 \times 10^3\ \text{N} \cdot \text{m}}{692.2 \times 10^{-6}\ \text{m}^3} = 173.4 \times 10^6\ \text{Pa} = 173.4\ \text{MPa} > [\sigma]$$

该截面上的 $\sigma_{\max}$ 虽大于$[\sigma]$，但两者的差值未超过$[\sigma]$的 5%，还是允许的。

现按切应力强度条件进行校核。最大切力位于未加强的区段内，故按型钢截面进行计算。由型钢表查得该型号工字钢的 $I_z / S_{z,\max} = 274.6\ \text{mm}$，腹板的厚度 $d = 9.5\ \text{mm}$。按公式(5-17)，有

$$\tau_{\max} = \frac{F_{S,\max} S_{z,\max}}{d I_z} = \frac{80 \times 10^3\ \text{N}}{(9.5 \times 10^{-3}\ \text{m}) \times (274.6 \times 10^{-3}\ \text{m})}$$

$$=30.7\times10^{6}\ \text{Pa}=30.7\ \text{MPa}<[\tau]$$

计算结果表明该梁是安全的。

注意观察该梁的弯矩图，在支座附近的区段，弯矩值较小，而在中间区段，弯矩值较大，因此把梁制成阶梯状，既可节省材料，又可减轻自重。这种阶梯状变截面梁在结构物和机械中是广泛采用的。

例 5－8　跨度 $l=4$ m 的箱形截面简支梁，沿全长受均布荷载 q 作用，该梁是用四块木板胶合而成，如图所示。已知材料为红松，其弯曲许用正应力$[\sigma]=10$ MPa，顺纹许用切应力$[\tau]=1.1$ MPa，胶合缝的许用切应力$[\tau_{胶}]=0.35$ MPa。试求该梁的许用荷载集度 q 的值。

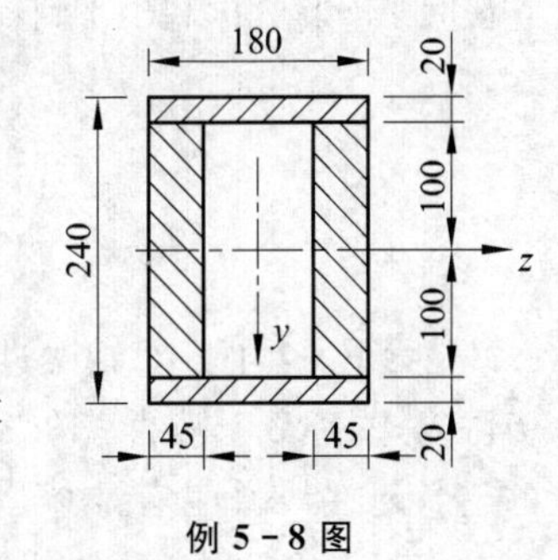

例 5－8 图

解　设 q 的单位为 kN·m，该梁的最大弯矩在跨中截面，最大剪力在支座内侧截面，其值分别为

$$M_{\max}=ql^{2}/8=2q\ \text{kN}\cdot\text{m}$$
$$F_{\text{S,max}}=ql/2=2q\ \text{kN}$$

先按正应力强度条件求 q 之值。横截面对中性轴的惯性矩可用如下方法求得

$$I_{z}=\frac{(180\ \text{mm})(240\ \text{mm})^{3}}{12}-\frac{1}{12}(180\ \text{mm}-2\times45\ \text{mm})(240\ \text{mm}-2\times20\ \text{mm})^{3}$$
$$=14\ 736\times10^{4}\ \text{mm}^{4}$$

于是
$$W_{z}=\frac{I_{z}}{y_{\max}}=\frac{14\ 736\times10^{4}\ \text{mm}^{4}}{120\ \text{mm}}=1\ 228\times10^{3}\ \text{mm}^{3}$$

由公式(5－6)

$$\sigma_{\max}=\frac{M_{\max}}{W_{z}}=\frac{2q\times10^{3}\ \text{N}\cdot\text{m}}{1\ 228\times10^{-6}\ \text{m}^{3}}\leqslant10\times10^{6}\ \text{Pa}$$

得
$$q\leqslant6.14\ \text{kN/m}$$

再按切应力强度条件进行校核。中性轴以下半个横截面面积对中性轴的静面矩为

$$S_{z,\max}=(180\ \text{mm})(20\ \text{mm})\left(100\ \text{mm}+\frac{20\ \text{mm}}{2}\right)+2\times(45\ \text{mm})(100\ \text{mm})\left(\frac{100\ \text{mm}}{2}\right)$$
$$=846\times10^{3}\ \text{mm}^{3}$$

横截面在中性轴处的厚度 $b=2\times45$ mm$=90$ mm。按(5－17)式，有

$$\tau_{\max}=\frac{F_{\text{S,max}}S_{z,\max}}{bI_{z}}=\frac{2\times(6.14\times10^{3}\ \text{N})\times(846\times10^{-6}\ \text{m}^{3})}{(90\times10^{-3}\ \text{m})(14\ 736\times10^{-8}\ \text{m}^{4})}$$
$$=0.78\times10^{6}\ \text{Pa}=0.78\ \text{MPa}<[\tau]$$

底板的面积对中性轴的静面矩为

$$S_{z}=(180\ \text{mm})\times(20\ \text{mm})\left(\frac{100\ \text{mm}}{2}+\frac{20\ \text{mm}}{2}\right)=396\times10^{3}\ \text{mm}^{3}$$

胶合处截面的厚度 $b=2\times45\ \text{mm}=90\ \text{mm}$。故胶合缝传递的切应力为

$$\tau'=\frac{F_{S,\max}S_z}{bI_z}=\frac{2\times(6.14\times10^3\ \text{N})\times(396\times10^{-6}\ \text{m}^3)}{(90\times10^{-3}\ \text{m})\times(14\ 736\times10^{-8}\ \text{m}^4)}$$
$$=0.367\times10^6\ \text{Pa}=0.367\ \text{MPa}$$

它虽大于[$\tau_{胶}$]，但超出不到5%，仍在允许范围之内。故该梁的许用荷载集度 $q=6.14\ \text{kN/m}$。

*§5-4 梁的极限弯矩

在§5-2中，对钢梁进行强度计算时，是把梁横截面上的最大正应力达到钢材的屈服极限 σ_s 作为整个梁的危险状态的。此时在控制截面处的最外边缘纤维达到屈服，其余部分的材料还在线弹性范围内工作，钢梁还可以承受更大的荷载。

下面将研究当考虑材料塑性时梁的承载能力。这就必须要知道材料在应力超过其比例极限后的力学性能。对于像结构钢等一类具有明显屈服阶段的材料，它们在拉伸和压缩时的 $\sigma-\varepsilon$ 曲线通常简化成图5-15所示的情形。即认为屈服前材料服从胡克定律，屈服后不考虑强化，且拉伸和压缩时的弹性模量 E 和屈服极限 σ_s 也分别相同。之所以可作这种简化，是考虑到这类材料在屈服阶段的塑性应变远大于屈服前的弹性应变。有时把具有这种 $\sigma-\varepsilon$ 曲线的材料称为**理想弹塑性材料**。

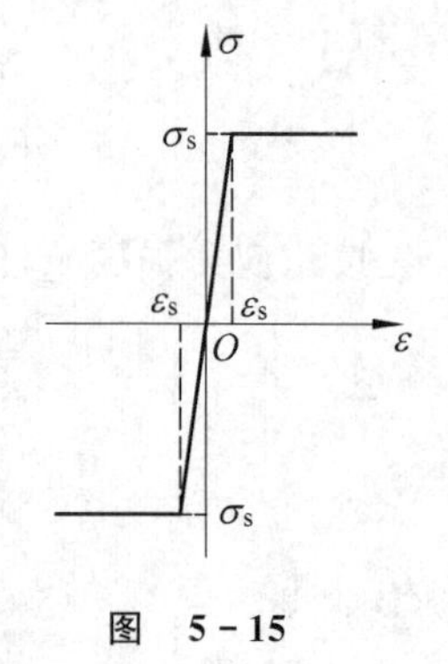

图 5-15

纯弯曲 为图示方便起见，设梁的横截面具有两个对称轴，外力偶作用在竖直纵向对称平面内[图5-16(a)]。

在讨论超过弹性范围的纯弯曲问题时，仍采用平面假设，这是被实验证实的。这样，线应变 ε 沿截面高度必定是线性变化的；另外，也假设各纤维之间无挤压，即按单向应力状态考虑。这与线弹性范围内的纯弯曲所作的两个假设并无不同。

基于上述假设，当把 M_e 加大到一定程度时，最外边缘处的线应变首先达到 ε_s[图5-16(b)]。由 $\sigma-\varepsilon$ 曲线可知，此时横截面上的正应力沿截面高度是线性变化的，最外边缘处的正应力恰好等于 σ_s[图5-16(c)]。这就是§5-2中认为的整个梁已达到危险状态。这时横截面上的弯矩用 M_s 表示，M_s 称为**屈服弯矩**，则

$$M_s=W_z\sigma_s$$

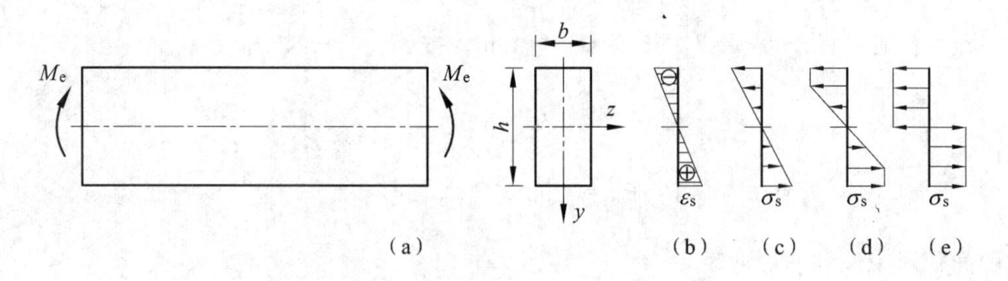

图 5-16

如果把 M_e 再稍为增大一些，则由上述假设和 $\sigma-\varepsilon$ 曲线可知，最外边缘附近的纤维，由于其 ε 超过 ε_s 而应力都等于 σ_s，其余纤维则仍处于线弹性工作阶段。横截面上的正应力分布将如图 5－16(d)所示。假如继续加大 M_e，则屈服区域就逐渐向中性层发展。

现在来考虑一种极限状态。即当 M_e 增大到某个值时，靠近中性层的纤维也都发生了屈服，近似地可认为整个横截面都成了屈服区域，横截面上的应力分布将如图 5－16(e)所示。此时横截面上的弯矩称为**极限弯矩**，用 M_u 表示。由分离体(图 5－17)的平衡条件，可以写出三个静力学条件。而 $\sum M_y=0$ 由于受力的对称性会自动得到满足，只需研究另外两个静力学条件。

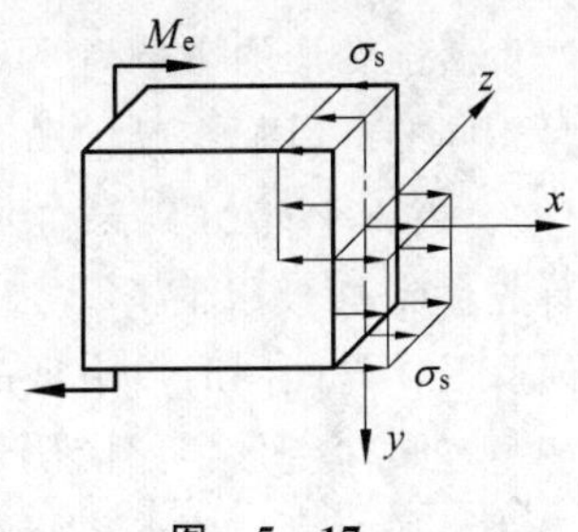

图 5－17

横截面上的法向微内力所组成的合力应等于零，即

$$F_N=\int_{A_t}\sigma_s\mathrm{d}A+\int_{A_c}(-\sigma_s)\mathrm{d}A=0$$

从而得到

$$A_t=A_c \tag{5-18}$$

式中，A_t 和 A_c 分别代表横截面上受拉和受压区域的面积。由该式确定的中性轴位置恰好平分横截面的面积。对于具有双对称轴的横截面[图 5－16(a)]，中性轴与水平对称轴重合，这与梁在线弹性范围内工作时的中性轴位置是相同的。如果横截面只有一对称轴例如 T 形截面(图 5－18)，上述两种工作状态下的中性轴位置是不同的。显然，当 T 形截面下边缘的纤维刚开始屈服，逐渐发展到整个横截面都成为屈服区，中性轴的位置也由 z_C 逐渐移动到 z。

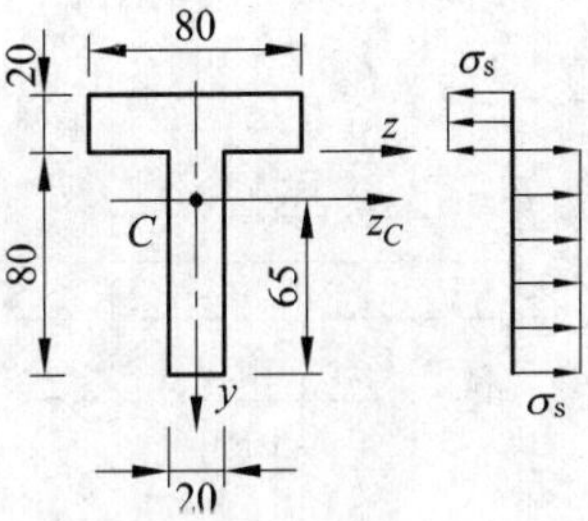

横截面上的法向微内力将组成极限弯矩 M_u，它在数值上就等于外力偶矩 M_e。于是

$$M_e=M_u=\int_{A_t}y\sigma_s\mathrm{d}A+\int_{A_c}(-y)(-\sigma_s)\mathrm{d}A$$
$$=\sigma_s(S_t+S_c)$$

图 5－18

式中，S_t 和 S_c 分别代表横截面上受拉和受压区域的面积对中性轴的静面矩(均取正值)。

故

$$M_u=\sigma_s(S_t+S_c)=\sigma_s W_s \tag{5-19}$$

其中 $W_s=S_t+S_c$，称为**塑性弯曲截面系数**。例如对于高为 h、宽为 b 的矩形截面，

$$S_t=S_c=\frac{bh}{2}\times\frac{h}{4}=\frac{bh^2}{8}$$

故

$$W_s=S_t+S_c=\frac{bh^2}{4}$$

在作强度计算时，假如对边缘屈服的危险状态和全截面屈服的极限状态采用相等的安全因数的话，那么，这两种状态下横截面上的许用弯矩分别为

$$[M_s]=W_z[\sigma],\quad [M_s]=W_s[\sigma]$$

显然，$[M_u]/[M_s]=W_s/W_z>1$。例如对于高为 h、宽为 b 的矩形截面，其 $W_z=bh^2/6$，$W_s=bh^2/4$，得 $W_s/W_z=1.5$。对于工字型钢，这一比值为1.15～1.17之间。

横力弯曲 为简单起见，在这里不考虑切应力对产生塑性变形的影响，不过横力弯曲时各截面的弯矩是不同的。以简支梁在距中受集中力 F 为例(图 5-19)。当 F 力增大到某个值时，跨中截面的最大弯矩首先达到其极限值 M_u。此时，跨中横截面全部成为屈服区；与此同时，附近的横截面上也在局部范围内产生了塑性变形，如图阴影部分所示。至此，F 力毋需再增加而梁的两半部将绕跨中截面的中性轴相对旋转，就如同绕中间铰旋转一样，因而把它称为**塑性铰**。当静定梁出现一个塑性铰时就变成几何可变的，所以就把静定梁在最大弯矩截面上出现一个塑性铰作为其极限状态。

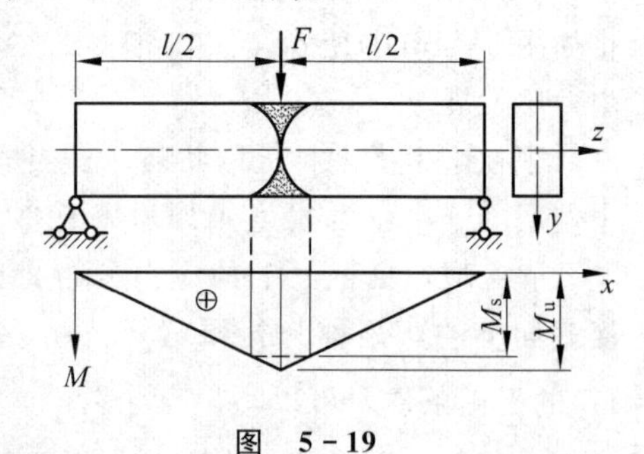

图 5-19

M_u 由公式(5-19)确定，在该例中根据极限平衡条件可得 $M_u=Fl/4$，考虑安全因数之后，即可求得许用荷载 F。这种计算方法称为**极限荷载法**，而§5-2所述的强度计算方法称为许用应力法。

例 5-9 图(a)所示T形截面梁，截面对形心主轴 z_C 的惯性矩 $I_{z_C}=8.84\times10^6\ \mathrm{mm}^4$，材料的屈服极限 $\sigma_s=240\ \mathrm{MPa}$。试求：

(1) 屈服弯矩 M_s；

(2) 极限弯矩 M_u；

(3) 在极限状态下卸载时的残余应力。

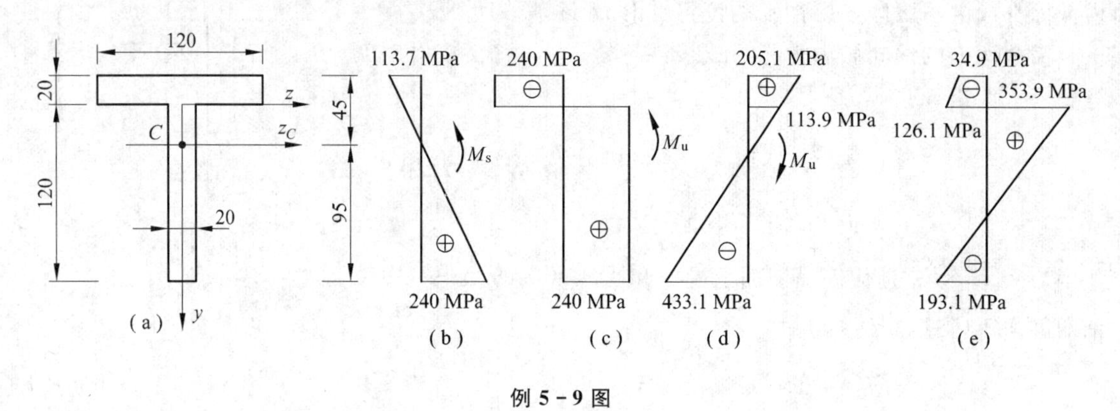

例 5-9 图

解

(1) 求屈服弯矩 M_s。

当截面下边缘处的应力达到屈服极限时，相应的弯矩为屈服弯矩 M_s[图(b)]，即

$$M_s=\frac{\sigma_s I_z}{95}=\frac{(240\times10^6\ \mathrm{Pa})\times(8.84\times10^{-6}\ \mathrm{m}^4)}{95\times10^{-3}\ \mathrm{m}}=22.3\times10^3\ \mathrm{N\cdot m}$$

$$=22.3\ \mathrm{kN\cdot m}$$

(2) 求极限弯矩 M_u。

由横截面上受拉区和受压区面积相等的条件确定极限状态时中性轴 z 的位置[图(a)]。

横截面上的正应力分布如图(c)所示，塑性弯曲截面系数为

$$W_s = S_t + S_c = (60\ \text{mm})\times(20\ \text{mm}\times 120\ \text{mm}) + (10\ \text{mm})\times(120\ \text{mm}\times 20\ \text{mm})$$
$$= 168\times 10^3\ \text{mm}^3$$

极限弯矩为

$$M_u = \sigma_s W_s = (240\times 10^6\ \text{Pa})\times(168\times 10^{-6}\ \text{m}^3)$$
$$= 40\ 320\ \text{N}\cdot\text{m} = 40.32\ \text{kN}\cdot\text{m}$$

极限弯矩和塑性弯矩的比值为

$$\frac{M_u}{M_s} = \frac{40.32\ \text{kN}\cdot\text{m}}{22.30\ \text{kN}\cdot\text{m}} = 1.81$$

(3) 求在极限状态下卸载时的残余应力。

在极限状态下，梁产生塑性变形，而塑性变形在荷载卸掉后不能恢复，所以卸载后横截面上将出现残余应力。

当弯矩达到极限弯矩 M_u 时卸载，相当于反向加荷载 M_u，因为理想弹塑材料在卸载时应力和应变成线性关系，可按弹性状态计算应力，此时中性轴为图(a)中的 z_C 轴，上、下边缘处的最大拉应力和最大压应力分别为

$$\sigma_{t,\max} = \frac{M_u y}{I_{z_C}} = \frac{(40.3\times 10^3\ \text{N}\cdot\text{m})\times(45\times 10^{-3}\ \text{m})}{8.84\times 10^{-6}\ \text{m}^4}$$
$$= 205.1\times 10^6\ \text{Pa} = 205.1\ \text{MPa}$$

$$\sigma_{c,\max} = \frac{M_u y}{I_{z_C}} = \frac{(40.3\times 10^3\ \text{N}\cdot\text{m})\times(95\times 10^{-3}\ \text{m})}{8.84\times 10^{-6}\ \text{m}^4}$$
$$= 433.1\times 10^6\ \text{Pa} = 433.1\ \text{MPa}$$

腹板和翼缘交界处的拉应力为

$$\sigma_t = \frac{205.1\ \text{MPa}}{45\ \text{mm}}\times(25\ \text{mm}) = 113.9\ \text{MPa}$$

横截面上的正应力分布规律如图(d)所示。

把极限状态时的应力[图(c)]和反向加 M_u 时的应力[图(d)]叠加后，可得到残余应力，如图(e)所示。可以验算残余应力一定是自相平衡的。

习　　题

5-1　直径 $d=3$ mm 的高强度钢丝，绕在直径 $D=600$ mm 的轮缘上，已知材料的弹性模量 $E=200$ GPa。求钢丝横截面上的最大弯曲正应力。

5-2　图示圆环形和 T 形截面梁，在竖直的纵向对称平面内受外力偶作用。已知横截面上的弯矩为正值，绘出沿竖直线 1-1 和 2-2 上的弯曲正应力分布图。

5-3　有一 16 号工字形截面简支梁，在跨中受集中力 F 作用；于 A-A 截面处下边缘上，用标距 $s=20$ mm 的应变仪量得纵向伸长 $\Delta s=0.008$ mm。已知钢材的弹性模量 $E=210$ GPa，试求 F 力的大小。

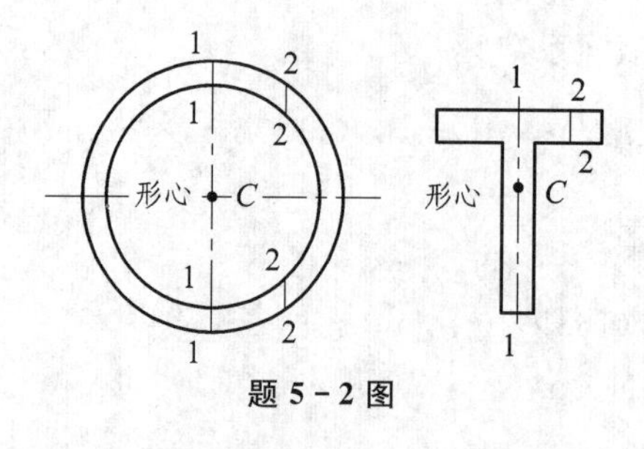

题 5-2 图

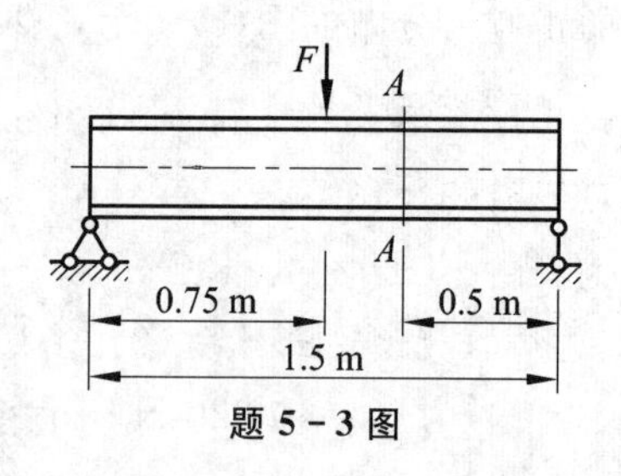

题 5-3 图

5-4 跨度为 l 的矩形截面简支梁，沿全长受均布荷载 q 作用。已知材料的弹性模量为 E，试求梁的下边缘的总伸长量。

5-5 一外伸梁所受荷载如图所示，已知材料为 Q235 钢，其弯曲许用正应力$[\sigma]=170$ MPa。要求：

（1）选择实心圆截面的直径 d；

（2）若采用内外径之比 $d/D=0.8$ 的空心圆截面，求 d 和 D 之值；

（3）求两种截面的面积之比。

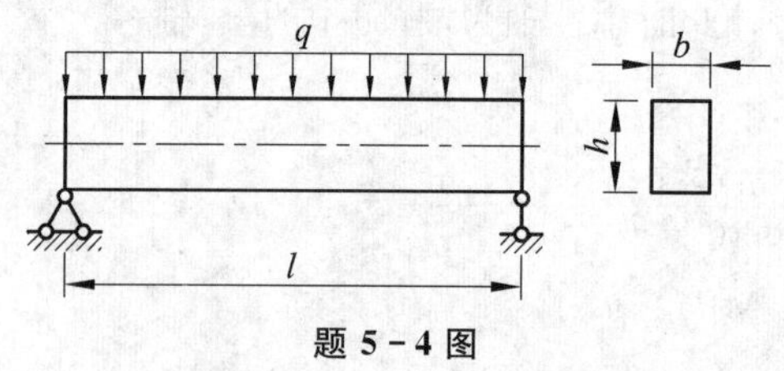

题 5-4 图

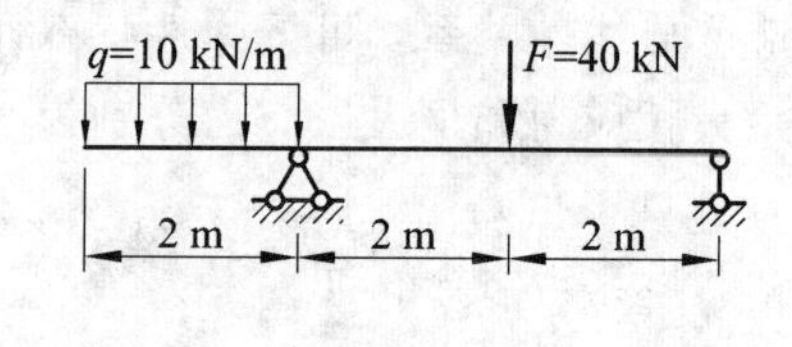

题 5-5 图

5-6 由两根 28a 号槽钢组成的简支梁，受三个集中荷载作用，如图所示。已知材料为 Q235 钢，其弯曲许用正应力$[\sigma]=170$ MPa，校核该梁的正应力强度。

5-7 一铸铁梁受两个集中力 F 作用如图所示，已知横截面对中性轴的惯性矩 $I_z=10\ 453\times10^4\ \text{mm}^4$，铸铁的许用拉应力$[\sigma_t]=30$ MPa，许用压应力$[\sigma_c]=90$ MPa。试求该梁的许用荷载 F 之值。

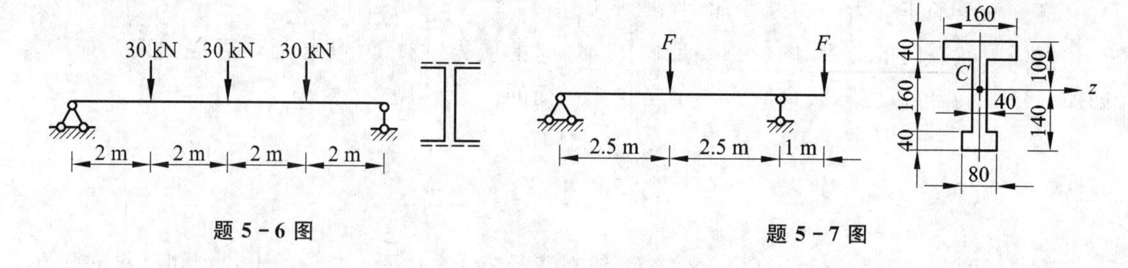

题 5-6 图

题 5-7 图

5-8 矩形截面外伸梁，总长度为 5 m，沿全长受均布荷载作用，截面的高宽比 $h/b=1.5$，材料为红松，其弯曲许用正应力$[\sigma]=10$ MPa。设 B 支座的位置尚待确定，问：(1) 在用料最经济(也就是受力最合理)的条件下，外伸部分的长度 x 等于多少？(2) 这时 h 和 b 各为多大？

5-9 当荷载 F 直接作用在跨长 $l=6$ m 的简支梁 AB 的中点时，梁横截面上的最大正应力 σ_{max} 超过许用值 30%。为消除这种过载现象，配置了如图所示的辅助梁 CD，试求此辅助梁的最小跨长 a。

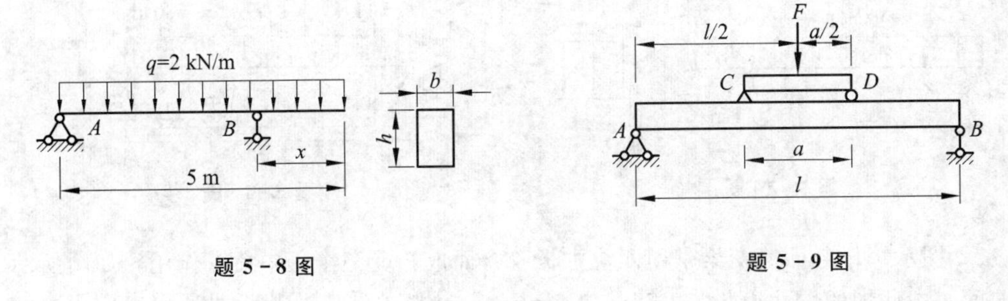

题 5-8 图　　　　　　题 5-9 图

5-10　从直径为 d 的圆木中切出一矩形截面梁，欲使其弯曲截面系数 W_z 为最大，问该矩形截面的高度比 h/b 应是多少？

5-11　图示铸铁梁，已知材料的拉、压许用应力之比$[\sigma_t]/[\sigma_c]=1/3$。欲使该梁横截面上的最大拉、压应力之比 $\sigma_{t,\max}/\sigma_{c,\max}=1/3$，试确定底板的宽度 b 之值。

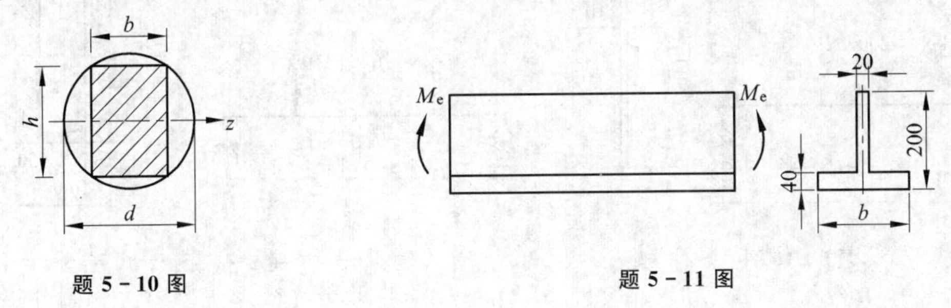

题 5-10 图　　　　　　题 5-11 图

5-12　图示一矩形截面悬臂梁，沿全长受均布荷载作用。今沿中性层截出梁的下半部分，问中性层上的切应力 τ'沿梁长度的变化规律如何？该面上的切向内力(即总的水平剪力)有多大？它由何力来平衡？

5-13　矩形截面悬臂梁，其顶、底两面受大小相等、指向相反的切向均布荷载 q(kN/m)作用。试导出横截面上切应力 τ 的计算公式，并画出 τ 的指向和沿截面高度的变化规律。

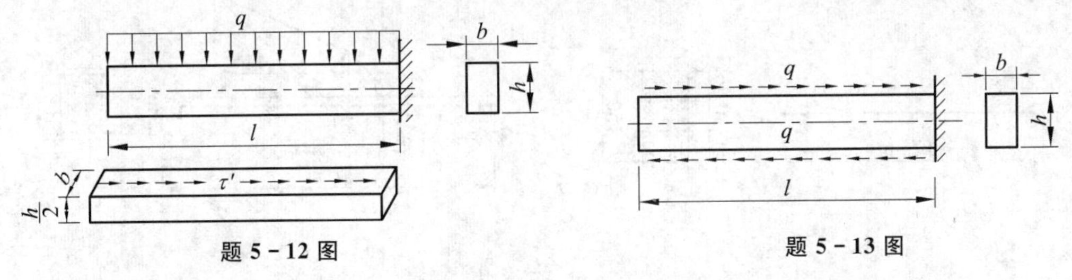

题 5-12 图　　　　　　题 5-13 图

5-14　矩形截面外伸梁所受荷载如图所示，设截面的高宽比 $h/b=2$，材料为红松，其弯曲许用应力$[\sigma]=10$ MPa，顺纹许用切应力$[\tau]=1.1$ MPa。试选择该梁的截面尺寸。

5-15　工字形截面简支梁所受荷载如图所示，已知材料为 Q235 钢，其弯曲许用正应力$[\sigma]=170$ MPa，弯曲许用切应力$[\tau]=100$ MPa。试为此梁选择一工字型钢号码。

5-16　一焊接工字钢梁所受荷载如图所示，已知横截面对中性轴的惯性矩 $I_z=2\,041\times10^6\ \text{mm}^4$，材料为 Q235 钢，其弯曲许用正应力$[\sigma]=170$ MPa，弯曲许用切应力$[\tau]=100$ MPa。校核该梁的强度。

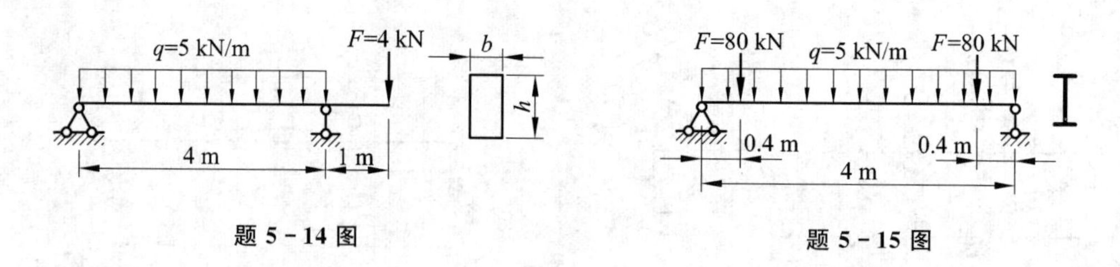

题 5-14 图　　　　题 5-15 图

5-17　图示箱形截面简支梁是用四块木板胶合而成，受三个集中荷载作用，如图所示。已知横截面对中性轴的惯性矩 $I_z=4\ 788\times10^5\ \text{mm}^4$；材料为红松，其弯曲许用正应力$[\sigma]=10$ MPa，顺纹许用切应力$[\tau]=1.1$ MPa；胶合缝的许用切应力$[\tau_{胶}]=0.35$ MPa。校核梁的强度。

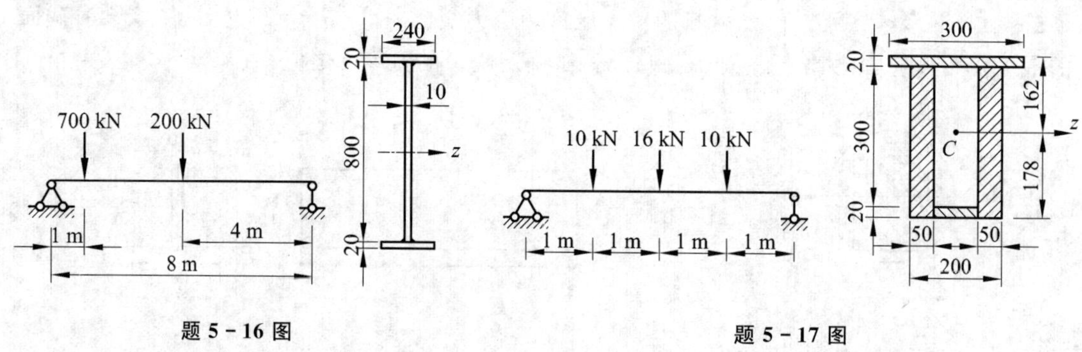

题 5-16 图　　　　题 5-17 图

5-18　图示矩形截面悬臂梁是用三块木板胶合而成，在自由端受集中力 F 作用。已知材料为红松，其弯曲许用正应力$[\sigma]=10$ MPa，顺纹许用切应力$[\tau]=1.1$ MPa；胶合缝的许用切应力$[\tau_{胶}]=0.35$ MPa。试求该梁的许用荷载 F 之值。

5-19　图示一起重机运行于两根工字钢所组成的简支梁上，起重机自重 $W=50$ kN，起重量 $F=10$ kN，设全部荷载平均分配在两根工字钢上。梁的材料为 Q235 钢，其弯曲许用正应力$[\sigma]=170$ MPa，弯曲许用切应力$[\tau]=100$ MPa。试选择工字钢的号码。

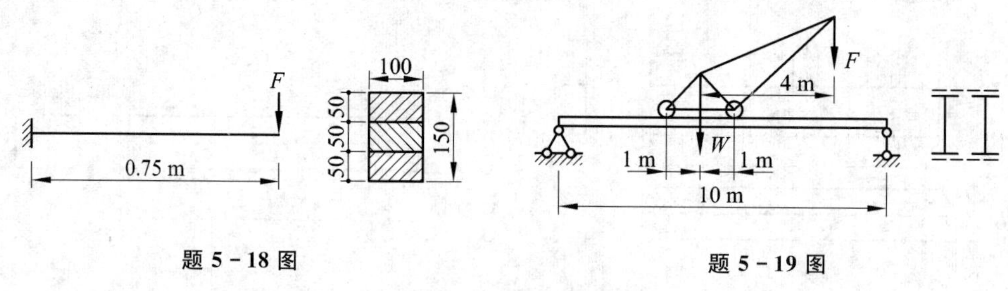

题 5-18 图　　　　题 5-19 图

5-20　有一变宽度悬臂梁，截面高度 $h=10$ mm，在自由端受集中力 $F=2$ kN 作用。材料为 Q235 钢，其弯曲许用正应力$[\sigma]=170$ MPa，弯曲许用切应力$[\tau]=100$ MPa，要求各横截面上的最大弯曲正应力均等于$[\sigma]$。问截面的宽度 $b(x)$沿梁长按什么规律变化？固定端处的 $b_{\max}$ 等于多少？为保证剪切强度，自由端附近的 $b_{\min}$ 又等于多少？

5-21　图示简支梁，是由 28b 号工字钢在其中间区域段焊上两块 100 mm×20 mm×1 600 mm的钢板制成，材料为 Q235 钢，其$[\sigma]=170$ MPa，$[\tau]=100$ MPa。试校核该梁的强度。

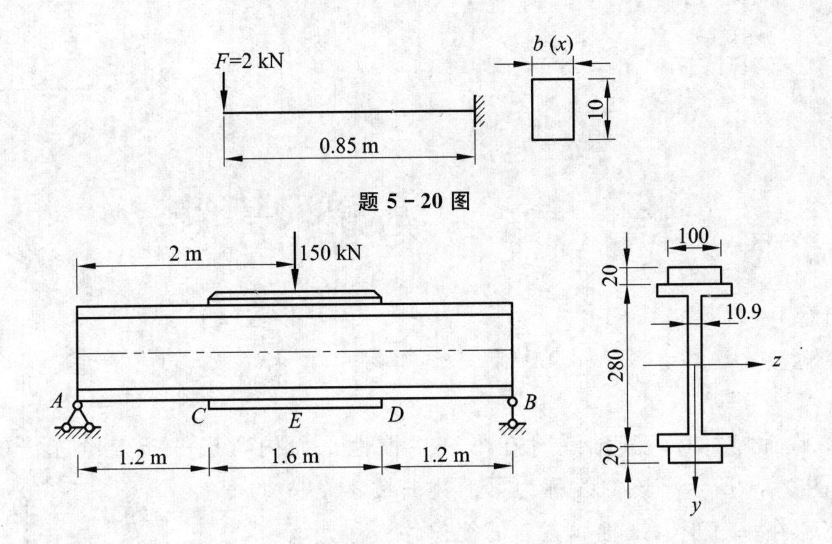

题 5-20 图

题 5-21 图

5-22 工字形截面外伸梁如图所示，材料为铸铁，其许用拉应力$[\sigma_t]=30$ MPa，许用压应力$[\sigma_c]=90$ MPa，许用切应力$[\tau]=25$ MPa。(1) 绘出梁的剪力图和弯矩图；(2) 确定截面形心位置，并计算对水平形心轴 z 的惯性矩 I_z；(3) 校核梁的正应力和切应力强度。

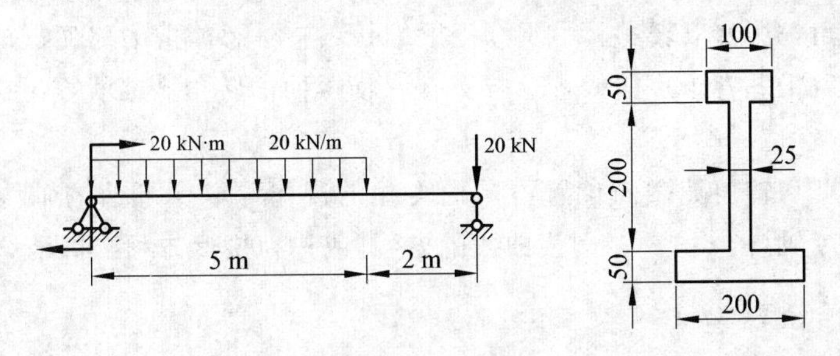

题 5-22 图

5-23 简支梁的荷载、截面形状和尺寸如图所示。$q=20$ kN/m，截面对水平形心轴 z 的惯性矩 $I_z=39.69\times10^6\ \text{mm}^4$。(1) 绘出梁的剪力图和弯矩图；(2) 求梁横截面上的最大正应力和最大切应力，并绘出危险截面上正应力和切应力的分布图。

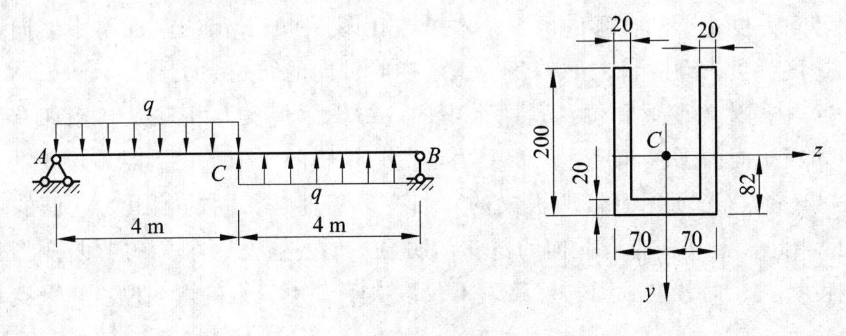

题 5-23 图

第六章 梁的位移

§6-1 概 述

直梁在平面弯曲时，其轴线将在形心主惯性平面内弯成一条连续光滑的平面曲线AC_1B，如图6-1所示，该曲线称为梁的**挠曲线**。任一横截面的形心在垂直于原来轴线方向的线位移，称为该截面的**挠度**，用w来表示。工程中常用梁的挠度均远小于跨度，挠曲线是一条非常平缓的曲线，所以任一横截面的形心在轴线方向的位移分量都可略去，认为它仅有前述的线位移称w。任一横截面对其原方位的角位移，称为该截面的**转角**，用θ来表示。由于在一般细长梁中可忽略剪力对变形的影响，所以横截面在梁弯曲变形后仍垂直于挠曲线，这样，任一横截面的转角θ也就等于挠曲线在该截面处的切线与轴线的夹角。

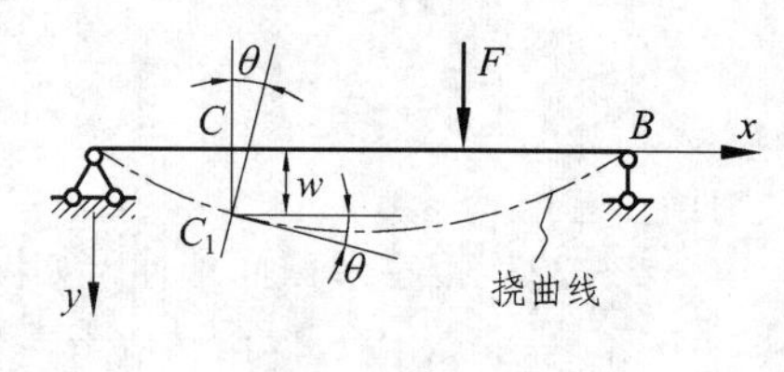

图 6-1

为了表示挠度和转角随截面位置不同而变化的规律，取变形前的轴线为x轴，与轴线垂直向下的轴为y轴(图6-1)，则**挠曲线的方程**(或称为**挠度方程**)可表示为

$$w=w(x)$$

因θ是非常小的角，故**转角方程**可表示为

$$\theta\approx\tan\theta=\frac{\mathrm{d}w(x)}{\mathrm{d}x}=w'(x)$$

即挠曲线上任一点处切线的斜率等于该点处横截面的转角。

挠度和转角是度量梁的位移的两个基本量，在图6-1所示的坐标系中，向下的挠度为正，向上的挠度为负；顺时针向的转角为正，逆时针向的转角为负。

如§2-4中所述，变形和位移是两个不同的概念，但又互相联系。例如有两根梁，其长度、材料、横截面的形状和尺寸以及受力情况等均相同，但一根为悬臂梁，另一根为简支梁，如图6-2(a)、(b)所示。这两根梁的弯曲变形程度是相同的，因为它们的中性层曲率$1/\rho=M/EI_z$相同，但其相应横截面的位移却明显不同。这是因为梁的弯曲变形仅与弯矩和梁的弯曲刚度有关，而各横截面的位移量不仅取决于弯矩和梁的弯曲刚度，还与梁的约束条件有关。

研究梁的位移主要是对梁作刚度校核，即检查梁弯曲时的最大挠度和转角是否超过按使用要求所规定的许用值。

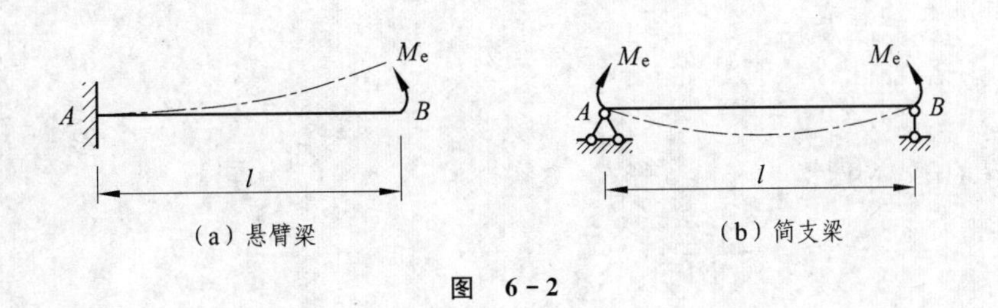

(a) 悬臂梁　　(b) 简支梁

图　6-2

§6-2　梁的挠曲线近似微分方程及其积分

在推导纯弯曲梁的正应力公式时，曾导出梁弯曲后中性层曲率的表达式为 $1/\rho=M/EI_z$（参见公式5-1）。但应指出，该式中的曲率 $1/\rho$ 是指绝对值，而实际上挠曲线的曲率是有正负的，它与坐标系的选取有关。在如图6-3所示的坐标系中，挠曲线向下凸出时的曲率为负，它与正值的弯矩相对应；而挠曲线向上凸出时的曲率为正，却与负值的弯矩相对应。故将公式(5-1)重新写成如下形式：

$$\frac{1}{\rho}=-\frac{M}{EI_z} \tag{a}$$

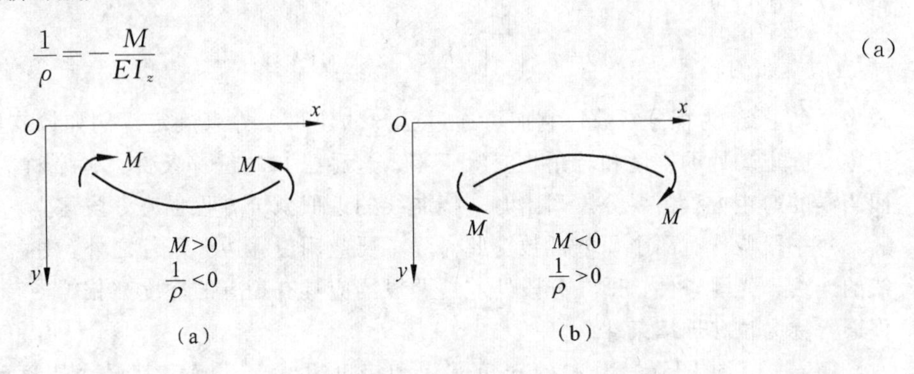

(a)　　(b)

图　6-3

横力弯曲时，梁的横截面上除了有弯矩 M 之外，还有剪力 F_S。若梁的跨度远大于横截面高度时，剪力 F_S 对梁位移的影响很小，可忽略不计①。所以(a)式仍可适用，不过这时各横截面上的弯矩和曲率都是截面位置 x 的函数，从而有

$$\frac{1}{\rho(x)}=-\frac{M(x)}{EI_z} \tag{b}$$

上式中平面曲线的曲率在直角坐标系中又可写成

$$\frac{1}{\rho(x)}=\frac{w''(x)}{[1+w'(x)^2]^{3/2}} \tag{c}$$

因为挠曲线通常是一条极其平坦的曲线，$w'(x)$ 的值很小，故 $w'(x)^2$ 与1相比可略去不计，

① 矩形截面简支钢梁受均布荷载作用，当跨度大于横截面高度的10倍时，若略去剪力对位移的影响，其最大挠度的误差不超过3%。

于是(c)式可近似地写成

$$\frac{1}{\rho(x)}=w''(x) \tag{d}$$

将(d)式代入(b)式，即得

$$w''(x)=-\frac{M(x)}{EI_z} \tag{6-1a}$$

或

$$EI_z w''(x)=-M(x) \tag{6-1b}$$

式(6-1)称为梁的**挠曲线近似微分方程**。它略去了剪力 F_S 对位移的影响，并略去了 $w'(x)^2$ 项。但由此方程求得的挠度和转角对工程实际来说一般已足够精确。

对梁的挠曲线近似微分方程分别积分一次和两次，再由已知的位移条件来定出积分常数，这样便可得到梁的转角方程和挠度方程。这种计算梁的位移的方法，称为**积分法**。

对于等直梁，EI_z 为常量(为方便起见，下面用 I 表示 I_z)。如果荷载非常简单，无须分段列出弯矩方程时，将(6-1b)式的两边乘以 $\mathrm{d}x$，积分一次得

$$EIw'(x)=-\int M(x)\mathrm{d}x+C_1$$

再积分一次，得

$$EIw(x)=-\int\left[\int M(x)\mathrm{d}x\right]\mathrm{d}x+C_1x+C_2$$

式中，C_1、C_2 为积分常数，它们可通过已知的位移条件来确定。例如铰支座处的挠度应等于零；固定端处的挠度和转角均应等于零。这种已知的位移条件，通常称为**位移边界条件**。而当梁的弯矩方程需要分段列出时，挠曲线的近似微分方程也应分段建立。分别积分两次之后，每一段均含有两个积分常数。此时除了要应用位移边界条件之外，还需利用分段处挠曲线的连续、光滑条件，即在分段处左右两段梁应具有相等的挠度和相等的转角。这种位移条件通常称为**位移连续条件**。

例 6-1 求图示悬臂梁的转角方程和挠度方程，并确定其最大挠度 $w_{\max}$ 和最大转角 $\theta_{\max}$。已知该梁的弯曲刚度 EI 为常量。

解

(1) 列出弯矩方程。

首先建立坐标系，如图所示。弯矩方程为

$$M(x)=-F(l-x)\quad(0<x\leqslant l)$$

(2) 建立挠曲线近似微分方程并积分。

$$EIw''(x)=-M(x)=Fl-Fx \tag{1}$$

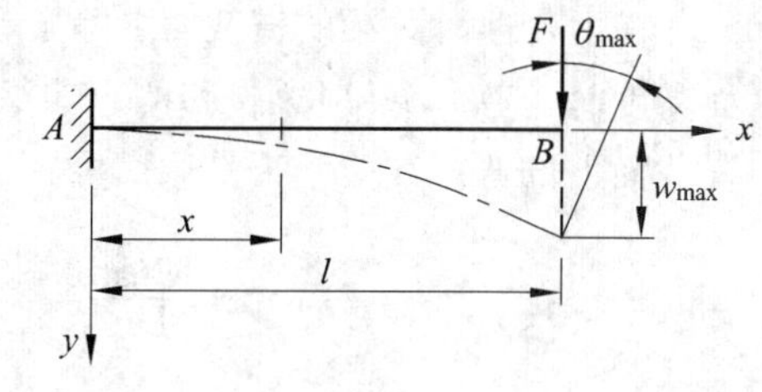

例 6-1 图

积分一次得

$$EIw'(x)=Flx-\frac{F}{2}x^2+C_1 \tag{2}$$

再积分一次得

$$EIw(x)=\frac{Fl}{2}x^2-\frac{F}{6}x^3+C_1x+C_2 \tag{3}$$

(3) 确定积分常数。

此梁的位移边界条件是固定端 A 处的转角和挠度均为零，即

$$x=0\text{ 时}，\quad w'(0)=0$$

$$x=0\text{ 时}，\quad w(0)=0$$

将它们分别代入(2)、(3)式，得

$$C_1=0,\quad C_2=0$$

(4) 确定转角方程和挠度方程。

将积分常数的值代回(2)、(3)式，即得

转角方程

$$\theta(x)=w'(x)=\frac{1}{EI}\left(Flx-\frac{F}{2}x^2\right) \tag{4}$$

挠度方程

$$w(x)=\frac{1}{EI}\left(\frac{Fl}{2}x^2-\frac{F}{6}x^3\right) \tag{5}$$

(5) 求最大转角 θ_{max} 和最大挠度 w_{max}。

根据梁的受力情况和边界条件，画出挠曲线的大致形状，如图所示。可知 θ_{max} 和 w_{max} 均在自由端 B 处，故以 $x=l$ 代入(4)、(5)式，可得

$$\theta_{max}=w'(l)=\frac{Fl^2}{2EI}\quad (\downarrow)$$

$$w_{max}=w(l)=\frac{Fl^3}{3EI}\quad (\downarrow)$$

在所选坐标系中，θ_{max} 为正值表示 B 截面顺时针转动；w_{max} 为正值表示 B 截面向下移动。

顺便指出：上述积分是以 x 为自变量的，由此得出的积分常数具有简明的物理意义。根据(2)、(3)两式，可得

$$C_1=EIw'(0)=EI\theta_0$$

$$C_2=EIw(0)=EIw_0$$

式中，θ_0 和 w_0 分别为初始截面($x=0$ 的截面)的转角和挠度。在本例中，初始截面即固定端处的 θ_0 和 w_0 都等于零，因此 C_1 和 C_2 也都等于零。

例 6-2 求图示简支梁的转角方程和挠度方程，并确定其最大挠度和最大转角。已知该梁的 EI 为常量。

解

(1) 列出弯矩方程。

该梁的支反力为

$$F_A=\frac{Fb}{l},\quad F_B=\frac{Fa}{l}$$

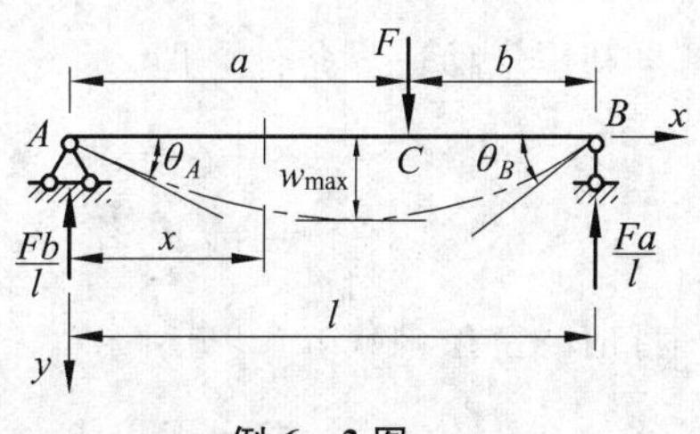

例 6-2 图

根据选定的坐标系，列出 AC 段和 CB 段的弯矩方程如下：

AC 段 $\qquad M_1(x)=\dfrac{Fb}{l}x \quad (0\leqslant x\leqslant a)$

CB 段 $\qquad M_2(x)=\dfrac{Fb}{l}x-F(x-a) \quad (a\leqslant x\leqslant l)$

CB 段的弯矩方程是以左段梁为分离体列出的，形式上虽比取右段梁为分离体时稍繁些，但在后面对简化积分常数的求算却是有利的。

（2）建立挠曲线近似微分方程并积分。

由于 AC 和 CB 段的弯矩方程不同，挠曲线近似微分方程应分段建立，并分别进行积分。

AC 段（$0\leqslant x\leqslant a$）

$$EIw_1''(x)=-M_1(x)=-\frac{Fb}{l}x \tag{1}$$

$$EIw_1'(x)=-\frac{Fb}{2l}x^2+C_1 \tag{2}$$

$$EIw_1(x)=-\frac{Fb}{6l}x^3+C_1x+C_2 \tag{3}$$

CB 段（$a\leqslant x\leqslant l$）

$$EIw_2''(x)=-M_2(x)=-\frac{Fb}{l}x+F(x-a) \tag{4}$$

$$EIw_2'(x)=-\frac{Fb}{2l}x^2+\frac{F}{2}(x-a)^2+D_1 \tag{5}$$

$$EIw_2(x)=-\frac{Fb}{6l}x^3+\frac{F}{6}(x-a)^3+D_1x+D_2 \tag{6}$$

CB 段内凡含有$(x-a)$的项，积分时均以$(x-a)$作为自变量，这样可使确定积分常数的运算得到简化。

（3）确定积分常数。

四个积分常数 C_1、C_2 和 D_1、D_2，需要四个位移条件来确定。

先利用 C 点处的位移连续条件，即

$$x=a\text{ 时，}\quad w_1'(a)=w_2'(a)$$
$$x=a\text{ 时，}\quad w_1(a)=w_2(a)$$

将 $x=a$ 代入(2)、(3)、(5)、(6)诸式，并利用上述两个条件得到

$$C_1=D_1,\quad C_2=D_2$$

再利用位移边界条件，即

$$x=0\text{ 时，}\quad w_1(0)=0$$
$$x=l\text{ 时，}\quad w_2(l)=0$$

将前一个条件代入(3)式，得

$$C_2=D_2=0$$

将后一个条件代入(6)式，经化简后得到

$$D_1=C_1=\frac{Fb}{6l}(l^2-b^2)$$

(4) 确定转角方程和挠度方程。

将四个积分常数的值代回(2)、(3)和(5)、(6)式后，即可得到各段梁的转角方程和挠度方程。

AC 段($0\leqslant x\leqslant a$)

转角方程 $$\theta_1(x)=w_1'(x)=\frac{1}{EI}\left[-\frac{Fb}{2l}x^2+\frac{Fb}{6l}(l^2-b^2)\right]$$

挠度方程 $$w_1(x)=\frac{1}{EI}\left[-\frac{Fb}{6l}x^3+\frac{Fb}{6l}(l^2-b^2)x\right]$$

CB 段($a\leqslant x\leqslant l$)

转角方程 $$\theta_2(x)=w_2'(x)=\frac{1}{EI}\left[-\frac{Fb}{2l}x^2+\frac{F}{2}(x-a)^2+\frac{Fb}{6l}(l^2-b^2)\right]$$

挠度方程 $$w_2(x)=\frac{1}{EI}\left[-\frac{Fb}{6l}x^3+\frac{F}{6}(x-a)^3+\frac{Fb}{6l}(l^2-b^2)x\right]$$

(5) 求最大转角和最大挠度。

由该梁挠曲线的大致形状可知，其最大转角(指绝对值)为 θ_A 或 θ_B，它们的值为

$$\theta_A=w_1'(0)=\frac{Fab}{6EIl}(l+b)\quad(\downarrow)$$

$$\theta_B=w_2'(l)=\frac{Fab}{6EIl}(l+a)\quad(\swarrow)$$

当 $a>b$ 时

$$\theta_{\max}=|\theta_B|=\frac{Fab}{6EIl}(l+a)$$

简支梁最大挠度必定在转角为零处。设该截面的位置为 x_1，先研究 AC 段梁，令 $w_1'(x_1)=0$，即

$$-\frac{Fb}{2l}x_1^2+\frac{Fb}{6l}(l^2-b^2)=0$$

解得 $$x_1=\sqrt{\frac{l^2-b^2}{3}}=\sqrt{\frac{(a+2b)a}{3}}\tag{7}$$

当 $a>b$ 时，由(7)式可得 $x_1<a$，即表明转角为零的点确在 AC 段内，所以最大挠度在 AC 段中，从而有

$$w_{\max}=w_1(x_1)=\frac{Fb}{9\sqrt{3}EIl}\sqrt{(l^2-b^2)^3}\quad(\downarrow)\tag{8}$$

若 $a=b=l/2$ 时，即集中荷载 F 作用于简支梁的跨中时，则由(7)式可知此时 $x_1=a=b=l/2$，这也可由挠曲线的对称性直接判断出来。将 $b=l/2$ 代入(8)式，得

$$w_{\max}=w(l/2)=\frac{Fl^3}{48EI}\quad(\downarrow)$$

在两端铰支座处有

$$\theta_{max}=\theta_A=|\theta_B|=\frac{Fl^2}{16EI}$$

现借此例讨论对简支梁的最大挠度值作近似计算的问题。当集中荷载 F 离右支座非常近时，即当 b 值甚小，以致 b^2 与 l^2 相比可忽略不计时，则由(7)式得 $x_1=\sqrt{l^2/3}=0.577l$，可见，即使在这种极端情形下，最大挠度仍在跨中附近，其值由(8)式得

$$w_{max}\approx w_1\left(\frac{l}{\sqrt{3}}\right)=\frac{Fb}{9\sqrt{3}EIl}l^3=0.064\ 2\frac{Fbl^2}{EI}$$

而跨中的挠度为

$$w(l/2)=w_1\left(\frac{l}{2}\right)=\frac{Fb}{48EI}(3l^2-4b^2)$$

在上述极端情况下，即略去 b^2 项，有

$$w(l/2)=\frac{Fbl^2}{16EI}=0.062\ 5\frac{Fbl^2}{EI}$$

这时若用 $w(l/2)$ 替代 w_{max}，误差也不超过最大挠度的 3%。所以在工程中，只要简支梁的挠曲线上无拐点(例如简支梁承受同一方向的各种荷载作用时)，就可用跨中挠度值来代替最大挠度值。

例 6-3 画出图(a)所示悬臂梁的挠曲线大致形状。

解 根据弯矩图便可确定挠曲线的弯向，所以先画出该梁的弯矩图，如图(b)所示。然后再考虑支座处的位移条件以及位移连续条件，即可画出挠曲线的大致形状。

AE 段的弯矩为负值，该段挠曲线应向上凸，而固定端处的挠度和转角均为零，所以该段挠曲线必位于轴线的下方。

ED 段的弯矩为正值，此段挠曲线应向下凸，E 截面的弯矩为零，故 E 点为挠曲线上的拐点(即反弯点)。至于 D 截面的挠度值之正负，需要具体计算方能确定。

DB 段的弯矩为零，该段挠曲线保持为直线。

对于等截面梁，弯矩值大的地方挠曲线的曲率就大些，弯矩值小的地方挠曲线的曲率也就小些。该梁挠曲线的大致形状示于图(c)中。

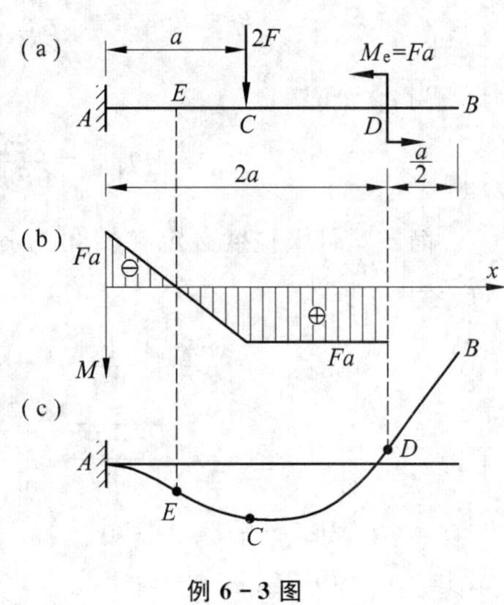

例 6-3 图

§6-3 用叠加法求梁的位移

积分法是求梁位移的基本方法，但当梁上的荷载比较复杂，需要分成 n 段来列出弯矩方程时，就要确定 $2n$ 个积分常数。虽然可以像例题 6-2 中那样在列弯矩方程和积分时采用一些技巧，使积分常数最终归结为两个，尔后由位移边界条件确定这两个常数，但其运算过程仍是相当冗长。实际应用中，常常只需确定某些特定截面的位移值，因而可将梁在某些简单

荷载作用下的位移值列成表格(见表 6－1)，采用叠加法来求若干荷载同时作用下梁的位移值，就比较简捷。

表 6－1　等截面梁在简单荷载作用下的挠度和转角

序号	梁的形式及其荷载	转 角 和 挠 度
(1)	A，B，M_e，x，l，y	$\theta_B=\dfrac{M_e l}{EI}$，　$w_B=\dfrac{M_e l^2}{2EI}$
(2)	A，B，F_e，x，l，y	$\theta_B=\dfrac{Fl^2}{2EI}$，　$w_B=\dfrac{Fl^3}{3EI}$
(3)	A，B，q，x，l，y	$\theta_B=\dfrac{ql^3}{6EI}$，　$w_B=\dfrac{ql^4}{8EI}$
(4)	A，B，C，M_e，$\dfrac{l}{2}$，x，l，y	$\theta_A=\dfrac{M_e l}{3EI}$，　$\theta_B=-\dfrac{M_e l}{6EI}$，　$w_C=\dfrac{M_e l^2}{16EI}$
(5)	A，B，C，F，a，b，$l/2$，x，l，y	$a=b$ 时 $\theta_A=-\theta_B=\dfrac{Fl^2}{16EI}$，　$w_C=\dfrac{Fl^3}{48EI}$ $a\geqslant b$ 时 $\theta_A=\dfrac{Fab(l+b)}{6EIl}$，　$\theta_B=-\dfrac{Fab(l+a)}{6EIl}$ $w_C=\dfrac{Fb(3l^2-4b^2)}{48EI}$
(6)	A，B，C，q，$l/2$，x，l，y	$\theta_A=-\theta_B=\dfrac{ql^3}{24EI}$，　$w_C=\dfrac{5ql^4}{384EI}$

用叠加法求梁位移的限制条件是：梁的位移很小且材料在线弹性范围内工作。这是因为在这两个条件下才能得到方程(6－1)，即

$$EIw''(x)=-M(x)$$

也是由于挠度远小于跨度，轴线上任一点沿轴线方向的位移可以略去不计，这样，在列弯矩方程时仍可按变形前的尺寸进行计算。在这种情况下，由方程(6－1)所求得的挠度与转角均

与荷载成正比，亦即每一荷载对位移的影响是各自独立的。所以当梁上同时有若干荷载作用时，可分别求出每一荷载单独作用时所引起的位移，然后进行叠加，即得这些荷载共同作用下的位移。

例 6-4 用叠加法求图示简支梁跨中截面的挠度 w_C 和两端截面的转角 θ_A、θ_B。已知 EI 为常量。

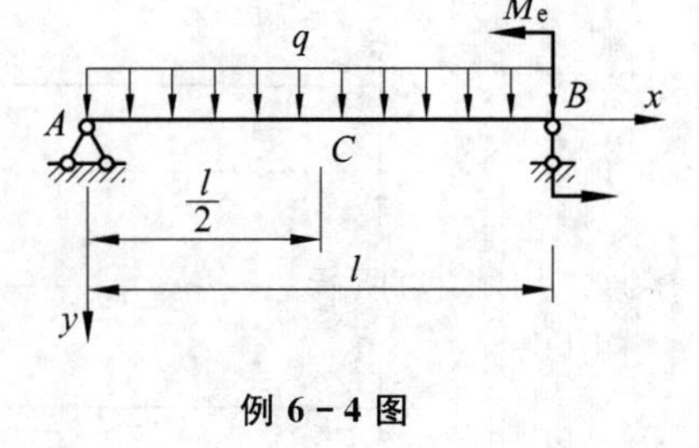

例 6-4 图

解 在 q 单独作用下，由表 6-1(6)查得

$$w_{Cq}=\frac{5ql^4}{384EI},\quad \theta_{Aq}=-\theta_{Bq}=\frac{ql^3}{24EI}$$

在 M_e 单独作用下，由表 6-1(4)查得

$$w_{CM_e}=\frac{M_e l^2}{16EI},\quad \theta_{AM_e}=\frac{M_e l}{6EI},\quad \theta_{BM_e}=-\frac{M_e l}{3EI}$$

将相应的位移值进行叠加，求出其代数和，即为所求的位移值

$$w_C=w_{Cq}+w_{CM_e}=\frac{5ql^4}{384EI}+\frac{M_e l^2}{16EI}\quad (\downarrow)$$

$$\theta_A=\theta_{Aq}+\theta_{AM_e}=\frac{ql^3}{24EI}+\frac{M_e l}{6EI}\quad (\text{顺时针})$$

$$\theta_B=\theta_{Bq}+\theta_{BM_e}=-\frac{ql^3}{24EI}-\frac{M_e l}{3EI}\quad (\text{逆时针})$$

例 6-5 用叠加法求图(a)所示悬臂梁自由端截面的挠度 w_B 和转角 θ_B。已知 EI 为常量。

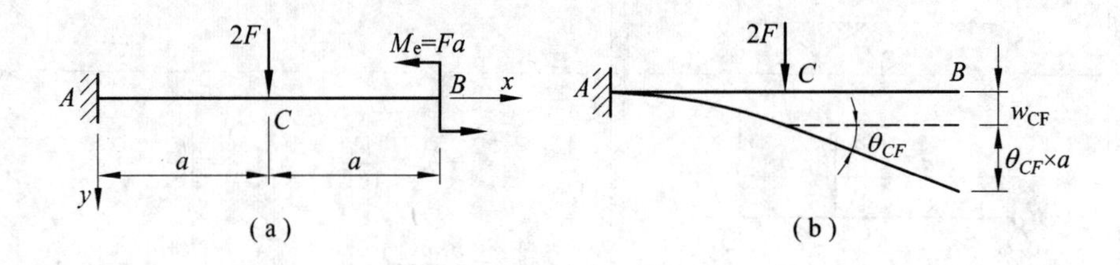

例 6-5 图

解 在 M_e 单独作用下，由表 6-1(1)查得

$$w_{BM_e}=-\frac{M_e(2a)^2}{2EI}=-\frac{2Fa^3}{EI}$$

$$\theta_{BM_e}=-\frac{M_e(2a)}{EI}=-\frac{2Fa^2}{EI}$$

在 $2F$ 单独作用下[图(b)]，由表 6-1(2)查得 C 点的位移为

$$w_{CF}=\frac{(2F)a^3}{3EI}=\frac{2Fa^3}{3EI},\quad \theta_{CF}=\frac{(2F)a^2}{2EI}=\frac{Fa^2}{EI}$$

此时 CB 段仍为直线，所以由 $2F$ 引起的 B 截面的转角 $\theta_{BF}=\theta_{CF}$；由于 θ_{CF} 是一个很小的角度，故由 $2F$ 引起的 B 截面的挠度可写成

$$w_{BF}=w_{CF}+\theta_{CF}\times a$$

将相应的位移值进行叠加即得

$$w_B = w_{BM_e} + w_{BF} = -\frac{2Fa^3}{EI} + \frac{2Fa^3}{3EI} + \frac{Fa^2}{EI} \cdot a = -\frac{Fa^3}{3EI} \quad (\uparrow)$$

$$\theta_B = \theta_{BM_e} + \theta_{BF} = -\frac{2Fa^2}{EI} + \frac{Fa^2}{EI} = -\frac{Fa^2}{EI} \quad (\circlearrowleft)$$

例 6-6 用叠加法求图(a)所示简支梁跨中截面的挠度 w_C 和两端截面的转角 θ_A、θ_B。已知 EI 为常量。

解 为了利用表 6-1 中的结果，可将原荷载视为正对称荷载和反对称荷载两种情况的叠加，如图(b)所示。

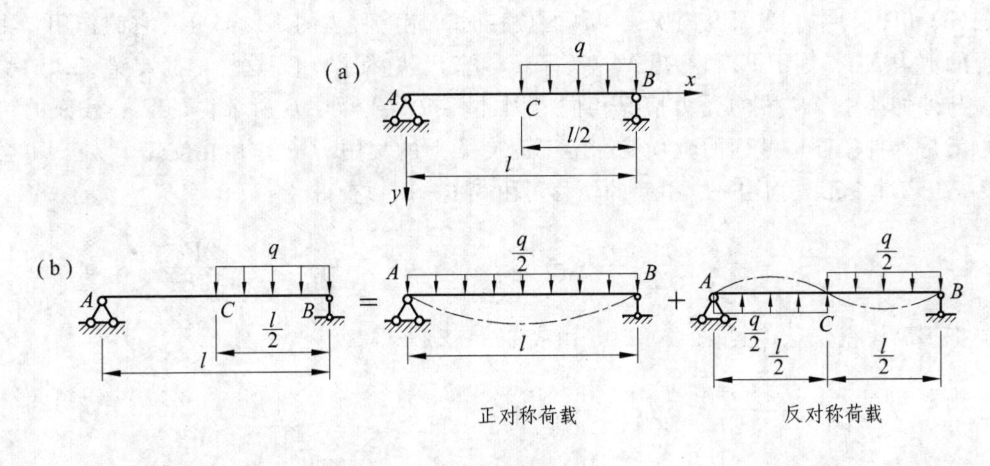

例 6-6 图

在正对称荷载作用下，由表 6-1(6)查得

$$w_{C_1} = \frac{5(q/2)l^4}{384EI} = \frac{5ql^4}{768EI}, \quad \theta_{A_1} = -\theta_{B_1} = \frac{(q/2)l^3}{24EI} = \frac{ql^3}{48EI}$$

在反对称荷载作用下，挠曲线对跨中截面应是反对称的，此时跨中截面的挠度 w_{C_2} 应等于零；由于 C 截面的挠度为零，而转角不等于零，且该截面上的弯矩又等于零，故可将 AC 段和 CB 段分别看做为受均布荷载作用的简支梁，因此，由表 6-1(6)查得

$$\theta_{A_2} = \theta_{B_2} = -\frac{(q/2)(l/2)^3}{24EI} = -\frac{ql^3}{384EI}$$

将相应的位移值进行叠加即得

$$w_C = w_{C_1} + w_{C_2} = \frac{5ql^4}{768EI} \quad (\downarrow)$$

$$\theta_A = \theta_{A_1} + \theta_{A_2} = \frac{ql^3}{48EI} - \frac{ql^3}{384EI} = \frac{7ql^3}{384EI} \quad (\circlearrowright)$$

$$\theta_B = \theta_{B_1} + \theta_{B_2} = -\frac{ql^3}{48EI} - \frac{ql^3}{384EI} = -\frac{9ql^3}{384EI} \quad (\circlearrowleft)$$

例 6-7 用叠加法求图(a)所示外伸梁在外伸端的挠度 w_D 和转角 θ_D 以及跨中挠度 w_C。

已知 EI 为常量。

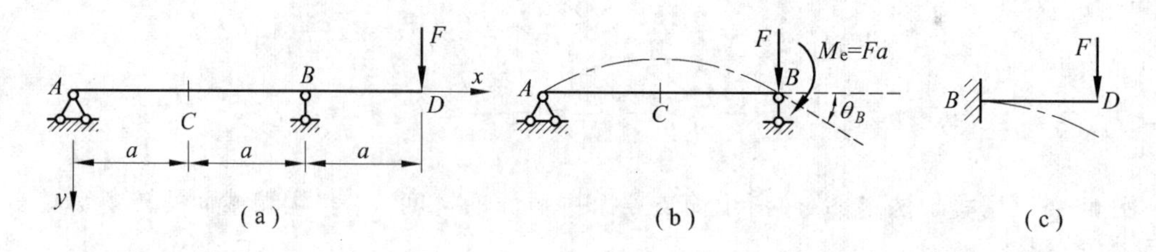

例 6-7 图

解 该梁可看做为由简支梁 AB 及附着在 B 截面的悬臂梁 BD 所组成，其计算简图分别示于图(b)和图(c)中。当研究简支梁 AB 的位移时，应将移去的 BD 部分对它的作用，由 B 截面上的剪力 $F_{S,B}$(等于 F)和弯矩 M_B(等于 Fa)来代替[图(b)]。这样，简支梁 AB 的受力情况就与外伸梁中 AB 段的受力情况相同，因此，按简支梁 AB 所求得的某一截面的位移值，也就是外伸梁同一截面的位移值。由于简支梁上的集中力 F 作用在支座 B 处，不会使 AB 段产生弯曲变形，而由 M_B 引起的位移可由表 6-1(4)查得

$$w_{CM_B}=-\frac{(Fa)(2a)^2}{16EI}=-\frac{Fa^3}{4EI},\quad \theta_{BM_B}=\frac{(Fa)(2a)}{3EI}=\frac{2Fa^2}{3EI}$$

当把 BD 段视作悬臂梁[图(c)]时，由表 6-1(2)查得

$$w_{DF}=\frac{Fa^3}{3EI},\quad \theta_{DF}=\frac{Fa^2}{2EI}$$

由于其 B 端是附着在简支梁的 B 截面上的，该截面的转角为 θ_{BM_B}，它将带动整个悬臂梁作刚性转动，从而使 D 截面产生了转角 θ_{BM_B} 和挠度 $\theta_{BM_B}\cdot a$，故有

$$w_D=w_{DF}+\theta_{BM_B}\cdot a=\frac{Fa^3}{3EI}+\frac{2Fa^3}{3EI}=\frac{Fa^3}{EI}\quad(\downarrow)$$

$$\theta_D=\theta_{DF}+\theta_{BM_B}=\frac{Fa^2}{2EI}+\frac{2Fa^2}{3EI}=\frac{7Fa^2}{6EI}\quad(\circlearrowright)$$

$$w_C=w_{CM_B}=-\frac{Fa^3}{4EI}\quad(\uparrow)$$

例 6-8 求图(a)所示阶梯状简支梁的跨中挠度 w_C。已知 $I_1=2I_2$。

解 由变形的对称性可以推知，跨中截面 C 的转角应为零，即挠曲线在 C 点的切线是水平的。这样，就可把阶梯状梁的 CB 部分(或 AC 部分)看做是悬臂梁，如图(b)所示；自由端 B 的挠度 $|w_B|$ 就等于原 AB 梁的跨中挠度 w_C，而 $|w_B|$ 又可用叠加法求得。

先把 DB 部分看做是在 D 截面固定的悬臂梁，如图(c)所示，由表 6-1(2)查得 B 截面的挠度 w_{B_1} 为

$$w_{B_1}=-\frac{(F/2)(l/4)^3}{3EI_2}=-\frac{Fl^3}{384EI_2}$$

再研究悬臂梁 CD[图(d)]的位移。D 截面上的剪力 $F_{SD}=F/2$ 和弯矩 $M_D=Fl/8$ 所引起的 D 截面的转角和挠度，可由表 6-1(1)、(2)查得

$$\theta_D = -\frac{(Fl/8)(l/4)}{EI_1} - \frac{(F/2)(l/4)^2}{2EI_1}$$

$$= -\frac{3Fl^2}{64EI_1}$$

$$w_D = -\frac{(Fl/8)(l/4)^2}{2EI_1} - \frac{(F/2)(l/4)^3}{3EI_1}$$

$$= -\frac{5Fl^3}{768EI_1}$$

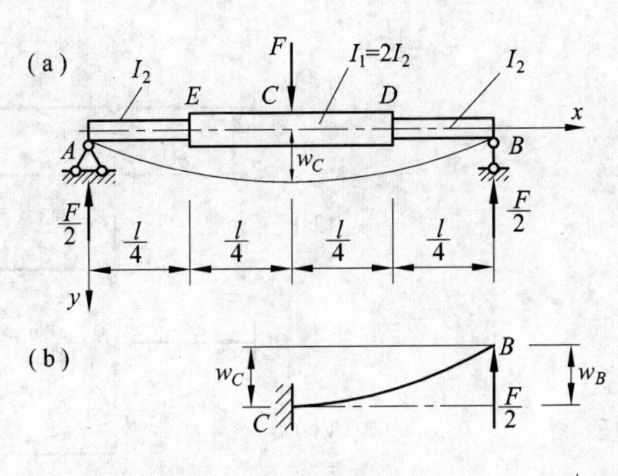

由于 D 截面的挠度和转角要带动悬臂梁 DB 作刚性移动和刚性转动，由此引起 B 截面的挠度 w_{B_2} 为

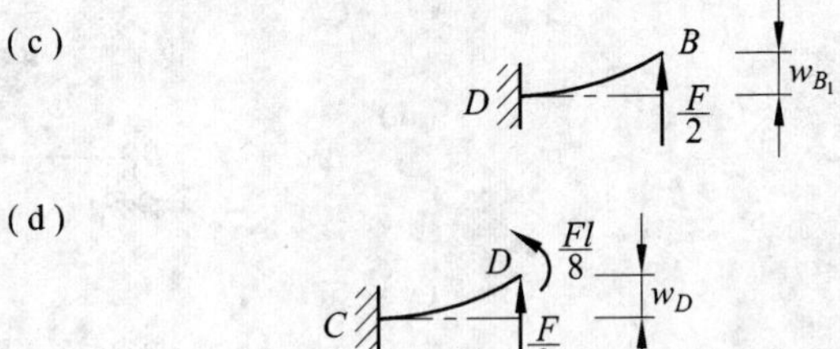

$$w_{B_2} = w_D + \theta_D \cdot \frac{l}{4}$$

$$= -\frac{5Fl^3}{768EI_1} - \frac{3Fl^2}{64EI_1} \cdot \frac{l}{4} = -\frac{14Fl^3}{768EI_1}$$

(d)

例 6-8 图

叠加 w_{B_1} 和 w_{B_2}，得到 B 截面的挠度为

$$w_B = w_{B_1} + w_{B_2} = -\frac{Fl^3}{384EI_2} - \frac{14Fl^3}{768EI_1}$$

$$= -\frac{18Fl^3}{768EI_1} = -\frac{3Fl^3}{128EI_1}$$

最后得到 C 截面的挠度为

$$w_C = |w_B| = \frac{3Fl^3}{128EI_1}$$

或 $$w_C = \frac{3Fl^3}{256EI_2} \quad (\downarrow)$$

例 6-9 图(a)所示梁的弯曲刚度为 EI。试用叠加法求 D 截面的挠度 w_D 及转角 θ_D。

解 图(a)所示梁是由主梁 AB 和副梁 BD 在 B 处用铰链连接而成。由副梁 BD 的平衡方程求出 B 处的支反力 $F_B = F$，则主梁 AB 的 B 截面处将受到向上的集中力 F 作用，如图(b)所示。

查表 6-1，得主梁 B 截面的挠度为

$$w_B = -\frac{Fa^3}{3EI} \quad (\uparrow)$$

暂不计副梁的变形(即把 BD 梁视为刚体)，则由于 B 截面的向上挠度 w_B，使 D 截面产生向下的挠度 w_{D_1}，如图(c)所示。由图(c)所示的几何关系可知，$w_{D_1} = -w_B$，即

$$w_{D_1} = \frac{Fa^3}{3EI} \quad (\downarrow)$$

计算副梁在荷载作用下产生的 D 截面的位移时，取计算简图，如图(d)所示，参照例 6-7，又可把图(d)分解为图(e)和图(f)两种情况。在 $M_C = Fa$ 作用下由表 6-1 查得 C 截面的转角为

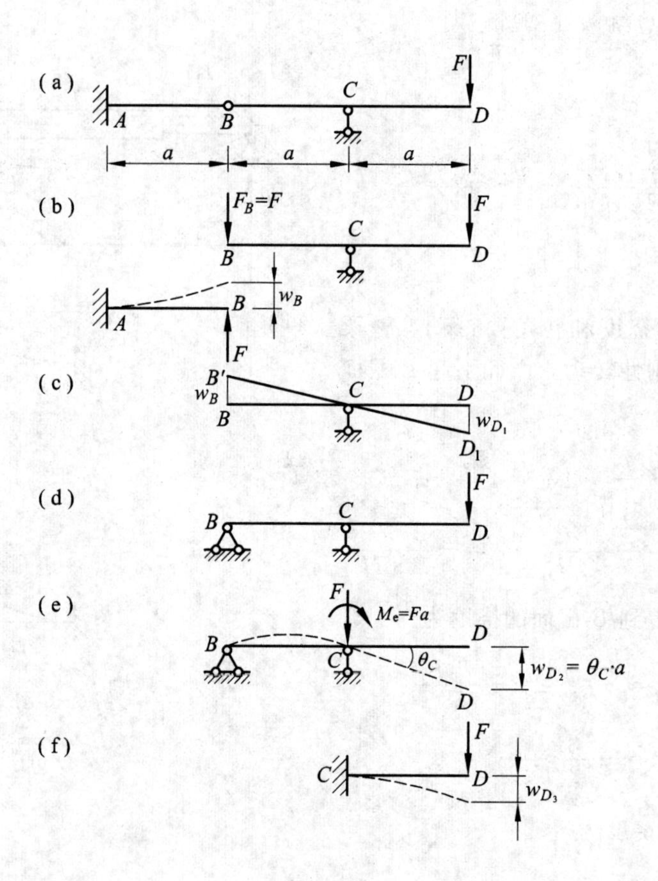

例 6-9 图

$$\theta_C=\frac{(Fa)a}{3EI}=\frac{Fa^2}{3EI} \quad (\downarrow)$$

由 θ_C 产生的 D 截面的挠度为

$$w_{D_2}=\theta_C\times a=\frac{Fa^3}{3EI} \quad (\downarrow)$$

由表 6-1 查得悬臂梁 CD 的 D 截面的挠度为

$$w_{D_3}=\frac{Fa^3}{3EI} \quad (\downarrow)$$

叠加 w_{D_1} 、w_{D_2} 和 w_{D_3}，得 D 截面的挠度为

$$w_D=w_{D_1}+w_{D_2}+w_{D_3}=\frac{Fa^3}{3EI}+\frac{Fa^3}{3EI}+\frac{Fa^3}{3EI}=\frac{Fa^3}{EI}$$

由以上的分析可知 D 截面的转角为

$$\theta_D=\frac{w_{D_1}}{a}+\theta_C+\frac{Fa^2}{2EI}=\frac{Fa^2}{3EI}+\frac{Fa^2}{3EI}+\frac{Fa^2}{2EI}=\frac{7Fa^2}{6EI} \quad (\downarrow)$$

式中，$\frac{w_{D_1}}{a}$为由 w_{D_1} 产生的 D 截面的转角，如图(c)所示；θ_C 是图(e)中 D 截面的转角等于 C

截面的转角；$\frac{Fa^2}{2EI}$是悬臂梁 CD 的 D 截面的转角。

§6-4 梁的刚度条件 提高梁刚度的措施

一、刚度条件

要保证梁能正常地工作，不仅要求它有足够的强度，而且还要求具有足够的刚度，即要求梁的位移不能过大。例如，若车床主轴的位移过大，将影响齿轮的正常啮合，造成轴和轴承的严重磨损，必然影响加工精度。又如若铁路桥梁的挠度过大，当火车过桥时将出现爬坡现象，而且还会引起较大的振动。再如，若楼房的大梁挠度过大，抹面将易剥落，为此，需检查梁的位移是否超过按使用要求所规定的许用值。对于梁的挠度通常是限制挠度与跨度的比值，故刚度条件为

$$\frac{w_{\max}}{l} \leqslant \left[\frac{w}{l}\right]$$

$$\theta_{\max} \leqslant [\theta]$$

式中，$[w/l]$和$[\theta]$为许用值，其值可从有关手册和规范中查得。例如

房建钢梁

$$\left[\frac{w}{l}\right] = \frac{1}{400} \sim \frac{1}{250}$$

铁路钢桥

$$\left[\frac{w}{l}\right] = \frac{1}{900} \sim \frac{1}{700}$$

普通机床主轴

$$\left[\frac{w}{l}\right] = \frac{1}{10\ 000} \sim \frac{1}{2\ 000}$$

$$[\theta] = 0.001 \sim 0.005\ \text{rad}$$

二、提高梁刚度的措施

由表 6-1 可见，梁的位移与荷载成正比，与梁的弯曲刚度 EI 成反比，与跨度 l 的 n 次幂成正比。可见，为了减小梁的位移，可采取下列措施：

1. 增大梁的弯曲刚度 EI

对于钢梁来说，因各种钢材的弹性模量 E 相差很小。故选用高强度的优质钢材并不能有效地提高梁的弯曲刚度，而应设法增大截面的惯性矩 I。这与§5-2 中讨论梁的合理截面一样，在截面面积不变的情况下，应把尽可能多的材料布置得离中性轴远一些，所以工程中

常采用工字形、圆环形和箱形等截面形式，以增大截面的惯性矩 I，这是提高梁的弯曲刚度的主要途径。

2. 减小梁的跨度或增加支承

由于梁的位移与梁跨 l 的 n 次幂成正比，因此减小梁的跨度将能显著地减小其位移值，所以它是提高梁的刚度的一个很有效的措施。如将简支梁的两个支座向里移动，而使其成为两端外伸的梁时[图 6-4(b)]，由于减小了跨长，并且外伸部分的荷载与两支座之间的荷载将使梁产生相反方向的弯曲，因而梁的挠度将会显著减小。又如在简支梁的中间增加一个支座[图 6-4(c)]，也可使梁的挠度显著减小，但增加支座后，就使原来的静定梁[图 6-4(a)]变为超静定梁了，如图 6-4(c)所示。关于超静定梁的解法将在第七章中介绍。

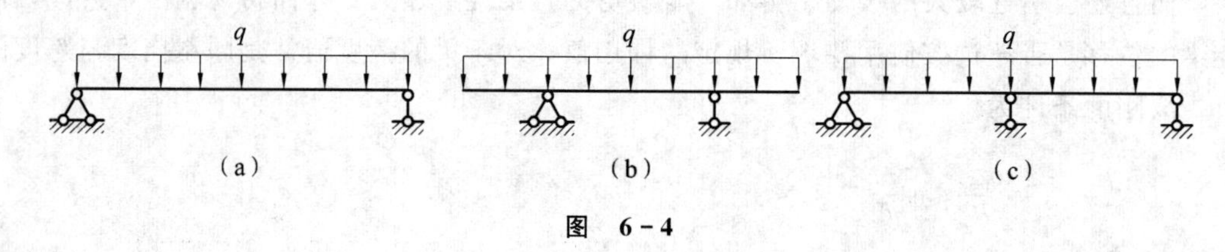

(a)　　(b)　　(c)

图 6-4

习　题

6-1　悬臂梁如图示，在其下面有一个半径为 R 的圆柱面，欲使梁弯曲后刚好与圆柱面贴合，但圆柱面不受力，则梁上该受什么荷载？为什么？已知 EI 为常量。

6-2　重量为 P 的等直梁放置在水平刚性平面上，若受力后未提起的部分保持与平面密合，试求提起部分的长度 a。

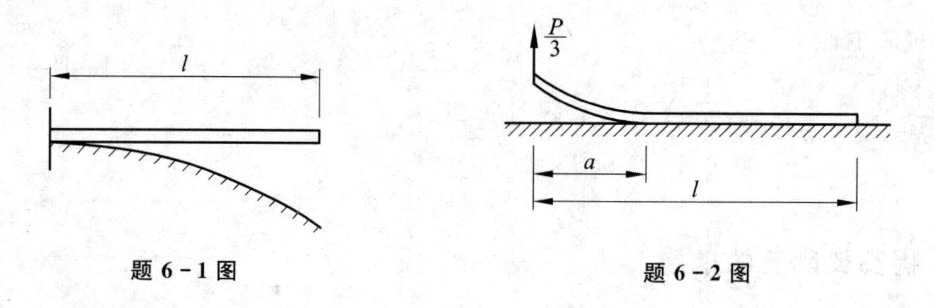

题 6-1 图　　**题 6-2 图**

6-3　试用积分法验算表 6-1 中第(1)、(6)两种情况的最大挠度和梁端转角的表达式。

6-4　试用积分法求图示各梁的挠度方程、转角方程以及自由端截面的挠度和转角。已知 EI 为常量。

6-5　试用积分法求图示各梁的 θ_A、θ_B，并求 w_{max} 所在截面的位置及该挠度的算式。已知 EI 为常量。

6-6　试画出下列各梁挠曲线的大致形状。

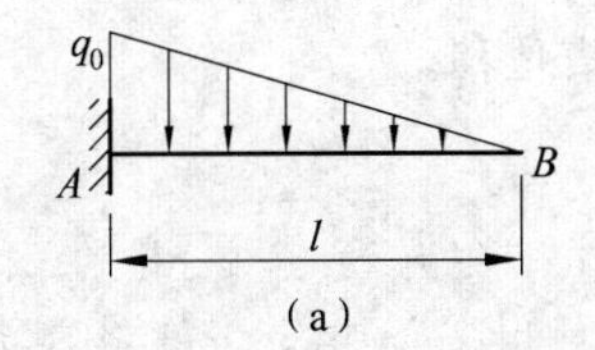

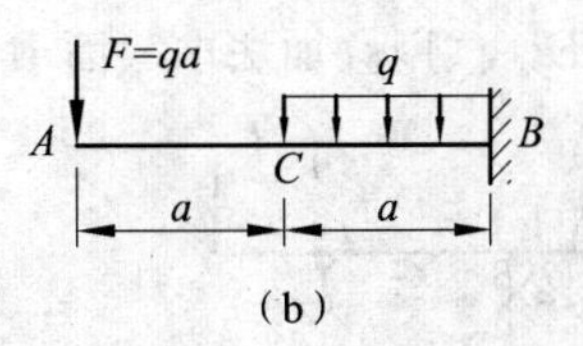

题 6-4 图

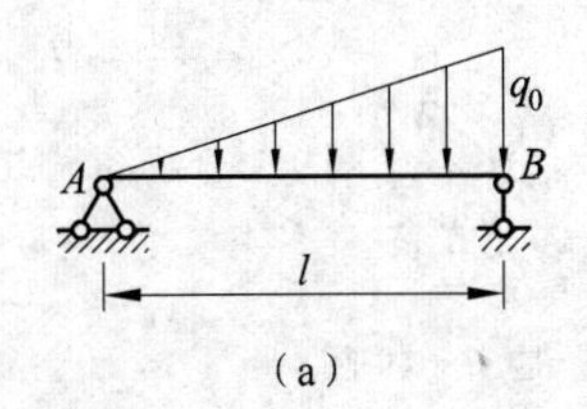

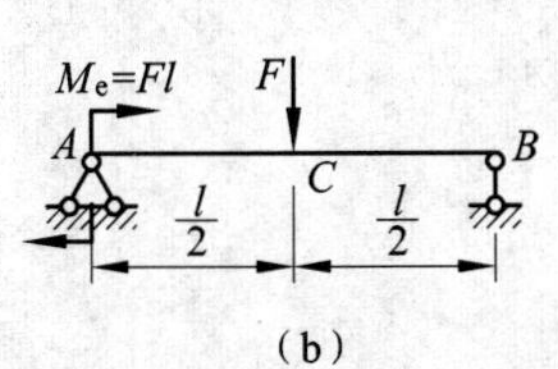

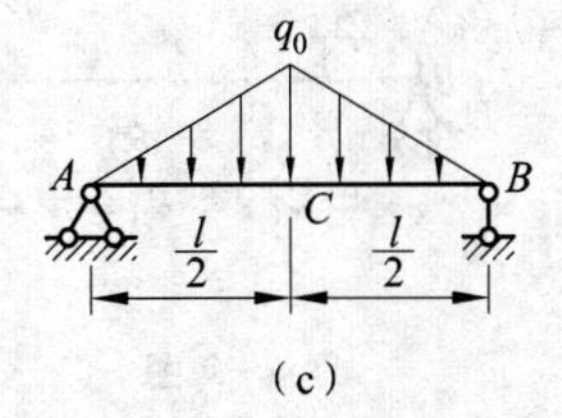

题 6-5 图

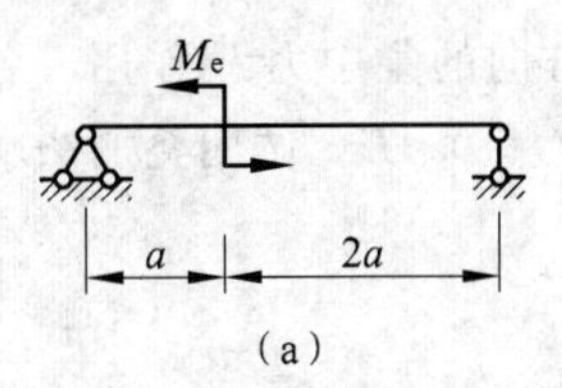

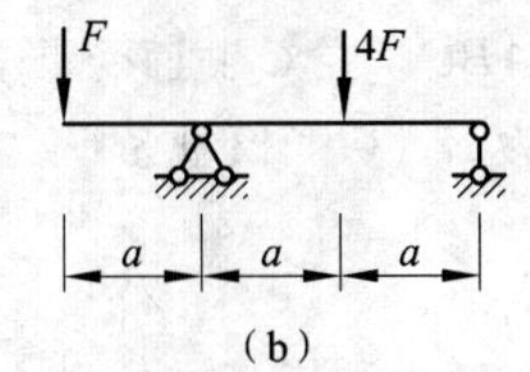

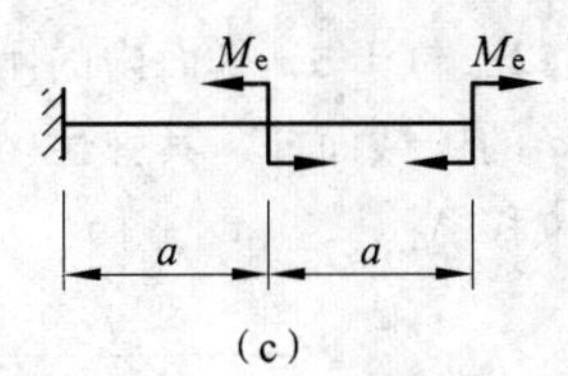

题 6-6 图

6-7　试用叠加法求图示各梁 C 截面的挠度 w_C 和 B 截面的转角 θ_B。已知 EI 为常量。

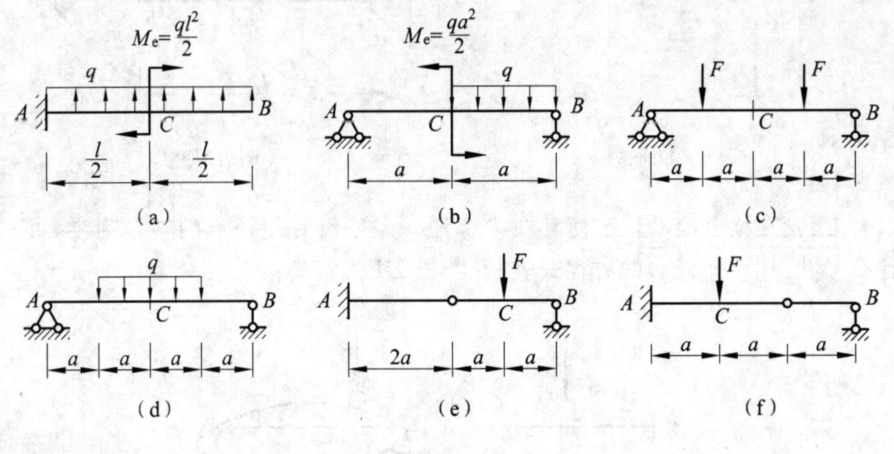

题 6-7 图

6-8　用叠加法求图示变截面梁自由端截面 A 的挠度和转角。

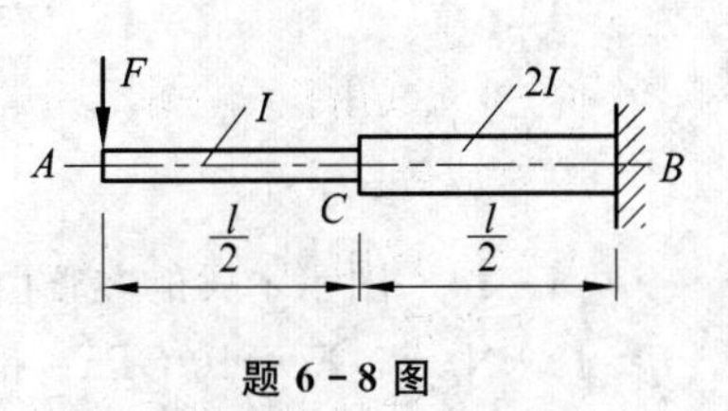

题 6-8 图

6-9　用叠加法求图示外伸梁的 θ_A、θ_B、w_A 和 w_C。已知 EI 为常量。

6-10　位于水平面内的折杆 CAB，$\angle CAB=90°$，A 处

为一轴承，允许 CA 杆的 A 端在轴承内自由转动，但不能上下移动。已知 $F=60\ \text{N}$，$E=210\ \text{GPa}$，$G=0.4E$，试用叠加法求截面 B 的竖直位移。

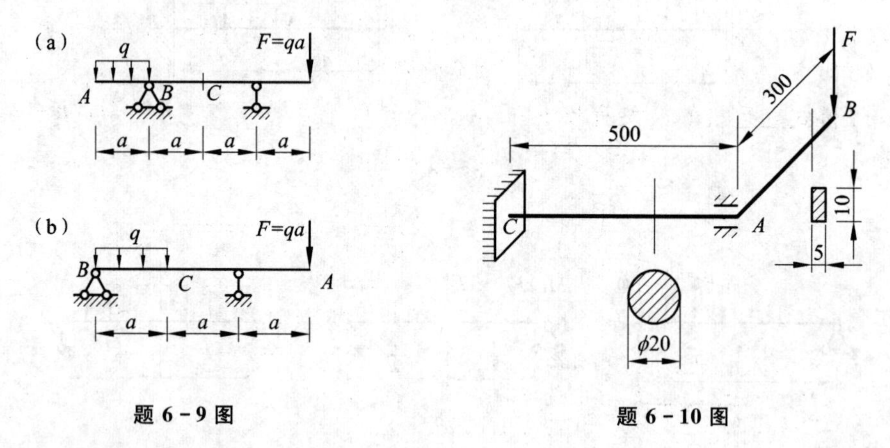

题 6-9 图　　　　题 6-10 图

6-11　试用叠加法求图示刚架 C 截面的水平位移 Δ_{Cx}、铅垂位移 Δ_{Cy} 及转角 θ_C。各杆的弯曲刚度均为 EI，拉压刚度为 EA。

6-12　位于 xz 平面内的刚架 ABC，在 C 截面受沿 y 方向的集中力 F 作用。各杆均为直径为 d 的圆截面杆，其弹性模量为 E，切变模量为 G，且 $G=0.4E$。试用叠加法求 C 截面的铅垂位移 Δ_{Cy}。

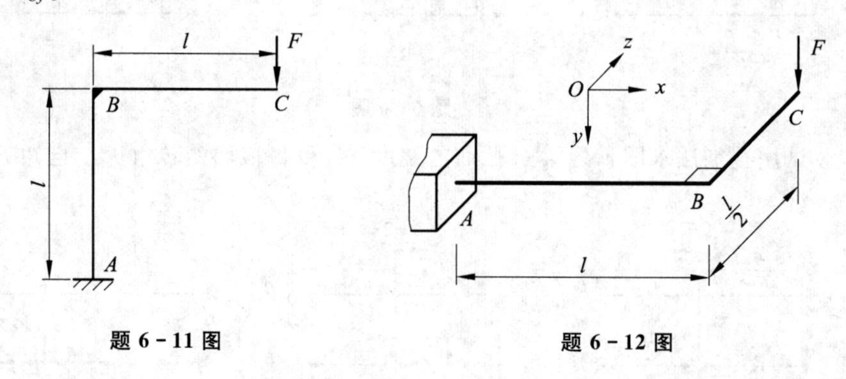

题 6-11 图　　　　题 6-12 图

6-13　滚轮在梁上滚动，欲使其在梁上任一点处恰好使该点的转角为零，问需把梁预先弯成什么形状[用 $y=f(x)$ 的方程式表示]？设 EI 为常量。

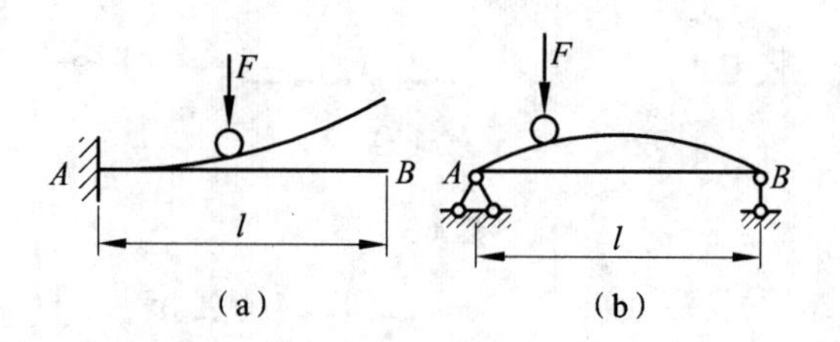

题 6-13 图

6-14　图示木梁的右端由钢拉杆支承。已知梁的横截面为边长等于 0.20 m 的正方形，$q=40\ \text{kN/m}$，$E_1=10\ \text{GPa}$；钢拉杆的横截面面积为 $A_2=250\ \text{mm}^2$，$E_2=210\ \text{GPa}$。试求拉

杆的伸长 Δl 及梁中点沿铅垂方向的位移 Δ。

6-15 松木桁条的横截面为圆形，跨长为 4 m，两端可视为简支，全跨上作用有集度为 $q=1.82$ kN/m 的均布荷载。已知松木的许用正应力$[\sigma]=10$ MPa，弹性模量 $E=10$ GPa。此桁条的许用相对挠度为$[w/l]=1/200$。试求此桁条横截面所需的直径。

6-16 桥式起重机的最大荷载 $F=20$ kN，起重机大梁为 32a 工字钢，$E=210$ GPa，$l=8.76$ m，$[w/l]=1/500$。试校核大梁的刚度(考虑梁的自重)。

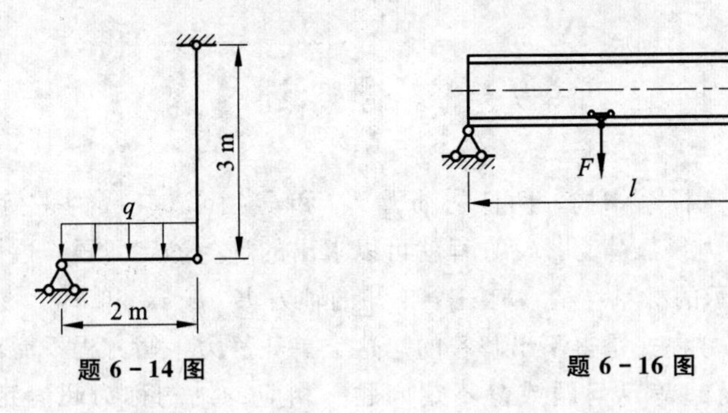

题 6-14 图 **题 6-16 图**

第七章　简单超静定问题

§7-1　概　述

图7-1(a)所示为一杆系结构，两杆的轴力 F_{N_1} 和 F_{N_2} 由节点 A 的平衡方程即可解出。凡结构的约束反力或内力仅靠静力平衡方程就可以求出的称为**静定问题**，这样的结构称为**静定结构**。图7-1(b)所示的杆系结构，有三个未知的轴力 F_{N_1}、F_{N_2} 和 F_{N_3}，仅仅根据节点 A 建立的两个独立的平衡方程式是得不出解答的。这类单凭静力平衡方程不能求出全部约束反力和内力的问题，称为**超静定问题**或**静不定问题**。相应的结构称为**超静定结构**或**静不定结构**。

超静定结构的未知力的数目多于独立的平衡方程的数目，两者的差值称为**超静定的次数**。例如图7-1(b)所示杆系结构是一次超静定的。本来有两根杆件汇交于 A 点[图7-1(a)]就能维持节点 A 的平衡，在有三根杆件汇交于 A 点时，对维持节点 A 的平衡而言就多了一根杆件，即多了一个约束。习惯上把维持物体平衡并非必需的约束称为**多余约束**，相应的约束反力称为**多余未知力**或**冗力**。因此，超静定的次数就等于多余约束或多余未知力的数目。当然，从提高结构的强度和刚度的角度来说，多余约束往往是必需的，并不是多余的。

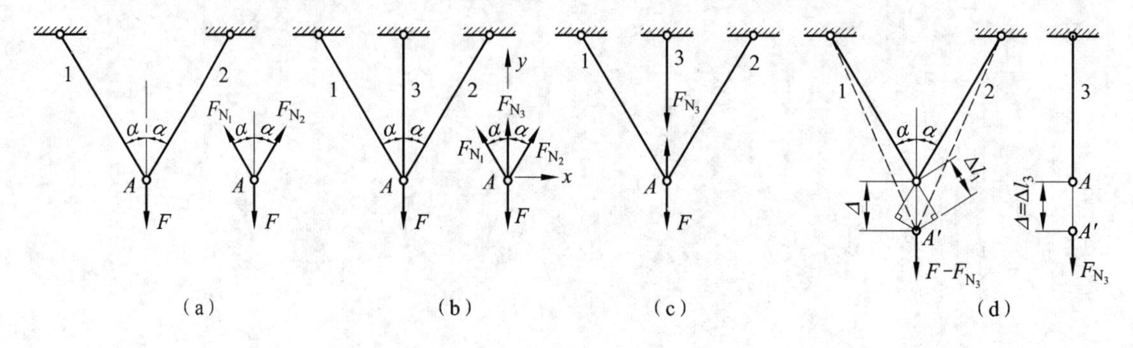

图　7-1

为求出超静定结构的全部未知力，除了利用平衡方程以外，还必须寻找补充方程，且使补充方程的数目等于多余未知力的数目。

解超静定问题的关键在于寻找补充方程，如何正确寻找补充方程也体现了解超静定问题的技巧。

在求解由于支座(或杆件)多于维持平衡所必需的数目而形成的超静定结构时，可设想将某一处的支座(或某一根杆件)当做“多余”约束进行解除，并在该处施加与所解除的约束相对应的支反力(或多余约束力)，从而得到一个作用有荷载和多余未知力的静定结构，称为原超静定结构的**基本静定系**或**相当系统**。为使基本静定系等同于原超静定结构，基本静定系在多余未知力作用处相应的位移应满足原超静定结构的约束条件(或连续性条件)，即变形协调条件。根据这种对变形附加的条件，可建立反映各杆件变形量之间几何关系的方程——变形协调方程(或称变形几何方程)。

由于结构变形必须相互协调以满足结构的连续性要求，这样结构内各杆件的变形量之间就必须存在着某种几何关系。在某些特殊情况下，这种几何关系可以较为方便地观察出来，可以直接建立反映各杆件变形量之间几何关系的变形几何方程。

在获得了超静定问题的变形协调方程后，将反映力与位移间关系的胡克定律代入变形协调方程，即可建立补充方程。将补充方程与平衡方程联立，即可解出多余未知力。然后，就可求解超静定问题的各杆内力，也就可以求解强度和刚度问题。

对于简单的超静定问题，分别以轴向拉压、扭转和弯曲的超静定问题进行说明。

§7-2　拉压超静定问题

如前节所述，超静定问题的求解关键是如何正确地获得补充方程。下面就以例题来说明超静定问题的解法。

例 7-1　如图 7-1(b)所示超静定问题，设 1、2 两杆的长度、横截面面积和材料均分别相同，即 $l_1=l_2=l$，$A_1=A_2$，$E_1=E_2$；3 杆的横截面面积为 A_3，弹性模量为 E_3。试求各杆的轴力。

由节点 A 的平衡条件列出平衡方程

$$\sum F_x=0,\quad -F_{N_1}\sin\alpha+F_{N_2}\sin\alpha=0 \tag{a}$$

$$\sum F_y=0,\quad F_{N_3}+F_{N_1}\cos\alpha+F_{N_2}\cos\alpha-F=0 \tag{b}$$

用两个平衡方程，不可能确定三个未知的轴力 F_{N_1}、F_{N_2}、F_{N_3}。这是一次超静定问题，需要建立一个补充方程。

设想将 3 杆与 A 点的连接解除，代之以 3 杆内力 F_{N_3}，如图 7-1(c)所示。原结构就变成了图 7-1(d)所示的两个静定结构，即相当系统。两个静定结构在外力 F 和多余未知力 F_{N_3} 的共同作用下会发生变形，但由于 3 杆是人为假想截开的，故图 7-1(d)的两个静定结构在 A 点的竖向位移 Δ 必须相等，才能保证原超静定结构的变形协调，因此，可得到变形协调方程为

$$\Delta l_1=\Delta l_3\cos\alpha \tag{c}$$

当各杆在线弹性范围内工作时，由胡克定律

$$\Delta l_1=\frac{F_{N_1}l}{E_1A_1},\quad \Delta l_3=\frac{F_{N_3}l\cos\alpha}{E_3A_3} \tag{d}$$

将(d)式代入(c)式中，得到补充方程

$$F_{N_1}=\frac{E_1A_1\cos^2\alpha}{E_3A_3}F_{N_3} \tag{e}$$

联立求解(a)、(b)、(e)三式，得到三杆的轴力

$$
\left.\begin{aligned}
F_{N_1}=F_{N_2}=\frac{F}{2\cos\alpha+\dfrac{E_3A_3}{E_1A_1\cos^2\alpha}}\\
F_{N_3}=\frac{F}{1+2\,\dfrac{E_1A_1}{E_3A_3}\cos^3\alpha}
\end{aligned}\right\}\tag{f}
$$

结果均为正号，说明假设三杆轴力为拉力是正确的。从(f)式可以看出，在超静定杆系中，各杆轴力的大小和该杆的拉伸(压缩)刚度与其他杆的拉伸(压缩)刚度的比值有关。一般来说，若增大或减少1、2两杆的拉伸刚度，则它们的轴力也将随之增大或减少；杆系中任一杆的拉伸(压缩)刚度的改变都将引起杆系各轴力的重新分配。这些特点在静定杆系中是不存在的。

归纳起来，解超静定杆系的步骤是：

(1) 根据分离体的平衡条件，建立独立的平衡方程；

(2) 解除多余约束，代之以多余约束力，得到静定的相当系统；

(3) 列出相当系统等同于原超静定系统的变形协调条件，得出变形协调方程；

(4) 利用胡克定律，将变形几何方程改写成补充方程；

(5) 将补充方程与平衡方程联立求解。

例 7-2 两端固定的等直杆 AB，如图(a)所示，横截面面积为 A，弹性模量为 E。在 C 截面处受一轴向外力 F 作用。试求杆件两端的约束反力。

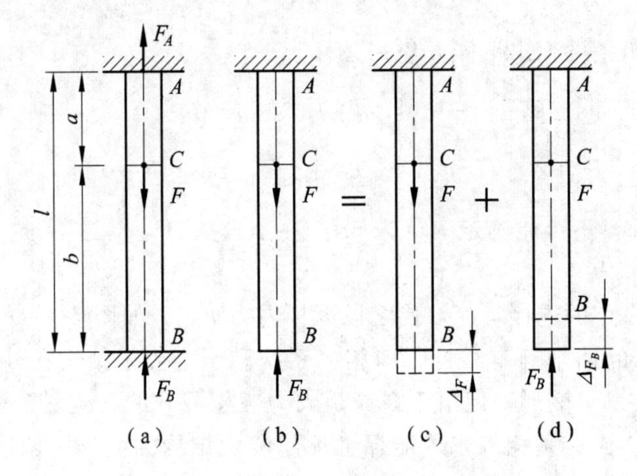

例 7-2 图

解 设两端的约束反力为 F_A 和 F_B[图(a)]，根据整体平衡条件，只能列出一个独立的平衡方程

$$
F_A+F_B-F=0 \tag{1}
$$

而未知的约束反力有两个，故是一次超静定问题。

设想将 B 端的约束解除，代之以反力 F_B，如图(b)所示。原结构就变成 A 端固定、B 端自由、受 F 和 F_B 共同作用的静定结构(就是静定的相当系统)，B 端就可产生轴向位移。但已知 B 端的位移应等于零，据此即可得到补充方程。现用叠加法来求 B 端的位移。设 F 力单独作用时，B 点的位移为 Δ_F，如图(c)所示；在 F_B 单独作用时 B 点的位移为 Δ_{F_B}，如

图(d)所示；在 F 和 F_B 共同作用下 B 点的位移应等于零，因此位移协调方程为

$$\Delta_F - \Delta_{F_B} = 0 \tag{2}$$

物理方程为

$$\left.\begin{aligned} \Delta_F &= \frac{Fa}{EA} \\ \Delta_{F_B} &= \frac{F_B l}{EA} \end{aligned}\right\} \tag{3}$$

将(3)式代入(2)式，解得

$$F_B = \frac{Fa}{l} \tag{4}$$

将(4)式代入(1)式，得到

$$F_A = \frac{Fb}{l}$$

结果均为正，说明假设的约束反力的指向是正确的。

例 7-3 图(a)所示为一平行杆系，三杆的横截面面积、长度和弹性模量均分别相同，用 A、l、E 表示。设 AC 为一刚性横梁，试求在荷载 F 作用下各杆的轴力。

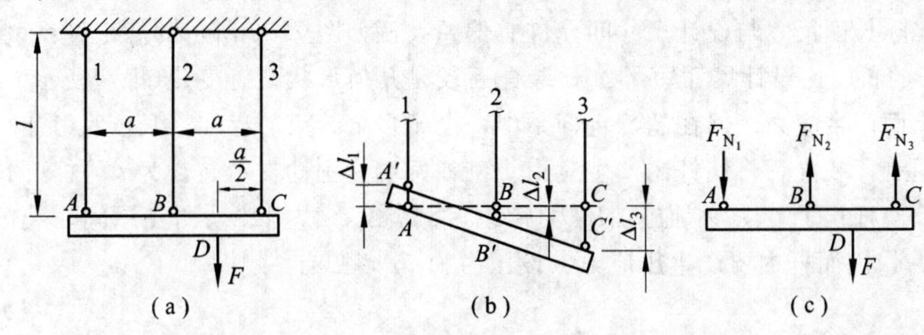

例 7-3 图

解 在 F 力作用下，假设横梁变动到 $A'C'$ 位置，如图(b)所示，则 1 杆缩短了 Δl_1，2 杆、3 杆分别伸长了 Δl_2 和 Δl_3。与杆的变形相对应，横梁的受力图如图(c)所示，由平衡方程

$$\left.\begin{aligned} &\sum F_y = 0, \quad -F_{N_1} + F_{N_2} + F_{N_3} - F = 0 \\ &\sum M_D = 0, \quad 1.5aF_{N_1} - 0.5aF_{N_2} + 0.5aF_{N_3} = 0 \end{aligned}\right\} \tag{1}$$

在平面平行力系中只能建立两个独立的平衡方程，未知的轴力却有三个，因此是一次超静定问题。

由于 AC 横梁设为刚性，三杆变形后，A、B、C 三点仍然保持在一条直线上，这就是本题的变形协调条件。由图(b)得到变形几何方程

$$2(\Delta l_1 + \Delta l_2) = \Delta l_1 + \Delta l_3 \tag{2}$$

由胡克定律

$$\Delta l_1 = \frac{F_{N_1} l}{EA}, \quad \Delta l_2 = \frac{F_{N_2} l}{EA}, \quad \Delta l_3 = \frac{F_{N_3} l}{EA} \tag{3}$$

将(3)式代入(2)式，得到补充方程

$$F_{N_1}+2F_{N_2}=F_{N_3} \tag{4}$$

联立求解(1)、(4)两式，得到各杆轴力

$$F_{N_1}=-\frac{F}{12}, \quad F_{N_2}=\frac{F}{3}, \quad F_{N_3}=\frac{7}{12}F \tag{5}$$

所得轴力 F_{N_1} 为负，说明该杆的轴力与所设方向相反，1 杆的轴力应是拉力，对应的变形应是伸长变形。解题时应当注意的是，若在受力图中假设某杆为拉力，则在变形的几何关系图中，该杆的变形必须是伸长；反之亦然，即所设的轴力必须与所设的变形相一致。

解超静定问题时，对于某些特殊情况(如例 7-3)，超静定结构的变形情况可以通过直接的观察而确定，由变形协调直接得到变形几何方程，引入胡克定律后，就可获得补充方程，从而求解超静定问题。这也不失为解超静定问题的一种策略。

* §7-3 装配应力和温度应力

杆的实际长度尺寸与设计尺寸间允许有偏差。例如图 7-2 所示的静定杆系(实线所示)，如果 BC 杆的长度比设计尺寸短了 Δ_e，装配后仅是几何形状略有变化(虚线所示)，两杆内均不会因装配而产生应力。但在超静定杆系中，由于多余约束的存在，长度尺寸上的误差使得装配发生困难，装配后将使杆内产生应力。例如两端为刚性支承、长为 l 的杆(图 7-3)，由于制造误差使杆长了 Δ_e，必须施加压力，使杆缩短 Δ_e，才能装入两支承间，装配后杆件被迫缩短了 Δ_e，因而杆内要产生压应力。设压力为 F_N，则有

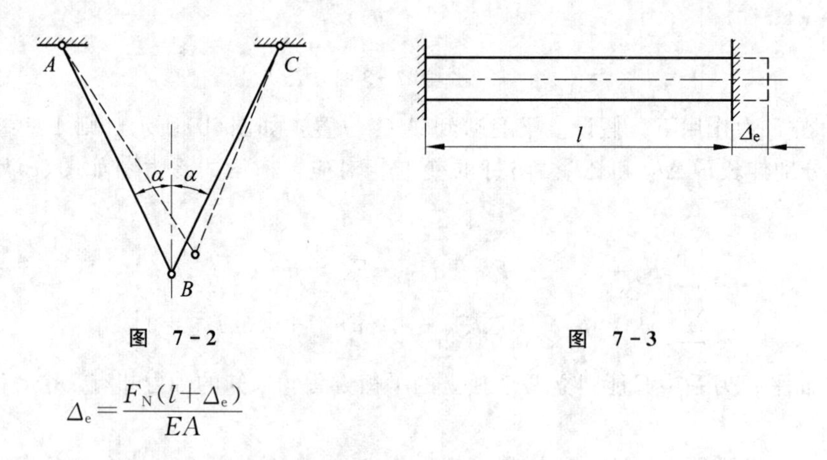

图 7-2　　图 7-3

$$\Delta_e=\frac{F_N(l+\Delta_e)}{EA}$$

因为右边分式的分子中 Δ_e 远小于 l 而可忽略不计，从上式解得压力为

$$F_N=\frac{EA\Delta_e}{l}$$

杆件横截面上的压应力是

$$\sigma=\frac{F_N}{A}=\frac{E\Delta_e}{l}$$

这种由于装配而引起的应力，称为**装配应力**。装配应力是在荷载作用之前已存在于构件内部，是一种**初应力**。由于制造误差产生的装配应力，往往是有害的。因此，应该尽量提高构件的加工精度，以避免有害的装配应力。另一方面，人们又设法利用装配应力来达到预期的目的。例如机械中轴与轴承的紧配合，土建工程中的预应力钢筋混凝土构件等，都是这方面应用的实例。

装配应力的计算自然属于超静定问题，求解的关键仍然是根据变形协调条件建立变形几何方程。

例 7-4 图(a)所示杆系中，各杆的材料均为 Q235 钢，弹性模量 $E=200$ GPa，各杆横截面面积均为 A，角 $\alpha=30°$。若 3 杆的长度比设计长度 l 短了 $\Delta_e=l/1\ 000$，试计算 3 杆的装配应力。

解 3 杆装配后的 1、2 杆将如图(a)中虚线所示，3 杆发生伸长变形，其轴力为拉力；1、2 两杆发生缩短变形，相应的轴力均为压力。根据节点的平衡条件[图(b)]列出平衡方程

$$\left.\begin{aligned}&\sum F_x=0, \quad F_{N_1}\sin\alpha-F_{N_2}\sin\alpha=0\\&\sum F_y=0, \quad F_{N_3}-F_{N_1}\cos\alpha-F_{N_2}\cos\alpha=0\end{aligned}\right\} \tag{1}$$

杆系的变形协调条件是 3 杆装配后铰接于 A'，由此得变形几何方程

$$\frac{\Delta l_1}{\cos\alpha}+\Delta l_3=\Delta_e \tag{2}$$

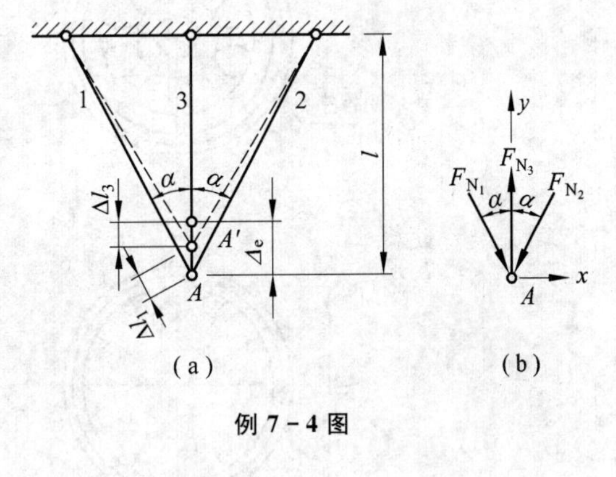

例 7-4 图

式中，Δl_1 是 1、2 杆的缩短量；Δl_3 是 3 杆的伸长量。由胡克定律得

$$\left.\begin{aligned}&\Delta l_1=\frac{F_{N_1}l}{EA\cos\alpha}\\&\Delta l_3=\frac{F_{N_3}l}{EA}\end{aligned}\right\} \tag{3}$$

将(3)式代入(2)式，得到补充方程

$$\frac{F_{N_1}l}{EA\cos^2\alpha}+\frac{F_{N_3}l}{EA}=\Delta_e \tag{4}$$

联立解(1)、(4)两式，得到

$$F_{N_1}=F_{N_2}=\frac{\Delta_e}{l}\cdot\frac{EA\cos^2\alpha}{1+2\cos^3\alpha} \quad (\text{压力})$$

$$F_{N_3}=\frac{\Delta_e}{l}\cdot\frac{2EA\cos^3\alpha}{1+2\cos^3\alpha} \quad (\text{拉力})$$

各杆的装配应力为

$$\begin{aligned}\sigma_1=\sigma_2=\frac{F_{N_2}}{A}&=\frac{\Delta_e}{l}\cdot\frac{E\cos^2\alpha}{1+2\cos^3\alpha}\\&=0.001\times\frac{(200\times10^3\ \text{MPa})\cos^2 30°}{1+2\cos^3 30°}=65.2\ \text{MPa} \quad (\text{压应力})\end{aligned}$$

$$\sigma_3 = \frac{F_{N_3}}{A} = \frac{\Delta_e}{l} \cdot \frac{2E\cos^3\alpha}{1+2\cos^3\alpha}$$

$$= 0.001 \times \frac{2(200\times 10^3\ \text{MPa})\cos^3 30^\circ}{1+2\cos^3 30^\circ} = 113.0\ \text{MPa} \quad (拉应力)$$

结果表明，制造误差很小，装配应力却很大，这就使杆系承受外力的能力大为下降。

例 7-5 火车车轮通常由铸铁轮心和套在轮心上的钢制轮箍两部分组成，如图(a)所示。轮箍可近似地看作宽为 b、厚为 δ 的矩形截面圆环，材料的弹性模量为 E。装配前轮箍的内径 d_2 略小于轮心的外径 d_1，设差值 $d_1-d_2=d_2/k=\Delta$，一般取为 $\Delta=(1/1\,000\sim1.2/1\,000)d_2$。装配时将轮箍加热膨胀后套于轮心上。冷却后二者相互紧压。轮心的刚度远大于轮箍，在假设轮心为一刚性实体的情况下，试求装配后轮箍与轮心间的装配压力 p 和轮箍径截面上的正应力 σ。（若 $\delta \leqslant d_2/20$，即轮箍为薄壁圆环，其径截面上的正应力可视为均匀分布。）

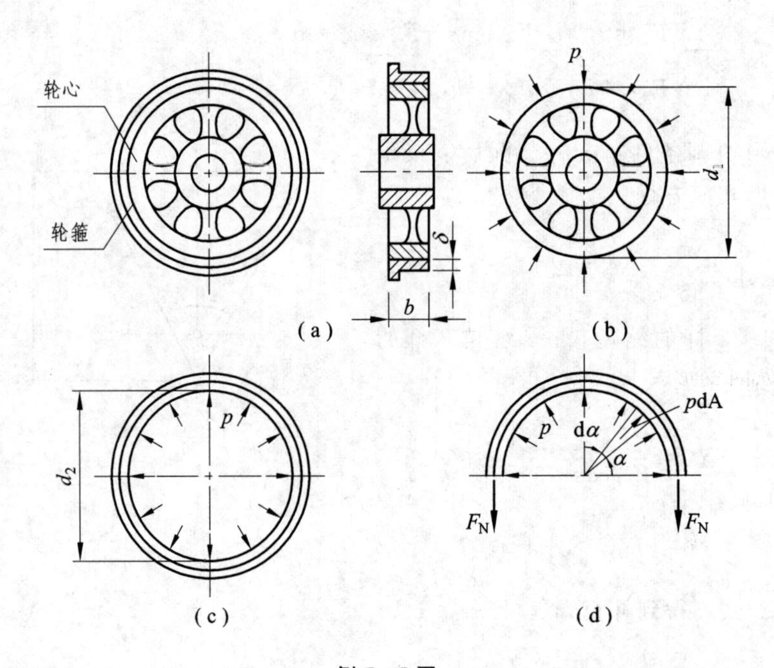

例 7-5 图

解 轮心与轮箍的受力情况分别如图(b)、(c)所示。用一过轮心的径截面将轮箍截开，取上半部为分离体，如图(d)所示。根据对称性，设轮箍截开面上的轴力均为 F_N。夹角为 $d\alpha$ 的微弧段上的径向压力为 $(1/2)pbd_2\,d\alpha$，其沿竖直方向的分量为 $(1/2)pbd_2\sin\alpha\,d\alpha$。由分离体的平衡条件建立 y 方向的平衡方程。

$$\sum F_y=0, \qquad \int_0^{\pi} \frac{1}{2} pbd_2 \sin\alpha\, d\alpha - 2F_N = 0 \tag{1}$$

积分后得

$$F_N = \frac{1}{2} pbd_2 \tag{2}$$

在方程(2)中有 F_N 和 p 两个未知量，因而是一次超静定问题。

由于视轮心为刚体，变形协调条件是轮箍变形后的内径必须等于轮心的外径。因此，变

形几何方程为轮箍内径处周长的总伸长量 Δl 等于 $\pi(d_1-d_2)$，即

$$\Delta l=\pi(d_1-d_2)=\pi\Delta \tag{3}$$

设轮箍的周向线应变为 ε，则 $\Delta l=\varepsilon\pi d_2$，(3)式改写为

$$\varepsilon d_2=\Delta \tag{4}$$

(4)式表明，轮箍直径的改变等于 Δ，轮箍的周向线应变等于径向线应变，轮箍横截面上的正应力为

$$\sigma=\frac{F_{\mathrm{N}}}{A}=\frac{pbd_2}{2\delta b}=\frac{pd_2}{2\delta} \tag{5}$$

利用胡克定律，得

$$\varepsilon=\frac{\sigma}{E}=\frac{pd_2}{2E\sigma} \tag{6}$$

把(6)式代入(4)式，并利用 $\Delta=d_2/k$，解得

$$p=\frac{2E\delta}{kd_2} \tag{7}$$

把(7)式代入(5)式，可得

$$\sigma=\frac{pd_2}{2\delta}=\frac{2E\delta d_2}{2\delta kd_2}=\frac{E}{k}$$

当环境温度发生改变，杆件各部分温度也随之发生均匀变化时，杆件将发生纵向伸长或缩短(当然还伴随横向的收缩或膨胀)。在超静定杆系中，由于多余约束的存在，各杆因温度改变而引起的纵向变形要受到相互制约，在杆内就要产生应力，这种应力称为**温度应力**或**热应力**。求解温度应力的方法与装配应力的解法是很相似的。例如图 7-4(a)所示装在两个刚性支承间的等直杆，求解时假设该杆只在 A 端固定，而另一端为自由端[图 7-4(b)]，当温度升高 Δt 度时，杆将伸长 Δl_{t}。实际上杆的 B 端也是固定的，杆件并不自由伸长，这就相当于在 B 处的约束反力 F_B 将杆再压缩回原长[图 7-4(c)]，缩短量为 Δl_{F}。

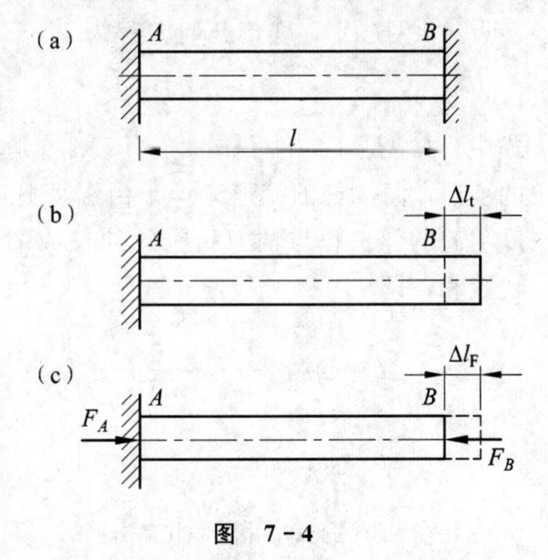

图 7-4

根据整体的平衡条件[图 7-4(c)]，只能写出一个独立的平衡方程

$$F_A-F_B=0 \tag{a}$$

由此得到 $F_A=F_B$，但其值未知，是一次超静定问题。

与两端刚性支承相适应的变形协调条件是杆的总长保持不变。由此得到变形几何方程为

$$\Delta l_{\mathrm{t}}-\Delta l_{\mathrm{F}}=0 \tag{b}$$

利用线膨胀定律和胡克定律得到

$$\left.\begin{aligned}\Delta l_t &= \alpha_l \Delta t l \\ \Delta l_F &= \frac{F_N l}{EA}\end{aligned}\right\} \tag{c}$$

式中，α_l 为线膨胀系数。

将(c)式代入(b)式，得到轴向压力

$$F_N = \alpha_l \Delta t E A$$

温度应力为

$$\sigma = \frac{F_N}{A} = \alpha_l \Delta t E \quad \text{（压应力）}$$

结果为正，表明假设杆受压是正确的。若此杆为钢杆，$\alpha_l = 12.5 \times 10^{-6}/(°\mathrm{C})$，$E = 200$ GPa，当 $\Delta t = 30°\mathrm{C}$ 时，则温度应力为

$$\begin{aligned}\sigma &= [12.5 \times 10^{-6}/(°\mathrm{C})](30°\mathrm{C})(200 \times 10^3\ \mathrm{MPa}) \\ &= 75\ \mathrm{MPa} \quad \text{（压应力）}\end{aligned}$$

例 7－6 图(a)所示为一超静定杆系，三杆的弹性模量均为 E，线膨胀系数均为 α_l，横截面面积 A 均相同。试求温度升高 Δt 度时，三杆的温度应力。

解 温度升高后，三杆将产生温度应力。设 1、2 两杆的轴力为压力，3 杆的轴力为拉力[图(b)]，根据节点 A 的平衡条件写出平衡方程

$$\left.\begin{aligned}\sum F_x = 0, &\quad F_{N_1}\sin\beta - F_{N_2}\sin\beta = 0 \\ \sum F_y = 0, &\quad F_{N_3} - F_{N_1}\cos\beta - F_{N_2}\cos\beta = 0\end{aligned}\right\} \tag{1}$$

变形协调条件为杆系变形后仍应汇交于一点 A'[图(a)]，变形几何方程为

$$\Delta l_1 = \Delta l_3 \cos\beta \tag{2}$$

式中，Δl_1 是 1、2 两杆的变形；Δl_3 是 3 杆的变形。每一杆的变形应等于由温度升高 Δt 度引起的伸长和与轴力相应的伸长或缩短的代数和，即

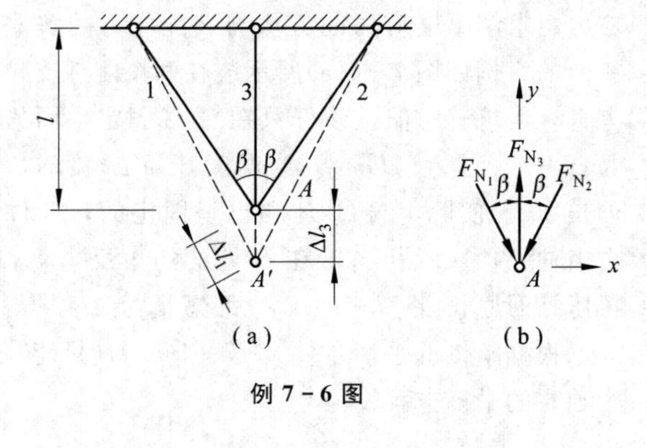

例 7－6 图

$$\left.\begin{aligned}\Delta l_1 &= \alpha_l \Delta t \frac{l}{\cos\beta} - \frac{F_{N_1} l}{EA\cos\beta} \\ \Delta l_3 &= \alpha_l \Delta t l + \frac{F_{N_3} l}{EA}\end{aligned}\right\} \tag{3}$$

将(3)式代入(2)式，得到补充方程

$$F_{N_1} + F_{N_3}\cos^2\beta = \alpha_l \Delta t E A \sin^2\beta \tag{4}$$

联立求解(1)、(4)两式，得到各杆轴力

$$F_{N_1} = F_{N_2} = \frac{\alpha_l \Delta t E A \sin^2\beta}{1 + 2\cos^3\beta} \quad \text{（压力）}$$

$$F_{N_3}=\frac{2\alpha_l \Delta t EA\sin^2\beta\cos\beta}{1+2\cos^3\beta} \quad (拉力)$$

结果为正，说明假设1、2两杆的轴力为压力和3杆的轴力为拉力是正确的。

各杆的温度应力为

$$\sigma_1=\sigma_2=\frac{F_{N_2}}{A}=\frac{\alpha_l \Delta t E\sin^2\beta}{1+2\cos^3\beta} \quad (压应力)$$

$$\sigma_3=\frac{F_{N_3}}{A}=\frac{2\alpha_l \Delta t E\sin^2\beta\cos\beta}{1+2\cos^3\beta} \quad (拉应力)$$

例 7-7 如图所示的阶梯形钢圆杆，上段杆的直径 $d_1=50$ mm，长度 $l_1=700$ mm；下段杆的直径 $d_2=35$ mm，长度 $l_2=300$ mm。杆的上端固定，下端距刚性支座的间隙 $\Delta=0.15$ mm，材料的线膨胀系数 $\alpha_l=12.5\times10^{-6}/(°C)$，弹性模量 $E=210$ GPa。试求温度升高 $\Delta t=40°C$ 时，两段杆的温度应力。

解 若解除杆下端的刚性支座，则温度上升后杆的伸长变形为 Δl_t。当 $\Delta l_t>\Delta$ 时，下端支座的约束反力 F_R 将使杆产生缩短变形 Δl_F。根据变形协调条件得到变形几何方程为

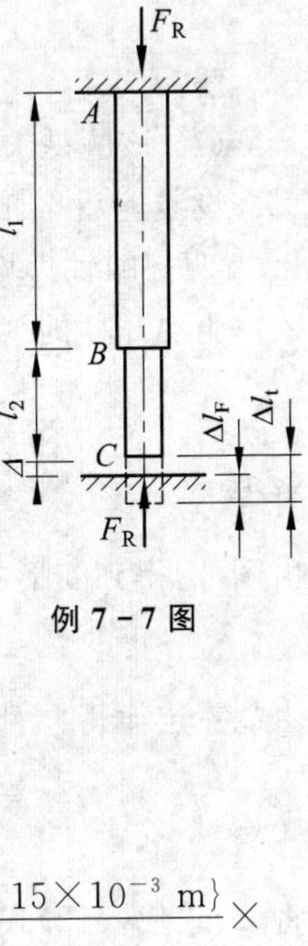

$$\Delta l_t-\Delta l_F=\Delta \qquad (1)$$

式中

$$\left.\begin{aligned}\Delta l_t&=\alpha_l \Delta t(l_1+l_2)\\ \Delta l_F&=\frac{F_R l_1}{EA_1}+\frac{F_R l_2}{EA_2}=\frac{4F_R l_1}{E\pi d_1^2}\left(1+\frac{l_2 d_1^2}{l_1 d_2^2}\right)\end{aligned}\right\} \qquad (2)$$

例 7-7 图

将(2)式代入(1)式，得到补充方程

$$\alpha_l \Delta t(l_1+l_2)-\frac{4F_R l_1}{E\pi d_1^2}\left(1+\frac{l_2 d_1^2}{l_1 d_2^2}\right)=\Delta$$

解得

$$F_R=\frac{[\alpha_l \Delta t(l_1+l_2)-\Delta]E\pi d_1^2}{4l_1\left(1+\frac{l_2 d_1^2}{l_1 d_2^2}\right)}$$

$$=\frac{\{[12.5\times10^{-6}/(°C)](40\ °C)(700\times10^{-3}\ m+300\times10^{-3}\ m)-0.15\times10^{-3}\ m\}}{4(700\times10^{-3}\ m)}\times$$

$$\frac{(210\times10^9\ Pa)\pi(500\times10^{-3}\ m)^2}{\left[1+\frac{(300\times10^{-3}\ m)(50\times10^{-3}\ m)^2}{(700\times10^{-3}\ m)(35\times10^{-3}\ m)^2}\right]}$$

$$=110\ 000\ N=110.0\ kN$$

两段杆的温度应力

$$\sigma_{上}=\frac{F_R}{A_1}=\frac{4F_R}{\pi d_1^2}=\frac{4(110.0\times10^3\ N)}{\pi(50\times10^{-3}\ m)^2}=56.0\times10^6\ Pa$$

$$=56.0\ MPa \quad (压应力)$$

$$\sigma_{下}=\frac{F_R}{A_2}=\frac{4F_R}{\pi d_2^2}=\frac{4(110.0\times10^{-3}\ N)}{\pi(35\times10^{-3}\ m^2)}=114.3\times10^6\ Pa$$

$=114.3\ \text{MPa}$ （压应力）

例 7-8 图(a)所示结构中，1、2 两杆的拉伸(压缩)刚度均为 EA，长度均为 l，加工时 1 杆的长度短了 $\Delta_e(\Delta_e \ll l)$，AB 为刚性杆。装配后，再施加荷载 F。求 1、2 杆的轴力。

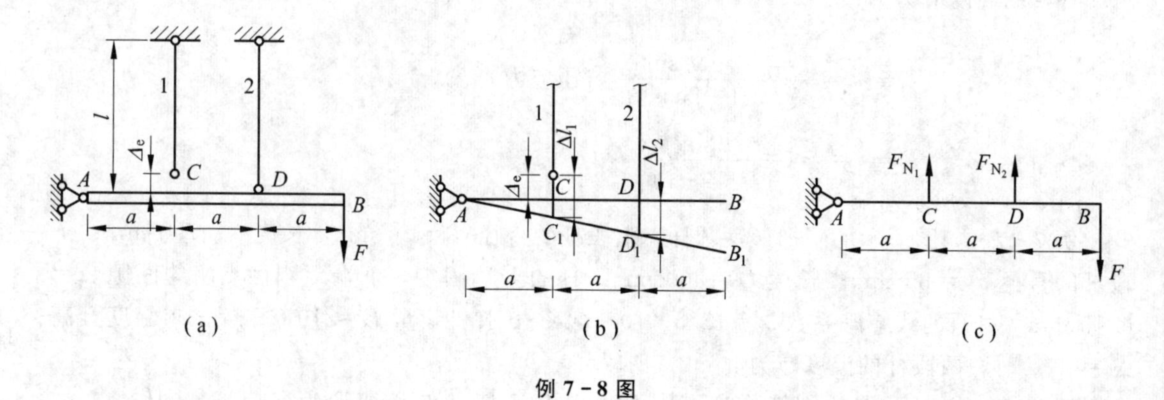

例 7-8 图

解

(1) 该题是求装配和荷载共同作用时 1、2 杆的轴力，可用变形观察法求解。

设装配后再加荷载 F，AB 杆将移至 AB_1，如图(b)所示。1、2 两杆均产生伸长变形，1、2 两杆的轴力均为拉力，受力图如图(c)所示。

由 AB 杆的平衡方程

$$\sum M_A=0, \quad F_{N_1}\times a+F_{N_2}\times(2a)-F\times(3a)=0$$

解得

$$F_{N_1}+2F_{N_2}=3F \tag{1}$$

由图(b)得到变形的几何方程为

$$\Delta l_2=2(\Delta l_1-\Delta_e) \tag{2}$$

由胡克定律得

$$\Delta l_1=\frac{F_{N_1}l}{EA}, \quad \Delta l_2=\frac{F_{N_2}l}{EA} \tag{3}$$

将(3)式代入(2)式，解得

$$F_{N_2}=2F_{N_1}-2\frac{EA}{l}\Delta_e \tag{4}$$

联立求解(1)式和(4)式，解得

$$F_{N_1}=\frac{3}{5}F+\frac{4}{5}\cdot\frac{EA}{l}\Delta_e$$

$$F_{N_2}=\frac{6}{5}F-\frac{2}{5}\cdot\frac{EA}{l}\Delta_e$$

(2) 由于该题是装配和外荷载共同作用的问题，也可用叠加法求解，分别单独考虑装配应力的求解和单独考虑外荷载的求解，然后叠加。

首先求出仅由装配产生的 1、2 两杆的轴力 F'_{N_1}、F'_{N_2}，注意到装配后 1、2 两杆均和 AB

杆相交，再求此种状态下加荷载 F 时，产生的 1、2 两杆的轴力 F''_{N_1}、F''_{N_2}。将以上结果叠加，就得到装配和荷载共同作用时 1、2 两杆的轴力。

在拉、压超静定问题中，如果同时存在荷载、装配和温度改变三种因素，或者是它们的两两组合，均可用综合法或叠加法求构件的内力。

§7－4　扭转超静定问题

图 7－5(a)所示两端固定的等直圆杆 AB，在 C 截面处作用外力偶矩 M_e。支反力偶矩有 M_A、M_B 两个，而只有一个独立的平衡方程。单靠一个平衡方程是不能解出支反力偶矩 M_A 和 M_B 的。这样的问题称为**扭转超静定**问题。与求解拉、压超静定问题相仿，关键仍在于由位移协调条件建立补充方程，以弥补平衡方程之不足。下面结合图 7－5 所示的例子来具体说明解题的步骤。

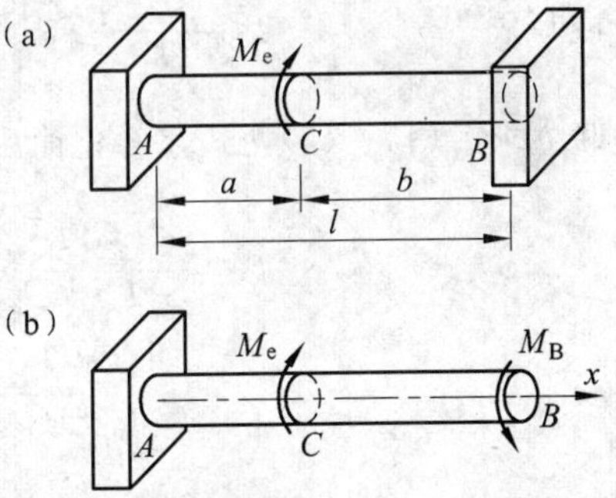

设想将 B 端的约束解除，代之以支反力偶矩 M_B[图 7－5(b)]。在 M_e 和 M_B 的共同作用下，B 端的扭转角应为零。设该杆的扭转刚度为 GI_p，并利用叠加法可得

$$\varphi_B=-\frac{M_e a}{GI_p}+\frac{M_B(a+b)}{GI_p}=0$$

从而得到

$$M_B=\frac{a}{a+b}M_e=\frac{a}{l}M_e$$

图　7－5

设 A 端的支反力偶矩 M_A 和 B 端的支反力偶矩 M_B 的转向相同，列出该杆的平衡方程

$$\sum M_x=0,\quad M_A+M_B-M_e=0$$

由此可得

$$M_A=M_e-M_B=M_e-\frac{a}{l}M_e=\frac{b}{l}M_e$$

其结果均为正，说明所设的 M_A、M_B 的转向都是正确的。

例 7－9　图(a)所示组合圆杆，是由材料不同的实心圆杆 ① 和空心圆杆 ② 牢固地套在一起而组成，左端固定，右端固结于刚性板上，在右端受外力偶矩 M_e 作用。实心圆杆的直径为 d，切变模量为 G_1；空心圆杆的内外径分别为 d 及 D，切变模量为 G_2。试求两杆横截面上的扭矩，并求两杆横截面上的切应力。

解　设实心和空心圆杆横截面上的扭矩分别为 T_1、T_2[图(b)]。由分离体的平衡条件得

$$T_1+T_2=M_e \tag{1}$$

由于两杆牢固地套在一起，所以其单位长度扭转角必相同，即

$$\varphi_1'=\varphi_2' \tag{2}$$

而

$$\varphi_1'=\frac{T_1}{G_1 I_{p_1}},\quad \varphi_2'=\frac{T_2}{G_2 I_{p_2}} \tag{3}$$

将(3)式代入(2)式，得

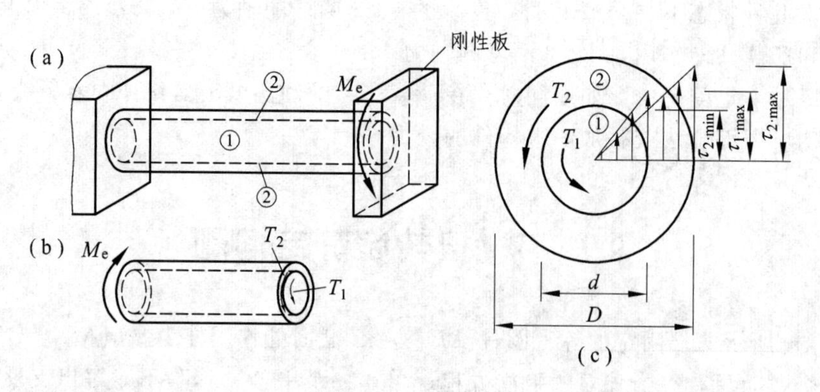

例 7-9 图

$$\frac{T_1}{G_1 I_{p_1}}=\frac{T_2}{G_2 I_{p_2}}$$

或写成
$$T_2=\frac{G_2 I_{p_2}}{G_1 I_{p_1}}T_1 \tag{4}$$

联立求解(1)、(4)两式，经化简后得

$$T_1=\frac{G_1 I_{p_1}}{G_1 I_{p_1}+G_2 I_{p_2}}M_e$$

及
$$T_2=\frac{G_2 I_{p_2}}{G_1 I_{p_1}+G_2 I_{p_2}}M_e$$

式中，I_{p_1}、I_{p_2} 分别为 ① 杆和 ② 杆的极惯性矩。

实心圆杆横截面上的最大扭转切应力为

$$\tau_{1,\max}=\frac{T_1 d/2}{I_{p_1}}=\frac{M_e G_1 d}{2(G_1 I_{p_1}+G_2 I_{p_2})}$$

空心圆杆横截面上的最小切应力及最大切应力分别为

$$\tau_{2,\min}=\frac{T_2 d/2}{I_{p_2}}=\frac{M_e G_2 d}{2(G_1 I_{p_1}+G_2 I_{p_2})}$$

及
$$\tau_{2,\max}=\frac{T_2 D/2}{I_{p_2}}=\frac{M_e G_2 D}{2(G_1 I_{p_1}+G_2 I_{p_2})}$$

若 $G_1>G_2$，则 $\tau_{1,\max}>\tau_{2,\min}$，两杆横截面上的切应力分布如图(c)所示。

例 7-10 图示圆截面杆 AC，直径 $d_1=100$ mm，A 端固定，在 B 截面处受外力偶矩 $M_e=7$ kN·m作用，C 截面的上、下两点处与直径均为 $d_2=20$ mm 的两根圆杆 EF、GH 相连。已知各杆材料相同，弹性常数间有如下关系：$G=0.4E$，试求 AC 杆中的最大切应力。

解 图示结构在外力偶矩 M_e 作用下，AC 杆产生扭转变形，EF、GH 杆产生伸长变形。设 EF、GH 杆的轴力均为拉力 F_N(图 b)，则 C 截面处的力偶矩为

$$M_C=F_N d_1 \tag{1}$$

由于 F_N 及 A 端的支反力偶矩 M_A 均为未知，可见该题为超静定问题。

由图(b)可知，AC 杆在 M_e 和 M_C 共同作用下产生的 C 截面的转角 φ_C，应等于 EF（或 GH 杆）的伸长量 Δl 除以 AC 杆的半径，即

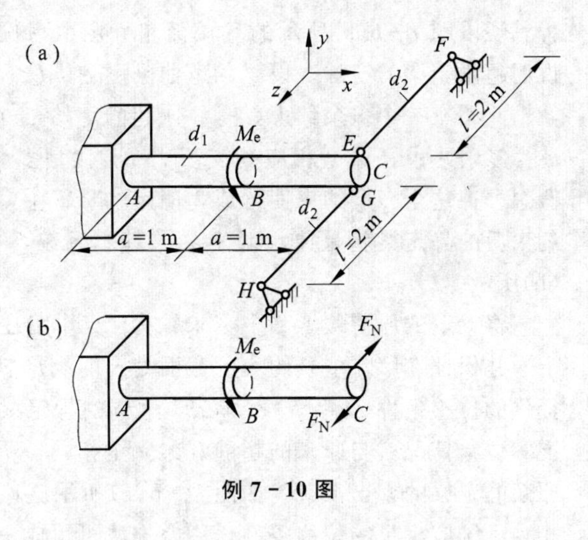

例 7-10 图

$$\varphi_C=\frac{\Delta l}{d_1/2} \tag{2}$$

其中
$$\begin{aligned}\varphi_C&=\frac{M_e a}{GI_{p_1}}-\frac{M_C 2a}{GI_{p_1}}\\&=\frac{(7\times10^3\ \mathrm{N\cdot m})(1\ \mathrm{m})}{\{G\}_{\mathrm{Pa}}\frac{\pi}{32}(100\times10^{-3}\ \mathrm{m})^4}-\frac{\{F_N\}_{\mathrm{N}}(100\times10^{-3}\ \mathrm{m})(2\ \mathrm{m})}{\{G\}_{\mathrm{Pa}}\frac{\pi}{32}(100\times10^{-3}\ \mathrm{m})^4}\end{aligned}$$

$$\begin{aligned}\frac{\Delta l}{d_1/2}&=\frac{2}{d_1}\cdot\frac{F_N l}{EA_2}\\&=\frac{2}{100\times10^{-3}\ \mathrm{m}}\cdot\frac{\{F_N\}_{\mathrm{N}}(2\ \mathrm{m})}{\{E\}_{\mathrm{Pa}}\frac{\pi}{4}(20\times10^{-3}\ \mathrm{m})^2}\end{aligned}$$

将上述结果代入(2)式，并注意到 $G=0.4E$，可解得

$$F_N=10\ 000\ \mathrm{N}=10\ \mathrm{kN} \tag{3}$$

将它代入(1)式，得

$$M_C=F_N d_1=(10\ \mathrm{kN})\cdot(0.1\ \mathrm{m})=1\ \mathrm{kN\cdot m} \tag{4}$$

在图(b)中设 A 端的支反力偶矩 M_A 与 M_C 的转向相同，根据 AC 杆的平衡条件可得

$$M_A=M_e-M_C=7-1=6\ \mathrm{kN\cdot m}$$

由图(b)很容易看出，AB 段扭矩最大，其值为

$$T_{max}=6\ \mathrm{kN\cdot m}$$

AC 杆横截面上的最大切应力为

$$\tau_{max}=\frac{T_{max}}{W_{p_1}}=\frac{16(6\times10^3\ \mathrm{N\cdot m})}{\pi(100\times10^{-3}\ \mathrm{m})^3}=30.56\times10^6\ \mathrm{Pa}=30.56\ \mathrm{MPa}$$

§7-5　简单超静定梁

在工程实践中为了减小梁的挠度和应力，常给静定梁增加支承，如图 7-6(a)所示在悬臂梁自由端增加的支承。这样，梁的支反力数目就超过了独立的平衡方程的数目，因而单靠平衡方程就不能求解，这种梁称为**超静定梁**。

与解拉压超静定问题相似，关键是要根据“多余约束”所提供的位移条件来建立补充方

程。现以图 7-6(a)所示的等截面超静定梁为例，来具体说明超静定梁的解法。设梁的弯曲刚度为 EI。

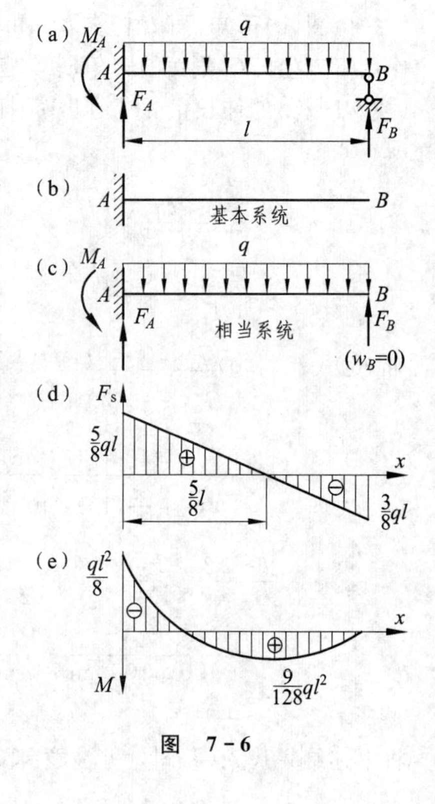

图 7-6

此梁有一个多余约束，是一次超静定的，如取铰支座 B 为多余约束，那么相应的支反力 F_B 就是多余未知力。假想去掉这个多余约束使梁成为静定的悬臂梁，解除多余约束后的静定梁就是原超静定梁的**基本系统**，如图 7-6(b)所示。

将梁上的原荷载 q 和多余未知力 F_B 作用在基本系统上，并保证在解除多余约束的截面处，能满足多余约束所提供的位移条件($w_B=0$)。那么，这样的静定梁其受力情况和位移情况就与原来的超静定梁完全相同，所以称其为原超静定梁的**相当系统**，如图 7-6(c)所示。这样，根据相当系统应满足的位移条件，用叠加法可写成

$$w_B=w_{Bq}+w_{BF_B}=0 \tag{a}$$

式中，w_{Bq} 和 w_{BF_B} 是指相当系统(悬臂梁)分别在 q 和 F_B 单独作用下，B 截面的挠度。由表 6-1(3)和(2)查得

$$\left.\begin{aligned} w_{Bq}&=\frac{ql^4}{8EI} \\ w_{BF_B}&=-\frac{F_Bl^3}{3EI}\end{aligned}\right\} \tag{b}$$

(b)式就是本问题中的物理关系，将它们代入(a)式即得补充方程

$$\frac{ql^4}{8EI}-\frac{F_Bl^3}{3EI}=0 \tag{c}$$

由此解得 $$F_B=\frac{3}{8}ql$$

所得 F_B 为正号，表示所设 F_B 的指向是正确的，即向上。

多余未知力 F_B 求出后，即可利用相当系统来完成对原超静定梁要进行的一切计算。譬如：利用平衡条件即可求得固定端的两个支反力[图 7-6(c)]为

$$F_A=\frac{5}{8}ql,\qquad M_A=\frac{1}{8}ql^2$$

并可绘出梁的 F_S 图、M 图，如图 7-6(d)、(e)所示。如果需要求位移，也是在相当系统上进行的。例如求 B 截面的转角，可由表 6-1(3)和(2)查得悬臂梁分别在 q 和 F_B 单独作用下 B 截面的转角为

$$\theta_{Bq}=\frac{ql^3}{6EI},\qquad \theta_{BF_B}=-\frac{F_Bl^2}{2EI}$$

从而 $$\theta_B=\theta_{Bq}+\theta_{BF_B}=\frac{ql^3}{6EI}-\frac{3ql^3/8}{2EI}=-\frac{ql^3}{48EI}\quad(\downarrow)$$

所有以上这些结果，也就是原超静定梁的解。

多余约束的选择是多种多样的，视方便而定。如果把固定端的转角约束作为多余约束，那么 A 端的支反力偶矩 M_A 就是多余未知力，所选择的基本系统就是简支梁，其相当系统如图 7-7 所示。这时的位移条件为

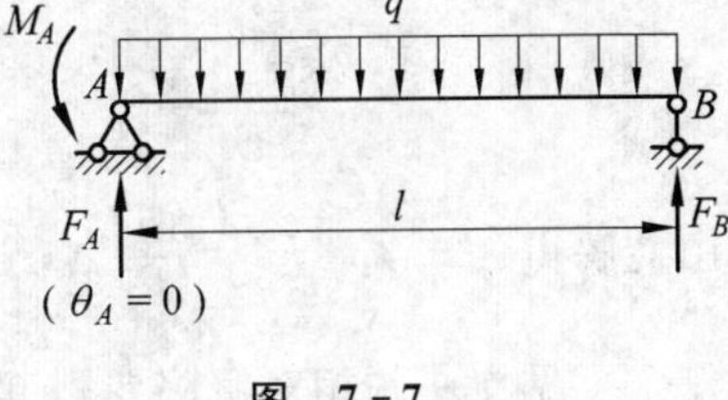

图 7-7

$$\theta_A=\theta_{Aq}+\theta_{AM_A}=0 \tag{d}$$

由表 6-1(6)、(4)查得

$$\theta_{Aq}=\frac{ql^3}{24EI},\quad \theta_{AM_A}=-\frac{M_A l}{3EI} \tag{e}$$

将(e)式代入(d)式得到补充方程为

$$\frac{ql^3}{24EI}-\frac{M_A l}{3EI}=0$$

由此解得 $$M_A=\frac{1}{8}ql^2$$

这与前面得到的结果完全相同。

此外，还可以把固定端 A 处对竖直位移的约束作为多余约束，那么 A 端的竖直反力 F_A 就是多余未知力，相应的位移条件应是 A 端的挠度 $w_A=0$，其相当系统如图 7-8 所示。也可以在 AB 梁上任意截面处加一中间铰，那么该截面的弯矩就是多余未知力，与此相应的位移条件是该处左右两侧截面的相对转角应为零，其相当系统如图 7-9 所示。

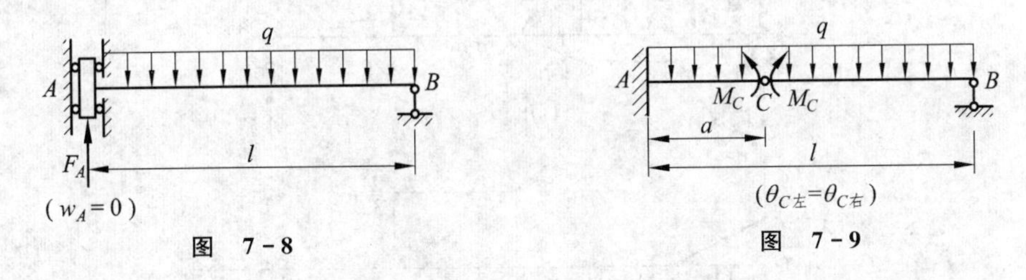

图 7-8　　图 7-9

超静定梁由于各支座的相对沉陷将引起附加内力，现以图 7-10(a)所示的一次超静定梁为例来说明。设 AB 梁的弯曲刚度为 EI，并设支座 B 发生了沉陷，其沉陷量为 $\Delta(\Delta\ll l)$，如图 7-10(b)所示。

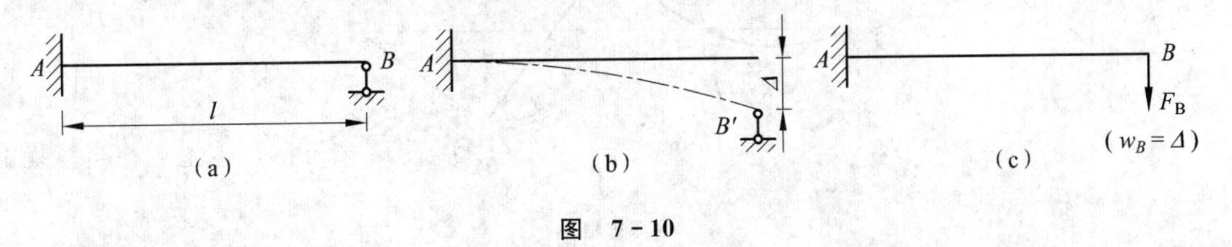

图 7-10

若将支座 B 处的约束作为多余约束，那么相应的支反力 F_B 就是多余未知力，基本系统为悬臂梁，其相当系统如图 7-10(c)所示，此时的位移条件为

$$w_B=\Delta$$

由表 6-1(2)查得

$$w_B=\frac{F_B l^3}{3EI}$$

所以补充方程为

$$\frac{F_B l^3}{3EI}=\Delta$$

由此解得　　　$F_B=\frac{3EI}{l^3}\Delta$

可见支座的相对沉陷要引起超静定梁的支反力，因而梁的横截面上将因支座沉陷而引起剪力和弯矩。

如果超静定梁的上、下两面温度变化不同，梁将发生弯曲。由于存在多余约束，因而也要引起超静定梁的附加内力。

例 7-11　求图(a)所示超静定梁的支反力，并绘其剪力图和弯矩图。已知 EI 为常量。

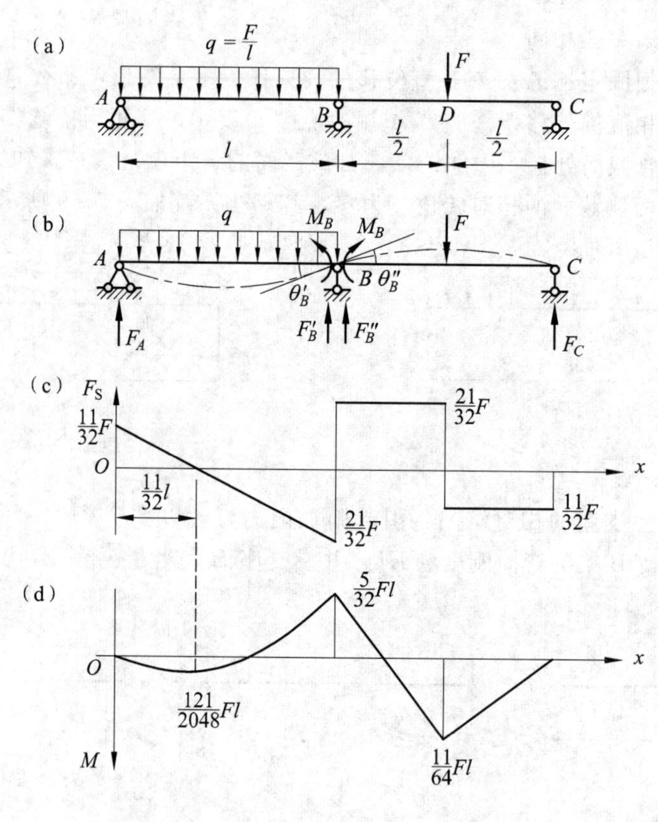

例 7-11 图

解　图(a)所示为一次超静定梁。若取支座 B 处阻止其左、右两侧截面相对转动的约束为多余约束，则 B 截面的一对弯矩 M_B 为多余未知力，基本系统为简支梁 AB 和简支梁 BC，相当系统如图(b)所示。相应的位移条件是 B 处左、右两侧截面的相对转角等于零，设简支梁 AB 和 BC 的 B 截面的转角分别为 θ_B' 和 θ_B''，位移条件为

$$\theta_B'-\theta_B''=0 \tag{1}$$

查表 6-1，并利用叠加法得

$$\left.\begin{aligned}\theta_B'&=-\frac{ql^3}{24EI}-\frac{M_Bl}{3EI}\\ \theta_B''&=\frac{Fl^2}{16EI}+\frac{M_Bl}{3EI}\end{aligned}\right\} \tag{2}$$

将(2)式代入(1)式，得补充方程

$$-\frac{ql^3}{24EI}-\frac{M_Bl}{3EI}-\left(\frac{Fl^2}{16EI}+\frac{M_Bl}{3EI}\right)=0 \tag{3}$$

解得 $$M_B=-\frac{5}{32}Fl$$

M_B 为负号，说明 M_B 的转向和图(b)中假设的转向相反，即 M_B 为负弯矩。由简支梁 AB 和 BC 的平衡方程，得其支反力分别为，$F_A=\frac{11}{32}F$、$F_B'=\frac{21}{32}F$；$F_B''=\frac{21}{32}F$、$F_C=\frac{11}{32}F$。支座 B 的总支反力为 $F_B=F_B'+F_B''=\frac{21}{16}F$。梁的剪力图和弯矩图分别如图(c)、(d)所示。

例 7-12 图(a)所示结构中，悬臂梁 AB 和 CD 的弯曲刚度均为 EI，BC 杆的拉伸刚度为 EA，B、C 处均为铰接。试求 C 点的铅垂位移 w_C。

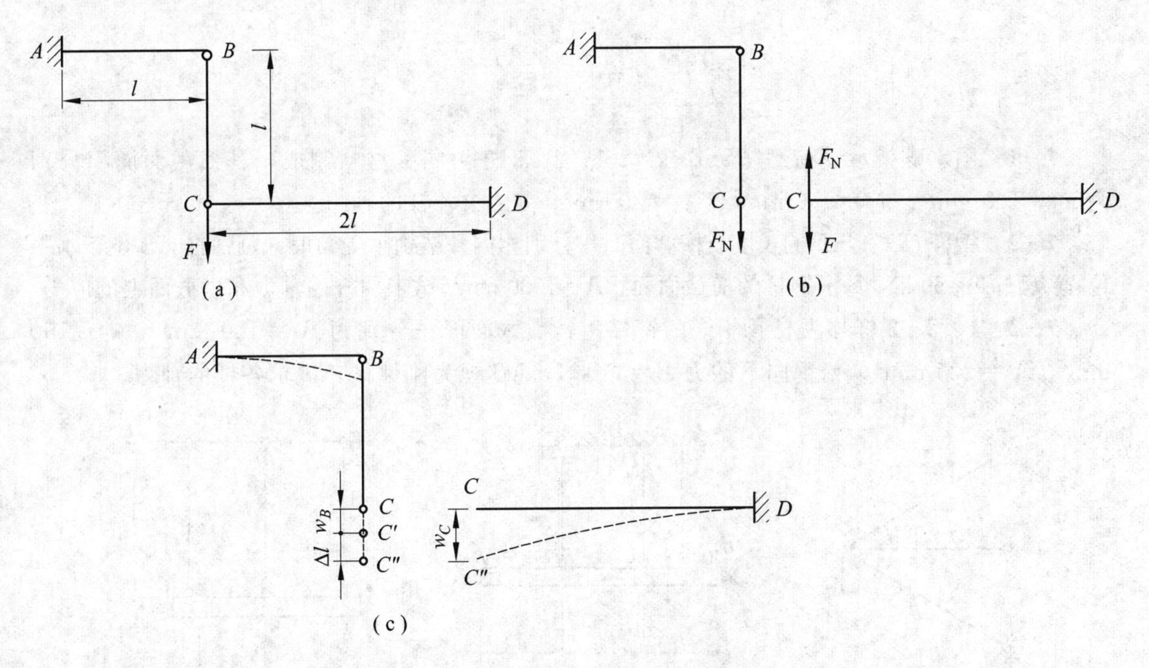

例 7-12 图

解 该题是一次超静定问题。若把 ABC 部分作为悬臂梁 CD 的多余约束，则 BC 杆的轴力 F_N 为多余未知力，其受力图如图(b)所示，位移图如图(c)所示。相应的位移条件为

$$w_C=w_B+\Delta l \tag{1}$$

式中，w_C 为 CD 梁在 F 和 F_N 作用下 C 点的挠度；w_B 为 AB 梁在 F_N 作用下 B 点的挠度；

Δl 为 BC 杆的伸长量。

利用表 6－1 和胡克定律，得

$$\left.\begin{aligned} w_C &= \frac{(F-F_N)(2l)^3}{3EI} = \frac{8(F-F_N)l^3}{3EI} \\ w_B &= \frac{F_N l^3}{3EI} \\ \Delta l &= \frac{F_N l}{EA} \end{aligned}\right\} \tag{2}$$

将(2)式代入(1)式，得补充方程

$$\frac{8(F-F_N)l^3}{3EI} = \frac{F_N l^3}{3EI} + \frac{F_N l}{EA}$$

解得

$$F_N = \frac{8l^2 A}{3(3l^2 A + I)} F \tag{3}$$

F_N 为正号，说明 F_N 的方向和假设方向相同。

将(3)式代入(2)式中的第一式，可得 C 点的铅垂位移为

$$w_C = \frac{8(l^2 A + 3I)l^3}{9EI(3l^2 A + I)} F \quad (\downarrow)$$

习　题

7－1　图示支架承受荷载 $F=10$ kN，1、2、3 杆由同一材料制成，其横截面面积分别为 $A_1=100\ \text{mm}^2$、$A_2=150\ \text{mm}^2$、$A_3=200\ \text{mm}^2$。试求各杆的轴力。

7－2　钢杆 CD 和 EF 的长度及横截面面积分别相同。结构未受力时，刚性杆 AB 位于水平位置。已知 $F=50$ kN，每根钢杆的横截面面积 $A=1000\ \text{mm}^2$。试求两杆的轴力和横截面上的应力。

7－3　1、2、3 杆均为材料相同的钢杆，其横截面面积分别为 $A_1=100\ \text{mm}^2$、$A_2=150\ \text{mm}^2$、$A_3=225\ \text{mm}^2$，铅垂向下的力 $F=35$ kN。AB 视为刚性杆，试求各杆的轴力。

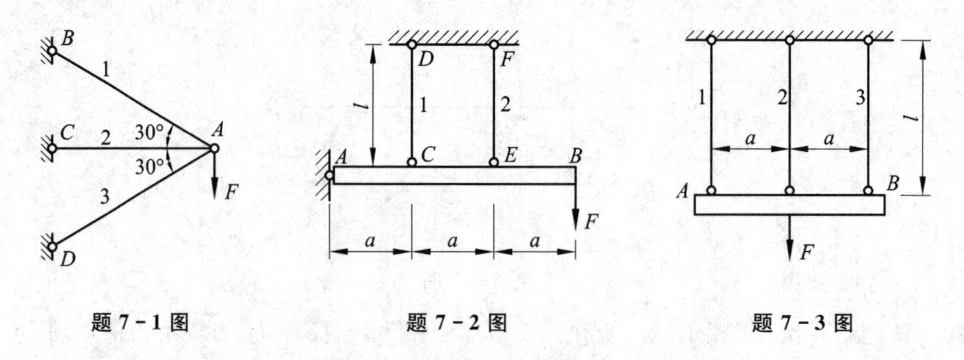

题 7－1 图　　题 7－2 图　　题 7－3 图

7－4　图(a)所示结构各杆的拉伸(压缩)刚度 EA 均相同。试求三杆的轴力。

解　将 F 力沿水平方向和铅垂方向分解，分别求出水平分力和铅垂分力单独作用时[图(b)、(c)]的轴力，然后叠加得到各杆的轴力。

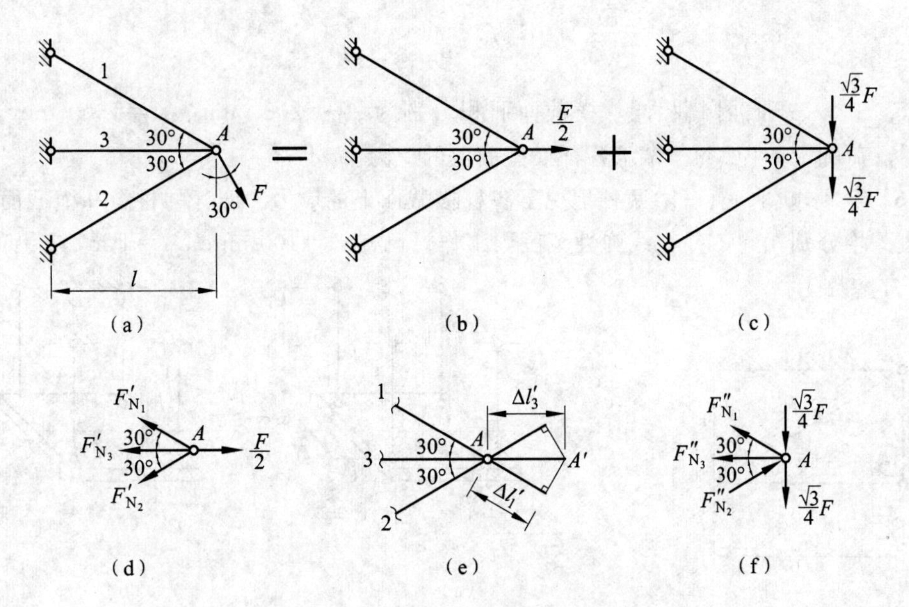

题 7-4 图

水平分力单独作用时，利用对称性得到 $F'_{N_1}=F'_{N_2}$，$\Delta l_1'=\Delta l_2'$。根据节点 A 的受力图[图(d)]和各杆变形间的关系[图(e)]，得到平衡方程和变形几何方程为

$$2F'_{N_1}\cos30°+F'_{N_3}-\frac{F}{2}=0 \tag{1}$$

$$\Delta l_1'=\Delta l_3'\cos30° \tag{2}$$

按胡克定律

$$\Delta l_1'=\frac{F'_{N_1}\,l}{EA\cos30°},\qquad \Delta l_3'=\frac{F'_{N_3}\,l}{EA} \tag{3}$$

联立求解(1)、(2)、(3)三式，得到

$$F'_{N_1}=F'_{N_2}=\frac{3F}{2(\sqrt{3}+4)}$$

$$F'_{N_3}=\frac{2F}{4+\sqrt{3}}$$

铅垂分力单独作用时，荷载是反对称的，因此结构的轴力也应该是反对称的，即 $F''_{N_3}=0$。再根据节点 A 的平衡条件[图(f)]得到

$$F''_{N_1}=-F''_{N_2}=\frac{\frac{\sqrt{3}}{4}F}{\sin30°}=\frac{\sqrt{3}}{2}F$$

所以各杆轴力为

$$F_{N_1}=F'_{N_1}+F''_{N_1}=\frac{3F}{2(4+\sqrt{3})}+\frac{\sqrt{3}}{2}F\quad(拉力)$$

$$F_{N_2}=F'_{N_2}+F''_{N_2}=\frac{3F}{2(4+\sqrt{3})}-\frac{\sqrt{3}}{2}F\quad(压力)$$

$$F_{N_3}=F'_{N_3}=\frac{2F}{4+\sqrt{3}}\quad（拉力）$$

7-5 1、2、3杆材料相同，横截面面积分别为 $A_1=200\ \text{mm}^2$、$A_2=300\ \text{mm}^2$、$A_3=400\ \text{mm}^2$，荷载 $F=40\ \text{kN}$。试求各杆横截面上的应力。

7-6 分别求图(a)、(b)两种情况下各杆横截面上的应力。四杆的材料和横截面面积 A 以及长度 l 均分别相同，并在线弹性范围内工作。已知 $A=100\ \text{mm}^2$，$l=1\ \text{m}$，$F=50\ \text{kN}$。

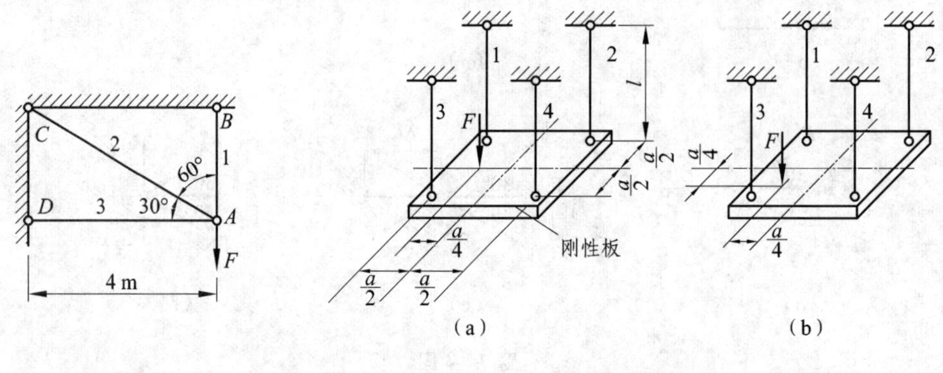

题 7-5 图　　**题 7-6 图**

*__7-7__ 上端固定的阶梯形钢杆，下端与刚性支承距离 $\Delta=1$ mm。已知上、下两段杆的横截面面积分别为 $A_1=600\ \text{mm}^2$、$A_2=300\ \text{mm}^2$，材料的弹性模量 $E=210$ GPa。试作杆的轴力图。

*__7-8__ 已知钢杆1、2、3的横截面面积均为 $A=200\ \text{mm}^2$，$l=1$ m，$E=210$ GPa。若在制造中3杆短了 $\Delta_e=0.8$ mm，计算装配后各杆的装配应力。设 AB 为刚性杆。

*__7-9__ 两刚性铸件用钢杆1、2连接成一整体。两铸件相距 $l=200$ mm，现欲将长度 $l_1=200.2$ mm 的铜杆安装在3杆的位置。已知钢的弹性模量 $E=200$ GPa，铜的弹性模量 $E_3=100$ GPa，钢杆的直径 $d_1=10$ mm，铜杆的横截面面积 $A_3=600\ \text{mm}^2$。求：(1) 拉力 F 多大时，铜杆刚好能放入？(2) 装配完后，各杆的装配应力。

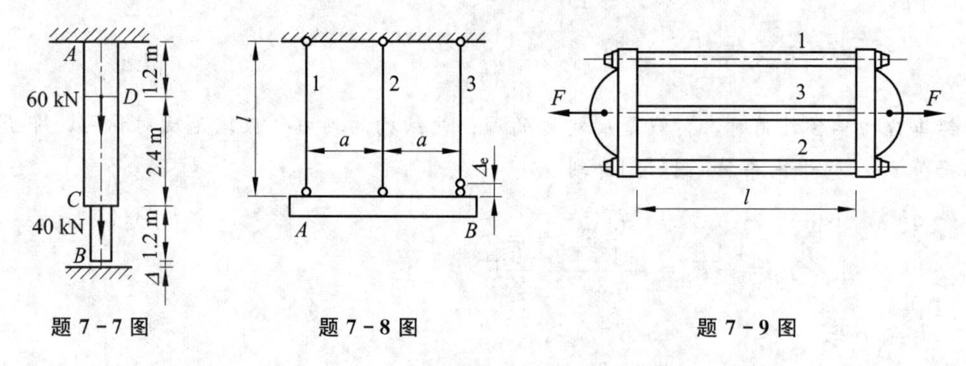

题 7-7 图　　**题 7-8 图**　　**题 7-9 图**

7-10 1、2两杆的材料相同，弹性模量为 E，横截面面积分别为 A_1 和 A_2，且 $A_1=4A_2$，长度均为 l，AC 杆为刚性杆。试求各杆轴力。

7-11 图示各杆材料相同，许用应力 $[\sigma]=160$ MPa，各杆横截面面积相等，$F=100$ kN。试选择杆的横截面面积 A。

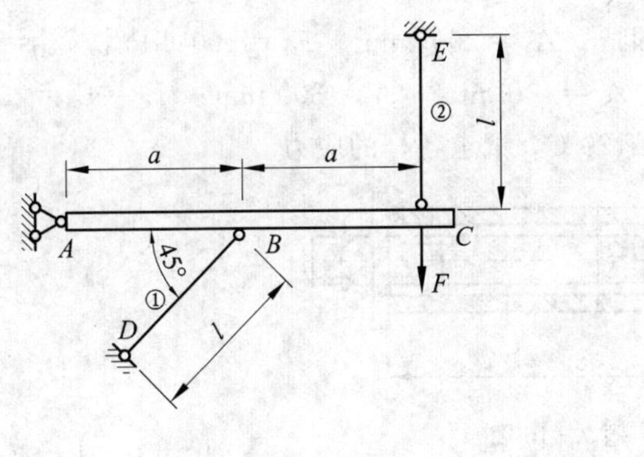

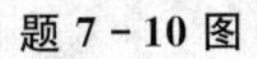
题 7－10 图

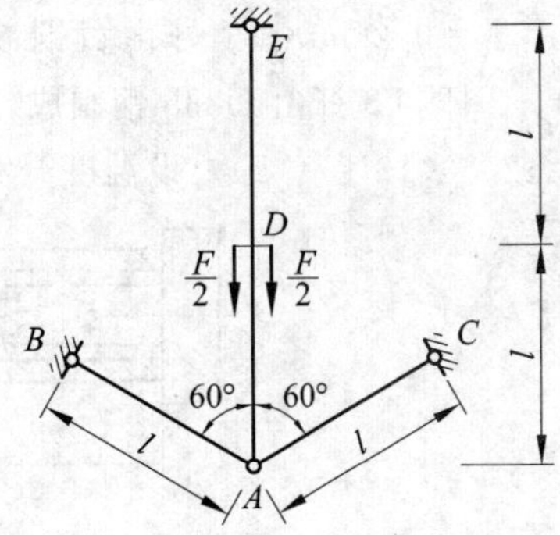

题 7－11 图

*7－12　在习题 7－2 中，当两钢杆的温度均升高 30°C 时，求两杆由荷载及温度升高而引起的轴力。材料的线膨胀系数 $\alpha_l=12\times10^{-6}/(^\circ\mathrm{C})$，弹性模量 $E=210$ GPa。

*7－13　在习题 7－7 中，当钢杆温度升高 40 °C 时，分别求：

(1) 无荷载作用时，杆中的温度应力；

(2) 由荷载及温度升高引起的杆中的应力。材料的线膨胀系数 $\alpha_l=2\times10^{-6}/(^\circ\mathrm{C})$。

*7－14　钢质薄壁圆筒加热至 60 °C，正好密合地套在温度为 15 °C 的铜衬套上。试求此组合件冷却至 15°C 时，圆筒与衬套间的分布压力集度 p 以及圆筒与衬套过轴心的纵向截面上的应力。已知钢套筒壁厚 $\delta_1=1$ mm，弹性模量 $E_1=200$ GPa，线膨胀系数 $\alpha_l=12\times10^{-6}/(^\circ\mathrm{C})$；铜衬套的壁厚 $\delta_2=4$ mm，弹性模量 $E_2=100$ GPa；套合时钢套筒的内径与铜衬套的外径均为 $D=100$ mm。钢套筒与铜衬套的宽度(垂直图面)皆为 10 mm。

7－15　在 A、B 间拉紧的缆索受到的预拉力 $F_0=10$ kN，若再在 C 处作用荷载 $F=15$ kN，试考察当 h 从 0 变化到 l 时，缆索中拉力的变化情况。(提示：缆索不能承受压力。)

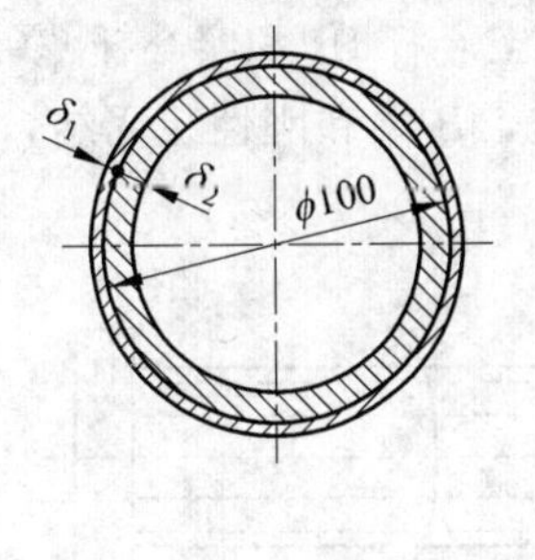

题 7－14 图

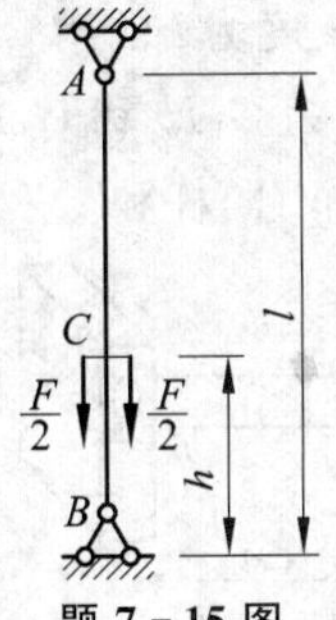

题 7－15 图

*7－16　图示一个套有铜管的钢螺栓。螺栓的螺距(螺母转一圈轴向移动的距离)为 3 mm，钢的弹性模量 $E_1=200$ GPa，线膨胀系数 $\alpha_{l,1}=12.5\times10^{-6}/(^\circ\mathrm{C})$；铜的弹性模量 $E_2=100$ GPa，线膨胀系数 $\alpha_{l,2}=16.0\times10^{-6}/(^\circ\mathrm{C})$。试求下述四种情况下螺栓及套管横截面上的应力：

(1) 螺母拧紧 1/4 转；

(2) 螺母拧紧 1/4 转后，在螺栓两端加拉力 $F=80$ kN；

(3) 温度变化前铜管和钢螺栓刚接触不受力，然后温度上升 50 °C；

(4) 在(2)的情况下，温度上升 50 °C。

*7－17　刚性梁 AB 悬挂于三根平行杆上。$l=2$ m，$F=40$ kN，$a=1.5$ m，$b=1$ m，

$c=0.25$ m，$\Delta=0.2$ mm。1 杆由黄铜制成。$A_1=200\ \mathrm{mm}^2$，$E_1=100$ GPa，$\alpha_{l,1}=16.5\times10^{-6}/(^\circ\mathrm{C})$。2 杆和 3 杆由 Q235 钢制成，$A_2=100\ \mathrm{mm}^2$，$A_3=300\ \mathrm{mm}^2$，$E_2=E_3=200$ GPa，$\alpha_{l,2}=\alpha_{l,3}=12.5\times10^{-6}/(^\circ\mathrm{C})$。设温度升高 20℃，试求各杆的应力。

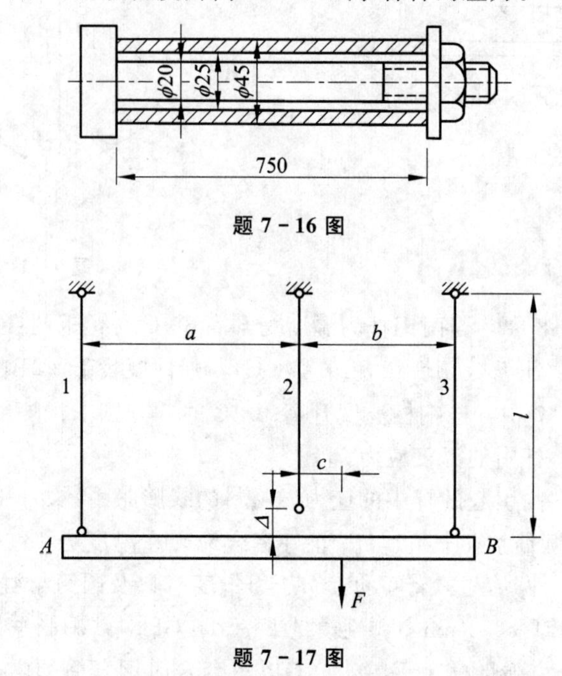

题 7-16 图

题 7-17 图

7-18 图示阶梯形圆杆 AB，两端固定，AC 段的直径为 d_1，长度为 a，CB 段的直径为 d_2，长度为 $2a$。在 C 截面处作用外力偶矩 M_e。若 $d_1=2d_2$，求两端的反力偶矩 M_A 和 M_B，并作扭矩图。

7-19 图示长度为 l 的组合杆，由材料不同的空心杆 ① 和实心杆 ② 组成，① 杆和 ② 杆的扭转刚度分别为 $G_1I_{p_1}$ 和 $G_2I_{p_2}$，杆的 A 端固定，B 端和刚性板固结，在 C 截面处作用外力偶矩 M_e。试作 ① 杆和 ② 杆的扭矩图。

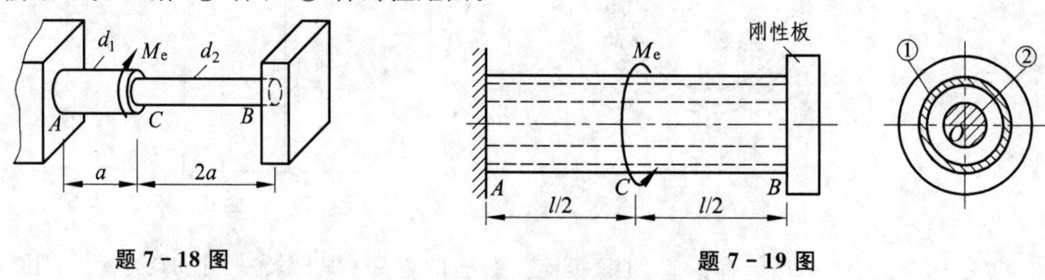

题 7-18 图　　**题 7-19 图**

7-20 AB、CD 为直径相同的圆截面杆，A、C 端固定，BF、DE 为刚性杆，两杆在 E、F 处用铰连接，在 E 处作用竖直向下的力 F。设 AB 和 CD 两杆材料的切变模量之比为 $G_1:G_2=3:1$。试问两杆的扭矩各为多少？

7-21 两根长度均为 $l=2$ m 的圆钢管松套在一起，外管的尺寸 $D_1=100$ mm、$d_1=90$ mm，内管的尺寸为 $D_2=90$ mm、$d_2=80$ mm，材料的切变模量 $G=80$ GPa。当内管在两端受到外力偶矩 $M_e=2\ \mathrm{kN\cdot m}$ 作用而扭转时，在每端将两管焊接在一起，然后卸掉外力偶矩。试求组合管横截面上的切应力，并画出切应力沿半径的变化图。

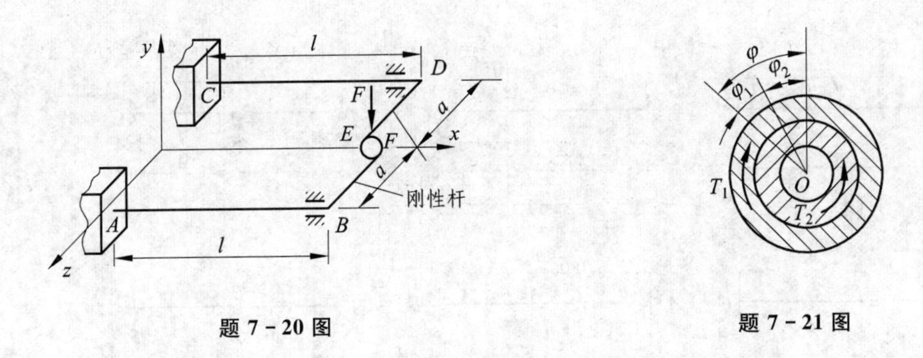

题 7-20 图　　　　题 7-21 图

提示：设内管在外力偶矩 M_e 作用下产生的两端截面的相对扭转角为 φ，两管在端部焊接并卸掉 M_e 后，外管的扭转角为 φ_1，内管的扭转角为 φ_2，变形几何关系如图所示。

7-22　图示 AB 轴的扭转刚度为 GI_p，CD 杆和 FG 杆的拉伸刚度为 EA。AB 轴和横梁牢固结合，横梁可视为刚体。试求杆的轴力和轴的扭矩。

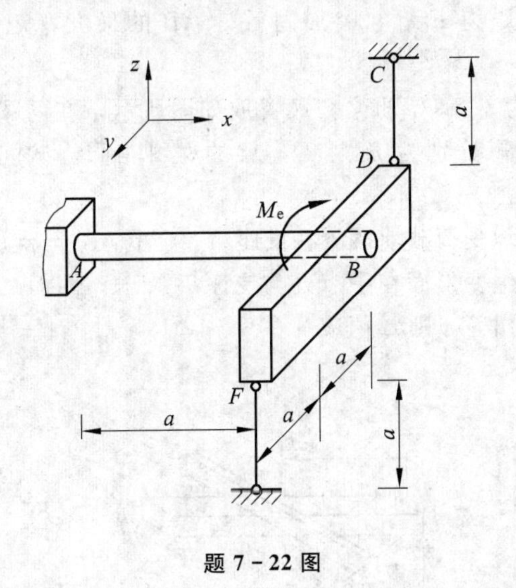

题 7-22 图

7-23　两端固定的圆截面杆如图所示。AB 段为实心杆，BC 段为空心杆，两段杆的材料相同，在 B 截面处作用扭转力偶矩 M_e。在线弹性范围内，当许用力偶矩 $[M_e]$ 达到最大时，求两段杆长度之比 $l_1/l_2=$？

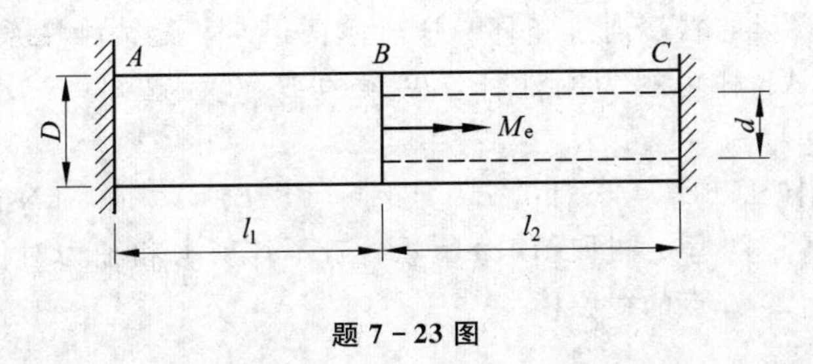

题 7-23 图

7-24　试求图示各超静定梁的支反力，并绘剪力图和弯矩图。已知 EI 为常量。

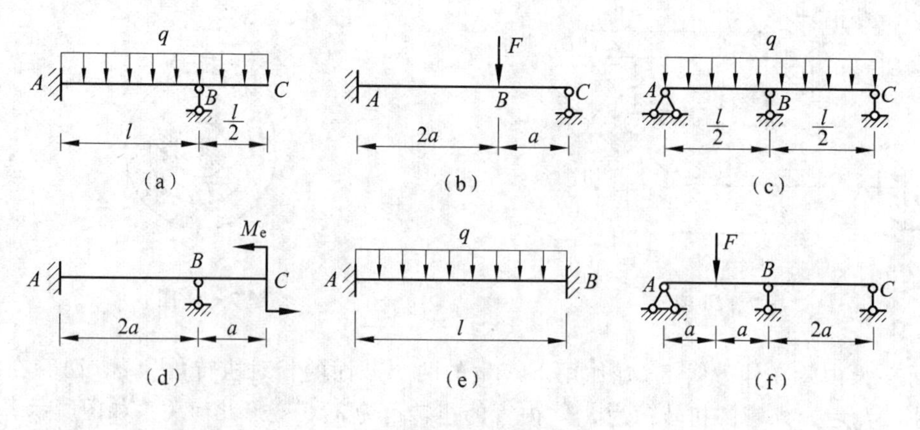

题 7-24 图

7-25 梁 AB 因强度和刚度不足，用同一材料和同样截面的短梁 AC 加固如图所示。试求：(1) 两梁接触处的压力 F_C；(2) 加固后梁 AB 的最大弯矩和 B 点的挠度减小的百分数。

7-26 两根长度各为 l_1 和 l_2 的梁交叉置放如图所示，在两梁交叉点处作用有集中荷载 F。两梁横截面的惯性矩分别为 I_1 及 I_2，梁的材料相同。试问在两梁间荷载是怎样分配的？

7-27 直梁 ABC 在承受荷载前搁置在支座 A、C 上，梁与支座 B 间有一间隙 Δ。当加上均布荷载 q 后，梁就发生变形而在中点处与支座 B 接触，因而三个支座都产生约束反力。如果要使这三个约束反力相等，则 Δ 值应为多少？

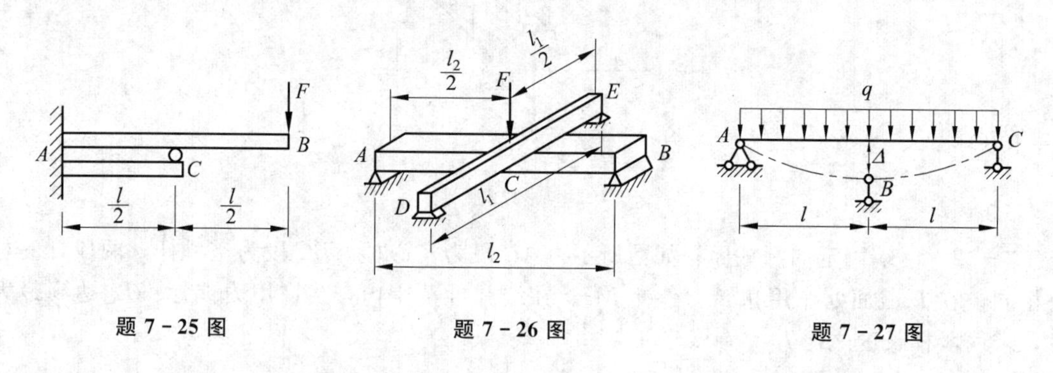

题 7-25 图 **题 7-26 图** **题 7-27 图**

7-28 图示 BC 梁的右端通过竖杆 AB 与弹簧相连，弹簧刚度系数为 k。若连接处 B 为刚性节点，且 AB 杆可视为刚性杆，又梁的 E、I 为已知，试求梁的 B 截面上的弯矩。

* **7-29** 图示刚架 $ABCD$，三杆的 EI 均相同，且 $EI=5\times10^3\ \text{kN}\cdot\text{m}^2$，$CD$ 杆受均布荷载 q 作用，已知各杆的弯矩图如图(b)所示。若不计剪力和轴力对位移的影响，试求：(1) C 点的角位移；(2) A 点的线位移。

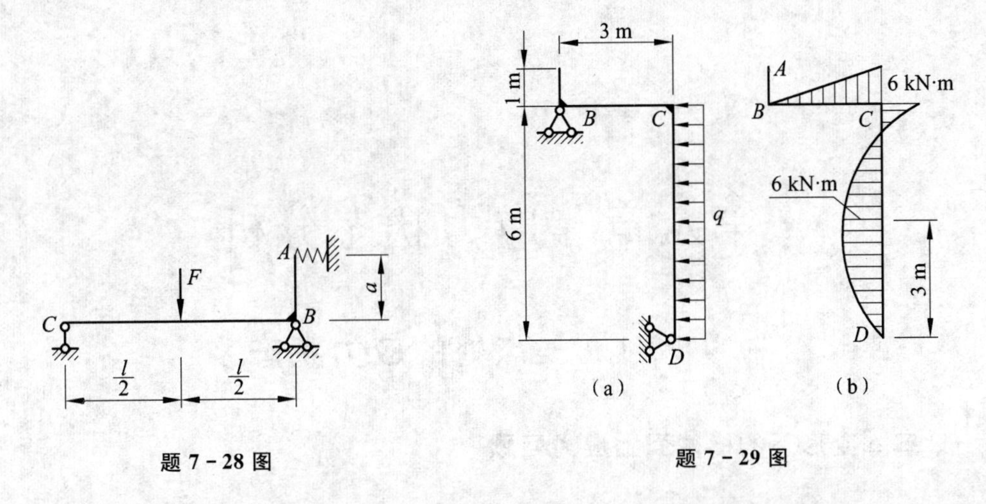

题 7-28 图　　　　题 7-29 图

7-30　图示结构中，AC 梁的弯曲刚度为 EI，AD 杆的拉压刚度为 EA。求 AD 杆的轴力 F_N。

7-31　图示结构中，悬臂梁 AB 和简支梁 DE 的弯曲刚度均为 EI，BC 杆的拉压刚度为 EA。求 DE 梁 C 截面的铅垂位移 Δ_{Cy}。

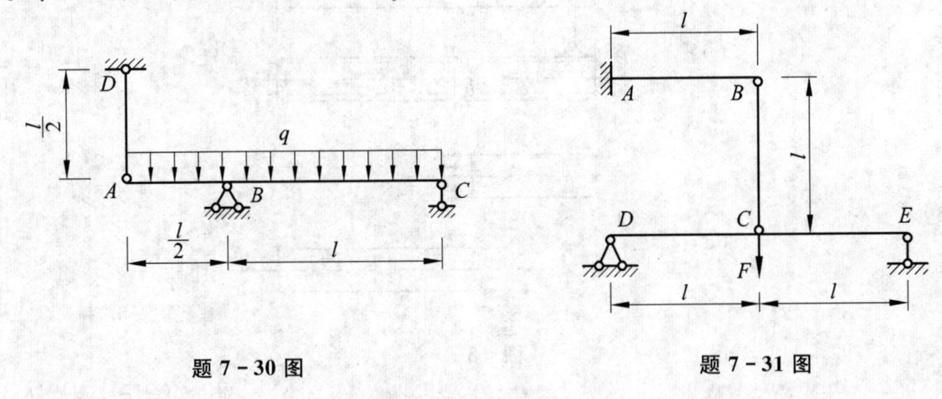

题 7-30 图　　　　题 7-31 图

*__7-32__　一直径 $d=25$ mm 的实心钢杆和外径 $D=50$ mm、内径 $d=25$ mm 的铜管，用螺栓连接如图所示。螺栓的直径 $d_1=10$ mm。已知：钢和铜的弹性模量及线膨胀系数分别为 $E_1=200$ GPa，$\alpha_{l1}=12.5\times10^{-6}/(°C)$ 和 $E_2=100$ GPa，$\alpha_{l2}=16\times10^{-6}/(°C)$。试求当温度升高 30 °C 时螺栓内产生的切应力。

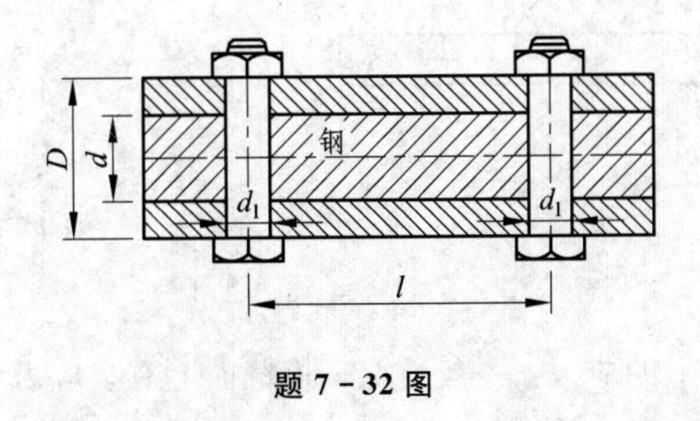

题 7-32 图

第八章　应力状态分析

§8-1　一点处的应力状态

一、基本变形下的横截面上应力回顾

拉(压)杆横截面上的应力：横截面上只有正应力，其计算式为 $\sigma_x=\dfrac{F_N}{A}$。

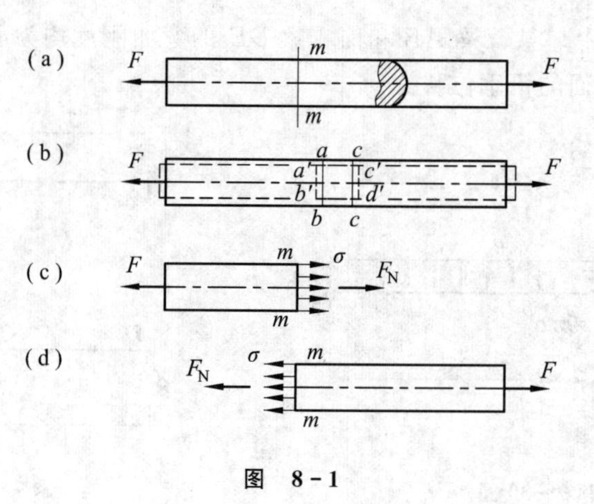

图　8-1

等直圆杆扭转时横截面上的应力：横截面上只有切应力，其计算式为 $\tau_\rho=\dfrac{T\rho}{I_p}$。

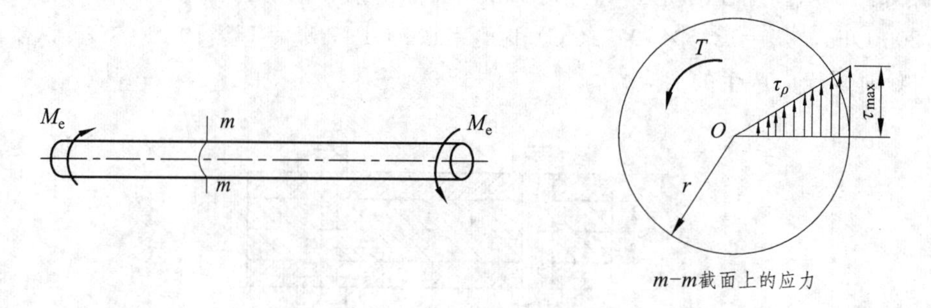

图　8-2

梁横力弯曲时横截面上的应力：一般情况下横截面上有正应力和切应力，正应力计算式为 $\sigma_x=\dfrac{My}{I_z}$，切应力计算式为 $\tau=\dfrac{F_S S_z^*}{I_z b}$。例如一矩形截面等直梁的 $m-m$ 横截面上的应力分

布如图 8－3 所示。

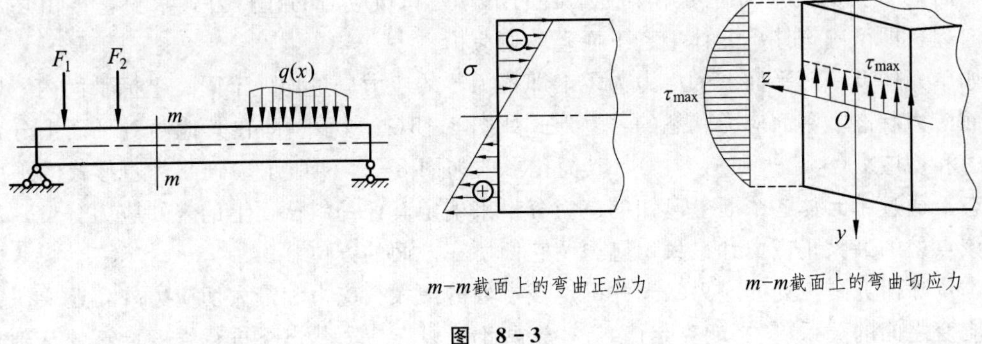

图 8－3

二、单元体

工程中的许多受力构件，其危险点的应力要比上述三种情况复杂得多。因而有必要研究这些危险点处各个截面上的应力情况，才能对危险点处的材料可能发生什么形式的破坏作出正确的判断。而过构件内一点所作各个截面上的应力情况，就称为该点处的**应力状态**。研究一点处应力状态的方法是围绕受力构件内某点假想取出一个各边长均为无限小的正六面体(称为单元体)。

当然，连续体内的应力一般来说是连续变化的，由于单元体取得无限小，因而可以认为它的每一个面上的应力都是各自均匀分布的，并且可以认为每对互相平行的面上的应力，其大小和性质是分别相同的。这样，微小正六面体上只有三个互相垂直的面上的应力是相互独立的。当它们为已知时，就可以用截面法求出任一斜截面上的应力，并由此确定该点处的最大正应力和最大切应力及其所在的截面方位，用以作为强度计算的依据。

例如，研究图 8－4(a)所示受力构件内某一点处的应力状态，可以用三对相互垂直的平面，围绕 A 点取出一个单元体。如图 8－4(b)所示，图中任意一对平行平面上的应力是相等的，即图中两侧面 ab' 和 dc'、前面 ac 和后面 $a'c'$、上面 ad' 和下面 bc' 上的应力是分别相等的。

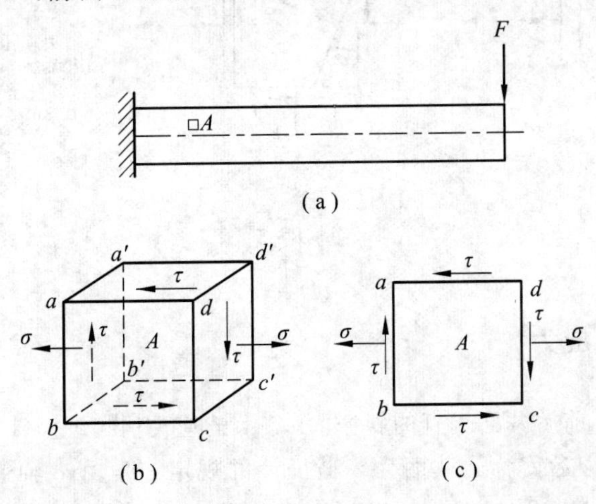

图 8－4

通常，可将这种有一对平行平面上应力为零的单元体简化为平面图形[图 8-4(c)]。本例中梁横截面上 A 点处的应力，可用梁横截面上正应力和切应力的计算公式求得，再由切应力互等定理，即可确定该单元体上、下面上的切应力。

如单元体有一对平面上的应力为零，即不为零的应力分量均处于同一坐标平面内，则称为**平面应力状态**。平面应力状态的普遍形式如图 8-5(a)所示，即在其他两对平面上分别有正应力和切应力(σ_x、τ_x 和 σ_y、τ_y)，其简化形式如图 8-5(b)所示。研究普遍形式的平面应力状态，通过单元体各个面上已知的应力分量来确定其任一斜截面上的未知应力分量，从而确定该点处的最大正应力和最大切应力及它们所在截面的方位。

本章除研究一点处的应力状态并确定该点处的最大正应力和最大切应力外，还要研究应力与应变之间的关系(广义胡克定律)等，这些都是复杂应力状态下进行强度计算的基础。此外，由实测的应变去推算测点处的应力时，也需应用广义胡克定律。

§8-2 平面应力状态分析

设从受力物体内某点处取出一单元体[图 8-5(a)]，它的前后两个面上的应力等于零，其他两对互相垂直的面上分别作用着已知的应力，即在 x 截面(外法线与 x 轴平行的截面)上作用着应力 σ_x、τ_x，在 y 截面(外法线与 y 轴平行的截面)上作用着应力 σ_y、τ_y。这些应力均与 xy 平面相平行。后面将证实，这种应力状态一般为**平面应力状态**。为方便起见，将该单元体用平面图表示，如图 8-5(b)所示。关于应力的符号规定仍与以前相同，即正应力以拉应力为正而压应力为负，切应力以对单元体内任一点顺时针转为正，反之为负。在图 8-5 中的 σ_x、σ_y 和 τ_x 皆为正值，而 τ_y 则为负值，且根据切应力互等定理有 $\tau_y=-\tau_x$。

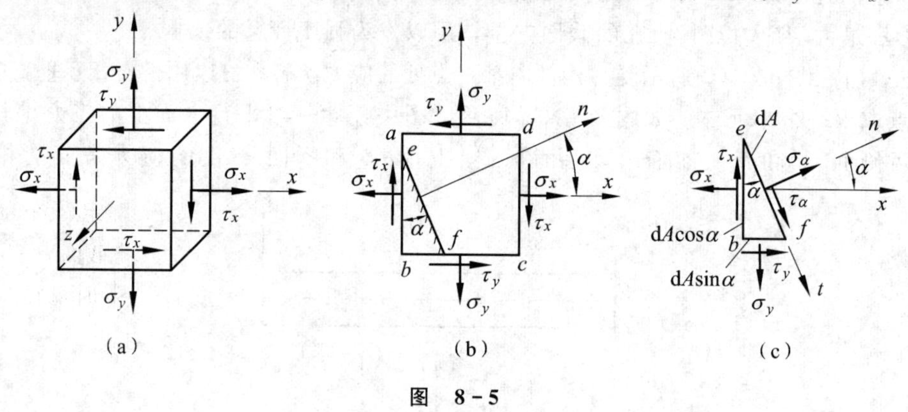

图 8-5

一、斜截面上的应力

现在研究与单元体前后两面垂直的斜截面 ef 上的应力[图 8-5(b)]，ef 截面的外法线 n 和 x 轴的夹角为 α，以后就称此截面为 α 截面，并规定 α 角由 x 轴逆时针转到 n 时为正。设想用 ef 截面将单元体截开，并取 efb 部分[图 8-5(c)]来研究其平衡。α 截面上的应力用 σ_α 和 τ_α 表示，并均设为正值。ef 截面的面积用 $\mathrm{d}A$ 表示，则 eb 和 bf 截面的面积分别为

$dA\cos\alpha$ 和 $dA\sin\alpha$。取 n 和 t 为参考坐标轴[图 8-5(c)]，写出平衡方程

$$\sum F_n=0,\quad \sigma_\alpha dA+(\tau_x dA\cos\alpha)\sin\alpha-(\sigma_x dA\cos\alpha)\cos\alpha+(\tau_y dA\sin\alpha)\cos\alpha-(\sigma_y dA\sin\alpha)\sin\alpha=0$$

$$\sum F_t=0,\quad \tau_\alpha dA-(\tau_x dA\cos\alpha)\cos\alpha-(\sigma_x dA\cos\alpha)\sin\alpha+(\tau_y dA\sin\alpha)\sin\alpha+(\sigma_y dA\sin\alpha)\cos\alpha=0$$

由此可得

$$\sigma_\alpha=\sigma_x\cos^2\alpha+\sigma_y\sin^2\alpha-(\tau_x+\tau_y)\sin\alpha\cdot\cos\alpha \tag{a}$$

$$\tau_\alpha=(\sigma_x-\sigma_y)\sin\alpha\cos\alpha+\tau_x\cos^2\alpha-\tau_y\sin^2\alpha \tag{b}$$

因为 τ_x 和 τ_y 的大小相等(它们的指向已表示在图 8-5 中)，所以式中的 τ_y 可用 τ_x 代替。再利用三角公式

$$\cos^2\alpha=\frac{1+\cos2\alpha}{2},\qquad \sin^2\alpha=\frac{1-\cos2\alpha}{2}$$

$$2\sin\alpha\cos\alpha=\sin2\alpha$$

可将(a)式和(b)式简化为

$$\sigma_\alpha=\frac{\sigma_x+\sigma_y}{2}+\frac{\sigma_x-\sigma_y}{2}\cos2\alpha-\tau_x\sin2\alpha \tag{8-1}$$

$$\tau_\alpha=\frac{\sigma_x-\sigma_y}{2}\sin2\alpha+\tau_x\cos2\alpha \tag{8-2}$$

上列两式表达了构件内任意一点处不同方位斜截面上的正应力 σ_α 和切应力 τ_α 随 α 角而改变的规律。通过一点的所有不同方位截面上应力的全部情况，就称为该点处的应力状态。上列两式就是平面应力状态[图 8-5(a)]下，任一 α 截面上应力 σ_α 和 τ_α 的计算公式。当 σ_x、σ_y 和 τ_y 已知时，可由该两式求出 σ_α 和 τ_α。这种方法称为**解析法**。

下面就两种特殊情况的斜截面应力进行分析：

1. 拉(压)杆斜截面上的应力

现研究与横截面成 α 角的任一斜截面 $k-k$ 上的应力[图 8-6(a)]。为此，可在该斜截面上选取某一点 A[图 8-6(b)]，并在 A 点处用三对相互垂直的截面围绕 A 点取出一个单元体[图 8-6(c)]，该点处的应力状态可由拉(压)杆横截面上的正应力 σ 完全确定，称为单轴应力状态(或单向应力状态)，可用图 8-6(d)表示。参照本节的分析，对于斜截面 $k-k$ 上的应力[图 8-6(e)，图 8-6(f)]，由式(8-1)和式(8-2)，取 $\sigma_x=\sigma$，$\sigma_y=\tau_x=0$ 时可得

$$\sigma_\alpha=\frac{\sigma}{2}(1+\cos2\alpha)=\sigma\cos^2\alpha \tag{a}$$

$$\tau_\alpha=\frac{\sigma}{2}\sin2\alpha \tag{b}$$

由(a)、(b)两式可见，通过拉杆内任意一点不同方位截面上的正应力 σ_α 和切应力 τ_α，其数值随 α 角作周期性变化，它们的最大值及其所在截面的方位为：(1)当 $\alpha=0$ 时，$\sigma_\alpha=\sigma$ 是 σ_α 中的最大值。即通过拉杆内某一点的横截面上的正应力，是通过该点的所有不同方位截面上正应力中的最大值。(2)当 $\alpha=45°$时，$\tau_\alpha=\frac{\sigma}{2}$是 τ_α 中的最大值，即与横截面成 45°的斜截面上的切应力，是拉杆所有不同方位截面上切应力中的最大值。

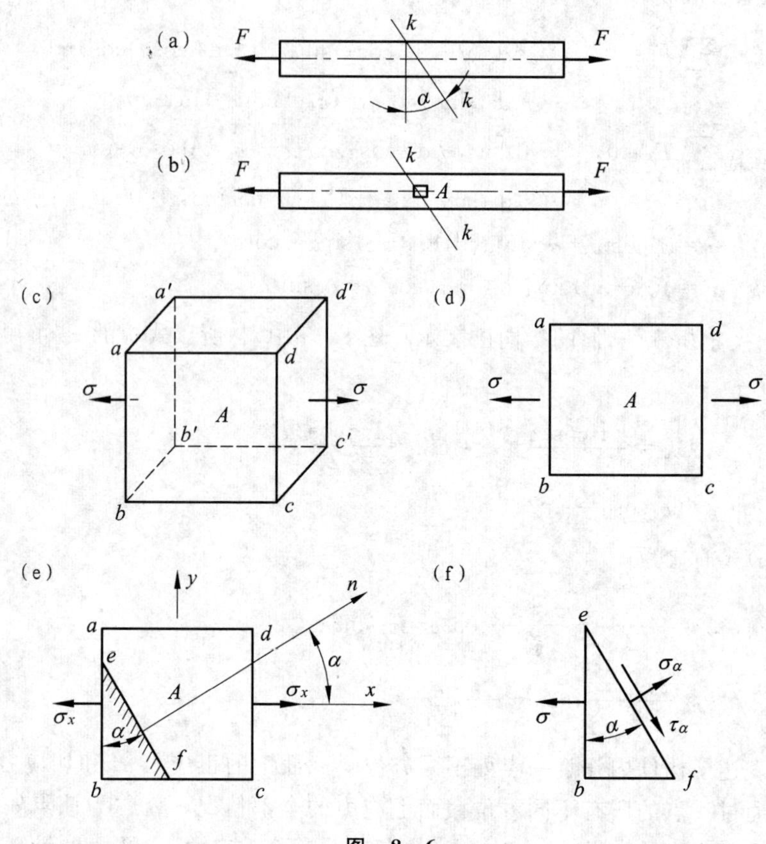

图 8-6

以上的全部分析结果对于压杆也同样适用。

关于低碳钢拉伸试验中出现滑移线的解释：前面曾提到(§2-5)，在低碳钢的拉伸试验中，若试样经过抛光，则在试样表面将可看到大约与横截面成45°方向的条纹[图 8-7(b)]。低碳钢拉伸时其应力状态与图8-6所示的情况完全相同，这样就可参照上面的(a)和(b)两

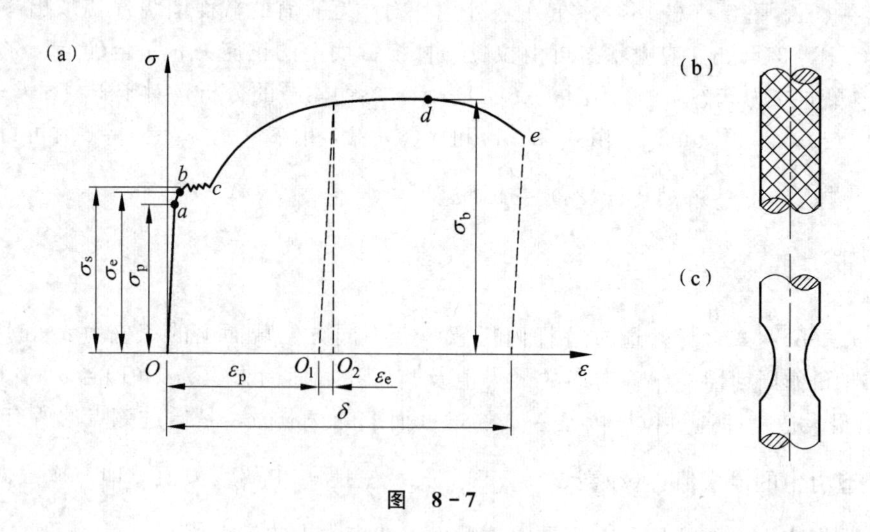

图 8-7

式，其切应力 τ_α 的最大绝对值出现在与横截面成±45°方向(τ_α 的最大值出现在 45°方向，最小值出现在−45°方向)，该切应力的最大(最小)值会引起低碳钢这类塑性材料沿该切应力最大(最小)面的剪切滑移，出现**滑移线**。

关于铸铁压缩实验中沿斜截面出现破坏的解释：前面曾提到(§2-5)，在铸铁的压缩实验中，试样将沿与横截面大致成 50°～55°倾角的斜截面发生错动而破坏(图 8-8)。铸铁压缩时其应力状态与低碳钢拉伸时的情况相反，可参照图 8-6 和上面的(a)、(b)两式，当 $\alpha=\pm45°$时，其切应力 τ_α 的绝对值的最大值出现在与横截面成±45°方向，该最大切应力是引起铸铁这类脆性材料在受压时发生错动破坏的主要原因(还有一些其他次要因素引起错动角度有 5°～10°的偏离)。

图 8-8

2. 等直圆杆扭转时斜截面上的应力

等直圆杆扭转时[图 8-9(a)]，其表面上一点 A 处的应力状态单元体的选取如图 8-9(b)所示。该点处的应力状态单元体仅在两对相互垂直的平面上存在切应力而无正应力，这种应力状态称为**纯剪切应力状态**。现研究与横截面成 α 角的任一斜截面上的应力[图 8-9(c)]。参照本节的分析，对于斜截面上的应力[图 8-9(d)、(e)]，由式(8-1)和式(8-2)，取 $\tau_x=\tau$，$\sigma_x=\sigma_y=0$ 时可得

$$\sigma_\alpha=-\tau\sin2\alpha \tag{c}$$

$$\tau_\alpha=\tau\cos2\alpha \tag{d}$$

由式(d)可知，单元体的四个侧面(分别为 $\alpha=0°$和 $\alpha=90°$)上的切应力绝对值最大，均等于 τ。而由式(c)可知，在 $\alpha=-45°$和 $\alpha=45°$两斜截面上的正应力分别为

$$\sigma_{-45°}=\sigma_{\max}=+\tau$$

和

$$\sigma_{45°}=\sigma_{\min}=-\tau$$

即该两截面上的正应力分别为 σ_α 中的最大值和最小值，即一为拉应力，另一为压应力，其绝对值均等于 τ，且最大、最小正应力的作用面与最大切应力的作用面之间互成 45°，如图 8-9(e)所示。附带指出，这些结论是纯剪切应力状态的特点，并不仅限于等直圆杆扭转这一特殊情况。

关于铸铁扭转实验中呈螺旋形曲面破坏的解释：前面曾提到(§3-5)，在铸铁的扭转实验中，破坏是从杆的最外层与杆横截面约成−45°(或+45°)倾角的螺旋形曲面发生拉断而产生的脆性断裂(图 8-10)。事实上，图 8-10 所示的扭转与图 8-9 所示的情况完全相同，因此，可以采用上面式(c)和(d)的结果进行分析。也就是说，如在圆杆的最外层选取的单元体[图 8-9(b)]，则最大拉应力出现在与杆横截面约成−45°的斜截面上[图 8-9(e)]。而对于铸铁类脆性材料，其拉伸强度很低，甚至低于其剪切强度，从而造成铸铁圆杆的这种沿螺旋形曲面的拉伸破坏。

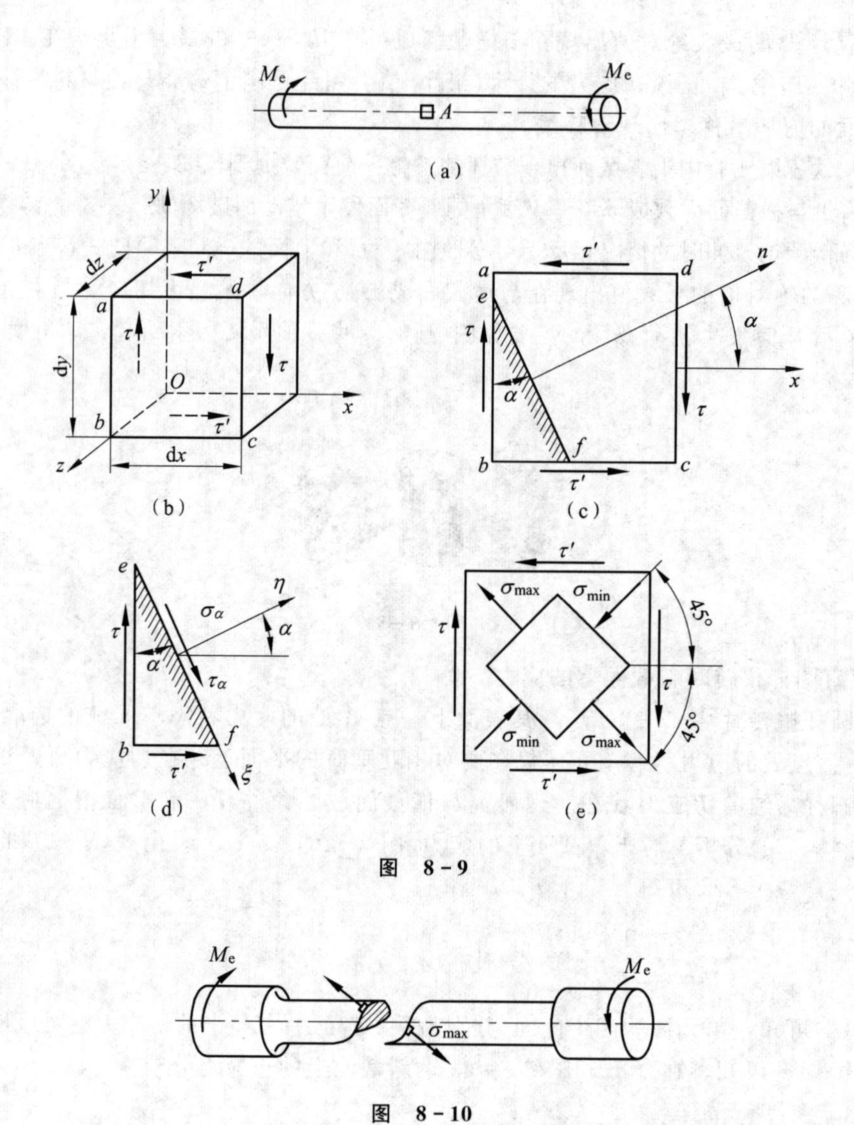

图 8-9

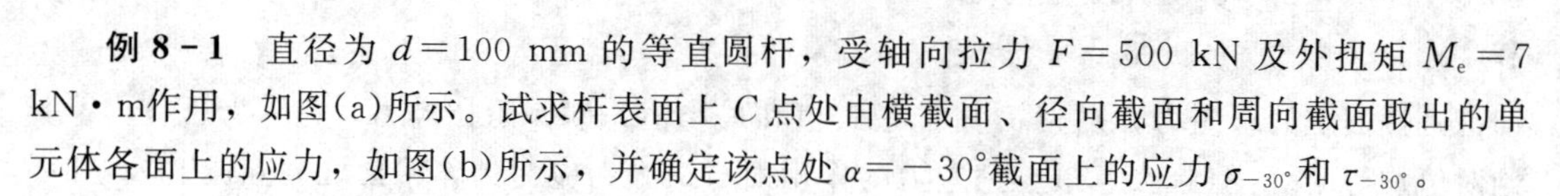

图 8-10

例 8-1 直径为 $d=100$ mm 的等直圆杆，受轴向拉力 $F=500$ kN 及外扭矩 $M_e=7$ kN·m作用，如图(a)所示。试求杆表面上 C 点处由横截面、径向截面和周向截面取出的单元体各面上的应力，如图(b)所示，并确定该点处 $\alpha=-30°$ 截面上的应力 $\sigma_{-30°}$ 和 $\tau_{-30°}$。

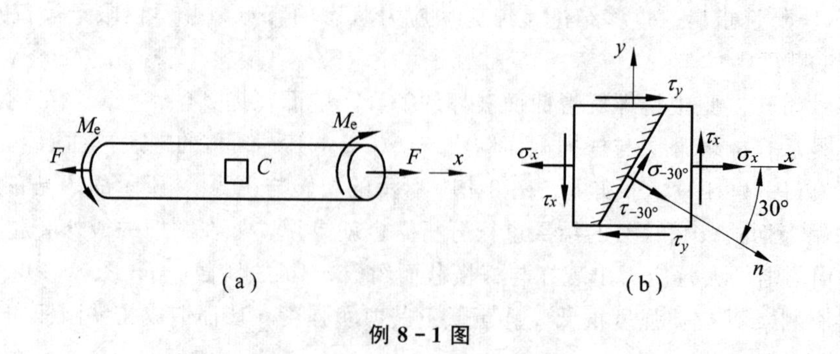

例 8-1 图

解 该杆横截面上 C 点处的拉应力和切应力分别为

$$\sigma_x=\frac{F}{A}=\frac{500\times10^3\ \text{N}}{\pi(100\times10^{-3}\ \text{m})^2/4}=63.7\times10^6\ \text{Pa}=63.7\ \text{MPa}$$

$$\tau_x=\frac{T}{W_p}=\frac{-7\times10^3\ \text{N}\cdot\text{m}}{\pi(100\times10^{-3}\ \text{m})^3/16}=-35.7\times10^6\ \text{Pa}=-35.7\ \text{MPa}$$

由(8-1)式和(8-2)式可得 C 点处 $\alpha=-30°$ 斜截面上的应力为

$$\sigma_{-30°}=\frac{63.7\ \text{MPa}+0}{2}+\frac{63.7\ \text{MPa}-0}{2}\cos2(-30°)-(-35.7)\sin2(-30°)$$
$$=16.9\ \text{MPa}$$

$$\tau_{-30°}=\frac{63.7\ \text{MPa}-0}{2}\sin2(-30°)+(-35.7\ \text{MPa})\cos2(-30°)$$
$$=-45.4\ \text{MPa}$$

二、应力圆(图解法)

平面应力状态下，除了用解析式(8-1)和(8-2)确定斜截面上的应力 σ_α 和 τ_α 之外，还可应用由解析式演变而来的图解法。

在(8-1)式和(8-2)式中，σ_x、σ_y、τ_x 为已知值，σ_α、τ_α 为变量，2α 为参数。可见该两式乃是圆的参数方程，消去参数 2α 之后就可得到圆的直角坐标方程。为此，先将(8-1)式和(8-2)式分别改写为

$$\sigma_\alpha-\frac{\sigma_x+\sigma_y}{2}=\frac{\sigma_x-\sigma_y}{2}\cos2\alpha-\tau_x\sin2\alpha \tag{c}$$

$$\tau_\alpha=\frac{\sigma_x-\sigma_y}{2}\sin2\alpha+\tau_x\cos2\alpha \tag{d}$$

再将(c)式和(d)式各自平方然后相加，得

$$\left(\sigma_\alpha-\frac{\sigma_x+\sigma_y}{2}\right)^2+\tau_\alpha^2=\left(\frac{\sigma_x-\sigma_y}{2}\right)^2+\tau_x^2 \tag{e}$$

可以看出，若以 σ 为横坐标，τ 为纵坐标，则(e)式就是所求的圆的直角坐标方程。圆心坐标为 $[(\sigma_x+\sigma_y)/2,\ 0]$，半径为 $\sqrt{[(\sigma_x-\sigma_y)/2]^2+\tau_x^2}$，其图形如图 8-11 所示，此圆称为**应力圆**或**莫尔**(O. Mohr)**圆**。上述推导过程表明，应力圆圆周上某点的坐标值(σ_α、τ_α)，就代表着单元体 α 截面上的应力。所以单元体的任一截面上的应力与应力圆上点的坐标有着一一对应的关系。

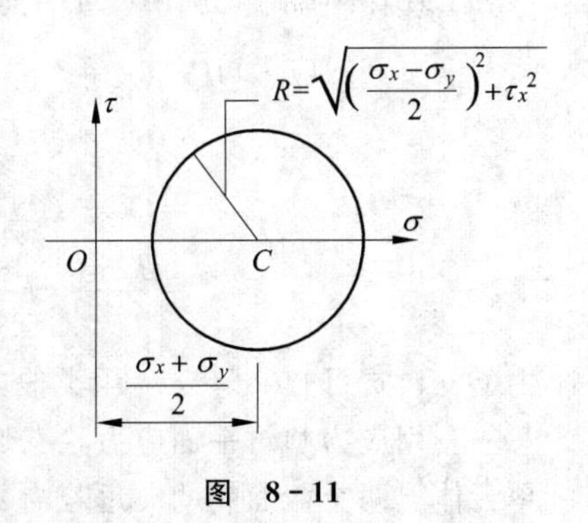

图 8-11

现在来研究应力圆的绘制方法及其应用。由于应力圆圆心的坐标为 $[(\sigma_x+\sigma_y)/2,\ 0]$，即圆心一定在 σ 轴上，因此，一般只要知道应力圆上任意两点(即单元体上任意两个截面上的应力)，就可以作出应力圆。例如图 8-12(a)所示的单元体，已知 σ_x、τ_x 和 σ_y，且 $\sigma_x>\sigma_y$，其作图步骤如下：

(1) 在 $\sigma-\tau$ 的直角坐标系内[图 8－12(b)]，按照选定的比例尺，量取 $\overline{OB_1}=\sigma_x$、$\overline{B_1D_x}=\tau_x$ 得 D_x 点，量取 $\overline{OB_2}=\sigma_y$、$\overline{B_2D_y}=\tau_y$ 得 D_y 点；

(2) 连接 D_x、D_y 两点，其连线与 σ 轴交于 C 点；

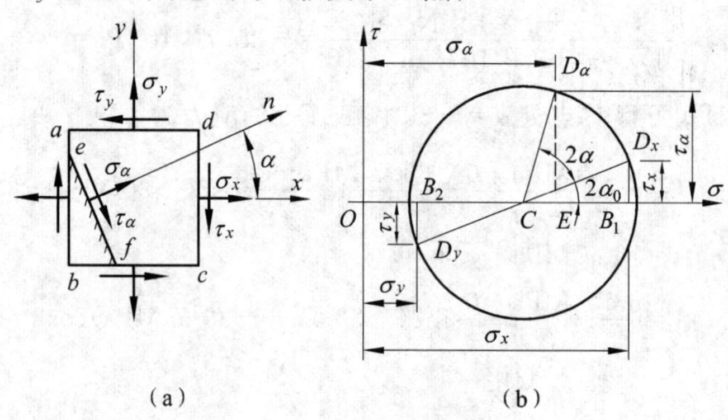

(a)　　(b)

图　8－12

(3) 以 C 点为圆心，$\overline{CD_x}$(或 $\overline{CD_y}$)为半径画圆。

上面所画的圆就是所要作的应力圆。因为

$$\triangle CB_1D_x \cong \triangle CB_2D_y$$

故有

$$\overline{OC}=\frac{1}{2}(\overline{OB_1}+\overline{OB_2})=\frac{1}{2}(\sigma_x+\sigma_y)$$

$$\overline{CB_1}=\frac{1}{2}(\overline{OB_1}-\overline{OB_2})=\frac{1}{2}(\sigma_x-\sigma_y)$$

$$\overline{CD_x}=\sqrt{\overline{CB_1^2}+\overline{B_1D_x^2}}=\sqrt{\left(\frac{\sigma_x-\sigma_y}{2}\right)^2+\tau_x^2}$$

可见圆心的坐标及半径的大小均与(e)式所表示的相同。

在应力圆作出之后，如欲求图 8－12(a)所示单元体某 α 截面上的应力 σ_α、τ_α，在给定的 α 角为正值时，只需以 C 为圆心，将半径 $\overline{CD_x}$ 沿逆时针转 2α 角到半径 $\overline{CD_\alpha}$[图 8－12(b)]，则 D_α 点的纵坐标、横坐标就分别代表该 α 截面上的应力 τ_α 和 σ_α。按照比例尺量取 D_α 点的坐标值，即得所求的 σ_α 和 τ_α 值。

上述作图法的正确性可证明如下：设图 8－12(b)中的 $\angle B_1CD_x=2\alpha_0$，则 D_α 点的横坐标为

$$\begin{aligned}\overline{OE}&=\overline{OC}+\overline{CE}=\overline{OC}+\overline{CD_\alpha}\cos(2\alpha+2\alpha_0)\\&=\overline{OC}+\overline{CD_\alpha}(\cos2\alpha_0\cos2\alpha-\sin2\alpha_0\sin2\alpha)\\&=\overline{OC}+(\overline{CD_x}\cos2\alpha_0)\cos2\alpha-(\overline{CD_x}\sin2\alpha_0)\sin2\alpha\\&=\frac{\sigma_x+\sigma_y}{2}+\frac{\sigma_x-\sigma_y}{2}\cos2\alpha-\tau_x\sin2\alpha\end{aligned}$$

由(8－1)式可知 $\overline{OE}=\sigma_\alpha$。用类似方法可证 D_α 点的纵坐标 $\overline{ED_\alpha}=\tau_\alpha$。

利用应力圆对平面应力状态作应力分析的方法，称为**图解法**。在应用时应当注意的是：单元体上两个截面间的夹角若为 α，则在应力圆上相应两点间的圆弧所对的圆心角应为 2α，而且两者转向应当一致。

例 8－2　利用应力圆求例 8－1 所示单元体的 $\alpha=-30^\circ$ 截面上的应力。

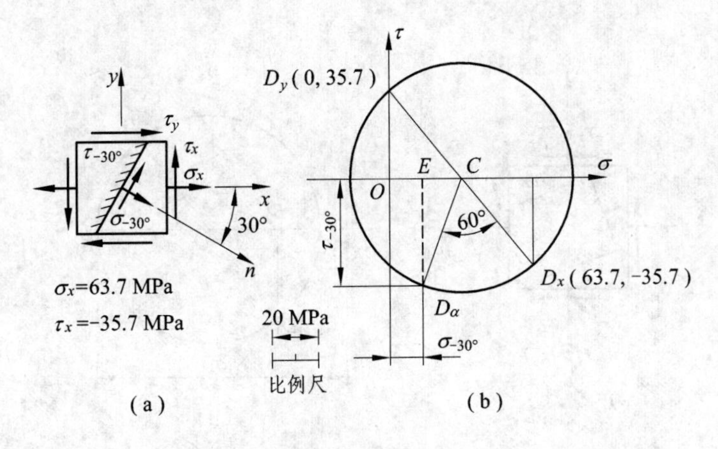

例 8-2 图

解 在 $\sigma-\tau$ 坐标系中，按选定的比例尺，由坐标(63.7，−35.7)和(0，35.7)分别确定 D_x 和 D_y 点。连接 D_x、D_y 两点的直线与 σ 轴交于 C 点，以 C 为圆心、$\overline{CD_x}$ 为半径画出应力圆[图(b)]。

在应力圆上，将半径 CD_x 沿顺时针方向转动 60°角至 $\overline{CD_\alpha}$，按比例尺分别量取 $\overline{OE}=17$ MPa，$\overline{D_\alpha E}=46$ MPa，即

$$\sigma_{-30^\circ}=17\ \text{MPa},\quad \tau_{-30^\circ}=-46\ \text{MPa}$$

三、主平面和主应力

如图 8-13(a)所示车轮与钢轨接触处，因横向变形受到周围材料的阻碍，故该处单元体的侧面上也将有压力作用，如图 8-13(b)所示的单元体其六个面上都没有切应力。像这种切应力等于零的截面称为该点处的**主平面**。主平面上的正应力称为该点处的**主应力**。在弹性力学中已经证明：对受力构件内的任一点一定可以找到三个互相垂直的主平面，即一定存在一个由主平面构成的单元体，并称为**主单元体**。因而一般说来每一点处都有三个主应力，通常用 σ_1、σ_2、σ_3 来表示，并按它们代数值的大小顺序排列，即 $\sigma_1\geqslant\sigma_2\geqslant\sigma_3$。

实际问题里，一点处的三个主应力中有的可能等于零。按照不为零的主应力数目，将一点处的应力状态分为三类：只有一个主应力不等于零的称为**单向应力状态**。例如拉(压)杆和纯弯曲梁内各点处的应力状态就属于这一类；有两个主应力不等于零的称为**二向(平面)应力状态**，这是实际问题中最常见的一类，例如纯剪切应力状态就属于二向应力状态；三个主应力都不等于零的称为**三向(空间)应力状态**，单向应力状态又称**简单应力状态**，而二向和三向应力状态又统称为**复杂应力状态**。

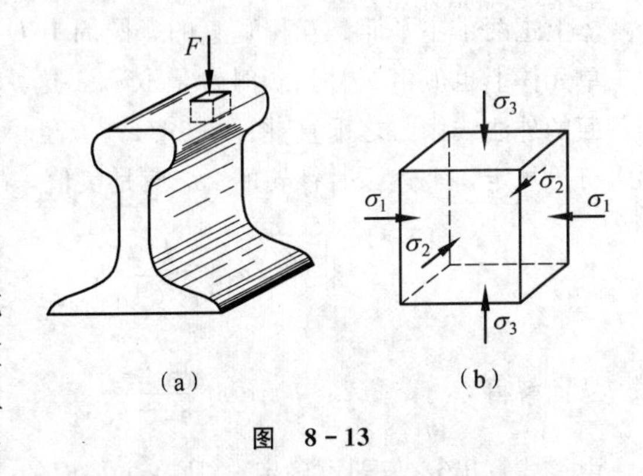

图 8-13

用应力圆确定主应力值及主平面方位比用解析法来得直观。现以图 8-14(a)所示的平

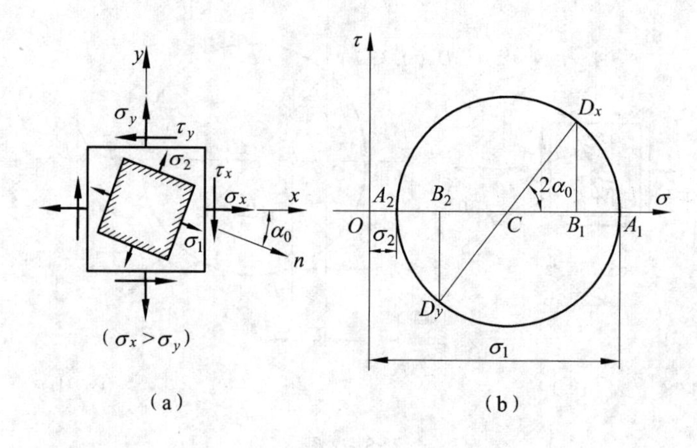

图 8-14

面应力状态为例，相应的应力圆示于图8-14(b)中，在应力圆上 A_1 及 A_2 两点的横坐标分别为最大及最小值，而纵坐标均为零。因此，这两点的横坐标就分别代表单元体两个主平面上的主应力。按比例尺量取这两点的横坐标值，即得主应力 σ_1 和 σ_2 的值。此外，也可由应力圆导出主应力的计算公式如下：

$$\sigma_1=\overline{OA_1}=\overline{OC}+\overline{CA_1}$$

$$\sigma_2=\overline{OA_2}=\overline{OC}-\overline{A_2C}$$

式中
$$\overline{OC}=\frac{1}{2}(\sigma_x+\sigma_y)$$

$$\overline{CA_1}=\overline{A_2C}=\overline{CD_x}=\sqrt{\left(\frac{\sigma_x-\sigma_y}{2}\right)^2+\tau_x^2}$$

于是可得
$$\sigma_1=\frac{1}{2}(\sigma_x+\sigma_y)+\sqrt{\left(\frac{\sigma_x-\sigma_y}{2}\right)^2+\tau_x^2} \tag{8-3}$$

$$\sigma_2=\frac{1}{2}(\sigma_x+\sigma_y)-\sqrt{\left(\frac{\sigma_x-\sigma_y}{2}\right)^2+\tau_x^2} \tag{8-4}$$

现在来确定主平面的方位。由于 A_1、A_2 两点位于应力圆同一直径的两端，因而在单元体上这两个主平面是互相垂直的。圆周上 D_x 点到 A_1 点所对的圆心角为顺时针的 $2\alpha_0$，则在单元体上也应由 x 轴按顺时针量取 α_0，这就确定了 σ_1 所在主平面的外法线，而 σ_2 所在主平面的外法线则与之垂直[图 8-14(a)]。也可以由应力圆导出 α_0 的计算公式。按照关于 α 的符号规定，上述顺时针转的 $2\alpha_0$ 应是负值，故由图 8-14(b)的直角三角形 CB_1D_x 可得

$$\tan(-2\alpha_0)=\frac{\overline{D_xB_1}}{\overline{CB_1}}=\frac{\tau_x}{\frac{1}{2}(\sigma_x-\sigma_y)}$$

从而解得
$$2\alpha_0=\arctan\frac{-2\tau_x}{\sigma_x-\sigma_y} \tag{8-5}$$

由该式算出 α_0 值即可确定 σ_1 所在主平面的方位。(8-5)式中右边的负号放在分子上，是和 $2\alpha_0$ 为负锐角一致的。这是因为 σ_x、σ_y、τ_x 均为正，而且 $\sigma_x>\sigma_y$，所以(8-5)式右边的分子为负，分母为正，$2\alpha_0$ 为第四象限角，即负锐角。

公式(8－3)、(8－4)和(8－5)也可由(8－1)式和(8－2)式用解析法导出，建议读者自行推导。

例 8－3 一焊接工字钢梁的尺寸和受力情况如图(a)、(b)所示，其剪力图和弯矩图如图(c)、(d)所示，横截面对中性轴的惯性矩 $I_z=88\times10^6\ \text{mm}^4$。试求 C 偏左横截面上 a、b 两点处[图(b)]的主应力值及主平面方位。

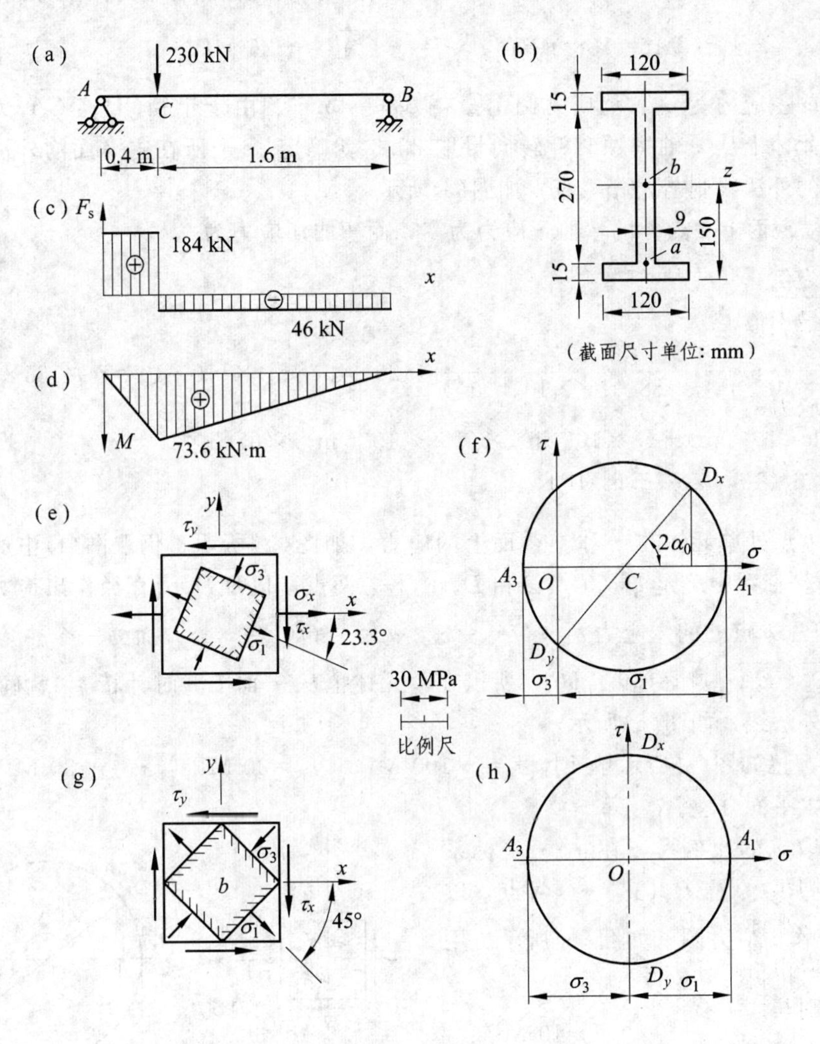

例 8－3 图

解 C 偏左横截面上 a 点处的弯曲正应力及弯曲切应力分别为

$$\sigma_x=\frac{M_C\cdot y_a}{I_z}=\frac{(73.6\times10^3\ \text{N}\cdot\text{m})\times(135\times10^{-3}\ \text{m})}{88\times10^6\times10^{-12}\ \text{m}^4}$$

$$=112.9\times10^6\ \text{Pa}=112.9\ \text{MPa}$$

$$\tau_x=\frac{F_{SC}\cdot S_z}{d\cdot I_z}$$

$$=\frac{(184\times10^3\ \text{N})\times(120\times10^{-3}\ \text{m})\times(15\times10^{-3}\ \text{m})\times(135\times10^{-3}\ \text{m}+7.5\times10^{-3}\ \text{m})}{(9\times10^{-3}\ \text{m})\times(88\times10^6\times10^{-12}\ \text{m}^4)}$$

$=59.6\times10^{6}\ \text{Pa}=59.6\ \text{MPa}$

因此，围绕 a 点用两个相邻横截面和两个与中性层平行的相邻纵截面取出一个单元体，其 x 和 y 截面上的应力，如图(e)所示。

在 $\sigma-\tau$ 坐标系中，按选定的比例尺，由 σ_x、τ_x 定出 D_x 点，根据 $\sigma_y=0$ 及 $\tau_y=-\tau_x$ 定出 D_y 点，以 $\overline{D_xD_y}$ 为直径即可画出应力圆，如图(f)所示。用比例尺在应力圆上分别量得

$$\sigma_1=\overline{OA_1}=138\ \text{MPa},\quad \sigma_3=-\overline{OA_3}=-26\ \text{MPa}$$

这里等于零的主应力为 σ_2。从应力圆上量得 $2\alpha_0=46.6°$。由于半径 $\overline{CD_x}$ 至 $\overline{CA_1}$ 为顺时针转向，故在单元体上从 x 轴按顺时针转向量取 $23.3°$ 就确定了 σ_1 所在主平面的外法线，而 σ_3 所在主平面的外法线则与之相垂直，如图(e)所示。

C 偏左横截面上 b 点处的弯曲正应力为零，而弯曲切应力为

$$\begin{aligned}\tau_x&=\frac{F_{SC}S_{z\max}}{d\cdot I_z}\\&=\frac{184\times10^{3}\ \text{N}}{(9\times10^{-3}\ \text{m})\times(88\times10^{6}\times10^{-12}\ \text{m}^4)}[(120\times10^{-3}\ \text{m})\times(15\times10^{-3}\ \text{m})(135\times10^{-3}\ \text{m}+\\&\quad 7.5\times10^{-3}\ \text{m})+(9\times10^{-3}\ \text{m})\times(135\times10^{-3}\ \text{m})\times(67.5\times10^{-3}\ \text{m})]\\&=78.6\times10^{6}\ \text{Pa}=78.6\ \text{MPa}\end{aligned}$$

据此可绘出 b 点处单元体的 x 和 y 截面上的应力，如图(g)所示。仍取图(f)中所用的比例尺，在 $\sigma-\tau$ 坐标系中确定 $D_x(0,\ \tau_x)$ 和 $D_y(0,\ \tau_y)$ 两点，以 $\overline{D_xD_y}$ 为直径作出应力圆，如图(h)所示。可见 b 点处的主应力 $\sigma_1=\overline{OA_1}=\tau_x$，$\sigma_3=-\overline{OA_3}=-\tau_x$，而另一个主应力 $\sigma_2=0$。由于半径 $\overline{OD_x}$ 至 $\overline{OA_1}$ 顺时针转了 $90°$，所以在单元体上从 x 轴按顺时针转 $45°$ 就确定了 σ_1 所在主平面的外法线，如图(g)所示。

例 8－4 已知图(a)所示单元体 $\sigma_x=-100\ \text{MPa}$，$\tau_x=30\ \text{MPa}$，$\sigma_y=-20\ \text{MPa}$。试求主应力的值及主平面方位。

解 按取定的比例尺，在 $\sigma-\tau$ 坐标系中确定 $D_x(\sigma_x,\ \tau_x)$ 及 $D_y(\sigma_y,\ \tau_y)$ 两点，以 $\overline{D_xD_y}$ 为直径作出应力圆，如图(b)所示。用选定的比例尺量得

$$\sigma_2=-\overline{OA_2}=-10\ \text{MPa}$$
$$\sigma_3=-\overline{OA_3}=-110\ \text{MPa}$$

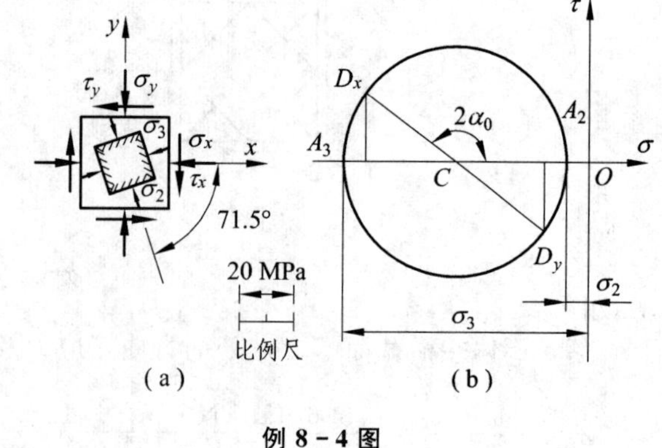

例 8－4 图

这里等于零的主应力为 σ_1。从应力圆上量得 $2\alpha_0=143°$，因半径 $\overline{CD_x}$ 至 $\overline{CA_2}$ 为顺时针转向，故在单元体上从 x 轴按顺时针转向量取 $71.5°$ 就确定了 σ_2 所在主平面的外法线，如图(a)所示。

例 8－5 图(a)所示单元体的 $\sigma_x=80\ \text{MPa}$，$\sigma_\alpha=30\ \text{MPa}$，$\tau_\alpha=20\ \text{MPa}$。试利用应力圆求 σ_y 和 α。

解 由 $\sigma_x=80\ \text{MPa}$，$\tau_x=0$，确定 D_x 点；由 $\sigma_\alpha=30\ \text{MPa}$，$\tau_\alpha=20\ \text{MPa}$，确定 D_α 点。

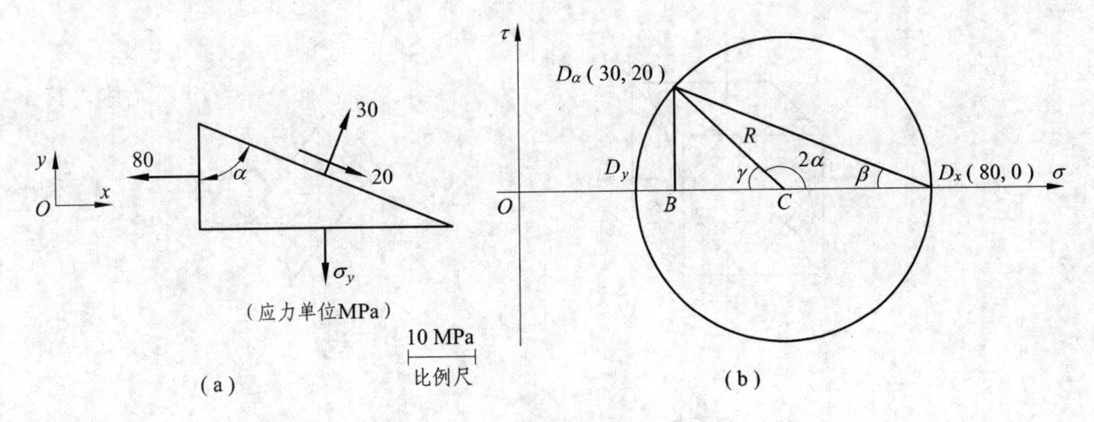

例 8-5 图

因为 D_x 和 D_α 点均在应力圆的圆上，且应力圆的圆心一定位于 σ 轴上，所以$\overline{D_xD_\alpha}$的垂直平分线和 σ 轴的交点 C 即为应力圆的圆心。以 C 点为圆心，$\overline{CD_x}$（或$\overline{CD_\alpha}$）为半径画出的圆[图(b)]就是单元体的应力圆。

利用应力圆所示的几何关系，得

$$\beta=\arctan\frac{20}{50}=21.8^\circ$$

$$2\alpha=180^\circ-2\times21.8^\circ=136.4^\circ，\alpha=68.2^\circ$$

$$\gamma=2\times21.8^\circ=43.6^\circ$$

$$R=\frac{20\ \text{MPa}}{\sin43.6^\circ}=29\ \text{MPa}$$

$$\sigma_y=80\ \text{MPa}-2\times(29\ \text{MPa})=22\ \text{MPa}$$

也可以在应力圆上量得 $\sigma_y=22$ MPa，$\alpha=68.2^\circ$。

* §8-3 三向应力状态的应力圆

图 8-15(a)表示一主单元体，主应力 σ_1、σ_2 和 σ_3 均为已知。

首先考察与 σ_2 主平面垂直的任意斜截面 $abcd$ 上的应力。设想用该截面将单元体截分为两部分，并研究其左下部分[图 8-15(b)]的平衡。由于 σ_2 所在的两个平面上的力是自相平衡力系，所以斜截面 $abcd$ 上的应力 σ 和 τ 与 σ_2 无关，仅由 σ_1 和 σ_3 来决定。因而这类截面上的应力 σ 和 τ，可由 σ_1 和 σ_3 所确定的应力圆上的点的坐标来表示[图 8-15(c)]。同理，与 σ_1（或 σ_3）主平面垂直的任一斜截面上的应力，可由 σ_2、σ_3（或 σ_1、σ_2）所确定应力圆上的点坐标来表示[图 8-15(c)]。

进一步的研究表明，与三个主平面均相交的任一斜截面 efg[图 8-15(a)]上的应力，应由上述三个应力圆所围成的阴影区内的某一点 D 的坐标来表示[图 8-15(c)]。

综上所述，图 8-15(a)所示单元体的任意斜截面上的应力，总可由上述三个应力圆上和三个应力圆所围成的阴影区内的点的坐标来表示。从图 8-15(c)可明显看出：最大应力圆上 A_1 及 A_3 点的横坐标 σ_1 及 σ_3 就分别代表单元体中的最大及最小正应力，即

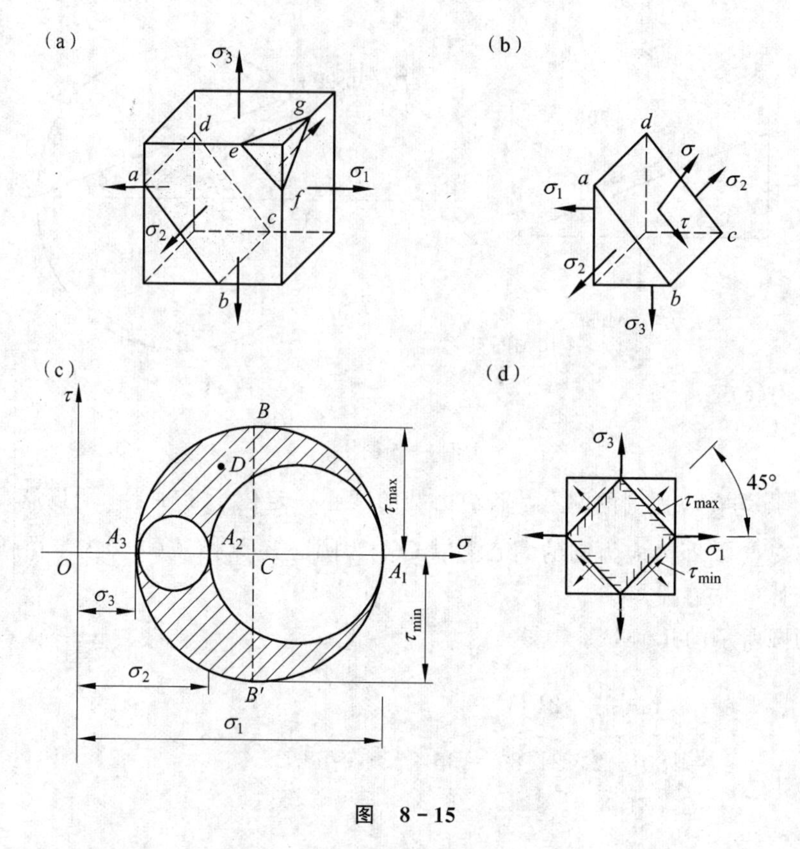

图 8-15

$$\sigma_{max}=\sigma_1, \quad \sigma_{min}=\sigma_3 \tag{8-6}$$

而最大应力圆上 B 点的纵坐标即该圆的半径就代表单元体的最大切应力，即

$$\tau_{max}=\frac{\sigma_1-\sigma_3}{2} \tag{8-7}$$

因为 B 点位于由 σ_1 和 σ_3 所确定的应力圆上，且平分 A_1、A_3 两点间的圆弧，所以，最大切应力 τ_{max}所在的截面与 σ_2 主平面垂直且与 σ_1 和 σ_3 的主平面各成 45°角[图 8-15(d)]。附带说明，B'点的纵坐标代表单元体中的最小切应力，其绝对值与最大切应力相同，它所在的截面也与 σ_2 主平面垂直且与最大切应力所在截面垂直。

上述两公式同样适用于平面应力状态和单向应力状态。需要指出：平面应力状态下的最大切应力仍按(8-7)式计算。例如，在图 8-15(a)中设 $\sigma_3=0$，而 σ_1、σ_2 仍为拉应力，此时依据 σ_1、σ_2 作出的应力圆将如图 8-15(c)中的 A_1A_2 小圆所示，与 σ_3 主平面垂直的截面中的极值切应力为$(\sigma_1-\sigma_2)/2$。但如果画出三个应力圆，就很容易看出单元体内的最大切应力应是 $\sigma_1/2$。

例 8-6 用应力圆求图(a)所示单元体的主应力和最大切应力值，并确定它们的作用面方位。

解 该单元体前后两个面(z 截面)上的切应力为零，故其上的正应力 $\sigma_z=-40$ MPa 是已知的主应力。如上所述，垂直于 z 平面的各截面上的应力与该主应力 σ_z 无关，即可依据 x 截面和 y 截面上的应力画出应力圆，如图(b)所示。从应力圆上按比例尺量得 $OA_1=28$ MPa、$OA_3=88$ MPa，将三个主应力按代数值的大小顺序排列之后，得

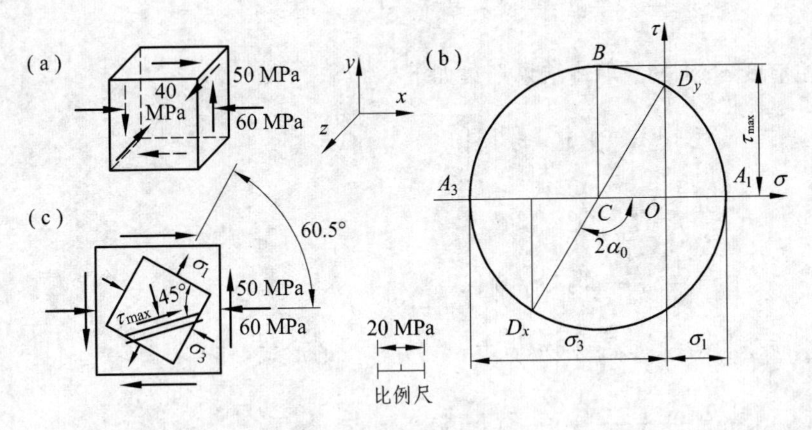

例 8-6 图

$$\sigma_1 = 28\ \text{MPa}, \quad \sigma_2 = -40\ \text{MPa}, \quad \sigma_3 = -88\ \text{MPa}$$

由于图(b)中的应力圆是三个应力圆中的最大者，故按比例尺量取该应力圆的半径，得

$$\tau_{\max} = \overline{BC} = 58\ \text{MPa}$$

从应力圆上量得 $2\alpha_0 = 121°$，据此便可确定 σ_1 主平面主位。σ_3 主平面与之相垂直，而最大切应力的作用面则与 z 平面垂直且与 σ_1 和 σ_3 主平面各成 45°角，如图(c)所示。

§8-4　应力和应变间的关系

一、广义胡克定律

设从受力物体内某点处取出一主单元体，其上作用着已知的主应力 σ_1、σ_2 和 σ_3，如图 8-16(a)所示。该单元体受力之后，它在各个方向的长度都要发生改变，而沿三个主应力方向的线应变称为**主应变**，并分别用 ε_1、ε_2 和 ε_3 表示。假如材料是各向同性的且在线弹性范围内工作，同时变形是微小的，那么，就可以用叠加法求主应变。

首先用叠加法[图 8-16(b)、(c)、(d)]求主应变 ε_1。当 σ_1 单独作用时，利用单向应力时的胡克定律，可得到 σ_1 方向的线应变 $\varepsilon_1' = \sigma_1/E$；当 σ_2 和 σ_3 分别单独作用时，在 σ_1 方向引起的变形是横向缩短，按照公式(2-6)可分别得到 σ_1 方向的线应变 $\varepsilon_1'' = -\nu\sigma_2/E$ 和 $\varepsilon_1''' = -\nu\sigma_3/E$。将它们叠加起来，即得三个主应力共同作用下的 σ_1 方向的主应变

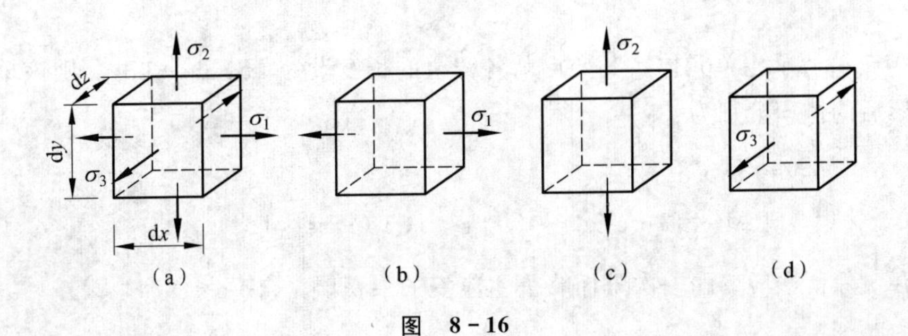

图　8-16

$$\varepsilon_1=\varepsilon_1'+\varepsilon_1''+\varepsilon_1'''=\frac{1}{E}[\sigma_1-\nu(\sigma_2+\sigma_3)]$$

同理可求得主应变 ε_2 和 ε_3。现将结果汇集如下

$$\left.\begin{aligned}\varepsilon_1&=\frac{1}{E}[\sigma_1-\nu(\sigma_2+\sigma_3)]\\ \varepsilon_2&=\frac{1}{E}[\sigma_2-\nu(\sigma_3+\sigma_1)]\\ \varepsilon_3&=\frac{1}{E}[\sigma_3-\nu(\sigma_1+\sigma_2)]\end{aligned}\right\}\tag{8-8a}$$

或改写为用主应变 ε_1、ε_2、ε_3 表示主应力 σ_1、σ_2、σ_3 的形式，即

$$\left.\begin{aligned}\sigma_1&=\frac{E}{(1+\nu)(1-2\nu)}[(1-\nu)\varepsilon_1+\nu(\varepsilon_2+\varepsilon_3)]\\ \sigma_2&=\frac{E}{(1+\nu)(1-2\nu)}[(1-\nu)\varepsilon_2+\nu(\varepsilon_3+\varepsilon_1)]\\ \sigma_3&=\frac{E}{(1+\nu)(1-2\nu)}[(1-\nu)\varepsilon_3+\nu(\varepsilon_1+\varepsilon_2)]\end{aligned}\right\}\tag{8-8b}$$

公式(8-8)称为广义胡克定律。

对于平面应力状态，设 $\sigma_3=0$，公式(8-8a)化为

$$\left.\begin{aligned}\varepsilon_1&=\frac{1}{E}(\sigma_1-\nu\sigma_2)\\ \varepsilon_2&=\frac{1}{E}(\sigma_2-\nu\sigma_1)\\ \varepsilon_3&=-\frac{\nu}{E}(\sigma_1+\sigma_2)\end{aligned}\right\}\tag{8-9a}$$

或改写为用主应变 ε_1、ε_2 表示主应力 σ_1、σ_2 的形式，即

$$\left.\begin{aligned}\sigma_1&=\frac{E}{1-\nu^2}(\varepsilon_1+\nu\varepsilon_2)\\ \sigma_2&=\frac{E}{1-\nu^2}(\varepsilon_2+\nu\varepsilon_1)\end{aligned}\right\}\tag{8-9b}$$

二、体积应变

图 8-16(a)所示主单元体，其变形前各棱边的长度设为 $\mathrm{d}x$、$\mathrm{d}y$ 和 $\mathrm{d}z$。则该单元体在变形前和变形后的体积分别为

$$V=\mathrm{d}x\cdot\mathrm{d}y\cdot\mathrm{d}z$$

及

$$V+\Delta V=(1+\varepsilon_1)\mathrm{d}x\cdot(1+\varepsilon_2)\mathrm{d}y\cdot(1+\varepsilon_3)\mathrm{d}z$$

将上式展开，保留主应变的一次幂而略去主应变的乘积项，得

$$V+\Delta V=(1+\varepsilon_1+\varepsilon_2+\varepsilon_3)\mathrm{d}x\mathrm{d}y\mathrm{d}z$$

故单元体的体积改变为

$$\Delta V=(\varepsilon_1+\varepsilon_2+\varepsilon_3)\cdot V$$

单位体积的体积改变称为**体积应变**，用 θ 表示，即

$$\theta=\frac{\Delta V}{V}=\varepsilon_1+\varepsilon_2+\varepsilon_3$$

将(9－8a)式代入上式，经整理后得

$$\theta=\frac{1-2\nu}{E}(\sigma_1+\sigma_2+\sigma_3) \tag{8-10}$$

上式表明，一点处的体应变与该点处的三个主应力之和成正比。

在例 8－3 中，曾得到纯剪切应力状态下的主应力为

$$\sigma_1=\tau_x,\quad \sigma_2=0,\quad \sigma_3=-\tau_x$$

由(8－10)式可见，其体积应变等于零，即在纯剪切应力状态下单元体的体积不变。当然，这一结论只有在变形微小的前提下才能成立。

§8－5 平面应力状态下由测点处的线应变求应力

一、主应力方向已知的平面应力状态

若测点处的两个主应力方向已知时，可用电测法测出这两个主应变 ε_1 及 ε_2，然后利用公式(8－9b)即可求得测点处的主应力值。

例如受内压力作用的圆筒形薄壁容器[图 8－17(a)]，由于两端的内压力使圆筒部分产生轴向拉伸，因而圆筒的横截面上作用有均匀分布的拉应力；筒壁的径向内压力使圆筒的直径增大，因而在圆筒部分的径向截面上也将作用有拉应力。由于圆筒的内压力是轴对称荷载，所以径向截面上没有切应力。如果在圆筒部分的外表面上某点处用横截面、径向截面和周向截面取出一单元体，它就是该点处的主单元体[图 8－17(b)]。用电测法只需测出该点处沿轴线方向和圆周方向的两个主应变，即可求得主应力。

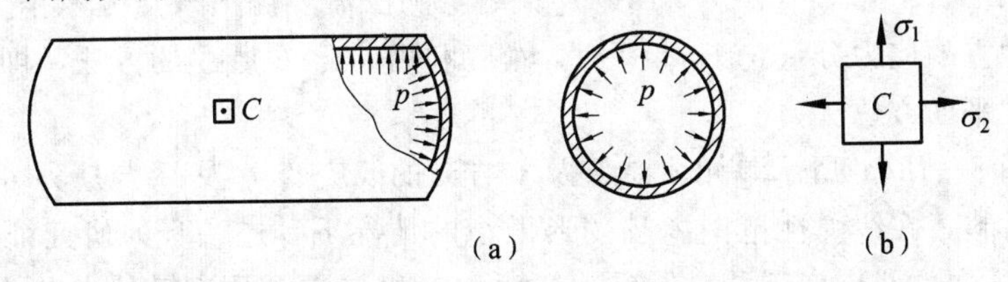

图 8－17

例 8－7 实心钢圆杆的直径 $d=40$ mm，受外扭矩 M_e 作用。今测得圆杆外表面上 C 点处与母线成 45°方向的线应变 $\varepsilon_{45^\circ}=-625\times10^{-6}$。已知钢材的 $E=210$ GPa，$\nu=0.3$，试求外力偶矩 M_e 的值。

解 圆杆横截面上 C 点处的扭转切应力为

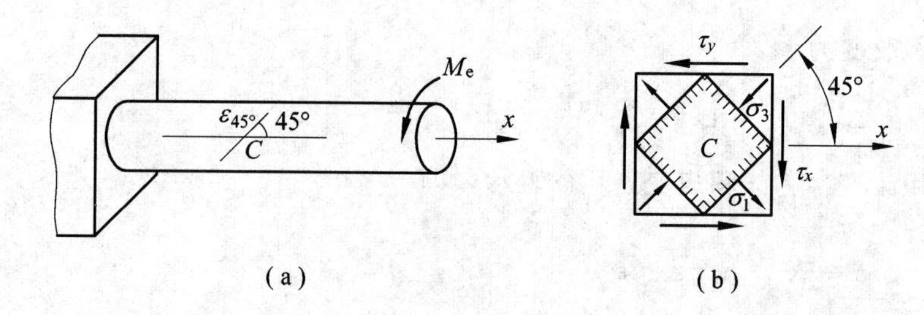

例 8-7 图

$$\tau_x=\frac{T}{W_p}=\frac{M_e}{W_p} \tag{1}$$

围绕C点用横截面、径向截面和周向截面取出的单元体如图(b)所示。由例 8-3 可知其主应力方向与x轴成$\pm45°$，且

$$\sigma_1=\tau_x,\qquad \sigma_3=-\tau_x,\qquad \sigma_2=0$$

将它们代入(8-8a)式，得

$$\varepsilon_3=\varepsilon_{45°}=\frac{1}{E}[\sigma_3-\nu\sigma_1]=\frac{1}{E}[-\tau_x-\nu\tau_x]=-\frac{1+\nu}{E}\tau_x$$

把上式改写成

$$\tau_x=-\frac{\varepsilon_{45°}E}{1+\nu} \tag{2}$$

由(1)式和(2)式可得

$$\frac{M_e}{W_p}=-\frac{\varepsilon_{45°}E}{1+\nu}$$

所以

$$\begin{aligned}M_e&=-\frac{\varepsilon_{45°}E}{1+\nu}W_p=\frac{(-625\times10^{-6})\times(210\times10^9\ \text{Pa})}{1+0.3}\times\frac{\pi(40\times10^{-3}\ \text{m})^3}{16}\\&=1.27\times10^3\ \text{N}\cdot\text{m}=1.27\ \text{kN}\cdot\text{m}\end{aligned}$$

二、主应力方向未知的平面应力状态

若测点处于平面应力状态，事先难以确定它的主应力方向，可在测点处取一单元体，设其应力分量为σ_x、τ_x、σ_y、τ_y[图 8-18(a)]。用电测法需要测出该点处三个方向的线应变，才能求出三个独立的应力分量σ_x、σ_y和τ_x。然后利用§8-2所述的方法，即可求得该点处的主应力值及主平面方位。

首先研究图 8-18(a)所示单元体在x及y方向的线应变ε_x及ε_y与应力分量的关系。对于各向同性的材料，在线弹性范围内且变形微小的情况下，进一步的研究证明，切应力τ_x和τ_y与x和y方向的线应变无关。但应当注意，τ_x和τ_y是要引起其他方向的线应变的。这样，ε_x、ε_y与σ_x、σ_y间的关系就可由(8-9b)式得到，只需将脚标作相应的替换，即

$$\left.\begin{aligned}\sigma_x&=\frac{E}{1-\nu^2}(\varepsilon_x+\nu\varepsilon_y)\\\sigma_y&=\frac{E}{1-\nu^2}(\varepsilon_y+\nu\varepsilon_x)\end{aligned}\right\} \tag{8-11}$$

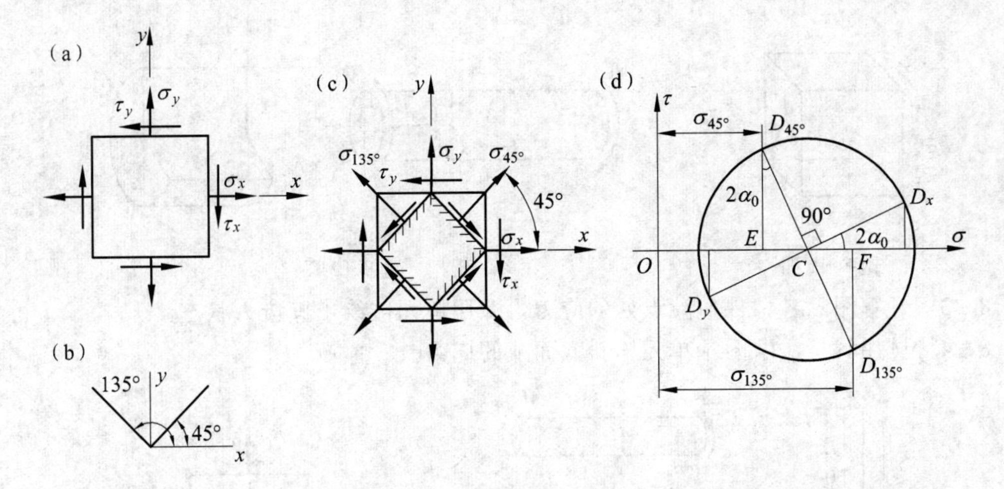

图 8-18

另一方向的线应变一般选取 45°或 135°方向[图 8-18(b)]来量测。为此需要确定 $\varepsilon_{45°}$ 或 $\varepsilon_{135°}$ 与应力分量间的关系。先利用应力圆求出 $\alpha=45°$ 及 $\alpha=135°$ 截面[图 8-18(c)]上的正应力。由应力圆[图 8-18(d)]所示的几何关系，可得

$$\left.\begin{aligned}\sigma_{45°}&=\overline{OC}-\overline{EC}=\frac{1}{2}(\sigma_x+\sigma_y)-\tau_x\\\sigma_{135°}&=\overline{OC}+\overline{CF}=\frac{1}{2}(\sigma_x+\sigma_y)+\tau_x\end{aligned}\right\}\tag{a}$$

再次应用平面应力状态下的广义胡克定律，即

$$\left.\begin{aligned}\varepsilon_{45°}&=\frac{1}{E}(\sigma_{45°}-\nu\sigma_{135°})\\\varepsilon_{135°}&=\frac{1}{E}(\sigma_{135°}-\nu\sigma_{45°})\end{aligned}\right\}\tag{b}$$

将(a)式代入(b)式，并注意到(8-11)式所示的关系，最后得到

$$\tau_x=\frac{E}{1+\nu}\left(\frac{\varepsilon_x+\varepsilon_y}{2}-\varepsilon_{45°}\right)\tag{8-12a}$$

及

$$\tau_x=\frac{E}{1+\nu}\left(\varepsilon_{135°}-\frac{\varepsilon_x+\varepsilon_y}{2}\right)\tag{8-12b}$$

测得的线应变均以伸长线应变为正，缩短线应变为负；求得的正应力为正时表示拉应力，反之为压应力；算出的 τ_x 为正时表示它对单元体内任一点为顺时针转向，反之为逆时针转向。

习　题

8-1　图示单元体，已知右侧面上有与 y 方向成 θ 角的剪应力 τ，试根据切应力互等定理，画出其他面上的切应力。

8-2　图示受扭圆杆，当 $\tau_{\max}\leqslant\tau_{\mathrm{p}}$ 时，试画出互成直角的径向截面和横截面上的切应力分布规律。

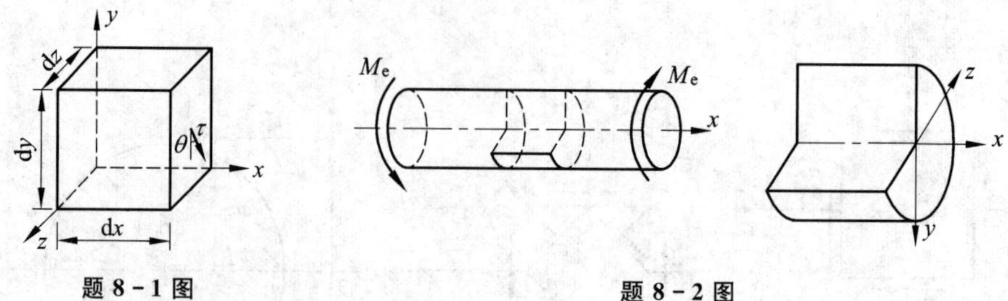

题 8－1 图　　　　　　　　　　　　题 8－2 图

8－3　计算图示各构件危险点处的应力，并用单元体绘出其应力状态。

8－4　试用解析法求图示单元体斜截面上的应力。

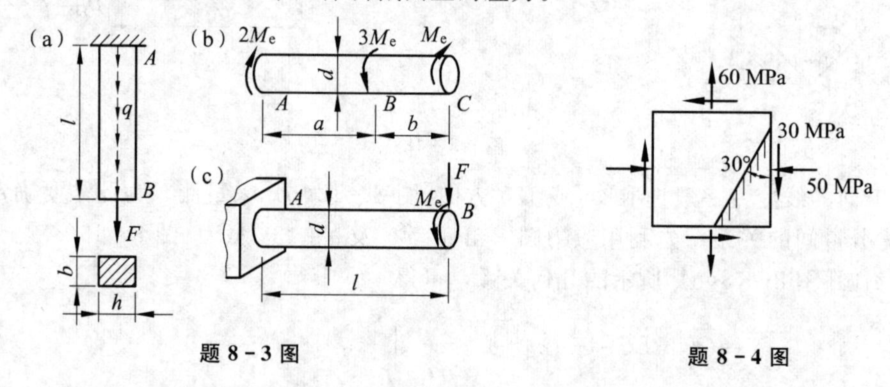

题 8－3 图　　　　　　　　　　　　题 8－4 图

8－5　试用应力圆求图示各单元体斜截面上的应力。(图中应力单位均为 MPa)

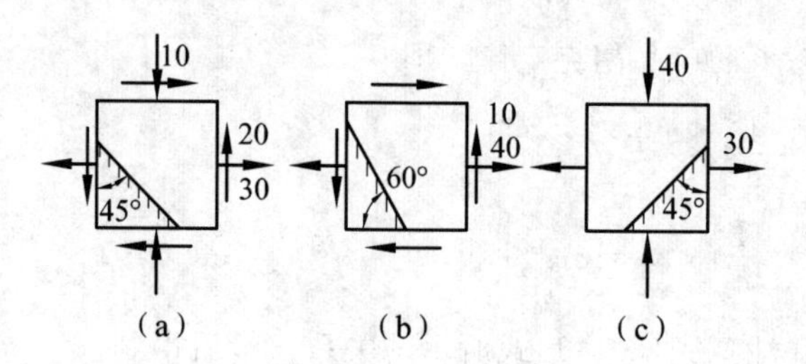

题 8－5 图

8－6　试用应力圆求图示单元体的主应力值及主平面方位，并绘出主单元体图。(图中应力单位均为 MPa)

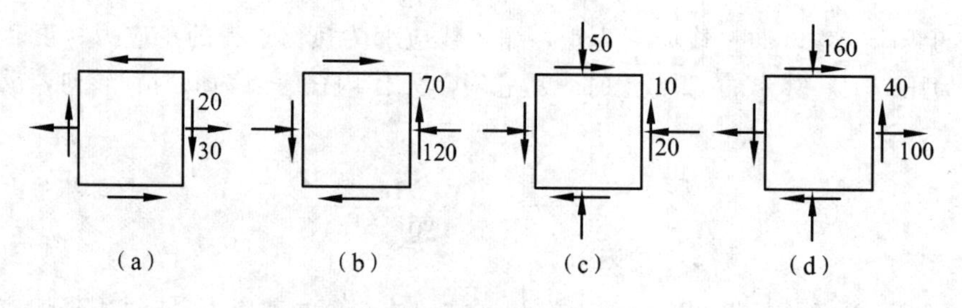

题 8－6 图

解(a)：注意：即使对于平面应力状态，也有三个主应力 σ_1、σ_2、σ_3，且应满足 $\sigma_1 \geqslant \sigma_2 \geqslant \sigma_3$。本题单元体中正对(或背对)读者的面，是一对主平面，其 $\tau=0$，$\sigma=0$。因此，应将解题

中得到的主应力补零，并按 $\sigma_1 \geqslant \sigma_2 \geqslant \sigma_3$ 排序，才能得到三个主应力。

用圆规和直尺按比例作应力圆，由 $D_x(30, 20)$、$D_y(0, -20) \to C \to A_1$、$A_3$，如图 8-6(a)-(1)，图中量得应力圆与横轴的交点坐标，则得主应力为：40 MPa，−10 MPa，但须补零，并排序得：40 MPa，0，−10 MPa，因此，才得到 $\sigma_1 = 40$ MPa，$\sigma_2 = 0$，$\sigma_3 = -10$ MPa。并量得 $2\alpha_0 = -53.13°$，则 $\alpha_0 = -26.6°$，作主单元体如图 8-6(a)-(2)。

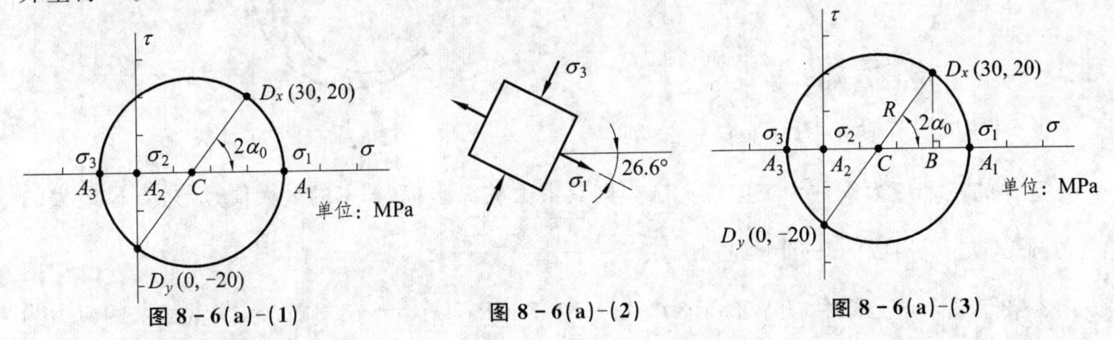

图 8-6(a)-(1)　　图 8-6(a)-(2)　　图 8-6(a)-(3)

注意：为准确起见，也可简单作出应力圆的示意图，但图上数值可由图 8-11 所示的应力圆的圆心、半径表达式求得[或由式(8-1)、(8-2)，以及式(8-3)、(8-4)和(8-5)求得]。这种方法也称为**图解解析法**。

方法(1)：由应力圆圆心 $C\left(\dfrac{\sigma_x+\sigma_y}{2}=15, 0\right)$，半径 $R=\sqrt{\left(\dfrac{\sigma_x-\sigma_y}{2}\right)^2+\tau_x^2}=25$，则 $x_{A_1}=x_C+R$，$x_{A_3}=x_C-R$，如图 8-6(a)-(3)所示。补零得 $A_2(0, 0)$，则 $\sigma_1=40$ MPa，$\sigma_2=0$，$\sigma_3=-10$ MPa。再由图中 Rt$\triangle CBD_x$ 得 $\sin 2\alpha_0=\dfrac{D_xB}{R}=\dfrac{4}{5}$，$2\alpha_0$ 为顺时针转到 A_1 点为负，则 $\alpha_0=-26.6°$。

方法(2)：由式(8-3)、(8-4)得，坐标 $A_1(40, 0)$，$A_3(-10, 0)$，补零得 $A_2(0, 0)$，则 $\sigma_1=40$ MPa，$\sigma_2=0$，$\sigma_3=-10$ MPa。α_0 可由式(8-5)得 $\alpha_0=\arctan\dfrac{-2\tau_x}{\sigma_x-\sigma_y}=-26.6°$。

8-7　试用应力圆求图示各单元体的主应力值和主平面方位以及最大切应力之值。(图中应力单位均为 MPa)

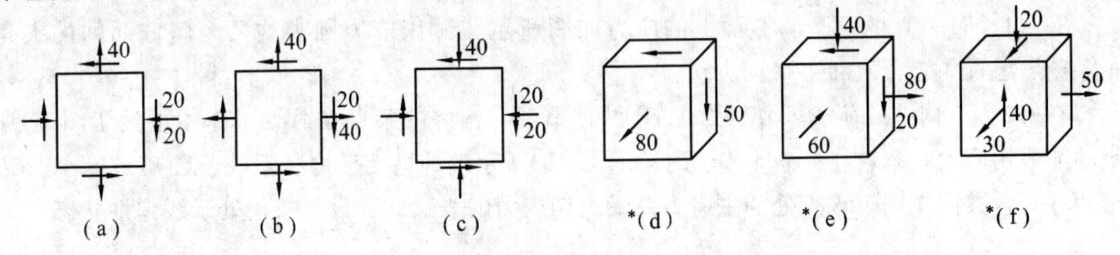

题 8-7 图

解(c)：作应力圆如图 8-7(c)-(1)，可得 $A_2(-7.6, 0)$，$A_3(-52.4, 0)$，补零得 $A_1(0, 0)$，则 $\sigma_1=0$，$\sigma_2=-7.6$ MPa，$\sigma_3=-52.4$ MPa，$\alpha_0=-31.7°$。

应特别注意 $\tau_{\max}=\dfrac{\sigma_1-\sigma_3}{2}$，则 $\tau_{\max}=26.2$ MPa。

其原因如图 8-7(c)-(2)所示：σ_1 与 σ_2 构成一个应力圆(直径为$\overline{A_1A_2}$)，

σ_2 与 σ_3 构成一个应力圆(直径为$\overline{A_2A_3}$)，

σ_3 与 σ_1 构成一个应力圆(直径为$\overline{A_3A_1}$)，

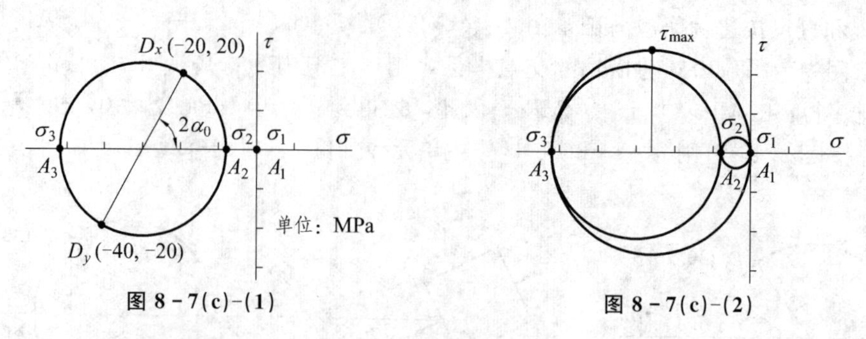

图 8-7(c)-(1)　　图 8-7(c)-(2)

这样的三个应力圆称为三向应力圆，则其最大的纵坐标(即 τ 的最大值)应是直径最大的应力圆(σ_3 与 σ_1 构成的)的半径，则 $\tau_{\max}=\frac{\overline{A_3A_1}}{2}=\frac{\sigma_1-\sigma_3}{2}$。

8-8　图示单元体中，已知 $\alpha=30°$，$\sigma_\alpha=81.7$ MPa，$\tau_\alpha=-18.3$ MPa，β 截面上的应力为 $\sigma_\beta=200$ MPa，$\tau_\beta=50$ MPa。试用应力圆求单元体的主应力值及主平面方位，并求角度 β 的值。

8-9　已知平面应力状态下某点处如图所示的两个截面上的应力，试用应力圆求该点处的主应力值及主平面方位。

8-10　某点的应力状态如图所示(AB 面上无应力)，试用应力圆求 $\tau_x(\tau_y)$，并求该点处的主应力值及主平面方位。

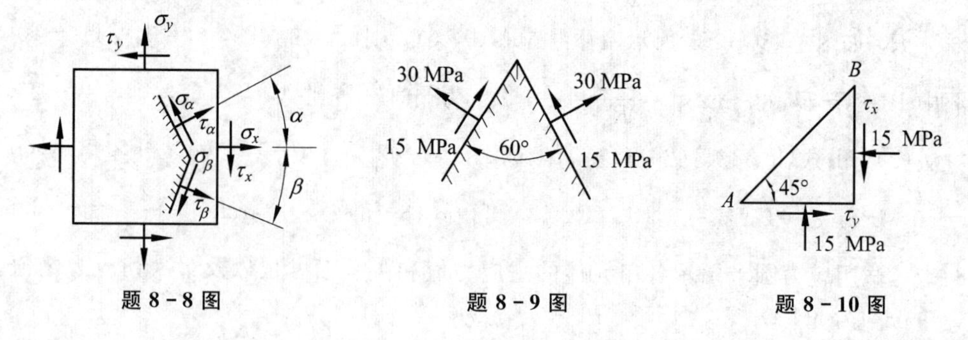

题 8-8 图　　题 8-9 图　　题 8-10 图

8-11　过一点的两个斜截面上的应力如图所示，试用应力圆求这两个斜截面间的夹角 α 及该点处的主应力值和主平面方位。

8-12　一构件的荷载可分解为Ⅰ、Ⅱ两种情形，构件的某点在荷载Ⅰ作用下处于图(a)所示的纯剪切应力状态，在荷载Ⅱ作用下处于图(b)所示的纯剪切应力状态。若已知 τ_1、τ_2 及 α，求两种荷载共同作用下该点处的主应力及最大切应力的表达式。设材料仍处于线弹性状态。

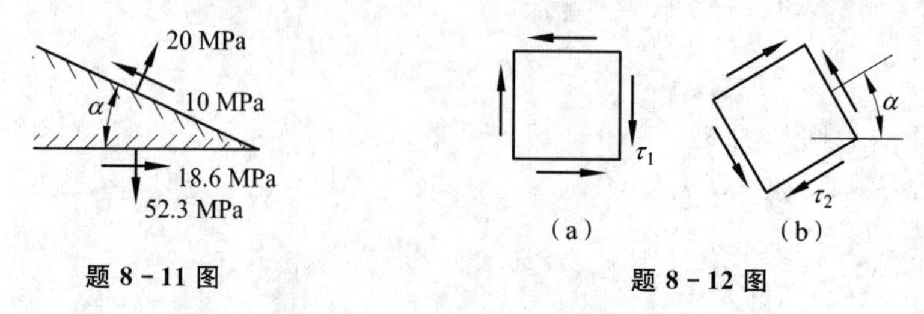

题 8-11 图　　题 8-12 图

8-13　在三向应力状态中，如果 $\sigma_1=\sigma_2=\sigma_3$，并且都是拉应力，它的应力圆是怎样的？又如果都是压应力，它的应力圆又是怎样的？

8-14 图示二向应力状态的单元体，已知其主应变 $\varepsilon_1=0.000\ 17$，$\varepsilon_2=0.000\ 04$，$\nu=0.3$。试问 $\varepsilon_3=-\nu(\varepsilon_1+\varepsilon_2)=-0.000\ 063$ 对不对？为什么？

8-15 有一边长为 20 mm 的钢立方体，紧密地置于刚性槽内，在顶面承受均匀分布的压力，其合力 $F=14$ kN。已知 $\nu=0.3$，不计立方体与刚性槽之间的摩擦力，试求立方体内任一点的主应力。

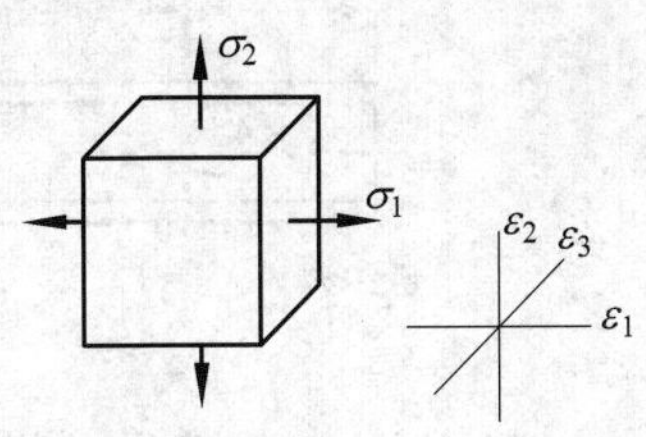

题 8-14 图

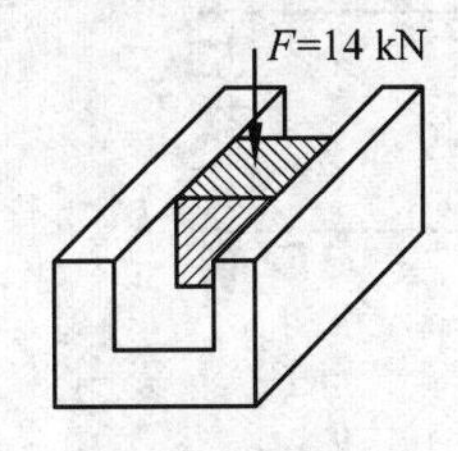

题 8-15 图

***8-16** 直径 $d=50$ mm 的实心圆铝柱，放置在厚度 $\delta=2$ mm 的钢制圆筒内，两者之间无间隙。铝圆柱受压力 $F=45$ kN。已知铝和钢的弹性常数分别为 $E_1=70$ GPa、$\nu_1=0.35$，$E_2=210$ GPa、$\nu_2=0.28$，试求铝柱和钢筒中的主应力值。

提示：当圆柱受径向分布压力 p 时，其中任一点的径向及周向应力均为 p。

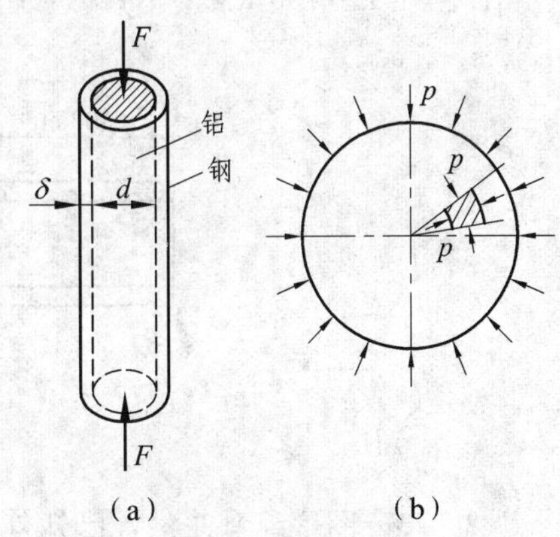

题 8-16 图

8-17 已测得空心圆筒表面上Ⅰ、Ⅱ两方向的线应变绝对值之和为 $|\varepsilon_{\text{I}}|+|\varepsilon_{\text{II}}|=400\times10^{-6}$。已知，材料为 Q235 钢，$E=200$ GPa，$\nu=0.25$，圆筒外径 $D=120$ mm、内径 $d=80$ mm。求外扭矩 M_e 之值。

8-18 一钢制圆轴受拉、扭联合作用，如图所示，已知直径 $d=20$ mm，$E=200$ GPa，$\nu=0.3$。已测得圆轴表面上 a 点处的线应变为 $\varepsilon_{0^\circ}=320\times10^{-6}$，$\varepsilon_{45^\circ}=565\times10^{-6}$，试求 F 和 M_e 之值。

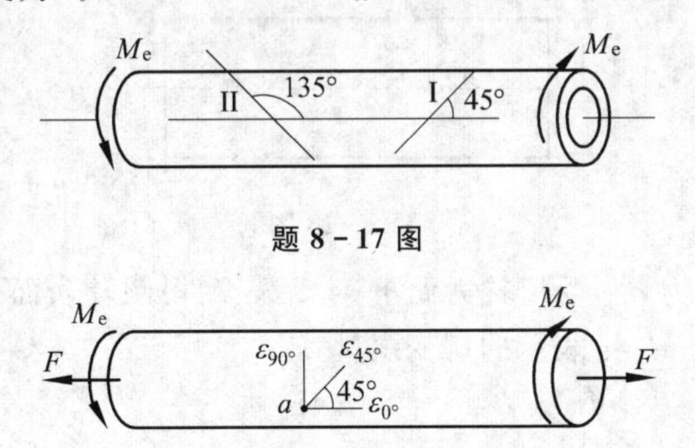

题 8-17 图

题 8-18 图

8-19 从某钢构件内取出单位厚度的长方体，如图所示。它的前后两个面上无应力，其他四个面上的切应力及左右两个面上的正应力分别是均匀分布的，且 $\sigma=30$ MPa，$\tau=15$ MPa，$E=200$ GPa，$\nu=0.3$。试求对角线 AC 的长度改变量。

8-20 今测得图示钢拉杆 C 点处与水平线夹角为 60° 方向的线应变 $\varepsilon_{60^\circ}=410\times10^{-6}$。已知 $E=200$ GPa，$\nu=0.3$，钢杆直径 $d=20$ mm，求轴向拉力 F。

8-21 在图示 28a 号工字钢梁的中性层上的 K 点处，与轴线成 $45°$ 方向贴有应变片。今测得 $\varepsilon_{45°}=-2.6\times10^{-4}$，已知 $E=210$ GPa，$\nu=0.28$。试求梁所承受的荷载 F。

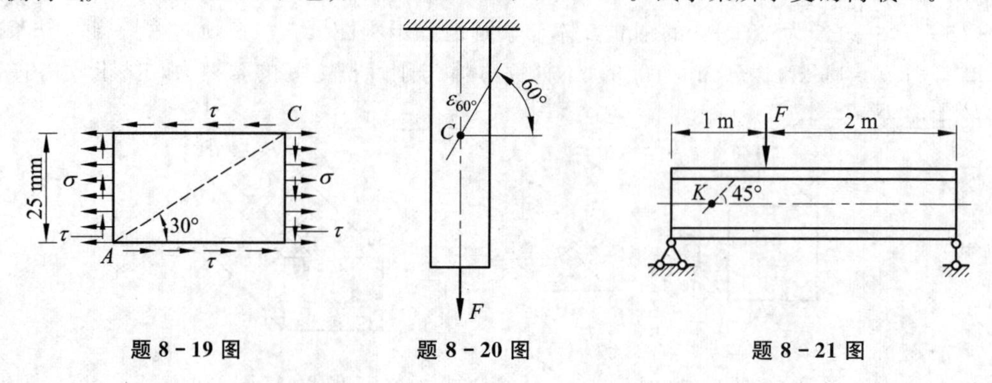

题 8-19 图　　　　题 8-20 图　　　　题 8-21 图

8-22 焊接工字钢梁的截面尺寸为 $h=180$ mm，$b=94$ mm，$\delta=10.7$ mm，$d=6.5$ mm。已知 $F=150$ kN，$E=210$ GPa，$\nu=0.3$，$I_z=16.59\times10^6$ mm^4，试求 C 点处的线应变 $\varepsilon_{0°}$、$\varepsilon_{45°}$、$\varepsilon_{90°}$。

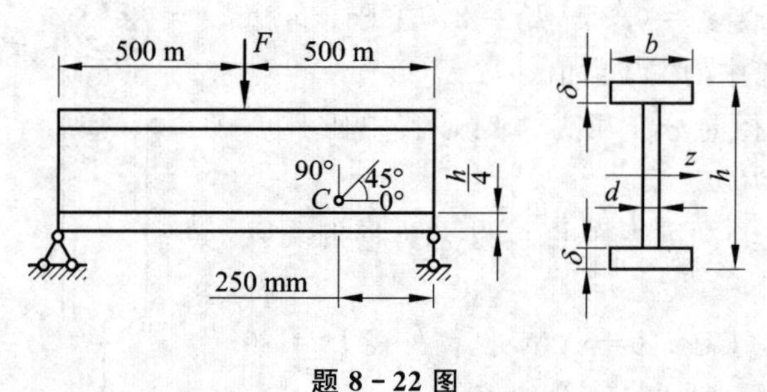

题 8-22 图

8-23 图示纯弯曲梁，已知外力偶矩 M_e，截面对中性轴的惯性矩 I_z，材料的弹性常数 E、ν。试求线段 AB 的长度改变量 Δl_{AB}。

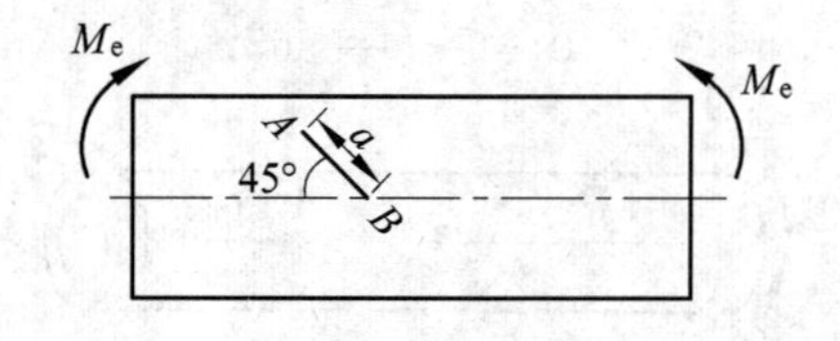

题 8-23 图

8-24 圆轴的直径为 d，受扭转力偶矩 M_e 后，测得圆轴表面上与纵向线成 $45°$ 方向的线应变 ε。试导出用 M_e、d、ε 表示的切变模量 G。

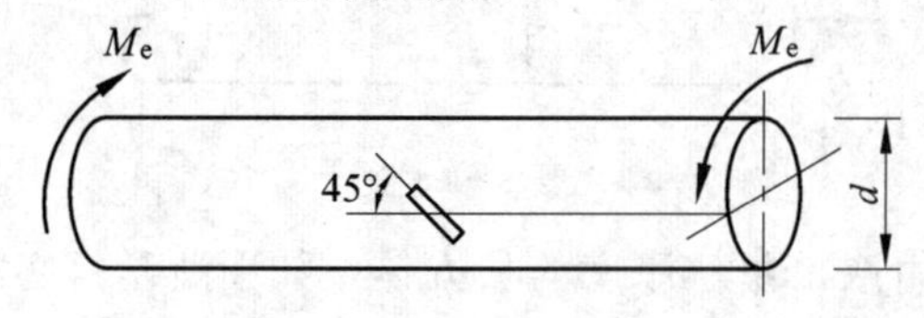

题 8-24 图

第九章　强 度 理 论

§9-1　强度理论的概念

在第二章中曾讨论了低碳钢等塑性材料和铸铁等脆性材料在单向拉伸(压缩)时的力学性能。塑性材料在单向拉伸(压缩)下，当拉(压)应力达到材料的屈服极限 σ_s 或名义屈服极限 $\sigma_{p0.2}$ 时，材料将发生流动现象或产生显著的塑性变形，从工程意义上讲已达到其使用界限，即认为材料已发生强度破坏；脆性材料在单向拉伸(压缩)下，当拉(压)应力达到材料的强度极限 σ_b 时，并无明显的塑性变形而发生断裂。因此，就把 σ_s(或 $\sigma_{p0.2}$)和 σ_b 分别作为塑性材料和脆性材料的极限应力，用 σ_u 表示。这样，材料在单向应力状态下的破坏条件可以写成

$$\sigma=\sigma_u$$

将极限应力除以相应的安全因数，得到材料的许用拉(压)应力[σ]，则单向应力状态下的强度条件为

$$\sigma\leqslant[\sigma]$$

可见，上述破坏条件和强度条件都是建立在轴向拉伸(压缩)试验基础上的。与此相仿，塑性材料和脆性材料在纯剪切应力状态下的剪切屈服极限 τ_s 和剪切强度极限 τ_b，可以由薄壁圆筒的扭转试验得到，从而可以建立起材料在纯剪切应力状态下的破坏条件，引进安全因数之后，便可得到相应的强度条件

$$\tau\leqslant[\tau]$$

当时并未深究是何因素使材料发生强度破坏的。例如，抛光的低碳钢拉伸(压缩)试样发生屈服时，可以观察到与轴线成45°的滑移线，因而有充分理由可以认为材料的屈服是由最大切应力引起的。由于在轴向拉伸(压缩)的情况下，最大切应力与横截面上的正应力之间以及塑性材料的极限切应力与屈服极限之间存在着相同的比例关系，按照正应力所建立的强度条件与按最大切应力来建立强度条件是等效的。所以，对于上述建立在试验基础上的强度计算，可以不必考虑是什么因素使材料发生强度破坏的。

工程中许多构件的危险点都处于复杂应力状态下，而复杂应力状态中三个主应力 σ_1、σ_2 和 σ_3 可以有无数多种组合，如果仍采用直接实验的方法来建立复杂应力状态下的破坏条件，从而建立起相应的强度条件，这显然是难以做到的。因此，就有必要研究材料在复杂应力状态下发生强度破坏的原因。这需要从观察和分析材料发生强度破坏的现象入手。实践表明：材料的破坏形式基本上可以分为**脆性断裂和塑性屈服**(或发生明显的塑性变形)两大类。例如，铸铁在单向拉伸和纯剪切应力状态下其破坏形式均为脆性断裂；低碳钢在单向拉伸(压

缩)和纯剪切应力状态下其破坏形式都是塑性屈服。但要指出：同一种材料在不同的应力状态下也存在两种破坏形式。如将低碳钢圆柱形拉伸试样切出一个尖锐的环形深切槽[图 9-1(a)]，施加轴向拉力后，削弱面处的单元体处于三向拉伸应力状态，直到沿削弱面断裂，也看不出显著的塑性变形，断口齐平[图 9-1(b)]；而铸铁、石料等脆性材料，在三向压缩试验下也会发生明显的塑性变形。如大理石在三向压缩试验时，由原来的圆柱形变成了桶形，如图 9-2 所示。人们通常所称的塑性材料和脆性材料，是在室温、静荷载和简单应力状态下的条件下而言的。

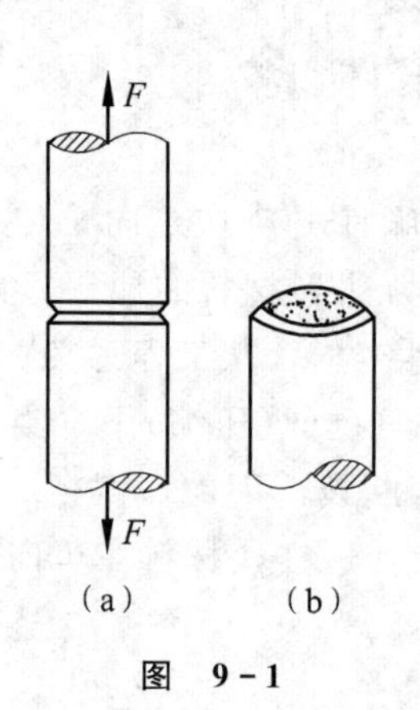

(a)　　(b)

图 9-1

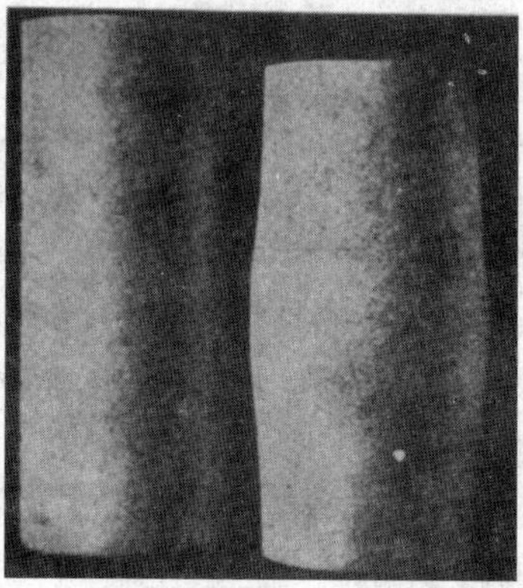

图 9-2

长期以来，人们针对上述两种强度破坏的形式，提出了两类关于材料在复杂应力状态下发生强度破坏的假说。这些假说通常称为**强度理论**。解释材料发生脆性断裂的理论主要包括最大拉应力理论和最大伸长线应变理论；解释材料发生塑性屈服的理论主要包括最大切应力理论和形状改变能密度理论等。这些理论分别假设材料发生某种类型的破坏，是由某一主要因素(最大拉应力、最大伸长线应变、最大切应力或形状改变能密度等)所引起的。即不论材料处于何种应力状态(简单的或复杂的)，某种类型的破坏都是由同一因素引起的。这样，就可利用简单应力状态下的试验结果(或个别复杂应力状态下的试验结果)，去推断各种复杂应力状态下材料的强度，从而建立起相应的强度条件。当然，这些理论之所以能成立，是被某些复杂应力状态下的试验结果证实是基本正确的，或者在一定条件下是基本正确的。本章将只介绍在常温、静荷载条件下几个基本的强度理论。

§9-2　四个常用的强度理论

一、关于脆性断裂的强度理论

1. 最大拉应力理论(或称第一强度理论)

该理论假设：最大拉应力 σ_1 是引起材料脆断的主要因素。即不论材料处于何种应力状态，只要单元体中的最大拉应力 σ_1 达到材料在单向拉伸试验下发生脆断时的极限拉应力值 σ_b，材料就会发生脆断破坏。按此理论，材料发生脆断破坏的条件是

$$\sigma_1 = \sigma_b \tag{a}$$

将极限拉应力 σ_b 除以安全因数，得到材料的许用拉应力$[\sigma]$。所以，按此理论建立的强度条件为

$$\sigma_1 \leqslant [\sigma] \tag{9-1}$$

如前所述，铸铁等脆性材料在单向拉伸和纯剪切应力状态下发生脆断破坏的断裂面，都是最大拉应力所在平面，这些破坏现象是与该理论相符合的。人们曾用铸铁制成封闭的薄壁圆筒在内压力、轴向拉(压)力和外扭矩的联合作用下进行试验(图 9-3)，调整这些作用力之间的比例，对筒壁上一点 C 处可得各种各样的平面应力状态(σ_x 和 σ_y 的计算见例 9-4)，试验结果示于图 9-4 中[①]。图中的“+”号表示试验得到的脆断点；竖直线$\overline{AB}$表示该理论的

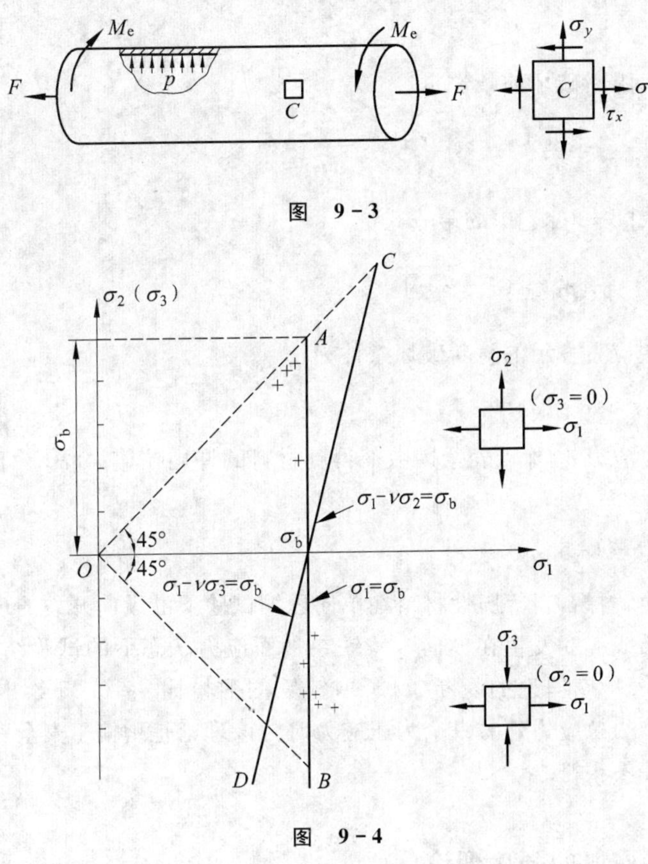

图 9-3

图 9-4

脆断条件，可见它与试验结果基本相符。但该理论未考虑其他两个主应力对材料发生脆断破坏的影响；它也无法解释石料等脆性材料在单向压缩试验(试件两端涂有润滑剂)下沿纵向开裂的现象(图 9-5)。

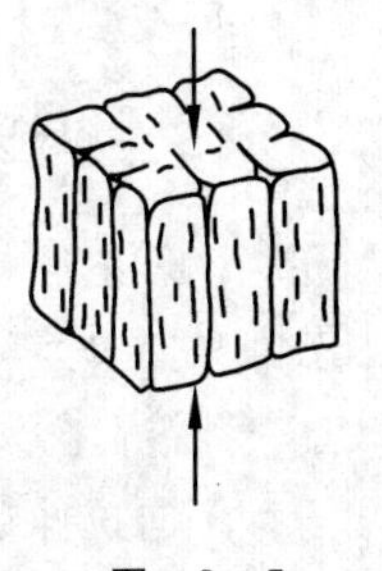

图 9-5

顺便指出：像低碳钢和普通低合金钢等一类塑性材料，在单向拉应力下其破坏形式为塑性屈服，故由单向拉伸试验是测不到脆断破坏的极限拉应力的。对于这类材料，可采用图 9-1(a)所示的试样，将拉断时的荷载除以削弱面的面积，作为这种材料发生脆断破坏的极限拉应力之近似值。

---

① 图 9-4 及图 9-6 取自前苏联《机械制造强度计算》第一卷第 314 页，国家科技机械制造图书出版社，1956 年，莫斯科。原图是用无量纲量表示的。

2. 最大伸长线应变理论(或称第二强度理论)

该理论假设：最大伸长线应变 ε_1 是引起材料脆断的主要因素。即不论材料处于何种应力状态，只要单元体中的最大伸长线应变 ε_1 达到材料在单向拉伸试验下发生脆断时的极限伸长线应变值 ε_u，材料就会发生脆断破坏。

假设材料在单向拉伸下直至脆断破坏都可近似地应用胡克定律，则材料的极限伸长线应变值为

$$\varepsilon_u=\frac{\sigma_b}{E}$$

按此理论，材料发生脆断破坏的条件是

$$\varepsilon_1=\varepsilon_u=\frac{\sigma_b}{E}$$

将广义胡克定律公式[8-8(a)]中的第一式

$$\varepsilon_1=\frac{1}{E}[\sigma_1-\nu(\sigma_2+\sigma_3)]$$

代入上式，得到用主应力表示的脆断破坏条件为

$$\sigma_1-\nu(\sigma_2+\sigma_3)=\sigma_b \tag{b}$$

将上式右边的极限拉应力 σ_b 除以安全因数，得到材料的许用拉应力$[\sigma]$。于是，按此理论建立的强度条件是

$$\sigma_1-\nu(\sigma_2+\sigma_3)\leqslant[\sigma] \tag{9-2}$$

该理论可较好地解释石料等脆性材料在单向压缩试验下沿纵向开裂的现象，因为在单向压缩下，其最大伸长线应变发生在横向。铸铁在平面应力状态下的试验结果已示于图 9-4 中，图中的$\overline{CD}$直线表示该理论的脆断条件(取铸铁的泊松比 $\nu=0.25$ 绘出的)。可以看出，当两个主应力中一个为拉应力、另一个为压应力时，该理论是稍偏于安全一边的；但在二向拉伸时与试验结果并不相符。

二、关于塑性屈服的强度理论

1. 最大切应力理论(或称第三强度理论)

该理论假设：最大切应力 τ_{max}是引起材料屈服的主要因素。即不论材料处于何种应力状态，只要单元体中的最大切应力 τ_{max}达到材料在单向拉伸试验下发生屈服时的极限切应力值 τ_u，材料就会发生屈服破坏。

单向拉伸试验下，当拉应力达到材料的屈服极限 σ_s 时，与拉应力成 45°斜面上的极限切应力值为

$$\tau_u=\frac{\sigma_s}{2}$$

按此理论，材料发生屈服破坏的条件是

$$\tau_{max}=\tau_u=\frac{\sigma_s}{2}$$

将最大切应力的计算公式(8-7)

$$\tau_{max}=\frac{\sigma_1-\sigma_3}{2}$$

代入上式，得到用主应力表示的屈服破坏条件为

$$\sigma_1-\sigma_3=\sigma_s \tag{c}$$

这是材料开始出现屈服的条件，通常称为屈雷斯卡(Tresca)屈服准则。它是广泛使用的塑性定律之一。

将(c)式右边的屈服极限 σ_s 除以安全因数，得到材料的许用应力[σ]。这样，按此理论建立的强度条件是

$$\sigma_1-\sigma_3\leqslant[\sigma] \tag{9-3}$$

如前所述，抛光的低碳钢拉伸(压缩)试样在屈服时，可以看到与轴线成45°的滑移线，而与轴线成45°的斜截面上存在最大切应力，故该理论可较好地解释这类塑性材料发生屈服的现象。钢材在平面应力状态下的试验结果示于图9-6中。图中的"。"号表示试验得到的屈服破坏点；直线$\overline{AB}$及$\overline{BC}$表示该理论的屈服条件。可见它与试验结果基本相符。但该理论未考虑中间主应力 σ_2 的影响，使得在平面应力状态下按该理论所得的结果与试验结果相比稍偏于安全一边，两者的差异最高约达15%。此外，该理论只适用于拉、压屈服极限相同的塑性材料。

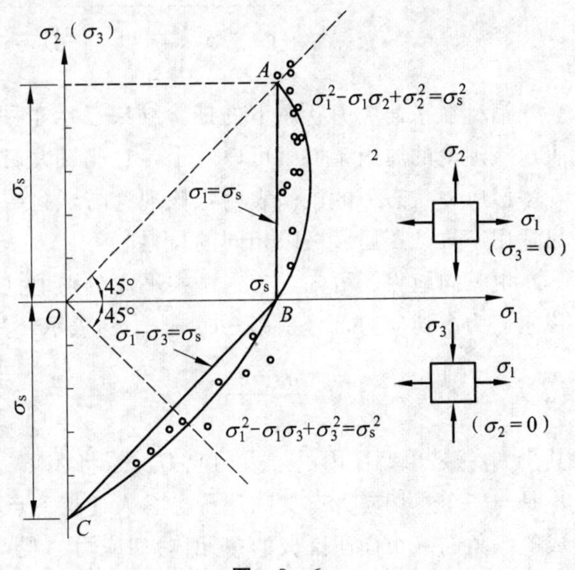

图 9-6

2. 形状改变能密度理论(或称第四强度理论)

该理论假设：形状改变能密度 v_d 是引起材料屈服的主要因素。即不论材料处于何种应力状态，只要单元体中的形状改变能密度 v_d 达到材料在单向拉伸试验下发生屈服时的极限形状改变能密度值 v_{du}，材料就会发生屈服破坏。

假设材料在单向拉伸下直至屈服都可近似地应用胡克定律，则材料的极限形状改变能密度值为(参见第十二章§2节形状改变能密度计算公式(12-7))

$$v_{du}=\frac{1+\nu}{6E}(2\sigma_s^2)$$

按此理论，材料发生屈服破坏的条件是

$$v_d=v_{du}=\frac{1+\nu}{6E}(2\sigma_s^2)$$

将形状改变能密度的计算公式

$$v_d=\frac{1+\nu}{6E}[(\sigma_1-\sigma_2)^2+(\sigma_2-\sigma_3)^2+(\sigma_3-\sigma_1)^2]$$

代入上式，经化简后，得到用主应力表示的屈服破坏条件为

$$\sqrt{\frac{1}{2}[(\sigma_1-\sigma_2)^2+(\sigma_2-\sigma_3)^2+(\sigma_3-\sigma_1)^2]}=\sigma_s \tag{d}$$

这是材料开始出现屈服的条件，通常称为密息斯(Mises)屈服准则。它也是被广泛应用的塑性定律之一。

将(d)式右边的屈服极限 σ_s 除以安全因数，得到材料的许用应力$[\sigma]$。这样，按此理论建立的强度条件是

$$\sqrt{\frac{1}{2}[(\sigma_1-\sigma_2)^2+(\sigma_2-\sigma_3)^2+(\sigma_3-\sigma_1)^2]}\leqslant[\sigma] \tag{9-4}$$

钢材在平面应力状态下的试验结果已示于图 9-6 中。图中的曲线$\overset{\frown}{AB}$及$\overset{\frown}{BC}$(椭圆曲线)表示该理论的屈服条件。可以看出，它比最大切应力理论更接近试验结果。此外，对铜、铝在平面应力状态下的试验表明，该理论与试验结果也符合得较好，此处不一一列举。但它也只适用于拉、压屈服极限相同的材料。

由三向应力圆可知，与三个主平面分别垂直的三组截面中，存在三个极值切应力，有时称它们为主切应力，分别用 τ_{12}、τ_{23}、τ_{13} 表示，其值分别为三个应力圆的半径，即

$$\tau_{12}=\frac{\sigma_1-\sigma_2}{2},\quad \tau_{23}=\frac{\sigma_2-\sigma_3}{2},\quad \tau_{13}=\frac{\sigma_1-\sigma_3}{2} \tag{9-5}$$

其中 τ_{13} 就是单元体内的最大切应力。若将(d)式左边稍加整理即可看出，形状改变能密度理论是与三个主切应力有关的理论。有人还从一点处的统计平均切应力或正八面体(与主平面成等倾角的八个面所围成的单元体)切应力的观点出发，由此得到的屈服破坏条件与(d)式是完全相同的。因此，形状改变能密度理论也称为统计平均切应力理论或八面体切应力理论。

* §9-3　莫尔强度理论

该理论是在第三强度理论之后提出来的。如上所述，最大切应力理论只适用于拉、压屈服极限相同的塑性材料，此外，它还难以解释脆性材料发生剪断破坏的情况。例如，铸铁试样在轴向压缩下，其剪断面与轴线的夹角就略小于 45°，这显然不是最大切应力所在的平面。莫尔认为材料发生屈服或剪断破坏，主要是由于某个截面上的切应力达到了材料的极限切应力值 τ_u，而极限切应力值又与滑动面上的正应力 σ 有关。这是因为滑动面之间存在内摩擦力，而内摩擦力的大小又取决于滑动面上的正应力。也就是说，极限切应力 τ_u 是滑动面上正应力 σ 的函数

$$\tau_u=f(\sigma)$$

这一函数关系需要通过不同应力状态下的试验来确定。

从三向应力圆可以看出，位于同一竖直线$\overline{MN}$(图 9-7)上的各点，其正应力相同，而切应力以 M 点为最大。由此可以作出推论：单元体中最容易滑动的面将是外圆上某点所代表的平面。故莫尔认为可不考虑中间主应力 σ_2 对材料强度的影响。这样，由某个三向应力状态的试验，得到材料破坏(对脆性材料指的是剪断，对塑性材料指的是屈服)时的三个主应力值，就只需按破坏时的最大和最小主应力值作出最大的应力圆。这种破坏时的最大应力圆称为**极限应力圆**。改变各主应力的比值做一系列破坏试验，便可得到这种材料的一族极限应力圆。它们的包络线就是上述 $\tau_u = f(\sigma)$ 曲线，如图 9-8 所示。设某单元体作用有已知的主应力 σ_1、σ_2 和 σ_3，若以 σ_1 和 σ_3 作出的应力圆位于该材料的包络线之内，此单元体就不会破坏；倘若这个应力圆与包络线相切，则此单元体就会发生破坏，而切点所代表的平面就是此单元体的破坏面。

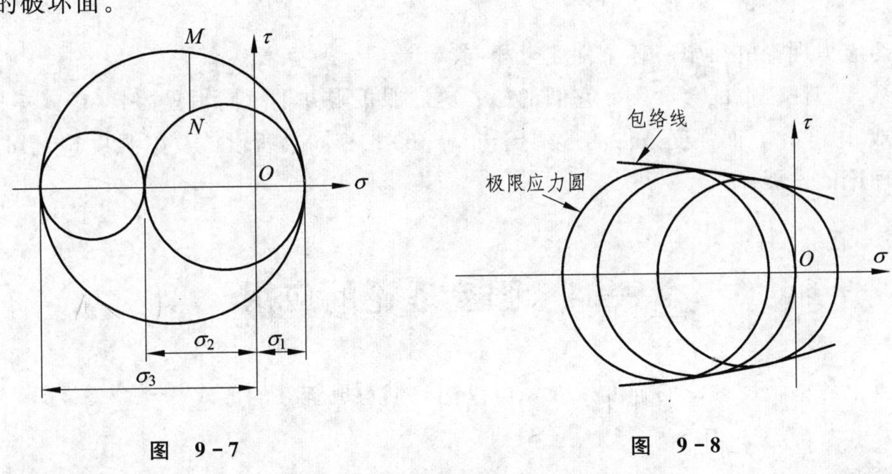

图 9-7　　　　图 9-8

对每一种材料按上述方法作出包络线并非易事。在工程应用中，只画出单向拉伸和压缩时的极限应力圆，并以这两个圆的公切线近似地作为包络线。例如，对于脆性材料由拉伸强度极限 σ_{bt} 和压缩强度极限 σ_{bc}，即可绘出两个极限应力圆，如图 9-9 中的 1、2 两个圆所示。然后作出这两个圆的公切线$\overline{AB}$。应当指出，脆性材料在单向拉伸试验下是发生脆断破坏的，依据 σ_b 来求得公切线只是一种实用的处理方法。现设某单元体的最大应力圆与公切线相切于 K 点，这就是该单元体的破坏条件。单元体的主应力均设为正，仅仅是为了导出破坏条件的方便。由两个相似三角形$\triangle CNC_1$ 和$\triangle CMC_2$ 对应边的比例关系可得

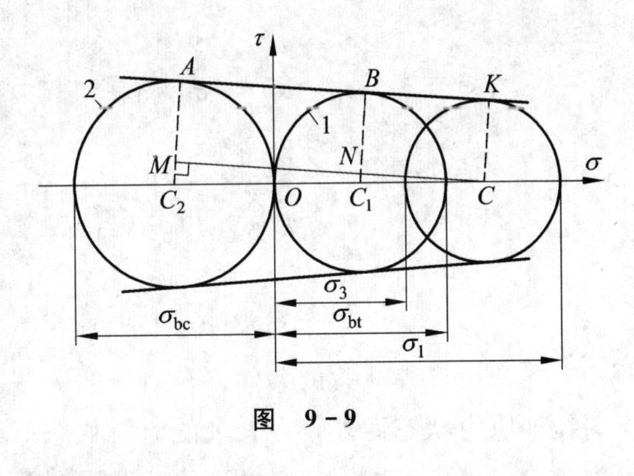

图 9-9

$$\frac{\overline{AC_2}-\overline{AM}}{\overline{BC_1}-\overline{BN}}=\frac{\overline{C_2O}+\overline{OC}}{\overline{OC}-\overline{OC_1}}$$

即
$$\frac{(\sigma_{bc}/2)-(\sigma_1-\sigma_3)/2}{(\sigma_{bt}/2)-(\sigma_1-\sigma_3)/2}=\frac{(\sigma_{bc}/2)+(\sigma_1+\sigma_3)/2}{(\sigma_1+\sigma_3)/2-(\sigma_{bt}/2)}$$

将上式简化后，得到莫尔强度理论的破坏条件为

$$\sigma_1-\frac{\sigma_{bt}}{\sigma_{bc}}\sigma_3=\sigma_{bt} \tag{a}$$

上式引入安全因数后，即得莫尔强度理论的强度条件

$$\sigma_1-\frac{[\sigma_t]}{[\sigma_c]}\sigma_3\leqslant[\sigma_t] \tag{9-6}$$

式中，$[\sigma_t]$和$[\sigma_c]$分别为脆性材料的许用拉应力和许用压应力。

对于拉压屈服极限相同的塑性材料，图 9-9 中的 σ_{bt} 和 σ_{bc} 均应换成屈服极限 σ_s，这时公切线与横坐标轴平行，破坏条件成为

$$\frac{\sigma_1-\sigma_3}{2}=\frac{\sigma_s}{2}$$

这与最大切应力理论的屈服破坏条件完全相同。

对于某些塑性较低的合金钢，它们的拉、压屈服极限并不相同，只需将(a)式中的 σ_{bt} 和 σ_{bc} 分别换成 σ_{st} 和 σ_{sc}，而强度条件的形式仍与(9-6)式相同。所以，莫尔强度理论可看做是第三强度理论的发展。

§9-4 强度理论的应用

综合以上各种强度理论的强度条件，可以把它们写成统一的形式

$$\sigma_r\leqslant[\sigma] \tag{9-7}$$

式中，$[\sigma]$为材料的许用拉应力；σ_r 为按不同强度理论所得到的单元体内各主应力的综合值，通常称为**相当应力**。由公式(9-1)～(9-6)可见，与各强度理论相应的相当应力分别是

$$\left.\begin{aligned}
&\sigma_{r1}=\sigma_1\\
&\sigma_{r2}=\sigma_1-\nu(\sigma_2+\sigma_3)\\
&\sigma_{r3}=\sigma_1-\sigma_3\\
&\sigma_{r4}=\sqrt{\frac{1}{2}[(\sigma_1-\sigma_2)^2+(\sigma_2-\sigma_3)^2+(\sigma_3-\sigma_1)^2]}\\
&\sigma_{rM}=\sigma_1-\frac{[\sigma_t]}{[\sigma_c]}\sigma_3
\end{aligned}\right\} \tag{9-8}$$

在常温和静荷载的条件下，对于低碳钢等一类拉、压屈服极限相同的塑性材料，除了三向拉伸应力状态而外，在其余的应力状态下，其破坏形式均为塑性屈服，这时宜采用第四强度理论，也可应用第三强度理论。对于铸铁、石料等脆性材料，在二向以及三向拉伸应力状态下，其破坏形式均为脆性断裂，宜采用第一强度理论；在二向或三向应力状态下而最大和最小主应力分别为拉应力和压应力时，可采用莫尔强度理论或者第二强度理论；在三向压缩应力状态下宜采用莫尔强度理论。

例 9-1 试按第四强度理论，寻求 Q235 钢在纯剪切应力状态(例 9-1 图)下的剪切屈服极限 τ_s 与拉、压屈服极限 σ_s 之间的关系。

解 由例 8-3 可知，纯剪切应力状态下的三个主应力分别为

$$\sigma_1=\tau,\quad \sigma_2=0,\quad \sigma_3=-\tau$$

Q235 钢在纯剪切应力状态下发生屈服时，即 $\tau=\tau_s$ 时，则有

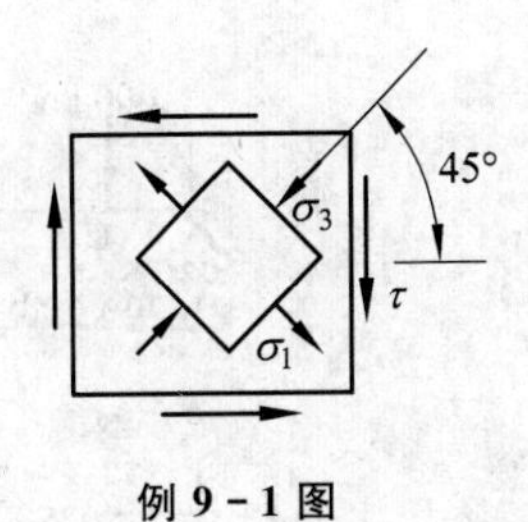

例 9－1 图

$$\sigma_1=\tau_s,\quad \sigma_2=0,\quad \sigma_3=-\tau_s$$

将它们代入密息斯屈服准则，得到

$$\sqrt{\frac{1}{2}[\tau_s^2+\tau_s^2+4\tau_s^2]}=\sigma_s$$

即
$$\tau_s=\frac{1}{\sqrt{3}}\sigma_s=0.577\sigma_s\approx 0.6\sigma_s$$

这一关系是被 Q235 钢的拉伸试验及薄壁圆筒的扭转试验结果证实的。因此，一些规范对于拉、压屈服极限相同的塑性材料，其许用切应力$[\tau]$常取为许用拉、压应力$[\sigma]$的 0.6 倍。

例 9－2 某危险点处的应力状态如图(a)所示。试列出第三和第四强度理论的相当应力的表达式。

解 首先根据单元体的 x 和 y 截面上的应力作出应力圆，如图(b)所示。计算 A_1 和 A_3 点的横坐标值，即可得到该点处的主应力

$$\left.\begin{matrix}\sigma_1\\ \sigma_3\end{matrix}\right\}=\frac{\sigma}{2}\pm\sqrt{\left(\frac{\sigma}{2}\right)^2+\tau^2},\quad \sigma_2=0$$

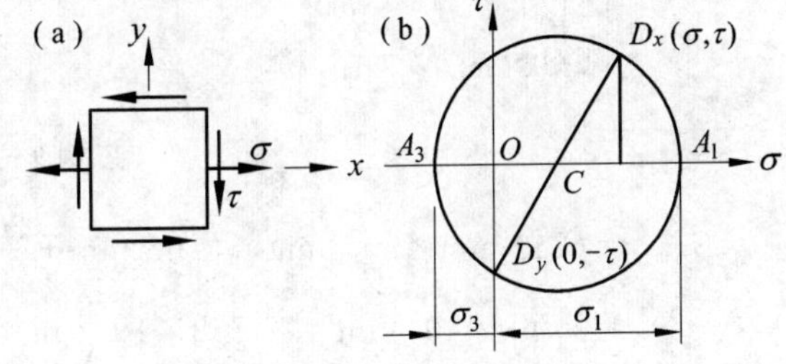

例 9－2 图

将以上的主应力分别代入公式(9－8)中的第三和第四式，经化简后得到

$$\sigma_{r3}=\sqrt{\sigma^2+4\tau^2}\tag{9-9}$$
$$\sigma_{r4}=\sqrt{\sigma^2+3\tau^2}\tag{9-10}$$

此例所举的应力状态是一种常见的平面应力状态，不仅在梁的弯曲问题中会遇到，在圆轴的弯扭组合(见第十章)以及扭转与拉伸的组合等问题中也会遇到，因而公式(9－9)和(9－10)是要经常用到的。

例 9－3 一焊接工字形简支梁，其尺寸和所受荷载如图(a)所示。已知横截面对中性轴的惯性矩 $I_z=2\,041\times10^6\ \text{mm}^4$，梁的材料为 Q235 钢，其$[\sigma]=170$ MPa，$[\tau]=100$ MPa。试校核该梁的强度。

解 画出梁的剪力图和弯矩图，如图(b)和图(c)所示。由图可见，梁的最大弯矩和最大剪力分别位于 D 横截面和 C 稍左的各横截面上，其值为

$$M_{\max}=700\ \text{kN}\cdot\text{m},\quad F_{S,\max}=625\ \text{kN}$$

先按正应力强度条件进行校核。

$$\sigma_{\max}=\frac{M_{\max}y_{\max}}{I_z}=\frac{(700\times10^3\ \text{N}\cdot\text{m})\times(420\times10^{-3}\ \text{m})}{2\,041\times10^{-6}\ \text{m}^4}$$
$$=144\times10^6\ \text{Pa}=144\ \text{MPa}<[\sigma]$$

再按切应力强度条件进行校核。中性轴以下半个横截面面积对中性轴的静面矩为

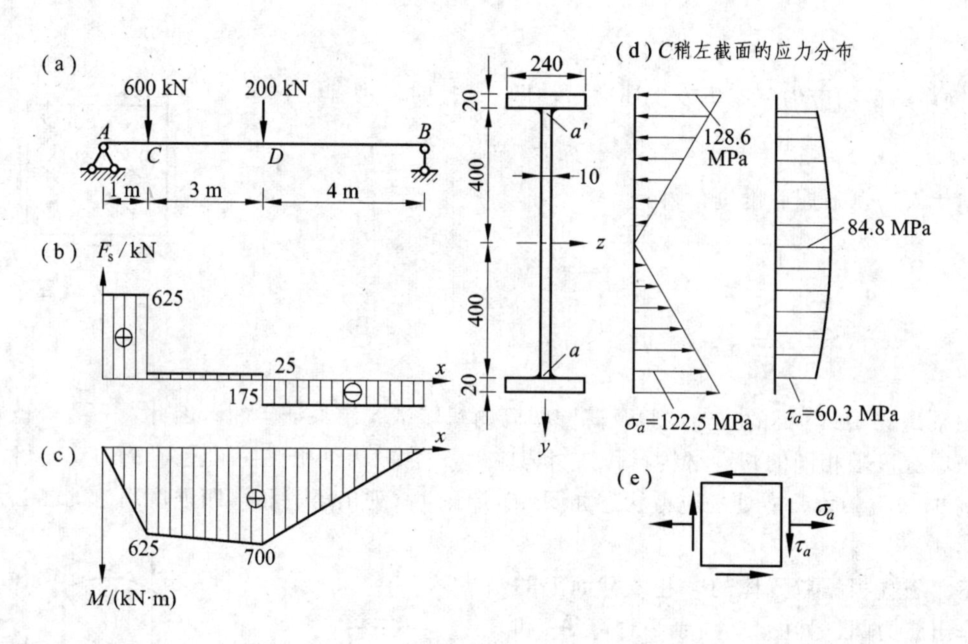

例 9-3 图

$$S_{z,\max}=(240\ \text{mm}\times 20\ \text{mm})\times\left(400\ \text{mm}+\frac{20\ \text{mm}}{2}\right)+(10\ \text{mm})\times(400\ \text{mm})\times\left(\frac{400\ \text{mm}}{2}\right)$$
$$=2\ 768\times 10^{3}\ \text{mm}^{3}=2\ 768\times 10^{-6}\ \text{m}^{3}$$

于是有
$$\tau_{\max}=\frac{F_{\text{S},\max}S_{z,\max}}{bI_z}=\frac{(625\times 10^{3}\ \text{N})\times(2\ 768\times 10^{-6}\ \text{m}^{3})}{(10\times 10^{-3}\ \text{m})\times(2\ 041\times 10^{-6}\ \text{m}^{4})}$$
$$=84.8\times 10^{6}\ \text{Pa}=84.8\ \text{MPa}<[\tau]$$

在本例中，C 稍左的横截面上既有最大剪力同时又有相当大的弯矩，该截面上的正应力和切应力的分布已示于图(d)中。可以看出，在腹板接近与翼缘交界处，正应力和切应力都相当大。因而交界线处的任一点也是可能的危险点，还需对这些点进行强度校核。为此，从 a 点处(或 a' 点处)取出一个单元体[图(e)]，其上的正应力和切应力分别为

$$\sigma_a=\frac{M_C y_a}{I_z}=\frac{(625\times 10^{3}\ \text{N}\cdot\text{m})\times(400\times 10^{-3}\ \text{m})}{2\ 041\times 10^{-6}\ \text{m}^{4}}$$
$$=122.5\times 10^{6}\ \text{Pa}=122.5\ \text{MPa}$$

$$\tau_a=\frac{F_{\text{S},C_{左}}S_z}{bI_z}=\frac{(625\times 10^{3}\ \text{N})\times(240\times 10^{-3}\ \text{m})\times(20\times 10^{-3}\ \text{m})\times\left(400\times 10^{-3}\ \text{m}+\frac{20\times 10^{-3}\ \text{m}}{2}\right)}{(10\times 10^{-3}\ \text{m})\times(2\ 041\times 10^{-6}\ \text{m}^{4})}$$
$$=60.3\times 10^{6}\ \text{Pa}=60.3\ \text{MPa}$$

由于材料为 Q235 钢，同时危险点处于平面应力状态，故应按第四强度理论进行强度校核。在这种特定的应力状态下，该理论的相当应力可直接应用公式(9-10)。于是有

$$\sigma_{r_4}=\sqrt{\sigma_a^2+3\tau_a^2}=\sqrt{(122.5\ \text{MPa})^2+3(60.3\ \text{MPa})^2}=161\ \text{MPa}<[\sigma]$$

考虑到 C 稍左横截面上的正应力和切应力都是非均分布的，因此，在对腹板与翼缘交界处的点用强度理论进行校核时，一些规范规定对钢材的许用正应力可适当加以提高。但应当指出，在腹板与翼缘交界处是有应力集中的，按上述方法作强度校核只能看做是一种实用计算方法。还

要说明的是：对于工字型钢，并不需要对腹板与翼缘交界处的点用强度理论进行强度校核。因为型钢截面在该处有圆弧过渡，从而增加了交界处的截面厚度。只要最外边缘处的最大正应力以及中性轴处的最大切应力满足强度条件后，一般就不会在交界点处发生强度不足的问题。

例 9-4 受内压力作用的圆筒形薄壁容器[图(a)]，压强 $p=3.2\ \text{MPa}$，圆筒部分的内径 $d=1\ 000\ \text{mm}$，壁厚 $\delta=10\ \text{mm}$，材料为 Q235 钢，其$[\sigma]=170\ \text{MPa}$。试校核圆筒部分的强度。

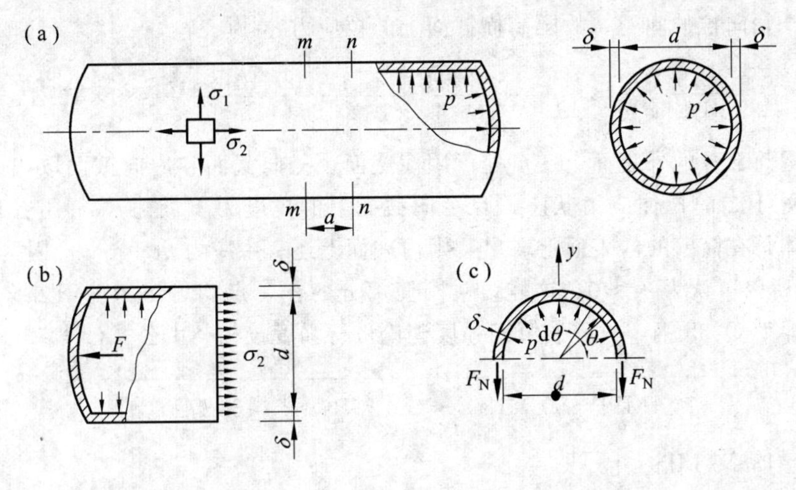

例 9-4 图

解 在§8-5中曾定性地确定了圆筒外表面上一点处于二向拉伸应力状态[图(a)]。首先求圆筒部分径向截面上的拉应力 σ_1。为此，假想用两相邻横截面截出长为 a 的一段圆筒，再用一直径平面将该段圆筒截分为二，取上半部分作为分离体[图(c)]。由于内压力是轴对称的，所以，筒壁的径向截面上没有切向内力而只有法向内力 F_N。作用在分离体的内壁微面积 ads 上的径向压力为

$$\mathrm{d}F=pa\mathrm{d}s=pa\,\frac{d}{2}\mathrm{d}\theta$$

它在 y 方向的投影为

$$\mathrm{d}F_y=\mathrm{d}F\sin\theta=pa\,\frac{d}{2}\mathrm{d}\theta\sin\theta$$

积分之后即得其合力在 y 方向的投影

$$F_y=\int_0^{\pi}pa\,\frac{d}{2}\sin\theta\mathrm{d}\theta=pad$$

式中的乘积 ad 也就是分离体的内柱面在直径平面上的投影面积。由分离体的平衡方程

$$\sum F_y=0,\quad F_y-2F_N=0$$

得

$$F_N=\frac{F_y}{2}=\frac{pad}{2}$$

由于壁厚 δ 远小于内径 d，所以，可近似地认为筒壁在径向截面上的拉应力沿壁厚 δ 均匀分布(如果 $\delta\leqslant d/20$，这种近似就足够精确)。则

$$\sigma_1=\frac{F_N}{a\delta}=\frac{pd}{2\delta}=\frac{(3.2\ \text{MPa})\times(1\ 000\times10^{-3}\ \text{m})}{2\times(10\times10^{-3}\ \text{m})}=160\times10^6\ \text{Pa}=160\ \text{MPa}$$

为求圆筒部分横截面上的拉应力 σ_2，假想用一横截面将圆筒截分为二，并取左段为分离体[图(b)]。因为内压力是轴对称的，所以，作用于封端的内压力之合力 F 的作用线与圆筒的轴线重合，其值等于压强 p 乘以封端的内表面在圆筒横截面平面内的投影面积，即

$$F=p\times\frac{\pi d^2}{4}$$

由于这是一个轴向拉伸问题，故圆筒横截面上的拉应力 σ_2 为

$$\sigma_2=\frac{F}{A}=\frac{p\times\pi d^2/4}{\pi(d+\delta)\delta}\approx\frac{pd}{4\delta}=\frac{(3.2\ \text{MPa})\times(1\ 000\times10^{-3}\ \text{m})}{4\times(10\times10^{-3}\ \text{m})}=80\times10^6\ \text{Pa}=80\ \text{MPa}$$

如果在圆筒部分的外表面上一点处，用横截面、径向截面和周向截面取出一个单元体，则该单元体处于二向拉伸应力状态，且径向截面上的拉应力 σ_1 是横截面上拉应力 σ_2 的两倍。若单元体是在筒壁的内表面上取出，则内表面上还有主应力 $\sigma_3=-p$，因为压强 p 远小于 σ_1 和 σ_2，所以可认为 $\sigma_3\approx0$。这样，对圆筒部分的任一点均可认为处于二向拉伸应力状态。由于材料为 Q235 钢，故应按第四强度理论进行强度校核。由公式(9-4)

$$\sigma_{r_4}=\sqrt{\frac{1}{2}[(160\ \text{MPa}-80\ \text{MPa})^2+(80\ \text{MPa})^2+(160\ \text{MPa})^2]}$$
$$=138.6\ \text{MPa}<[\sigma]$$

也可用第三强度理论进行强度校核。由公式(9-3)

$$\sigma_{r_3}=160\ \text{MPa}-0=160\ \text{MPa}<[\sigma]$$

可见圆筒部分在强度上是安全的。第三强度理论虽略偏保守，但概念简明易懂且计算简单，仍常被采用。

习　题

9-1　从某铸铁构件内的危险点取出一单元体，其应力分量如图所示。已知铸铁材料的泊松比 $\nu=0.25$，许用拉应力 $[\sigma_t]=30$ MPa，许用压应力 $[\sigma_c]=90$ MPa。试用第一和第二强度理论校核其强度。

9-2　材料均为 Q235 钢的两个单元体，其上的 σ 与 τ 之值分别相等，且 σ 的值大于 τ 的值。试列出两单元体按第三和第四强度理论的相当应力表达式，并应用形状改变能密度的概念，判断何者较易发生屈服。

9-3　圆截面杆的直径 $d=10$ mm，材料为 Q235 钢，其 $[\sigma]=170$ MPa。若外扭矩 M_e 与轴向拉力 F 的关系为 $M_e=Fd/8$，试按第四强度理论求许用拉力 F 之值。

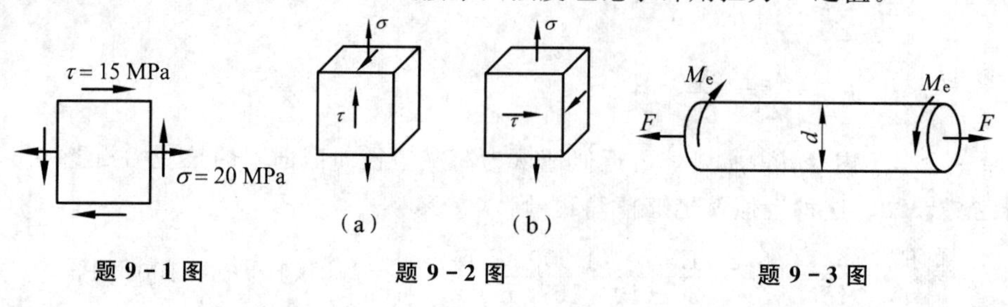

题 9-1 图　　题 9-2 图　　题 9-3 图

9-4 已知钢轨与车轮接触点处的主应力 $\sigma_1=-650$ MPa，$\sigma_2=-700$ MPa，$\sigma_3=-900$ MPa（参看图 8-13）。若钢轨材料的许用应力$[\sigma]=250$ MPa，试按第三和第四强度理论校核其强度。

9-5 焊接工字形梁的尺寸及所受荷载如图所示，材料为 Q235 钢，$[\sigma]=170$ MPa，$[\tau]=100$ MPa。试校核该梁的强度。

9-6 一薄壁圆筒形压力容器，当承受最大内压力时，在圆筒部分的外表面上一点处，测得沿轴线和周线方向的线应变分别为 $\varepsilon_x=1.65\times10^{-4}$、$\varepsilon_y=7.15\times10^{-4}$。容器的材料为 Q235 钢，$E=206$ GPa，$\nu=0.3$，$[\sigma]=170$ MPa。试按第三和第四强度理论对圆筒部分作强度校核。

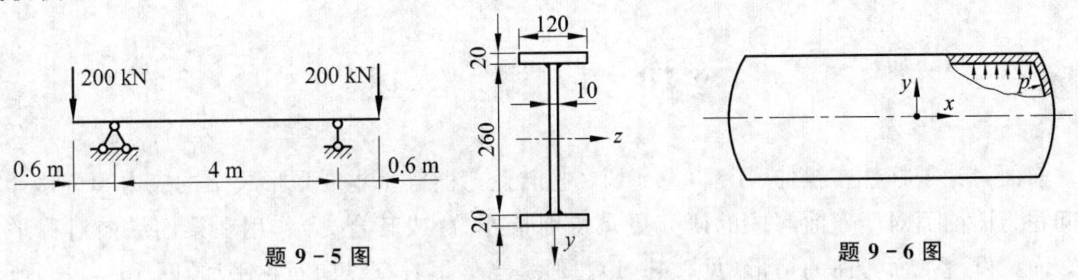

题 9-5 图　　题 9-6 图

9-7 薄壁球形压力容器，内径 $d=2\,000$ mm，材料为 Q235 钢，$[\sigma]=170$ MPa，压强 $p=4$ MPa。试按第三和第四强度理论设计球壁的厚度 δ。

***9-8** 在钢管内灌注混凝土，凝固后在两端对混凝土柱施加均布压力。问管内的混凝土处于何种应力状态？它与混凝土单向受压时的强度有无不同，试根据莫尔强度理论作出判断。

***9-9** 试按莫尔强度理论解 9-1 题。

9-10 图示铸铁构件，中段为薄壁圆筒，其内径 $d=200$ mm，壁厚 $\delta=10$ mm，承受内压 $p=2$ MPa，两端的轴向压力 $F=250$ kN。铸铁材料的泊松比 $\nu=0.25$，许用拉应力$[\sigma_t]=30$ MPa，许用压应力$[\sigma_c]=90$ MPa。试按第二强度理论校核其强度。

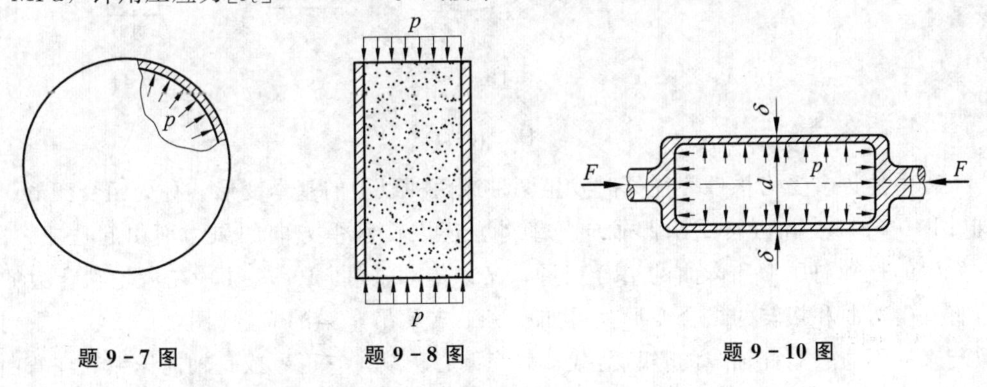

题 9-7 图　　题 9-8 图　　题 9-10 图

***9-11** 试按莫尔强度理论解 9-10 题。

***9-12** 某铸铁构件的危险点处于二向应力状态，且最大和最小主应力分别为拉应力和压应力。已知铸铁材料的拉伸强度极限和压缩强度极限分别为 $\sigma_{bt}=150$ MPa、$\sigma_{bc}=600$ MPa。要求：(1) 作出该铸铁材料的近似包络线；(2) 若该点处的最大切应力达到 200 MPa 时材料发生强度破坏，试用图解法求此时的 σ_1 和 σ_3 之值。

第十章　弯曲问题的进一步研究与组合变形

§10－1　概　　述

前面讨论了杆件在拉伸(压缩)、剪切、扭转及弯曲等基本变形形式下的应力和位移计算等问题。而前面对于弯曲问题的研究更是特别指外力(或其合力)作用在梁的纵向对称平面内，而梁发生平面弯曲的情形(见§4－1)。但是当梁不具有纵向对称平面[图10－1(a)所示悬臂梁、横截面如图10－1(b)]，或梁虽具有纵向对称平面，但外力的作用面与该纵向对称平面间有一夹角[图10－1(c)、(d)所示的梁横截面]，此时梁不发生平面弯曲，而是发生平面弯曲与扭转的组合[图10－1(c)]或斜弯曲[图10－1(d)]等。

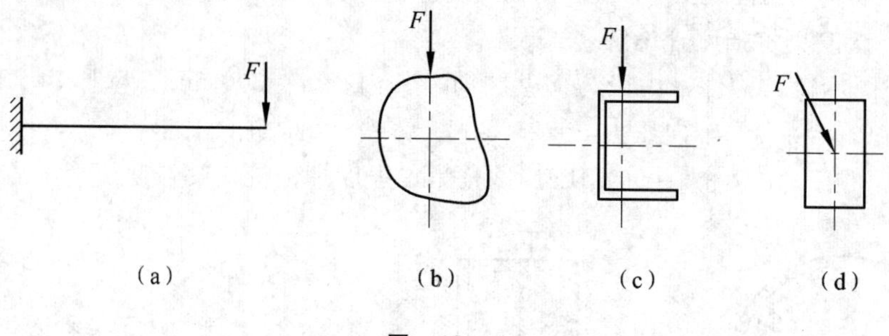

图　10－1

工程中的许多受力构件往往同时发生两种或两种以上的基本变形，称为**组合变形**。例如烟囱[图10－2(a)]除因自重引起轴向压缩外，还因受水平方向的风力而引起弯曲，因此，烟囱发生的是轴向压缩和弯曲的组合变形；又如传动轴[图10－2(b)]在齿轮啮合力的作用下，将发生弯曲和扭转的组合变形；再如厂房中支承吊车梁的立柱[图10－2(c)]受到由吊车梁传来的不通过立柱轴线的竖直荷载，故为偏心压缩，它可看成是轴向压缩和纯弯曲的组合变形。

当组合变形是属于小变形的范畴时，且材料是在线弹性范围内工作，就可利用叠加法进行分析。即将作用于杆件上的荷载简化成静力相当荷载，使简化后的每一荷载只产生一种基本变形；分别计算每一种基本变形下杆件的应力和位移，将所得结果叠加起来，就是组合变形的解。对于变形较大而需按变形后的形状分析内力，即不能用叠加法求解的问题，将在§10－6中简略介绍。

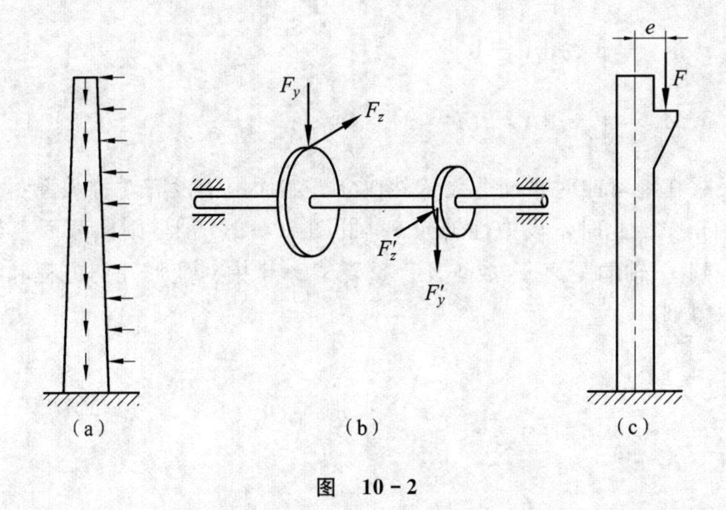

图 10-2

§10-2 非对称截面梁的平面弯曲 弯曲中心

一、非对称截面梁的平面弯曲

前面研究的是外力(包括力偶和横向力)作用在梁的纵向对称平面内而发生平面弯曲的情形。现在讨论横截面没有对称轴，而外力偶作用在形心主惯性平面(横截面的形心主轴与梁的轴线所构成的平面)内(或作用在与形心主惯性平面相平行的平面内)的弯曲问题。

设 C 为横截面的形心，y 和 z 轴为横截面的形心主轴。在杆的两端与形心主惯性平面 xy 相平行的平面内作用一对外力偶，图 10-3(a)为取出的左段分离体。

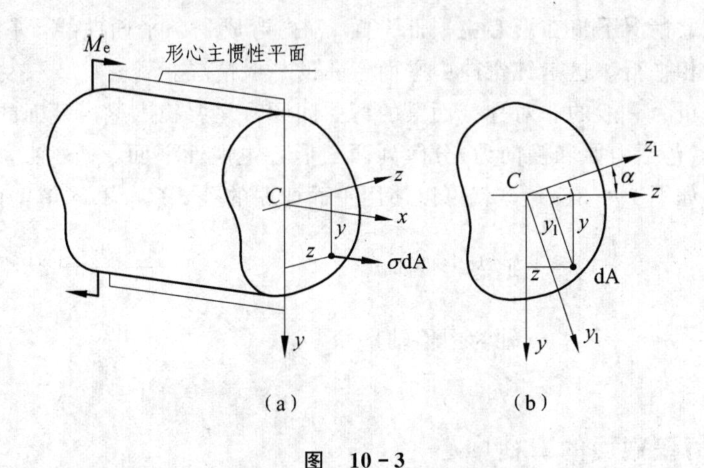

图 10-3

对所取坐标系，可以得到与§5-1中相同的三个静力学条件

$$F_N = \int_A \sigma \mathrm{d}A = 0 \tag{a}$$

$$M_y = \int_A z\sigma \mathrm{d}A = 0 \tag{b}$$

$$M_z = \int_A y\sigma \mathrm{d}A = M = M_e \tag{c}$$

非对称截面梁在纯弯曲时平面假设依然成立。然而由于没有对称关系，暂时没有理由认为中性轴与 y 轴正交。此时，设中性轴为 z_1 轴[图 10-3(b)]，则横截面上任一点处的纵向线应变必与该点到 z_1 轴的距离 y_1 成正比。重复§5-1中对变形几何方程和物理方程的推导过程，同样可以得到

$$\varepsilon = \frac{y_1}{\rho} \tag{d}$$

及

$$\sigma = E\frac{y_1}{\rho} \tag{e}$$

将(e)式代入(a)式，得到的结论仍是 z_1 轴必须通过形心。这样，z_1 轴与形心主轴(y、z 轴)相交于原点(形心)。

将微面积的坐标 y_1 用形心主轴的坐标表示，得

$$y_1 = y\cos\alpha + z\sin\alpha$$

以 y_1 代入(e)式，再利用(b)式，得

$$\frac{E}{\rho}\int_A z(y\cos\alpha + z\sin\alpha)\mathrm{d}A = \frac{E}{\rho}[I_{yz}\cos\alpha + I_y\sin\alpha] = 0$$

因为 $E/\rho \neq 0$，$I_{yz}=0$，而 I_y 为正值，故 $\sin\alpha=0$，即 $\alpha=0$。这就是说，即使是非对称截面梁，只要外力偶作用在与形心主惯性平面 xy 相平行的平面内(或作用在 xy 平面内)，中性轴也和形心主轴 z 重合。

再利用(e)式和(c)式，得到的最后结果自然与公式(5-1)和公式(5-2)分别相同。

梁的轴线在此情况下将在形心主惯性平面 xy 内弯成一条平面曲线，它与外力偶的作用平面相重合或者相平行。这是纯弯曲中平面弯曲的一般情况。

因此，对于更为一般的非对称截面梁的弯曲问题，只要找出梁横截面的形心主轴，然后将过形心的外力(包括力偶和横向力)分解到两个形心主惯性平面 xy(z 轴为中性轴)和 xz(y 轴为中性轴)内[如图 10-3(a)]，就可以使用平面弯曲的公式(5-2)求解梁内的弯曲正应力：

$$\sigma = \frac{M_z y}{I_z} \quad (z\text{ 轴为中性轴})$$

$$\sigma = \frac{M_y z}{I_y} \quad (y\text{ 轴为中性轴})$$

二、开口薄壁截面的弯曲中心

非对称截面梁在纯弯曲时的正应力计算公式(即公式 5-2)，同样可以推广应用于受横向力作用而发生平面弯曲的情况。这时，也就可以应用§5-3中的公式，计算横截面上的弯曲切应力。但要指出：并不是横向力作用在与形心主轴相平行的任一位置，都能保证只发

生平面弯曲，这要看横截面上的切向内力分量所对应的三个静力学条件能否得到满足。由于横截面上的各切向微内力 $\tau\mathrm{d}A$ 构成平面力系，它们只可能简化成三个内力分量，若把它们合成以后再考虑分离体的三个平衡条件，则更为简捷。

例如图 10-4(a)所示的 T 形截面梁，z 为横截面的对称轴；设 F 力的作用线与形心主轴 Cy 相距为 z_1 而使梁发生平面弯曲。由 §5-3 中的分析可知，水平板上在 y 方向的切应力甚小，可以忽略不计；竖直板上的切应力分布如图 10-4(b)所示，其方向均与竖直边平行，相应的合力 F_R 几乎就等于横截面上的剪力 F_{Sy}，而作用在竖直板的中线上。

现在取一段梁作为分离体[图 10-4(c)]来研究与切向内力分量相关的三个平衡条件。在 y 方向应有 $F_{Sy}=F$，这本来就是求横截面上的剪力 F_{Sy} 所用的条件；在 z 方向则是零等于零的恒等式，这是必然的，因为由 F_{Sy} 求得切应力 τ，再由 $\tau\mathrm{d}A$ 求合力是其逆运算，不可能有 z 方向的内力分量；问题是 $\sum M_x=0$ 能否满足，由于 F_R(即 F_{Sy})在横截面上的作用线位置是恒定的，所以要使这个条件得到满足，也就是保证梁只发生平面弯曲，必须让横向力 F 也作用在竖直板的中线上。这样，梁的轴线将在形心主惯性平面 xy 内弯成一条平面曲线，该面与 F 力的作用线相平行。这是平面弯曲的一般情况。

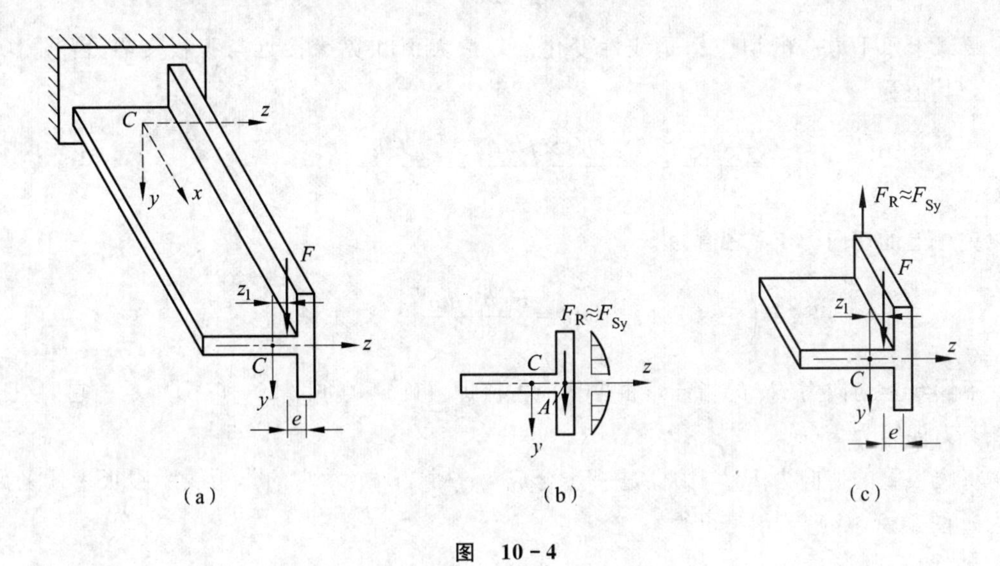

图 10-4

假如让 F 力作用在自由端截面的对称轴 z 上，由于对称性，横截面上剪力 F_{Sz} 的作用线必与对称轴 z 重合，这时与切向内力分量相关的三个静力学条件自然都能得到满足。

上述两个剪力(F_{Sy}、F_{Sz})作用线的交点[图 10-4(b)中的 A 点]称为横截面的**弯曲中心**(也称为剪切中心，简称**弯心**或**剪心**)。只要横向力通过弯心并与一个形心主轴平行，则梁将发生平面弯曲。如果横向力 F 与一个形心主轴平行但未通过弯心，则可将此力向弯心简化，得到一个通过弯心的力 F 和一个力偶矩 Fe。前者使梁发生平面弯曲，后者使梁发生扭转。

对如图 10-4(a)所示的情况，该开口薄壁截面杆除将发生平面弯曲外，还将发生约束扭转，而在约束扭转时，横截面上不仅有扭转切应力，还有附加的正应力。所以确定这类截面的弯心是很有意义的。顺便指出，当横向力通过弯心但不与形心主轴平行时，可将横向力沿两个形心主轴方向分解成两个分力，它们将分别引起平面弯曲，而这两个平面弯曲的组合称为**斜弯曲**，将在本章下一节中讨论。

从上面的例子可以看出，平面弯曲时剪力作用线的位置与横向力的大小无关，只与截面形式相关。这就是说，弯心的位置是横截面的几何特性。下面举几种常见的开口薄壁截面的例子。

槽形截面　截面尺寸如图 10－5(a)所示，y、z 为形心主轴。

当横向力使梁在 Cy 方向发生平面弯曲时，腹板上的切向力 F_R 几乎就等于横截面上的剪力 F_{Sy}，它作用在腹板的中线上，如图 10－5(b)所示。

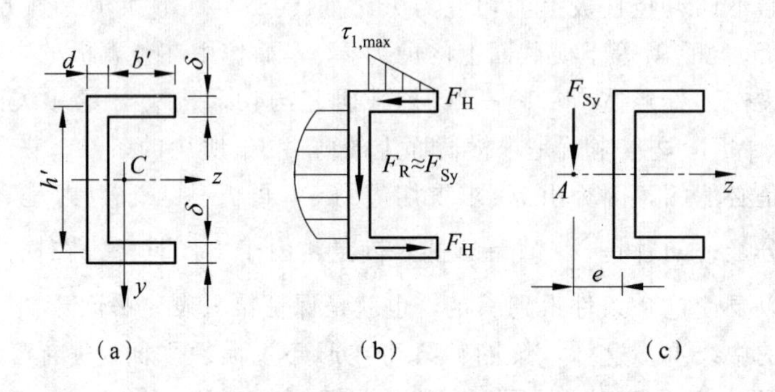

图　10－5

翼缘上水平方向的切应力是线性变化的，最大值在翼缘接近与腹板交界处[图 10－5(b)]，其值为

$$\tau_{1,\max}=\frac{F_{Sy}S_z}{\delta I_z}=\frac{F_{Sy}(b't\times h'/2)}{\delta I_z}=\frac{F_{Sy}b'h'}{2I_z}$$

所以翼缘上的切向力 F_H 之值为

$$F_H=\left(\frac{1}{2}\times b'\times\tau_{1,\max}\right)\delta=\frac{F_{Sy}b'^2h'\delta}{4I_z}$$

上、下翼缘上切向力 F_H 的指向，根据切应力流即可确定，如图 10－5(b)所示。它们组成一力偶，力偶矩为 F_Hh'。

将腹板上的切向力 F_R 与力偶进一步合成为一个力 F_{Sy}，它的作用线距腹板中线的距离设为 e[图 10－5(c)]，于是可得

$$e=\frac{F_Hh'}{F_{Sy}}=\frac{b'^2h'^2\delta}{4I_z}$$

这样，就确定了横截面上剪力 F_{Sy} 的作用线位置。它与对称轴的交点 A，就是槽形截面的弯心。

角形截面　由于薄壁截面梁可采用切应力沿壁厚均匀分布、其方向均与侧边平行的假设，所以当横向力使梁在形心主轴 Cy(或 Cz)方向发生平面弯曲时，两个肢上的切向力分别位于两个肢的中线上，它们相交于 A 点(图 10－6)。因而 F_{Sy}(或 F_{Sz})必然通过这个交点。它就是角形截面的弯心。

Z 形截面　y、z 为形心主轴。

当横向力使梁在 Cy 方向发生平面弯曲时，由于两个翼缘上的切向力 F_H 大小相等、指向相同[图 10－7(a)]，所以这两个力的合力通过形心。腹板上的切向力 F_R 自然通过形心。故横截面上的剪力 F_{Sy} 必过形心[图 10－7(b)]。当在 Cz 方向发生平面弯曲时，可以得到同样的

结论，即剪力 F_{Sz} 必过形心，因而 Z 形截面的弯心与形心重合。

上面仅讨论了开口薄壁截面的弯心问题，这是因为对弯曲切应力的大小和方向的假设，对薄壁截面才有足够的精确性。当然，对于闭口薄壁截面也是能够用上述方法确定弯心的，不过难度更大一些。

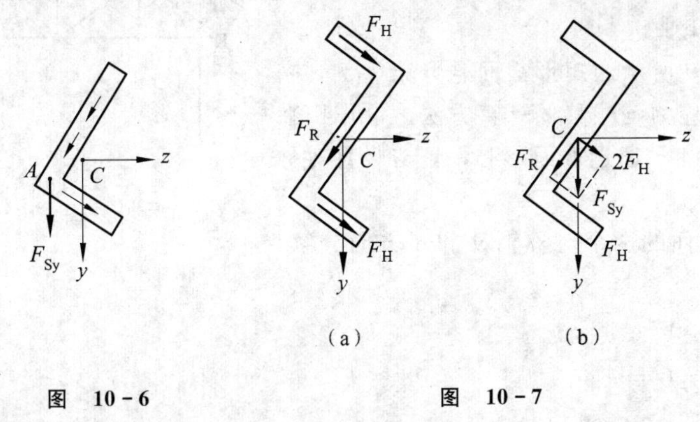

图 10-6　　　　图 10-7

例 10-1　悬臂梁的横截面分别采用如图(a)、(b)、(c)所示三种形式，在自由端受集中力 F 作用，F 力均通过这些截面的形心 C。试指出这三种截面梁各产生何种变形形式。

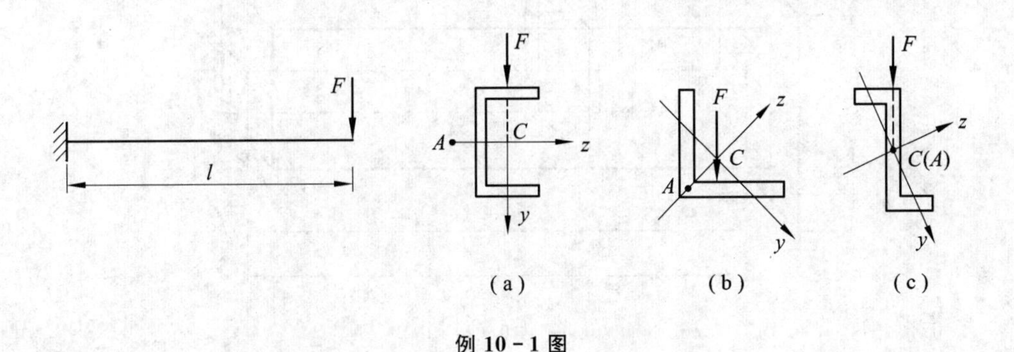

例 10-1 图

解　三种截面的形心主轴 y、z 及弯心 A 的位置分别如图所示。

图(a)所示槽形截面梁，因为 F 力和形心主轴 y 重合，故该梁产生平面弯曲；但 F 力不通过弯曲中心 A，该梁还要产生扭转。可见该梁同时产生平面弯曲和扭转两种变形。

图(b)所示等边角形截面梁，因为 F 力不和形心主轴平行，故该梁产生斜弯曲，又因 F 力不通过弯曲中心，该梁还要产生扭转，可见，该梁同时产生斜弯曲和扭转两种变形。

图(c)所示 Z 形截面梁，F 力不和形心主轴平行，但 F 力通过弯曲中心，故该梁仅产生斜弯曲。

§10-3　斜　弯　曲

在本章上一节中曾指出只要作用在杆件上的横向力通过弯心，并与一个形心主轴方向平行，杆件将只发生平面弯曲。但在工程实际中，有时横向力通过弯心，但不与形心主轴平行。例如屋架上倾斜放置的矩形截面檩条[图 10-8(a)]，它所承受的屋面荷载 q 就不沿截面的形心主轴方向[图 10-8(b)]。试验结果以及下面的分析均表明此时挠曲线不再位于外力所在的纵向平面内，这种弯曲称为**斜弯曲**。

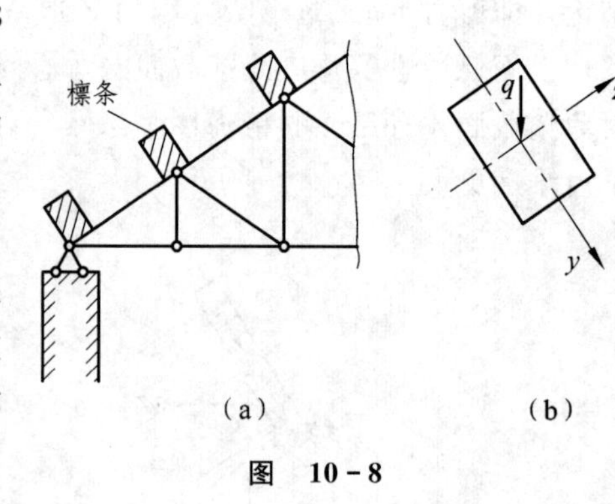

图 10-8

现以图 10-9 所示的矩形截面悬臂梁为例，来说明斜弯曲时的应力与位移的计算方法。设作用在梁自由端的集中力 F 通过截面形心，且与竖直对称轴之间的夹角为 φ。

将 F 力沿截面的两个对称轴 y 和 z 方向分解，得

$$F_y = F\cos\varphi$$
$$F_z = F\sin\varphi$$

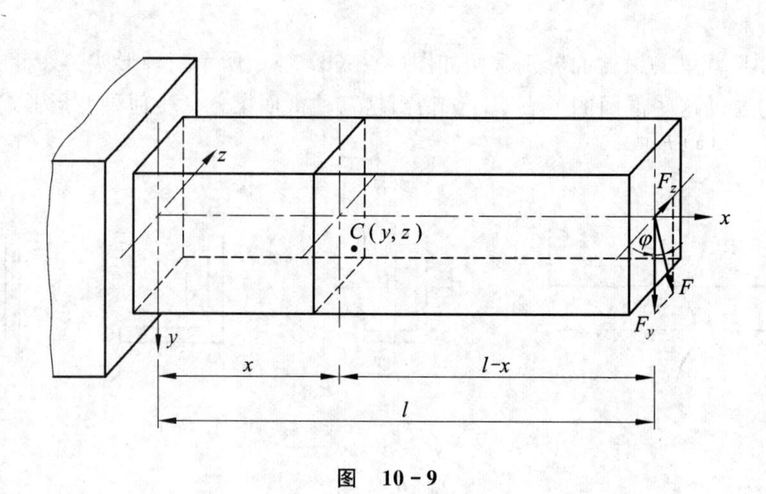

图 10-9

在 F_y 单独作用下，梁在竖直平面内发生平面弯曲，z 轴为中性轴；而在 F_z 单独作用下，梁在水平平面内发生平面弯曲，y 轴为中性轴。可见斜弯曲是两个互相垂直方向的平面弯曲的组合。

F_y 和 F_z 各自单独作用时，距固定端为 x 的横截面上绕 z 轴和 y 轴的弯矩分别为

$$M_z = F_y(l-x) = F\cos\varphi(1-x)$$
$$= M\cos\varphi$$
$$M_y = F_z(l-x) = F\sin\varphi(1-x) = M\sin\varphi$$

可见弯矩 M_y 和 M_z 也可从分解向量 M(总弯矩)来求得。

若材料在线弹性范围内工作，则对于其中的每一个平面弯曲，均可用公式(5-2)计算其正应力。对于 x 截面上第一象限内某点 $C(y, z)$处，与弯矩 M_z 和 M_y 对应的正应力 σ' 和 σ'' 都是压应力，故

$$\sigma' = -\frac{M_z}{I_z}y = -\frac{M\cos\varphi}{I_z}y$$

$$\sigma''=-\frac{M_y}{I_y}z=-\frac{M\sin\varphi}{I_y}z$$

在以上两式中弯矩均采用绝对值。

当 F_y 和 F_z 共同作用时，应用叠加法，取 σ' 和 σ'' 的代数和，即为 C 点处由集中力 F 引起的正应力 σ，即

$$\sigma=\sigma'+\sigma''=-M\left(\frac{\cos\varphi}{I_z}y+\frac{\sin\varphi}{I_y}z\right) \tag{10-1}$$

此式表明横截面上的正应力是坐标 y、z 的线性函数。x 截面上的正应力变化规律如图 10－10 所示。

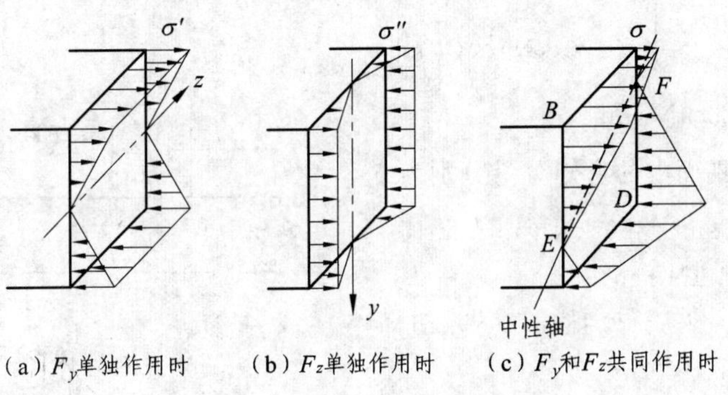

(a) F_y单独作用时　(b) F_z单独作用时　(c) F_y和F_z共同作用时

图　10－10

由图 10－10(c)可见，在 x 截面上角点 B 处有最大拉应力，角点 D 处有最大压应力，它们的绝对值相等。E 和 F 点处的正应力为零，它们的连线即是中性轴，可见 B 点和 D 点就是离中性轴最远的点。

对整个梁来说，横截面上的最大正应力应在危险截面的角点处，其值为

$$\begin{aligned}\sigma_{\max}&=\frac{M_{y,\max}}{W_y}+\frac{M_{z,\max}}{W_z}=\frac{M_{\max}\sin\varphi}{W_y}+\frac{M_{\max}\cos\varphi}{W_z}\\&=M_{\max}\left(\frac{\sin\varphi}{W_y}+\frac{\cos\varphi}{W_z}\right)\end{aligned} \tag{10-2}$$

由于角点处的切应力为零，所以按单向应力状态来建立强度条件。设材料的抗拉和抗压强度相同，则斜弯曲时的强度条件为

$$\sigma_{\max}\leqslant[\sigma]$$

现在用叠加法来求梁在斜弯曲时的挠度。当 F_y 和 F_z 各自单独作用时，由表 6－1(2)查得自由端截面的挠度分别为

$$w_y=\frac{F_y l^3}{3EI_z},\qquad w_z=\frac{F_z l^3}{3EI_y}$$

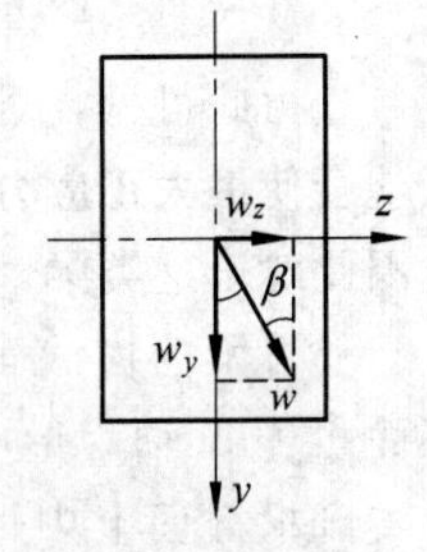

图　10－11

因 w_y 和 w_z 是正交的，所以当 F_y 和 F_z 共同作用时自由端截面的总挠度为 $w=\sqrt{w_y^2+w_z^2}$。若以 β 表示总挠度与 y 轴之间的夹角(图 10－11)，则

$$\tan\beta=\frac{w_z}{w_y}=\frac{I_z}{I_y}\times\frac{F_z}{F_y}=\frac{I_z}{I_y}\tan\varphi \tag{a}$$

式中，I_y 和 I_z 是横截面的形心主惯性矩。由于矩形截面的 $I_y \neq I_z$，所以 $\beta \neq \varphi$。这表明梁在斜弯曲时的挠曲平面与外力所在的纵向平面不相重合。

若梁的截面是正方形，由于 $I_y = I_z$，所以 $\beta = \varphi$，故不会发生斜弯曲。因此，对于圆形及正多边形截面梁，由于任何一对正交形心轴都是形心主轴，且截面对各形心轴的惯性矩均相等，这样，过形心的任意方向的横向力，都只会使梁发生平面弯曲。

例 10-2 跨长 $l=4$ m 的简支梁，由 25a 号工字钢制成，受力如图所示。F 力的作用线通过截面形心，且与 y 轴间的夹角 $\varphi=15°$，材料的许用应力 $[\sigma]=170$ MPa，试校核此梁的强度。

解 梁跨中截面上的弯矩最大，故为危险截面，该截面上的弯矩值为

$$M_{\max}=\frac{Fl}{4}=\frac{1}{4}\times(20\ \text{kN})\times(4\ \text{m})$$
$$=20\ \text{kN}\cdot\text{m}$$

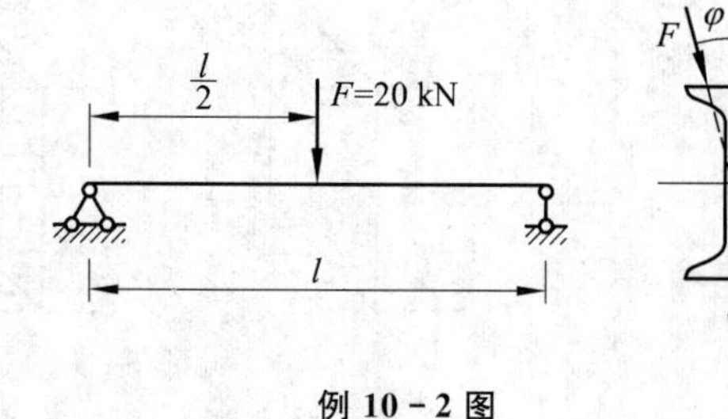

例 10-2 图

在两个形心主惯性平面内的弯矩分量分别为

$$M_{y,\max}=M_{\max}\sin\varphi=20\ \text{kN}\cdot\text{m}\times\sin15°$$
$$=5.18\ \text{kN}\cdot\text{m}$$
$$M_{z,\max}=M_{\max}\cos\varphi=20\ \text{kN}\cdot\text{m}\times\cos15°$$
$$=19.3\ \text{kN}\cdot\text{m}$$

从型钢表中查得 25a 号工字钢的弯曲截面系数

$$W_y=48.3\times10^3\ \text{mm}^3,\quad W_z=402\times10^3\ \text{mm}^3$$

将这些值代入(10-2)式，得

$$\sigma_{\max}=\frac{5.18\times10^3\ \text{N}\cdot\text{m}}{48.3\times10^{-6}\ \text{m}^3}+\frac{19.3\times10^3\ \text{N}\cdot\text{m}}{402\times10^{-6}\ \text{m}^3}=155\times10^6\ \text{Pa}$$
$$=155\ \text{MPa}<170\ \text{MPa}$$

故此梁满足正应力强度条件。

在此例中若 F 力的作用线与 y 轴重合，即 $\varphi=0$，则梁横截面上的最大正应力为

$$\sigma_{\max}=\frac{M_{\max}}{W_z}=\frac{20\times10^3\ \text{N}\cdot\text{m}}{402\times10^{-6}\ \text{m}^3}=49.8\times10^6\ \text{Pa}=49.8\ \text{MPa}$$

由此可见，对于工字形截面梁，当外力对 y 轴稍有偏斜时，就会使最大正应力显著增大，这是由于其 W_y 远小于 W_z 的缘故。因此对于这类梁，应尽量避免斜弯曲对梁强度的不利影响。

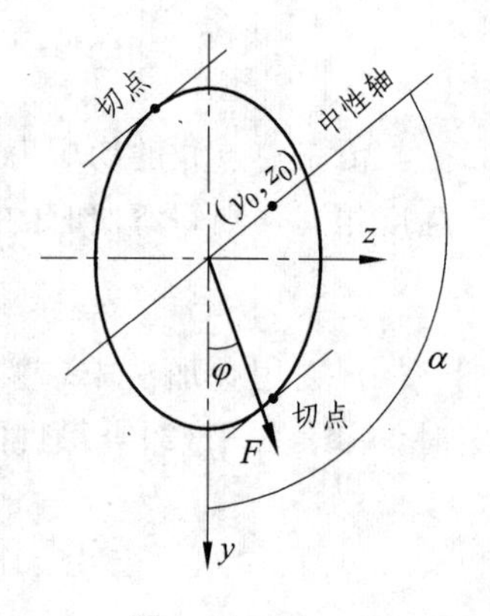

图 10-12

若梁的横截面没有外棱角，例如图 10-12 所示的椭圆形截面，y、z 轴为形心主轴。为确定斜弯曲时危险点的位置，需先找到横截面上中性轴的位置。以 y_0、z_0 表示中性轴上任一点的坐标，因中性轴上各点的正应力都为零，故将 y_0 和 z_0 代入(10-1)式后应有

$$\sigma=M\left(\frac{\cos\varphi}{I_z}y_0+\frac{\sin\varphi}{I_y}z_0\right)=0$$

即得斜弯曲时中性轴的方程为

$$\frac{\cos\varphi}{I_z}y_0+\frac{\sin\varphi}{I_y}z_0=0 \tag{10-3}$$

可见斜弯曲时中性轴是一条通过横截面形心的直线。该直线的斜率(中性轴与 y 轴的夹角的正切)为

$$\tan\alpha=\frac{z_0}{y_0}=-\frac{I_y}{I_z}\cdot\frac{\cos\varphi}{\sin\varphi}=-\frac{I_y}{I_z}\cot\varphi \tag{10-4}$$

确定了中性轴的位置后，作两条与中性轴平行而与横截面周边相切的直线，将所得切点的坐标分别代入(10-1)式，就可求得指定横截面上的最大拉应力和最大压应力。而弯矩最大截面上的切点就是梁的危险点。

比较(a)式和(10-4)式可知，$\tan\alpha\cdot\tan\beta=-1$，故中性轴总是垂直于挠曲平面的。

例 10-3 直径为 d 的圆截面悬臂梁，在自由端受集中力 F_y 和 F_z 作用。试求该梁的最大弯曲正应力。

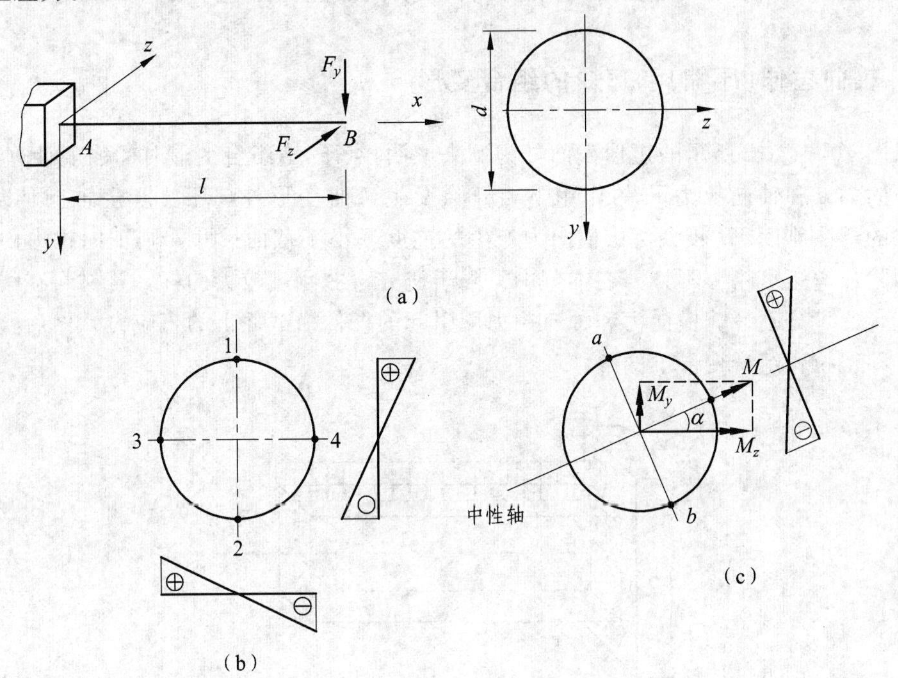

例 10-3 图

解 在 F_y 和 F_z 单独作用时 A 截面上的正应力分布规律如图(b)所示，最大拉应力分别在 1 点和 3 点，最大压应力分别在 2 点和 4 点。由于危险点的位置不同，所以不能把 F_y 和 F_z 单独作用时危险点处的正应力叠加得到 F_y 和 F_z 共同作用时危险点处的应力。

由于圆截面梁不会发生斜弯曲，可以把 A 截面上的弯矩 M_y 和 M_z 用矢量合成的方法求出总弯矩，即

$$M=\sqrt{M_y^2+M_z^2} \tag{a}$$

$$\tan\alpha=\frac{M_y}{M_z} \tag{b}$$

(a)式确定总弯矩 M 的大小，(b)式确定总弯矩矢量的方向[图(c)]，M 的矢量方向即为中性轴位置，距中性轴最远的点的正应力为最大[图(c)中，a 点为最大拉应力，b 点为最大压应力]，圆截面对通过形心的任意轴的抗弯截面系数均为 $W=\frac{\pi d^3}{32}$。故可得该梁的最大弯曲正应力为

$$\sigma_{\max}=\frac{M}{W}=\frac{\sqrt{(F_z l)^2+(F_y l)^2}}{\pi d^3/32}$$

A 截面上正应力分布规律如图(c)所示。

§10-4　拉伸(压缩)与弯曲　截面核心

§10-1 中提到的烟囱和厂房立柱都是压缩与弯曲组合的例子，不过前者的弯曲主要是由横向力引起的，而后者的弯曲是由纵向力引起的，在这里我们将分别予以讨论。

一、轴向拉伸(压缩)和弯曲的组合变形

现以图 10-13(a)所示的矩形截面杆为例来说明拉(压)弯组合变形时的强度计算方法。

在横向力 q 和轴向拉力 F 的作用下，杆除发生弯曲变形外，还要产生轴向伸长变形。如果杆件的弯曲刚度 EI 较大，由横向力产生的挠度远小于截面尺寸，则轴向拉力由于挠度而引起的附加弯矩可略去不计。在本节中只限于研究弯曲刚度较大的杆，若材料在线弹性范围内工作，便可分别计算横向力和轴向拉力所引起的杆件横截面上的正应力，然后叠加求其代数和，即得拉弯组合变形下的解。

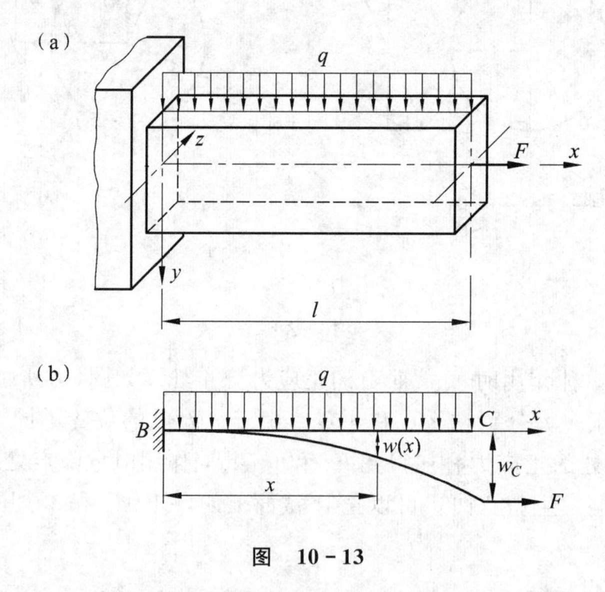

图　10-13

在轴向拉力 F 作用下，杆的各个横截面上有相同的轴力 $F_N=F$，而在横向力 q 作用下，固定端 B 截面上弯矩的绝对值最大，为 $|M|_{\max}=ql^2/2$，因此危险截面为 B 截面。B 截面上的应力变化规律如图 10-14 所示。

由图 10－14(c)可见，B 截面的上边缘各点有最大拉应力，这些点处于单向应力状态。设材料的抗拉和抗压强度相同，则拉伸与弯曲组合时的强度条件为

$$\sigma_{t,\max}=\frac{F_N}{A}+\frac{|M|_{\max}}{W_z}\leqslant[\sigma]$$

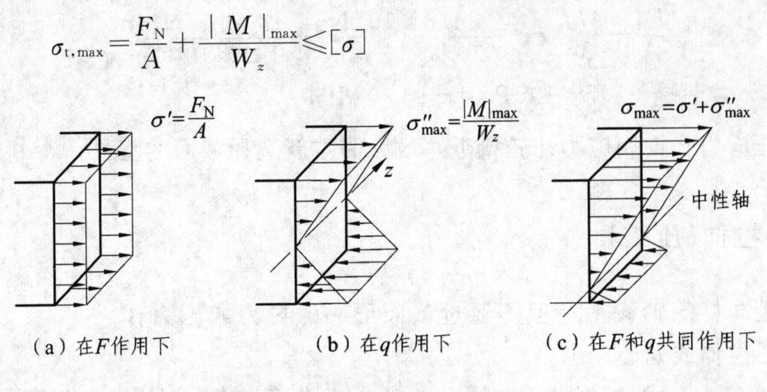

（a）在F作用下　（b）在q作用下　（c）在F和q共同作用下

图　10－14

需要说明的是：拉弯组合变形时，略去轴向拉力所引起的附加弯矩是偏于安全一边的。因为附加弯矩与横向力产生的弯矩是反向的。对于压弯组合变形，情况则相反，此时附加弯矩与横向力产生的弯矩是同向的。只有当弯曲刚度较大时，才能略去附加弯矩的影响。这个问题可参看在§10－6 中的讨论。

例 10－4　图(a)所示简易吊车，最大吊重 $F=13$ kN，AB 杆为工字钢，材料为 Q235 钢，许用应力$[\sigma]=100$ MPa。试按正应力强度条件选择工字钢的型号。

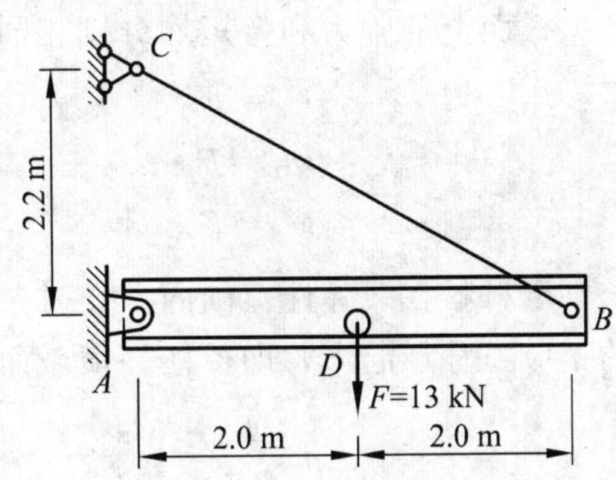

解　CB 杆的长度 $l=\sqrt{(2.2\text{ m})^2+(4.0\text{ m})^2}\approx 4.57$ m。AB 杆的受力简图如图(b)所示。由平衡方程

$$\sum M_A=0,$$

$$F_{N,CB}\times\left(\frac{2.2\text{ m}}{4.57\text{ m}}\right)\times(4.0\text{ m})-(13\text{ kN})\times(2.0\text{ m})=0$$

得　　$F_{N,CB}=13.5$ kN

把 $F_{N,CB}$ 沿 AB 杆的轴线和垂直于该轴线方向分解为两个分力[图(b)]，即

$$F_{Nx}=F_{N,CB}\times\frac{4.0\text{ m}}{4.57\text{ m}}=11.8\text{ kN}$$

$$F_{Ny}=F_{N,CB}\times\frac{2.2\text{ m}}{4.57\text{ m}}=6.5\text{ kN}$$

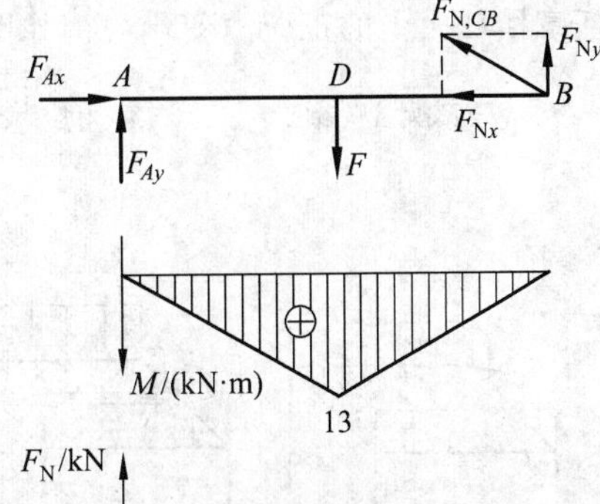

由图(b)可见，AB 杆的变形为压缩与弯曲的组合变形。其弯矩图和轴力图如图(c)、(d)所示，危险截面为 D 截面。选择工字钢截面型号时，可先不考虑轴力 F_N 的影响，而根据弯曲正应力强度条件进行初选，此时

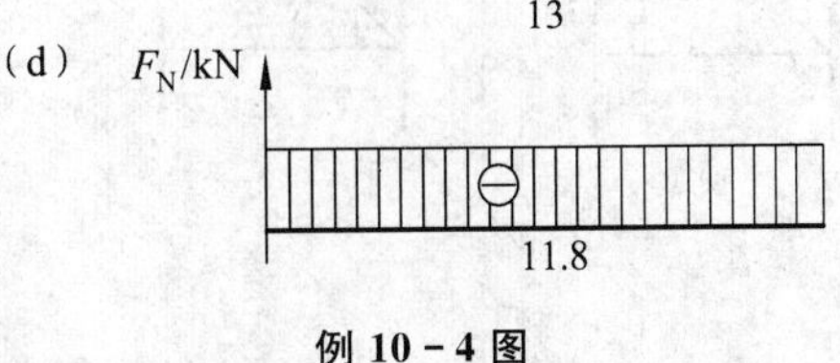

例 10－4 图

$$W\geqslant\frac{M_{\max}}{[\sigma]}=\frac{13\times10^3\text{ N}\cdot\text{m}}{100\times10^6\text{ Pa}}$$
$$=1.3\times10^{-4}\text{ m}^3=13\times10^4\text{ mm}^3$$

查型钢表，选取16号工字钢，其$W=141\times10^3\ \text{mm}^3$，$A=26.1\times10^2\ \text{mm}^2$。初选工字钢型号后，再按压、弯组合进行强度校核。最大压应力在D截面的上边缘处，其值为

$$\sigma_{c,\max}=\frac{F_N}{A}-\frac{M_{\max}}{W}=-\frac{11.8\times10^3\ \text{N}}{26.1\times10^{-4}\ \text{m}^2}-\frac{13\times10^3\ \text{N}\cdot\text{m}}{141\times10^{-6}\ \text{m}^3}$$
$$=-96.7\times10^6\ \text{Pa}=-96.7\ \text{MPa}$$

结果表明最大压应力与许用应力比较接近，故无需重新选择截面的型号。

二、偏心拉伸(压缩)

当直杆受到与杆的轴线平行但不通过截面形心的拉力或压力作用时，即为**偏心拉伸**或**偏心压缩**。

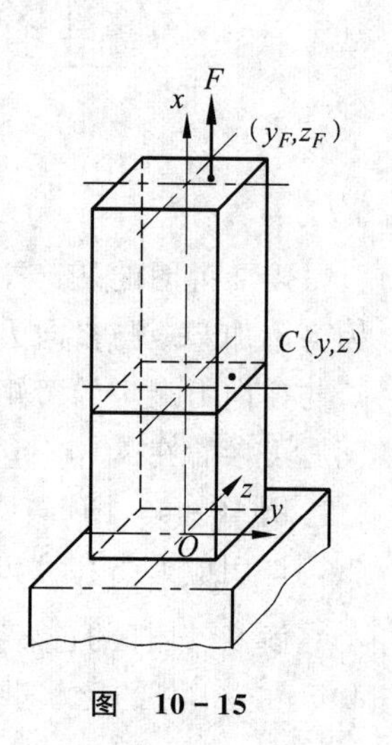

图 10-15

现以图10-15所示的矩形截面杆受偏心拉力F作用为例，来说明偏心拉伸杆件的强度计算问题。

设F力作用点的坐标为y_F、z_F。将F力向杆端截面的形心简化，用静力相当力系来代替它，得到轴向拉力F和两个形心主惯性平面内的外力偶矩

$$M_{ey}=F\cdot z_F,\quad M_{ez}=F\cdot y_F$$

可见偏心拉伸实质上是轴向拉伸和两个平面弯曲的组合变形。这时各横截面上的轴力和弯矩均分别相同，即

$$F_N=F$$
$$M_y=F\cdot z_F$$
$$M_z=F\cdot y_F$$

当材料在线弹性范围内工作时，在离力作用点稍远的那些横截面上，将三个内力所对应的正应力叠加起来，即得任一横截面上任一点$C(y,z)$的应力表达式

$$\sigma=\frac{F_N}{A}+\frac{M_y\cdot z}{I_y}+\frac{M_z\cdot y}{I_z}\qquad\text{(a)}$$

任意横截面上的正应力变化规律如图10-16所示。

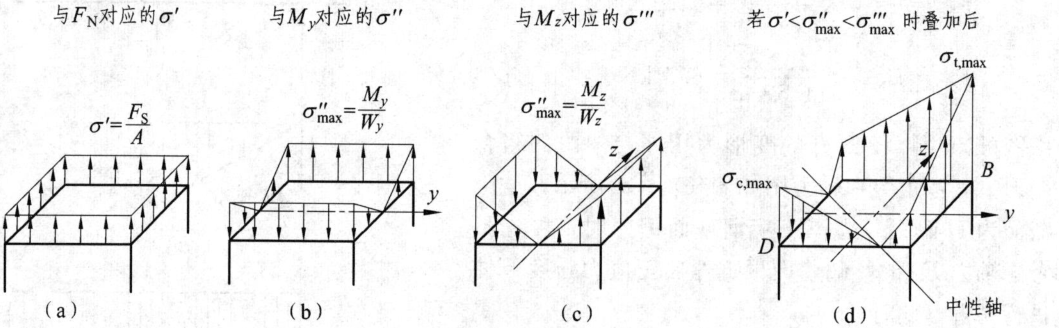

图 10-16

由图(d)可见，$\sigma_{t,\max}$和$\sigma_{c,\max}$分别在角点B及D处，其值为

$$\sigma_{t,\max}=\frac{F_N}{A}+\frac{M_y}{W_y}+\frac{M_z}{W_z}=\frac{F}{A}+\frac{F\cdot z_F}{W_y}+\frac{F\cdot y_F}{W_z}$$

$$\sigma_{c,\max}=\frac{F}{A}-\frac{F\cdot z_F}{W_y}-\frac{F\cdot y_F}{W_z}$$

危险点处为单向应力状态，设材料的抗拉和抗压强度不等，则偏心拉伸(压缩)时的强度条件为

$$\sigma_{t,\max}\leqslant[\sigma_t]$$

$$\sigma_{c,\max}\leqslant[\sigma_c]$$

如果横截面没有外棱角，例如图 10－17 所示的截面，y、z 轴为形心主轴，这时，危险点难以由观察确定，需先找到中性轴的位置。以 y_0、z_0 表示中性轴上任一点的坐标，将 y_0 和 z_0 代入(a)式应有

$$\sigma=\frac{F_N}{A}+\frac{M_y\cdot z_0}{I_y}+\frac{M_z\cdot y_0}{I_z}=0$$

即
$$F\left(\frac{1}{A}+\frac{z_F\cdot z_0}{I_y}+\frac{y_F\cdot y_0}{I_z}\right)=0 \qquad \text{(b)}$$

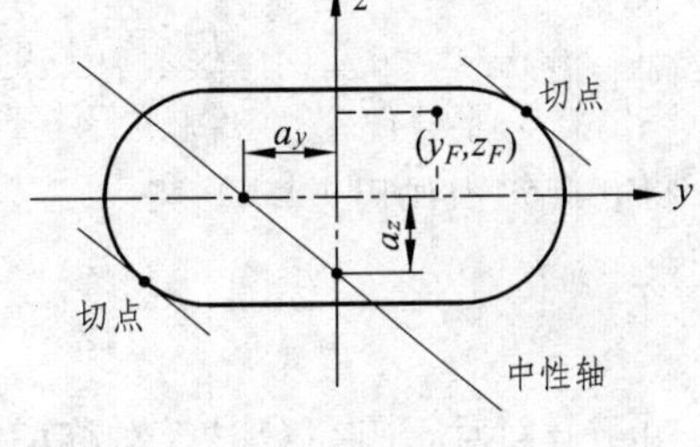

图 10－17

为了简便，引用公式(Ⅰ－9a)，即

$$i_y^2=\frac{I_y}{A},\quad i_z^2=\frac{I_z}{A}$$

式中，i_y 和 i_z 分别为横截面对 y 轴和 z 轴的惯性半径。于是由(b)式得到中性轴的方程式为

$$1+\frac{z_F\cdot z_0}{i_y^2}+\frac{y_F\cdot y_0}{i_z^2}=0 \qquad (10-5)$$

可见中性轴是一条不通过横截面形心的直线。只要求出它在 y、z 轴上的截距就可确定中性轴的位置。在(10－5)式中分别令 $z_0=0$ 和 $y_0=0$，得中性轴在 y 轴和 z 轴上的截距分别为

$$\left.\begin{aligned} a_y&=y_0\Big|_{z_0=0}=-\frac{i_z^2}{y_F}\\ a_z&=z_0\Big|_{y_0=0}=-\frac{i_y^2}{z_F}\end{aligned}\right\} \qquad (10-6)$$

然后作两条与中性轴平行而与截面周边相切的直线，其切点就是危险点，如图 10－17 中所示。将两个切点的坐标分别代入(a)式，就可求得横截面上的最大拉应力和最大压应力。

*三、截面核心

由式(10－6)可知，中性轴在 y、z 轴上的截距(a_y、a_z)与偏心力作用点的坐标(y_F，z_F)符号相反，所以中性轴与偏心力的作用点总是位于形心的相对两侧。同时，a_y 与 y_F 及 a_z 与 z_F 的绝对值分别成反比，表明偏心力作用点离形心越近，中性轴就离形心越远。作为极端情况，当偏心距为零时，中性轴就位于无穷远处。因而当偏心力的作用点位于形心附近的一个限界上时，可以使得中性轴恰与截面的周边相切，这时横截面上只出现一种性质的应力(偏心拉伸时为拉应力，偏心压缩时为压应力)。截面形心附近的这样一个限界所围的区域就

称为**截面核心**。

对于砖、石或混凝土等材料，由于它们的抗拉强度较低，在设计这类材料的偏心受压杆时，最好使横截面上不出现拉应力。因此，确定截面核心是很有实际意义的。

利用(10-6)式，只要作一系列与截面周边相切的直线作为中性轴，由每一条中性轴在y、z轴上的截距，即可求得与其对应的偏心力作用点的坐标。有了一系列这样的点以后，便能描出截面核心的边界。下面通过两个例子来具体说明。

例 10-5 求直径为d的圆截面的截面核心。

解 过B点作圆周的切线①，将它看作是中性轴，它在形心轴y、z上的截距分别为

$$a_{y_1}=\frac{d}{2},\quad a_{z_1}=\infty$$

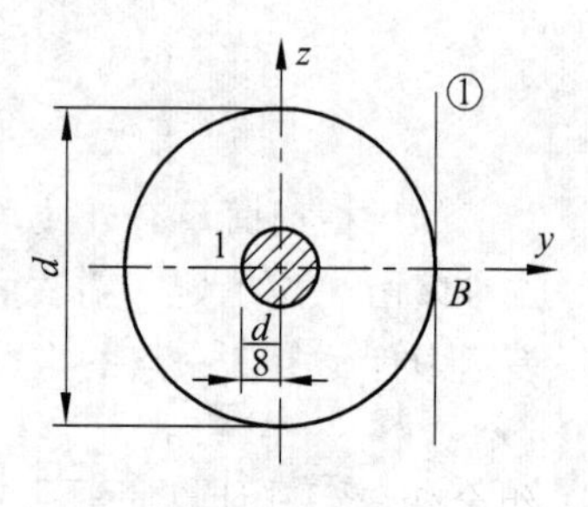

例 10-5 图

圆截面的 $i_y^2=i_z^2=\dfrac{I_y}{A}=\dfrac{\pi d^4/64}{\pi d^2/4}=\dfrac{d^2}{16}$

将它们代入(10-6)式，得

$$y_{F_1}=-\frac{i_z^2}{a_{y_1}}=-\frac{d^2/16}{d/2}=-\frac{d}{8},\quad z_{F_1}=-\frac{i_y^2}{a_{z_1}}=0$$

由于截面对于圆心O是极对称的，因而核心边界对于圆心也应该是极对称的，所以圆截面的核心边界是一个半径为$d/8$的圆。

例 10-6 确定边长为b和h的矩形截面的截面核心。图中的y、z轴均为对称轴。

解 作矩形截面BC边的切线①，将它看做是中性轴，它在y、z轴上的截距分别为

$$a_{y_1}=\frac{h}{2},\quad a_{z_1}=\infty$$

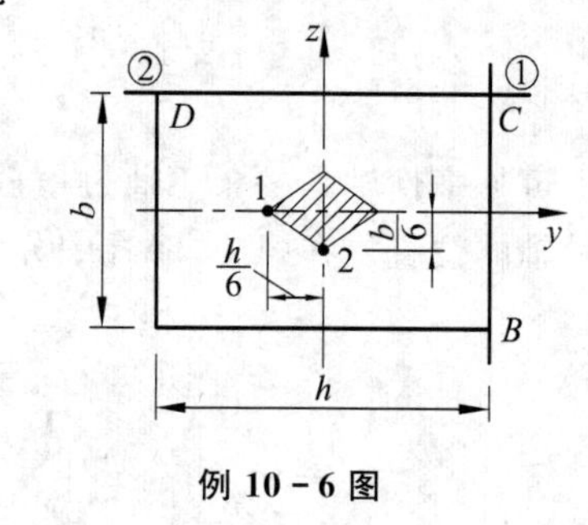

例 10-6 图

该矩形截面的

$$i_y^2=\frac{I_y}{A}=\frac{hb^3/12}{bh}=\frac{b^2}{12},\quad i_z^2=\frac{h^2}{12}$$

将这些值代入(10-6)式，即得核心边界上点 1 的坐标为

$$y_{F_1}=-\frac{i_z^2}{a_{y_1}}=-\frac{h^2/12}{h/2}=-\frac{h}{6},$$

$$z_{F_1}=-\frac{i_y^2}{a_{z_1}}=0$$

再作CD边的切线②，它在y、z轴上的截距分别为$a_{y_2}=\infty$，$a_{z_2}=b/2$，由此可得核心边界上点 2 的坐标为

$$y_{F_2}=0,\quad z_{F_2}=-\frac{b^2/12}{b/2}=-\frac{b}{6}$$

当中性轴①按逆时针方向绕C点旋转到②时，有无数多中性轴通过C点，但均未进入横截面之内。将C点的坐标代入中性轴的方程(10-5)式，得

$$1+\frac{z_C}{i_y^2}z_F+\frac{y_C}{i_z^2}y_F=0$$

可见，中性轴绕 C 点旋转的过程中，偏心力作用点移动的轨迹为直线。因此，连接点 1 与点 2 的直线，即为核心边界的一部分。

因为 y、z 轴为横截面的对称轴，所以核心边界对 y 轴和 z 轴应分别对称。于是得到矩形截面的截面核心为一菱形。菱形的对角线长度分别为 $h/3$ 和 $b/3$。

§10－5　弯曲与扭转

弯曲与扭转的组合变形是机械工程中常见的情况，图 10－2(b)中所示的传动轴即是一例。本节主要研究圆截面杆在弯曲与扭转组合时的强度计算问题。

现以一端固定的曲拐[图 10－18(a)]为例来说明弯曲与扭转组合时的强度计算方法。设 AB 段为等直实心圆截面杆。将 F 力向 AB 杆的 B 截面形心简化，得到横向力 F 和外力偶矩 $M_e=Fa$。F 力使 AB 杆发生弯曲，外力偶矩 M_e 使它发生扭转，所以 AB 杆发生弯曲与扭转组合变形，其计算简图如图 10－18(b)所示。

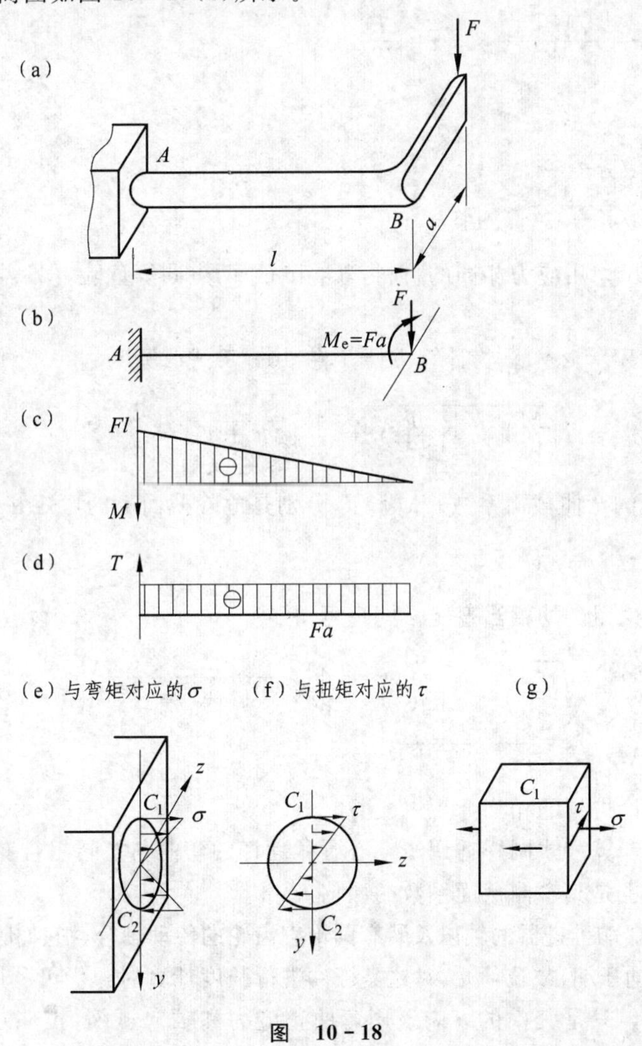

图　10－18

然后作出 AB 杆的内力图[图 10－18(c)、(d)]。由弯矩图和扭矩图可知，危险截面为固定端截面 A。

危险截面上与弯矩和扭矩对应的正应力和切应力分布示于图 10－18(e)、(f)中。可见，A 截面上离中性轴最远的上、下两个点 C_1 和 C_2 是危险点。

现在来研究 C_1 点的应力状态。为此，围绕 C_1 点用横截面、径向截面、周向截面从杆内取出一个单元体。单元体各个面上的应力情况如图 10－18(g)所示。它处于二向应力状态，需用强度理论来建立强度条件。如果杆件是由拉、压屈服极限相同的塑性材料制成，则应当采用第四强度理论，也可应用第三强度理论。在这种特定的平面应力状态下，这两个强度理论的相当应力的表达式可直接采用公式(9－9)及(9－10)式，即

$$\sigma_{r_3}=\sqrt{\sigma^2+4\tau^2} \tag{10-7}$$

$$\sigma_{r_4}=\sqrt{\sigma^2+3\tau^2} \tag{10-8}$$

式中，σ 和 τ 分别为 A 截面上 C_1 点的弯曲正应力和扭转切应力。其值为

$$\sigma=\frac{|M|_{\max}}{W_z},\quad \tau=\frac{T}{W_p}$$

相应的强度条件为

$$\sqrt{\sigma^2+4\tau^2}\leqslant[\sigma] \tag{10-9}$$

$$\sqrt{\sigma^2+3\tau^2}\leqslant[\sigma] \tag{10-10}$$

可以看出，对于拉压许用应力相同的材料，C_1 和 C_2 两点同等危险，只需对其中一点进行强度计算即可。

由于圆截面的 $W_p=2W_z$，为计算方便，将(10－7)式改写为

$$\sigma_{r_3}=\sqrt{\left(\frac{M}{W}\right)^2+4\left(\frac{T}{2W}\right)^2}=\frac{1}{W}\sqrt{M^2+T^2}=\frac{M_{r_3}}{W} \tag{10-11a}$$

式中，W 为圆截面的弯曲截面系数；M 和 T 分别是危险截面上的弯矩和扭矩。而

$$M_{r_3}=\sqrt{M^2+T^2} \tag{10-11b}$$

称为按第三强度理论得到的**相当弯矩**。同理可得

$$\sigma_{r_4}=\sqrt{\left(\frac{M}{W}\right)^2+3\left(\frac{T}{2W}\right)^2}=\frac{1}{W}\sqrt{M^2+0.75T^2}=\frac{M_{r_4}}{W} \tag{10-12a}$$

式中

$$M_{r_4}=\sqrt{M^2+0.75T^2} \tag{10-12b}$$

称为按第四强度理论得到的相当弯矩。

以上的分析和计算公式同样适用于空心圆截面杆的弯曲与扭转组合变形，因为空心圆截面的扭转截面系数也是其弯曲截面系数的两倍。

有些轴，例如船舶推进器的轴以及装有圆锥直齿轮的传动轴等，它们除发生弯曲与扭转组合变形外，还有轴向压缩(或拉伸)。对这类杆件进行强度计算时，仍可利用(10－7)式和(10－8)式来求相当应力，只是其中的 σ 应该用弯曲正应力和轴向压缩(拉伸)正应力的代数和来替代。

例 10-7 图(a)示一 45 号钢制的实心圆轴，在齿轮 C 上作用有径向力 3.64 kN，水平切向力 10 kN；齿轮 D 上作用有铅垂切向力 20 kN，径向力 7.28 kN。齿轮 C 的节圆直径 $d_C=200$ mm，齿轮 D 的节圆直径 $d_D=100$ mm，材料的许用应力$[\sigma]=$ 90 MPa。试按第四强度理论求轴的直径。

解 将齿轮上的切向力向轴线简化，得该轴的计算简图如图(b)所示。

分别作出此轴在 xy 平面内的弯矩 M_z 图和 xz 平面内的弯矩 M_y 图以及扭矩图。弯矩图画在轴的受拉侧，不注明正负[图(c)、(d)]；扭矩图画在轴的任一侧，仍注明正负[图(e)]。

由于圆截面杆不会发生斜弯曲，因而可以把 M_y 和 M_z 按矢量合成的方法求出总弯矩。可以证明总弯矩的值以 B 截面为最大，其值为

$$\begin{aligned}M_B&=\sqrt{M_{yB}^2+M_{zB}^2}\\&=\sqrt{(0.874\ \text{kN}\cdot\text{m})^2+(2.4\ \text{kN}\cdot\text{m})^2}\\&\approx 2.55\ \text{kN}\cdot\text{m}\end{aligned}$$

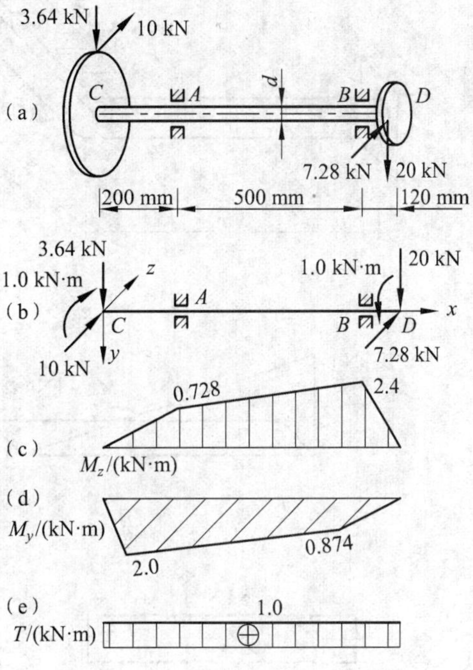

例 10-7 图

按(10-12b)式计算相当弯矩

$$\begin{aligned}M_{r_4}&=\sqrt{M_B^2+0.75T^2}\\&=\sqrt{(2.55\ \text{kN}\cdot\text{m})^2+0.75(1.0\ \text{kN}\cdot\text{m})^2}\\&\approx 2.70\ \text{kN}\cdot\text{m}\end{aligned}$$

根据公式(10-12a)所建立的强度条件为

$$\sigma_{r_4}=\frac{M_{r_4}}{W}\leqslant[\sigma]$$

即
$$\frac{2.70\times10^3\ \text{N}\cdot\text{m}}{\pi d^3/32}\leqslant 90\times10^6\ \text{Pa}$$

所以
$$d\geqslant\sqrt[3]{\frac{32\times(2.70\times10^3\ \text{N}\cdot\text{m})}{\pi\times(90\times10^6\ \text{Pa})}}=67.4\times10^{-3}\ \text{m}=67.4\ \text{mm}$$

取轴的直径为 68 mm。

本例中给出的许用应力远低于静荷载下的许用应力值，是因为考虑轴在交变应力下工作的缘故(详见第十四章)。

例 10-8 图(a)所示结构中，AB 杆为直径 $d=101$ mm 的圆截面杆，其材料为 Q235 钢，许用正应力$[\sigma]=170$ MPa。试用第四强度理论校核 AB 杆的强度。

解 将作用于 BC 杆上的荷载向 AB 杆的 B 截面形心处简化，AB 杆的受力图如图(b)所示，其弯矩图、轴力图、扭矩图分别如图(c)、(d)、(e)所示。由内力图可见 A 截面为危险截面，A 截面上的总弯矩为

$$M=\sqrt{M_y^2+M_z^2}=\sqrt{(4\ \text{kN}\cdot\text{m})^2+(12\ \text{kN}\cdot\text{m})^2}=12.65\ \text{kN}\cdot\text{m}$$

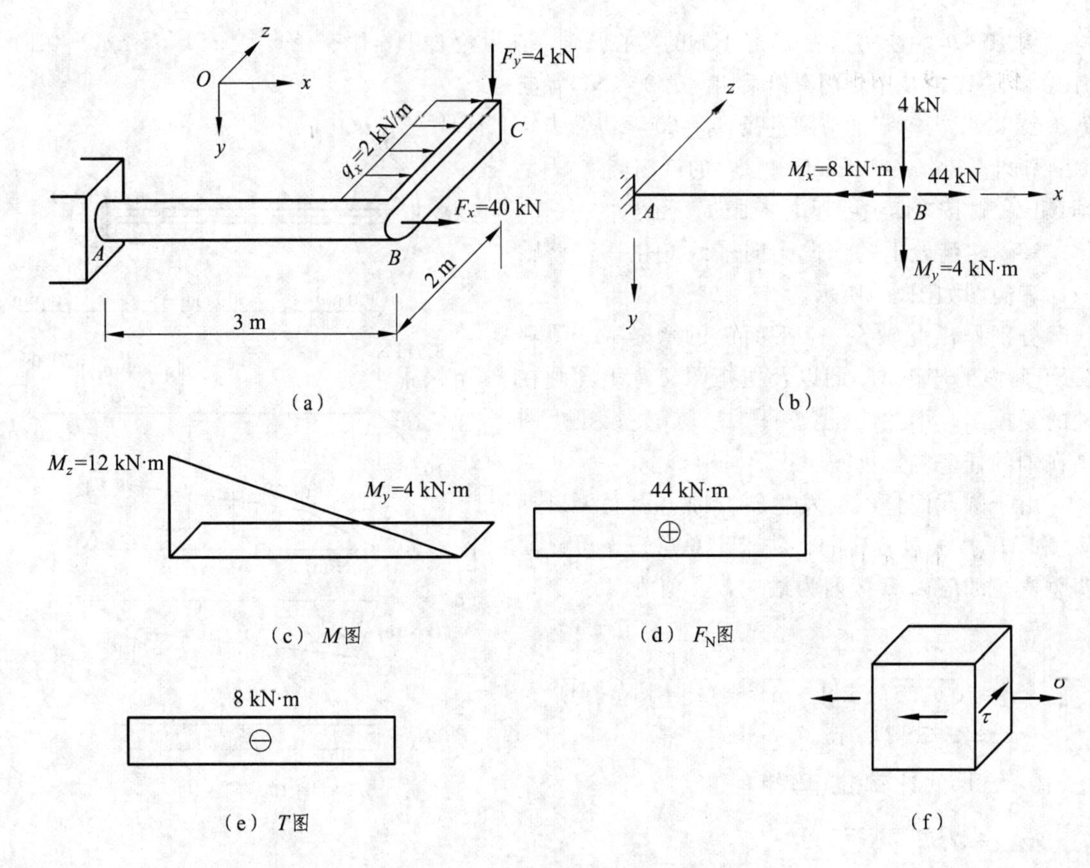

例 10－8 图

A 截面上的最大弯曲正应力为

$$\sigma'=\frac{M}{W}=\frac{(12.65\times10^3\ \text{N}\cdot\text{m})\times32}{\pi(101\times10^{-3}\ \text{m})^3}=125.1\times10^6\ \text{Pa}=125.1\ \text{MPa}$$

A 截面上的轴向拉伸应力为

$$\sigma''=\frac{F_N}{A}=\frac{(44\times10^3\ \text{N})\times4}{\pi(101\times10^{-3}\ \text{m})^2}=5.5\times10^6\ \text{Pa}=5.5\ \text{MPa}$$

A 截面上危险点处的总的拉应力为

$$\sigma=\sigma'+\sigma''=125.1\ \text{MPa}+5.5\ \text{MPa}=130.6\ \text{MPa}$$

A 截面上的最大扭转切应力为

$$\tau=\frac{T}{W_p}=\frac{-(8\times10^3\ \text{N}\cdot\text{m})\times16}{\pi(101\times10^{-3}\ \text{m})^3}=-39.5\times10^6\ \text{Pa}$$
$$=-39.5\ \text{MPa}$$

危险点的应力状态如图(f)所示。按第四强度理论，其强度条件为

$$\sigma_{r4}=\sqrt{\sigma^2+3\tau^2}=\sqrt{(130.6\ \text{MPa})^2+3\times(-39.5\ \text{MPa})^2}$$
$$=147.4\ \text{MPa}<[\sigma]$$

故 AB 杆满足强度条件。

*例 10-9　两根材料相同且直径均为 d 的立柱，上、下两端分别与强劲的顶、底板刚性连接，如图(a)所示。在顶板面内施加扭转力偶矩 M_e，试求两杆顶端的内力。

解　在图示受力情况下，由于两杆的材料及几何特性完全相同，所以顶板将在其自身平面内(水平面内)绕两杆之间的中点转动某 φ 角[图(b)]，从而使每一根杆的顶端在水平面内也转动了 φ 角，并产生了水平线位移 $\Delta=\varphi a/2$[图(c)]。

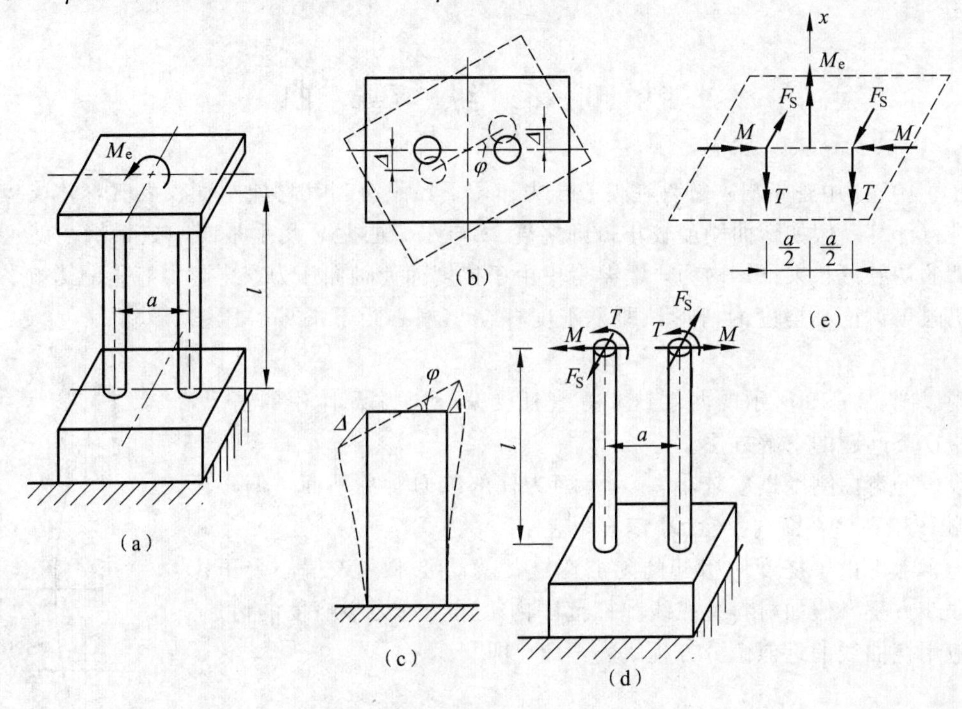

例 10-9 图

因为杆的顶面有扭转角 φ，相应地在杆顶截面有扭矩 T；与杆顶水平线位移 Δ 相对应杆顶截面还有剪力 F_S 及弯矩 M[图(d)]。取顶板为分离体[图(e)]，由平衡条件 $\sum M_x=0$，得

$$M_e=2T+F_S\cdot a \tag{1}$$

每一根杆作为悬臂梁，在自由端作用 F_S 和 M 时[图(d)]，其自由端的挠度可由表 6-1 查得，它应等于杆端的线位移 Δ。又因杆端与板为刚性连接，所以作为悬臂梁的自由端其弯曲转角应等于零。从而得到两个补充方程如下

$$\frac{F_S l^3}{3EI}-\frac{Ml^2}{2EI}=\frac{a}{2}\varphi \tag{2}$$

$$\frac{F_S l^2}{2EI}-\frac{Ml}{EI}=0 \tag{3}$$

每一根悬臂杆其自由端的扭转角 φ 与杆端扭矩的关系是熟知的，即

$$\varphi=\frac{Tl}{GI_p} \tag{4}$$

联解以上诸式，即得杆端内力 F_S、M、T 为

$$F_S=\frac{M_e\cdot a}{a^2+\frac{2}{3}\frac{G}{E}l^2},\quad M=\frac{M_e}{2\left(\frac{a}{l}\right)+\frac{4}{3}\left(\frac{l}{a}\right)\frac{G}{E}},\quad T=\frac{M_e}{2+3\left(\frac{a}{l}\right)^2\frac{E}{G}}$$

* §10－6 纵 弯 曲

在§10－4中曾指出：杆件在偏心压力作用下，只有当其弯曲刚度较大时，才能应用叠加法进行计算。假如弯曲刚度较小，则挠度 w 与小偏心距 e 几乎是同一数量级，就不能再按杆件的初始形状来计算内力，需要考虑由于挠度而使轴向压力产生附加弯矩的影响。在本节中仍限于讨论小挠度的情形，即小刚度杆在小偏心距下的偏心压缩问题。

现以图10－19所示的两端铰支等直杆受偏心压力 F 作用的情况，来介绍这类问题的求解方法。

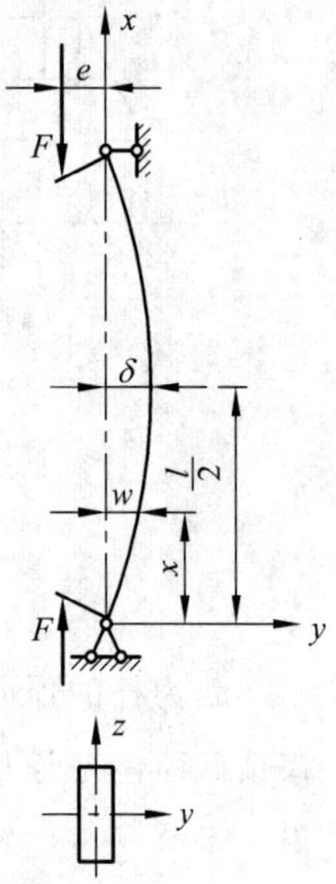

设杆的弯曲刚度 EI_z 较小，xy 平面为杆的纵向对称平面，偏心压力 F 就作用在该平面内，e 为小偏心距。

为了考虑由于挠度所引起的附加弯矩，就需要求出该偏心受压杆的挠曲线方程。假如材料是在线弹性范围内工作，且为小挠度的情形，就可应用挠曲线的近似微分方程式(6－1)，即

$$EI_z w''=-M(x)$$

w 为任一 x 横截面处的挠度，而该截面上的弯矩为

$$M(x)=F(e+w) \tag{a}$$

将(a)式代入(6－1)式，得到该杆的挠曲线近似微分方程

$$EI_z w''=-M(x)=-F(e+w) \tag{b}$$

图 10－19

令 $F/(EI_z)=k^2$，则(b)式可改写为

$$w''+k^2w=-k^2e \tag{c}$$

此微分方程的通解是

$$w=A\sin kx+B\cos kx-e \tag{d}$$

利用已知的位移边界条件，即当 $x=0$ 时 $w=0$ 和 $x=l$ 时 $w=0$，由(d)式即可求得两个积分常数的值为

$$B=e$$

$$A=e\frac{1-\cos kl}{\sin kl}=e\tan\frac{kl}{2}$$

从而
$$w=e\left(\tan\frac{kl}{2}\sin kx+\cos kx-1\right) \tag{e}$$

w 与 F 及 EI_z 之间的关系隐含在 k 之中。

由对称性可知，最大挠度 δ 发生在杆的中点，将 $x=l/2$ 代入(e)式，得

$$\delta=w\mid_{x=l/2}=e\left(\tan\frac{kl}{2}\sin\frac{kl}{2}+\cos\frac{kl}{2}-1\right)=e\left(\sec\frac{kl}{2}-1\right) \tag{f}$$

由(a)式知最大弯矩 M_{max} 在 w 为最大的横截面上，即在 $x=l/2$ 处，用(f)式中的 δ 代替(a)式中的 w，得

$$M_{max}=F(e+\delta)=Fe\sec\frac{kl}{2} \tag{g}$$

横截面上的最大压应力 $\sigma_{c,max}$ 发生在杆中点的凹侧边缘，其表达式为

$$\sigma_{c,max}=-\left(\frac{F}{A}+\frac{M_{max}}{W}\right)=-\left(\frac{F}{A}+\frac{Fe}{W}\sec\frac{kl}{2}\right) \tag{h}$$

由(e)～(h)式可见，尽管材料是在线弹性范围内工作，但由于考虑了挠度对内力的影响，从而使位移、内力和应力均与偏心压力 F 成非线性关系，也就不能应用叠加法进行计算。这种非线性问题通常称为**几何非线性问题**。

倘若 EI_z/l^2 很大，即当 $\frac{kl}{2}=\sqrt{\frac{F/4}{EI_z/l^2}}\to 0$，则 $\sec\frac{kl}{2}\to 1$，从(f)～(h)式可以看出，此时有 $\delta\to 0$，$M_{max}=Fe$，$\sigma_{c,max}=-\left(\frac{F}{A}+\frac{Fe}{W}\right)$。这与用叠加法所得结果是一致的。

最后以塑性材料为例来简要说明强度计算的方法。由于应力与偏心压力不成线性关系，而安全因数 n 是对荷载而言的。因此，可令荷载增大到 n 倍时的最大工作正应力等于材料的屈服极限作为偏心压杆边缘屈服的条件，即

$$\frac{nF}{A}+\frac{nFe}{W}\sec\left[\frac{l}{2}\sqrt{\frac{nF}{EI_z}}\right]=\sigma_s$$

实际的偏心压力不应超过上式中的 F 值，因而强度条件为

$$\frac{F}{A}+\frac{Fe}{W}\sec\left[\frac{l}{2}\sqrt{\frac{nF}{EI_z}}\right]\leqslant[\sigma]$$

习　　题

10-1　悬臂梁在自由端受集中力 F 作用。若采用如图所示的四种截面形式，图中虚线表示 F 力的作用线，C 为形心，A 为弯心。试指出这几种截面梁将产生何种变形形式。

* **10-2**　试确定开口薄壁圆环截面弯曲中心 A 的位置。圆环的平均半径为 R_0，壁厚为 δ，设截面的开口缝极小。

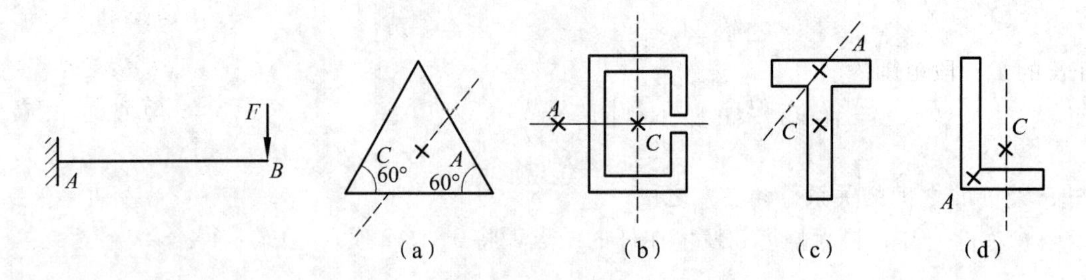

题 10-1 图

10-3 檩条长 $l=4$ m，所受荷载竖直向下且过截面形心，截面尺寸如图所示。试分别计算图示三种截面形式时，檩条内的最大弯曲正应力和最大挠度值。已知木材的弹性模量 $E_1=9.0$ GPa，钢材的弹性模量 $E_2=210$ GPa。

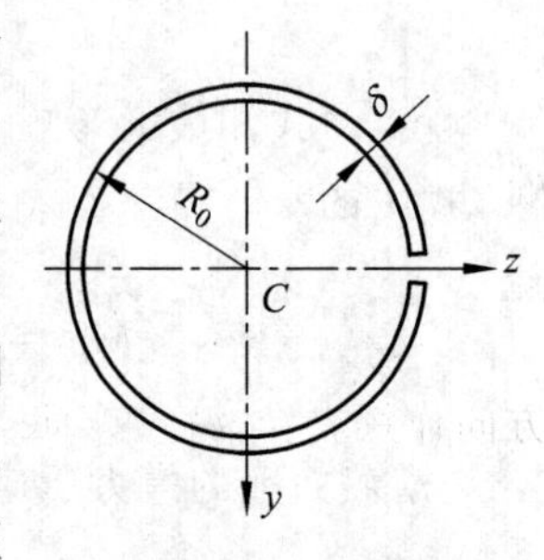

题 10-2 图

10-4 由木材制成的矩形截面悬臂梁，在梁的水平对称面内受到 $F_1=1.6$ kN 的作用，在竖直对称面内受到 $F_2=0.8$ kN 作用，如图所示。已知 $b=90$ mm，$h=180$ mm，$E=10$ GPa，试求梁的横截面上的最大正应力及其作用点的位置，并求梁的最大挠度。如果截面为圆形，$d=130$ mm，试求梁的横截面上的最大正应力及其作用点的位置。

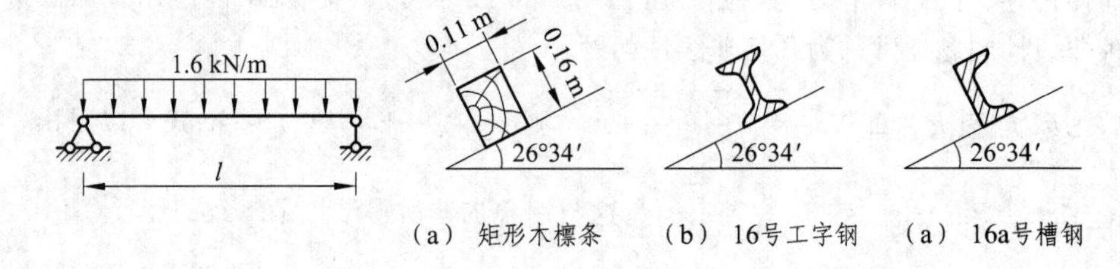

（a） 矩形木檩条　（b） 16号工字钢　（a） 16a号槽钢

题 10-3 图

*__10-5__ 用 z 形型钢制成的悬臂梁，长 $l=3$ m，在自由端受竖直力 $F_y=4$ kN 作用。已知横截面对形心轴的惯性矩 $I_y=283\times10^{-8}\ \text{m}^4$，$I_z=1\ 931\times10^{-8}\ \text{m}^4$，试求该梁的最大弯曲正应力，并指出其作用点位置。

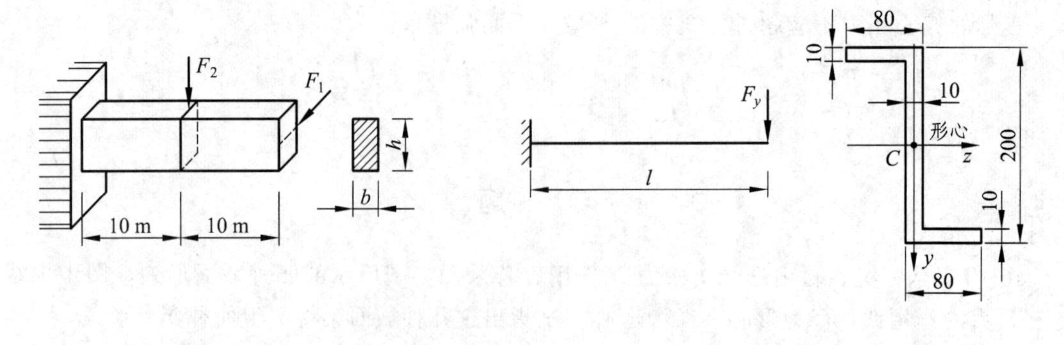

题 10-4 图　　题 10-5 图

10－6 木质拉杆的截面原为边长 a 的正方形，拉力 F 与杆轴重合。后因使用上的需要，在杆长的某一段范围内开一 $a/2$ 宽的切口，如图所示。试求 $m-m$ 截面上的最大拉应力和最大压应力。又这最大拉应力是截面削弱前的拉应力值的几倍？如果削弱前的截面为直径等于 a 的圆截面杆，则削弱前后的拉应力值之比又为多少？

10－7 受偏心拉力作用的矩形截面杆如图所示。今用试验方法测得杆左、右两侧面的纵向线应变 ε_1 和 ε_2，试证明偏心距 e 与 ε_1、ε_2 满足下列关系式

$$e=\frac{\varepsilon_1-\varepsilon_2}{\varepsilon_1+\varepsilon_2}\cdot\frac{h}{6}$$

10－8 矩形截面直杆受偏心拉力 F 作用，该杆材料在线弹性范围内工作时，测得 K 点处沿 45°方向的线应变 ε_{45°。若已知杆的弹性模量 E 和横向变形因数 ν 以及横截面尺寸 b 和 h，试求偏心拉力 F 之值。

10－9 长为 4 m 的 T 形立柱的横截面尺寸示于图(b)，受力情况如图(a)所示，F_1 沿 x 方向作用，F_2 沿 y 方向作用。求该立柱内的最大拉应力和最大压应力值，并指出它们的作用点位置。(截面尺寸单位：m)

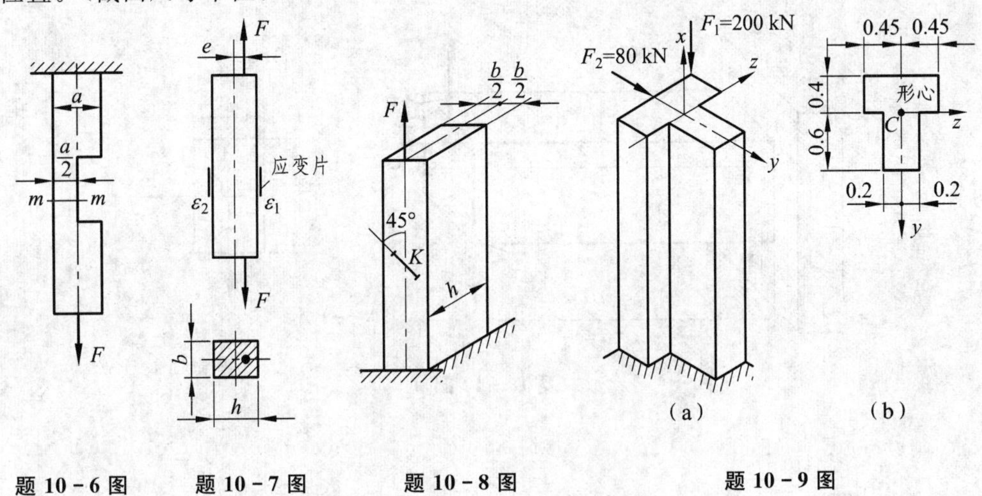

题 10－6 图　　题 10－7 图　　题 10－8 图　　题 10－9 图

10－10 立柱所受荷载如图所示，试求立柱内的最大拉应力和最大压应力值，并指出它们的作用点位置。

***10－11** 角形截面柱，柱顶面一角 180 mm×180 mm 范围内受均布压力 $p=5\ 000\ \text{kN/m}^2$ 的作用。已知截面形心 C 的位置，不计柱的自重，求柱底横截面上的最大拉应力和最大压应力值，并指出它们的作用点位置。

10－12 图示矩形截面杆，在自由端的 B 点处作用一与 x 方向平行的集中力 F_1，在 BC 边的中点处作用一沿 y 方向的集中力 F_2。材料的弹性模量为 E，试求 AB 边的伸长量 Δl_{AB}。

10－13 矩形截面悬臂梁在自由端受轴向拉力 F_1 和在 yz 平面内且与 y 轴成 30°夹角的 F_2 作用，如图所示。已知 $F_1=10$ kN，$F_2=10$ kN，$h=100$ mm，$b=50$ mm，$l=1$ m，材料的弹性模量 $E=200$ GPa，泊松比 $\nu=0.3$，试求该梁侧面上 k 点处沿 45°方向的线应变 ε_{45°。

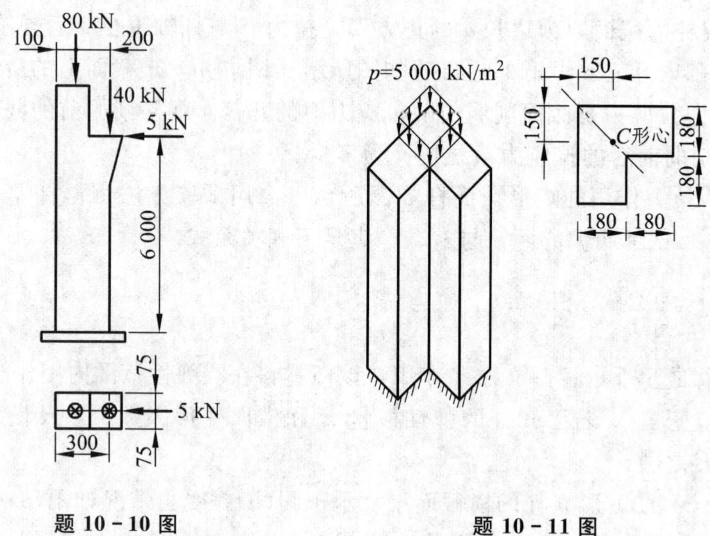

题 10-10 图　　　　　　题 10-11 图

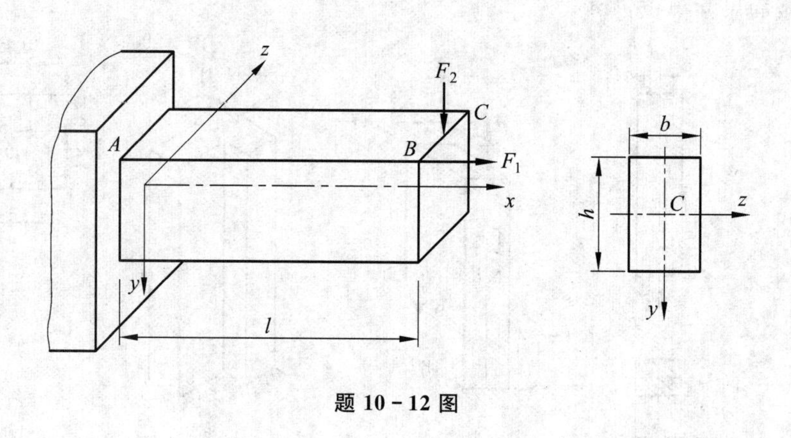

题 10-12 图

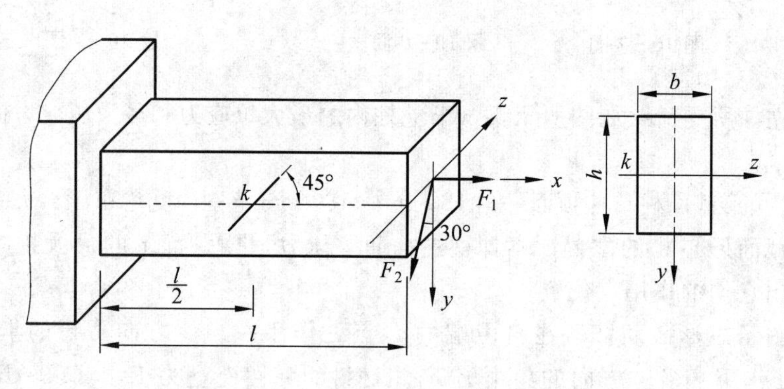

题 10-13 图

10-14　图示结构中，AB 杆为 16 号工字钢，$F=15$ kN，许用应力$[\sigma]=170$ MPa，试校核 AB 杆的强度。

10-15　图示一由 16 号工字钢制成的简支梁，其荷载情况及尺寸如图所示。因该梁强度不足，在紧靠支座处焊上钢板，并设置钢拉杆 AB 以加强之。已知拉杆横截面面积 $A=400$ mm²，

钢材的 $E=200$ GPa，试求不考虑梁的轴向压缩变形和考虑轴向压缩变形时该拉杆的轴力。

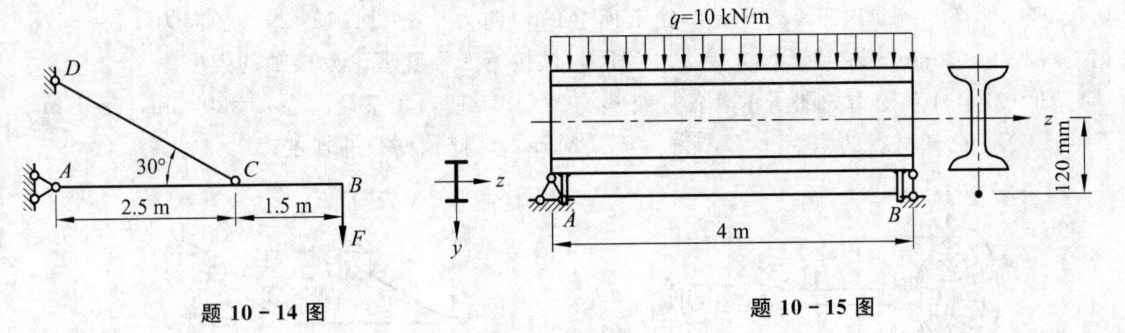

题 10－14 图　　　　**题 10－15 图**

10－16　试确定图示截面的截面核心。

10－17　位于水平面内的折杆 ABC，B 处为 90°折角，受力情况如图示。杆的直径 $d=70$ mm，材料为 Q235 钢，$[\sigma]=170$ MPa，$[\tau]=100$ MPa。要求：① 绘内力图，并指出危险截面；② 用单元体示出危险点处的应力状态；③ 校核此杆的强度。

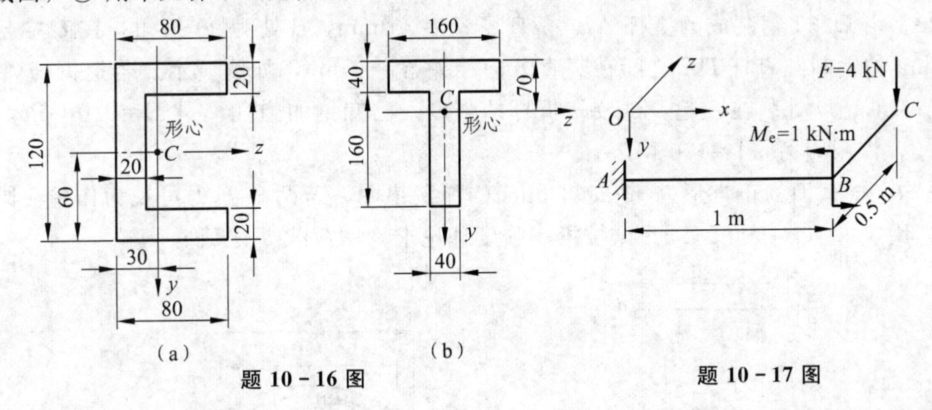

题 10－16 图　　　　**题 10－17 图**

10－18　已知齿轮 1 的半径 $r_1=85.24$ mm，径向力 $F_y=1.53$ kN，切向力 $F_z=4.20$ kN；齿轮 2 的半径 $r_2=31.96$ mm，径向 $F_y'=4.07$ kN，切向力 $F_z'=11.2$ kN；轴的许用应力$[\sigma]=150$ MPa。试按第四强度理论计算实心轴的直径 d。

10－19　图示圆截面直角折拐。已知 $F=4$ N，$q=10$ N/m，$a=0.5$ m，拐的直径 $d=20$ mm，试按第三强度理论计算此拐危险点处的相当应力。

10－20　直径为 200 mm 的圆杆受力如图所示。已知材料为 Q235 钢，许用应力$[\sigma]=170$ MPa，试用第四强度理论校核该杆的强度。

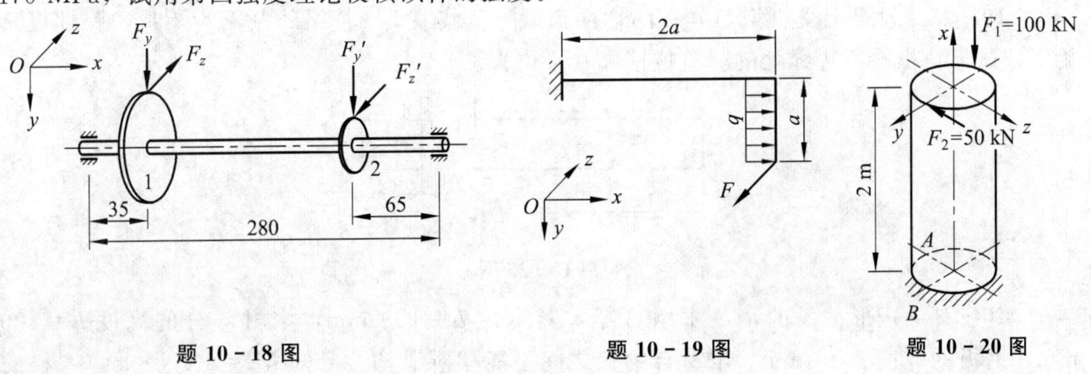

题 10－18 图　　　　**题 10－19 图**　　　　**题 10－20 图**

10-21 图示传动轴左端伞形齿轮上所受的轴向力 $F_1=16.5$ kN，切向力 $F_2=4.55$ kN，径向力 $F_3=0.414$ kN，右端齿轮上所受的切向力 $F_2'=14.49$ kN，径向力 $F_3'=5.28$ kN。若 $d=40$ mm，许用应力$[\sigma]=300$ MPa，试按第四强度理论校核轴的强度。

10-22 杆系受力如图所示，各杆材料均为 Q235 钢，其直径均为 $d=20$ mm，$l=1$ m，$F=153$ N。已知材料的 $G=0.4E$，$[\sigma]=170$ MPa，试校核杆系的强度。

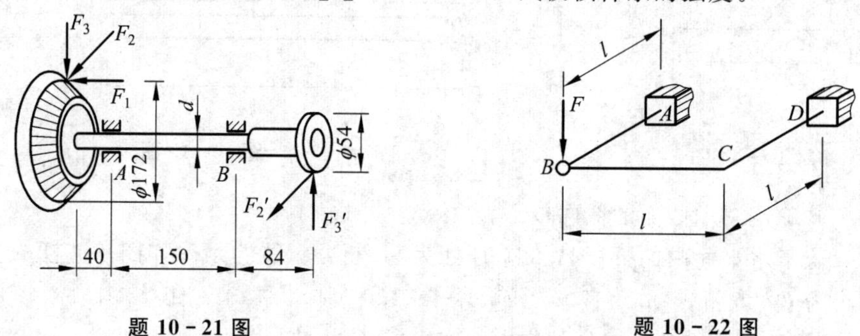

题 10-21 图　　　　题 10-22 图

10-23 由 Q235 钢制成的折杆 ABC，直径 $d_1=20$ mm，B 处为 90°折角，在 C 端与直径 $d_2=5$ mm 的钢制圆直杆 DE 之间在竖直方向相差 $\Delta=3$ mm，如图所示。若把折杆 ABC 和直杆 DE 在 C、D 处装在一起，试校核折杆的强度。已知钢的弹性模量 $E=210$ GPa，泊松比 $\nu=0.3$，许用应力$[\sigma]=170$ MPa。

* **10-24** 横截面为正方形(4 mm×4 mm)的弹簧垫圈，若两个 F 力可视为作用在同一直线上，许用应力$[\sigma]=600$ MPa。试按第三强度理论求许用荷载 F 之值。

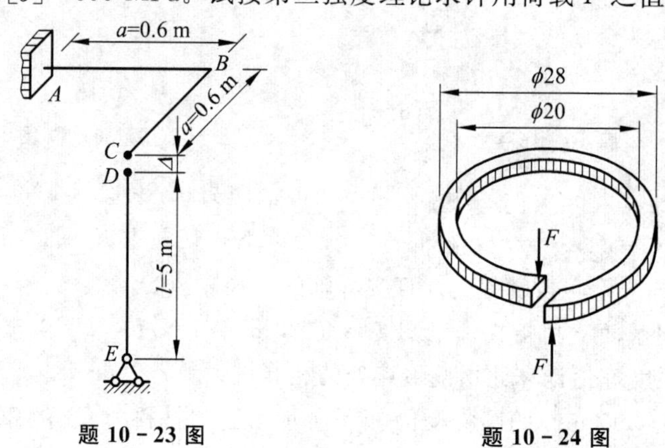

题 10-23 图　　　　题 10-24 图

* **10-25** 设梁上受有均匀分布的切向荷载，其集度为 q，梁的截面为矩形，弹性模量为 E。试求自由端下边缘处的竖直位移和水平位移。

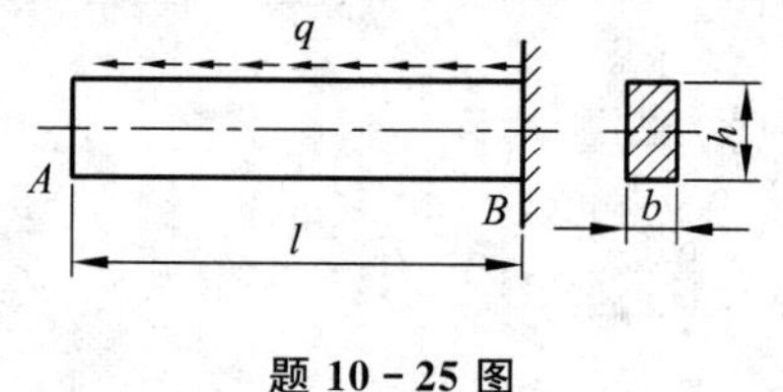

题 10-25 图

* **10-26** 矩形截面的钢、木组合梁，其宽度 $b=100$ mm，木材部分的高度 $h=200$ mm，钢板的厚度 $\delta=5$ mm，木材与钢板之间不能相对滑动。已知 $M_e=8$ kN·m，木材的

弹性模量 $E_1=10$ GPa，钢材的弹性模量 $E_2=210$ GPa。试求木材与钢板中的最大弯曲正应力。

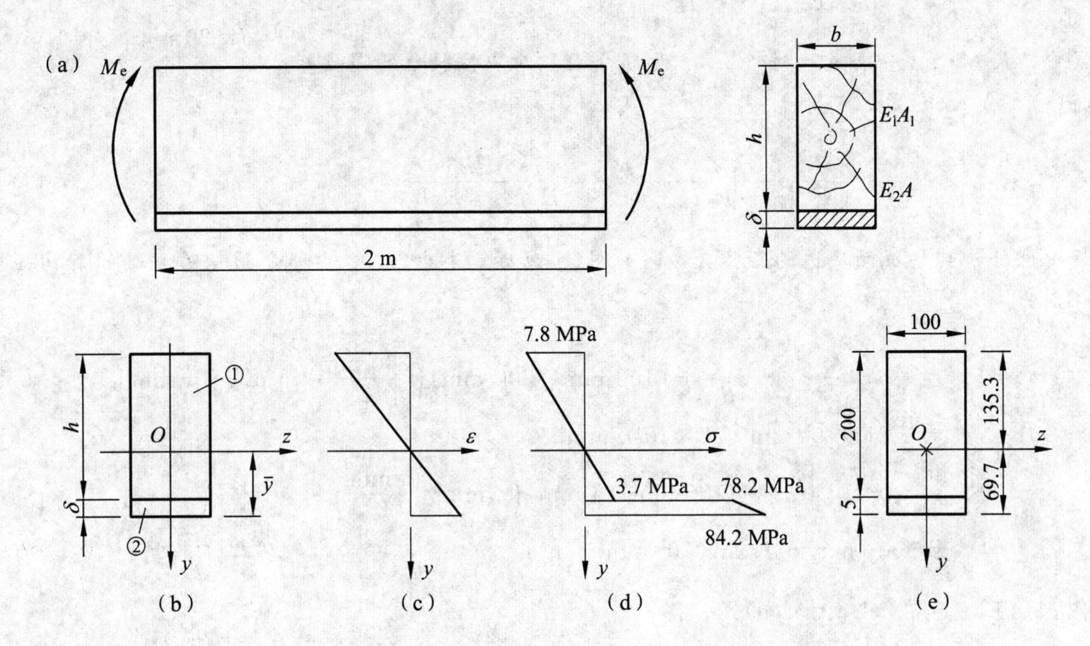

题 10-26 图

解 由于木材和钢板之间不能相对滑动，所以梁的横截面可视为整体。试验表明，平面假设依然成立，设 y 为对称轴、z 为中性轴（位置未定），如图(b)所示，纵向线应变沿横截面高度呈线性规律变化如图(c)所示，任一点处的线应变为

$$\varepsilon=\frac{y}{\rho}$$

式中，ρ 为中性层的曲率半径。

由胡克定律得材料 1、2 两部分的正应力分别为

$$\sigma_1=E_1\frac{y}{\rho},\quad \sigma_2=E_2\frac{y}{\rho} \tag{a}$$

正应力沿横截面高度的变化规律如图(d)所示。

静力学条件为

$$\int_{A_1}\sigma_1\mathrm{d}A+\int_{A_2}\sigma_2\mathrm{d}A=F_{\mathrm{N}}=0 \tag{b}$$

$$\int_{A_2}y\sigma_1\mathrm{d}A+\int_{A_2}y\sigma_2\mathrm{d}A=M \tag{c}$$

将(a)式代入(b)式，可得

$$E_1S_{z,1}+E_2S_{z,2}=0 \tag{d}$$

式中，$S_{z,1}$、$S_{z,2}$ 分别表示材料 1、2 两部分面积对中性轴 z 的静面矩。由(d)式确定中性轴位置。

将(a)式代入(c)式，可得

$$\frac{1}{\rho}=\frac{M}{E_1 I_{z,1}+E_2 I_{z,2}} \tag{e}$$

式中，$I_{z,1}$和$I_{z,2}$分别表示材料1、2两部分面积对中性轴z的惯性矩。

将(e)式代入(a)式，可得

$$\sigma_1=\frac{ME_1 y}{E_1 I_{z,1}+E_2 I_{z,2}}, \quad \sigma_2=\frac{ME_2 y}{E_1 I_{z,1}+E_2 I_{z,2}} \tag{f}$$

设中性轴z到横截面底边的距离为$\bar{y}$，如图(b)所示，材料1、2两部分面积对z轴的静面矩分别为

$$S_{z,1}=-bh\left(\frac{h}{2}+\delta-\bar{y}\right)=-(100\ \text{mm})(200\ \text{mm})\left(\frac{200\ \text{mm}}{2}+5\ \text{mm}-\bar{y}\ \text{mm}\right)$$
$$=-21\times10^5\ \text{mm}^3+2\times10^4\bar{y}\ \text{mm}^3$$

$$S_{z,2}=-b\delta\left(\bar{y}-\frac{\delta}{2}\right)=(100\ \text{mm})(5\ \text{mm})\left(\bar{y}\ \text{mm}-\frac{5\ \text{mm}}{2}\right)$$
$$=500\bar{y}\ \text{mm}^3-1.25\times10^3\ \text{mm}^3$$

将E_1、E_2、$S_{z,1}$、$S_{z,2}$代入(d)式，得

$$(10\times10^9\ \text{Pa})(-21\times10^5\times10^{-9}\ \text{m}^3+2\times10^4\bar{y}\times10^{-9}\ \text{m}^3)+$$
$$(210\times10^9\ \text{Pa})(500\bar{y}\times10^{-9}\ \text{m}^3-1.25\times10^3\times10^{-9}\ \text{m}^3)=0$$

解得 $\bar{y}=69.7\ \text{mm}$

材料1、2两部分面积对中性轴z的惯性矩[图(e)]分别为

$$I_{z,1}=\frac{(100\ \text{mm})(200\ \text{mm})^3}{12}+(135.3\ \text{mm}-100\ \text{mm})^2(100\ \text{mm})(200\ \text{mm})$$
$$=91.59\times10^6\ \text{mm}^4$$

$$I_{z,2}=\frac{(100\ \text{mm})(5\ \text{mm})^3}{12}+(69.7\ \text{mm}-2.5\ \text{mm})^2(100\ \text{mm})(5\ \text{mm})$$
$$=2.259\times10^6\ \text{mm}^4$$

由(f)式可得木材和钢板的最大弯曲正应力分别为

$$\sigma_{1,\max}$$
$$=\frac{(8\times10^3\ \text{N}\cdot\text{m})(10\times10^9\ \text{Pa})(135.3\times10^{-3}\ \text{m})}{(10\times10^9\ \text{Pa})(91.59\times10^6\times10^{-12}\ \text{m}^4)+(210\times10^9\ \text{Pa})(2.259\times10^6\times10^{-12}\ \text{m}^4)}$$
$$=7.8\times10^6\ \text{Pa}=7.8\ \text{MPa}\quad(\text{压应力})$$

$$\sigma_{2,\max}$$
$$=\frac{(8\times10^3\ \text{N}\cdot\text{m})(210\times10^9\ \text{Pa})(69.7\times10^{-3}\ \text{m})}{(10\times10^9\ \text{Pa})(91.59\times10^6\times10^{-12}\ \text{m}^4)+(210\times10^9\ \text{Pa})(2.259\times10^6\times10^{-12}\ \text{m}^4)}$$
$$=84.2\times10^6\ \text{Pa}=84.2\ \text{MPa}$$

***10－27** 钢、木组合梁如图所示，木材和钢的弹性模量分别为$E_1=10$ GPa，$E_2=$

200 GPa。试求危险截面上木材和钢板中的最大弯曲正应力。

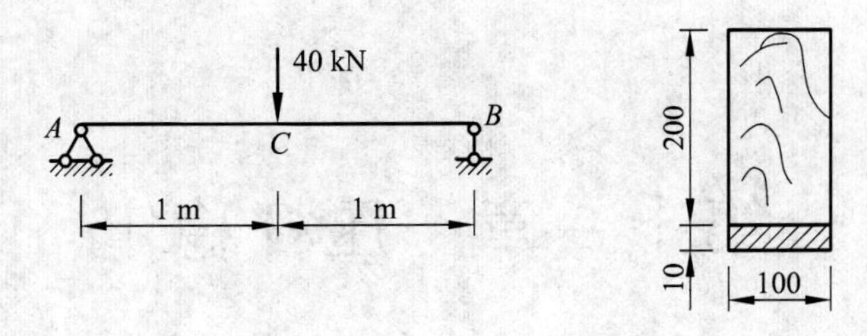

题 10-27 图

第十一章　压杆稳定

§11-1　压杆稳定性的概念

仔细研究一下物体平衡状态的性质就会发现，刚体或可变形固体的平衡状态可以是稳定的，也可以是不稳定的。对处于平衡状态的物体施加一个微小扰动，使之暂时微微偏离初始平衡位置，当干扰撤去后如能自动恢复其初始平衡位置的，是处于稳定平衡状态[如图 11-1(a)所示刚性圆球]；而当干扰撤去后不能自动恢复其初始平衡位置的，是处于不稳定平衡状态[图 11-1(b)]；由稳定平衡向不稳定平衡过渡的状态，是临界状态。

图　11-1

对于受压杆件，前面在轴向拉(压)杆件的强度计算中，只需其横截面上的正应力不超过材料的许用应力，就从强度上保证了杆件的正常工作。但在实际结构中，受压杆件的横截面尺寸一般都比按强度条件计算出的大，且杆件横截面的形状往往与梁的横截面形状相仿。

再取一长、一短两根受压杆件进行试验，两根杆均为直径为 1 cm 的圆截面直杆，材料均为 Q235 钢($\sigma_s=240$ MPa)，长杆长度为 100 cm，短杆长度为 2 cm(如同材料压缩试验的短棒状试件)。短杆在轴向压力下，当压力达到 18.8 kN 时发生屈服。长杆在轴向压力作用下，压力只有 1 kN 时就发生侧向弯曲，显然，这个压力比 18.8 kN 小很多。这说明压杆由短变长会由于侧向弯曲而偏离直立状态的平衡位置，因而引起压杆承载能力的急剧下降。

如图 11-2(a)所示直杆，当外压力 F 通过杆轴线时，通常称为理想中心压杆。试验表明，当直杆所受的轴向压力小于某一临界值(可用 F_{cr}表示)时，它始终能保持直线形状的平衡；即使给予一个微小的横向干扰力使之发生微小的弯曲，但在撤去干扰力之后，它最终必将恢复其直线形状的平衡[图 11-2(b)]，即此时中心压杆在直线形状下的平衡是稳定的。但当轴向压力达到该临界值 F_{cr}时，这时它可以在直线形状下保持平衡。然而，若再给予一个微小的横向干扰力使之发生微小的弯曲，在撤去干扰力之后，它将处于某一微弯平衡状态，而不能恢复其原有的直线平衡形状[图 11-2(c)]。则此时压杆其原有的直线形状下的平衡是不稳定的，也就是说，这时中心压杆在直线形状下的平衡丧失了稳定性，简称为**压杆**

失稳。能使压杆保持微弯平衡状态的最小轴向压力，就定义为中心压杆的**临界压力**，简称为**临界力**。这样，中心压杆的临界力就可以按照如下的方法求得：设压杆在轴向压力作用下处于微弯平衡状态，求出使挠曲线方程成立时的最小轴向压力，即为该中心压杆的临界力。

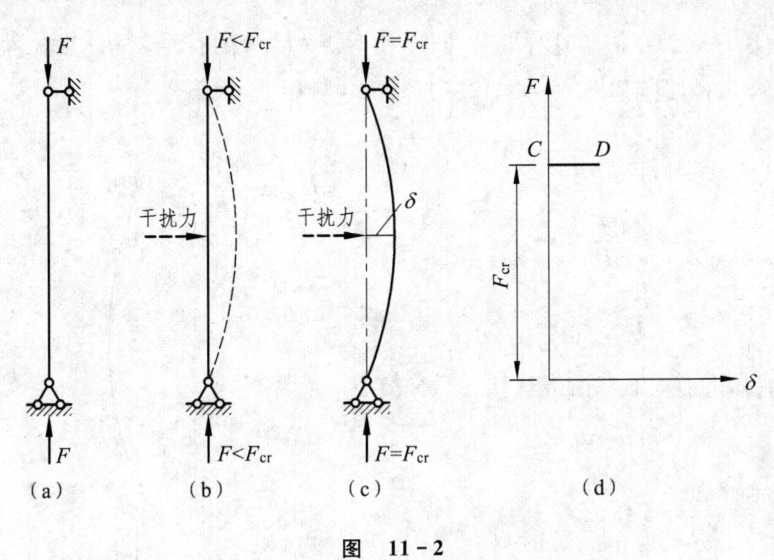

图 11－2

上述关于压杆稳定性的概念，自然是对中心压杆力学模型而言的。这种稳定理论通常称为**压屈理论**。对于工程中实际的压杆，其轴线总会有初曲率，压力不可避免地存在偶然偏心，材料也不可能绝对均匀。这些因素使得实际压杆的行为就像偏心压杆那样，如果是很细长的压杆，当压力接近上述临界力时，将会因挠度增加过快而不能正常工作；对于中等长度的钢压杆来说，随着压力的增加，由于轴向压缩与弯曲的联合作用，在危险截面附近将先出现屈服区，最终发生弯折而丧失承载能力。试验表明，其极限压力要比按压屈理论得出的临界力来得小。因此，将实际的压杆抽象成中心压杆的力学模型来导出其失稳时的临界力，是实际压杆承载能力的上限。

§11－2　细长压杆临界力的欧拉公式

一、两端铰支细长压杆的临界力

设两端为球形铰支座的细长压杆在轴向压力作用下处于微弯平衡状态[图 11－3(a)]，只要求出该挠曲线方程成立时的最小轴向压力，即为此压杆的临界力。由于杆的两端可在任何方向自由转动，所以当它失稳时必定在弯曲刚度最小的纵向平面内发生弯曲，亦即绕惯性矩为最小的形心主轴(通常称为弱轴)而弯曲。因为弯曲程度很小，若材料是在线弹性范围内工作，就可应用挠曲线的近似微分方程式。在选取如图所示的坐标系后，可直接应用公式(6－1)，即

$$w''=-\frac{M(x)}{EI_z}$$

距原点为 x 的任意横截面上的弯矩[图 11-3(b)]为

$$M(x)=Fw \tag{a}$$

式中的轴向压力 F 取为正值。这样，挠度 w 和弯矩 $M(x)$ 的符号就相一致。假如压杆失稳时挠曲线向左凸出，此时挠度 w 为负值，而弯矩 $M(x)$ 亦为负值。

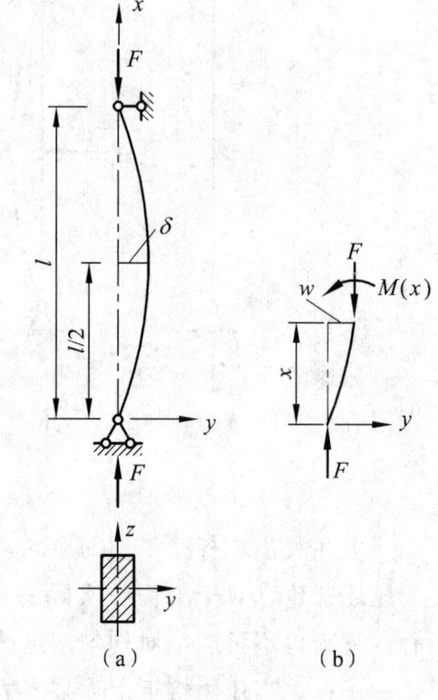

图 11-3

将(a)式代入(6-1)式，得

$$w''=-\frac{Fw}{EI_z} \tag{b}$$

引用记号

$$k^2=\frac{F}{EI_z} \tag{c}$$

则(b)式可写成如下形式的二阶齐次线性微分方程

$$w''+k^2w=0 \tag{d}$$

此微分方程的通解为

$$w=A\sin kx+B\cos kx \tag{e}$$

式中，A 和 B 为积分常数。

两端铰支压杆的位移边界条件是

$$\text{在 } x=0 \text{ 处，} w=0$$

$$\text{在 } x=l \text{ 处，} w=0$$

利用前一个边界条件，由(e)式得

$$B=0$$

于是(e)式成为

$$w=A\sin kx \tag{f}$$

再利用后一个边界条件，由(f)式得

$$A\sin kl=0$$

如果 A 等于零，则压杆各横截面的挠度均为零，这不是我们所研究的情况。欲使压杆处于微弯平衡状态，必须有

$$\sin kl=0 \tag{g}$$

满足此条件的 kl 值为

$$kl=n\pi \quad (n=0,\ 1,\ 2,\ 3,\ \cdots)$$

将 k 值代回(c)式，得

$$F=n^2\frac{\pi^2EI_z}{l^2}$$

显然，能使压杆保持微弯平衡状态的最小轴向压力是在上式中取 $n=1$，于是得到两端铰支细长压杆的临界力为

$$F_{cr}=\frac{\pi^2 EI_z}{l^2} \tag{11-1}$$

该式又称为两端铰支压杆临界力的**欧拉**(Euler)**公式**。其中 I_z 是横截面的最小形心主惯性矩。

将 $k=\pi/l$ 代入(f)式，即得压杆在临界力作用下的挠曲线方程

$$w=A\sin\frac{\pi x}{l}$$

该式表明挠曲线是半波正弦曲线，最大挠度在杆的中点，用 δ 表示，则上式可写成

$$w=\delta\sin\frac{\pi x}{l} \tag{h}$$

δ 可为任意的微小挠度值。即当 $F=F_{cr}$ 时，只要有微小的横向干扰力作用，在撤除干扰力之后，它就在最小弯曲刚度平面内处于某一微弯平衡状态。这种情况已在图 11-2(d)中用对应于 $F=F_{cr}$ 处的水平线段 CD 来表示，现重新绘于图 11-4 中。

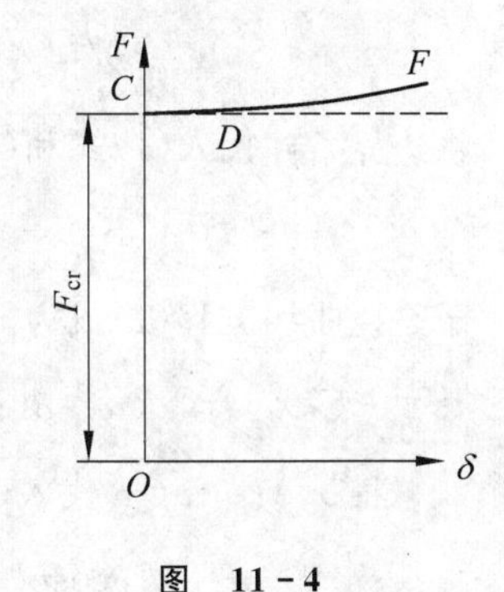

图 11-4

应当指出：上述 δ 之所以存在不确定性，是由于采用了小挠度理论进行分析和推导的缘故。如果在临界力的推导中改用大挠度理论，即用曲率的精确表达式 $1/\rho=\mathrm{d}\theta/\mathrm{d}s$（$s$ 为原点至任意截面的挠曲线之弧长，θ 为该截面的转角）来写出挠曲线的精确微分方程

$$\frac{\mathrm{d}\theta}{\mathrm{d}s}=-\frac{Fw}{EI_z} \tag{i}$$

由此得到的 F 与 δ 之间的关系如图 11-4 中的 CF 曲线所示。它表明当轴向压力 F 等于或略大于上述临界力 F_{cr} 时，压力 F 与挠度 δ 之间是存在一一对应的关系。在挠度为零的 C 点处，该曲线的切线是水平的，这说明当轴向压力达到临界力后，压力的微小增量将导致压杆的显著弯曲，也就意味着压杆不能再正常工作。因此，用大挠度理论来进行分析，临界力就定义为：能使压杆保持直线平衡状态的最大轴向压力。但以(i)式为出发点，将涉及椭圆积分，自然要复杂得多。好在用小挠度理论已能求出压杆的临界力，所以，在本章中将只用小挠度理论进行分析。

二、其他杆端约束情况下细长压杆的临界力

不管杆端的约束情况如何，其临界力的推导方法与两端铰支时是相同的。只是对不同的杆端约束，其弯矩表达式及位移边界条件不同，因而最后结果也不相同。下面举几种常见的例子，简单作些推导。为书写简单，横截面对 z 轴的惯性矩均用 I 表示，指的是最小形心主惯性矩。

例 11－1 求一端固定、另端自由的细长压杆的临界力。

解 设该压杆在轴向压力作用下处于图(a)所示的微弯平衡状态，则任意 x 横截面上的弯矩为

$$M(x)=-F(\delta-w)$$

式中，δ 为自由端的挠度。将 $M(x)$ 代入(6－1)式，得该压杆的挠曲线近似微分方程为

$$w''+k^2w=k^2\delta$$

式中，$k^2=F/(EI)$。该微分方程的通解为

$$w=A\sin kx+B\cos kx+\delta \tag{1}$$

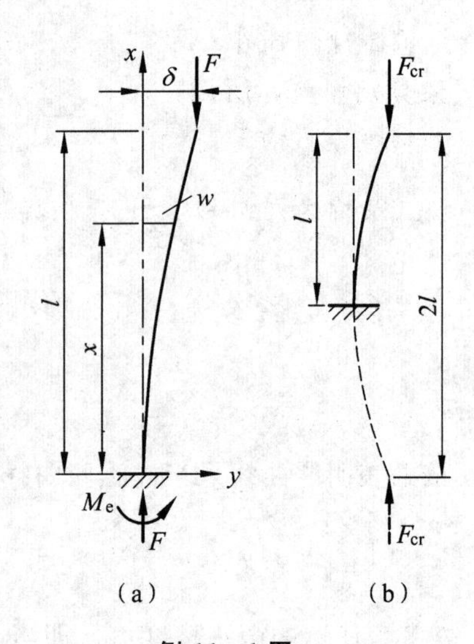

例 11－1 图

位移边界条件是

$$\text{在 } x=0 \text{ 处，} w=0 \text{ 及 } w'=0$$

将(1)式对 x 求一阶导数后，得

$$w'=Ak\cos kx-Bk\sin kx \tag{2}$$

将边界条件代入(1)式和(2)式，得到

$$B=-\delta \text{ 及 } A=0$$

于是挠曲线方程(1)成为

$$w=\delta(1-\cos kx) \tag{3}$$

将 $x=l$、$w=\delta$ 代入(3)式，得

$$\delta\cos kl=0$$

可见，欲使挠曲线方程成立，必须有

$$\cos kl=0$$

满足此条件的 kl 值为

$$kl=n\frac{\pi}{2}\quad(n=1,\ 3,\ 5,\ \cdots)$$

取 $n=1$，即得压杆能保持微弯平衡状态的最小轴向压力

$$F_{cr}=\frac{\pi^2EI}{(2l)^2}$$

此即该细长压杆临界力的欧拉公式。

将 $k=\pi/(2l)$ 代入(3)式，即得压杆失稳时的挠曲线方程

$$w=\delta\left(1-\cos\frac{\pi x}{2l}\right)$$

设想将挠曲线对称地延伸一倍，如图(b)所示，它与长为 $2l$ 的两端铰支压杆的挠曲线形状相同。若将公式(11－1)中的 l 换成 $2l$，便可得到本例中的临界力公式。

例 11-2 求两端固定的细长压杆的临界力。

解 由于上、下两端对阻止转动和侧移的约束分别相同，所以，压杆失稳时其挠曲线的形状对杆的中点应是对称的[图(a)]，此时两端的反力偶矩应相等，用 M_e 表示；而水平反力则均等于零。

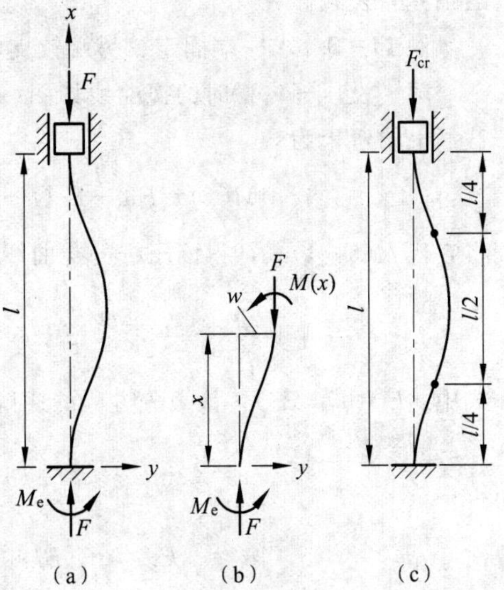

(a) (b) (c)

例 11-2 图

由图(b)得任意 x 横截面上的弯矩为

$$M(x)=Fw-M_e$$

将它代入(6-1)式，得该压杆的挠曲线近似微分方程为

$$w''+k^2w=k^2\frac{M_e}{F}$$

式中，$k^2=F/(EI)$。该微分方程的通解为

$$w=A\sin kx+B\cos kx+\frac{M_e}{F} \tag{1}$$

而

$$w'=Ak\cos kx-Bk\sin kx \tag{2}$$

下端的位移边界条件为 $x=0$ 时 $w=0$ 及 $w'=0$，由此得

$$B=-M_e/F \text{ 及 } A=0$$

将它们代入(1)、(2)两式，得

$$w=\frac{M_e}{F}(1-\cos kx) \tag{3}$$

$$w'=\frac{M_e}{F}k\sin kx \tag{4}$$

再由上端的位移边界条件 $x=l$ 时 $w=0$ 及 $w'=0$，即得压杆处于微弯平衡状态的必要条件为

$$1-\cos kl=0 \text{ 及 } \sin kl=0$$

满足以上条件的 kl 值为

$$kl=2n\pi \quad (n=0，1，2，3，\cdots)$$

取 $n=1$，即得该细长压杆临界力的欧拉公式

$$F_{cr}=\frac{\pi^2 EI}{(l/2)^2}$$

将 $k=2\pi/l$ 代入(3)式，即得压杆失稳时的挠曲线方程

$$w=\frac{M_e}{F_{cr}}\left(1-\cos\frac{2\pi x}{l}\right)$$

容易证明，在 $x=l/4$ 及 $x=3l/4$ 处，挠曲线有两个拐点[图(c)]。由于拐点处 $w''=0$，故这两个截面上的弯矩为零，因而可以把拐点看做铰链。这样，两拐点间的挠曲线形状就与长为

$l/2$ 的两端铰支压杆的挠曲线形状相同。若将公式(11－1)中的 l 换成 $l/2$，便可得到本例中的临界力公式。

例 11－3 求一端固定、另端铰支的细长压杆的临界力。

解 设压杆失稳时的挠曲线如图(a)所示。此时铰支端的反力用 F_y 表示，则任意 x 横截面上的弯矩为

$$M(x)=Fw-F_y(l-x)$$

将它代入(6－1)式，得该压杆的挠曲线近似微分方程

$$w''+k^2w=k^2\frac{F_y}{F}(l-x)$$

式中，$k^2=F/(EI)$。该微分方程的通解为

$$w=A\sin kx+B\cos kx+\frac{F_y}{F}(l-x) \tag{1}$$

而
$$w'=Ak\cos kx-Bk\sin kx-\frac{F_y}{F} \tag{2}$$

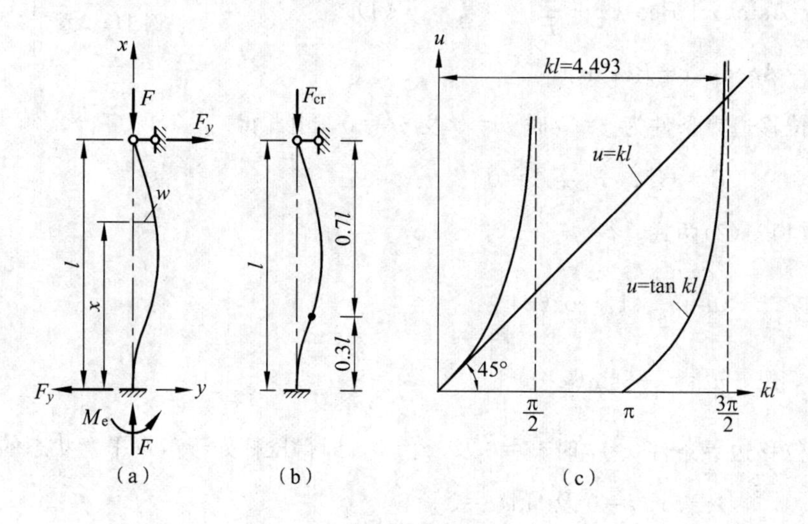

例 11－3 图

固定端的位移边界条件为 $x=0$ 时 $w=0$ 及 $w'=0$，由此可得

$$B=-\frac{F_yl}{F}\text{及}A=\frac{F_y}{kF}$$

将它们代入(1)式，得

$$w=\frac{F_y}{F}\left[\frac{\sin kx}{k}-l\cos kx+(l-x)\right] \tag{3}$$

再由铰支端的位移边界条件 $x=l$ 时 $w=0$，得到压杆处于微弯平衡状态的必要条件为

$$\frac{\sin kl}{k}-l\cos kl=0$$

即
$$\tan kl=kl$$

上式是超越方程，用试算法[或结合图解进行试算，可参看图(c)]求得最小非零根为

$$kl=4.493$$

从而得到该细长压杆临界力的欧拉公式为

$$F_{cr}=\frac{(4.493)^2EI}{l^2}=\frac{\pi^2EI}{(0.699l)^2}\approx\frac{\pi^2EI}{(0.7l)^2}$$

将 $k=4.493/l$ 代入(3)式，即得压杆失稳时的挠曲线方程。可以证明，在 $x\approx0.3l$ 及 $x=l$ 处，挠曲线有两个拐点[图(b)]。两拐点间的长度近似等于 $0.7l$，将它替代公式(11-1)中的 l，便可得到本例中的临界力公式。

例 11-4 细长压杆的一端固定，另端可移动但不能转动。试求该压杆的临界力。

解 设该压杆处于图示微弯平衡状态。因上端无水平反力，故下端也无水平反力。但两端均有反力偶矩，用 M_e 表示。则任意 x 横截面上的弯矩为

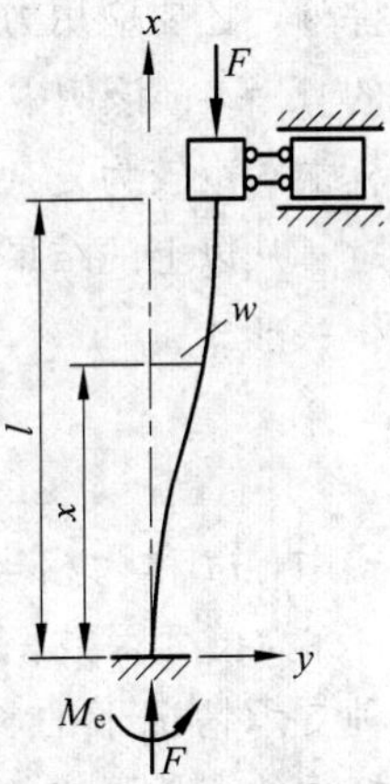

$$M(x)=Fw-M_e$$

将它代入(6-1)式，得该压杆的挠曲线近似微分方程为

$$w''+k^2w=k^2\frac{M_e}{F}$$

式中，$k^2=F/(EI)$。此微分方程的通解为

$$w=A\sin kx+B\cos kx+\frac{M_e}{F} \tag{1}$$

而

$$w'=Ak\cos kx-Bk\sin kx \tag{2}$$

例 11-4 图

下端的位移边界条件为 $x=0$ 时 $w=0$ 及 $w'=0$，于是可得

$$B=-\frac{M_e}{F},\quad A=0$$

将它们代入(2)式，得

$$w'=\frac{M_e}{F}k\sin kx \tag{3}$$

再利用上端的位移边界条件 $x=l$ 时 $w'=0$，即得压杆处于微弯平衡状态的必要条件

$$\sin kl=0$$

满足该条件的 kl 的最小非零解是

$$kl=\pi$$

由此得到该细长压杆临界力的欧拉公式为

$$F_{cr}=\frac{\pi^2EI}{l^2}$$

将 $k=\pi/l$ 以及 A 和 B 的结果代入(1)式，即得压杆失稳时的挠曲线方程

$$w=\frac{M_e}{F_{cr}}\left(1-\cos\frac{\pi x}{l}\right)$$

不难证明，在杆的中点处挠曲线有一个拐点。

综合以上各例，所得挠曲线的近似微分方程均为二阶微分方程。如果将它们再对 x 求导两次，则方程中所含的常数项及 x 的一次项均将消失，而得到如下形式的四阶齐次线性微分方程

$$w^{\mathrm{IV}}+k^2w''=0$$

式中，$k^2=F/(EI)$。该微分方程的通解为

$$w=A\sin kx+B\cos kx+Cx+D$$

对于不同的杆端约束，确定上式中的 A、B、C、D 四个积分常数，除了要利用位移边界条件外，还要应用力的边界条件。例如，在例 11－1 中，因为自由端截面的弯矩为零，故该处的 $w''=0$；该例中固定端的水平反力为零，因而该截面的剪力等于零，故该处的 $w'''=0$。当杆端约束较为复杂时，应用四阶微分方程求细长压杆的临界力比较简便。

从以上的结果可见，对于不同杆端约束的细长压杆，其临界力的欧拉公式可写成如下的统一形式

$$F_{cr}=\frac{\pi^2EI}{(\mu l)^2} \tag{11-2}$$

式中，μl 称为**相当长度**（或称**自由长度**）；μ 称为长度因数。表 11－1 列出了上述五种支承情况下的长度因数值，以便查用。杆端约束越强，长度因数值就越小，临界力也就越大。表中所列举的只是几种理想约束的情况，实际压杆的支承情况往往比较复杂，其长度因数值在有关的规范中均有具体规定。

表 11－1　压杆的长度因数 μ

杆端支承情况	长度因数 μ
两端铰支	1
一端固定，另端自由	2
两端固定	0.5
一端固定，另端铰支	0.7
一端固定，另端可移动但不能转动	1

三、对欧拉公式的一些分析

(1) 由(11－2)式可见，细长压杆的临界力与自由长度的平方成反比；进一步的研究表明，对于非细长压杆，其临界力也是随自由长度的增大而减小的。因此，在可能的条件下，应尽量减小压杆的自由长度。例如图 11－5 所示的桁架，其上弦杆的两端通常简化为球形铰，在下弦节点作用荷载时，BD 杆的内力为零，它却使 AC 杆的长度减小一半，从而提高了上弦杆抵抗失稳的能力。

(2) 杆端支承在各个方向的约束情况如果相同，压杆失稳时将在弯曲刚度最小的纵向平面内发生弯曲。在这种情况下，除了应把材料尽可能放置得离形心远一些之外，还应使横截面对所有形心轴的惯性矩均相等，或者接近相等。例如将压杆制成圆环形截面就比做成实心圆截面来得合理；又如钢桁架桥的上弦杆常做成宽翼缘的 H 形截面(图 11－6)，以使两形心主惯性矩之值不致相差太大。当然，也不能把圆环形及 H 形截面的壁厚做得太薄，以避免压杆在整体失稳之前即出现局部失稳的现象。工程中也常采用由型钢构成的组合压杆，例如

图 11－7 所示的压杆，是由两根槽钢借助缀板(或缀条)将它们连接成整体，适当调整两槽钢之间的距离，可以使得两形心主惯性矩之值大致相等。不过，缀板之间的距离不能太大，以防止单根槽钢在两相邻缀板之间发生局部失稳；此外，对于这种空腹式的组合压杆，是应当考虑剪力对临界力的影响的。这些问题均属钢结构设计讨论的范围。

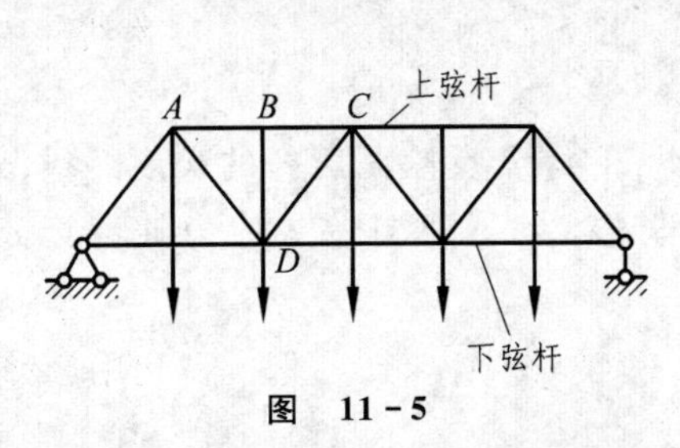

图　11－5

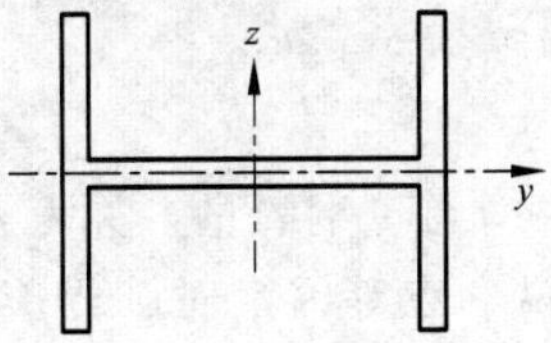

图　11－6

(3) 工程中的压杆，常采用开口薄壁截面。前面在推导细长压杆的临界力时，并未考虑横截面绕弯心(或称扭心)的转动，认为只会发生弯曲变形形式的失稳。然而，开口薄壁杆件弹性稳定问题的解答表明：对于非对称的开口薄壁截面杆，失稳时总是弯曲与扭转同时发生的，由此得到的临界力值恒小于按欧拉公式算出的临界力值。不过，当杆件很细长时，两者的差异也就比较小，按欧拉公式计算就可得到良好的近似值。此外，实际的开口薄壁杆，通常要设置横隔板以及缀板或缀条，这就使杆的扭转刚度增大，从而减低了扭转对弯扭失稳的影响。这样，按欧拉公式算出的临界力值与弯扭失稳理论的解答之间的差异将明显减小，尤其当杆件很细长时，更是如此。

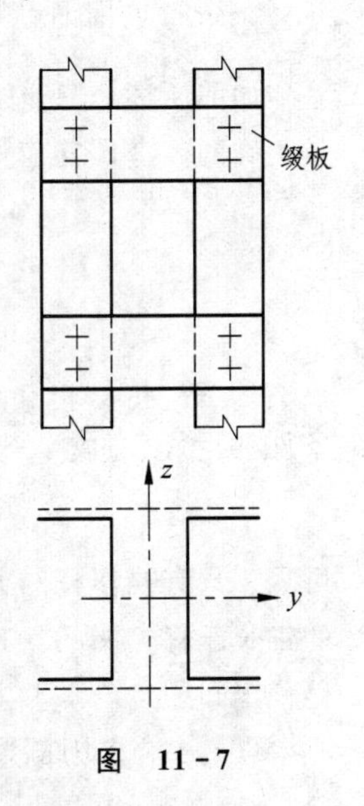

图　11－7

(4) 欧拉公式是利用挠曲线的近似微分方程导得的，而该微分方程只有当材料在线弹性范围内工作时才能成立，故欧拉公式是有一定的适用范围的。由于压杆失稳时挠曲线的微弯程度可以是任意微小的，故可用压杆失稳时横截面上的平均压应力(或者说，当 $F=F_{cr}$ 时，压杆变弯前横截面上的压应力)不得超过材料的比例极限来确定欧拉公式的适用范围。

§11－3　欧拉公式的适用范围·经验公式及压杆的稳定条件

一、欧拉公式的适用范围

压杆失稳时横截面上的平均压应力称为压杆的**临界应力**，用 σ_{cr} 表示。故细长压杆的临界应力为

$$\sigma_{cr}=\frac{F_{cr}}{A}=\frac{\pi^2 EI}{(\mu l)^2 A} \tag{a}$$

式中，A 为横截面的面积。将形心主惯性矩写成

$$I=i^2 A \quad 或 \quad i^2=\frac{I}{A}$$

式中，i 为横截面的惯性半径。于是(a)式可写成

$$\sigma_{cr}=\frac{\pi^2 E}{\left(\frac{\mu l}{i}\right)^2}$$

引用记号
$$\lambda=\frac{\mu l}{i} \tag{11-3}$$

式中，λ 是一个无量纲的量，称为**柔度**或**长细比**。它综合反映了压杆的长度、横截面尺寸和形状、杆端约束等因素对临界应力的影响。这样，细长压杆临界应力的计算公式可以最后写成

$$\sigma_{cr}=\frac{\pi^2 E}{\lambda^2} \tag{11-4}$$

如前所述，只有当临界应力 σ_{cr} 不超过材料的比例极限 σ_p 时，公式(11-2)及(11-4)才是正确的。亦即能应用欧拉公式的条件是

$$\sigma_{cr}=\frac{\pi^2 E}{\lambda^2}\leqslant\sigma_p \quad 或 \quad \lambda\geqslant\sqrt{\frac{\pi^2 E}{\sigma_p}}=\pi\sqrt{\frac{E}{\sigma_p}} \tag{b}$$

令
$$\lambda_p=\pi\sqrt{\frac{E}{\sigma_p}} \tag{11-5}$$

条件(b)可以写成

$$\lambda\geqslant\lambda_p \tag{11-6}$$

可见，只有当压杆的柔度 λ 大于或等于柔度的限界值 λ_p 时，才能应用欧拉公式。前面所称的**细长压杆**，指的就是其柔度 λ 不小于 λ_p 的压杆。这类压杆的稳定问题自然也就属于线弹性稳定问题。

以 Q235 钢为例，其弹性模量 $E=206$ GPa，比例极限 $\sigma_p\approx200$ MPa，将它们代入公式(11-5)，得

$$\lambda_p=\pi\sqrt{\frac{206\times10^9\ \text{Pa}}{200\times10^6\ \text{Pa}}}\approx100$$

故用 Q235 钢制成的压杆，只有当其柔度 $\lambda\geqslant100$ 时，才能应用公式(11-2)或(11-4)。

二、临界应力的经验公式

当 $\lambda<\lambda_p$ 时，压杆横截面上的应力已超过比例极限 σ_p，这类压杆的稳定问题属于非弹性稳定问题。非弹性稳定问题可以进行理论分析①。但工程中多采用以实验为基础的经验公式，这里仅介绍直线公式。其公式为

$$\sigma_{cr}=a-b\lambda \tag{11-7}$$

式中，a 与 b 是和材料的力学性能有关的常数。表 11-2 中列出了一些材料的 a 和 b 值。

---

① 孙训方，方孝淑，关来秦编．材料力学(Ⅰ)(§9-4)．高等教育出版社，2002 年．

表 11-2　直线公式中的 a 和 b

材　　料	a/MPa	b/MPa
Q235 钢　$\sigma_b \geqslant 372$ MPa $\sigma_s = 235$ MPa	304	1.12
优质钢　$\sigma_b = 470$ MPa $\sigma_s = 306$ MPa	460	2.57
硅钢　$\sigma_b = 510$ MPa $\sigma_s = 353$ MPa	577	3.74
铸铁	332	1.45
铬钼钢	980	5.3
硬铅	372	2.14
松木	39	0.2

当压杆横截面上的应力达到压缩极限应力 σ_{cu}（塑性材料的 σ_{cu} 为屈服极限 σ_s，脆性材料的 σ_{cu} 为强度极限 σ_b）时，压杆已因强度不足而失效。因此，在公式(11-7)中的柔度 λ 也有一个最低限介值 λ_0。对于塑性材料的压杆，令(11-7)式的 $\sigma_{cr}=\sigma_s$，$\lambda=\lambda_0$，即得

$$\lambda_0=\frac{a-\sigma_s}{b} \tag{11-8}$$

以 Q235 钢为例，由表 11-2 查得，$a=304$ MPa，$b=1.12$ MPa，$\sigma_s=235$ MPa。将它们代入(11-8)式，得

$$\lambda_0=\frac{304\ \text{MPa}-235\ \text{MPa}}{1.12\ \text{MPa}}=61.6$$

可见，用 Q235 钢制成的压杆，当 $\lambda \geqslant 100$ 时，用欧拉公式计算临界应力；当 $61.6<\lambda<100$ 时，用直线公式计算临界应力；当 $\lambda \leqslant 61.6$ 时，压杆发生强度破坏。

综上所述，压杆按其柔度值分为三类：

(1) $\lambda \geqslant \lambda_p$ 的压杆称为细长压杆或大柔度杆，可用欧拉公式计算临界应力；

(2) $\lambda_0<\lambda<\lambda_p$ 的压杆称为中长杆或中柔度杆，可用直线公式计算临界应力；

(3) $\lambda \leqslant \lambda_0$ 的压杆称为短杆或小柔度杆，按强度问题处理。表示临界应力 σ_{cr} 随压杆柔度 λ 的变化规律的图线，称为临界应力总图，如图 11-8 所示。

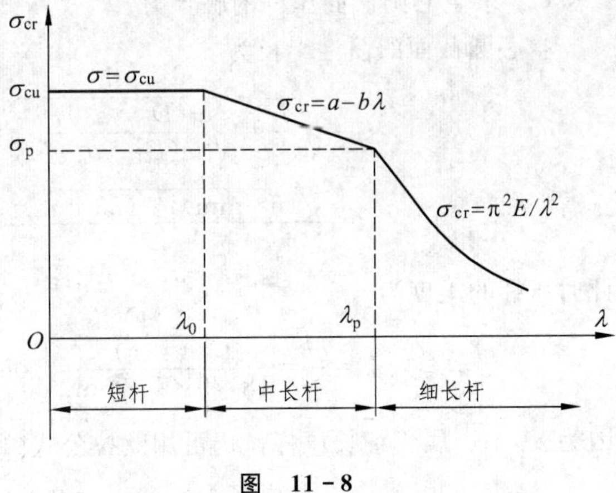

图　11-8

三、压杆的稳定条件

为了保证压杆在轴向压力 F 作用下不致失稳，必须满足下述条件：

$$F \leqslant \frac{F_{cr}}{n_{st}}=[F_{st}] \tag{11-9}$$

式中，F_{cr}为临界力；n_{st}为稳定安全因数，其值可从有关的设计手册中查到；$[F_{st}]$为稳定许用压力。(11-9)式称为压杆的稳定条件。

例 11-5 两端为球形铰支的压杆，长度 $l=2$ m，直径 $d=60$ mm，材料为 Q235 钢，$E=206$ GPa。试求该压杆的临界力；若在面积不变的条件下，改用外径和内径分别为 $D_1=68$ mm 和 $d_1=32$ mm 的空心圆截面，问此时压杆的临界力等于多少？

解

(1) 求实心圆截面压杆的临界力。

首先应算出压杆的柔度，以便判明是否是细长压杆。为此，需计算横截面的惯性半径

$$i=\sqrt{\frac{I}{A}}=\sqrt{\frac{\pi d^4/64}{\pi d^2/4}}=\frac{d}{4}=\frac{60\ \text{mm}}{4}=15\ \text{mm}$$

然后由公式(11-3)算出柔度

$$\lambda=\frac{\mu l}{i}=\frac{1\times(2\ \text{m})}{15\times10^{-3}\ \text{m}}=133.3$$

由于 $\lambda>\lambda_p$，属于细长压杆，故可用欧拉公式(11-4)计算临界应力

$$\sigma_{cr}=\frac{\pi^2 E}{\lambda^2}=\frac{\pi^2\times206\times10^9\ \text{Pa}}{133.3^2}=114.4\times10^6\ \text{Pa}=114.4\ \text{MPa}$$

于是其临界力为

$$\begin{aligned}F_{cr}&=\sigma_{cr}A=(114.4\times10^6\ \text{Pa})\times\frac{\pi\times(60\times10^{-3}\ \text{m})^2}{4}\\&=323.5\times10^3\ \text{N}=323.5\ \text{kN}\end{aligned}$$

在判明属于细长压杆之后，也可用欧拉公式(11-2)计算临界力。

(2) 求空心圆截面压杆的临界力。

空心圆截面的惯性半径为

$$\begin{aligned}i&=\sqrt{\frac{I}{A}}=\sqrt{\frac{\pi(D_1^4-d_1^4)/64}{\pi(D_1^2-d_1^2)/4}}=\frac{\sqrt{D_1^2+d_1^2}}{4}\\&=\frac{\sqrt{(68\ \text{mm})^2+(32\ \text{mm})^2}}{4}=18.79\ \text{mm}\end{aligned}$$

此时压杆的柔度为

$$\lambda=\frac{\mu l}{i}=\frac{1\times(2\ \text{m})}{18.79\times10^{-3}\ \text{m}}=106.4$$

因为 $\lambda>\lambda_p$，属于细长压杆，仍可用欧拉公式(11-4)计算临界应力

$$\sigma_{cr}=\frac{\pi^2 E}{\lambda^2}=\frac{\pi^2\times(206\times10^9\ \text{Pa})}{106.4^2}=179.6\times10^6\ \text{Pa}=179.6\ \text{MPa}$$

相应的临界力为

$$\begin{aligned}F_{cr}&=\sigma_{cr}A=179.6\times10^6\ \text{Pa}\times\frac{\pi\times[(68\times10^{-3}\ \text{m})^2-(32\times10^{-3}\ \text{m})^2]}{4}\\&=507.8\times10^3\ \text{N}=507.8\ \text{kN}\end{aligned}$$

它要比同样面积的实心圆截面压杆的临界力大得多。

例 11-6 图示矩形截面压杆，$h=60\ \text{mm}$，$b=40\ \text{mm}$，杆长 $l=2\ \text{m}$，材料为 Q235 钢，$E=206\ \text{GPa}$。两端用柱形铰与其他构件相连接，在正视图的平面（xy 平面）内两端视为铰支；在俯视图的平面（xz 平面）内两端为弹性固定，长度因数 $\mu_y=0.8$。压杆两端受轴向压力 $F=100\ \text{kN}$，稳定安全因数 $n_{st}=2.5$。校核该压杆的稳定性；又问 b 与 h 的比值等于多少才是合理的。

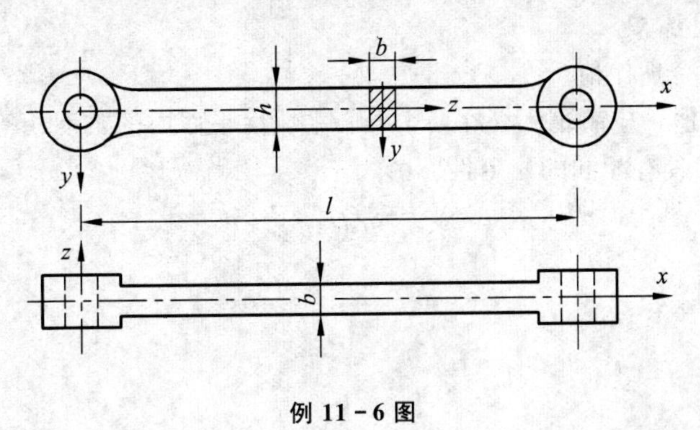

例 11-6 图

解

(1) 校核压杆的稳定性。

由于压杆在两个形心主惯性平面内失稳时的杆端约束不同，故应分别计算压杆在这两个平面内的柔度。

若压杆在 xy 平面内失稳，则两端为铰支，长度因数 $\mu_z=1$。此时横截面的形心主轴 z 为中性轴，惯性半径

$$i_z=\sqrt{\frac{I_z}{A}}=\sqrt{\frac{bh^3/12}{bh}}=\frac{h}{\sqrt{12}}=\frac{60\ \text{mm}}{\sqrt{12}}=17.32\ \text{mm}$$

压杆在该平面内的柔度

$$\lambda_z=\frac{\mu_z l}{i_z}=\frac{1\times(2\ \text{m})}{17.32\times10^{-3}\ \text{m}}=115.5$$

若压杆在 xz 平面内失稳，则两端为弹性固定，长度因数 $\mu_y=0.8$。此时横截面的形心主轴 y 为中性轴，惯性半径

$$i_y=\sqrt{\frac{I_y}{A}}=\sqrt{\frac{hb^3/12}{bh}}=\frac{b}{\sqrt{12}}=\frac{40\ \text{mm}}{\sqrt{12}}=11.55\ \text{mm}$$

压杆在此平面内的柔度

$$\lambda_y=\frac{\mu_y l}{i_y}=\frac{0.8\times(2\ \text{m})}{11.55\times10^{-3}\ \text{m}}=138.5$$

由于 $\lambda_y>\lambda_z$，故应当以 λ_y 来计算临界应力，因为压杆总是在柔度较大的平面内失稳。又因 $\lambda_y>\lambda_p$，故可用公式(11-4)计算临界应力

$$\sigma_{cr}=\frac{\pi^2 E}{\lambda_y^2}=\frac{\pi^2\times(206\times10^9\ \text{Pa})}{138.5^2}=106\times10^6\ \text{Pa}=106\ \text{MPa}$$

压杆的临界力为

$$\begin{aligned}F_{cr}&=\sigma_{cr}A=106\times10^6\ \text{Pa}[(40\times10^{-3}\ \text{m})(60\times10^{-3}\ \text{m})]\\&=254.4\times10^3\ \text{N}=254.4\ \text{kN}\end{aligned}$$

压杆的许用压力为

$$[F_{st}]=\frac{F_{cr}}{n_{st}}=\frac{254.4\ \text{kN}}{2.5}=101.8\ \text{kN}$$

可见 $F<[F_{st}]$

所以压杆满足稳定性要求。

(2) 求 b 与 h 的合理比值。

b 与 h 的合理比值，应满足压杆在两个形心主惯性平面内的柔度相等的条件。这样，压杆在这两个平面内就具有相同的稳定性。由

$$\lambda_z=\frac{\mu_z l}{i_z}=\frac{1\times l}{h/\sqrt{12}},\qquad \lambda_y=\frac{\mu_y l}{i_y}=\frac{0.8l}{b/\sqrt{12}}$$

令 $\lambda_z=\lambda_y$

由此得到 $\dfrac{b}{h}=0.8$

例 11-7 两端为球形铰支的压杆，系由两根 75 mm×75 mm×8 mm 的角钢铆接而成，长度 $l=2$ m，材料为 Q235 钢，$E=206$ GPa，稳定安全因数 $n_{st}=2.5$。试求该压杆的许用轴向压力 F 之值。

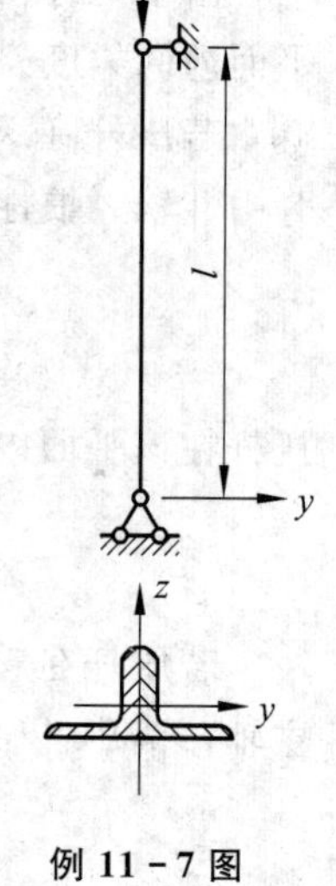

例 11-7 图

解 由于两端为球形铰，故压杆失稳时将绕惯性矩为最小的形心主轴而弯曲。不难判明，通过两个角钢形心的 y 轴就是该组合截面的弱轴。设单个角钢的面积及其对 y 轴的惯性矩分别用 A_1 及 I_{1y} 表示，则组合截面的面积 A 及其对 y 轴的惯性矩 I_y 分别为

$$A=2A_1,\quad I_y=2I_{1y}$$

于是，组合截面对 y 轴的惯性半径

$$i_y=\sqrt{\frac{I_y}{A}}=\sqrt{\frac{2I_{1y}}{2A_1}}=i_{1y}$$

式中，i_{1y} 为单个角钢截面对 y 轴的惯性半径。由型钢表查得 $i_{1y}=22.8$ mm。因而组合压杆的柔度

$$\lambda_y=\frac{\mu l}{i_y}=\frac{1\times(2\times10^3\ \text{mm})}{22.8\ \text{mm}}=87.7$$

Q235 钢的 $\lambda_p=100$，$\lambda_0=61.6$，$a=304$ MPa，$b=1.12$ MPa。由于 $61.6<\lambda<100$，于是由(11-7)式可得压杆的临界应力为

$$\sigma_{cr}=a-b\lambda=304\ \text{MPa}-1.12\ \text{MPa}\times87.7=205.8\ \text{MPa}$$

由型钢表查得单根 75 mm×75 mm×8 mm 角钢的面积 $A_1=11.503\ \text{cm}^2$，组合截面的面积为 $A=2\times11.503\ \text{cm}^2=23.006\times10^{-4}\ \text{m}^2$，压杆的临界力为

$$\begin{aligned}F_{cr}&=\sigma_{cr}\cdot A=205.8\times10^6\ \text{Pa}\times23.006\times10^{-4}\ \text{m}^2\\&=473.5\times10^3\ \text{N}=473.5\ \text{kN}\end{aligned}$$

压杆的许用压力为

$$F=\frac{F_{cr}}{n_{st}}=\frac{473.5\ \text{kN}}{2.5}=189.4\ \text{kN}$$

* §11-4 钢压杆的极限承载力

一、压溃理论的概念

以上是按压屈理论讨论了细长压杆的临界力，即欧拉临界力。然而，实际压杆的初曲率、压力的偶然偏心、热轧型钢及焊接杆件存在的残余应力，这些因素都对临界力有着不可忽视的影响。具有上述初始缺陷的钢压杆，其跨中挠度与压力的关系曲线将如图11-9(b)所示。B 点为曲线的极值点，其对应的荷载称为压杆的失稳**极限荷载**(或称为**压溃荷载**)，用 F_u 表示。曲线的 AB 部分对应于压杆的稳定平衡，这就是说，若给予一个微小的横向干扰力使其屈曲加大，则在撤除该干扰力后，压杆就恢复到受干扰前的稳定平衡状态。B 点以后压杆处于不稳定的平衡，这时，压力必须随着杆件屈曲的加大而及时地减小，压杆才能保持某一不稳定的平衡。当荷载恰好达到失稳极限荷载时，若给予一个微小的横向干扰力使其屈曲加大而没有及时减小压力，则压杆就丧失稳定而被压垮了。这类失稳问题称为**极值点失稳**，研究这类失稳问题的理论通常称为**压溃理论**。

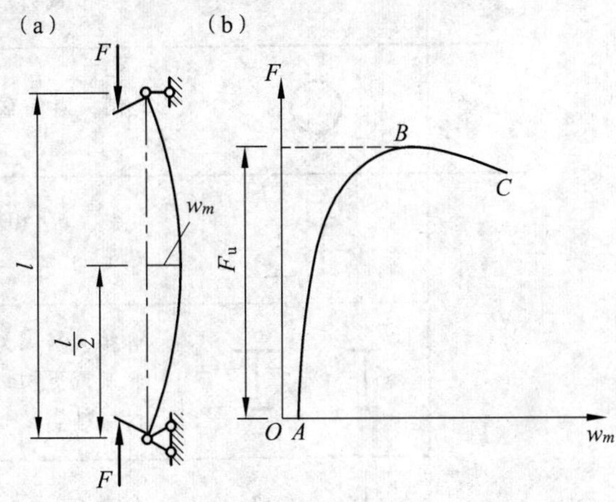

图 11-9

压溃荷载 F_u 反映了实际钢压杆的极限承载力。要推算压溃荷载，计算工作繁重。现行《钢结构设计规范(GBJ17—88)》对中心(或称轴心)压杆的缺陷只选取了残余应力和初曲率两个因素，并将钢材视为理想弹塑性材料(参看图5-15)进行分析，具体计算从略。

二、钢压杆的稳定计算

建立在压溃理论基础上的钢压杆的稳定计算，现行《钢结构设计规范》对轴心受压杆规定的稳定条件为

$$\sigma=\frac{F}{A}\leqslant\frac{F_u/A}{n}=\frac{\sigma_u}{\sigma_s}\times\frac{\sigma_s}{n}$$

式中，F 为轴心压力；A 为杆件的毛截面面积；σ_u 是按压溃理论得到的临界应力；n 是大于1的系数。在制定该规范时，对Q235钢和16锰钢取 $n=1.087$。引用记号

$$\sigma_d=\frac{\sigma_s}{n}\text{及}\ \varphi=\frac{\sigma_u}{\sigma_s}$$

式中，σ_d 称为钢材的抗压设计强度，它随材料而异，并随钢板厚度或型钢壁厚不同而有所差异。为简化起见，本教材对Q235钢取 $\sigma_d=200$ MPa。φ 的值总小于1并随柔度 λ 而变化，φ 称为轴心受压杆的**稳定因数**。在制定该规范时，对不同的截面形式、不同的加工方法以及14种残余应力模式，共算出了92条 φ 和 λ 的关系曲线，最后按接近的值归纳为三条 φ-λ 曲线，相

应地将截面划分为 a、b、c 三类，详见表 11－3；对于 Q235 钢，其 φ 值见表 11－4～表 11－6。至于其他钢材的 φ 值，此处不一一列举。这样，轴心受压钢杆的稳定条件可以最后写成

$$\sigma=\frac{F}{A}\leqslant\varphi\sigma_{\mathrm{d}}\quad 或 \quad \frac{F}{\varphi A}\leqslant\sigma_{\mathrm{d}} \tag{11-10}$$

表 11－3　轴心受压构件的截面分类

类别	截面形式和对应轴	
a 类	 轧制，对任意轴	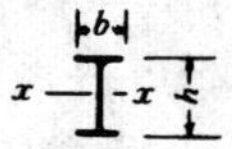 轧制，$b/h\leqslant0.8$，对 x 轴
b 类	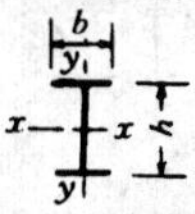 轧制，$b/h>0.8$，对 x、y 轴	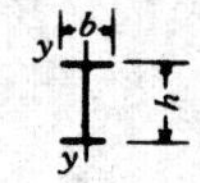 轧制，$b/h\leqslant0.8$，对 y 轴
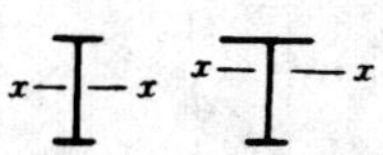	焊接，翼缘为轧制或剪切边，对 x 轴	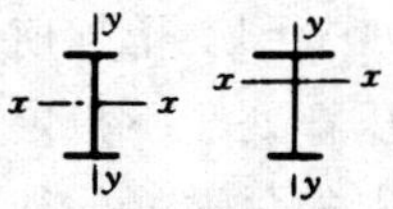 焊接，翼缘为焰切边，对 x、y 轴
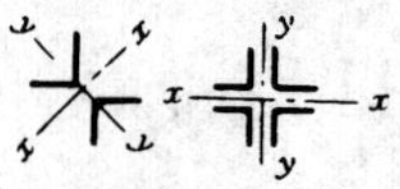	轧制，对 x、y 轴	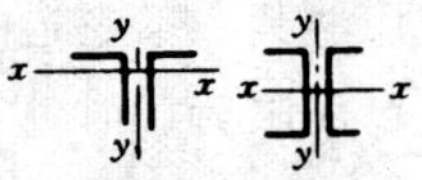 轧制，对 x、y 轴
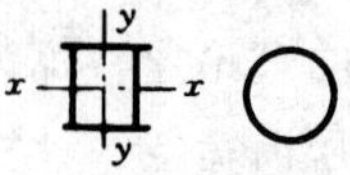	焊接，对任意轴	 轧制（等边角钢），对 x、y 轴
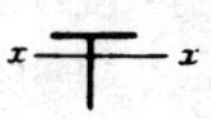	轧制或焊接，对 x 轴	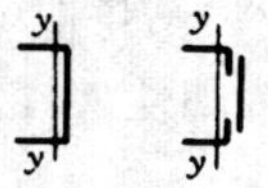 轧制或焊接，对 y 轴
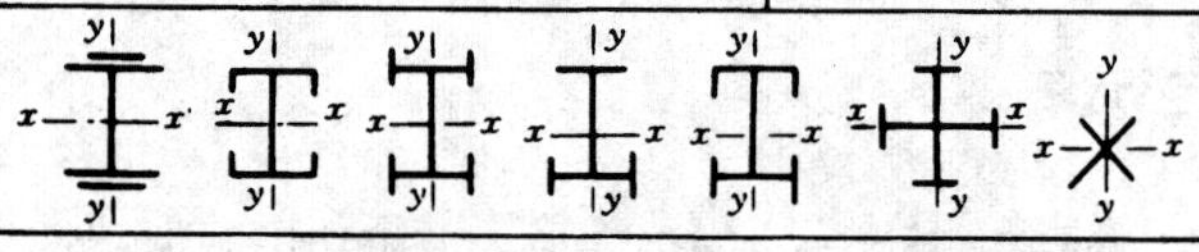	焊接，对 x、y 轴	
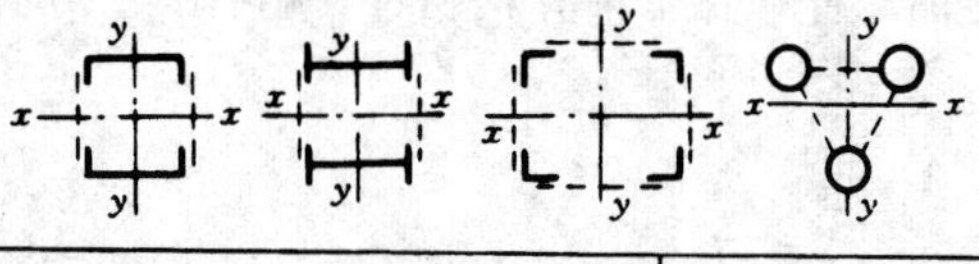	结构式，对 x、y 轴	
c 类	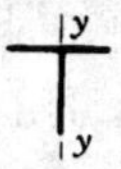 轧制或焊接，对 y 轴	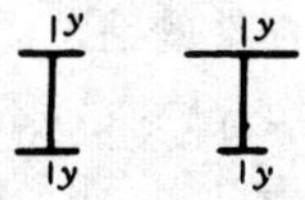 焊接，翼缘为轧制或剪切边，对 y 轴
	无任何对称轴的截面，对任意轴	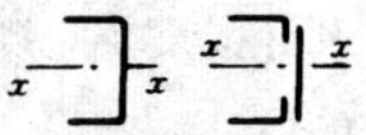 轧制或焊接，对 x 轴
	板件厚度大于 40 mm 的焊接实腹截面，对任意轴	

注：当槽形截面用于格构式构件的分肢，计算分肢对垂直于腹板轴的稳定性时，应按 b 类截面考虑。

表 11-4　Q235 钢 *a* 类截面轴心受压构件的稳定系数 φ

λ	0	1	2	3	4	5	6	7	8	9
0	1.000	1.000	1.000	1.000	0.999	0.999	0.998	0.998	0.997	0.996
10	0.995	0.994	0.993	0.992	0.991	0.989	0.988	0.986	0.985	0.983
20	0.981	0.979	0.977	0.976	0.974	0.972	0.970	0.968	0.966	0.964
30	0.963	0.961	0.959	0.957	0.955	0.952	0.950	0.948	0.946	0.944
40	0.941	0.939	0.937	0.934	0.932	0.929	0.927	0.924	0.921	0.919
50	0.916	0.913	0.910	0.907	0.904	0.900	0.897	0.894	0.890	0.886
60	0.883	0.879	0.875	0.871	0.867	0.863	0.858	0.854	0.849	0.844
70	0.839	0.834	0.829	0.824	0.818	0.813	0.807	0.801	0.795	0.789
80	0.783	0.776	0.770	0.763	0.757	0.750	0.743	0.736	0.728	0.721
90	0.714	0.706	0.699	0.691	0.684	0.676	0.668	0.661	0.653	0.645
100	0.638	0.630	0.622	0.615	0.607	0.600	0.592	0.585	0.577	0.570
110	0.563	0.555	0.548	0.541	0.534	0.527	0.520	0.514	0.507	0.500
120	0.494	0.488	0.481	0.475	0.469	0.463	0.457	0.451	0.445	0.440
130	0.434	0.429	0.423	0.418	0.412	0.407	0.402	0.397	0.392	0.387
140	0.383	0.378	0.373	0.369	0.364	0.360	0.356	0.351	0.347	0.343
150	0.339	0.335	0.331	0.327	0.323	0.320	0.316	0.312	0.309	0.305
160	0.302	0.298	0.295	0.292	0.289	0.285	0.282	0.279	0.276	0.273
170	0.270	0.267	0.264	0.262	0.259	0.256	0.253	0.251	0.248	0.246
180	0.243	0.241	0.238	0.236	0.233	0.231	0.229	0.226	0.224	0.222
190	0.220	0.218	0.215	0.213	0.211	0.209	0.207	0.205	0.203	0.201
200	0.199	0.198	0.196	0.194	0.192	0.190	0.189	0.187	0.185	0.183
210	0.182	0.180	0.179	0.177	0.175	0.174	0.172	0.171	0.169	0.168
220	0.166	0.165	0.164	0.162	0.161	0.159	0.158	0.157	0.155	0.154
230	0.153	0.152	0.150	0.149	0.148	0.147	0.146	0.144	0.143	0.142
240	0.141	0.140	0.139	0.138	0.136	0.135	0.134	0.133	0.132	0.131
250	0.130									

表 11-5 Q235 钢 *b* 类截面轴心受压构件的稳定系数 φ

λ	0	1	2	3	4	5	6	7	8	9
0	1.000	1.000	1.000	0.999	0.999	0.998	0.997	0.996	0.995	0.994
10	0.992	0.991	0.989	0.987	0.985	0.983	0.981	0.978	0.976	0.973
20	0.970	0.967	0.963	0.960	0.957	0.953	0.950	0.946	0.943	0.939
30	0.936	0.932	0.929	0.925	0.922	0.918	0.914	0.910	0.906	0.903
40	0.899	0.895	0.891	0.887	0.882	0.878	0.874	0.870	0.865	0.861
50	0.856	0.852	0.847	0.842	0.838	0.833	0.828	0.823	0.818	0.813
60	0.807	0.802	0.797	0.791	0.786	0.780	0.774	0.769	0.763	0.757
70	0.751	0.745	0.739	0.732	0.726	0.720	0.714	0.707	0.701	0.694
80	0.688	0.681	0.675	0.668	0.661	0.655	0.648	0.641	0.635	0.628
90	0.621	0.614	0.608	0.601	0.594	0.588	0.581	0.575	0.568	0.561
100	0.555	0.549	0.542	0.536	0.529	0.523	0.517	0.511	0.505	0.499
110	0.493	0.487	0.481	0.475	0.470	0.464	0.458	0.453	0.447	0.442
120	0.437	0.432	0.426	0.421	0.416	0.411	0.406	0.402	0.397	0.392
130	0.387	0.383	0.378	0.374	0.370	0.365	0.361	0.357	0.353	0.349
140	0.345	0.341	0.337	0.333	0.329	0.326	0.322	0.318	0.315	0.311
150	0.308	0.304	0.301	0.298	0.295	0.291	0.288	0.285	0.282	0.279
160	0.276	0.273	0.270	0.267	0.265	0.262	0.259	0.256	0.254	0.251
170	0.249	0.246	0.244	0.241	0.239	0.236	0.234	0.232	0.229	0.227
180	0.225	0.223	0.220	0.218	0.216	0.214	0.212	0.210	0.208	0.206
190	0.204	0.202	0.200	0.198	0.197	0.195	0.193	0.191	0.190	0.188
200	0.186	0.184	0.183	0.181	0.180	0.178	0.176	0.175	0.173	0.172
210	0.170	0.169	0.167	0.166	0.165	0.163	0.162	0.160	0.159	0.158
220	0.156	0.155	0.154	0.153	0.151	0.150	0.149	0.148	0.146	0.145
230	0.144	0.143	0.142	0.141	0.140	0.138	0.137	0.136	0.135	0.134
240	0.133	0.132	0.131	0.130	0.129	0.128	0.127	0.126	0.125	0.124
250	0.123									

表 11-6 Q235 钢 c 类截面轴心受压构件的稳定系数 φ

λ	0	1	2	3	4	5	6	7	8	9
0	1.000	1.000	1.000	0.999	0.999	0.998	0.997	0.996	0.995	0.993
10	0.992	0.990	0.988	0.986	0.983	0.981	0.978	0.976	0.973	0.970
20	0.966	0.959	0.953	0.947	0.940	0.934	0.928	0.921	0.915	0.909
30	0.902	0.896	0.890	0.884	0.877	0.871	0.865	0.858	0.852	0.846
40	0.839	0.833	0.826	0.820	0.814	0.807	0.801	0.794	0.788	0.781
50	0.775	0.768	0.762	0.755	0.748	0.742	0.735	0.729	0.722	0.715
60	0.709	0.702	0.695	0.689	0.682	0.676	0.669	0.662	0.656	0.649
70	0.643	0.636	0.629	0.623	0.616	0.610	0.604	0.597	0.591	0.584
80	0.578	0.572	0.566	0.559	0.553	0.547	0.541	0.535	0.529	0.523
90	0.517	0.511	0.505	0.500	0.494	0.488	0.483	0.477	0.472	0.467
100	0.463	0.458	0.454	0.449	0.445	0.441	0.436	0.432	0.428	0.423
110	0.419	0.415	0.411	0.407	0.403	0.399	0.395	0.391	0.387	0.383
120	0.379	0.375	0.371	0.367	0.364	0.360	0.356	0.353	0.349	0.346
130	0.342	0.339	0.335	0.332	0.328	0.325	0.322	0.319	0.315	0.312
140	0.309	0.306	0.303	0.300	0.297	0.294	0.291	0.288	0.285	0.282
150	0.280	0.277	0.274	0.271	0.269	0.266	0.264	0.261	0.258	0.256
160	0.254	0.251	0.249	0.246	0.244	0.242	0.239	0.237	0.235	0.233
170	0.230	0.228	0.226	0.224	0.222	0.220	0.218	0.216	0.214	0.212
180	0.210	0.208	0.206	0.205	0.203	0.201	0.199	0.197	0.196	0.194
190	0.192	0.190	0.189	0.187	0.186	0.184	0.182	0.181	0.179	0.178
200	0.176	0.175	0.173	0.172	0.170	0.169	0.168	0.166	0.165	0.163
210	0.162	0.161	0.159	0.158	0.157	0.156	0.154	0.153	0.152	0.151
220	0.150	0.148	0.147	0.146	0.145	0.144	0.143	0.142	0.140	0.139
230	0.138	0.137	0.136	0.135	0.134	0.133	0.132	0.131	0.130	0.129
240	0.128	0.127	0.126	0.125	0.124	0.124	0.123	0.122	0.121	0.120
250	0.119									

例 11－8　一两端铰支的轴心受压杆，截面为焊接 H 形，具有轧制边翼缘，截面尺寸如图示，材料为 Q235 钢。压杆长为 $l=4.2\ \text{m}$，在压杆的强轴平面内有支撑系统以阻止压杆中点在 xz 平面内的侧向位移。该压杆承受的压力 $F=950\ \text{kN}$，试校核其稳定性。

解

(1) 截面几何性质的计算。

毛截面面积和形心主惯性矩分别为

$$A=2\times(220\ \text{mm})\times(10\ \text{mm})+(200\ \text{mm})\times(6\ \text{mm})=5\ 600\ \text{mm}^2$$

$$I_z=2\left[\frac{(220\ \text{mm})\times(10\ \text{mm})^3}{12}+(220\ \text{mm})\times(10\ \text{mm})\times(105\ \text{mm})^2\right]+\frac{(6\ \text{mm})\times(220\ \text{mm})^3}{12}=5.255\times10^7\ \text{mm}^4$$

$$I_y=2\times\frac{(10\ \text{mm})\times(220\ \text{mm})^3}{12}+\frac{(200\ \text{mm})\times(6\ \text{mm})^3}{12}=1.775\times10^7\ \text{mm}^4$$

横截面对 z 和 y 轴的惯性半径分别为

$$i_z=\sqrt{\frac{I_z}{A}}=\sqrt{\frac{5.255\times10^7\ \text{mm}^4}{5\ 600\ \text{mm}^2}}=96.87\ \text{mm}$$

$$i_y=\sqrt{\frac{I_y}{A}}=\sqrt{\frac{1.775\times10^7\ \text{mm}^4}{5\ 600\ \text{mm}^2}}=56.30\ \text{mm}$$

(2) 压杆柔度的计算。

$$\lambda_z=\frac{\mu l}{i_z}=\frac{1\times(4.2\ \text{m})}{96.87\times10^{-3}\ \text{m}}=43.4$$

$$\lambda_y=\frac{\mu(l/2)}{i_y}=\frac{1\times(2.1\ \text{m})}{56.30\times10^{-3}\ \text{m}}=37.3$$

例 11－8 图

(3) 校核稳定性。

从表 11－3 可知，该压杆绕强轴失稳时属于 b 类截面，由表 11－5 并用线性插入得

$$\varphi_z=0.887-0.4(0.887-0.882)=0.885$$

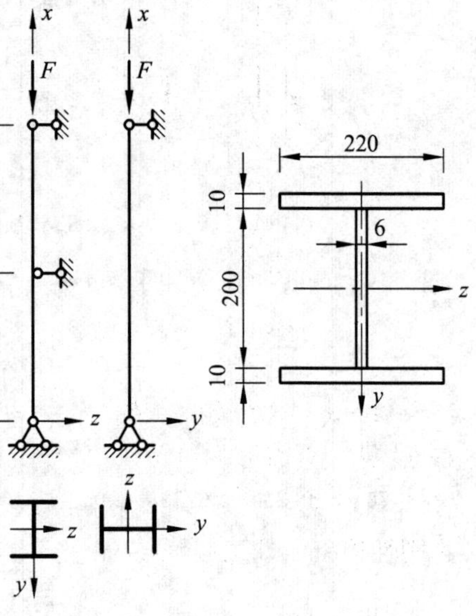

该压杆绕弱轴失稳时属于 c 类截面，由表 11－6 得

$$\varphi_y=0.858-0.3(0.858-0.852)=0.856$$

于是有

$$\varphi_y\sigma_\text{d}=0.856\times200\ \text{MPa}=171.2\ \text{MPa}$$

计算压杆的工作应力并按(11－10)式校核其稳定性

$$\sigma=\frac{F}{A}=\frac{950\times10^3\ \text{N}}{5\ 600\times10^{-6}\ \text{m}^2}=169.6\times10^6\ \text{Pa}<171.2\ \text{MPa}$$

可见该压杆满足稳定性要求。

习　题

11-1　两端为球形铰支的细长压杆，采用如图所示四种截面。问压杆失稳时绕哪一轴弯曲？

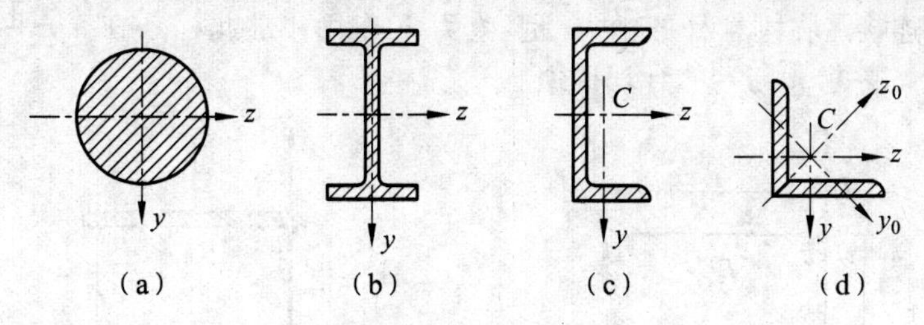

题 11-1 图

11-2　图示各杆的材料与截面分别相同，且都属细长压杆。问哪个能承受的轴向压力最大？哪个为最小？

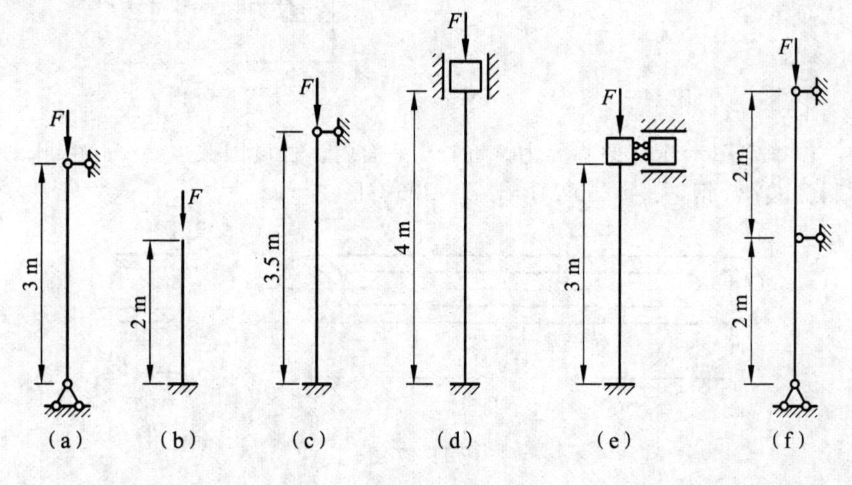

题 11-2 图

11-3　图示铰接杆系，由两根具有相同截面和同样材料的细长压杆所组成。若由于压杆在 ABC 平面内失稳而引起毁坏，试求荷载 F 为最大时的 θ 角(假设 $0<\theta<\pi/2$)。

*__11-4__　设 AB 杆为细长压杆，其弯曲刚度 EI 为已知；BD 杆为刚性杆，两杆在 B 点为刚性连接。求此杆系在 xy 平面内失稳时的临界力。

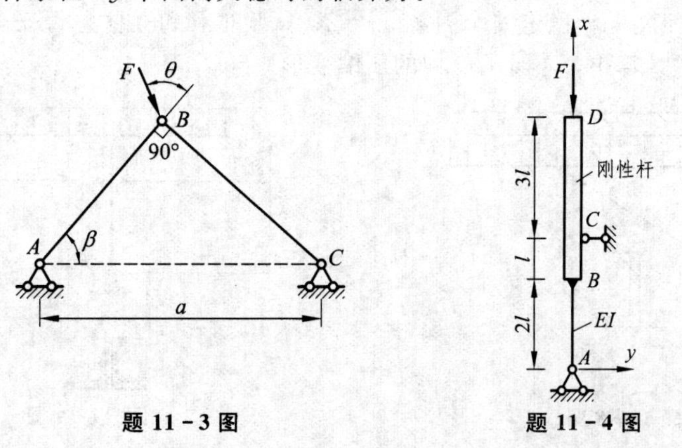

题 11-3 图　　**题 11-4 图**

*11－5　图示平面刚架，A 端固定，C 端为活动铰支座，B 为刚性节点；两杆的弯曲刚度 EI 相同。在 B 点受竖直力 F 作用，求此刚架在 xy 平面内发生弹性失稳时的临界力。

11－6　材料和截面以及长度均分别相同的细长杆 AB 及 CD，下端均为固定，上端都与刚性杆 BC 刚性连接。在刚性杆的中点受竖直力 F 作用，求此杆系在 xy 平面及 xz 平面内失稳时的临界力，并求 h 与 b 的合理比值。

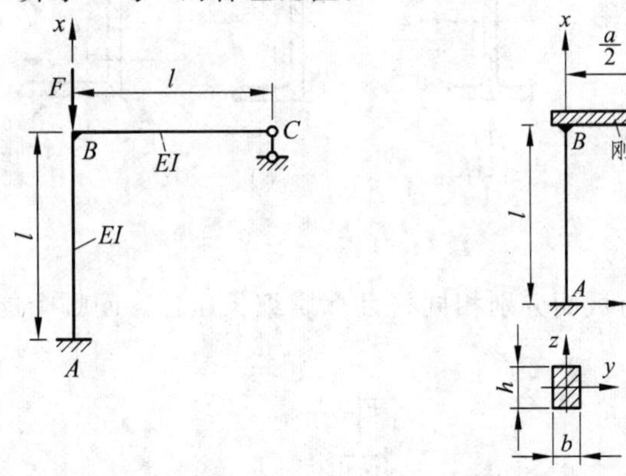

题 11－5 图　　题 11－6 图

11－7　试确定图示连杆的临界力。在 xy 平面内，长度因数 $\mu_z=1$；在 xz 平面内，$\mu_y=0.8$；材料为 Q235 钢，$\sigma_p=200$ MPa，$E=206$ GPa。

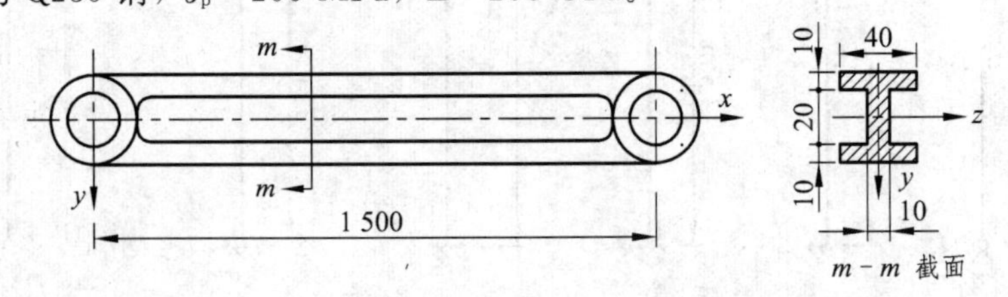

题 11－7 图

11－8　托架的撑杆 BC 为 20 号槽钢，两端视为球形铰支，材料为 Q235 钢，$\sigma_p=200$ MPa，$E=206$ GPa，稳定安全因数 $n_{st}=2.5$。试根据该杆的稳定性要求，确定横梁上的均布荷载集度 q(kN/m)之许用值。

11－9　横梁 AB 为 16 号工字钢，立柱 CD 由两根 63 mm×63 mm×5 mm 的角钢铆接而成。梁和柱的材料均为 Q235 钢，$\sigma_p=200$ MPa，$[\sigma]=170$ MPa，$[\tau]=100$ MPa，$E=206$ GPa。已知 $q=48$ kN/m，稳定安全因数 $n_{st}=2$，试验算梁和立柱是否安全。(立柱的两端视为球形铰支，本题计算中，不计 CD 杆的压缩变形)

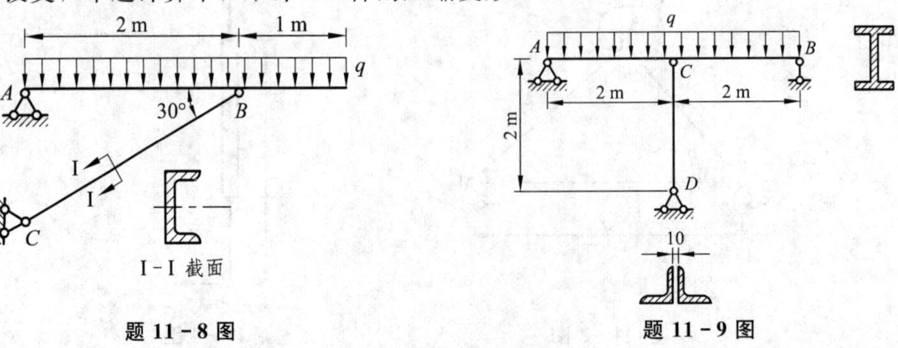

题 11－8 图　　题 11－9 图

11-10 下端固定，上端球形铰支的立柱，由两根 10 号槽钢铆接而成，长度 $l=6$ m，材料为 Q235 钢，$\sigma_p=200$ MPa，$E=206$ GPa。试求：(1) 使立柱的临界力为最大时，两槽钢之间的距离 d；(2) 立柱的最大临界力 F_{cr}。

11-11 两端固定的矩形截面压杆，$b=35$ mm，$h=70$ mm，$l=1.5$ m，材料为 Q235 钢，$\sigma_p=200$ MPa，$\sigma_s=235$ MPa，$E=206$ GPa。求该压杆的临界力 F_{cr}。

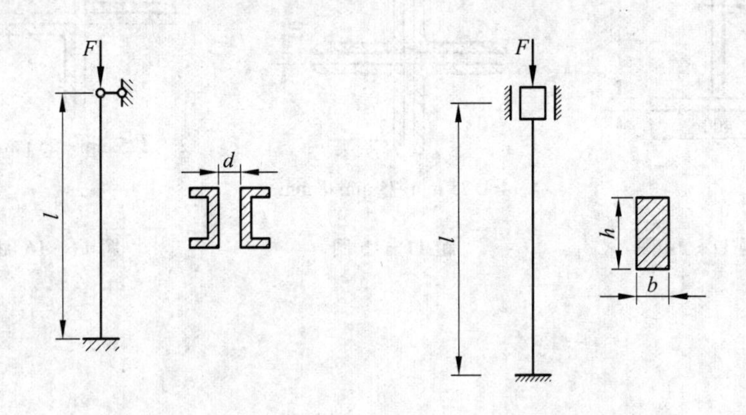

题 11-10 图　　　　题 11-11 图

11-12 图示结构中，AB 杆的直径 $d_1=32$ mm，AC 杆的直径 $d_2=20$ mm，材料均为 Q235 钢，$E=206$ GPa，$\sigma_p=200$ MPa，$\sigma_s=235$ MPa，$[\sigma]=160$ MPa，稳定安全因数 $n_{st}=2.5$。求该结构的许用荷载$[F]$。

11-13 图示结构中，AB 为刚性杆，CD、EF 杆均为直径 $d=74$ mm 的圆截面杆，长度分别为 $l_1=1$ m，$l_2=2$ m，材料的 $\sigma_p=200$ MPa，$[\sigma]=170$ MPa，$E=206$ GPa，稳定安全因数 $n_{st}=2.5$。求结构的许用荷载$[F]$。

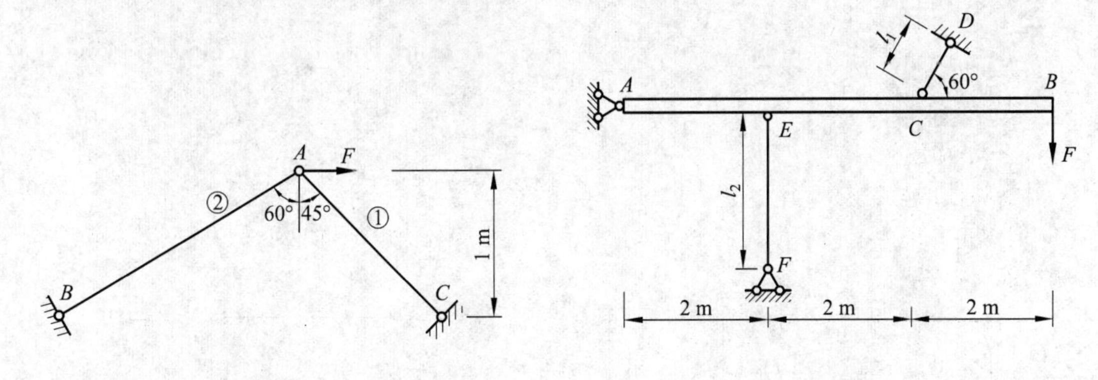

题 11-12 图　　　　题 11-13 图

11-14 一焊接 H 形截面受压杆，两端为球形铰支，杆长 $l=6$ m，截面尺寸如图示，翼缘是火焰切割边，材料为 Q235 钢。试求该压杆所能承受的最大安全压力。

11-15 某塔架的横撑杆长 6 m，截面形式如图所示，两端视为球形铰支，材料为 Q235 钢。试求该压杆的许用压力值(即最大安全压力)。

*11－16　某桁架的受压弦杆长 4 m，截面形式如图所示，两端视为球形铰支，材料为 Q235 钢。试求该压杆的许用压力值。

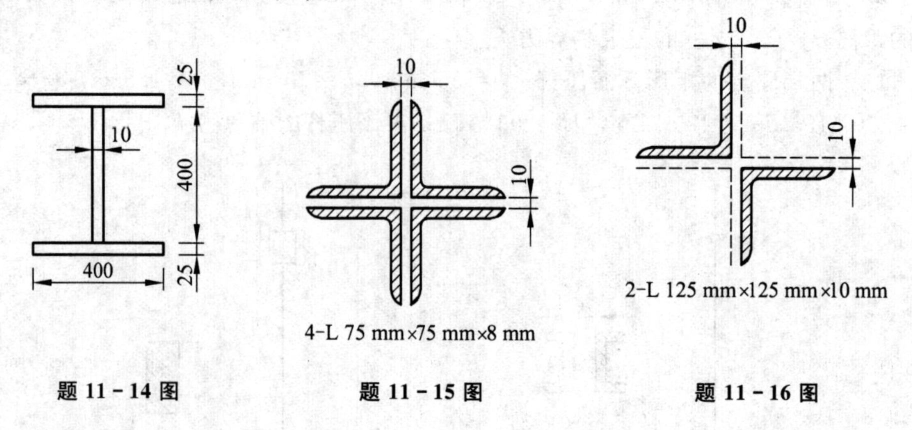

题 11－14 图　　题 11－15 图　　题 11－16 图

第十二章　能量方法

§12－1　概　　述

弹性体在静荷载作用下发生变形的同时，荷载所做的功将以应变能的形式储存于弹性体内部。荷载撤去后，弹性体所积蓄的应变能完全转换成其他形式的能量释放出来。应用功、能的概念和能量守恒定律，推导出一系列求解变形固体的位移、变形和内力的方法，统称为**能量方法**。

能量方法作为固体力学的一个重要基础，广泛地用于求解各类力学问题。例如，通用性很强的一种数值计算方法——有限元法，其理论基础之一就是能量原理。本章仅介绍能量方法中的部分内容。首先介绍杆件应变能的计算；然后导出求线弹性结构位移的卡氏定理，并用它来解超静定问题；最后介绍单位力法、功的互等定理以及虚功原理。

§12－2　杆内的应变能

一、拉(压)杆的应变能

变形固体在外力作用下发生弹性变形的同时，内部将积蓄能量。外力撤去后，变形随之消失，弹性体内积蓄的能量也同时释放出来。物体发生弹性变形时积蓄的能量称为**应变能**。以 V_ε 表示。例如射箭的过程，当用力张满弓时，弓背和弦发生弹性变形而储存有应变能。外力撤去后，弓背和弦在恢复原状的过程中，应变能转变成箭的动能，使箭射向远方。

我们将利用**功能原理**来确立拉(压)杆的应变能计算公式。如图 12－1(a)所示拉杆，荷载缓慢地、逐渐地从零增加到 F(这种加载方式称为静载)，直杆的伸长变形从零增加到 Δl。当正应力不超过材料的比例极限时，依据胡克定律，F 与 Δl 成线性关系，如图 12－1(b)所示。

设加载到 F_1 时，荷载作用点的位移为 Δl_1；荷载增加一微量 $\mathrm{d}F_1$ 时，荷载 F_1 作用点的位移增量为 $\mathrm{d}(\Delta l_1)$，此时荷载 F_1 在位移增量 $\mathrm{d}(\Delta l_1)$上所做的功为

$$\mathrm{d}W=F_1\mathrm{d}(\Delta l_1) \tag{a}$$

此微功即图 12－1(b)中的阴影面积。积分上式，得到荷载从零增加到 F 时，外力做的功

$$W=\int_0^{\Delta l}F_1\mathrm{d}(\Delta l_1)=\frac{1}{2}F\Delta l \tag{b}$$

显然外力所做的功就等于图 12－1(b)中三角形 OAB 的面积。

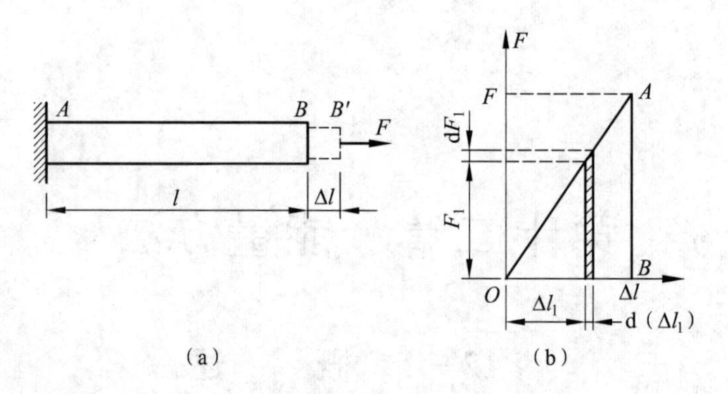

图 12-1

根据功能原理，外力所做的功在数值上等于能量的增加。在静载作用下，整个加载过程可看做处于平衡状态，系统的动能等于零，再忽略杆件变形过程中其他能量的少量损失(主要是热能)，则外力所做的功完全以应变能的形式积蓄在拉杆内部，即有

$$V_{\varepsilon}=W=\frac{1}{2}F\Delta l \tag{c}$$

由于在 l 长度内各截面的 F_N 均等于 F，且拉伸(压缩)刚度 EA 为常量，利用胡克定律 $\Delta l=F_N l/EA$，(c)式可写成

$$V_{\varepsilon}=\frac{F_N^2 l}{2EA}=\frac{EA\Delta l^2}{2l} \tag{12-1}$$

这就是计算拉压杆应变能的公式。在国际单位制中，能与功的单位都是焦耳(简称焦)，符号是J，1 J=1 N·m。

因为在 l 长度内各横截面上所有点的正应力 σ 和线应变 ε 均分别相同，故杆内各处单位体积内积蓄的应变能亦应相同。每单位体积内的应变能称为**应变能密度**，用 v_{ε} 表示，其计算公式是

$$v_{\varepsilon}=\frac{V_{\varepsilon}}{Al}=\frac{1}{2}\sigma\varepsilon=\frac{\sigma^2}{2E}=\frac{E\varepsilon^2}{2} \tag{12-2}$$

应变能密度的国际单位是焦/米^3(J/m^3)。

二、等直圆杆扭转时的应变能

与计算拉(压)杆的应变能类似，仍采用功能原理来推理，即外力功就等于应变能。图12-2(a)所示等直圆杆 AB，其 A 端固定，在 B 端作用外力偶矩 M_e。当杆在线弹性范围内工作时，即最大切应力 τ_{max} 未超过材料的剪切比例极限 τ_p 时，扭转角 φ 与外力偶矩 M_e 成正比[图 12-2(b)]。由于外力偶矩是从零逐渐增加到 M_e 值的，扭转角也从零逐渐增加到 φ 值，在加载过程中系统无动能的改变，故外力偶矩 M_e 所做的功在数值上就等于储存在杆内的应变能。而外力偶矩 M_e 所做的功 W 可用图示阴影三角形的面积来表示，即

$$W=\frac{1}{2}M_e\varphi$$

所以杆内的应变能 V_ε 为

$$V_\varepsilon=\frac{1}{2}M_e\varphi \qquad (a)$$

由于各横截面的扭矩均相同，即 $T=M_e$，可得

$$\varphi=\frac{Tl}{GI_p}=\frac{M_e l}{GI_p}$$

故(a)式又可写成

$$V_\varepsilon=\frac{1}{2}\cdot\frac{T^2 l}{GI_p} \qquad (12-3a)$$

或

$$V_\varepsilon=\frac{1}{2}\cdot\frac{GI_p}{l}\varphi^2 \qquad (12-3b)$$

（a）

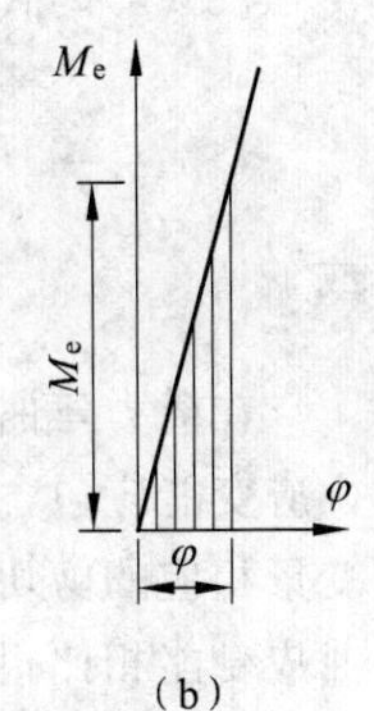

（b）

图 12-2

三、弯曲应变能

如图 12-3(a)表示一等截面简支梁，在两端受外力偶矩 M_e 作用，使梁发生纯弯曲，各截面的弯矩 M 都等于外力偶矩 M_e。当材料在线弹性范围内工作时，由(5-1)式可知，梁的轴线将弯成曲率为 M/EI 的圆弧，而两端截面之间的相对转角 θ 为

$$\theta=\frac{l}{\rho}=\frac{Ml}{EI}=\frac{M_e l}{EI} \qquad (a)$$

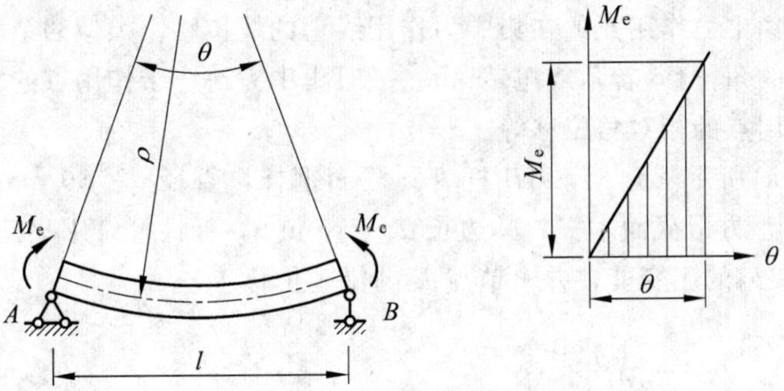

（a）　　（b）

图 12-3

M_e 与 θ 之间的关系用斜直线表示在图 12-3(b)中，该斜直线下的三角形面积就等于外力偶矩 M_e 在角位移 θ 上所做的功，即

$$W=\frac{1}{2}M_e\theta$$

外力所做的功 W 在数值上就等于储存在弹性杆内的应变能 V_ε，从而得到纯弯曲时梁的弯曲应变能 V_ε 为

$$V_\varepsilon=W=\frac{1}{2}M_e\theta \qquad (b)$$

由(a)、(b)两式，又可将弯曲应变能写成如下形式

$$
\left.\begin{aligned}
V_{\varepsilon}&=\frac{1}{2}M_{e}\theta=\frac{M^{2}l}{2EI}\\
\text{或}\quad V_{\varepsilon}&=\frac{1}{2}M_{e}\theta=\frac{EI}{2l}\theta^{2}
\end{aligned}\right\}\tag{12-4}
$$

在横力弯曲时，梁的横截面上既有弯矩又有剪力，且均为截面位置 x 的函数，此时梁内应变能应包含两部分：与弯曲变形相应的弯曲应变能和与剪切变形相应的剪切应变能。但对于常用的细长梁，剪切应变能与弯曲应变能相比很小，可略去不计。在计算弯曲应变能时，可从梁内取出长为 $\mathrm{d}x$ 的一段梁来研究，如图 12－4 所示，在其相邻两端横截面上的弯矩分别为 $M(x)$和 $M(x)+\mathrm{d}M(x)$，弯矩增量 $\mathrm{d}M(x)$是一阶无穷小，可忽略不计，这样，就可按(12－4)式来计算这段梁的弯曲应变能

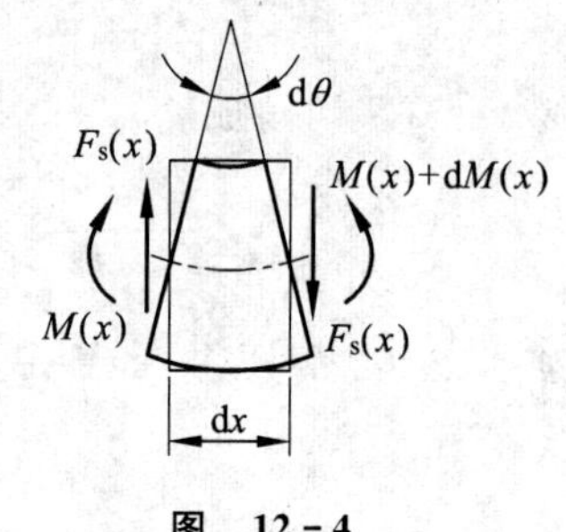

图　12－4

$$
\mathrm{d}V_{\varepsilon}=\frac{M^{2}(x)\mathrm{d}x}{2EI}
$$

而全梁的弯曲应变能则可通过积分来求得

$$
V_{\varepsilon}=\int_{l}\frac{M^{2}(x)\mathrm{d}x}{2EI}\tag{12-5}
$$

当梁的弯矩方程需分段列出时，上面的积分必须分段进行，然后求其总和。

求出杆件的应变能后，可使用功能原理来求出结构在一些特殊位置的位移。如单个集中力作用时，可求出集中力作用点的在集中力作用线上的线位移。类似的结果有：单个集中力偶对应于作用点处的角位移(转角或扭转角)、一对集中力对应于作用点的相对线位移、一对集中力偶对应于作用点的相对角位移等。

例 12－1　图(a)所示三角架，AB 杆为圆截面钢杆，直径 $d=30$ mm，弹性模量 $E_1=200$ GPa。BC 杆为正方形截面木杆，其边长 $a=150$ mm，弹性模量 $E_2=10$ GPa，荷载 $F=30$ kN。试求三角架内的应变能，并求节点 B 的铅垂位移。

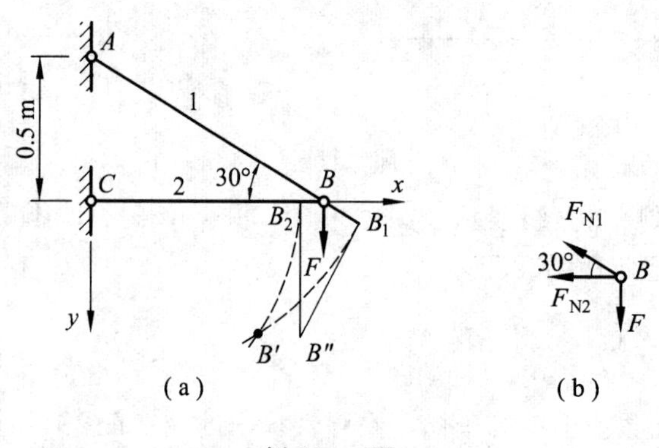

例 12－1 图

解　在例 2－6 中已求得 $F_{N_1}=60$ kN，$F_{N_2}=52$ kN，且 $l_1=1$ m，$l_2=0.866$ m。根据公式(12－1)，计算三角架内的应变能为

$$V_\varepsilon=\frac{F_{N_1}^2 l_1}{2E_1A_1}+\frac{F_{N_2}^2 l_2}{2E_2A_2}$$

$$=\frac{(60\times10^3\ \mathrm{N})^2(1\ \mathrm{m})}{2(200\times10^9\ \mathrm{Pa})\left[\frac{\pi}{4}(30\times10^{-3}\ \mathrm{m})^2\right]}+\frac{(52\times10^3\ \mathrm{N})^2(0.866\ \mathrm{m})}{2(200\times10^9\ \mathrm{Pa})(150\times10^{-3}\ \mathrm{m})^2}$$

$$=17.93\ \mathrm{N\cdot m}$$

节点 B 的铅垂位移与荷载 F 的方向相同，由弹性体的功能原理，荷载 F 所做的功在数值上应等于三角架内的应变能，即

$$\frac{1}{2}F\Delta_y=V_\varepsilon$$

于是节点 B 的铅垂位移为

$$\Delta_y=\frac{2V_\varepsilon}{F}=\frac{2\times17.93\ \mathrm{N\cdot m}}{30\times10^3\ \mathrm{N}}=1.195\times10^{-3}\ \mathrm{m}=1.195\ \mathrm{mm}\quad(\downarrow)$$

例 12-2 图示 AB、CD 为等直圆杆，其扭转刚度均为 GI_p，BC 为刚性块，在 D 截面处作用外力偶矩 M_e。试利用外力偶矩所做的功在数值上等于储存在杆内的应变能这一关系，求 D 截面的扭转角 φ_D。

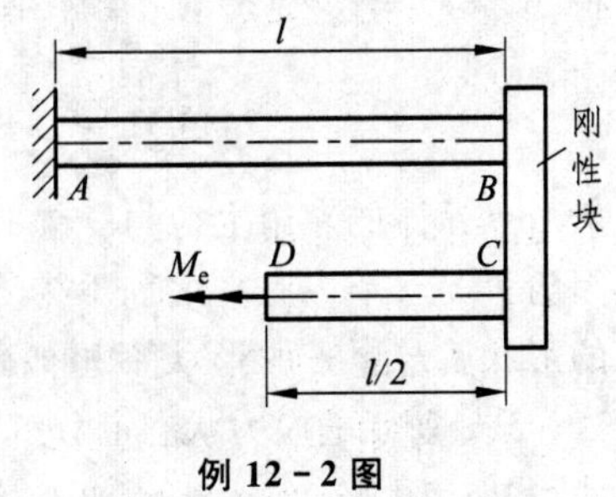

例 12-2 图

解 利用截面法可求出 AB、CD 杆的扭矩分别为

$$T_1=-M_e,\quad T_2=M_e$$

由(12-3a)式可知 AB、CD 杆扭转时的应变能分别为

$$V_{\varepsilon_1}=\frac{1}{2}\cdot\frac{(-M_e)^2 l}{GI_p},\quad V_{\varepsilon_2}=\frac{1}{2}\cdot\frac{M_e^2 l/2}{GI_p}=\frac{M_e^2 l}{4GI_p}$$

整个系统的应变能为

$$V_\varepsilon=V_{\varepsilon_1}+V_{\varepsilon_2}=\frac{1}{2}\cdot\frac{M_e^2 l}{GI_p}+\frac{M_e^2 l}{4GI_p}=\frac{3}{4}\cdot\frac{M_e^2 l}{GI_p}\tag{a}$$

外力偶矩 M_e 所做的功为

$$W=\frac{1}{2}M_e\varphi_D\tag{b}$$

令(b)式等于(a)式，即

$$\frac{1}{2}M_e\varphi_D=\frac{3}{4}\cdot\frac{M_e^2 l}{GI_p}$$

可得

$$\varphi_D=\frac{3}{2}\cdot\frac{M_e l}{GI_p}$$ （转向和外力偶矩 M_e 的转向相同）

四、三向应力状态下的应变能密度

物体在外力作用下发生弹性变形的同时，物体内将积蓄有应变能，它在数值上就等于外

力所作的功。单位体积内积蓄的应变能称为**应变能密度**。对于单向应力状态，在线弹性范围内，已得应变能密度计算公式(12-2)，即

$$v_{\varepsilon}=\frac{1}{2}\sigma\varepsilon=\frac{\sigma^{2}}{2E}=\frac{E}{2}\varepsilon^{2}$$

在三向应力状态下[图 12-5(a)]，应变能在数值上仍等于外力所做的功。然而由上式可知，应变能密度是应力或应变的二次函数，所以不能用 σ_1、σ_2、σ_3 各自单独作用时的应变能密度进行叠加计算三向应力状态下的应变能密度。根据能量守恒原理，物体内的应变能只取决于外力的最终值，或者说只取决于物体的最终变形状态，而与加载顺序无关。为方便起见，可选择一种最简单的加载方式，即设主应力 σ_1、σ_2、σ_3 同时并且按同一比例由零逐渐增加至最终值。如果材料是各向同性的且在线弹性范围内工作，同时变形是微小的话，那么由广义胡克定律(8-8a)式可以看出，每一个主应变与其相应的主应力之间分别成线性关系。于是，对应于每一个主应力，其应变能密度应等于该主应力与相应的主应变之积的 1/2。故三向应力状态下的应变能密度为

$$v_{\varepsilon}=\frac{1}{2}(\sigma_1\varepsilon_1+\sigma_2\varepsilon_2+\sigma_3\varepsilon_3) \tag{a}$$

将(8-8a)式代入(a)式，经化简后得

$$v_{\varepsilon}=\frac{1}{2E}[\sigma_1^2+\sigma_2^2+\sigma_3^2-2\nu(\sigma_1\sigma_2+\sigma_2\sigma_3+\sigma_3\sigma_1)] \tag{12-6}$$

单元体的三个主应力 σ_1、σ_2、σ_3 通常是不等的，一般说它既有体积改变也有形状改变。因为只要三个主应力之和不为零，它就要有体积改变；而只要三个主应变不相等，它变形后的形状就与原来的形状不相似，即要发生形状改变。为了把这两种变化分离开来，对于图 12-5(a)所示的应力状态可分解成图 12-5(b)和图 12-5(c)所示的应力状态之和。由(8-10)式可知，图 12-5(b)所示单元体与原单元体的体应变相同；又由广义胡克定律可知，该单元体的各主应变相等，因而它没有形状改变。图 12-5(c)所示单元体的三个主应力之和为零，且三个主应变不等，因而它没有体积改变而只有形状改变。

与体积改变相对应的应变能密度称为**体积改变能密度**，且 v_{v} 表示；而与形状改变相对应的应变能密度称为**形状改变能密度**，用 v_{d} 表示。对于图 12-5(b)、(c)所示的两种应力状态，为叙述方便，分别称为第一和第二种状态。计算结果表明：第一状态的力在第二状态的位移上所做的功与第二状态的力在第一状态的位移上所做的功均为零。由于物体内积蓄的应变能与加载顺序无关，可设想单元体先承受第一状态的应力，此时积蓄的应变能其密度为 v_{v}；在此基础上再加上第二状态的应力，因为第一状态的力在第二状态的位移上所做之功为零，故后一过程积蓄的应变能其密度为 v_{d}。或者将加载顺序颠倒过来，最终的结果也是一样。因为物体内积蓄的应变能只取决于外力的最终值，故可得到图 12-5(a)所示单元体的应变能密度为

$$v_{\varepsilon}=v_{\mathrm{v}}+v_{\mathrm{d}}$$

这样，图 12-5(a)所示单元体的形状改变能密度就可通过图 12-5(c)所示的单元体来求得。为方便计算仍设为简单加载，仿照(12-6)式的推导过程，可以得到

$$v_{\mathrm{d}}=\frac{1}{2}\sigma_1'\varepsilon_1'+\frac{1}{2}\sigma_2'\varepsilon_2'+\frac{1}{2}\sigma_3'\varepsilon_3'$$

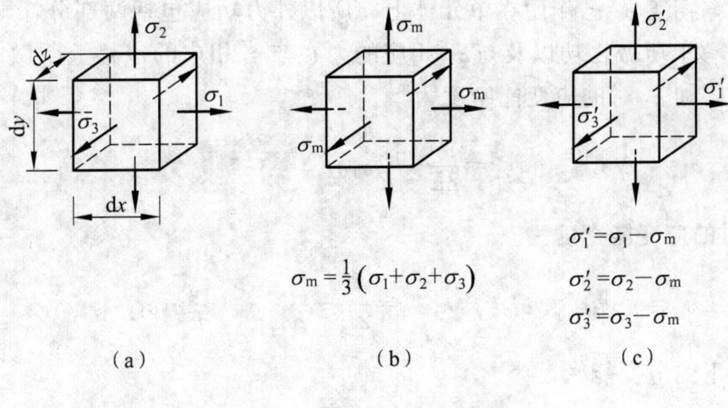

图 12-5

$$=\frac{1}{2E}[\sigma_1'^2+\sigma_2'^2+\sigma_3'^2-2\nu(\sigma_1'\sigma_2'+\sigma_2'\sigma_3'+\sigma_3'\sigma_1')]$$

将 $\sigma_1'=\sigma_1-\sigma_m$，$\sigma_2'=\sigma_2-\sigma_m$，$\sigma_3'=\sigma_3-\sigma_m$，$\sigma_m=(\sigma_1+\sigma_2+\sigma_3)/3$ 代入上式，经整理后得

$$v_d=\frac{1+\nu}{6E}[(\sigma_1-\sigma_2)^2+(\sigma_2-\sigma_3)^2+(\sigma_3-\sigma_1)^2] \tag{12-7}$$

例 12-3 按照依次作用主应力 σ_1、σ_2 和 σ_3 的顺序，求图(a)所示三向应力状态下的应变能密度。

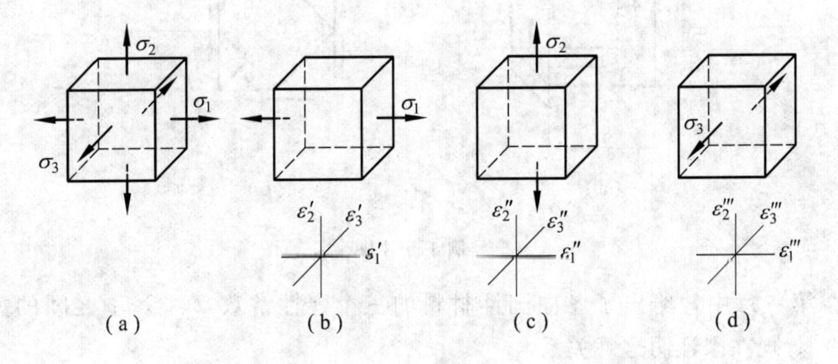

例 12-3 图

解 当主应力 σ_1、σ_2 和 σ_3 各自单独作用[图(b)、(c)、(d)]时，单元体各主应力方向的线应变分别为

$$\varepsilon_1'=\frac{1}{E}\sigma_1,\qquad \varepsilon_2'=-\frac{\nu}{E}\sigma_1,\qquad \varepsilon_3'=-\frac{\nu}{E}\sigma_1$$

$$\varepsilon_1''=-\frac{\nu}{E}\sigma_2,\qquad \varepsilon_2''=\frac{1}{E}\sigma_2,\qquad \varepsilon_3''=-\frac{\nu}{E}\sigma_2$$

$$\varepsilon_1'''=-\frac{\nu}{E}\sigma_3,\qquad \varepsilon_2'''=-\frac{\nu}{E}\sigma_3,\qquad \varepsilon_3'''=\frac{1}{E}\sigma_3$$

由(12-2)式可得 σ_1 单独作用时的应变能密度为

$$v_{\varepsilon_1}=\frac{1}{2}\sigma_1\varepsilon_1'=\frac{1}{2E}\sigma_1^2 \tag{1}$$

在此基础上加 σ_2，由于 σ_1 已作用在单元体上，所以外力功应包括两部分，即与 σ_2 相应的力在与 ε_2''相应的位移上所做之功以及与 σ_1 相应的力在与 ε_1''相应的位移上所做之功，且后者为常力功。于是可得加 σ_2 时的应变能密度为

$$v_{\varepsilon_2}=\frac{1}{2}\sigma_2\varepsilon_2''+\sigma_1\varepsilon_1''=\frac{\sigma_2^2}{2E}-\frac{\nu}{E}\sigma_1\sigma_2 \tag{2}$$

同理可得加 σ_3 时的应变能密度为

$$v_{\varepsilon_3}=\frac{1}{2}\sigma_3\varepsilon_3'''+\sigma_2\varepsilon_2'''+\sigma_1\varepsilon_1'''=\frac{\sigma_3^2}{2E}-\frac{\nu}{E}\sigma_2\sigma_3-\frac{\nu}{E}\sigma_3\sigma_1 \tag{3}$$

故三向应力状态下的应变能密度为

$$\begin{aligned}v_\varepsilon&=v_{\varepsilon_1}+v_{\varepsilon_2}+v_{\varepsilon_3}\\&=\frac{1}{2E}[\sigma_1^2+\sigma_2^2+\sigma_3^2-2\nu(\sigma_1\sigma_2+\sigma_2\sigma_3+\sigma_3\sigma_1)]\end{aligned}$$

读者可自行验证，改变 σ_1、σ_2 和 σ_3 的作用顺序，应变能密度不变。

例 12-4 试证明各向同性材料的三个弹性常数 E、G、ν 之间存在如下关系

$$G=\frac{E}{2(1+\nu)}$$

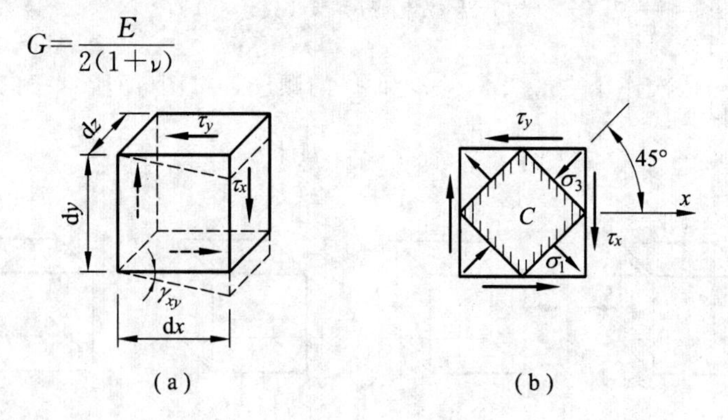

例 12-4 图

解 在第三章中曾给出了各向同性材料的三个弹性常数 E、G、ν 之间的关系 $G=E/[2\times(1+\nu)]$。现在来证明这一关系。

设单元体处于纯剪切应力状态[图(a)]，在线弹性范围内切应力和切应变成正比的剪切胡克定律是

$$\gamma_{xy}=\frac{\tau_x}{G}$$

在小变形的条件下，单元体左右两个面的相对错动量为 $\gamma_{xy}\mathrm{d}x$，单元体内积蓄的应变能在数值上等于切向力 $\tau_x\mathrm{d}y\mathrm{d}z$ 在位移 $\gamma_{xy}\mathrm{d}x$ 上所作的功。因为 τ_x 与 γ_{xy} 成线性关系，故积蓄的应变能为

$$\begin{aligned}\mathrm{d}V_\varepsilon&=\frac{1}{2}(\tau_x\mathrm{d}y\mathrm{d}z)(\gamma_{xy}\mathrm{d}x)=\frac{1}{2}\tau_x\gamma_{xy}(\mathrm{d}x\mathrm{d}y\mathrm{d}z)\\&=\frac{1}{2}\cdot\frac{\tau_x^2}{G}(\mathrm{d}x\mathrm{d}y\mathrm{d}z)\end{aligned}$$

从而得到应变能密度为

$$v_{\varepsilon}=\frac{\mathrm{d}V_{\varepsilon}}{\mathrm{d}x\mathrm{d}y\mathrm{d}z}=\frac{1}{2}\cdot\frac{\tau_x^2}{G} \tag{1}$$

纯剪切应力状态也可用主单元体表示[图(b)]。由例 8－3 可知，其上的主应力为 $\sigma_1=\tau_x$，$\sigma_2=0$，$\sigma_3=-\tau_x$，将它们代入(12－6)式又可得到应变能密度

$$v_{\varepsilon}=\frac{1}{2E}(\tau_x^2+\tau_x^2+2\nu\tau_x^2)=\frac{\tau_x^2}{E}(1+\nu) \tag{2}$$

由(1)、(2)两式得

$$\frac{\tau_x^2}{2G}=\frac{1+\nu}{E}\tau_x^2$$

所以有

$$G=\frac{E}{2(1+\nu)}$$

五、组合变形时杆件内的应变能

杆在几种基本变形形式下，当材料在线弹性范围内工作时，根据功能原理导出的杆内应变能 V_{ε} 的计算公式分别是

拉(压)杆

$$V_{\varepsilon}=W=\frac{1}{2}F\Delta l=\frac{F_{\mathrm{N}}^2 l}{2EA}$$

圆杆扭转

$$V_{\varepsilon}=W=\frac{1}{2}M_{\mathrm{e}}\varphi=\frac{T^2 l}{2GI_{\mathrm{p}}}$$

纯弯曲

$$V_{\varepsilon}=W=\frac{1}{2}M_{\mathrm{e}}\theta=\frac{M^2 l}{2EI}$$

横力弯曲

$$V_{\varepsilon}=W=\frac{1}{2}Fw\approx\int_0^l\frac{M^2(x)\mathrm{d}x}{2EI}$$

横力弯曲时，梁内除有弯曲应变能外，还有与剪切变形对应的剪切应变能，可以证明其计算公式为

$$V_{\varepsilon}=\int_0^l\frac{\alpha_{\mathrm{s}}F_{\mathrm{S}}^2(x)\mathrm{d}x}{2GA}$$

式中，α_{s} 称为**截面形状因数**，它仅与梁的截面形状有关，矩形截面的 $\alpha_{\mathrm{s}}=1.2$，圆形截面的 $\alpha_{\mathrm{s}}=10/9$①。由于一般梁的高度远小于跨长，剪切应变能与弯曲应变能相比很小，可略去不计。

杆件在基本变形时的应变能计算公式可以统一写成

$$V_{\varepsilon}=W=\frac{1}{2}F\Delta \tag{12-8}$$

---

① 参看李廉锟主编，《结构力学》，人民教育出版社，1979 年。

式中的 F 理解为**广义力**，Δ 理解为**广义位移**；广义力在广义位移上作功。广义力可以是集中力、集中力偶，也可以是一对大小相等、指向相反的集中力，或一对大小相等、转向相反的集中力偶。甚至可以是分布力或分布力偶。与上述广义力相对应的广义位移，则依次是线位移、角位移、相对线位移和相对角位移以及一组位移。

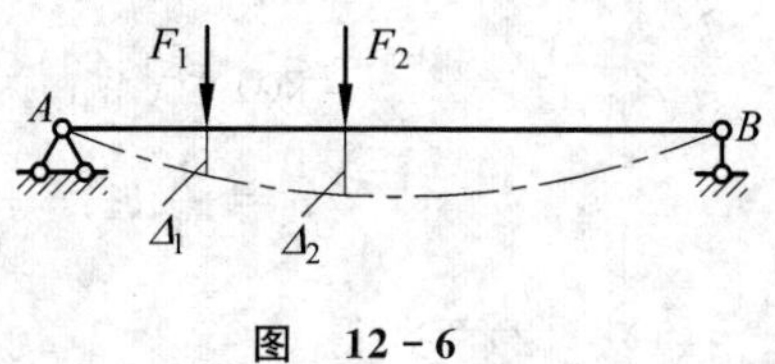

图 12-6

杆件受若干个力同时作用时，例如承受两个集中力 F_1、F_2 的简支梁(图 12-6)，采用按比例加载的方式(通常称为简单加载)，即在加载过程中 F_1 与 F_2 保持固定的比值

$$\frac{F_1}{F_2}=k \tag{a}$$

式中，k 为比例常数。荷载由零增至最终值 F_1、F_2 时，力的作用点的位移亦达到最终值 Δ_1、Δ_2。梁的挠度与荷载成线性关系，因而有

$$\left.\begin{aligned}\Delta_1=aF_1+bF_2\\ \Delta_2=cF_1+dF_2\end{aligned}\right\} \tag{b}$$

式中，a、b、c、d 为比例常数。将(a)式代入(b)式，得到

$$\left.\begin{aligned}\Delta_1=\left(a+\frac{b}{k}\right)F_1\\ \Delta_2=(ck+d)F_2\end{aligned}\right\} \tag{c}$$

(c)式表明，简单加载时各力与其对应的位移成正比。因此梁内的应变能为

$$V_\varepsilon=W=\frac{1}{2}F_1\Delta_1+\frac{1}{2}F_2\Delta_2 \tag{d}$$

利用(c)式可将应变能表示成外力的二次齐次函数或位移的二次齐次函数。因此求应变能是不能应用叠加法的，稍后还要用具体的例子来说明。

将(d)式的分析过程推广到受 n 个外力作用的一般线弹性体，其应变能的计算公式为

$$V_\varepsilon=W=\frac{1}{2}F_1\Delta_1+\frac{1}{2}F_2\Delta_2+\cdots+\frac{1}{2}F_n\Delta_n=\frac{1}{2}\sum_{i=1}^{n}F_i\Delta_i \tag{12-9}$$

该式通常称为**克拉比隆定理**，它表明线弹性体内的应变能等于每一外力与其相应位移乘积之半的总和。式中的 F_i、Δ_i 都应是广义力及其相应的广义位移。

组合变形时杆件微段受力的一般形式如图 12-7(a)所示，其应变能的计算必须考虑作用力 F_N、F_S、M、T(对于隔离出来的微段，它们都可看做是外力)所作的功。在小变形的情况下，这些作用力都只在它自身引起的位移上作功[图 12-7(b)、(c)、(d)]。因此，略去内力增量作的功和剪切应变能后，微段内的应变能为

$$\mathrm{d}V_\varepsilon=\mathrm{d}W=\frac{F_N^2(x)\mathrm{d}x}{2EA}+\frac{T^2(x)\mathrm{d}x}{2GI_p}+\frac{M^2(x)\mathrm{d}x}{2EI}$$

杆件内的应变能则为

$$V_\varepsilon=\int_l\frac{F_N^2(x)\mathrm{d}x}{2EA}+\int_l\frac{T^2(x)\mathrm{d}x}{2GI_p}+\int_l\frac{M^2(x)\mathrm{d}x}{2EI} \tag{12-10}$$

上式表明，受力杆件内的应变能是内力的二次函数。**再一次强调**，当杆件受到一组引起

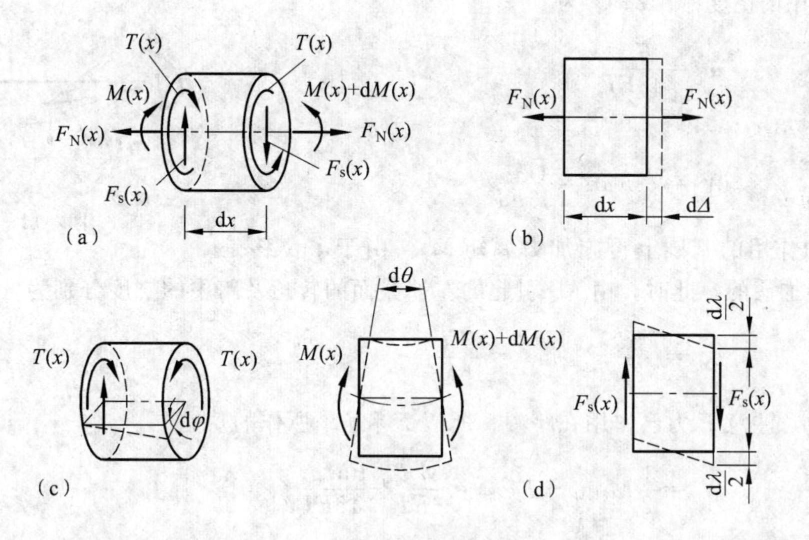

图 12-7

同一种基本变形的外力作用时，应变能的计算不能应用叠加法，即杆件内的应变能不等于各个外力单独作用时的应变能之和。例如图 12-8(a)所示的简支梁，跨中受集中力 F，左端受外力偶矩 M_e 作用，跨中的挠度为

$$w=\frac{Pl^3}{48EI}+\frac{M_e l^2}{16EI} \tag{e}$$

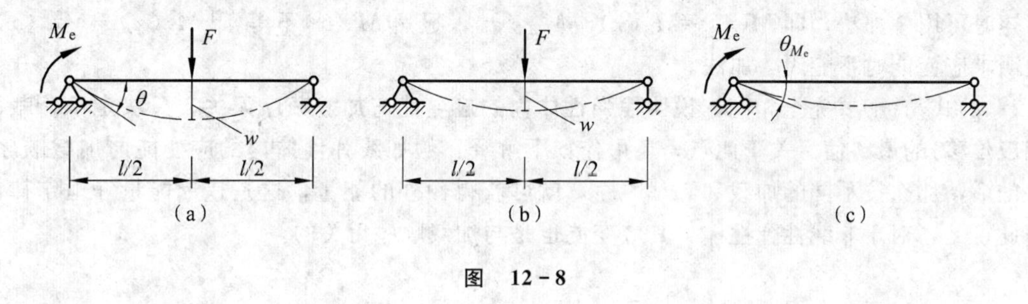

图 12-8

梁左端截面的转角为

$$\theta=\frac{Fl^2}{16EI}+\frac{M_e l}{3EI} \tag{f}$$

应用(12-9)式，得到梁内的应变能为

$$V_\varepsilon=\frac{1}{2}Fw+\frac{1}{2}M_e\theta=\frac{F^2l^3}{96EI}+\frac{M_e^2 l}{6EI}+\frac{FM_e l^2}{16EI} \tag{g}$$

上式右边第一项是力 F 单独作用时该力所作的功[图 12-8(b)]；第二项是力偶矩 M_e 单独作用时该力偶所作的功[图 12-8(c)]；第三项则是两者共同作用时在相互影响下力 F(或力偶矩 M_e)所作的功。可见计算应变能是不能用叠加法的，否则将缺少第三项。如果仿照第八章中的做法，改变加载的顺序，就很容易看出第三项的含义。设先加力 F，然后再加力偶矩 M_e。在 F

力作用下跨中的挠度(图 12-9)为

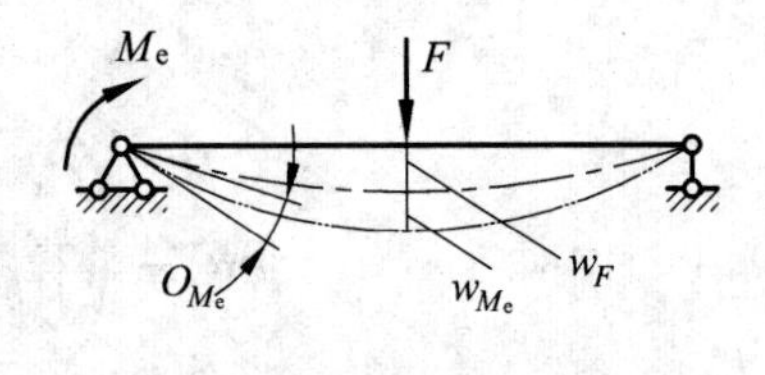

图 12-9

$$w_F=\frac{Fl^3}{48EI}$$

F 力所作的功为

$$W_1=\frac{1}{2}Fw_F=\frac{F^2l^3}{96EI}$$

在 F 力作用的基础上再施加力偶矩 M_e，由于求位移是可以采用叠加法的，此时，由 M_e 引起的左端截面的转角及跨中的挠度分别为

$$\theta_{M_e}=\frac{M_e l}{3EI},\quad w_{M_e}=\frac{M_e l^2}{16EI}$$

在该过程中，注意 F 力已作用在跨中，所以 F 和 M_e 所作的功是

$$W_2=\frac{1}{2}M_e\theta_{M_e}+Fw_{M_e}=\frac{M_e^2 l}{6EI}+\frac{FM_e l^2}{16EI}$$

将 W_1 和 W_2 相加得到梁的应变能为

$$V_\varepsilon=W_1+W_2=\frac{F^2l^3}{96EI}+\frac{M_e^2 l}{6EI}+\frac{FM_e l^2}{16EI} \tag{h}$$

上式右边第三项是 F 力在力偶矩 M_e 引起的位移 w_{M_e} 上所作的功。如果将 F 和 M_e 的加载顺序颠倒过来，最后的结果与(h)式相同，此时，该项的含义为力偶矩 M_e 在 F 力引起的位移上所作的功。

若用(12-10)式计算应变能，所得结果与(g)式和(h)式相同，读者可自行验证。由于求弯矩时可用叠加法，即 $M(x)=M_F(x)+M_{M_e}(x)$，显然 $M^2(x)$不等于$[M_F^2(x)+M_{M_e}^2(x)]$，表明求应变能时不能用叠加法。

(g)式与(h)式完全相同，说明**线弹性体内的应变能与加载顺序无关，只决定于荷载(或相应位移)的最终值**。关于此点，还可作如下解释：假如线弹性体内的应变能与加载顺序有关的话，那么按不同的加载和卸载顺序，就可获得额外的能量，这是违反能量守恒定律的。由此可见，对于非线性弹性体，其应变能也是与加载顺序无关的。

§12-3 卡氏定理

如图 12-10(a)所示的线弹性简支梁，承受 n 个相互独立的广义力 F_1，F_2，…，F_n，与其对应的广义位移为 Δ_1，Δ_2，…，Δ_n，采用简单加载的方式，则梁内的应变能按公式(12-9)为

$$V_\varepsilon=\frac{1}{2}\sum_{i=1}^{n}F_i\Delta_i$$

由于力与位移成线性关系，将上式中的位移用力来替代，则应变能为力的二次齐次函数，写成一般的函数式为

$$V_\varepsilon=V_\varepsilon(F_1,\ F_2,\ \cdots,\ F_n) \tag{a}$$

(a)式表明应变能是 n 个相互独立的广义力的函数，当任一力 F_i 有一微小增量 dF_i，而其他力保持不变[图 12-10(b)]，应变能的增量是

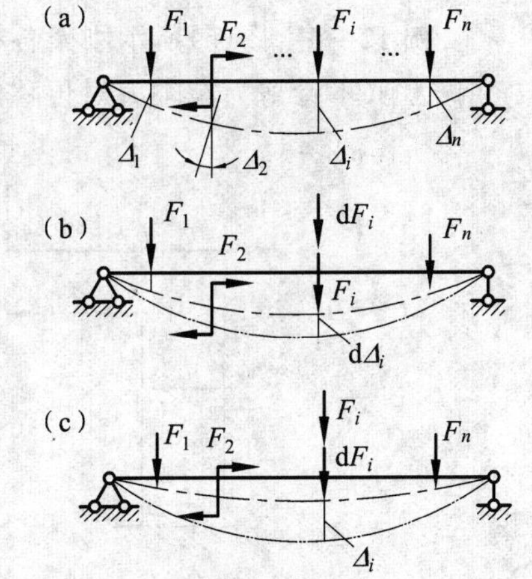

图 12-10

$$dV_\varepsilon=\frac{\partial V_\varepsilon}{\partial F_i}dF_i \tag{b}$$

梁内的应变能增加为

$$V'_\varepsilon=V_\varepsilon+\frac{\partial V_\varepsilon}{\partial F_i}dF_i \tag{c}$$

如果加力的顺序为先加 dF_i，然后再加这组力[图 12-10(c)]，梁内的应变能为

$$V''_\varepsilon=\frac{1}{2}dF_i d\Delta_i+dF_i\Delta_i+V_\varepsilon \tag{d}$$

根据应变能与加载顺序无关，应有 $V'_\varepsilon=V''_\varepsilon$。在略去二阶微量后，得到

$$\Delta_i=\frac{\partial V_\varepsilon}{\partial F_i} \tag{12-11}$$

该式称为**卡氏**(Castigliano)**第二定理**，简称为**卡氏定理**。我们虽是以梁为例来证明的，除了图示方便以外，并未涉及梁的具体特征，故它适用于所有的线弹性结构(结构的弹性位移与外力成线性关系的结构)。它表明：线弹性结构内的应变能对作用于其上的某一广义力之偏导数，就等于该力作用点沿其作用方向的位移。

例 12-5 图示梁的弯曲刚度为 EI，试求 A 截面的挠度和转角(不计剪力对位移的影响)。

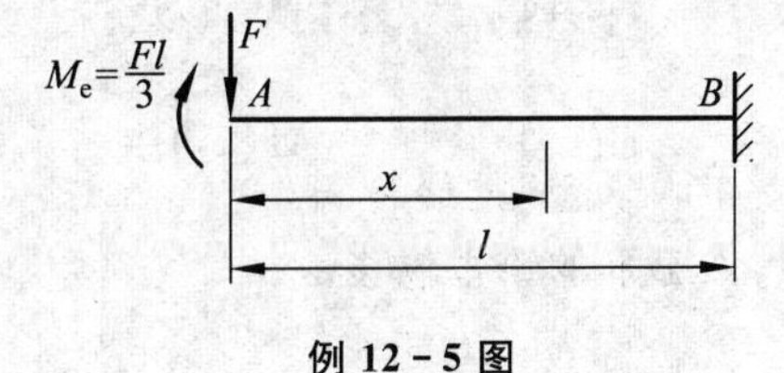

例 12-5 图

解 梁的弯矩方程为

$$M(x)=M_e-Fx \quad (0<x<l)$$

梁内的应变能按公式(12-10)为

$$V_\varepsilon=\int_0^l\frac{M^2(x)}{2EI}dx=\int_0^l\frac{(M_e-Fx)^2}{2EI}dx$$

应用卡氏定理求得 A 截面的挠度为

$$w_A=\frac{\partial V_\varepsilon}{\partial F}=\frac{1}{2EI}\int_0^l\frac{\partial}{\partial F}M^2(x)dx=\frac{1}{EI}\int_0^l M(x)\frac{\partial M(x)}{\partial F}dx$$
$$=\frac{1}{EI}\int_0^l(M_e-Fx)(-x)dx=\frac{Fl^3}{6EI} \quad (\downarrow)$$

结果为正，说明挠度的方向和 F 的指向相同。

同理，A 截面的转角为

$$\theta_A=\frac{\partial V_\varepsilon}{\partial M_e}=\frac{1}{EI}\int_0^l M(x)\frac{\partial M(x)}{\partial M_e}dx=\frac{1}{EI}\int_0^l(M_e-Fx)dx$$
$$=\frac{M_e l}{EI}-\frac{Fl^2}{2EI}=-\frac{Fl^2}{6EI} \quad (\downarrow)$$

结果为负，说明转角的转向与 M_e 的转向相反。

例 12-6 图(a)所示刚架各杆的弯曲刚度 EI 相同，试求 A 截面的水平位移 Δ_{Ax} 和铅垂位移 Δ_{Ay}(不计剪力与轴力对位移的影响)。

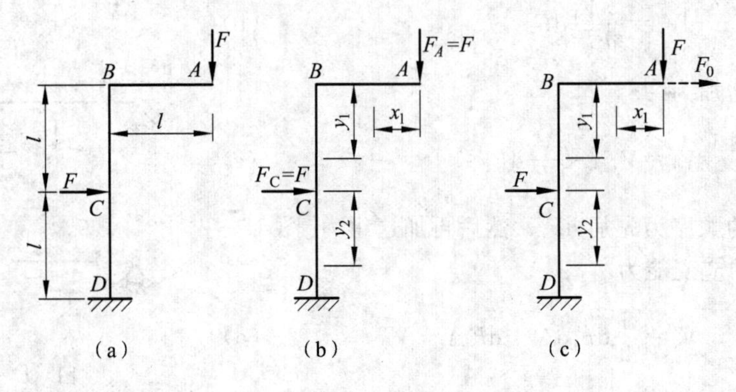

例 12-6 图

解

(1) A 截面的铅垂位移。

用卡氏定理求位移时，结构上的外力是独立的自变量，因此需将 A 处的 F 力和 C 处的 F 力区分开，分别以 F_A 和 F_C 表示[图(b)]。

各段的弯矩方程及其对 F_A 的偏导数是

AB 段　　$M(x_1)=-F_Ax_1$，　$\dfrac{\partial M(x_1)}{\partial F_A}=-x_1$

BC 段　　$M(y_1)=-F_Al$，　$\dfrac{\partial M(y_1)}{\partial F_A}=-l$

CD 段　　$M(y_2)=-F_Al-F_Cy_2$，　$\dfrac{\partial M(y_2)}{\partial F_A}=-l$

A 截面的铅垂位移是

$$\begin{aligned}\Delta_{Ay}&=\frac{\partial V_\varepsilon}{\partial F_A}\\&=\frac{1}{EI}\left[\int_0^l M(x_1)\frac{\partial M(x_1)}{\partial F_A}\mathrm{d}x_1+\int_0^l M(y_1)\frac{\partial M(y_1)}{\partial F_A}\mathrm{d}y_1+\right.\\&\left.\int_0^l M(y_2)\frac{\partial M(y_2)}{\partial F_A}\mathrm{d}y_2\right]\end{aligned}$$

将 $F_A=F_C=F$ 代入上式，得到

$$\begin{aligned}\Delta_{Ay}&=\frac{1}{EI}\left[\int_0^l Fx_1^2\mathrm{d}x_1+\int_0^l Fl^2\mathrm{d}y_1+\int_0^l(Fl^2+Fly_2)\mathrm{d}y_2\right]\\&=\frac{1}{EI}\left[\frac{Fl^3}{3}+Fl^3+Fl^3+\frac{Fl^3}{2}\right]\\&=\frac{17Fl^3}{6EI}\quad(\downarrow)\end{aligned}$$

(2) A 截面的水平移位。

既然结构上的外力视为独立的自变量，因此它的值等于零也是可以的。在求 A 截面的水平位移时，于此处添加一水平集中力 F_0[图(c)]，应用卡氏定理后，令其等于零，即可得到 A 截面的水平位移。

各段的弯矩方程及其对 F_0 的偏导数是

AB 段　　$M(x_1)=-Fx_1,\quad \dfrac{\partial M(x_1)}{\partial F_0}=0$

BC 段　　$M(y_1)=-Fl-F_0y_1,\quad \dfrac{\partial M(y_1)}{\partial F_0}=-y_1$

CD 段　　$M(y_2)=-F(l+y_2)-F_0(l+y_2),\quad \dfrac{\partial M(y_2)}{\partial F_0}=-(l+y_2)$

A 截面的水平位移为

$$\Delta_{Ax}=\frac{1}{EI}\left[\int_0^l M(y_1)\frac{\partial M(y_1)}{\partial F_0}\mathrm{d}y_1+\int_0^l M(y_2)\frac{\partial M(y_2)}{\partial F_0}\mathrm{d}y_2\right]$$

将 $F_0=0$ 代入上式，得到

$$\begin{aligned}\Delta_{Ax}&=\frac{1}{EI}\left[\int_0^l Fly_1\mathrm{d}y_1+\int_0^l F(l+y_2)^2\mathrm{d}y_2\right]\\&=\frac{17Fl^3}{6EI}\quad(\rightarrow)\end{aligned}$$

结果为正，表明位移方向与虚设外力 F_0 的指向一致。

例 12-7　图(a)所示桁架在节点 B 受水平集中力 F 作用，各杆的拉伸和压缩刚度 EA 相等，试求节点 B 的水平位移。

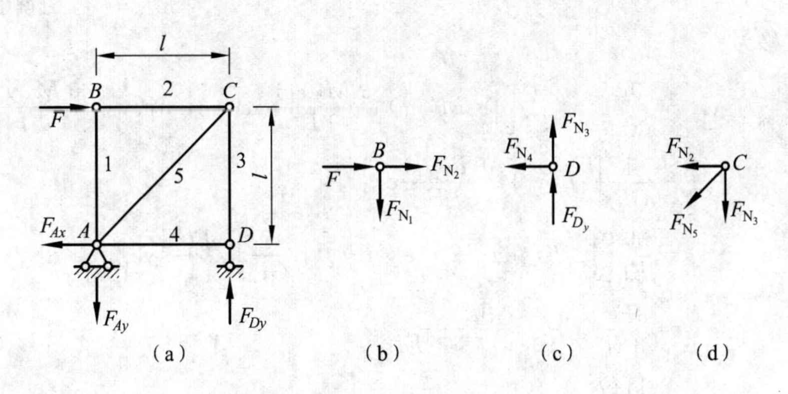

例 12-7 图

解　根据桁架整体的平衡条件，求得支反力为

$$F_{Ay}=F_{Dy}=F_{Ax}=F$$

由节点 B、D、C 的平衡条件[图(b)、(c)、(d)]，依次求得各杆轴力为

$$F_{N_1}=0,\ F_{N_2}=-F,\ F_{N_3}=-F,\ F_{N_4}=0,\ F_{N_5}=\sqrt{2}F$$

桁架内的应变能按公式(12-10)为

$$V_\varepsilon=\sum_{i=1}^{5}\frac{F_{N_i}^2 l_i}{2EA}$$

节点 B 的水平位移为

$$\Delta_{Bx}=\frac{\partial V_\varepsilon}{\partial F}=\frac{1}{EA}\sum_{i=1}^{5}F_{N_i}\frac{\partial F_{N_i}}{\partial F}l_i$$

将各杆轴力及杆长代入上式得到

$$\begin{aligned}\Delta_{Bx}&=\frac{1}{EA}\left(F_{N_2}\frac{\partial F_{N_2}}{\partial F}l+F_{N_3}\frac{\partial F_{N_3}}{\partial F}l+F_{N_5}\frac{\partial F_{N_5}}{\partial F}\sqrt{2}l\right)\\&=\frac{1}{EA}(Fl+Fl+2\sqrt{2}Fl)\\&=\frac{2(1+\sqrt{2})Fl}{EA}\quad(\rightarrow)\end{aligned}$$

例 12-8 圆截面钢折杆的直径为 d，材料的弹性常数 $G=0.4E$，试求 A 端的铅垂位移(不计剪力对位移的影响)。

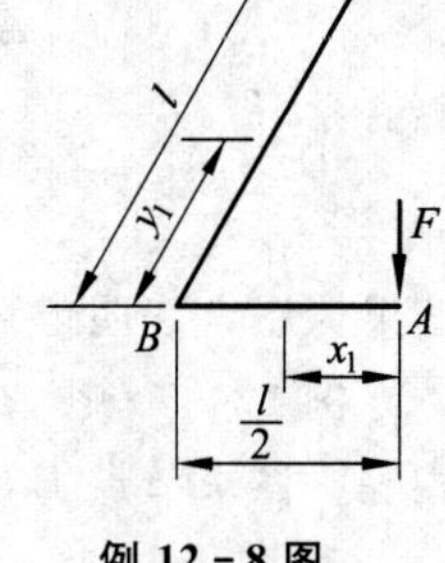

例 12-8 图

解 AB 杆的弯矩方程及其对 F 的偏导数为

$$M(x_1)=-Fx_1,\quad \frac{\partial M(x_1)}{\partial F}=-x_1$$

BC 杆的弯矩和扭矩方程及其对 F 的偏导数为

$$M(y_1)=-Fy_1,\quad \frac{\partial M(y_1)}{\partial F}=-y_1$$

$$T(y_1)=-\frac{Fl}{2},\quad \frac{\partial T(y_1)}{\partial F}=-\frac{l}{2}$$

A 端的铅垂位移为

$$\begin{aligned}\Delta_{Ay}&=\frac{\partial V_\varepsilon}{\partial F}=\frac{1}{EI}\left[\int_0^{l/2}M(x_1)\frac{\partial M(x_1)}{\partial F}\mathrm{d}x_1+\int_0^{l}M(y_1)\frac{\partial M(y_1)}{\partial F}\mathrm{d}y_1\right]+\\&\quad\frac{1}{GI_p}\int_0^{l}T(y_1)\frac{\partial T(y_1)}{\partial F}\mathrm{d}y_1\\&=\frac{1}{EI}\left[\int_0^{l/2}Fx_1^2\mathrm{d}x_1+\int_0^{l}Fy_1^2\mathrm{d}y_1\right]+\frac{1}{GI_p}\int_0^{l}\frac{Fl^2}{4}\mathrm{d}y_1\\&=\frac{3Fl^3}{8EI}+\frac{Fl^3}{4\times0.4\times2EI}\\&=\frac{11Fl^3}{16EI}\quad(\downarrow)\end{aligned}$$

例 12-9 图(a)所示弯曲刚度为 EI 的一小曲率等截面开口圆环，于开口处受一对大小相等、指向相反的力 F 作用，试求圆环开口处的张开量。

解 圆环所受的等值而反向的一对集中力，可视为一广义力，与其对应的广义位移是两施力点间的相对线位移 Δ。该 Δ 值就是圆环开口处的张开量。

圆环横截面上的内力一般应有弯矩、剪力和轴力[图(b)]，相应的应变能包括弯曲应变能、剪切应变能和拉压应变能。分析表明，当圆环的半径 R 与圆环截面高度 h 之比大于 5

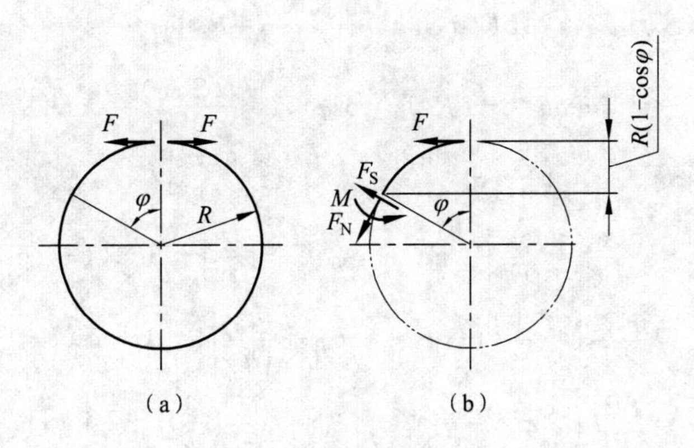

例 12-9 图

时(通常称为小曲率曲杆)，在求位移时可不计算轴力和剪力的影响，而且可近似用直梁弯曲应变能的计算公式。

用 φ 角表示圆环横截面的位置，并规定使曲率增大的弯矩为正(即内侧纤维受压时的弯矩为正)，则弯矩方程及其对 F 的偏导数为

$$M(\varphi)=-FR(1-\cos\varphi),\qquad \frac{\partial M(\varphi)}{\partial F}=-R(1-\cos\varphi)$$

利用结构和受力的对称性，计算半个圆环的应变能，然后乘以 2，即得圆环内的应变能。应用卡氏定理，可得开口处的相对线位移为

$$\begin{aligned}\Delta&=\frac{\partial V_\varepsilon}{\partial F}=\frac{2}{EI}\int_0^\pi M(\varphi)\frac{\partial M(\varphi)}{\partial F}R\,\mathrm{d}\varphi=\frac{2FR^3}{EI}\int_0^\pi(1-\cos\varphi)^2\mathrm{d}\varphi\\&=\frac{2FR^3}{EI}\left(\frac{3\varphi}{2}-2\sin\varphi+\frac{\sin2\varphi}{4}\right)\Bigg|_0^\pi\\&=\frac{3\pi FR^3}{EI}\quad(\leftarrow\ \rightarrow)\end{aligned}$$

结果为正，表示广义位移方向与广义力的指向一致，即开口处两侧相对远离。

例 12-10 位于水平平面内的小曲率曲杆，其轴线为 1/4 圆弧，圆弧的平均半径为 R，杆的直径为 d，B 端固定，在 A 端受铅垂荷载 F 作用，求 A 端的铅垂位移 Δ_A(不计剪力对位移的影响)。

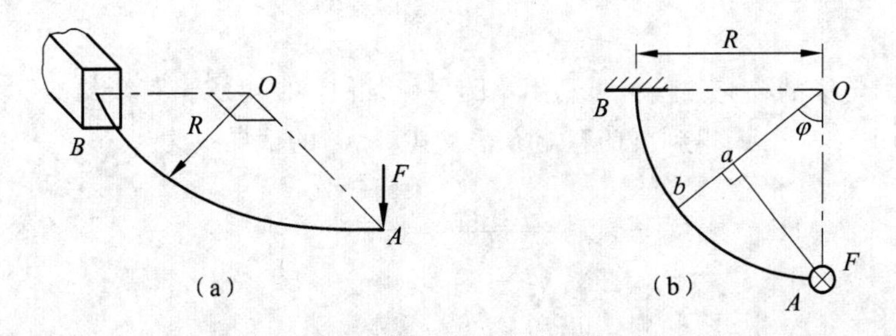

例 12-10 图

解 图(b)为图(a)的俯视图。φ 截面的弯矩方程、扭矩方程及其对 F 的偏导数分别为

$$M(\varphi)=F\overline{Aa}=FR\sin\varphi,\quad \frac{\partial M(\varphi)}{\partial F}=R\sin\varphi$$

$$T(\varphi)=-F\overline{ab}=-FR(1-\cos\varphi),\quad \frac{\partial T(\varphi)}{\partial F}=-R(1-\cos\varphi)$$

A 端的铅垂位移为

$$\begin{aligned}\Delta_A &= \frac{\partial V_\varepsilon}{\partial F}=\frac{1}{EI}\int_0^{\pi/2}FR^3\sin^2\varphi\mathrm{d}\varphi+\frac{1}{GI_\mathrm{p}}\int_0^{\pi/2}FR^3(1-\cos\varphi)^2\mathrm{d}\varphi\\ &=\frac{FR^3}{EI}\int_0^{\pi/2}\frac{1}{2}(1-\cos2\varphi)\mathrm{d}\varphi+\frac{FR^3}{GI_\mathrm{p}}\int_0^{\pi/2}\left(1-2\cos\varphi+\frac{1}{2}+\frac{1}{2}\cos2\varphi\right)\mathrm{d}\varphi\\ &=\frac{FR^3}{EI}\left(\frac{1}{2}\varphi-\frac{1}{4}\sin2\varphi\right)\Bigg|_0^{\pi/2}+\frac{FR^3}{GI_\mathrm{p}}\left(\frac{3}{2}\varphi-2\sin\varphi+\frac{1}{4}\sin2\varphi\right)\Bigg|_0^{\pi/2}\\ &=\frac{FR^3}{2EI}\cdot\frac{\pi}{2}+\frac{FR^3}{0.4E\times2I}\left(\frac{3}{4}\pi-2\right)\\ &=1.23\,\frac{FR^3}{EI}=25.06\,\frac{FR^3}{\pi d^4}\quad(\downarrow)\end{aligned}$$

§12-4　超静定问题

用能量法解超静定问题是很方便的，本节中仅限于用卡氏定理解超静定问题。例如图12-11(a)所示的一次超静定梁，跨中受一力偶矩 M_e 作用，梁的弯曲刚度为 EI。若将支座 B 作为多余约束解除，得到梁的基本系统如图12-11(b)所示。在基本系统上施加力偶矩 M_e 和多余未知力 X_1，得到原超静定梁的相当系统[图12-11(c)]。M_e 和 X_1 可看做相当系统上相互独立的外力，梁内的应变能为 M_e 和 X_1 的函数

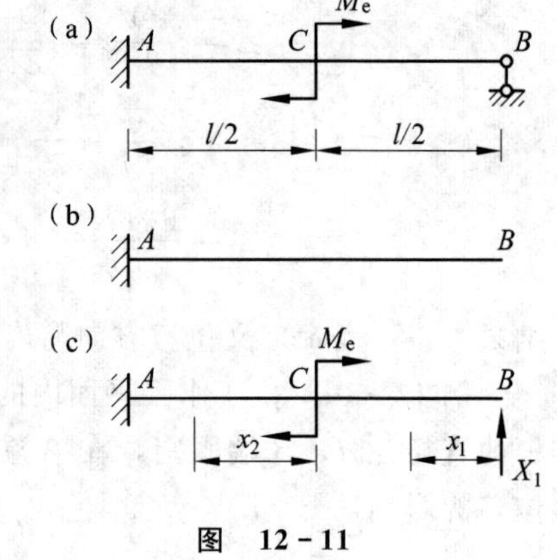

图　12-11

$$V_\varepsilon=V_\varepsilon(M_\mathrm{e},\ X_1)\qquad\text{(a)}$$

由于多余未知力 X_1 处的挠度为零，用卡氏定理求 X_1 处的线位移时，应有

$$\frac{\partial V_\varepsilon}{\partial X_1}=0\qquad\text{(b)}$$

从而得到解超静定梁的补充方程。再利用梁的平衡条件，便可求出其余的支反力。下面具体地解上例，由图12-11(c)得到梁的弯矩方程及其对 X_1 的偏导数为

BC 段　　$M(x_1)=X_1x_1,\quad \dfrac{\partial M(x_1)}{\partial X_1}=x_1$

CA 段　　$M(x_2)=X_1\left(\dfrac{l}{2}+x_2\right)-M_\mathrm{e},$

$$\frac{\partial M(x_2)}{\partial X_1}=\frac{l}{2}+x_2$$

略去剪力的影响，得到

$$\frac{\partial V_{\varepsilon}}{\partial X_1}=\frac{1}{EI}\int_0^{l/2}M(x_1)\frac{\partial M(x_1)}{\partial X_1}\mathrm{d}x_1+\frac{1}{EI}\int_0^{l/2}M(x_2)\frac{\partial M(x_2)}{\partial X_1}\mathrm{d}x_2$$

$$=\frac{1}{EI}\int_0^{l/2}X_1x_1^2\mathrm{d}x_1+\frac{1}{EI}\int_0^{l/2}\left[X_1\left(\frac{l}{2}+x_2\right)-M_{\mathrm{e}}\right]\left(\frac{l}{2}+x_2\right)\mathrm{d}x_2$$

$$=\frac{X_1l^3}{3EI}-\frac{3M_{\mathrm{e}}l^2}{8EI}$$

由(b)式得到

$$\frac{X_1l^3}{3EI}-\frac{3M_{\mathrm{e}}l^2}{8EI}=0$$

解得
$$X_1=\frac{9M_{\mathrm{e}}}{8l}$$

结果为正，说明所设多余未知力 X_1 的指向是正确的。

上述用卡氏定理解超静定问题的方法，适合于任何线弹性超静定结构。归纳起来，其步骤是：首先解除超静定结构的多余约束，得到静定的基本系统，必须注意它不能是几何可变的结构；其次，结构的应变能必须表示为原荷载 F_1，F_2，…，F_n 和多余未知力 X_1，X_2，…，X_m 的函数，即 $V_{\varepsilon}=V_{\varepsilon}(F_1，F_2，\cdots，F_n；X_1，X_2，\cdots，X_m)$；最后，利用多余约束处的位移为零的条件和卡氏定理，得到

$$\frac{\partial V_{\varepsilon}}{\partial X_1}=0，\frac{\partial V_{\varepsilon}}{\partial X_2}=0，\cdots，\frac{\partial V_{\varepsilon}}{\partial X_m}=0$$

若在 X_i 方向的已知位移是常值 C，则位移条件为

$$\frac{\partial V_{\varepsilon}}{\partial X_i}=C$$

由此便可解出多余未知力。

例 12－11 求图(a)所示刚架的支反力，已知两杆的弯曲刚度 EI 相等。

解 这是一次超静定问题，取固定铰支座 C 的铅垂方向的约束为多余约束，解除该约束并以支反力 X_1 替代，得到原超静定刚架的相当系统，如图(b)所示。

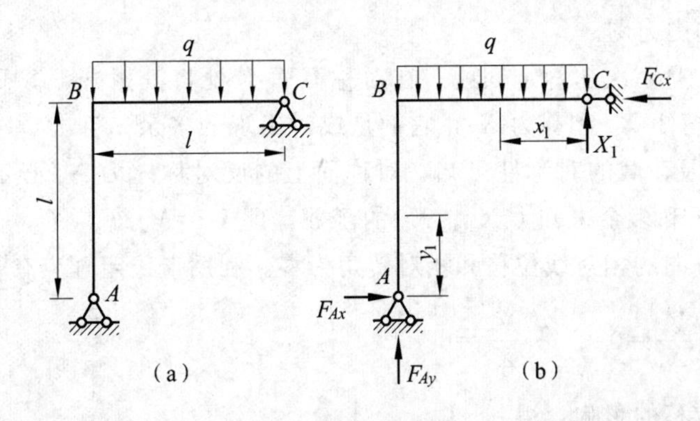

例 12－11 图

应变能必须表示为荷载与多余未知力的函数，因此支反力 F_{Ax} 应当用 q 和 X_1 表示，根

据$\sum M_B=0$的平衡条件，有

$$F_{Ax}l-\frac{1}{2}ql^2+X_1 l=0$$

解得 $$F_{Ax}=\frac{1}{2}ql-X_1$$

分段写出刚架的弯矩方程和对X_1的偏导数

CB段 $$M(x_1)=X_1 x_1-\frac{1}{2}qx_1^2,\quad \frac{\partial M(x_1)}{\partial X_1}=x_1$$

AB段 $$M(y_1)=-F_{Ax}y_1=-\left(\frac{1}{2}ql-X_1\right)y_1,\quad \frac{\partial M(y_1)}{\partial X_1}=y_1$$

略去剪力和轴力对位移的影响，在相当系统上C截面的铅垂位移为

$$\begin{aligned}\frac{\partial V_\varepsilon}{\partial X_1}&=\frac{1}{EI}\int_0^l M(x_1)\frac{\partial M(x_1)}{\partial X_1}\mathrm{d}x_1+\frac{1}{EI}\int_0^l M(y_1)\frac{\partial M(y_1)}{\partial X_1}\mathrm{d}y_1\\&=\frac{1}{EI}\int_0^l\left(X_1x_1-\frac{1}{2}qx_1^2\right)x_1\,\mathrm{d}x_1-\frac{1}{EI}\int_0^l\left(\frac{1}{2}ql-X_1\right)y_1^2\,\mathrm{d}y_1\\&=\frac{2X_1l^2}{3EI}-\frac{7ql^4}{24EI}\end{aligned}$$

由于C处的铅垂位移为零，即有$\frac{\partial V_\varepsilon}{\partial X_1}=0$，因此得到

$$\frac{2X_1l^3}{3EI}-\frac{7ql^4}{24EI}=0$$

解得 $$X_1=\frac{7ql}{16}$$

再利用平衡条件得到其余的支反力为

$$F_{Ax}=F_{Cx}=\frac{ql}{16},\quad F_{Ay}=\frac{9ql}{16}$$

例 12－12 图(a)所示刚架各杆的弯曲刚度EI相等，集中力F作用于刚架的对称截面C处，试作此刚架的内力图。

解 该平面刚架是三次超静定问题。在对称截面C处将其截开，截开面上的内力分量一般包括轴力X_1、弯矩X_2和剪力X_3，它们是成对出现的多余未知力。刚架的相当系统如图(b)所示，由结构及荷载的对称性可知，对称面上的反对称内力X_3必定为零。刚架内的应变能将只是荷载F和多余未知力X_1、X_2的函数，即$V_\varepsilon=V_\varepsilon(F,X_1,X_2)$。位移条件为截开面两边沿轴线方向的相对线位移和相对转角为零。利用卡氏定理应有

$$\frac{\partial V_\varepsilon}{\partial X_1}=0,\quad \frac{\partial V_\varepsilon}{\partial X_2}=0 \tag{1}$$

略去轴力和剪力对位移的影响，得到

$$\frac{\partial V_\varepsilon}{\partial X_1}=\frac{2}{EI}\int_0^l M(y_1)\frac{\partial M(y_1)}{\partial X_1}\mathrm{d}y_1$$

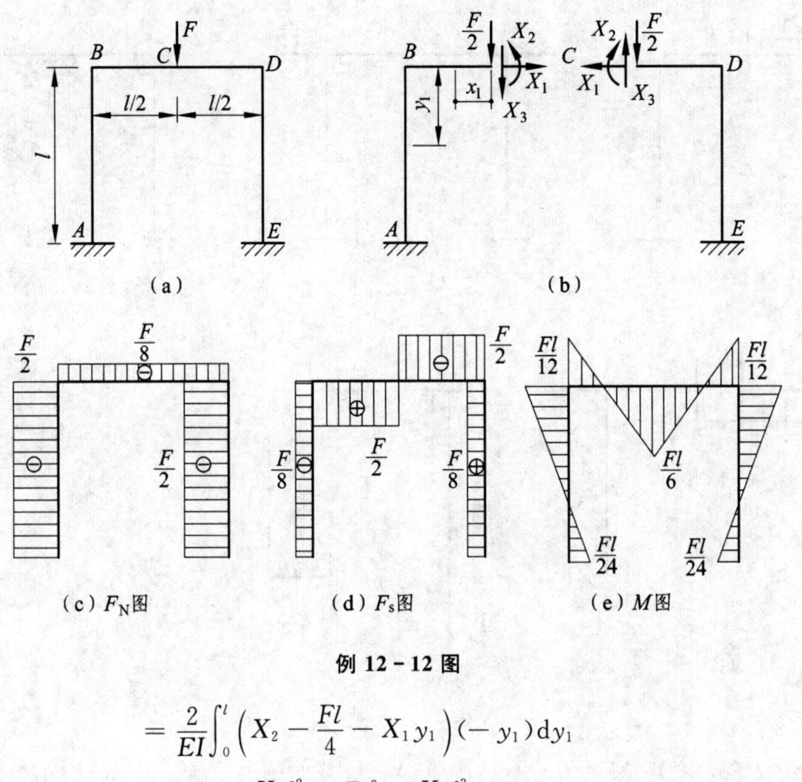

例 12－12 图

$$
\begin{aligned}
&= \frac{2}{EI}\int_0^l \left(X_2 - \frac{Fl}{4} - X_1 y_1\right)(-y_1)\mathrm{d}y_1 \\
&= \frac{2}{EI}\left(-\frac{X_2 l^2}{2} + \frac{Fl^3}{8} + \frac{X_1 l^3}{3}\right)
\end{aligned}
$$

$$
\begin{aligned}
\frac{\partial V_\varepsilon}{\partial X_2} &= \frac{2}{EI}\int_0^{l/2} M(x_1)\frac{\partial M(x_1)}{\partial X_2}\mathrm{d}x_1 + \frac{2}{EI}\int_0^l M(y_1)\frac{\partial M(y_1)}{\partial X_2}\mathrm{d}y_1 \\
&= \frac{2}{EI}\int_0^{l/2}\left(X_2 - \frac{Fx_1}{2}\right)\mathrm{d}x_1 + \frac{2}{EI}\int_0^l \left(X_2 - \frac{Fl}{4} - X_1 y_1\right)\mathrm{d}y_1 \\
&= \frac{2}{EI}\left(\frac{3X_2 l}{2} - \frac{5Fl^2}{16} - \frac{X_1 l^2}{2}\right)
\end{aligned}
$$

将上述结果代回(1)式，得到方程组

$$
\left.\begin{aligned}
8lX_1 - 12X_2 &= -3Fl \\
8lX_1 - 24X_2 &= -5Fl
\end{aligned}\right\}
$$

由此解得 $\qquad X_1 = -\dfrac{F}{8}, \quad X_2 = \dfrac{Fl}{6}$

X_1 的结果为负，说明轴力 X_1 的实际指向与所设的相反；X_2 的结果为正，表明弯矩 X_2 的转向与所设的相同。

刚架的内力图分别如图(c)、(d)、(e)所示。

例 12－13 图示刚架各杆的弯曲刚度均为 EI，在 B 截面处受水平集中力 F 作用，求固定端 A、E 处的支反力。(略去轴力和剪力对位移的影响)

解 该刚架为三次超静定。由于结构是对称的，可以利用对称性简化计算。将图(a)所示荷载分解为图(b)和图(c)两种情况的叠加，图(b)所示的两个对称荷载互相平衡，截面上

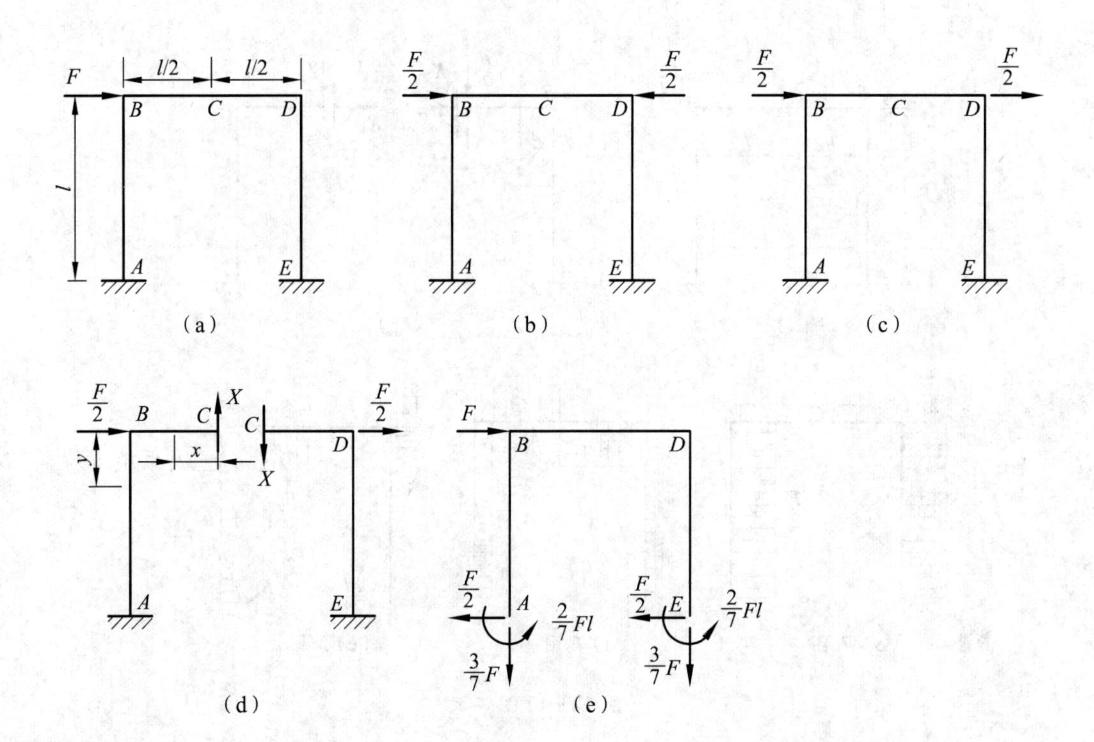

例 12－13 图

仅有轴 $F_{N_C}=-F/2$，弯矩 $M_C=0$，不会产生 A、E 截面的支反力。图(c)所示荷载为反对称的，取基本静定系统如图(d)所示。对称截面 C 处的对称内力弯矩和轴力必为零，仅有反对称的剪力 X。位移条件是沿 X 方向的相对位移等于零，即

$$\frac{\partial V_\varepsilon}{\partial X}=0 \tag{1}$$

各杆的弯矩方程及其对 X 的偏导数分别为

$$\left.\begin{aligned} &CB\text{ 段} \qquad M(x)=Xx, \quad \frac{\partial M(x)}{\partial X}=x \\ &BA\text{ 段} \qquad M(y)=\frac{1}{2}Xl-\frac{1}{2}Fy, \quad \frac{\partial M(y)}{\partial X}=\frac{1}{2}l \end{aligned}\right\} \tag{2}$$

将(2)式代入(1)式，并注意到基本系统的左、右两部分的弯矩及其对 X 的偏导相乘以后的结果相同。于是有

$$\frac{\partial V_\varepsilon}{\partial X}=\frac{2}{EI}\left[\int_0^{l/2}Xx^2\,\mathrm{d}x+\int_0^l\left(\frac{1}{4}Xl^2-\frac{1}{4}Fly\right)\mathrm{d}y\right]=0$$

解得 $\qquad X=\dfrac{3}{7}F$

A、E 截面处的支反力如图(e)所示。

例 12－14 图(a)所示刚架中，AB、BC 杆位于 xz 平面内，力 F 沿 y 方向，二杆均为直径为 d 的圆截面杆，其材料相同，弹性模量为 E，切变模量为 G，且 $G=0.4E$。求 B 截面的铅垂位移 Δ_{By}(不计剪力对位移的影响)。

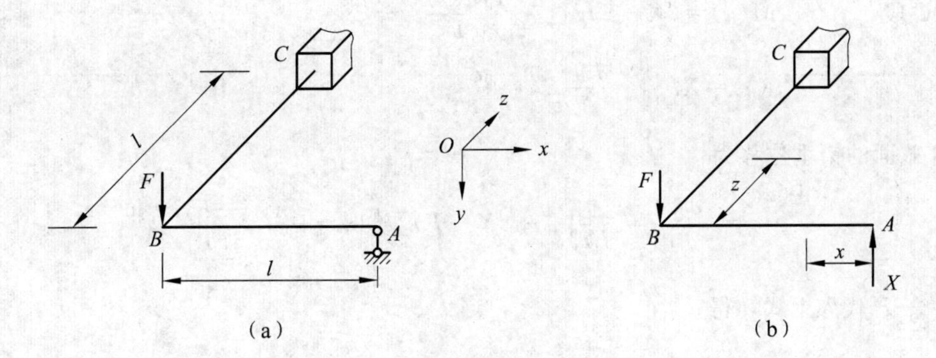

例 12－14 图

解 该题是求超静定问题的位移，求解的步骤是先解超静定，再利用相当系统求位移。

(1) 解超静定。

取相当系统，如图(b)所示，位移条件是 A 截面沿 y 方向的位移为零，即

$$\Delta_{Cy}=\frac{\partial V_{\varepsilon}}{\partial X}=0 \tag{1}$$

各段的内力方程及其对 X 的偏导数分别为

$$\left.\begin{aligned} &AB\text{段} \qquad M(x)=Xx,\quad \frac{\partial M(x)}{\partial X}=x \\ &BC\text{段} \qquad M(z)=(X-F)z,\quad \frac{\partial M(z)}{\partial X}=z \\ &\qquad\qquad T(z)=Xl,\quad \frac{\partial T(z)}{\partial X}=l \end{aligned}\right\} \tag{2}$$

将(2)式代入(1)式，得

$$\begin{aligned}\Delta_{Cy} &= \frac{1}{EI}\left[\int_0^l Xx^2\,\mathrm{d}x+\int_0^l (X-F)z^2\,\mathrm{d}z\right]+\frac{1}{GI_{\mathrm{p}}}\int_0^l Xl^2\,\mathrm{d}z \\ &= \frac{1}{EI}\left[\frac{1}{3}Xl^3+\frac{1}{3}(X-F)l^3\right]+\frac{1}{GI_{\mathrm{p}}}Xl^3 \\ &= 0\end{aligned}$$

把 $G=0.4E$、$I_{\mathrm{p}}=2I$ 代入上式，可解得

$$X=\frac{4}{23}F \tag{3}$$

(2) 求 Δ_{By}。

应用卡氏定理求 Δ_{By} 时，应注意把作用于 B 截面的 F 力与 X 中的 F 区分开，为此在列内力方程时，仍用 X 表示作用于 A 截面的力。

各段的内力方程及其对 F 的偏导数分别为

$$AB\text{段} \qquad M(x)=Xx,\quad \frac{\partial M(x)}{\partial F}=0$$

BC 段 $\quad M(z)=(X-F)z,\quad \dfrac{\partial M(z)}{\partial F}=-z$

$$T(z)=Xl,\quad \frac{\partial T(z)}{\partial F}=0$$

B 截面的铅垂位移为

$$\Delta_{By}=\frac{\partial V_{\varepsilon}}{\partial F}=\frac{1}{EI}\int_0^l[-(X-F)]z^2\mathrm{d}z=-\frac{(X-F)l^3}{3EI}$$

把 $X=\dfrac{4}{23}F$ 代入上式，得

$$\Delta_{By}=\frac{19Fl^3}{69EI}\quad(\downarrow)$$

§12－5 单位力法

通过前面各例对(12－10)式和(12－11)式的应用，可以把用卡氏定理求线弹性结构的位移归纳为一般的算式

$$\Delta=\sum_{i=1}^{m}\int_{l_i}\frac{M_i}{EI_i}\frac{\partial M_i}{\partial F}\mathrm{d}x+\sum_{j=1}^{n}\frac{T_j}{GI_{\mathrm{p}j}}\frac{\partial T_j}{\partial F}+\sum_{k=1}^{s}\frac{F_{\mathrm{N}k}}{EA_k}\frac{\partial F_{\mathrm{N}k}}{\partial F}l_k \tag{a}$$

式中，F 是作用于欲求位移之点的广义力；Δ 是相应的广义位移。由于弯矩 M_i 中仅含有该荷载 F 的线性函数项，扭矩 T_j 和轴力 $F_{\mathrm{N}k}$ 在给定的杆段内为常值，写成数学关系式是

$$\left.\begin{aligned}&M_i=F(ax+b)+M(x)\\&T_j=Fc+d\\&F_{\mathrm{N}k}=Fe+f\end{aligned}\right\} \tag{b}$$

式中，a、b、c、d、e、f 在给定的杆段内是常值；$M(x)$表示由其他荷载引起的弯矩。将(b)式对 F 求偏导数，得到

$$\left.\begin{aligned}&\frac{\partial M_i}{\partial F}=1\times(ax+b)=M_{i0}\\&\frac{\partial T_j}{\partial F}=1\times c=T_{j0}\\&\frac{\partial F_{\mathrm{N}k}}{\partial F}=1\times e=F_{\mathrm{N}k0}\end{aligned}\right\} \tag{c}$$

结果相当于在原荷载 F 处施加一单位力时引起的内力分量，因而(a)式可以写成

$$\Delta=\sum_{i=1}^{m}\int_{i}\frac{M_iM_{i0}}{EI_i}\mathrm{d}x+\sum_{j=1}^{n}\frac{T_jT_{j0}}{GI_{\mathrm{p}j}}l_j+\sum_{k=1}^{s}\frac{F_{\mathrm{N}k}F_{\mathrm{N}k0}}{EA_k}l_k \tag{12－12}$$

式中，M_i、T_j、$F_{\mathrm{N}k}$ 为荷载作用在结构上引起的弯矩、扭矩和轴力；M_{i0}、T_{j0}、$F_{\mathrm{N}k0}$ 仅仅是在原结构上施加一个单位力时所引起的内力分量。如欲求结构上某点沿某方向的位移，则在

该点沿该方向施加一个单位力。这种求解线弹性结构位移的方法，称为**单位力法**，或称**莫尔法**。

例 12-15　图(a)所示受均布荷载 q 的简支梁，其弯曲刚度为 EI，用单位力法求跨中 C 点的挠度和左支座处 A 截面的转角。

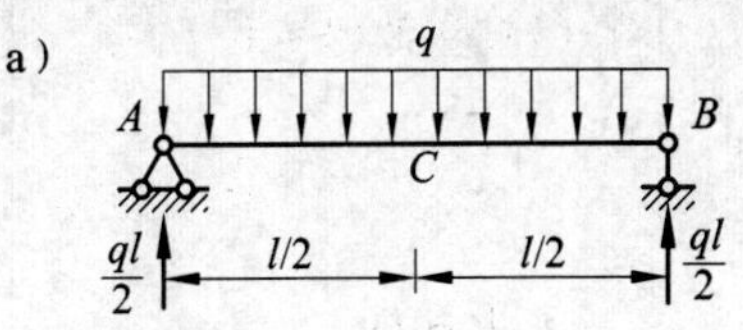

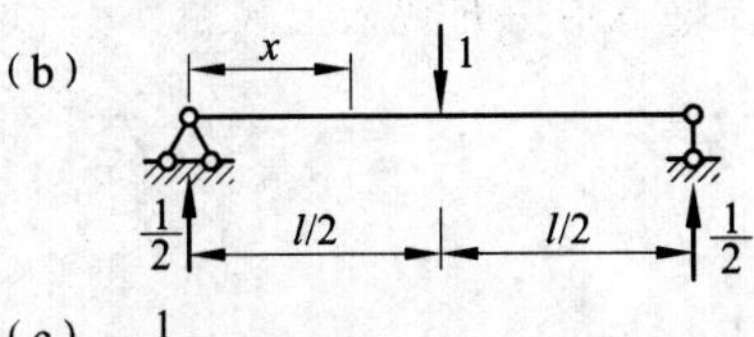

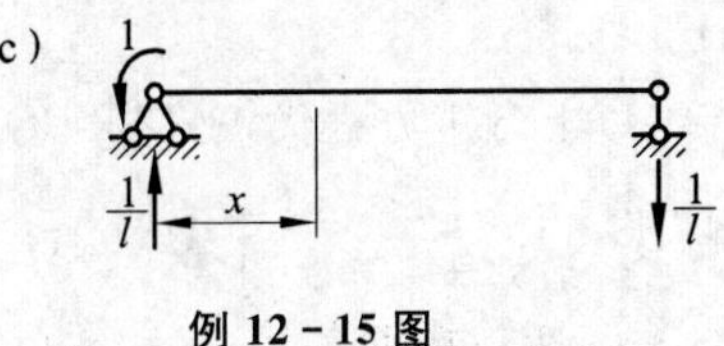

例 12-15 图

解　在均布荷载作用下梁的弯矩方程为

$$M(x)=\frac{qlx}{2}-\frac{qx^2}{2}\quad(0\leqslant x\leqslant l)$$

为求跨中 C 点的挠度 w_C，在该处施加铅垂向下的单位力[图(b)]，对应的弯矩方程为

$$M_0(x)=\frac{1}{2}x\quad\left(0\leqslant x\leqslant \frac{l}{2}\right)$$

将 $M(x)$ 和 $M_0(x)$ 代入(12-12)式，并注意到荷载和单位力作用时的弯矩对跨中都是对称的，积分区间可取为从 0 ~$l/2$，然后乘 2，即

$$\begin{aligned}w_C&=\frac{2}{EI}\int_0^{l/2}M(x)M_0(x)\mathrm{d}x\\&=\frac{2}{EI}\int_0^{l/2}\left(\frac{qlx}{2}-\frac{qx^2}{2}\right)\frac{x}{2}\mathrm{d}x\\&=\frac{5ql^4}{384EI}\quad(\downarrow)\end{aligned}$$

结果为正，说明挠度 w_C 的方向与单位力的指向一致。为求 A 截面的转角 θ_A，在该截面处施加逆时针转向的单位力偶[图(c)]，对应的弯矩方程为

$$M_0(x)=\frac{x}{l}-1\quad(0<x\leqslant l)$$

将上式及 $M(x)$ 代入(12-12)式，得到 A 截面的转角是

$$\begin{aligned}\theta_A&=\frac{1}{EI}\int_0^{l}M(x)M_0(x)\mathrm{d}x=\frac{1}{EI}\int_0^{l}\left(\frac{qlx}{2}-\frac{qx^2}{2}\right)\left(\frac{x}{l}-1\right)\mathrm{d}x\\&=-\frac{ql^3}{24EI}\quad(\curvearrowright)\end{aligned}$$

结果为负，说明 θ_A 的转向与单位力偶的转向相反，应为顺时针转向。

例 12-16　图(a)所示平面刚架各杆的弯曲刚度均为 EI，试用单位力法求 A 截面的水平位移。

解　荷载作用下刚架的支反力，如图(a)所示。为求 A 截面的水平位移，在该处加一水平方向的单位力，并求出相应的支反力，如图(b)所示。刚架各段的弯矩方程分别是

AB 段　　$M(x)=2qlx$，　$M_0(x)=2x$

CB 段　　$M(y)=2qly-\frac{1}{2}qy^2$，

$M_0(y)=y$

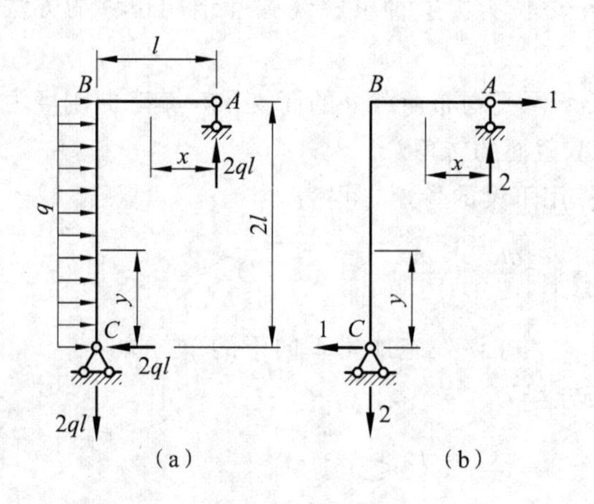

例 12-16 图

将以上弯矩方程代入(12-12)式，得到 A 截面的水平位移为

$$\begin{aligned}\Delta_{Ax} &= \frac{1}{EI}\int_0^l M(x)M_0(x)\mathrm{d}x + \\ &\frac{1}{EI}\int_0^{2l} M(y)M_0(y)\mathrm{d}y = \frac{1}{EI}\int_0^l 4qlx^2\mathrm{d}x + \frac{1}{EI}\int_0^{2l}\left(2qly - \frac{1}{2}qy^2\right)y\mathrm{d}y \\ &= \frac{14ql^4}{3EI} \quad (\rightarrow)\end{aligned}$$

单位力法也可以用于超静定问题的求解。

例 12-17 图 12-11(a)所示弯曲刚度为 EI 的超静定梁，试求 C 处的挠度。

解 将图 12-11(a)的 B 处支座假想截开，并将多余约束力 X_1 表示出来，如图 12-11(c)所示。

变形协调条件为

$$w_B = 0$$

以图 12-11(c)为基本静定系，作为单位力法的原始结构，得梁的弯矩方程

$$\left.\begin{aligned}&BC\text{ 段} \qquad M(x_1) = X_1 x_1 \\ &CA\text{ 段} \qquad M(x_2) = X_1\left(\frac{l}{2} + x_2\right) - M_e\end{aligned}\right\} \tag{a}$$

对图 12-11(c)的基本静定系，使用单位力法，即是去掉原载荷 X_1 和 M_e[见图 12-11(b)]，然后，为求得 B 处挠度，在 B 处施加一个竖直向上的单位力，可得仅在单位力作用下梁的弯矩方程

BC 段 $\qquad M_0(x_1) = x_1$

CA 段 $\qquad M_0(x_2) = \dfrac{l}{2} + x_2$

则

$$\begin{aligned}w_B &= \frac{1}{EI}\int_0^{l/2} M(x_1)M_0(x_1)\mathrm{d}x_1 + \frac{1}{EI}\int_0^{l/2} M(x_2)M_0(x_2)\mathrm{d}x_2 \\ &= \frac{X_1 l^3}{3EI} - \frac{3M_e l^2}{8EI}\end{aligned}$$

因变形协调条件为 $w_B=0$，所以

$$\frac{X_1 l^3}{3EI}-\frac{3M_e l^2}{8EI}=0$$

得

$$X_1=\frac{9M_e}{8l}$$

在已经求解了该超静定问题后，可继续使用单位力法求 C 处挠度。仍然以图 12－11(b)的基本静定系为准，使用单位力法，即在图 12－11(b)的 C 处施加一个竖直向上的单位力，可得仅在单位力作用下的弯矩方程

BC 段　　　$M_0(x_1)=0$

CA 段　　　$M_0(x_2)=x_2$

联立(a)式，使用单位力法，得

$$\begin{aligned} w_C &= \frac{1}{EI}\int_0^{l/2} M(x_2)M_0(x_2)\mathrm{d}x_2 \\ &= \frac{1}{EI}\int_0^{l/2}\left[\frac{9M_e}{8l}\left(\frac{l}{2}+x_2\right)-M_e\right]x_2\,\mathrm{d}x_2 \\ &= -\frac{M_e l^2}{128EI} \end{aligned}$$

结果为负，表示位移与单位力方向相反，因此

$$w_C=\frac{M_e l^2}{128EI}(\downarrow)$$

*§12－6　功的互等定理

利用线弹性结构内的应变能与加载顺序无关的概念，可导出功的互等定理及位移互等定理。

图 12－12(a)、(b)表示同一根线弹性梁，力 F_1、F_2 单独作用于 1、2 两点。F_1 单独作用时，梁上 1 点沿 F_1 方向的位移记为 Δ_{11}，2 点沿 F_2 方向的位移记为 Δ_{21}[图 12－12(a)]；F_2 单独作用时，2 点沿 F_2 方向的位移记为 Δ_{22}，1 点沿 F_1 方向的位移记为 Δ_{12}。这里采用的

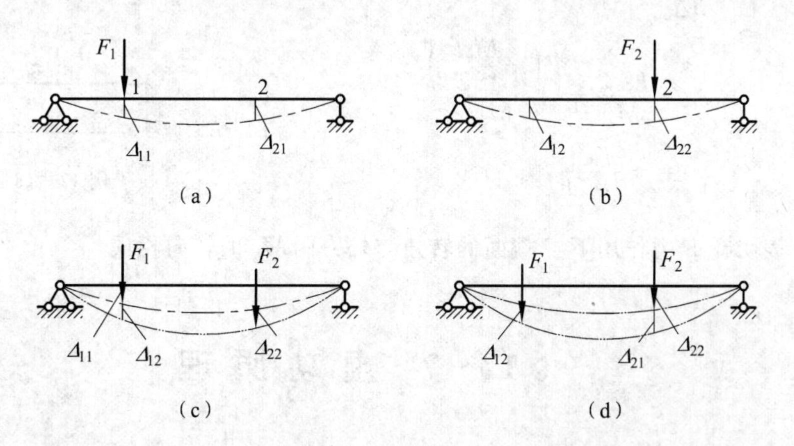

图　12－12

位移符号有两个脚标即 Δ_{ij}，第一个脚标 i 表示位移所在位置及方向，第二个脚标 j 表示引起该位移的是 j 号广义力。

如果加载的顺序是先加 F_1，后加 F_2[图 12-12(c)]，则梁内的应变能为

$$V_{\varepsilon_1}=\frac{1}{2}F_1\Delta_{11}+F_1\Delta_{12}+\frac{1}{2}F_2\Delta_{22} \tag{a}$$

如果加载的顺序是先加 F_2，后加 F_1[图 12-12(d)]，则梁内的应变能为

$$V_{\varepsilon_2}=\frac{1}{2}F_2\Delta_{22}+F_2\Delta_{21}+\frac{1}{2}F_1\Delta_{11} \tag{b}$$

由于线弹性结构内的应变能与加载顺序无关，即有 $V_{\varepsilon_1}=V_{\varepsilon_2}$，所以得到

$$F_1\Delta_{12}=F_2\Delta_{21} \tag{12-13}$$

该式表明：对于线弹性结构，F_1 在 F_2 引起的位移上所作的功等于 F_2 在 F_1 引起的位移上所作的功。这就是**功的互等定理**，式中的 F_1、F_2 可以是集中力或集中力偶，对应的位移 Δ_{ij} 是线位移或角位移。

当 $F_1=F_2$ 时，由功的互等定理得到**位移互等定理**为

$$\Delta_{21}=\Delta_{12} \tag{12-14}$$

它可叙述为：当 F_1 和 F_2 在数值上相等(它们可以是不同性质的广义力，即一个为力，另一个为力偶)时，F_1 在 2 点沿 F_2 的方向上所引起的位移 Δ_{21}，等于 F_2 在 1 点沿 F_1 的方向上所引起的位移 Δ_{12}。

以上推导虽采用梁的形式，但并未涉及梁的具体特征。功的互等定理与位移互等定理适合于任何线弹性结构。

例 12-18 图(a)所示悬臂梁在自由端作用集中力偶 $M_e=Fl$ 时，已知 B 点向上的铅垂位移为 $\Delta_{By}=\frac{M_e l^2}{18EI}$。试计算该梁在 B 点作用有集中力 F 时[图(b)]C 截面的转角。

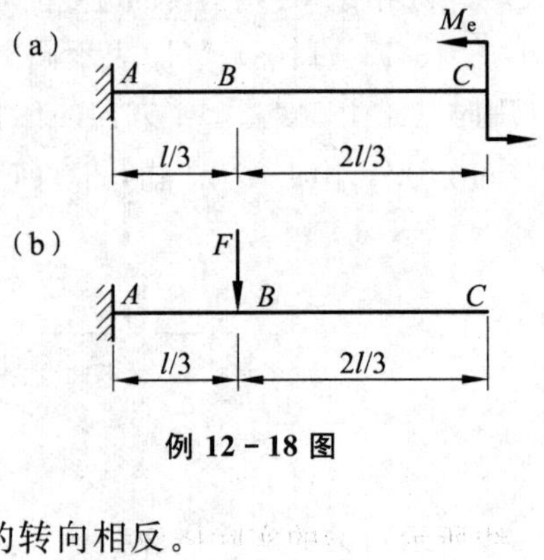

(a) M_e A B C $l/3$ $2l/3$

(b) F A B C $l/3$ $2l/3$

例 12-18 图

解 根据功的互等定理有

$$F\Delta_{By}=M_e\theta_C$$

解得

$$\theta_C=\frac{F\Delta_{By}}{M_e}=\frac{F\left(-\frac{M_e l^2}{18EI}\right)}{M_e}=-\frac{Fl^2}{18EI}\quad(\downarrow)$$

结果为负，表明在 F 力作用下 C 截面的转角与外力偶 M_e 的转向相反。

*§12-7 虚功原理

图 12-13 表示具有理想约束的刚体，在任意力系作用下保持平衡。虚位移原理(或称虚功原理)指出，若刚体有一虚位移，则主动力在虚位移上所作的总虚功为零。虚位移指的是

约束许可的一切微小的位移，在虚位移过程中各力的大小和方向假设保持不变。

虚位移原理可推广到变形固体，通常称为变形体的**虚功原理**。例如图 12－14 所示的简支梁，受静荷载作用后，在图示挠曲线位置保持平衡。此时，梁的位移是**实位移**，荷载所作的功是**实功**。如果使梁再发生微小的且为约束所许可的虚位移，挠曲线转入新的位置，如图 12－14 中的虚线所示。在这一过程中，梁的位移是**虚位移**，荷载所作的功为**虚功**。虚位移是结构在静荷载作用下已处于平衡状态时假想发生的微小位移，它与结构上的荷载及其内力完全无关。但它必须满足结构的约束条件和位移连续条件。现以图 12－15(a)所示的悬臂梁来推导变形体的虚功原理。

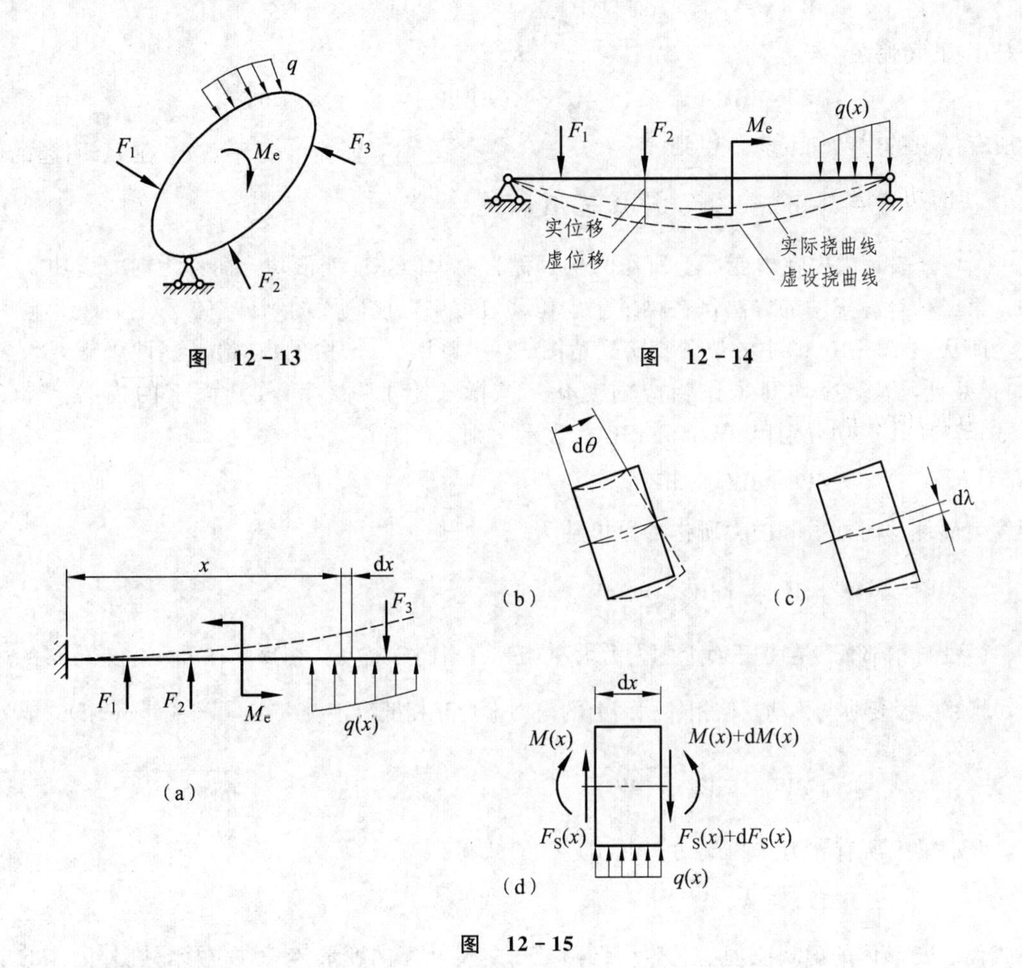

图 12－15

设梁在任意荷载作用下保持平衡，梁发生虚位移后的挠曲线位置如图 12－15(a)中的虚线所示。梁的实际挠曲线位置与目前讨论的问题无关，而在图中未画出。在梁的 x 截面处，截出一 $\mathrm{d}x$ 微段，其受力如图 12－15(d)所示，它在实际荷载作用下的真实形状也与讨论的问题无关而未画出。我们将采用两种方法来计算虚位移过程中外力和内力作的虚功。

梁发生虚位移的过程中，每一微段一般均有刚体虚位移(线位移和角位移)，并有虚变形(弯曲变形和剪切变形)。第一种方法是将微段从平衡位置到达虚位移后的位置分为两步，第一步是微段作刚体虚位移，即从图 12－15(d)中的位置移到图 12－15(b)、(c)中的实线位置，微段上的诸力[$F_s(x)$、$M(x)$、$q(x)$等]作的虚功用 $\mathrm{d}W_{刚}$ 表示；第二步为微段发生虚变形，假设微段左侧截面不动，与弯曲虚变形对应的相对转角 $d\theta$[图 12－15(b)]，与剪切虚变形对应的相对错动 $d\lambda$[图 12－15(c)]，此时微段上诸力作的虚功用 $dW_{内变}$ 表示。微段的总虚功可以写成

$$dW = dW_{刚} + dW_{内变} \tag{a}$$

微段作刚体虚位移时，其上的作用力[$q(x)$、$F_S(x)$、$M(x)$等]为一平衡力系，它们所作的虚功之和为零，即 $dW_{刚}=0$；微段发生虚变形时，荷载 $q(x)dx$ 的功为零，只有内力 $F_S(x)$、$M(x)$等作虚功，即

$$dW_{内变} = F_S(x)d\lambda + M(x)d\theta \tag{b}$$

于是(a)式可写成

$$dW = dW_{内变} = F_S(x)d\lambda + M(x)d\theta \tag{c}$$

将所有微段的虚功加起来，得到

$$\int dW = \int [F_S(x)d\lambda + M(x)d\theta] = W_{内} \tag{d}$$

式中，$W_{内}$ 表示内力在虚变形上所作的功，称为内力的总虚变形功，简称为内力虚功。

第二种计算虚功的方法是在梁发生虚位移过程中，该微段的刚体虚位移与虚变形同时发生，即从图 12－15(d)中的位置直接到达图 12－15(b)、(c)中的虚线位置(两种虚线位置相加)；并且，各微段均同步作相应的变化。该微段上的荷载和截开面上的内力[$F_S(x)$、$M(x)$等]所作虚功分别用 $dW_{外}$ 和 $dW_{面内}$ 表示，则

$$dW = dW_{外} + dW_{面内} \tag{e}$$

梁发生虚位移时外力和内力所作的总虚功为

$$\int dW = \int dW_{外} + \int dW_{面内} \tag{f}$$

每一微段与相邻微段在截开面上的内力大小相等、指向(或转向)相反，在梁发生虚位移的过程中，相邻微段要协调移动，使相邻截面上的内力虚功互相抵消，最终使 $\int dW_{面内}=0$，(f)式成为

$$\int dW = \int dW_{外} = W_{外} \tag{g}$$

$W_{外}$ 表示梁上所有外力作的虚功。由(d)、(g)式得到

$$W_{外} = W_{内} \tag{12-15}$$

该式代表变形体的虚功原理。它表明：给处于平衡状态的变形体一虚位移，则外力作的虚功等于内力作的虚功。

在变形体虚功原理的推导中，没有涉及材料的特性，因此它适合于各类结构：线弹性、非线性弹性和非弹性结构。

虚功原理中的外力虚功等于各外力与相应虚位移的乘积之和，内力的虚功对梁而言按(d)式计算。

作为一般的受力杆件，微段的截开面上还应有轴力 F_N 和扭矩 T[图 12－16(a)，扭矩 T 用双箭头矢量表示]，与轴力对应的虚变形是轴向伸长 $d\delta$[图 12－16(b)]，与扭矩对应的虚变形为扭转角 $d\varphi$[图 12－16(c)]。因此，杆件内力虚功的一般表达式为

$$W_{内}=\int F_N \mathrm{d}\delta+\int M\mathrm{d}\theta+\int F_S \mathrm{d}\lambda+\int T\mathrm{d}\varphi \tag{12-16}$$

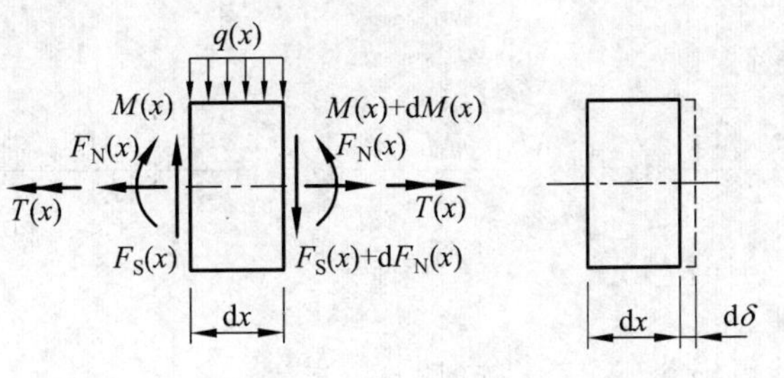

（a）　　　　（b）　　　　（c）

图　12－16

式中的内力分量 F_N、M、F_S 和 T 为荷载作用下产生的，而虚变形 $\mathrm{d}\delta$、$\mathrm{d}\theta$、$\mathrm{d}\lambda$ 和 $\mathrm{d}\varphi$ 是虚设的，它可以是其他荷载作用时引起的变形，也可以是温度变化或其他原因引起的变形。应用(12－15)式与(12－16)式能够导出单位力法。

图 12－17(a)为受一般力系的杆件，现欲求某一点 C 沿 $n-n$ 方向的线位移 Δ，为此，在同一杆的 C 点沿 $n-n$ 方向加一单位力[图 12－17(b)]，并以实际荷载产生的位移作为单位力系统的虚位移。

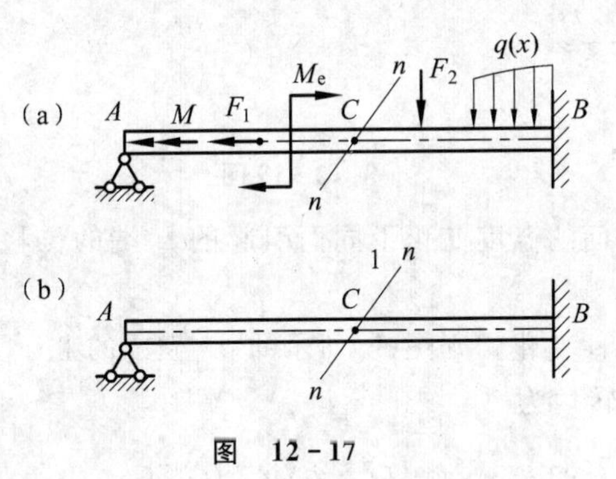

图　12－17

单位力在虚位移上作的虚功为

$$W_{外}=1\cdot\Delta$$

单位力作用下，杆件的内力分量用 $F_{N_0}(x)$、$M_0(x)$、$F_{S_0}(x)$ 和 $T_0(x)$ 表示；实际荷载产生的微段的变形为 $\mathrm{d}\delta$、$\mathrm{d}\theta$、$\mathrm{d}\lambda$ 和 $\mathrm{d}\varphi$，把它们作为微段的虚变形，由(12－16)式得

$$W_{内}=\int F_{N_0}(x)\mathrm{d}\delta+\int M_0(x)\mathrm{d}\theta+\int F_{S_0}(x)\mathrm{d}\lambda+\int T_0(x)\mathrm{d}\varphi \tag{i}$$

按虚功原理(12－15)式，得

$$\Delta=\int F_{N_0}(x)\mathrm{d}\delta+\int M_0(x)\mathrm{d}\theta+\int F_{S_0}(x)\mathrm{d}\lambda+\int T_0(x)\mathrm{d}\varphi \tag{12-17}$$

如果要求 C 点的转角，则在 C 处加一单位力偶。所以，上述单位力应理解为广义力，相应的位移 Δ 为广义位移。(12－17)式为单位力法的普遍方程，它不仅适用于线弹性结构，也适用于非线性弹性或非弹性结构。对于线弹性杆或杆系，荷载作用下微段的变形分别为

$$d\delta=\frac{F_N(x)dx}{EA},\quad d\theta=\frac{M(x)dx}{EI},\quad d\lambda=\frac{\alpha_S F_S(x)dx}{GA},\quad d\varphi=\frac{T(x)dx}{GI_p},$$

将以上诸式代入(12－17)式，得到

$$\Delta=\int\frac{F_N(x)F_{N_0}(x)}{EA}dx+\int\frac{M(x)M_0(x)}{EI}dx+\int\frac{\alpha_S F_S(x)F_{S_0}(x)}{GA}dx+\int\frac{T(x)T_0(x)}{GI_p}d(x) \tag{12-18}$$

略去上式中剪切变形的影响，就得到§12－5中的(12－12)式。

例 12－19 图(a)所示悬臂梁，长度为 l，高度为 h，温度沿长度和宽度方向不变，沿高度 h 按线性规律变化，其底面温度为 t_1，顶面高度为 t_2，且 $t_2>t_1$，材料的线膨胀系数为 α_l。求梁 B 端的铅垂位移 Δ_{By}。

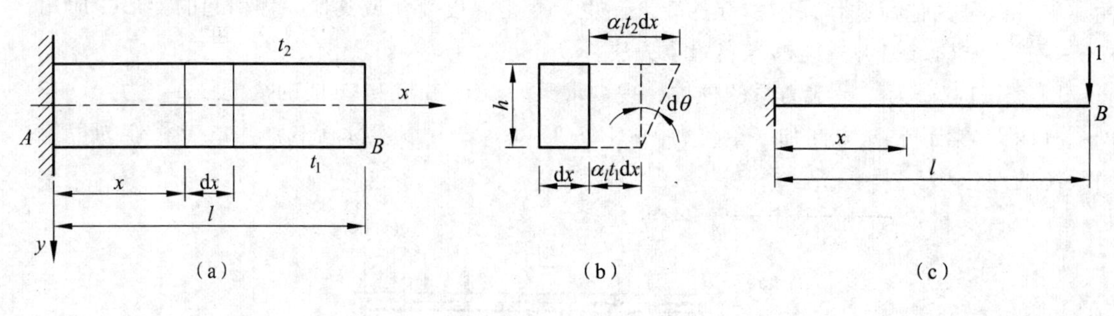

例 12－19 图

解 求梁的上、下表面的温度变化不同而引起的 B 端的位移时，宜应用单位力法的普遍方程(12－17)式。

由于温度沿高度 h 线性变化，则图(b)所示的 dx 微段的上、下边的伸长量分别为 $\alpha_l t_2 dx$ 和 $\alpha_l t_1 dx$，微段两侧面的转角为

$$d\theta=\frac{(\alpha_l t_2 dx)-(\alpha_l t_1 dx)}{h}=\frac{\alpha_l(t_2-t_1)dx}{h} \tag{1}$$

在梁的 B 端沿铅垂方向加单位力[图(c)]，该单位力产生的转角和温度变化产生的转角的转向一致，故单位力产生的弯矩取正值，即

$$M_0(x)=1\times(l-x)=l-x \tag{2}$$

把(1)式和(2)式代入公式(12－17)，得 B 端的铅垂位移为

$$\Delta_{By}=\int_0^l M_0(x)d\theta=\int_0^l(l-x)\frac{\alpha_l(t_2-t_1)}{h}dx=\frac{\alpha_l(t_2-t_1)l^2}{2h}\quad(\downarrow)$$

习　题

本章习题中，凡求梁的位移时均不计剪力对位移的影响；求刚架及小曲率曲杆的位移时，均不计剪力和轴力对位移的影响。凡要求用卡氏定理求解的题目，也可以用单位力法求解。

12－1 图示实心圆钢杆 AB 和 AC 的直径分别为 $d_1=12$ mm 和 $d_2=15$ mm，弹性模量

$E=210$ GPa，铅垂向下的力 $F=35$ kN。试求 A 点的铅垂方向的位移。

12－2　图示桁架，各杆的横截面面积均为 A，材料的弹性模量均为 E。试用功能原理计算当荷载 F 作用时，AB 间的相对位移 Δ_{AB}。

12－3　按照先作用 σ_2 再加 σ_1 的顺序，求图(a)所示二向应力状态的应变能密度，并求图(b)所示二向应力状态的应变能密度。材料的弹性常数 E、ν 为已知。

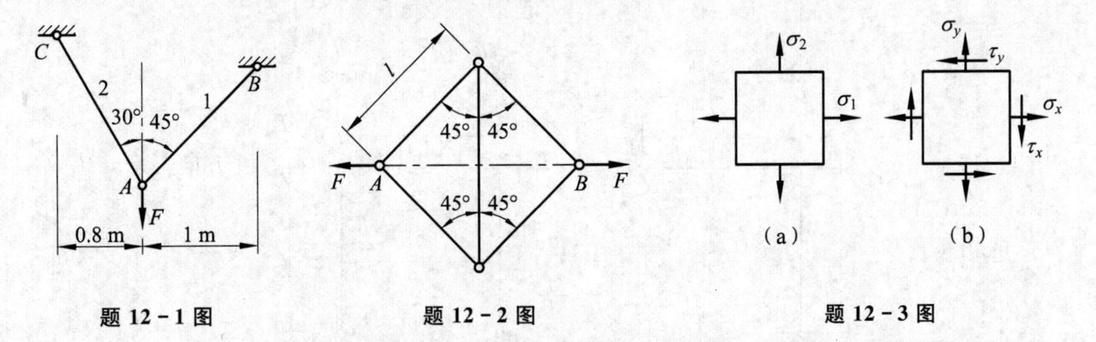

题 12－1 图　　**题 12－2 图**　　**题 12－3 图**

12－4　用卡氏定理求图示各梁 A 截面的挠度和 B 截面的转角，各梁的弯曲刚度均为 EI。

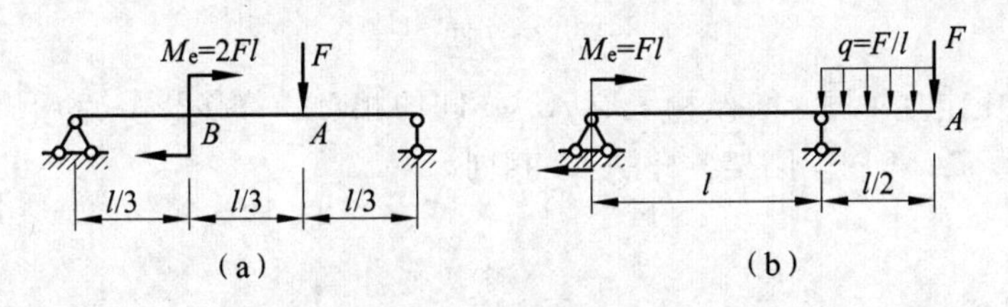

题 12－4 图

12－5　用卡氏定理求图示悬臂梁的挠曲线方程。梁的弯曲刚度 EI 为常值。

12－6　设桁架中各杆的 EA 都相同，用卡氏定理求 A 点的铅垂位移和水平位移。

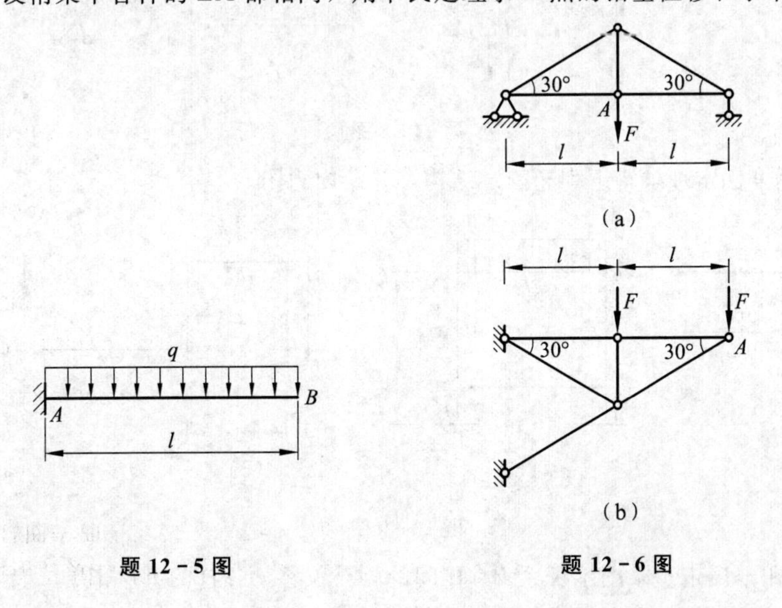

题 12－5 图　　**题 12－6 图**

12-7 用卡氏定理求下列各刚架 A 截面处的线位移和 B 截面的转角。

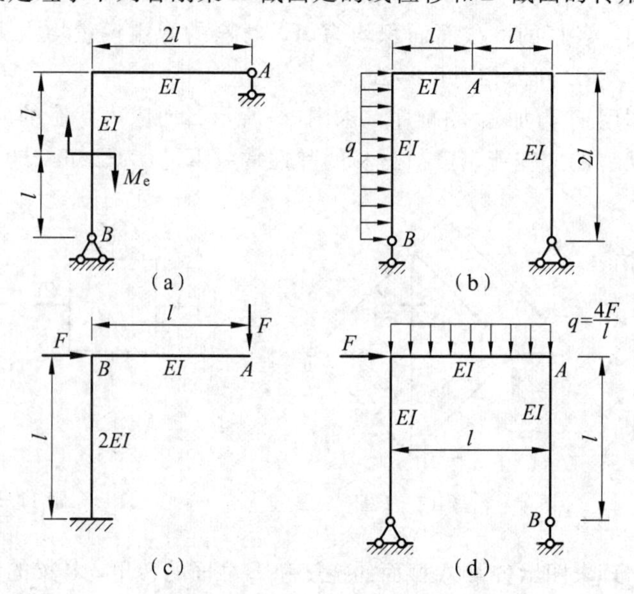

题 12-7 图

12-8 用卡氏定理求图示各结构上点 A、B 间的相对线位移和 C 点两侧截面的相对角位移。桁架各杆的 EA 相同，刚架各杆的 EI 相同。

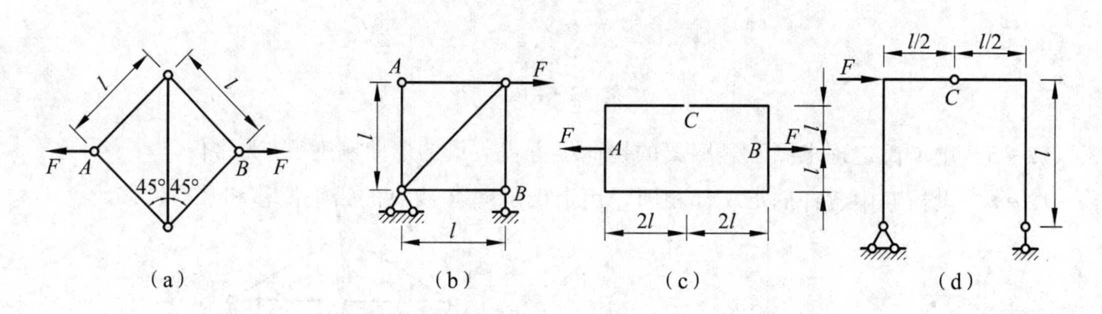

题 12-8 图

12-9 用卡氏定理求解下列超静定结构，并绘内力图。

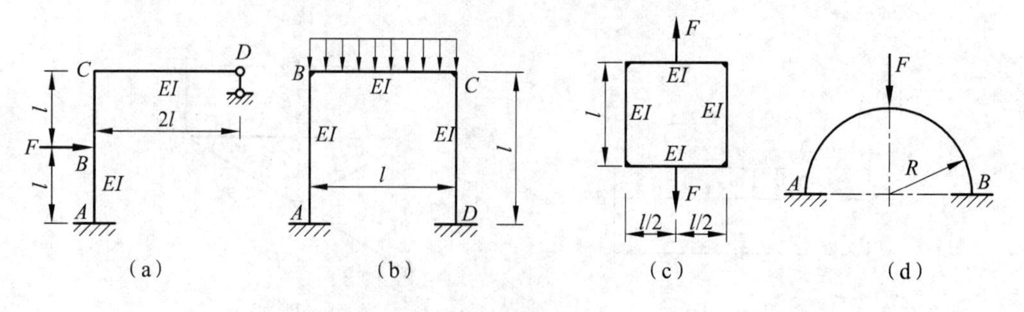

题 12-9 图

12-10 用卡氏定理求图示杆系 B、C 间的相对位移。各杆的 EI 相同。

12-11 用卡氏定理求下列结构指定位置处的位移。

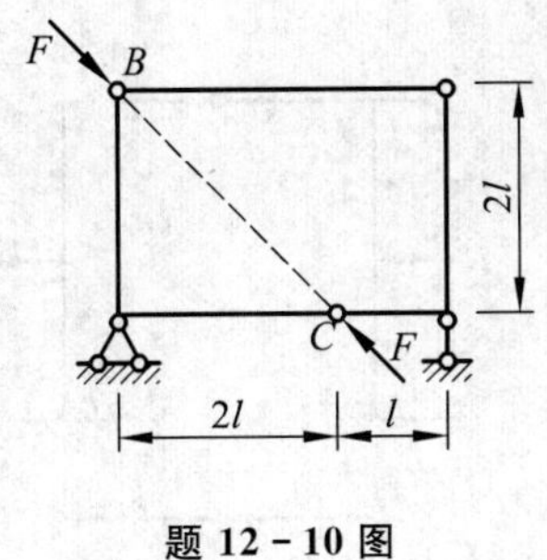

题 12－10 图

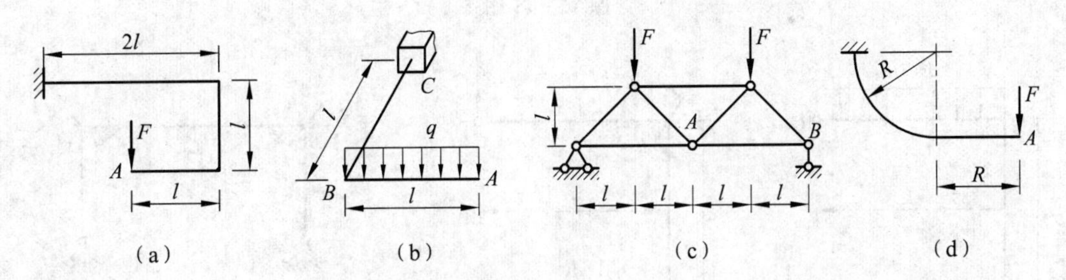

题 12－11 图

(a) 求 A 截面的线位移和角位移。各杆 EI 相同。

(b) 圆截面钢折杆位于水平面内，$\angle ABC=90°$。已知各杆直径均为 d，材料的弹性常数 $G=0.4E$，求 A 截面的线位移和角位移。

(c) 已知桁架各杆 EA 相同，求节点 A 的铅垂位移和节点 B 的水平位移。

(d) 求小曲率曲杆 A 截面的水平位移、铅垂位移及转角。EI 为常值。

12－12 用卡氏定理求图示桁架 AB 杆的转角。已知各杆的 EA 相同。

12－13 图示开口正方形平面刚架，各杆均系直径为 d 的钢杆，材料的弹性常数 $G-0.4E$，荷载方向与刚架平面垂直。试求开口处两侧截面沿荷载作用方向的相对线位移。

12－14 位于水平面内的小曲率曲杆为半圆环[图(a)]和四分之一圆环[图(b)]，横截面的直径为 d，材料的 $G=0.4E$，荷载方向与曲杆平面垂直。试求 A 截面的铅垂位移。

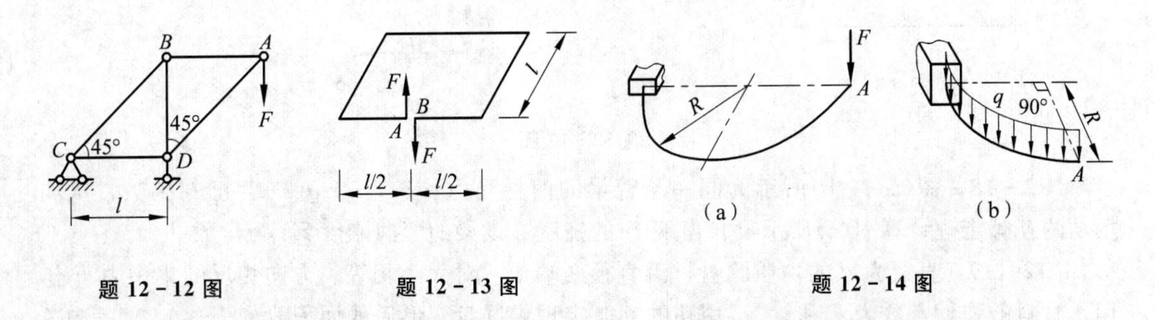

题 12－12 图 **题 12－13 图** **题 12－14 图**

12－15 用卡氏定理求下列超静定结构的支反力。图中各杆的弯曲刚度均为 EI。

12－16 用卡氏定理求下列各刚架 C 截面的线位移。各杆的弯曲刚度均为 EI。

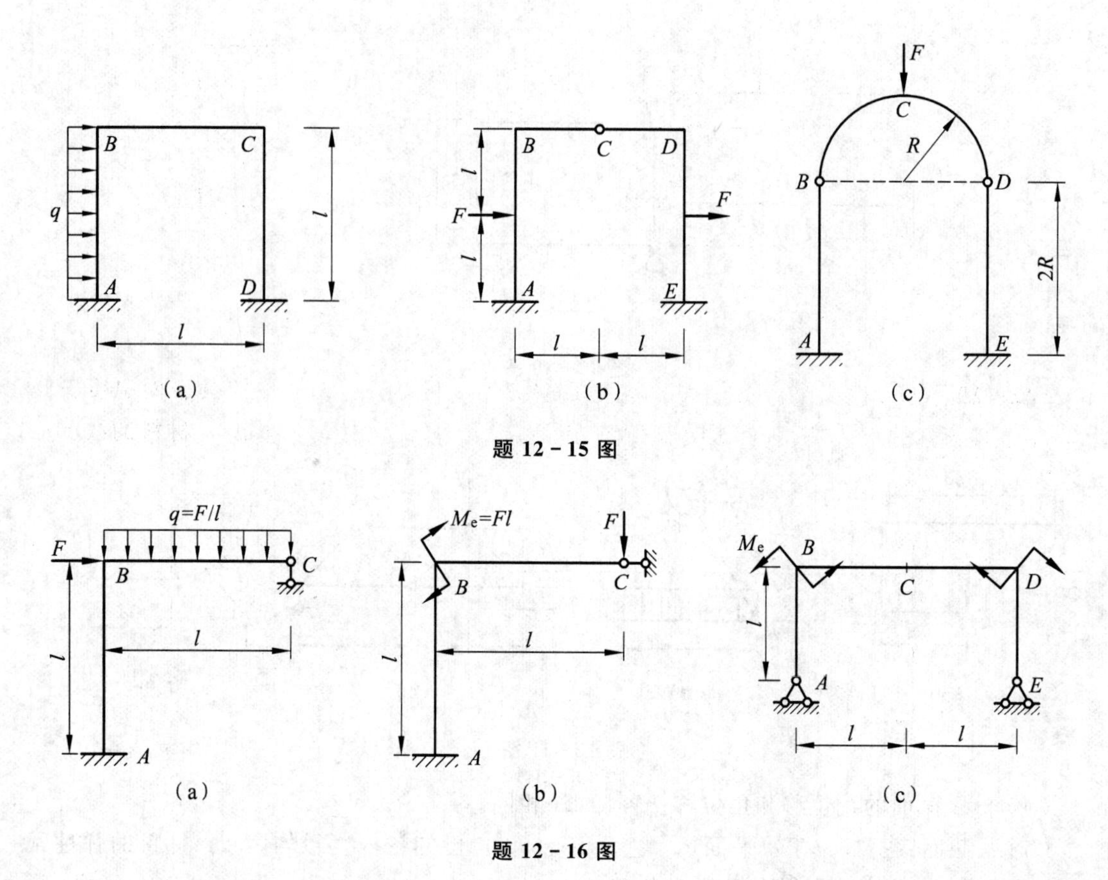

题 12 - 15 图

题 12 - 16 图

12 - 17 用卡氏定理求图示各超静定刚架的支反力。刚架各杆均为直径为 d 的圆截面杆，材料的弹性常数 $G=0.4E$。

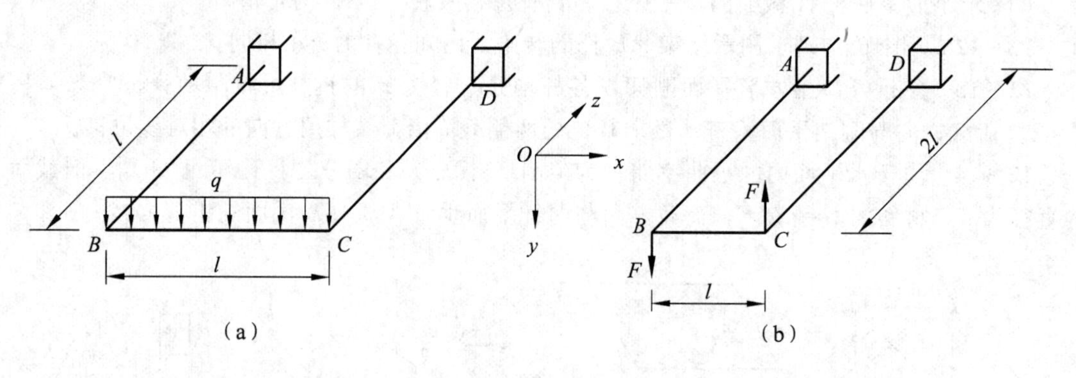

题 12 - 17 图

* **12 - 18** 图(a)、(b)所示为同一悬臂梁的两种受力状态，$q=q(x)$为已知函数，试利用功的互等定理计算图(a)所示梁自由端 A 的挠度。设梁的弯曲刚度 EI 为常数。

* **12 - 19** 直径为 d 的均质圆盘，沿直径两端受一对大小相等、方向相反的集中力 F 作用，材料的弹性常数为 E 和 ν。试用功的互等定理求圆盘变形后的面积改变率 $\Delta A/A$(其中 $A=\pi d^2/4$)。

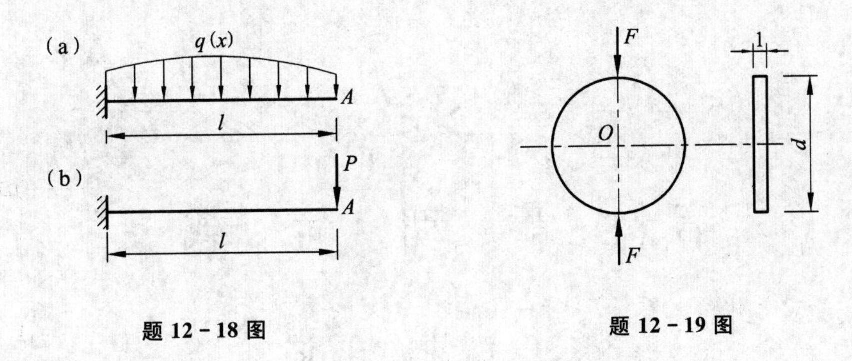

题 12－18 图　　　　题 12－19 图

*12－20　矩形截面悬臂梁，其横截面上原来各点的温度相同，现使其表面温度升高 t℃，下表面温度降低 t℃，中性层处温度不变。求梁自由端的铅垂位移 Δ_B，材料的线膨胀系数为 α_l。

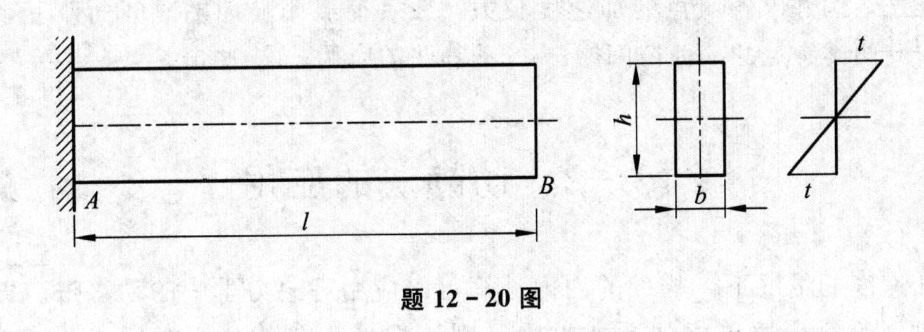

题 12－20 图

第十三章　动　荷　载

§13－1　概　　述

以前各章研究的是构件在**静荷载**作用下的强度、刚度和稳定性问题。所谓静荷载指的是从零开始逐渐增加到最终值的荷载。由于加载过程缓慢，构件内各质点的加速度甚小，可以忽略不计。反之，构件内各质点的加速度较大，或者荷载明显地随时间而改变，均属**动荷载**。本章只研究两类常见的动荷载问题：① 动静法的应用；② 冲击。

§13－2　动静法的应用

在已知加速度的情况下，构件的内力计算可以应用理论力学中的**动静法**。即在构件运动的某一时刻，给每个质点虚加上惯性力，则该惯性力与构件上的已知荷载和支反力，在形式上构成一组平衡力系。于是，构件可按这种假想的平衡状态来计算内力以及应力和位移。

例如，以匀加速度 a 起吊一根直杆[图 13－1(a)]，设杆的长度为 l，横截面面积为 A，材料的密度为 ρ，弹性模量为 E。求杆的动应力和动伸长。

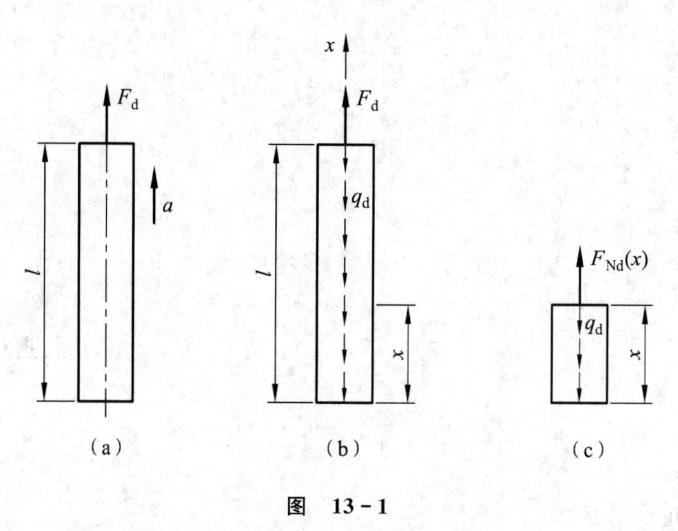

图　13－1

作用在杆上的动荷载集度为

$$q_{\mathrm{d}}=A\rho g+A\rho a=A\rho g\left(1+\frac{a}{g}\right) \tag{a}$$

其中，$A\rho g$ 为重力的集度；$A\rho a$ 为惯性力的集度。它们沿杆的长度均为均匀分布，如图 13 - 1(b)所示。

设 x 截面上的动轴力为 $F_{\mathrm{Nd}}(x)$，由图 13 - 1(c)所示分离体的平衡方程

$$\sum F_x=0,\qquad F_{\mathrm{Nd}}(x)-q_{\mathrm{d}}x=0$$

得

$$F_{\mathrm{Nd}}(x)=q_{\mathrm{d}}x=A\rho gx\left(1+\frac{a}{g}\right)$$

x 截面上的动应力为

$$\sigma_{\mathrm{d}}=\frac{F_{\mathrm{Nd}}(x)}{A}=\rho gx\left(1+\frac{a}{g}\right) \tag{b}$$

杆的动伸长为

$$\Delta l_{\mathrm{d}}=\int_0^l\frac{F_{\mathrm{Nd}}(x)}{EA}\mathrm{d}x=\frac{(A\rho g)l^2}{2EA}\left(1+\frac{a}{g}\right) \tag{c}$$

当加速度 a 为零时，即杆仅在自重作用下，其静荷载、静应力、静伸长分别为

$$q_{\mathrm{st}}=A\rho g,\qquad \sigma_{\mathrm{st}}=\rho gx,\qquad \Delta l_{\mathrm{st}}=\frac{(A\rho g)l^2}{2EA}$$

引入记号

$$K_{\mathrm{d}}=1+\frac{a}{g} \tag{13-1}$$

K_{d} 称为构件作匀加速直线运动时的动荷因数，于是(a)、(b)、(c)可以写成

$$q_{\mathrm{d}}=K_{\mathrm{d}}q_{\mathrm{st}} \tag{13-2}$$

$$\sigma_{\mathrm{d}}=K_{\mathrm{d}}\sigma_{\mathrm{st}} \tag{13-3}$$

$$\Delta l_{\mathrm{d}}=K_{\mathrm{d}}\Delta l_{\mathrm{st}} \tag{13-4}$$

当构件作匀加速直线运动时，可先计算构件在静荷载作用下的静应力、静变形(或静位移)。将它们乘以动荷因数 K_{d} 后，即可得到动应力、动变形(或动位移)。

例 13 - 1 图所示的均质水平杆，以匀加速度 a 起吊。杆的长度为 l，材料的密度为 ρ，弯曲截面系数为 W_z，弯曲刚度为 EI_z。求杆中的最大动应力 $\sigma_{\mathrm{d,max}}$ 及最大动挠度 $w_{\mathrm{d,max}}$。

解 把杆简化成受均布荷载的简支梁，其静荷载的集度为杆的单位长度的重量，即 $q_{\mathrm{st}}=(A\rho)g$。

最大静弯矩发生在 C 截面处，其值为

$$M_{\mathrm{st,max}}=\frac{1}{8}q_{\mathrm{st}}l^2=\frac{1}{8}(A\rho g)l^2$$

最大静应力为

$$\sigma_{\mathrm{st,max}}=\frac{M_{\mathrm{st,max}}}{W_z}=\frac{(A\rho g)l^2}{8W_z}$$

最大静挠度发生在 C 截面处，其值为

$$w_{\mathrm{st,max}}=\frac{5q_{\mathrm{st}}l^4}{384EI}=\frac{5(A\rho g)l^4}{384EI}$$

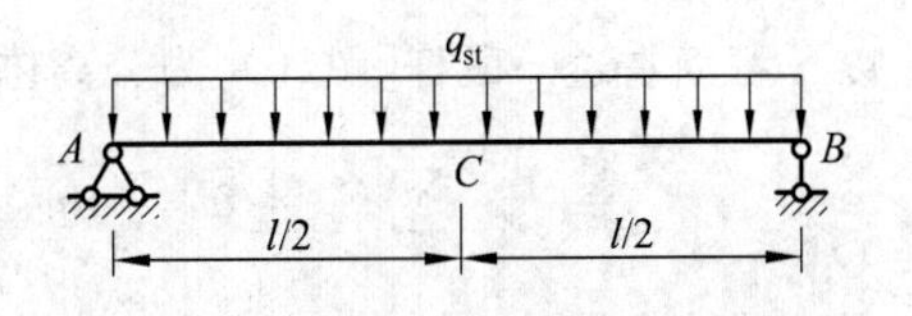

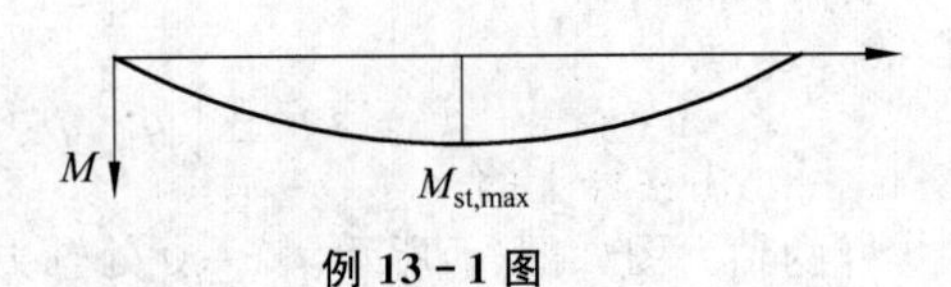

例 13 - 1 图

动荷因数为

$$K_{\mathrm{d}}=1+\frac{a}{g}$$

最大动应力和最大动挠度分别为

$$\sigma_{\mathrm{d,max}}=K_{\mathrm{d}}\cdot\sigma_{\mathrm{st,max}}=\left(1+\frac{a}{g}\right)\frac{(A\rho g)l^2}{8W_z}$$

$$w_{\mathrm{d,max}}=K_{\mathrm{d}}\cdot w_{\mathrm{st,max}}=\left(1+\frac{q}{g}\right)\frac{5(A\rho g)l^4}{384EI}$$

例 13-2 AB 杆和 CD 杆在 A 处刚性连接，AB 杆以角速度 ω 绕 y 轴匀速转动，AB 杆的长度为 l，横截面面积为 A，材料的密度为 ρ，弹性模量为 E。试求 AB 杆内的最大正应力和 AB 杆的伸长量。不计由自重产生的弯曲变形。

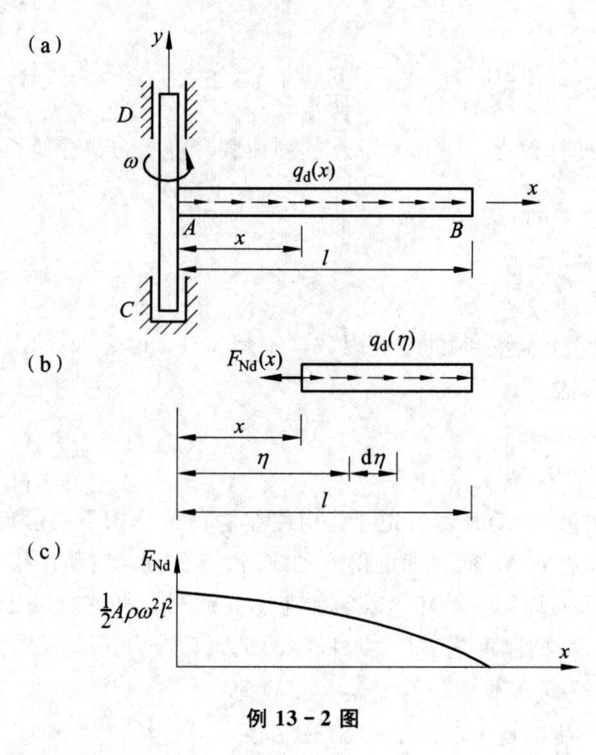

例 13-2 图

解 作用在 AB 杆上 x 截面处惯性力的集度为

$$q_{\mathrm{d}}(x)=A\rho\cdot x\omega^2$$

以 x 截面右边一段杆[图(b)]为分离体，由

$$\sum F_x=0,\quad \int_x^l q_{\mathrm{d}}(\eta)\mathrm{d}\eta-F_{\mathrm{N_d}}(x)=0$$

得杆的轴力为

$$F_{\mathrm{Nd}}(x)=\int_x^l q_{\mathrm{d}}(\eta)\mathrm{d}\eta=\int_x^l A\rho\cdot\eta\,\omega^2\mathrm{d}\eta=\frac{1}{2}A\rho\cdot\omega^2(l^2-x^2)$$

杆的轴力图如图(c)所示。$x=0$ 处轴力最大，其最大轴力为

$$F_{\mathrm{Nd,max}}=\frac{1}{2}A\rho\cdot\omega^2 l^2$$

最大正应力为

$$\sigma_{\mathrm{d,max}}=\frac{F_{\mathrm{Nd,max}}}{A}=\frac{\frac{1}{2}A\rho\cdot\omega^2 l^2}{A}=\frac{1}{2}\rho\omega^2 l^2$$

杆的伸长量为

$$\begin{aligned}\Delta l_{\mathrm{d}}&=\int_0^x\frac{F_{\mathrm{Nd}}(x)}{EA}\mathrm{d}x=\int_0^x\frac{A\rho\cdot\omega^2(l^2-x^2)}{2EA}\mathrm{d}x\\&=\frac{\rho\omega^2 l^3}{3E}\end{aligned}$$

例 13-3 图(a)所示为一铸铁飞轮，绕通过圆心且垂直于飞轮平面的轴，以匀角速 ω 转动。设飞轮轮缘的平均直径为 D，厚度为 δ，径向截面的面积为 A，材料的密度为 $\rho=7.65\times10^3\ \mathrm{kg/m^3}$，许用拉应力 $[\sigma_{\mathrm{t}}]=15\ \mathrm{MPa}$。试求轮缘径截面上的正应力和轮缘轴线上各点的线速度之许用值。

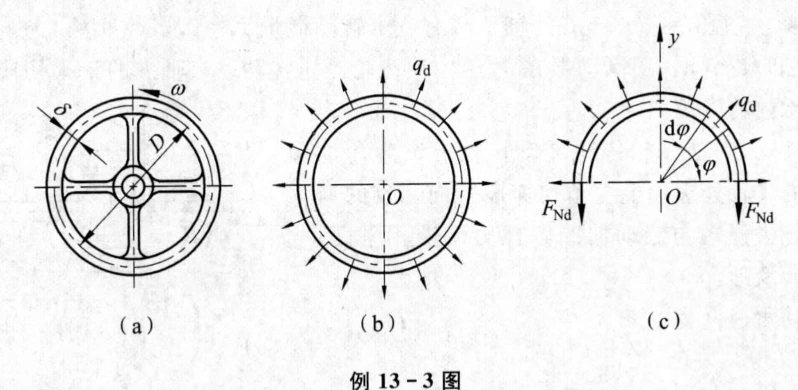

例 13-3 图

解 略去辐条，近似取薄壁圆环作为飞轮的计算简图[图(b)]。由于是匀角速转动，环上任一质点的切线加速度等于零，而只有向心加速度。设环的壁厚与其平均直径相比较小，故可近似地认为环上各质点的向心加速度 a_{n} 的大小均相同，且 $a_{\mathrm{n}}=(D/2)\omega^2$。按照动静法，虚加上沿圆环轴线均匀分布的惯性力，其集度为 q_{d}，方向与 a_{n} 相反[图(b)]，且

$$q_{\mathrm{d}}=A\rho a_{\mathrm{n}}=A\rho\frac{D}{2}\omega^2$$

将圆环沿直径截分为二，并研究上半部分[图(c)]的平衡。由平衡条件 $\sum F_y=0$，可得

$$2F_{\mathrm{Nd}}=\int_0^{\pi}q_{\mathrm{d}}\cdot\sin\varphi\frac{D}{2}\mathrm{d}\varphi=q_{\mathrm{d}}D$$

即
$$F_{\mathrm{Nd}}=\frac{q_{\mathrm{d}}D}{2}=\frac{A\rho D^2}{4}\omega^2$$

作为薄壁圆环，可近似认为正应力沿壁厚均匀分布。于是，可得圆环径截面上的拉应力为

$$\sigma_{\mathrm{d}}=\frac{F_{\mathrm{Nd}}}{A}=\frac{\rho D^{2}}{4}\omega^{2}=\rho v^{2}$$

式中，$v=(D/2)\omega$ 是圆环轴线上的点的线速度。

圆环匀角速转动时的强度条件为

$$\sigma_{\mathrm{d}}=\rho v^{2}\leqslant[\sigma_{\mathrm{t}}]$$

由此便可求出圆环轴线上各点的许用线速度为

$$[v]=\sqrt{\frac{[\sigma_{\mathrm{t}}]}{\rho}}$$

代入数据后可得

$$[v]=\sqrt{\frac{(15\times10^{6}\ \mathrm{Pa})(9.81\ \mathrm{m/s^{2}})}{(7.65\times10^{3}\ \mathrm{kg/m^{3}})(9.81\ \mathrm{m/s^{2}})}}=44.3\ \mathrm{m/s}$$

上述计算当然是近似的，因为辐条的存在，将使轮缘发生弯曲，并且在轮缘与辐条连接处还有应力集中。所以，轮缘的许用线速度应比上述计算结果小些。

例 13-4　直径 $d=100$ mm 的轴上装有一个转动惯量 $I_0=0.05\ \mathrm{kN\cdot m\cdot s^2}$ 的飞轮。轴的转速为 $n=90$ r/min，用制动器在 10 s 内使飞轮停止转动。求轴内的最大切应力。不计轴的质量和轴承内的摩擦力。

解　在 10 s 内使飞轮停止转动，轴要产生角加速度，在轴的飞轮处虚加上与角加速度转向相反的惯性力偶矩，该力偶矩与制动器的摩擦力偶矩相平衡，使轴产生扭转变形。

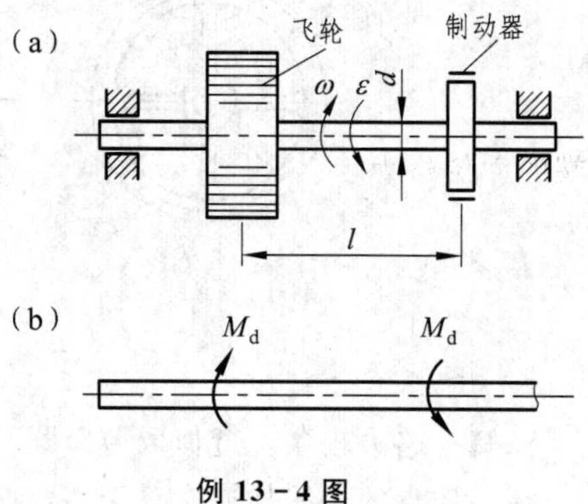

例 13-4 图

轴的转动角速度为

$$\omega=\frac{2\pi n}{60}=\frac{2\pi\times90\ \mathrm{rad}}{60\ \mathrm{s}}=3\pi\ \mathrm{rad/s}$$

设制动过程中为匀减速转动，则角加速度为

$$\varepsilon=\frac{0-\omega}{t}=\frac{0-3\pi\ \mathrm{rad/s}}{10\ \mathrm{s}}=-0.3\pi\ \mathrm{rad/s^{2}}$$

等号右边的负号表示 ε 与 ω 的转向相反。惯性力偶矩为

$$\begin{aligned}M_{\mathrm{d}}&=-I_0\varepsilon=-(0.05\ \mathrm{kN\cdot m\cdot s^{2}})(-0.3\pi\ \mathrm{rad/s^{2}})\\&=0.015\pi\ \mathrm{kN\cdot m}\end{aligned}$$

M_{d} 和制动器的摩擦力偶矩的转向如图(b)所示。

轴的扭矩为

$$T_{\mathrm{d}}=M_{\mathrm{d}}=0.015\pi\ \mathrm{kN\cdot m}$$

横截面上的最大扭转切应力为

$$\tau_{\mathrm{d,max}}=\frac{T_{\mathrm{d}}}{W_{\mathrm{p}}}=\frac{0.015\pi\times10^{3}\ \mathrm{N\cdot m}}{\pi(100\times10^{-3}\ \mathrm{m})^{3}/16}=0.24\times10^{6}\ \mathrm{Pa}=0.24\ \mathrm{MPa}$$

§13-3　构件受冲击时的近似计算

图 13-2(a)表示重量为 P 的重物(通常称为**冲击物**)从距杆端为 h 处自由落下。当冲击物与杆端 B 接触时(杆 AB 称为**被冲击物**)，由于杆件阻碍冲击物的运动，它的速度迅速减小，直至为零。这一过程称为**冲击**。由于冲击过程非常短促，一般仅为(1/1 000～1/100) s。所以加速度的大小很难确定，也就难以采用动静法进行分析。工程中一般采用基于如下假设的能量法进行计算：

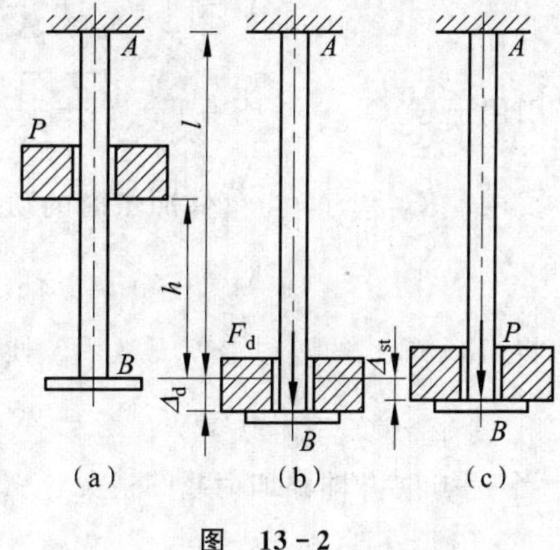

图　13-2

(1) 冲击物为刚体且忽略被冲击物的质量；

(2) 冲击物不回弹，附着在被冲击物上一起运动；

(3) 略去冲击过程中的能量损失，利用能量守恒定律分析冲击问题。

根据以上假设，当冲击物的速度减小到零时，AB 杆受到冲击荷载 F_d，B 端产生动位移 Δ_d[图 13-2(b)]，重物所减少的势能为

$$E_p=P(h+\Delta_d) \tag{a}$$

试验表明，在静荷载下服从胡克定律的材料，在冲击荷载下这一定律依然成立，且弹性模量 E 与静荷载下的相同。因此，在冲击过程中，若杆件仍在线弹性范围内工作，则杆 B 端的动位移为

$$\Delta_d=\Delta l_d=\frac{F_d l}{EA} \tag{b}$$

杆内的应变能为

$$V_{\varepsilon d}=\frac{1}{2}F_d\Delta_d=\frac{\Delta_d^2 EA}{2l} \tag{c}$$

根据能量守恒定律应有

$$E_p=V_{\varepsilon d}$$

将(a)、(c)两式代入上式，得

$$P(h+\Delta_d)=\frac{\Delta_d^2 EA}{2l}$$

即

$$\Delta_d^2 EA-2Pl\Delta_d-2Phl=0$$

把该方程中的各项均除以 EA 后，得

$$\Delta_d^2-2\frac{Pl}{EA}\Delta_d-2\frac{Pl}{EA}h=0$$

而 $Pl/(EA)=\Delta l_{st}=\Delta_{st}$，相当于将冲击物的重量 P 当做静荷载作用在杆端时，杆在被冲击点处沿冲击方向的**静位移**[图 13-2(c)]。于是上式可改写为

$$\Delta_d^2-2\Delta_{st}\Delta_d-2\Delta_{st}h=0$$

从而解得
$$\Delta_d=\Delta_{st}\pm\sqrt{\Delta_{st}^2+2h\Delta_{st}}=\left[1\pm\sqrt{1+\frac{2h}{\Delta_{st}}}\right]\Delta_{st}$$

由于 Δ_d 应大于 Δ_{st}，所以上式中根号前取正号，即

$$\Delta_d=\left[1+\sqrt{1+\frac{2h}{\Delta_{st}}}\right]\Delta_{st}$$

引用记号
$$K_d=1+\sqrt{1+\frac{2h}{\Delta_{st}}} \tag{13-5}$$

式中，K_d 称为自由落体**冲击时的动荷因数**。于是上式可写为

$$\Delta_d=K_d\Delta_{st} \tag{13-6}$$

将(13-6)式的两边乘以 E/l 后，便得到杆内的冲击应力为

$$\sigma_d=K_d\sigma_{st} \tag{13-7}$$

当 $h=0$ 时，即**骤加荷载**的情况，由(13-5)式得

$$K_d=2 \tag{13-8}$$

以上公式，也适用于梁和其他构件的冲击问题，只是静应力和静位移的计算公式与拉(压)时不同。

由(13-5)式可以看出，杆件(或线弹性结构)的刚度越小，静位移 Δ_{st} 就越大，动荷因数 K_d 也就越小。因此，工程中广泛采用不同类型的柔性构件(例如弹簧)来作为缓冲元件。

例 13-5 重量 $P=2$ kN 的重物从高度 $h=20$ mm 处自由落下，冲击到简支梁跨度中点的顶面上[图(a)]。已知该梁由 20b 号工字钢制成，跨长 $l=3$ m，钢的弹性模量 $E=210$ GPa，试求梁横截面上的最大正应力；若梁的两端支承在相同的弹簧上[图(b)]，该弹簧的刚度系数 $k=300$ kN/m，则梁横截面上的最大正应力又是多少？(不计梁和弹簧的自重)

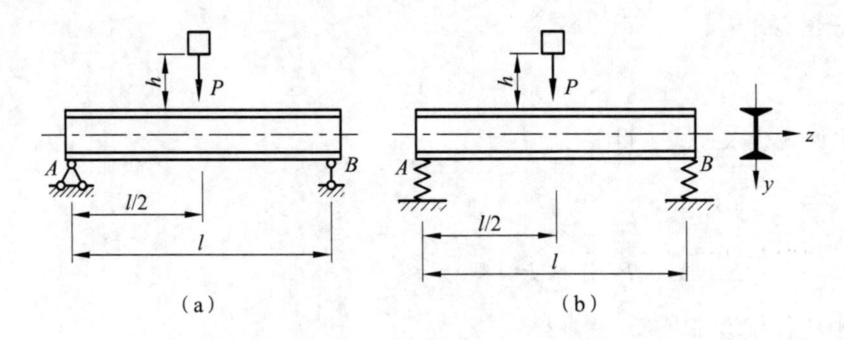

例 13-5 图

解

(1) 对图(a)所示情况，由型钢表查得 $W_z=250$ cm^3，$I_z=2\ 500$ cm^4。重物 P 以静荷载方式作用于跨中时，梁横截面上的最大正应力为

$$\sigma_{\mathrm{st,max}}=\frac{M_{\mathrm{st,max}}}{W_z}=\frac{Pl}{4W_z}=\frac{(2\times10^3\ \mathrm{N})(3\ \mathrm{m})}{4(250\times10^{-6}\ \mathrm{m}^3)}=6\times10^6\ \mathrm{Pa}=6\ \mathrm{MPa}$$

此时，跨中截面的静挠度为静位移，即

$$\Delta_{\mathrm{st}}=\frac{Pl^3}{48EI_z}=\frac{(2\times10^3\ \mathrm{N})(3\ \mathrm{m})^3}{48(210\times10^9\ \mathrm{Pa})(2\ 500\times10^{-8}\ \mathrm{m}^4)}$$

$$=2.143\times10^{-4}\ \mathrm{m}=0.214\ 3\ \mathrm{mm}$$

冲击时的动荷因数可按(13-5)式计算，即

$$K_{\mathrm{d}}=1+\sqrt{1+\frac{2h}{\Delta_{\mathrm{st}}}}=1+\sqrt{1+\frac{2(20\ \mathrm{mm})}{0.214\ 3\ \mathrm{mm}}}=14.7$$

跨中截面的最大动应力可按(13-7)式计算，即

$$\sigma_{\mathrm{d,max}}=K_{\mathrm{d}}\sigma_{\mathrm{st,max}}=14.7\times6\ \mathrm{MPa}=88.2\ \mathrm{MPa}$$

(2) 对于图(b)所示情况，梁在冲击点处沿冲击方向的静位移，应当由梁在跨中截面的静挠度和两端支承弹簧的缩短两部分组成，即

$$\Delta_{\mathrm{st}}=\frac{Pl^3}{48EI_z}+\frac{P}{2k}=0.214\ 3\ \mathrm{mm}+\frac{2\times10^3\ \mathrm{N}}{2(300\ \mathrm{N/mm})}=3.547\ 6\ \mathrm{mm}$$

冲击时的动荷因数为

$$K_{\mathrm{d}}=1+\sqrt{1+\frac{2h}{\Delta_{\mathrm{st}}}}=1+\sqrt{1+\frac{2(20\ \mathrm{mm})}{3.547\ 6\ \mathrm{mm}}}=4.5$$

跨中截面的最大动应力为

$$\sigma_{\mathrm{d,max}}=K_{\mathrm{d}}\sigma_{\mathrm{st,max}}=4.5\times6\ \mathrm{MPa}=27\ \mathrm{MPa}$$

从以上计算可见，在自由落体冲击情况下，刚性支承时梁内的最大正应力是该弹簧支承时的3.27倍。这是由于改用弹簧支承后，使梁在冲击点处沿冲击方向的静位移增大了，从而降低了动荷因数。

例 13-6 重量为 P 的重物，以速度 v 沿水平方向冲击悬梁 AB 的 B 端[图(a)]。设梁的弯曲刚度为 EI，求水平冲击时的动荷因数 K_{d}。

解 冲击过程中，冲击物(重物)的速度由 v 减小到零，冲击物减小的动能为

$$E_{\mathrm{k}}=\frac{1}{2}\frac{P}{g}v^2 \tag{a}$$

因为水平冲击时，冲击物的势能没有改变，即 $E_{\mathrm{p}}=0$。

当冲击物冲击到梁时，梁在 B 点处受到冲击荷载 F_{d}，梁的 B 点产生动挠度(动位移)Δ_{d}[图(b)]，F_{d} 和 Δ_{d} 的关系为，$\Delta_{\mathrm{d}}=\frac{F_{\mathrm{d}}l^3}{3EI}$或写成 $F_{\mathrm{d}}=\frac{3EI}{l^3}\Delta_{\mathrm{d}}$。梁增加的应变能为

$$V_{\varepsilon\mathrm{d}}=\frac{1}{2}F_{\mathrm{d}}\cdot\Delta_{\mathrm{d}}=\frac{1}{2}\left(\frac{3EI}{l^3}\right)\Delta_{\mathrm{d}}^2 \tag{b}$$

根据能量守恒定律，由(a)和(b)式可得

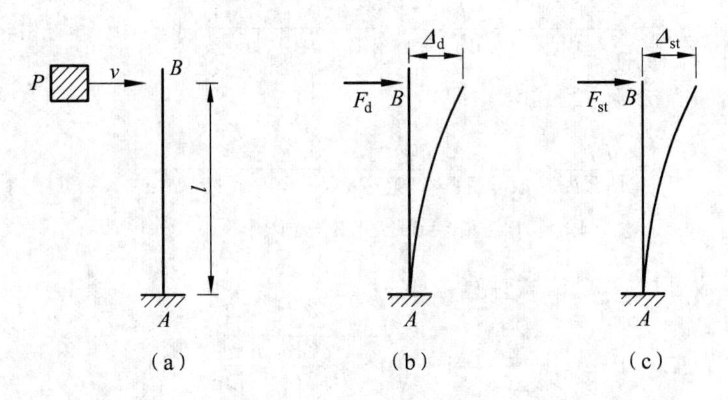

例 13-6 图

$$\frac{1}{2}\frac{P}{g}v^2=\frac{1}{2}\left(\frac{3EI}{l^3}\right)\Delta_d^2$$

解得

$$\Delta_d=\sqrt{\frac{v^2}{g}\left(\frac{Pl^3}{3EI}\right)}=\Delta_{st}\sqrt{\frac{v^2}{g\Delta_{st}}} \tag{c}$$

式中，$\Delta_{st}=\dfrac{Pl^3}{3EI}$，它表示在 B 点受到一个数值上等于 P 的静荷载 F_{st} 时，B 点的静挠度(静位移)。

由(c)式可得到水平冲击时的动荷因数为

$$K_d=\frac{\Delta_d}{\Delta_{st}}=\sqrt{\frac{v^2}{g\Delta_{st}}} \tag{13-9}$$

式中，Δ_{st}为把冲击物的重量作为水平静荷载加在被冲击物的冲击点处，被冲击物的冲击点沿冲击方向的静位移。

例 13-7 钢吊索下端重物的重量为 P，以速度 v 匀速下降，当钢索的长度为 l_0 时，滑轮突然被卡住。求重物匀速下降突然停止时的动荷因数 K_d。不计滑轮和吊索的重量。

解 由于滑轮突然被卡住，重物下降的速度由 v 减小到零，产生很大的向上加速度，使吊索受到冲击荷载 F_d，并产生冲击位移 Δ_d［图(a)］。应该注意的是，在滑轮被卡住前瞬时，吊索在静荷载 P 作用下已产生了静位移 Δ_{st}，如图(b)所示。

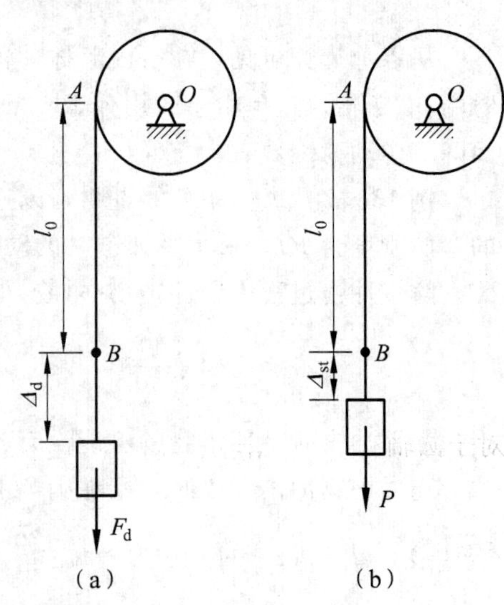

例 13-7 图

滑轮被卡住前的瞬时，重物的动能、势能、吊索的应变能分别为

$$E_{k_1}=\frac{1}{2}\frac{P}{g}v^2$$

$$E_{p_1}=P(\Delta_d-\Delta_{st})$$

$$V_{\varepsilon_1}=\frac{1}{2}P\Delta_{st}$$

滑轮卡住后的瞬时，重物的动能、势能以及吊索的应变能分别为

$$E_{k_2}=0,\quad E_{p_2}=0,\quad V_{\varepsilon_2}=\frac{1}{2}F_d\Delta_d$$

根据能量守恒定律，得

$$\frac{1}{2}\frac{P}{g}v^2+P(\Delta_d-\Delta_{st})+\frac{1}{2}P\Delta_{st}=\frac{1}{2}F_d\Delta_d$$

把 $F_d=\frac{EA}{l_0}\Delta_d$ 代入上式，并化简，得

$$\frac{1}{2}\frac{P}{g}v^2+P(\Delta_d-\Delta_{st})=\frac{1}{2}\left(\frac{EA}{l_0}\Delta_d^2-P\Delta_{st}\right)$$

将上式两端同乘以$\frac{l_0}{EA}$，并利用 $\Delta_{st}=\frac{Pl_0}{EA}$，可化简为

$$\Delta_d^2-2\Delta_{st}\Delta_d+\Delta_{st}^2\left(1-\frac{v^2}{g\Delta_{st}}\right)=0$$

解得

$$\Delta_d=\Delta_{st}\left(1+\sqrt{\frac{v^2}{g\Delta_{st}}}\right)$$

可得动荷因数 K_d 为

$$K_d=\frac{\Delta_d}{\Delta_{st}}=1+\sqrt{\frac{v^2}{g\Delta_{st}}}\tag{13-10}$$

例 13-8 在例 13-4 中，如果用制动器突然刹车，试求轴内的最大切应力。已知轴的切变模量 $G=80$ GPa，$l=1$ m。设在制动器作用前轴与驱动器脱开。

解 突然刹车时，可以认为飞轮的动能全部转变长度为 l 的一段轴的应变能，使该段轴受到扭转冲击，即

$$\frac{1}{2}I_0\omega^2=\frac{T_d^2 l}{2GI_p}$$

由此得

$$T_d=\omega\sqrt{\frac{I_0 G I_p}{l}}$$

轴内的最大扭转切应力为

$$\tau_{d,\max}=\frac{T_d}{W_p}=\omega\sqrt{\frac{I_0 G}{l}\left(\frac{I_p}{W_p^2}\right)}$$

对于圆轴有

$$\frac{I_p}{W_p^2}=\frac{\pi d^4}{32}\times\left(\frac{16}{\pi d^3}\right)^2=\frac{8}{\pi d^2}$$

于是得

$$\tau_{d,\max}=\omega\sqrt{\frac{8I_0 G}{l\pi d^2}}$$

$$=(3\pi\text{rad/s})\sqrt{\frac{8\times(0.05\times10^3\ \text{N}\cdot\text{m}\cdot\text{s}^2)(80\times10^9\ \text{Pa})}{(1\ \text{m})\pi(100\times10^{-3}\ \text{m})^2}}$$

$$=300.8\times10^6\ \text{Pa}=300.8\ \text{MPa}$$

由此可见，突然刹车时轴内的最大切应力比 10 s 内停止转动时轴内的最大切应力（$\tau_{d,\max}$

=0.24 MPa)大得多，因此突然刹车对轴的安全来说是十分有害的。

利用机械能守恒定律还可近似地计算其他形式的冲击问题。就图 13-3 所示的货车而言，当该车以速度 v 冲向线路尽头的保护装置时，使缓冲器中的弹簧压缩变形，从而起到吸收货车能量的作用。如果货车的速度不大，则除弹簧以外，对货车车体以及保护装置中的其他零件均可视为刚体。再根据机械能守恒定律，便可对缓冲弹簧所受到的冲击力进行近似的计算。

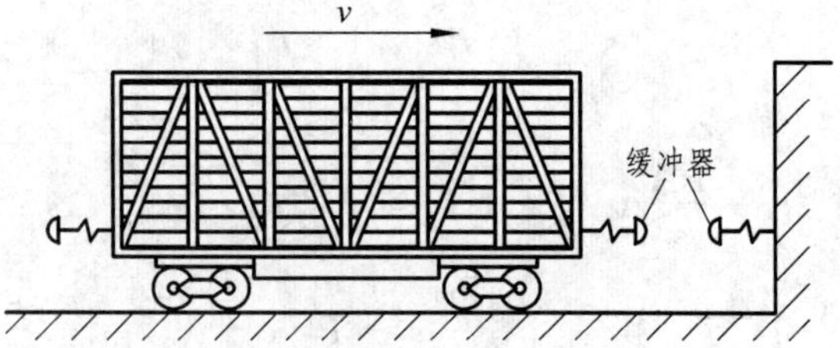

缓冲器

图 13-3

由机械能守恒定律可知

$$E_{k}=V_{\varepsilon d} \tag{a}$$

式中，$V_{\varepsilon d}$ 为弹簧内的应变能，在数值上就等于冲击力 F_{d} 所做的功；E_{k} 为货车所减少的动能。

设货车的重量为 P，速度为 v，冲击终了时的速度降为零，则动能的损失为

$$E_{k}=\frac{Pv^{2}}{2g} \tag{b}$$

缓冲弹簧受到的冲击力为

$$F_{d}=k\Delta_{d} \tag{c}$$

式中，Δ_{d} 为两个缓冲器(货车上的缓冲器和保护装置的缓冲器)弹簧的总压缩量；k 为两个串联弹簧的刚度系数。

弹簧内的应变能为

$$V_{\varepsilon d}=\frac{F_{d}\Delta_{d}}{2}=\frac{F_{d}^{2}}{2k} \tag{d}$$

将式(b)和式(d)代入式(a)，得

$$\frac{Pv^{2}}{2g}=\frac{F_{d}^{2}}{2k} \tag{e}$$

从而解出冲击力为

$$F_{d}=v\sqrt{\frac{Pk}{g}} \tag{f}$$

例如货车重 $P=600$ kN，速度 $v=0.1$ m/s；两个弹簧串联后的刚度系数 $k=10^{3}$ kN/m，则根据式(f)求得冲击力为

$$F_{d}=v\sqrt{\frac{Pk}{g}}=0.1\ \text{m/s}\sqrt{\frac{(600\ \text{kN})(10^{3}\ \text{kN/m})}{9.81\ \text{m/s}^{2}}}=24.7\ \text{kN}$$

§13-4　提高构件抗冲击能力的措施

增设缓冲装置，以吸收冲击时的能量，是提高构件抗冲击能力最常用的方法，如图 13-4 所示的钢轨与钢筋混凝土轨枕之间的橡皮垫和弹性压片等，均能起到缓和钢轨传到轨枕

的冲击作用，从而延长轨枕的寿命。又如图 13-5 所示的 202B 型客车转向架中的螺旋弹簧和油压减振器，它们的功能也是缓和钢轨传到车厢的冲击作用。以上构件之所以能起到缓和冲击的作用。是由于这些构件在工作时能产生较大的变形，并使冲击时的动荷因数 K_d 减小。

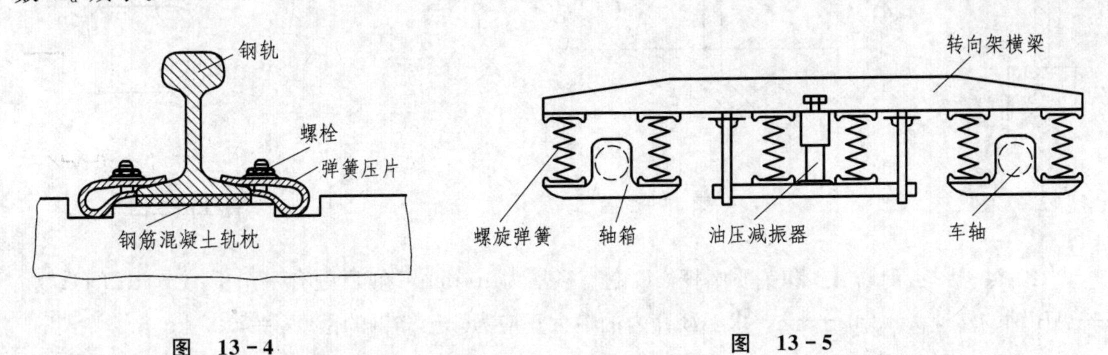

图 13-4

图 13-5

在某些情况下，可设法增大受冲击构件的柔性，来减小冲击时的动荷因数和冲击力。例如，汽缸盖的螺钉常因受冲击而破坏，若改用长螺钉(图 13-6)就能提高抗冲击的能力。此外，像螺钉这类变截面杆，用于受冲击作用的场合时，应使光杆部分的直径与螺纹的内径接近相等(图 13-7)。这样，既增大了螺杆的柔性，也使螺钉的各部分能较为均匀地吸收能量。

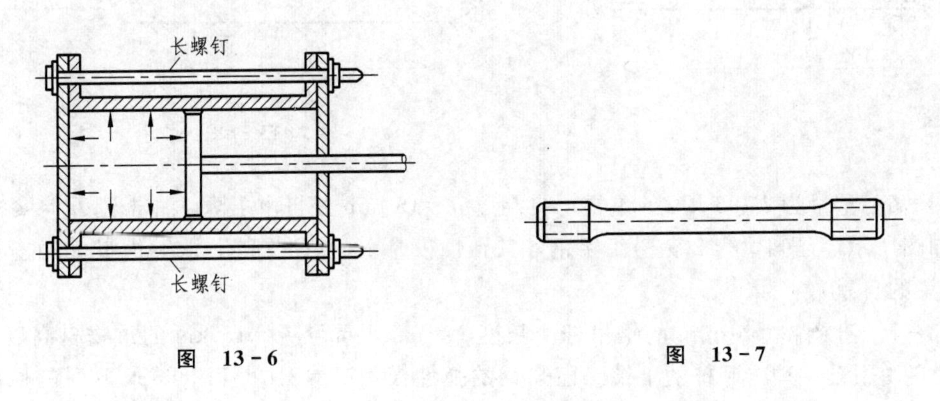

图 13-6

图 13-7

习 题

13-1 用钢索起吊 $P=60$ kN 的重物，并在第一秒钟内以等加速上升 2.5 m。求钢索所受的拉力 F_{Nd}(不计钢索的质量)

13-2 一起重机重 $P_1=5$ kN，装在两根跨度 $l=4$ m 的 20a 号工字钢梁上，用钢索起吊 $P_2=50$ kN 的重物。该重物在前 3 秒内按等加速上升 10 m，已知$[\sigma]=170$ MPa，试校核梁的强度(不计梁和钢索的自重)。

13-3 一杆以角速度 ω 绕铅垂轴在水平面内转动。已知杆长为 l，杆的横截面面积为 A，重量为 P_1，材料的弹性模量为 E；另有一重量为 P 的重物连接在杆的端点，如图所示。试求杆的伸长。

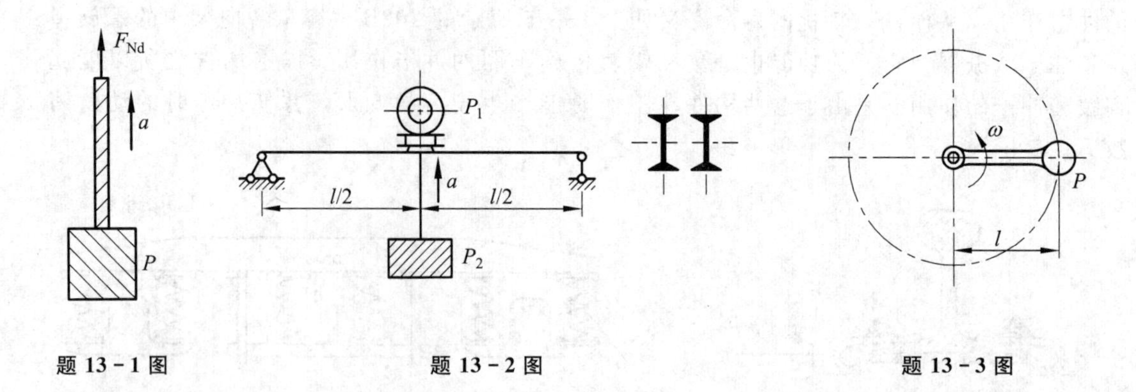

题 13-1 图　　题 13-2 图　　题 13-3 图

13-4　图示钢轴 AB 和钢质圆杆 CD 的直径均为 10 mm，在 D 处有一个 $P=10$ kN 的重物。若 AB 轴的转速 $n=300$ r/min，求 AB 杆内的最大正应力。已知钢的密度 $\rho=7.95$ kg/m^3。

13-5　图示机车车轮以 $n=300$ r/min 的转速旋转。两轮之间的连杆 AB 的横截面为矩形，$h=56$ mm，$b=28$ mm；长度 $l=2$ m；车轮半径 $r=250$ mm；连杆材料的密度 $\rho=7.95$ kg/m^3。试求连杆 AB 横截面上的最大弯曲正应力。

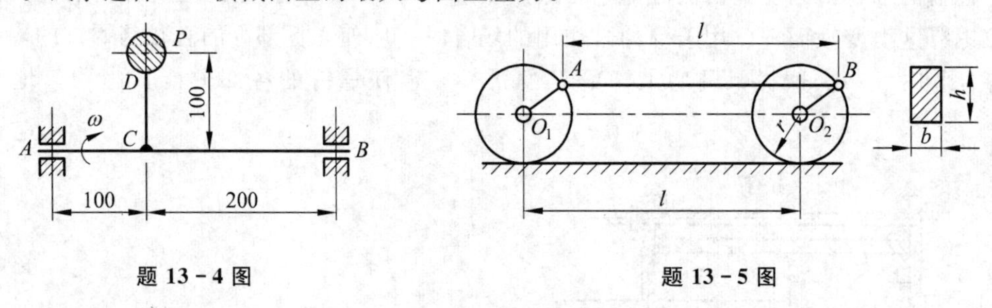

题 13-4 图　　题 13-5 图

13-6　重量为 $P=5$ kN 的重物，自高度 $h=15$ mm 处自由下降，冲击到外伸梁的 C 点处，如图所示。已知梁为 20b 号工字钢，其弹性模量 $E=210$ GPa，求梁内最大冲击正应力（不计梁的自重）。

13-7　直径 $d=40$ mm 的钢吊杆，长度 $l=4$ m，重量 $P=15$ kN 的重物自高度 $h=10$ mm 处自由下落，冲击到杆的下端。已知钢的弹性模量 $E=210$ GPa，试求下列三种情况下杆内最大正应力（杆的自重不计）：(1) 顶端无弹簧[图(a)]；(2) 顶端有一弹簧，该弹簧在 1 kN的静荷载作用下伸长 0.6 mm[图(b)]；(3) 同样的弹簧置于杆的下端[图(c)]。

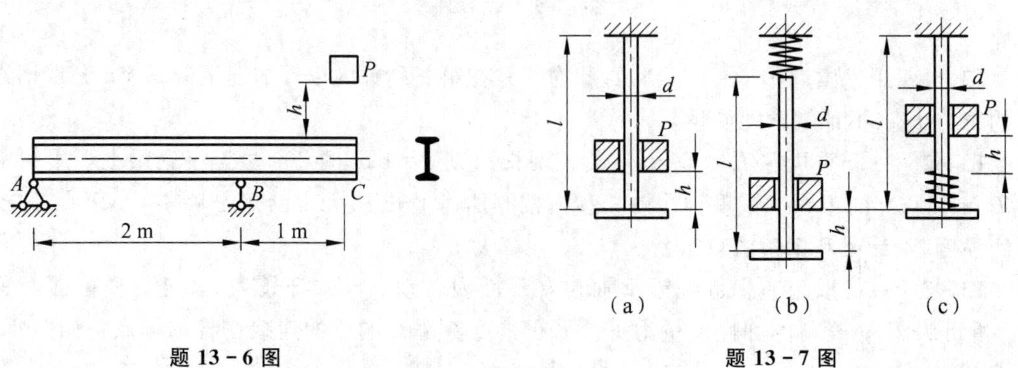

题 13-6 图　　题 13-7 图

13-8 重量为$P=40$ N的重物，自高度$h=60$ mm处自由下落冲击到钢梁中点E处，如图所示。该梁一端吊在AC弹簧上，另一端支承在BD弹簧上，冲击前AB梁处于水平位置。已知两弹簧的刚度系数均为$k=25.32$ N/mm，钢的弹性模量$E=210$ GPa，梁的截面为宽40 mm、高8 mm的矩形，其自重不计。求梁的最大冲击正应力。

13-9 图示等截面刚架，重物P自高度h处自由下落，冲击到刚架的A点处。试计算A截面的最大垂直位移和刚架内的最大冲击正应力。已知$P=300$ N，$h=50$ mm，$E=200$ GPa，刚架的质量可忽略不计，且不计剪力和轴力对位移的影响。

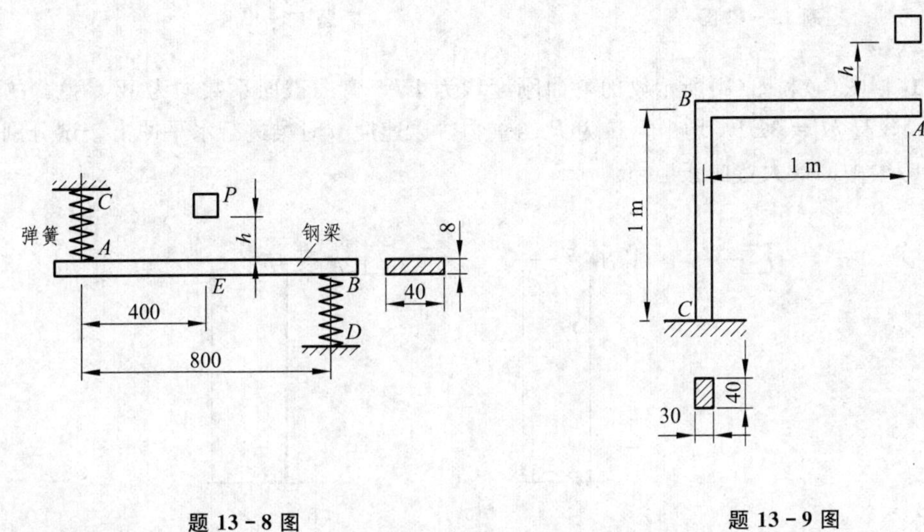

题 13-8 图 **题 13-9 图**

13-10 长为$l=400$ mm、直径$d=30$ mm的圆截面直杆，在B点处受到水平方向的轴向冲击力，如图所示。已知AB杆材料的弹性模量$E=210$ GPa，冲击时冲击物的动能为2 000 N·mm，在不考虑杆的质量的情况下，试求杆内的最大冲击正应力。

13-11 图示矩形截面梁，其弹性模量为E，重量为P的重物，自高度为h处自由下落，冲击到梁的C截面处。求梁内的最大冲击正应力。

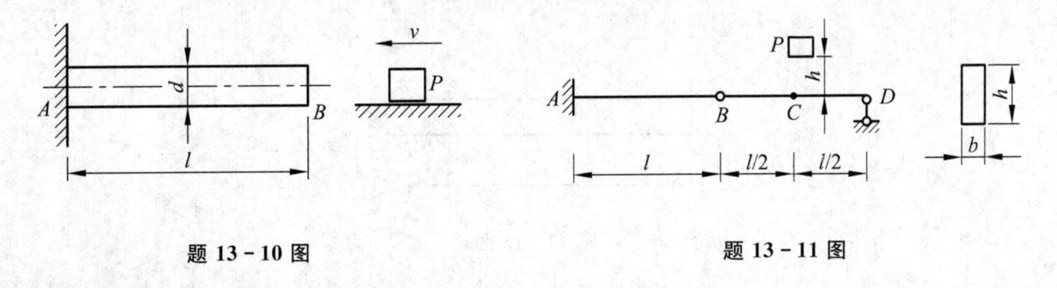

题 13-10 图 **题 13-11 图**

13-12 重量为P的重物，自高度为h处自由下落，冲击到梁的C截面处，如图所示。求梁的支反力。梁的弯曲刚度为EI。

13-13 图示结构中，AB梁为16号工字钢，CD杆为直径$d=40$ mm的圆截面杆。$l=1.2$ m，$P=5$ kN，$h=5$ mm。梁和杆的材料均为Q235钢，弹性模量$E=200$ GPa，比例极限$\sigma_p=200$ MPa，许用正应力$[\sigma]=160$ MPa，CD杆的稳定安全因数$n_{st}=3$。试校核AB梁的强度和CD杆的稳定性。

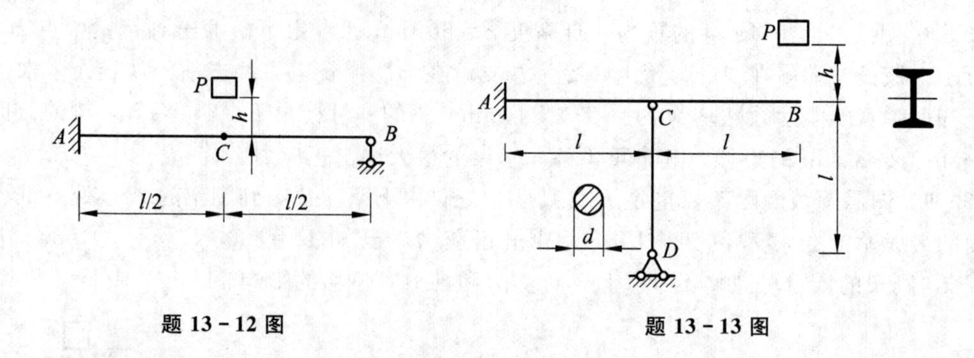

题 13－12 图　　　　题 13－13 图

13－14　图(a)和图(b)所示梁的弯曲刚度均为 EI，弯曲截面系数均为 W，弹簧的刚度系数均为 k，且 $kl^3=3EI$。均由重量为 P 的重物，以速度 v 对梁进行水平冲击。试分别求图(a)和图(b)梁中的最大弯曲正应力。

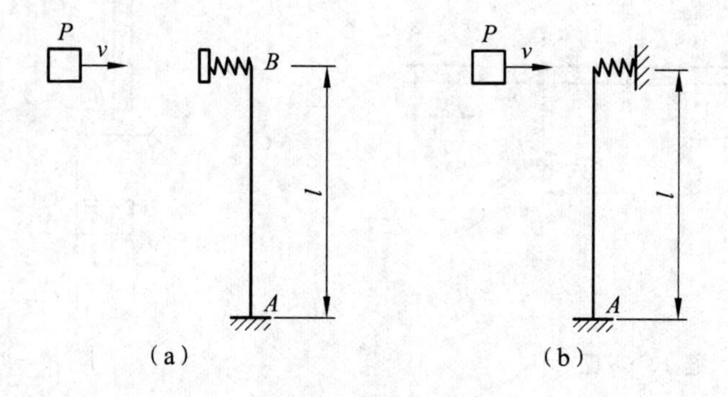

题 13－14 图

***13－15**　图示 AB 和 CD 梁的弯曲刚度均为 EI，自由端间距 $\Delta=\dfrac{Pl^3}{3EI}$，重量为 P 的重物自高度 h 处自由落下，冲击到 AB 梁的 B 端，设冲击过程中二梁共同运动。求 CD 梁自由端的挠度。

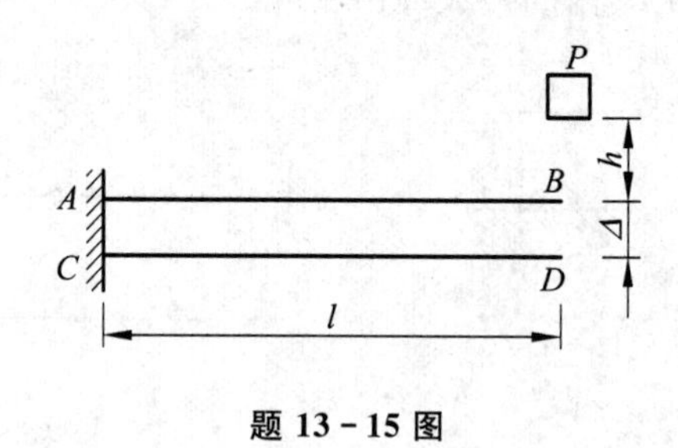

题 13－15 图

第十四章　交 变 应 力

§14-1　交变应力的概念

机器设备和工程结构中的许多构件，其工作应力常随时间作交替变化，这种应力称为**交变应力**。例如，铁路车辆的轮轴以匀角速度 ω 转动时[图 14-1(a)]，中间一段轴为纯弯曲，该区段内任意横截面周边上 k 点的弯曲正应力为

$$\sigma_k=\frac{My_k}{I_z}=\frac{Fa}{I_z}\times\frac{d}{2}\sin\omega t=\sigma_{\max}\sin\omega t \tag{14-1}$$

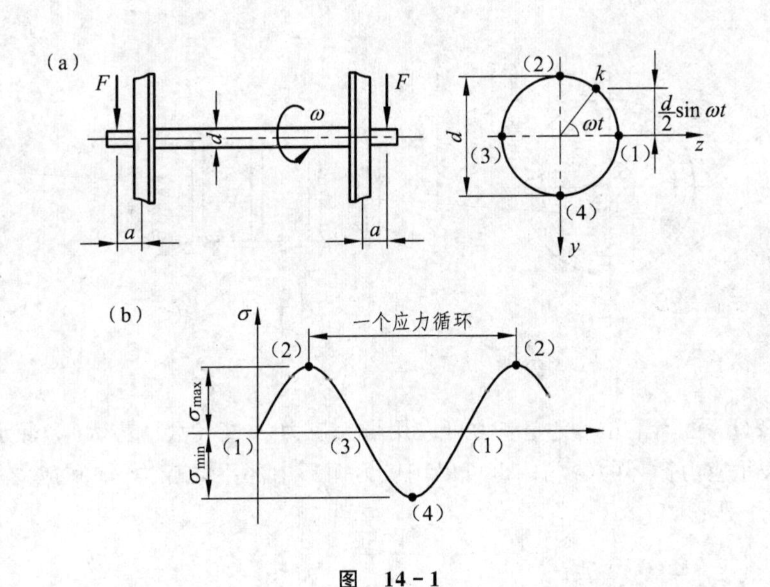

图　14-1

若以时间 t 为横坐标，正应力为纵坐标，则 k 点的弯曲正应力随时间按正弦规律周期性地变化。当应力每重复一次时，称为**一个应力循环**，如图 14-1(b)所示。重复变化的次数称为**循环次数**。又如图 14-2(a)所示的圆轴，受横向力 F_2 和轴向拉力 F_1 的联合作用，当轴以匀角速 ω 转动时，某横截面周边上 k 点的正应力为

$$\sigma_k=\frac{F_1}{A}-\frac{M}{I_z}\times\frac{d}{2}\sin\omega t \tag{14-2}$$

它随时间变化的规律仍是正弦曲线，如图 14-2(b)所示。当然，应力随时间变化的规律，并不都是正弦曲线，如单向转动齿轮上某齿的根部 k 点[图 14-3(a)]，该齿每啮合一次，k 点的弯曲正应力就从零变到最大值再回到零，其变化规律如图 14-3(b)所示。

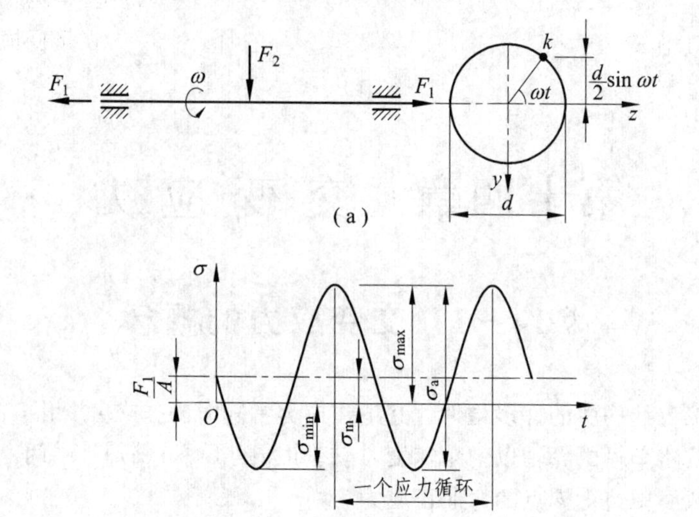

图 14-2

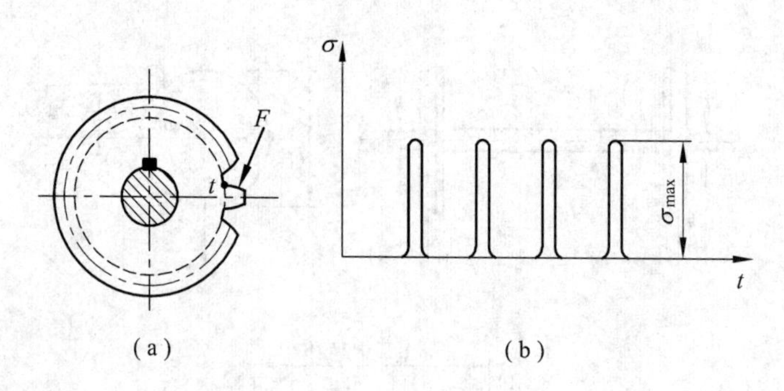

图 14-3

由图 14-2(b)可以看出，交变应力可以用**最大应力** σ_{max}(代数值最大)和**最小应力** σ_{min}(代数值最小)来表示应力循环的情况；也可以用应力循环中的**平均应力** σ_m 和**应力幅** σ_a 来表示，它们的表达式分别是

$$\sigma_m=\frac{\sigma_{max}+\sigma_{min}}{2} \tag{14-3}$$

$$\sigma_a=\sigma_{max}-\sigma_{min} \tag{14-4}$$

$$\sigma_{max}=\sigma_m+\sigma_a, \quad \sigma_{min}=\sigma_m-\sigma_a$$

从图 14-2 还可以看出，平均应力 σ_m 相当于由静荷载引起的静应力，也称为应力循环中的**静应力部分**；而应力幅 σ_a 则是应力循环中的**动应力部分**。

为区分不同的应力循环，用最小应力与最大应力之比，来表示应力循环的特点，即

$$r=\frac{\sigma_{min}}{\sigma_{max}} \tag{14-5}$$

这一比值，称为**循环特征**(或称**应力比**)。例如，图 14-1(b)所示的交变应力，其循环特征 $r=-1$，称为**对称循环**；图 14-3(b)所示的交变应力，其循环特征 $r=0$，称为**脉动循环**。

对于 $r \neq -1$ 的应力循环，统称为**非对称循环**。所以，脉动循环也是一种非对称循环。

有些构件的工作应力为交变切应力，例如车辆中的螺旋弹簧，在簧杆横截面上的应力就是交变切应力。上述概念仍然适用，只需将 σ 改为 τ 即可。

§14－2　金属疲劳破坏的概念

构件在交变应力下所发生的断裂破坏，习惯上称为**疲劳破坏**。其破坏形式与静荷载下发生的强度破坏截然不同。许多金属构件的疲劳破坏现象以及大量的疲劳破坏试验结果表明：在某种循环特征下，虽然交变应力的最大应力 σ_{max}（或最小应力 σ_{min}）低于材料的静强度极限 σ_b，甚至低于材料的屈服极限 σ_s，但经过许多次乃至上千万次应力循环之后，也会突然发生脆性断裂。即使是塑性较好的材料，断裂前也没有明显的塑性变形。例如由 45 号钢制成的标准小试样，在弯曲对称循环下，当 $\sigma_{max}=-\sigma_{min}\approx 260$ MPa 时，经约 10^7 次应力循环后，就可能发生疲劳破坏。而 45 号钢的 $\sigma_s=350$ MPa，$\sigma_b=600$ MPa。在疲劳破坏的断口上，一般都能观察到两个区域：光滑区和粗糙区（图 14－4）。图 14－5 和图 14－6 分别为气锤杆和车轴的疲劳破坏断口的照片，从中也能看出这一特征。这说明疲劳破坏带有明显的局部性质。

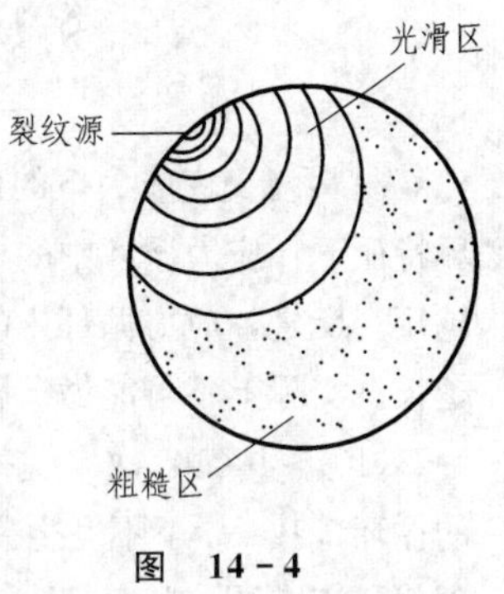

图　14－4

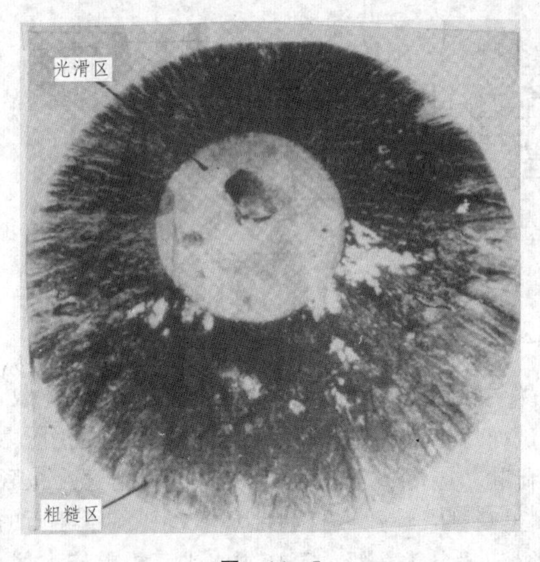

图　14－5

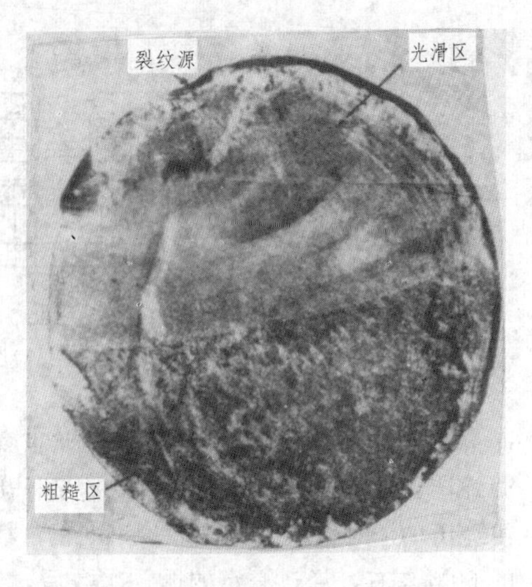

图　14－6

近代研究结果表明，构件的疲劳破坏过程是在交变应力下所产生的损伤逐渐累积的结果。金属构件的疲劳破坏过程，大体上可分为疲劳裂纹的形成、疲劳裂纹的扩展和脆性断裂三个阶段。疲劳裂纹的形成阶段，是指没有初始宏观缺陷的金属构件，在高应力区经长期交变应力作用后，逐渐形成并发展成一个细观裂纹（称为**裂纹源**）的阶段。目前工程上把长度为

0.05～0.1 mm 的裂纹定为工程起始裂纹。因此，这一阶段就是形成一个可见工程裂纹的过程。由于裂纹尖端的应力集中，在交变应力下导致疲劳裂纹逐渐扩展；在裂纹的扩展过程中，裂纹两侧的材料时而分开、时而压紧(交变正应力)，或者相互反复错动(交变切应力)，这就形成断口的**光滑区域**。随着裂纹的不断扩展，有效截面逐渐减小，当裂纹长度达到临界尺寸后，裂纹以极大速度扩展，从而发生突然的脆性断裂，形成了断口的**粗糙区域**。

因构件发生疲劳破坏而造成飞机失事、火车颠覆、桥梁倒塌等重大事故是不少的。因此，对在交变应力下工作的构件进行疲劳强度计算，是十分重要的。

§14－3　材料的疲劳极限及其测定

材料在交变应力下的极限应力，是用标准试样进行疲劳试验来测定的。试验表明，在同一循环特征下，应力循环中的最大应力越大，试样破坏前所经历的循环次数就越少，即其疲劳寿命就越短；反之，应力循环中的最大应力越小，则破坏前所经历的循环次数就越多，即其疲劳寿命就越长。实际上不可能做无限多次应力循环的试验，通常规定一个循环基数 N_0，对于钢一般取 $N_0=2\times10^6\sim1\times10^7$ 次来代替无限长的疲劳寿命。因此，材料的疲劳极限就定义为标准试样在规定的循环基数 N_0 下不发生疲劳破坏的最大应力值，并用 σ_r 表示，可看作是 N_0 条件下的疲劳极限。现代研究表明，随着 N_0 的进一步增大(如取 $N_0=10^9\sim10^{10}$)，则疲劳极限 σ_r 的值还会降低。

图 14－7 所示为弯曲疲劳试验机。可用它来测定材料在弯曲对称循环下的疲劳极限。现以软钢为例，将钢材加工成直径为 6～10 mm 且表面磨光的标准试样(常称为光滑小试样)，

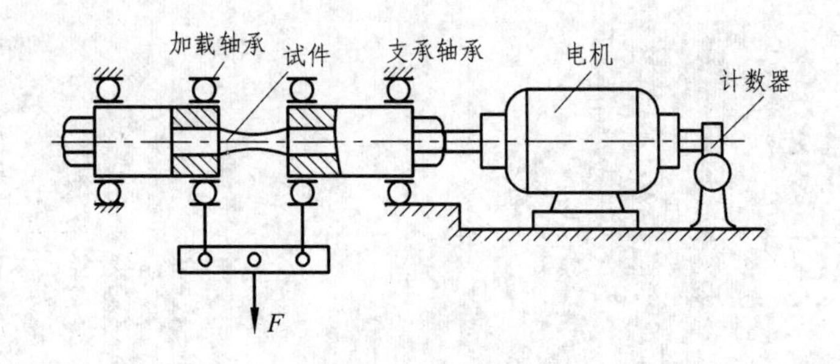

图　14－7

通常要用 8～12 根试样。试验时，将试样的两端装在试验机的夹持器内，施加一定的荷载，调好计数器后便可启动电机，带动试样旋转。试样每旋转一周，横截面上各点的弯曲正应力便经历一个对称的应力循环。第一根试样所加荷载，应使试样中的最大应力约为静强度极限的 60%左右，经过一定的循环次数后，试样发生断裂，计数器自动记录下断裂前所经历的循环次数 N_1。第二根试样的荷载按一定的级差(一般分为 7 级，高应力水平其极差应大些，应力水平较低时级差应小些)减小，再测出试样断裂前所经历的循环次数 N_2。如此逐级减小荷载，依次进行试验。当荷载降低到一定水平时，若试样经过规定的循环基数 N_0 后不发生断裂，可在此基础上提高半级荷载，用另一根试样再进行试验，如果经 N_0 次循环后仍不发生疲劳破坏，便可依据该试样的尺寸和所加荷载，算出最大弯曲正应力值，作为这一组试件的钢材在弯曲对称循环下的疲劳极限 σ_{-1}。脚标表示循环特征 $r=-1$。

若以试样的最大弯曲正应力 σ_{max} 为纵坐标，以循环次数 N 的对数值 $\lg N$ 为横坐标，把上述各试样的试验数据用相应的点绘出，其规律将如图 14-8 所示。应力水平较高的断裂点基本上位于一条斜直线上，随着应力水平的降低，曲线逐渐趋向水平。图中的 7、8 两点表示试样经过了循环基数 N_0 后未发生疲劳破坏的数据点，第 8 点的纵坐标值就是用上述方法确定的钢材在弯曲对称循环下的疲劳极限。图 14-8 所示的曲线称为 $\sigma-N$ 曲线或 $S-N$ 曲线(即应力-寿命曲线)。

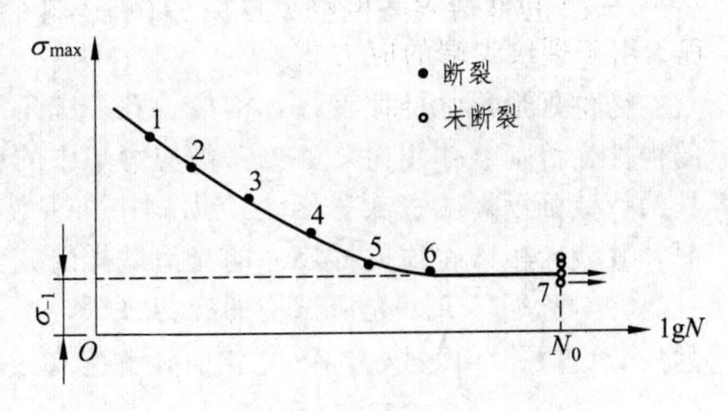

图 14-8

应当指出：上述用少数试样经疲劳试验而绘出的 $S-N$ 曲线，只能提供粗略数据，或者作为预备试验。若要得到材料的精高度的 $S-N$ 曲线，需采用成组试验法和升降法，并按数理统计方法找出每一应力水平下寿命的分布规律，其详细内容可参阅有关试验指导和国家标准。

某些有色金属的疲劳试验表明，它们的应力-寿命曲线并不明显地趋于水平，对于这类材料，只能根据使用的要求规定一个循环基数 N_0(例如 $N_0=5\times10^6\sim10^7$)，在此循环次数下，试样不发生疲劳破坏的最大应力作为这类材料的条件疲劳极限，用 $\sigma_r^{N_0}$ 表示，其上标表示相应的疲劳寿命。

试验表明，材料的疲劳极限不仅与材料性质有关，而且还与循环特征 r 以及变形形式有关。各种材料的疲劳极限可从有关手册中查得，表 14-1 给出了几种钢材在对称循环下的疲劳极限。

表 14-1　几种钢材在对称循环下的疲劳极限(MPa)

钢 材 牌 号	σ_{-1}(拉、压)	σ_{-1}(弯曲)	τ_{-1}(扭转)
Q235	120～160	170～220	100～130
45	190～250	250～340	150～200
16Mn	200	320	—

注：表中为正火钢的数据。

试验结果表明，钢材在对称循环下的疲劳极限和静强度极限 σ_b 之间存在如下的近似关系：

$$\left.\begin{aligned}&\sigma_{-1}(\text{拉、压})\approx(0.33\sim0.59)\sigma_b\\&\sigma_{-1}(\text{弯曲})\approx(0.4\sim0.5)\sigma_b\\&\tau_{-1}(\text{扭转})\approx(0.23\sim0.29)\sigma_b\end{aligned}\right\}\qquad(14-6)$$

* §14-4　影响构件疲劳极限的主要因素

材料的疲劳极限是用标准的光滑小试样测得的，但疲劳试验的结果表明，构件外形引起的应力集中、横截面尺寸的大小、表面加工质量及周围介质等因素都对构件的疲劳极限有不同程度的影响。因此对于在交变应力下工作的构件，必须考虑上述影响因素，即将材料的疲劳极限加以适当的修正，作为实际构件的疲劳极限。这里就三种常见的影响因素简单介绍如下：

一、构件外形引起应力集中的影响

构件外形尺寸的突变，如沟槽、孔、圆角和轴肩等，将引起应力集中。由塑性材料制成的构件受静荷载作用时，并不考虑应力集中的影响。但在交变应力的情况下，应力集中对构件的疲劳强度影响极大。因为应力集中将促使疲劳裂纹的形成。所以，构件存在应力集中时，其疲劳极限将比同样尺寸的光滑试样的疲劳极限要低。

在对称循环下，光滑试样的疲劳极限$(\sigma_{-1})_d$或$(\tau_{-1})_d$与同样尺寸但有应力集中的试样的疲劳极限$(\sigma_{-1}^*)_d$或$(\tau_{-1}^*)_d$之比值，称为**有效应力集中因数**，并用K_σ或K_τ表示。即

$$K_\sigma=\frac{(\sigma_{-1})_d}{(\sigma_{-1}^*)_d}\quad 或 \quad K_\tau=\frac{(\tau_{-1})_d}{(\tau_{-1}^*)_d} \tag{14-7}$$

式中，K_σ或K_τ是个大于1的系数。工程上为了使用方便，把试验得到的有效应力集中因数的数据，整理成曲线或表格。如图14-9、图14-10和图14-11分别给出了阶梯形钢轴在弯曲、扭转和拉、压对称循环下的有效应力集中因数。而这些曲线都是在$D/d=2$，且$d=30\sim50$ mm的条件下测得的。如果$D/d<2$时，其有效应力集中因数可由下式得出，即

$$K_\sigma=1+\zeta(K_{\sigma_0}-1) \tag{14-8}$$
$$K_\tau=1+\zeta(K_{\tau_0}-1) \tag{14-9}$$

式中，K_{σ_0}与K_{τ_0}为$D/d=2$时的有效应力集中因数；ζ为与D/d有关的修正系数，其值可由图14-12查得。

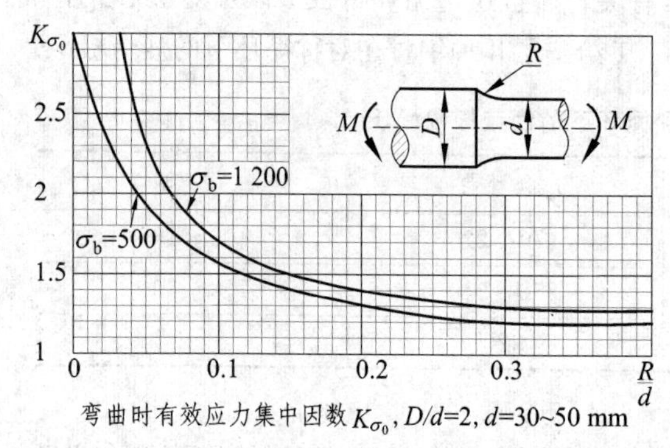

弯曲时有效应力集中因数K_{σ_0}, $D/d=2$, d=30~50 mm

图 14-9

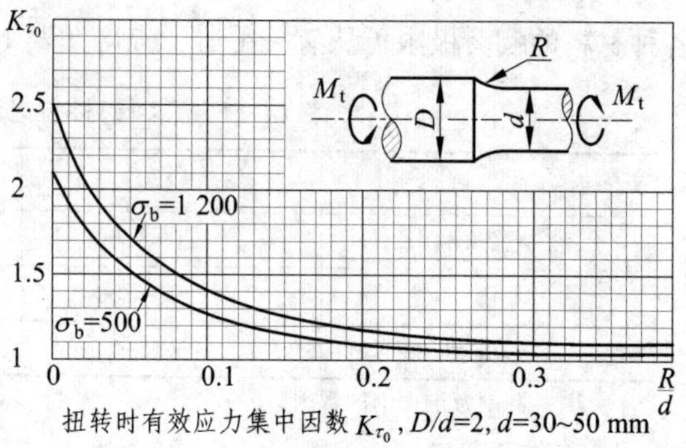

扭转时有效应力集中因数K_{τ_0}, $D/d=2$, d=30~50 mm

图 14-10

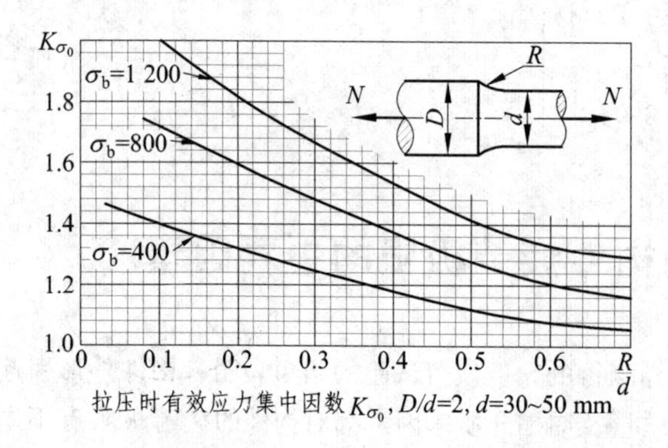

拉压时有效应力集中因数K_{σ_0}, $D/d=2$, d=30~50 mm

图 14-11

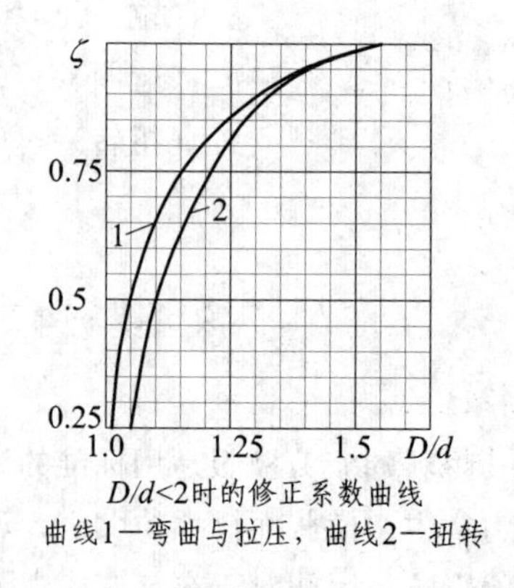

$D/d<2$时的修正系数曲线

曲线1—弯曲与拉压，曲线2—扭转

图 14-12

从以上各图可见：圆角半径 R 愈小，有效应力集中因数 K_σ 或 K_τ 就愈大；材料的静强度极限 σ_b 愈高，应力集中对疲劳极限的影响就愈显著。

当轴上有螺纹、键槽、花键槽时，有效应力集中因数可查表 14-2。

表 14-2　螺纹和键槽有效应力集中因数（K_σ—弯曲，K_τ—扭转）

材料强度 σ_b /MPa	螺纹 ($K_\tau=1$) K_σ	端铣刀切制		盘铣刀切制		直齿花键	
		K_σ	K_τ	K_σ	K_τ	K_σ	K_τ
400	1.45	1.51	1.20	1.35	1.20	1.35	2.10
500	1.78	1.64	1.37	1.38	1.37	1.45	2.25
600	1.96	1.76	1.54	1.46	1.54	1.55	2.35
700	2.20	1.89	1.71	1.54	1.71	1.60	2.45
800	2.32	2.01	1.88	1.62	1.88	1.65	2.55
900	2.47	2.14	2.05	1.69	2.05	1.70	2.65
1 000	2.61	2.26	2.22	1.77	2.22	1.72	2.70
1 200	2.90	2.50	2.39	1.92	2.39	1.75	2.80

二、构件截面尺寸大小的影响

构件横截面尺寸的大小，对疲劳极限也有较大影响。一般说构件的疲劳极限随其横截面尺寸的增大而降低。就弯曲（或扭转）疲劳而言，横截面尺寸不同的两根轴，若周边之最大应力 σ_{max} 值相同（图 14-13），则大尺寸轴内高应力区的面积较大，即有较多金属的晶体处于高应力下；此外，尺寸越大，包含缺陷的几率也相应增大，因而更易于形成疲劳裂纹。

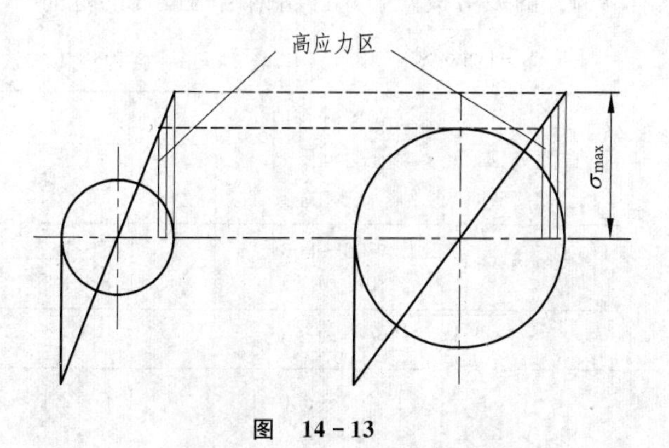

图　14-13

截面尺寸对疲劳极限的影响，可用**尺寸因数** ε_σ 或 ε_τ 来表示。对于弯曲试样，其尺寸因数为

$$\varepsilon_\sigma=\frac{(\sigma_{-1})_{Wd}}{(\sigma_{-1})_W} \tag{14-10}$$

式中，$(\sigma_{-1})_{Wd}$ 代表直径为 d 的大尺寸光滑试样在弯曲对称循环下的疲劳极限，而 $(\sigma_{-1})_W$ 则

代表光滑小试样在弯曲对称循环下的疲劳极限。尺寸因数 ε_σ 是个小于 1 的数。

钢轴在弯曲和扭转对称循环下的尺寸因数 ε_σ 和 ε_τ 与直径间的关系，如图 14－14 所示。曲线 1 和曲线 2 为钢轴在弯曲对称循环下的尺寸因数，前者适用于强度极限 $\sigma_b=500$ MPa 的低碳钢，后者适用于强度极限 $\sigma_b=1\ 200$ MPa 的合金钢，当强度极限为其他值时，可用线性插值求得。曲线 3 为各种钢材的轴在扭转对称循环下的尺寸因数。

钢构件在拉、压对称循环下的尺寸因数 ε_σ 基本上等于 1。

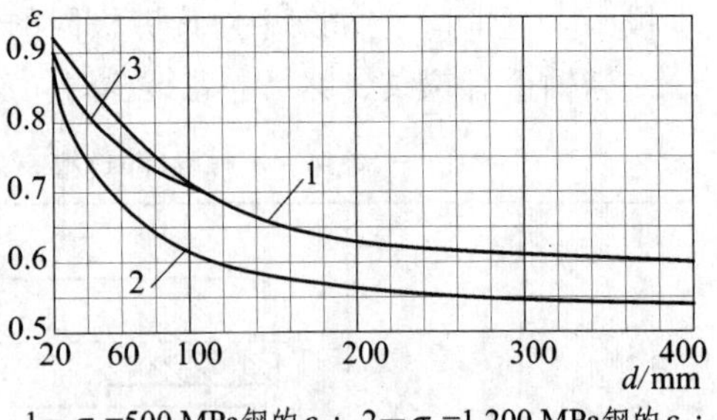

1—σ_b=500 MPa钢的 ε_σ；2—σ_b=1 200 MPa钢的 ε_σ；3—各种钢的 ε_σ

图　14－14

三、构件表面加工质量的影响

大多数构件的疲劳破坏是从表面开始的，表面加工质量对疲劳极限有很大的影响。例如，刀痕、擦伤等会引起应力集中，从而降低疲劳极限；反之，用强化方法提高表面质量，则可提高疲劳极限。表面加工质量对疲劳极限的影响，可用**表面质量因数** β 来表示，即

$$\beta=\frac{(\sigma_{-1}^{*})_{\beta}}{\sigma_{-1}} \tag{14-11}$$

式中，σ_{-1} 为经磨削加工的光滑小试样在对称循环下的疲劳极限；$(\sigma_{-1}^{*})_{\beta}$ 为用某种加工方法的构件在对称循环下的疲劳极限。当表面质量低于光滑小试样时，$\beta<1$，其值可从图 14－15 中查得；表面经强化处理后，$\beta>1$，其值可从表 14－3 中查得。

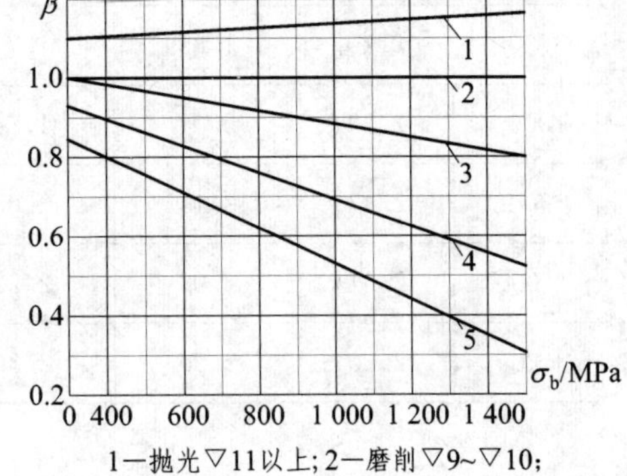

1—抛光▽11以上；2—磨削▽9~▽10；3—精车▽6~▽8；4—粗车▽3~▽5；5—未加工

图　14－15

除以上影响因素外，构件所处工作环境(如高温、腐蚀介质等)也影响构件的疲劳极限，关于这些影响系数可查阅有关手册。此外，热轧型钢和焊接构件都有较大的残余应力，也将严重影响构件的疲劳极限，这已属钢结构设计的范畴。

表 14－3　各种强化方法的表面质量因数 β

强化方法	心部材料的强度极限 σ_b /MPa	β		
		光　轴	低应力集中的轴 $K_\sigma\leqslant1.5$	高应力集中的轴 $K_\sigma\geqslant1.8\sim2$
高频淬火	600～800 800～1 100	1.5～1.7 1.3～1.5	1.6～1.7 —	2.4～2.8 —
氮　化	900～1 200	1.1～1.25	1.5～1.7	1.7～2.1
渗　碳	400～600 700～800 1 000～1 200	1.8～2.0 1.4～1.5 1.2～1.3	3 — 2	— — —

续表 14-3

强化方法	心部材料的强度极限 σ_b /MPa	β		
		光 轴	低应力集中的轴 $K_\sigma \leqslant 1.5$	高应力集中的轴 $K_\sigma \geqslant 1.8 \sim 2$
喷弹硬化	600～1 500	1.1～1.25	1.5～1.6	1.7～2.1
滚子滚压	600～1 500	1.1～1.3	1.3～1.5	1.6～2.0

注：① 高频淬火是根据直径 d 为 10～20 mm、淬硬层厚度为$(0.05 \sim 0.20)d$的试样由实验求得的数据。对大尺寸的试样，表面质量因数会有某些降低。

② 氮化层厚度为 $0.01d$ 时用小值；在$(0.03 \sim 0.04)d$ 时用大值。

③ 喷弹硬化是根据 8～40 mm 的试样求得的数据。喷弹速度低时用小值，速度高时用大值。

④ 滚子滚压是根据 17～130 mm 的试样求得的数据。

* §14-5 对称循环下构件的强度校核

当考虑应力集中、尺寸大小、表面加工质量等因素的影响后，即可得到构件在弯曲、拉压和扭转对称循环下的疲劳极限$(\sigma_{-1}^{*})_{Wd}$、$(\sigma_{-1}^{*})_{ld}$和$(\tau_{-1}^{*})_{d}$ 为

$$(\sigma_{-1}^{*})_{Wd}=(\sigma_{-1})_{W}\frac{\varepsilon_\sigma\beta}{K_\sigma} \tag{14-12}$$

$$(\sigma_{-1}^{*})_{ld}=(\sigma_{-1})_{l}\frac{\varepsilon_\sigma\beta}{K_\sigma} \tag{14-13}$$

$$(\tau_{-1}^{*})_{d}=(\tau_{-1})\frac{\varepsilon_\tau\beta}{K_\tau} \tag{14-14}$$

构件的疲劳极限与构件的最大工作应力之比值，即为构件在交变应力下的**工作安全因数** n_σ 或 n_τ，将它与规定的**疲劳安全因数** n_f 相比较便可建立构件的疲劳强度条件。在弯曲对称循环下，构件的疲劳强度条件为

$$n_\sigma=\frac{(\sigma_{-1})_W}{\sigma_{max}}\times\frac{\varepsilon_\sigma\beta}{K_\sigma}\geqslant n_f \tag{14-15}$$

在拉压对称循环下，构件的疲劳强度条件为

$$n_\sigma=\frac{(\sigma_{-1})_l}{\sigma_{max}}\times\frac{\varepsilon_\sigma\beta}{K_\sigma}\geqslant n_f \tag{14-16}$$

圆轴在扭转对称循环下，构件的疲劳强度条件为

$$n_\tau=\frac{\tau_{-1}}{\tau_{max}}\times\frac{\varepsilon_\tau\beta}{K_\tau}\geqslant n_f \tag{14-17}$$

式中，σ_{max} 和 τ_{max} 为构件的最大工作应力。

例 14-1 图示阶梯形轴的材料为碳钢，其 $\sigma_b=500$ MPa，$(\sigma_{-1})_W=220$ MPa，该轴表面经磨削加工。已知对称循环的交变弯矩 $M=\pm 0.72$ kN·m，规定的疲劳安全因数 $n_f=$

1.7，试校核轴的疲劳强度。

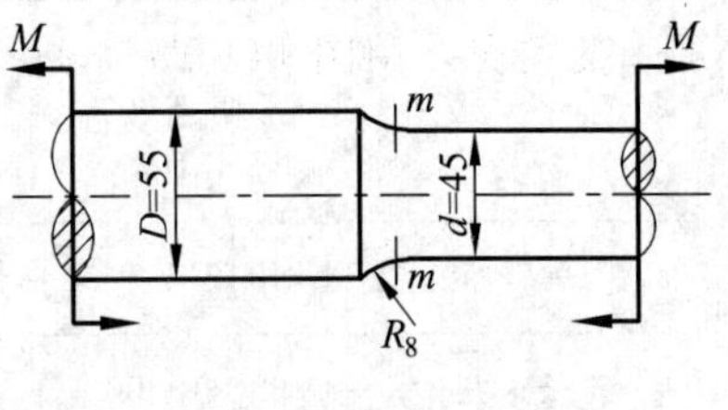

例 14-1 图

解

(1) 确定各影响因数。

由图 14-14 查尺寸因数 ε_σ 的值：按 $\sigma_b=500$ MPa，$d=45$ mm，查得 $\varepsilon_\sigma=0.83$。

确定有效应力集中因数 K_σ 的值：先按 $D/d=2$ 和 $R/d=\dfrac{8\ \text{mm}}{45\ \text{mm}}=0.178$ 以及 $\sigma_b=500$ MPa，由图 14-9 查得 $K_{\sigma_0}=1.35$；再按 $D/d=\dfrac{55\ \text{mm}}{45\ \text{mm}}=1.22$，由图 14-12 查得修正系数 $\zeta=0.82$；即可由公式(14-8)算出有效应力集中因数为

$$K_\sigma=1+\zeta(K_{\sigma_0}-1)=1+0.82(1.35-1)=1.29$$

因该轴表面经磨削加工，故表面质量因数 $\beta=1$。

(2) 计算轴的最大工作应力。

该轴的危险点在 $m-m$ 横截面(较细的那一段轴与过渡圆角连接处的横截面)的上、下边缘处，这两个点在弯曲对称循环下的最大应力为

$$\sigma_{\max}=\frac{M_{\max}}{W}=\frac{32(0.72\times10^3\ \text{N}\cdot\text{m})}{\pi(0.045\ \text{m})^3}=80.5\times10^6\ \text{Pa}=80.5\ \text{MPa}$$

(3) 校核轴的疲劳强度。

该轴在弯曲对称循环下的工作安全因数为

$$n_\sigma=\frac{(\sigma_{-1})_W}{\sigma_{\max}}\times\frac{\varepsilon_\sigma\beta}{K_\sigma}=\frac{220\ \text{MPa}}{80.5\ \text{MPa}}\times\frac{0.83\times1}{1.29}=1.76>n_f$$

故该轴的疲劳强度是足够的。

例 14-2 图示阶梯形轴的材料为碳钢，其强度极限 $\sigma_b=600$ MPa，疲劳极限 $\tau_{-1}=130$ MPa，轴的表面为精车。已知交变扭矩 $T=\pm1.0$ kN·m。若规定的疲劳安全系数 $n_f=2$，试校核此轴的疲劳强度。

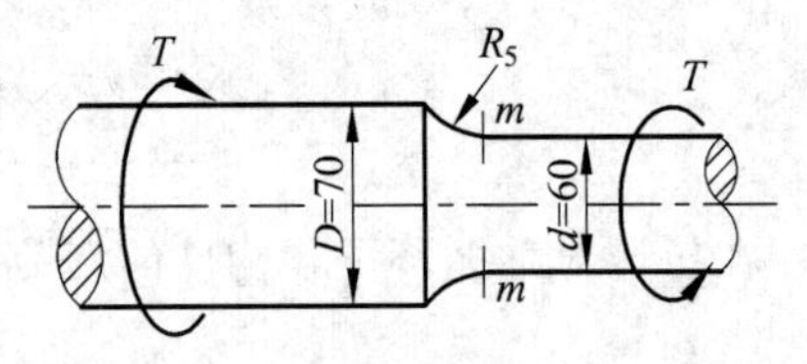

例 14-2 图

解

(1) 确定各影响因数。

因为 $D/d=\dfrac{70\ \text{mm}}{60\ \text{mm}}=1.17<2$，由图 14-12 查得修正系数 $\zeta=0.65$；按 $R/d=\dfrac{5\ \text{mm}}{60\ \text{mm}}=0.083$，由图 14-10 可知，$\sigma_b=500$ MPa 时的 $K_{\tau_0}=1.29$，$\sigma_b=1\ 200$ MPa 时的 $K_{\tau_0}=1.41$，按线性内插计算 $\sigma_b=600$ MPa 时的 K_{τ_0} 为

$$K_{\tau_0}=1.29+\frac{600\times10^6\ \text{Pa}-500\times10^6\ \text{Pa}}{1\ 200\times10^6\ \text{Pa}-500\times10^6\ \text{Pa}}(1.41-1.29)=1.307$$

于是由(14-9)式可得有效应力集中因数为

$$K_\tau=1+\zeta(K_{\tau_0}-1)=1+0.65(1.307-1)=1.2$$

按 $d=60\ \text{mm}$，由图 14－14 中的曲线 3 可查得尺寸因数 $\varepsilon_\tau=0.765$，按 $\sigma_b=600\ \text{MPa}$ 和精车加工的情况，由图 14－15 查得表面质量因数为

$$\beta=0.94$$

（2）计算轴的最大工作应力。

该轴的危险点为 $m-m$ 横截面的周边上各点。这些点的最大工作应力为

$$\tau_{\max}=\frac{T}{W_p}=\frac{16T}{\pi d^3}=\frac{16(1\times10^3\ \text{N}\cdot\text{m})}{\pi(0.06\ \text{m})^3}=23.6\times10^6\ \text{Pa}=23.6\ \text{MPa}$$

（3）校核轴的疲劳强度。

将以上所得各值代入公式（14－17），即

$$n_\tau=\frac{\tau_{-1}\varepsilon_\tau\beta}{\tau_{\max}K_\tau}=\frac{(130\ \text{MPa})\times0.765\times0.94}{(23.6\ \text{MPa})\times1.2}=3.3>n_f$$

因此，该轴的疲劳强度符合要求。

§14－6　提高构件疲劳强度的措施

构件的疲劳极限受应力集中、尺寸大小和表面加工质量等因素的影响。因此，要提高构件的疲劳强度，延长构件的使用寿命，应设法减低不利因素的影响，并在可能的条件下，采用强化表面层的工艺。现将常用的一些具体措施简要作些介绍。

一、降低应力集中的影响

设计变截面构件时，应尽量避免截面尺寸的急剧改变。如图 14－16(a)所示的阶梯形轴，在粗细两段轴的交界处应尽量采用较大的过渡圆角半径，如图 14－16(b)所示，比值 R/d 愈大，有效应力集中因数就愈小。

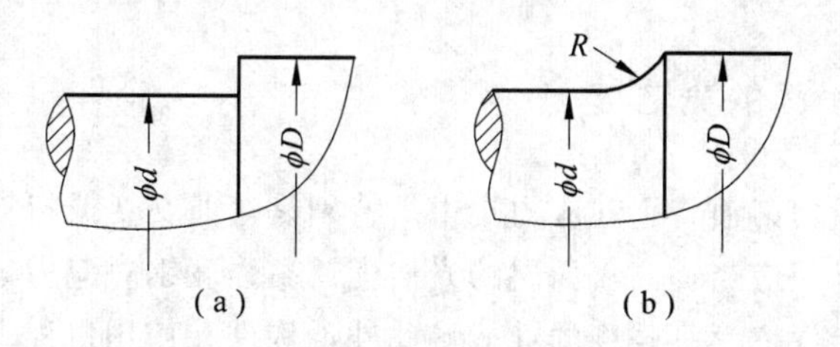

图　14－16

因构造原因不能增大过渡圆角半径时，可采用图 14－17(a)所示的在轴承与轴肩之间增加间隔环；也可采用图 14－17(b)所示的耳槽，或者采用图 14－18 所示的卸荷槽，均可降低应力集中的影响。

零件之间的过盈配合是常遇到的问题。如轮毂与轴之间的配合[图 14－19(a)]，可将轴

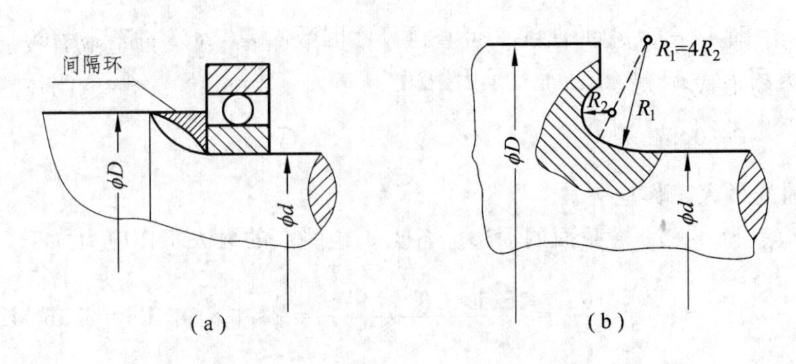

图 14-17

的配合部分加粗并用圆弧过渡或在轮毂上加工减荷槽[图 14-19(b)]以减小其刚度，均能缓和轴与轮毂交界处的应力集中。

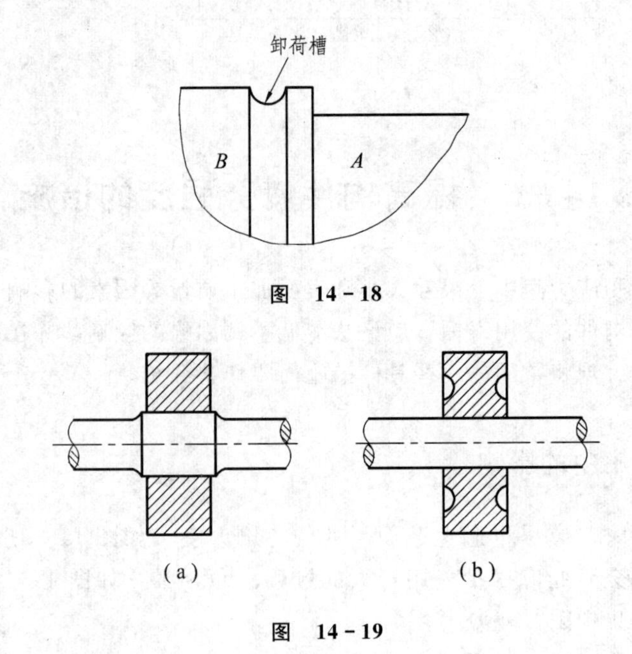

图 14-18

图 14-19

二、提高构件表面的光洁度

表面层因加工造成的刀痕将引起应力集中。特别是弯曲交变或扭转交变的构件，其最大应力均在构件的表层，更应当提高表面层的光洁度。高强度钢对应力集中尤为敏感，只有提高它的表面光洁度才能发挥其高强度的性能。此外，构件在使用过程中要尽量避免划伤、打印或腐蚀、生锈等，这些不利因素都容易形成裂纹源。

三、提高构件表层的强度

工程中一般采用对构件表层进行热处理和机械强化两种方法。在表层热处理方法中，通常采用高频淬火、渗碳、氰化、氮化等措施，来提高表层强度，以改善构件的疲劳强度。构件表面机械强度，通常是对构件表面进行滚压、喷丸等，使构件表面造成有残余压应力的薄层，以降低最容易形成疲劳裂纹的拉应力，从而提高构件的疲劳强度。应当注意，在采用上述方法时，要严格控制工艺过程，不允许产生任何微裂纹，否则，反而会降低构件的疲劳强度。一些研究表明，对于大应变(塑性应变)疲劳问题，上述工艺方法可能会造成不利的结果，应当慎重选用。

习　题

14-1　图示阶梯形轴，其尺寸为 $d=40$ mm，$D=50$ mm，$R=5$ mm。轴的材料为铬镍合金钢，$\sigma_b=920$ MPa，$\sigma_{-1}=420$ MPa，$\tau_{-1}=250$ MPa。试求弯曲和扭转时的有效应力集中因数和尺寸因数。

14-2　阶梯形轴如图所示。该轴在旋转过程中承受不变弯矩 $M=1\ 000$ N·m 的作用。轴的表面精车，材料的 $\sigma_b=600$ MPa，$\sigma_{-1}=250$ MPa，求该轴的工作安全因数。

14-3　在图示阶梯形轴上，作用对称循环交变扭矩 $T=0.8$ kN·m。轴表面精车，材料的 $\sigma_b=500$ MPa，$\tau_{-1}=110$ MPa，规定 $K_\tau=1.8$，试校核该轴的疲劳强度。

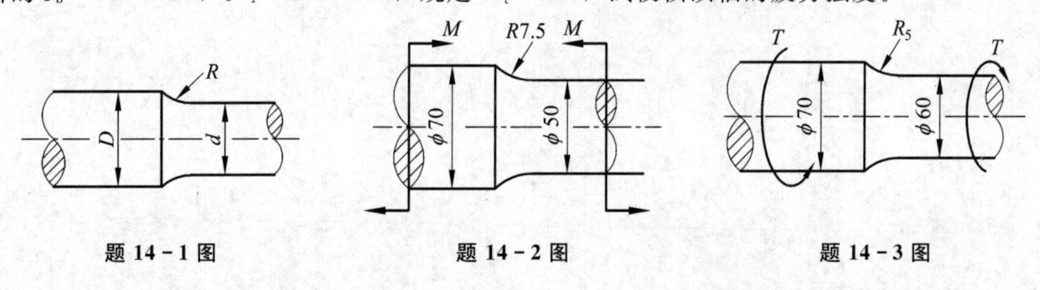

题 14-1 图　　题 14-2 图　　题 14-3 图

14-4　货车车轴的两端承受荷载 $F=110$ kN，材料为车轴钢，$\sigma_b=500$ MPa，$\sigma_{-1}=240$ MPa，规定的疲劳安全因数为 $n_f=1.5$，该校核Ⅰ-Ⅰ和Ⅱ-Ⅱ截面的疲劳强度。

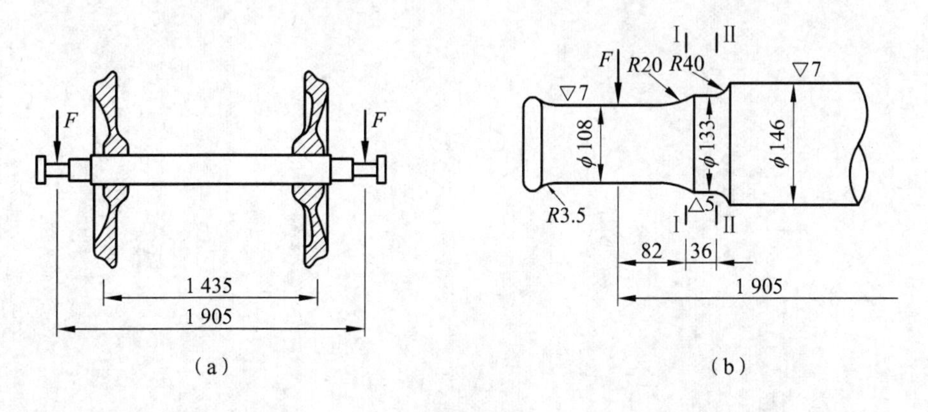

题 14-4 图

14-5　图示电机轴的直径 $d=30$ mm，轴上开有端铣加工的键槽。轴的材料是合金钢，$\sigma_b=750$ MPa，$\tau_b=400$ MPa，$\tau_s=260$ MPa，$\tau_{-1}=190$ MPa，轴在 $n=750$ r/min 的转速下传递功率 $P=14.7$ kW。该轴时而工作，时而停止，但无反向旋转。轴表面经磨削加工，若

规定的安全因数为 $n_f=2$，$n_s=1.5$，试校核该轴的强度。

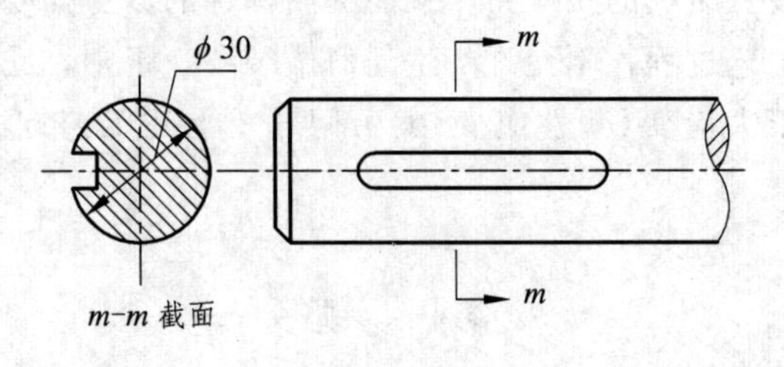

题 14－5 图

附录Ⅰ　截面的几何性质

计算杆件在外力作用下的应力和变形时，将涉及横截面的一些几何量。例如计算拉(压)杆件的应力和变形时，要用到横截面的面积 A；而受扭圆杆的应力和变形则与横截面的极惯性矩 I_p 有关；在弯曲问题的计算中会遇到横截面对某轴的静面矩和惯性矩以及对某正交坐标轴的惯性积等。在选定坐标轴之后，这些几何量仅与截面的几何形状和尺寸大小有关。通常把上述那些几何量称为截面的**几何性质**。下面来介绍这些几何性质的定义和计算方法。

§Ⅰ-1　截面的静面矩和形心位置

一、截面的静面矩

设任意截面如图Ⅰ-1所示，其面积为 A，y 轴和 z 轴是截面平面内的任意一对直角坐标轴。从截面内任取微面积 $\mathrm{d}A$，其坐标分别为 y 和 z，则称 $y\mathrm{d}A$ 和 $z\mathrm{d}A$ 分别为微面积 $\mathrm{d}A$ 对 z 轴和 y 轴的**静面矩**(因为若将 $\mathrm{d}A$ 看做力，则 $y\mathrm{d}A$ 和 $z\mathrm{d}A$ 即相当于静力学中的力矩，从其形式上的相似性，故称为静面矩)；而遍及整个截面面积 A 的积分

$$S_z = \int_A y\mathrm{d}A,\quad S_y = \int_A z\mathrm{d}A \qquad (Ⅰ-1)$$

则分别定义为该截面对 z 轴和 y 轴的静面矩，简称为**静矩**。

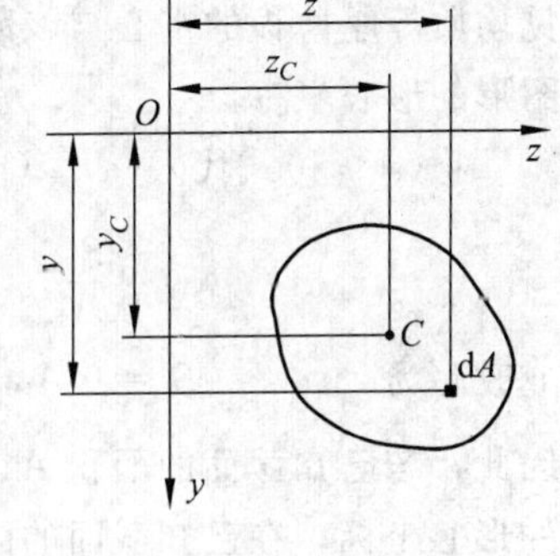

图　Ⅰ-1

截面的静面矩不仅与截面的形状和尺寸大小有关，而且与所选坐标轴的位置有关，同一截面对于不同的坐标轴其静面矩是不相同的。静面矩的数值可正、可负，也可等于零。静面矩的常用单位为三次方米(m^3)或三次方毫米(mm^3)。

二、形心的位置

图Ⅰ-2(a)所示为均质等厚薄板，其厚度为 δ，薄板的面积为 A，单位体积的重量为 γ。为方便计，设为水平放置，重心设为 C 点，它的坐标为 y_C、z_C。利用合力矩定理可求得重心的坐标公式为

$$y_C = \frac{\int_A y(\mathrm{d}A \cdot \delta \cdot \gamma)}{W}, \quad z_C = \frac{\int_A z(\mathrm{d}A \cdot \delta \cdot \gamma)}{W}$$

式中，W 为薄板的总重量。

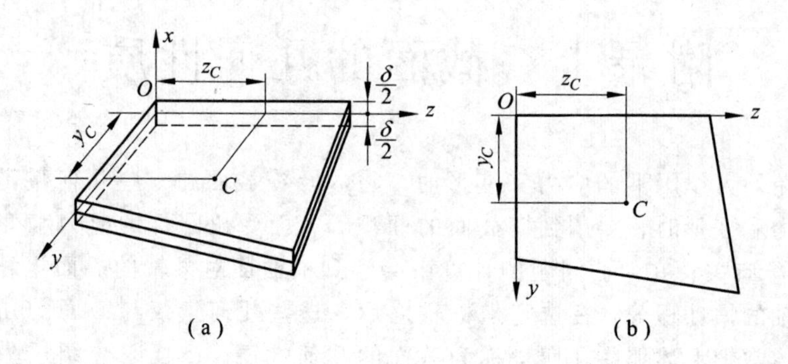

图 Ⅰ-2

将 $W=A\delta\gamma$ 代入上式，得

$$y_C = \frac{\int_A y\mathrm{d}A}{A} \tag{a}$$

$$z_C = \frac{\int_A z\mathrm{d}A}{A} \tag{b}$$

由(a)、(b)式定出坐标值为 y_C、z_C 的 C 点，称为薄板的平面图形的**形心**[图Ⅰ-2(b)]。可见均质等厚薄板的重心与该薄板的平面图形的形心是重合的。故可用(a)、(b)式来计算平面图形的形心坐标。

将(Ⅰ-1)式代入(a)、(b)式可得

$$y_C = \frac{S_z}{A}, \quad z_C = \frac{S_y}{A} \tag{Ⅰ-2a}$$

或改写为
$$S_z = y_C A, \quad S_y = z_C A \tag{Ⅰ-2b}$$

因此，若已知截面的面积 A 及其对坐标轴 y、z 的静面矩时，则可用(Ⅰ-2a)式来确定截面的形心坐标；在已知截面的面积 A 及其形心坐标 y_C、z_C 时，即可按(Ⅰ-2b)式来计算此截面对坐标轴 y、z 的静面矩。

由(Ⅰ-2a、b)两式可见：① 若截面对于某一轴的静面矩等于零，则该轴必通过截面的形心；② 截面对通过其形心的坐标轴的静面矩恒等于零。对于具有对称轴的截面，则该截面对于其对称轴的静面矩必为零，因为对称轴总是通过形心的。

例Ⅰ-1 用平行于形心轴 z 的横向线将矩形截面截分为Ⅰ、Ⅱ两部分，如图所示。图中，C 为矩形的形心，C_1、C_2 分别为Ⅰ、Ⅱ两部分的形心。试分别求Ⅰ、Ⅱ两部分面积对 z 轴的静面矩 $S_{z\mathrm{I}}$ 和 $S_{z\mathrm{II}}$，并对其结果进行分析。

解 Ⅰ、Ⅱ两部分的面积及形心沿 y 轴的坐标分别为

$$A_{\mathrm{I}} = \frac{1}{4}bh, \ y_{C_1} = \frac{3}{8}h; \quad A_{\mathrm{II}} = \frac{3}{4}bh, \ y_{C_2} = -\frac{1}{8}h$$

由（Ⅰ-2b)的第一式，可得Ⅰ、Ⅱ两部分面积对 z 轴的静面矩分别为

$$S_{z\,\mathrm{I}}=y_{C_1}A_{\mathrm{I}}=\frac{3}{8}h\times\frac{1}{4}bh=\frac{3}{32}bh^2$$

$$S_{z\,\mathrm{II}}=y_{C_2}A_{\mathrm{II}}=-\frac{1}{8}h\times\frac{3}{4}bh=-\frac{3}{32}bh^2$$

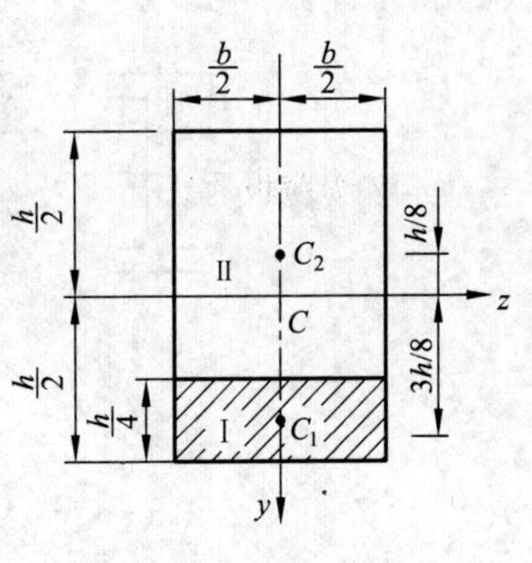

例Ⅰ-1图

由此可见，$S_{z_{\mathrm{I}}}=-S_{\mathrm{II}z}=|S_{z\mathrm{II}}|$。这一结果并非偶然，因为矩形截面对其形心轴 z 的静面矩恒等零，即

$$S_z=S_{z\,\mathrm{I}}+S_{z\,\mathrm{II}}=0$$

故得 $$S_{z\,\mathrm{I}}=-S_{z\,\mathrm{II}}=|S_{z\,\mathrm{II}}|$$

用上述原理可以推论：任意形状截面，用平行于形心轴 z 的横向线将截面截分为上、下两部分，则上、下两部分面积对形心轴 z 的静面矩的绝对值恒相等。这一结论在计算梁的切应力时将用到(见§6-3)。

例Ⅰ-2 求半径为 R 的半圆形截面对直径轴 z 的静面矩 S_z，并确定其形心坐标。

解 取对称轴为 y 轴，则形心必位于该轴上。再在距 z 轴为任意高度 y 处，取平行于 z 轴的窄长条作为微面积 $\mathrm{d}A$，则

$$\mathrm{d}A=b(y)\mathrm{d}y=2\sqrt{R^2-y^2}\,\mathrm{d}y$$

根据定义

$$\begin{aligned}S_z&=\int_A y\,\mathrm{d}A=\int_0^R y(2\sqrt{R^2-y^2})\mathrm{d}y\\&=\int_0^R\sqrt{R^2-y^2}\,\mathrm{d}(y^2)\\&=-\int_0^R\sqrt{R^2-y^2}\,\mathrm{d}(R^2-y^2)\\&=\frac{2}{3}R^3\end{aligned}$$

例Ⅰ-2图

设截面形心 C 的坐标为 y_C，由(1-2a)式，得

$$y_C=\frac{S_z}{A}=\frac{2R^3/3}{\pi R^2/2}=\frac{4R}{3\pi}$$

工程中有些构件的截面形状是由若干个简单图形组合而成，常称为组合截面。像工字形、T形及槽形等截面形状[图Ⅰ-3(a)、(b)、(c)]是由几个矩形组合而成；又如带键槽的圆轴、空心花键轴[图Ⅰ-3(d)、(e)]等截面是由矩形和圆形组合而成。由于简单图形的面积及其形心位置均为已知，且由静面矩的定义可知，整个截面对于某一轴的静面矩就等于该截面的各组成部分对于同一轴的静面矩之代数和。写成通式，则为

$$S_z=\sum_{i=1}^{n}A_iy_{Ci},\quad S_y=\sum_{i=1}^{n}A_iz_{Ci}\tag{Ⅰ-3}$$

式中，A_i 代表任一简单图形的面积；n 为组成此截面的简单图形的个数；y_{Ci}、z_{Ci} 分别代表任一简单图形的形心在 y、z 坐标系中的坐标值。

将（Ⅰ-3)式代入（Ⅰ-2a)式，就得到组合截面形心的坐标公式

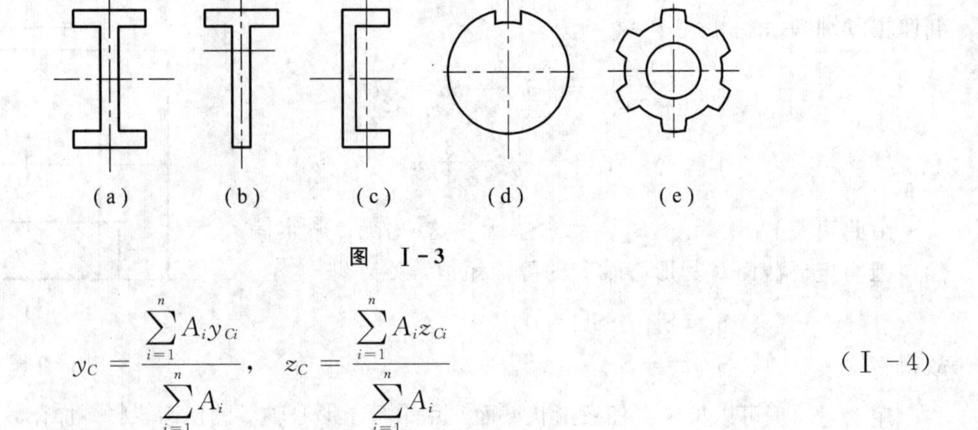

图　Ⅰ-3

$$y_C=\frac{\sum_{i=1}^{n}A_i y_{Ci}}{\sum_{i=1}^{n}A_i},\quad z_C=\frac{\sum_{i=1}^{n}A_i z_{Ci}}{\sum_{i=1}^{n}A_i} \tag{Ⅰ-4}$$

例Ⅰ-3　求图示T形截面的形心位置。

解　把T形截面看做是由Ⅰ、Ⅱ两个矩形截面所组成。

现取截面的对称轴为 y 轴，则形心必位于 y 轴上。再取截面的顶边作为参考轴 z'(见图)。每个矩形截面的面积和形心坐标分别为

例Ⅰ-3图

矩形Ⅰ　　$A_{Ⅰ}=100\ \text{mm}\times 20\ \text{mm}=2\ 000\ \text{mm}^2$

$y_{CⅠ}=10\ \text{mm}$

矩形Ⅱ　　$A_{Ⅱ}=100\ \text{mm}\times 20\ \text{mm}=2\ 000\ \text{mm}^2$

$y_{CⅡ}=20\ \text{mm}+50\ \text{mm}=70\ \text{mm}$

应用(Ⅰ-4)式求出T形截面的形心 C 的坐标为

$$y_C=\frac{A_{Ⅰ}y_{CⅠ}+A_{Ⅱ}y_{CⅡ}}{A_{Ⅰ}+A_{Ⅱ}}=\frac{(2\ 000\ \text{mm}^2)(10\ \text{mm})+(2\ 000\ \text{mm}^2)(70\ \text{mm})}{(2\ 000\ \text{mm}^2)+(2\ 000\ \text{mm}^2)}$$

$$=40\ \text{mm}$$

§Ⅰ-2　惯性矩、惯性积和惯性半径

如图Ⅰ-4所示的任意截面，其面积为 A，y、z 轴为截面平面内的任意一对直角坐标轴。从截面内任取微面积 $\mathrm{d}A$，其坐标为 y 和 z，则 $y^2\mathrm{d}A$ 和 $z^2\mathrm{d}A$ 分别称为微面积 $\mathrm{d}A$ 对 z 轴和 y 轴的**惯性矩**(若将 $\mathrm{d}A$ 看做质量，则 $y^2\mathrm{d}A$ 和 $z^2\mathrm{d}A$ 即相当于动力学中的转动惯量，以其形式上的相似性，故称为惯性矩)；而遍及整个截面面积 A 的积分

$$I_z=\int_A y^2\mathrm{d}A,\quad I_y=\int_A z^2\mathrm{d}A \tag{Ⅰ-5}$$

则分别定义为该截面对 z 轴和 y 轴的惯性矩。

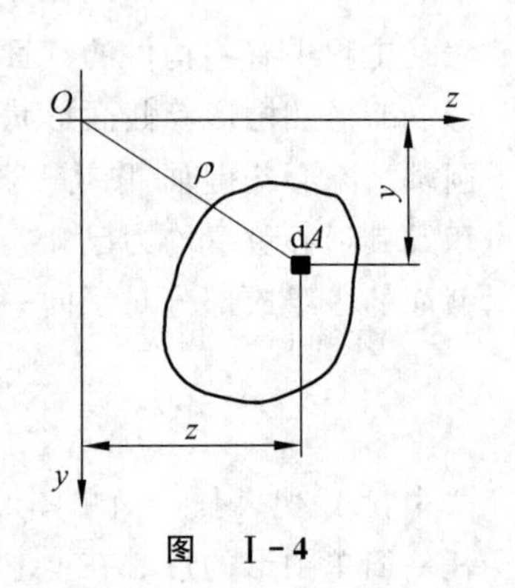

图　Ⅰ-4

微面积 dA 与两坐标 y、z 的乘积 $yz\mathrm{d}A$ 称为微面积 dA 对 y、z 轴的**惯性积**；而遍及整个截面面积 A 的积分

$$I_{yz} = \int_A yz\,\mathrm{d}A \tag{Ⅰ-6}$$

则定义为该截面对 y、z 轴的惯性积。

由上述定义可见，同一截面对不同坐标轴的惯性矩或惯性积是不相同的。由于积分式中的 y^2 和 z^2 总是正的，故惯性矩的值恒为正值，而坐标 yz 的乘积可正可负，所以惯性积的值可能为正或为负，也可能等于零。惯性矩和惯性积的量纲相同，其常用单位均为四次方米(m^4)或四次方毫米(mm^4)。

例Ⅰ-4 试计算图示矩形截面对其对称轴 y 和 z 的惯性矩 I_y 和 I_z。

解 取平行于 z 轴的窄长条作为微面积 $\mathrm{d}A$，则 $\mathrm{d}A=b\mathrm{d}y$，根据惯性矩的定义

$$I_z = \int_A y^2\mathrm{d}A = \int_{-\frac{h}{2}}^{+\frac{h}{2}} y^2 \cdot b\mathrm{d}y = \frac{bh^2}{12}$$

用完全相同的方法取 $\mathrm{d}A=h\mathrm{d}z$，可求得

$$I_y = \frac{hb^3}{12}$$

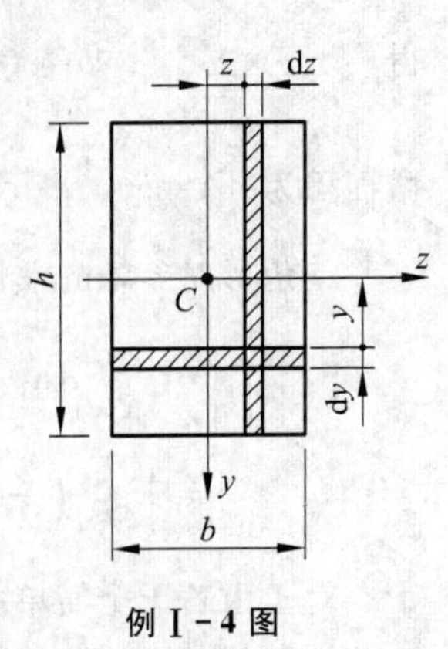

例Ⅰ-4图

顺便指出：若在对称轴 y(或 z)两侧的对称位置处各取一微面积 $\mathrm{d}A$，则两者的 y 坐标相同，而 z 坐标的数值相等但符号相反，因而两微面积的惯性积数值相等而符号相反，在积分求和时，它们相互抵消，致使整个截面的惯性积 I_{yz} 等于零。可见，只要截面具有一个对称轴，则截面对于包含此对称轴在内的正交坐标轴的惯性积必等于零。

例Ⅰ-5 试计算图示圆截面对其形心轴的惯性矩。

解 取平行于 z 轴的窄长条作为微面积 $\mathrm{d}A$，则

$$\mathrm{d}A=(2\sqrt{R^2-y^2})\mathrm{d}y$$

$$I_z = \int_A y^2\mathrm{d}A = \int_{-R}^{R} y^2(2\sqrt{R^2-y^2})\mathrm{d}y = \frac{\pi d^4}{64}$$

由于圆截面对圆心是极对称的，它对任意形心轴的惯性矩均应相等，所以 $I_y=I_z=\pi d^4/64$。

在扭转一章中已得知圆截面对形心 C 的极惯性矩 $I_\mathrm{p} = \int_A \rho^2\mathrm{d}A = \pi d^4/32$,也可以利用此结果以及圆截面的极对称性来计算它对形心轴的惯性矩 I_y 和 I_z。

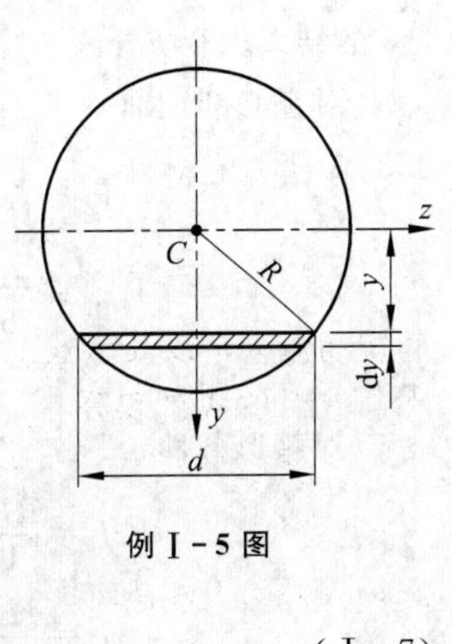

例Ⅰ-5图

由图Ⅰ-4可见，对任意截面均有 $\rho^2=y^2+z^2$，所以，

$$I_\mathrm{p} = \int_A \rho^2\mathrm{d}A = \int_A (y^2+z^2)\mathrm{d}A$$

$$= \int_A y^2\mathrm{d}A + \int_A z^2\mathrm{d}A,$$

即

$$I_\mathrm{p} = I_y + I_z \tag{Ⅰ-7}$$

考虑到圆截面的极对称性，故有 $I_y=I_z$，则

$$I_y=I_z=\frac{I_p}{2}=\frac{\pi d^4}{64}$$

（Ⅰ-7）式表明，任意截面对其所在平面内任一点的极惯性矩 I_p，等于该截面对过此点的一对正交坐标轴的惯性矩之和。尽管过该点可以作无数多对正交坐标轴，但截面对过该点的任意一对正交坐标轴的惯性矩之和始终不变。

例Ⅰ-6 试计算图示三角形截面对平行于底边的形心轴 z 的惯性矩 I_z。

解 取平行于 z 轴的窄长条为微面积，其长度为 $b(y)$。由图可以看出

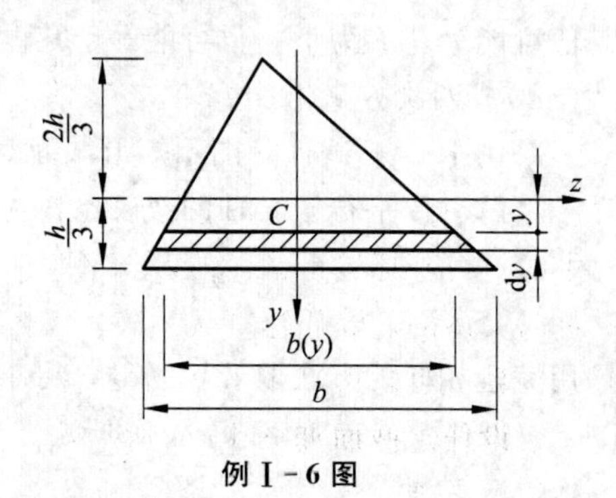

例Ⅰ-6图

$$b(y):b=\left(\frac{2h}{3}+y\right):h$$

得
$$b(y)=\frac{b}{h}\left(\frac{2h}{3}+y\right)$$

微面积为 $\mathrm{d}A=b(y)\mathrm{d}A=\frac{b}{h}\left(\frac{2h}{3}+y\right)\mathrm{d}y$。

三角形对 z 轴的惯性矩为

$$\begin{aligned}I_z&=\int_A y^2\mathrm{d}A=\int_{-2h/3}^{h/3}y^2\ \frac{b}{h}\left(\frac{2h}{3}+y\right)\mathrm{d}y\\&=\int_{-2h/3}^{h/3}\left(\frac{2}{3}by^2+\frac{b}{h}y^3\right)\mathrm{d}y=\frac{bh^3}{36}\end{aligned}$$

对于由若干个简单图形所组成的组合截面，根据惯性矩的定义可知，组合截面对于某轴的惯性矩等于它的各组成部分对同一轴的惯性矩之和，惯性积也类同，故可表示为

$$I_z=\sum_{i=1}^{n}I_{zi},\quad I_y=\sum_{i=1}^{n}I_{yi},\quad I_{yz}=\sum_{i=1}^{n}I_{yzi}\tag{Ⅰ-8}$$

式中，I_{yi}、I_{zi} 和 I_{yzi} 分别为组合截面中任一组成部分对 y、z 轴的惯性矩和惯性积。

例如图Ⅰ-5中所示的各空心截面对 y、z 轴的惯性矩，可由公式（Ⅰ-8）并应用例Ⅰ-5和例Ⅰ-4的结果求得如下：

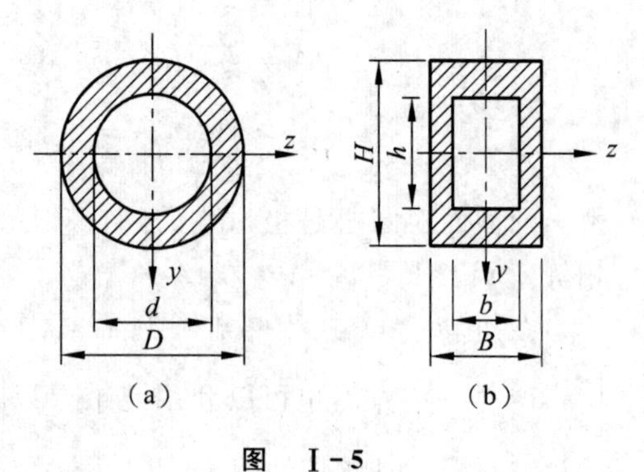

图 Ⅰ-5

对空心圆截面

$$\begin{aligned}I_y&=I_z=\frac{\pi D^4}{64}-\frac{\pi d^4}{64}\\&=\frac{\pi D^4}{64}(1-\alpha^4)\end{aligned}$$

式中，$\alpha=d/D$。

对箱形截面

$$I_z=\frac{BH^3}{12}-\frac{bh^3}{12}$$

$$I_y=\frac{HB^3}{12}-\frac{hb^3}{12}$$

在某些场合，还把惯性矩写成截面面积 A 与某一长度平方的乘积，即

$$I_y = Ai_y^2, \quad I_z = Ai_z^2 \tag{Ⅰ-9a}$$

或改写为

$$i_y = \sqrt{\frac{I_y}{A}}, \quad i_z = \sqrt{\frac{I_z}{A}} \tag{Ⅰ-9b}$$

式中，i_y 和 i_z 分别称为截面对 y 轴和 z 轴的**惯性半径**。

惯性半径的常用单位为米(m)或毫米(mm)。

§Ⅰ-3 平行移轴公式

同一截面对于不同坐标轴的惯性矩和惯性积是不相同的，但当两对坐标轴相平行，且其中的一对坐标轴是截面的形心轴时，截面对这两对坐标轴的惯性矩和惯性积是存在着比较简单的关系的。利用这种关系，对组合截面的惯性矩和惯性积的计算，可以得到简化。

设任意截面如图Ⅰ-6所示，C 为形心，y_C、z_C 轴为截面的形心轴，y、z 轴分别与 y_C、z_C 轴平行，a 和 b 是截面形心 C 在 y、z 坐标系中的坐标值。现在来研究截面对这两对坐标轴的惯性矩以及惯性积间的关系。

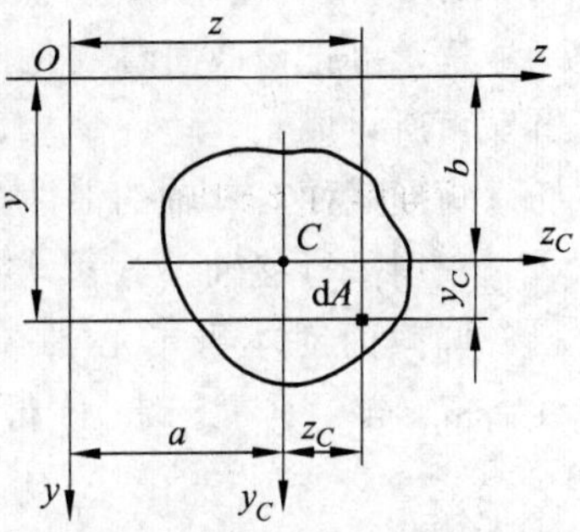

由图中可见，截面上任一微面积 $\mathrm{d}A$ 在两坐标系中的坐标之间的关系为

$$y = y_C + b, \quad z = z_C + a$$

图 Ⅰ-6

代入(Ⅰ-5)和(Ⅰ-6)式，有

$$I_y = \int_A z^2 \mathrm{d}A = \int_A (z_C + a)^2 \mathrm{d}A = \int_A z_C^2 \mathrm{d}A + 2a\int_A z_C \mathrm{d}A + a^2 \int_A \mathrm{d}A$$

$$I_z = \int_A y^2 \mathrm{d}A = \int_A (y_C + b)^2 \mathrm{d}A = \int_A y_C^2 \mathrm{d}A + 2b\int_A y_C \mathrm{d}A + b^2 \int_A \mathrm{d}A$$

$$\begin{aligned} I_{yz} &= \int_A yz \mathrm{d}A = \int_A (y_C + b)(z_C + a) \mathrm{d}A \\ &= \int_A y_C z_C \mathrm{d}A + a\int_A y_C \mathrm{d}A + b\int_A z_C \mathrm{d}A + ab\int_A \mathrm{d}A \end{aligned}$$

式中，$\int_A z_C^2 \mathrm{d}A = I_{y_C}$；$\int_A y_C^2 \mathrm{d}A = I_{z_C}$；$\int_A y_C z_C \mathrm{d}A = I_{y_C z_C}$；$\int_A \mathrm{d}A = A$；$\int_A z_C \mathrm{d}A$ 和 $\int_A y_C \mathrm{d}A$ 分别为截面对其形心轴 y_C、z_C 的静面矩，故均应等于零。于是，上列三式简化为

$$I_y = I_{y_C} + a^2 A \tag{Ⅰ-10a}$$

$$I_z = I_{z_C} + b^2 A \tag{Ⅰ-10b}$$

$$I_{yz} = I_{y_C z_C} + abA \tag{Ⅰ-10c}$$

(Ⅰ-10)式即为惯性矩和惯性积的**平行移轴公式**。应用公式(Ⅰ-10c)时，应注意 a 和 b 两坐标值的正负号，其符号由形心 C 在 y、z 坐标系中所在象限来决定。

例Ⅰ-7 试计算例Ⅰ-3所示T形截面对其形心轴 z 的惯性矩 I_z。

解 在例Ⅰ-3中已经求得形心 C 在对称轴上，距顶边 40 mm。为计算 I_z，仍将T形截面看做是由Ⅰ、Ⅱ两个矩形截面所组成，利用平行移轴公式可求得每个矩形截面对 z 轴的惯性矩如下：

$$\text{矩形Ⅰ}\quad I_{z\text{Ⅰ}}=\frac{(100\ \text{mm})(20\ \text{mm})^3}{12}+\left[(-40\ \text{mm})+\frac{20\ \text{mm}}{2}\right]^2(100\ \text{mm})(20\ \text{mm})$$

$$\approx 1.867\times10^6\ \text{mm}^4$$

$$\text{矩形Ⅱ}\quad I_{z\text{Ⅱ}}=\frac{(20\ \text{mm})(100\ \text{mm})^3}{12}+\left(\frac{100\ \text{mm}}{2}+20\ \text{mm}-40\ \text{mm}\right)^2(100\ \text{mm})(20\ \text{mm})$$

$$\approx 3.467\times10^6\ \text{mm}^4$$

所以该T形截面对形心轴 z 的惯性矩为

$$I_z=I_{z\text{Ⅰ}}+I_{z\text{Ⅱ}}\approx 5.334\times10^6\ \text{mm}^4$$

例Ⅰ-8 试计算图示截面对 y 轴的惯性矩 I_y。

解 可把该截面看成是由矩形截面减去两个直径为 d 的圆截面所组成。

矩形截面对 y 轴的惯性矩 $I_{y\text{Ⅰ}}=hb^3/12$。

利用平行移轴公式可求得每个圆截面对 y 轴的惯性矩。已知圆截面对本身形心轴 y_C 的惯性矩 $I_{y_C}=\pi d^4/64$，面积 $A=\pi d^4/4$，由(Ⅰ-10a)式得

$$I_{y\text{Ⅱ}}=\frac{\pi d^4}{64}+\left(\frac{b}{4}\right)^2\frac{\pi d^2}{4}$$

例Ⅰ-8图

所以

$$I_y=I_{y\text{Ⅰ}}-2I_{y\text{Ⅱ}}$$

$$=\frac{hb^3}{12}-2\left[\frac{\pi d^4}{64}+\left(\frac{b}{4}\right)^2\frac{\pi d^2}{4}\right]$$

$$=\frac{hb^3}{12}-\frac{\pi d^2}{32}(d^2+b^2)$$

例Ⅰ-9 求图示半圆形截面对平行于底边的 z 轴的惯性矩 I_z。

解 圆截面对其形心轴 z_1 的惯性矩为 $\frac{\pi d^4}{64}$，则半圆截面对 z_1 轴的惯性矩为

$$I_{z_1}=\frac{1}{2}\times\frac{\pi d^4}{64}=\frac{\pi d^4}{128}$$

虽然 z 轴平行于 z_1 轴，但它们都不是半圆截面的形心轴，故不能直接利用平行移轴公式求 I_z，即

$$I_z\neq I_{Z_1}+\left(\frac{d}{2}\right)^2\times\frac{\pi d^2}{8}$$

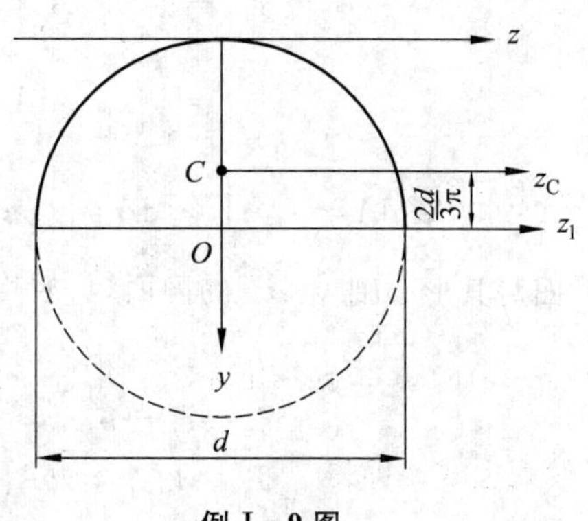

例Ⅰ-9图

欲求截面对 z 轴的惯性矩 I_z，必须先求出半圆截面对平行 z_1 的形心轴 z_C 的惯性矩 I_{z_C}。由平行移轴公式得

$$I_{z_C}=I_{z_1}-\left(\frac{2d}{3\pi}\right)^2A=\frac{\pi d^4}{128}-\left(-\frac{2d}{3\pi}\right)^2\frac{\pi d^2}{8}$$

再次利用平行移轴公式，可得半圆形截面对 z 轴的惯性矩为

$$\begin{aligned}I_z&=I_{z_C}+\left(\frac{d}{2}-\frac{2d}{3\pi}\right)^2A=\left[\frac{\pi d^4}{128}-\left(\frac{2d}{3\pi}\right)^2\frac{\pi d^2}{8}\right]+\left(\frac{d}{2}-\frac{2d}{3\pi}\right)^2\frac{\pi d^2}{8}\\&=\frac{\pi d^4}{128}+\frac{\pi d^2}{8}\left(\frac{d^2}{4}-\frac{2d^2}{3\pi}\right)\end{aligned}$$

§Ⅰ-4　转轴公式　主惯性轴和主惯性矩

一、惯性矩和惯性积的转轴公式

当坐标轴绕其原点转动时，截面对转动前后的两对不同坐标轴的惯性矩及惯性积之间也存在着一定的关系。

设任意截面(图Ⅰ-7)对通过任一点 O 的 y、z 轴的惯性矩和惯性积为 I_y、I_z 和 I_{yz}。若 y、z 轴绕 O 点旋转 α 角(规定 α 角以逆时针旋转时为正)至 y_1、z_1 位置，截面对 y_1、z_1 轴的惯性矩和惯性积设为 I_{y_1}、I_{z_1} 和 $I_{y_1z_1}$。现在来研究截面对这两对坐标轴的惯性矩及惯性积之间的关系。

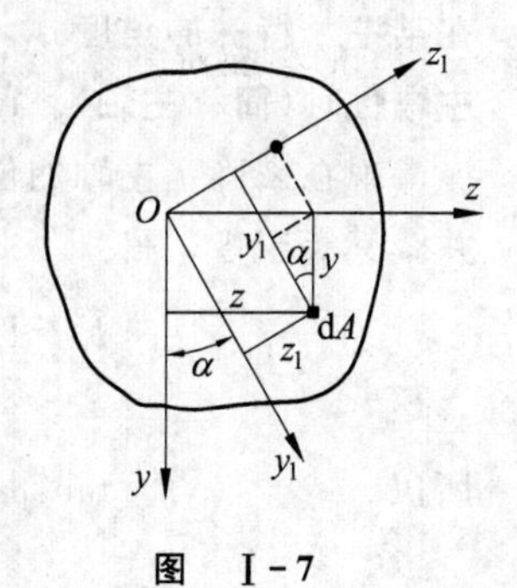

图　Ⅰ-7

由图中可见，截面上任一微面积 dA 在这两对坐标系中的坐标之间的关系为

$$y_1=y\cos\alpha+z\sin\alpha$$
$$z_1=z\cos\alpha-y\sin\alpha$$

截面对 y_1 轴的惯性矩为

$$\begin{aligned}I_{y_1}&=\int_A z_1^2\mathrm{d}A=\int_A(z\cos\alpha-y\sin\alpha)^2\mathrm{d}A\\&=\cos^2\alpha\int_A z^2\mathrm{d}A+\sin^2\alpha\int_A y^2\mathrm{d}A-2\sin\alpha\cos\alpha\int_A yz\mathrm{d}A\\&=I_y\cos^2\alpha+I_z\sin^2\alpha-I_{yz}\sin2\alpha\end{aligned}$$

利用三角公式

$$\cos^2\alpha=\frac{1}{2}(1+\cos2\alpha)$$

$$\sin^2\alpha=\frac{1}{2}(1-\cos2\alpha)$$

代入上式，即得

$$I_{y_1}=\frac{I_y+I_z}{2}+\frac{I_y-I_z}{2}\cos2\alpha-I_{yz}\sin2\alpha \qquad (Ⅰ-11a)$$

同理，可求得

$$I_{z_1}=\frac{I_y+I_z}{2}-\frac{I_y-I_z}{2}\cos2\alpha+I_{yz}\sin2\alpha \tag{Ⅰ-11b}$$

$$I_{y_1z_1}=\frac{I_y-I_z}{2}\sin2\alpha+I_{yz}\cos2\alpha \tag{Ⅰ-11c}$$

(Ⅰ-11)式即为惯性矩和惯性积的**转轴公式**。可见 I_{y_1}、I_{z_1} 和 $I_{y_1z_1}$ 均随 α 的改变而变化，即都是 α 的函数。

将(Ⅰ-11a)和(Ⅰ-11b)式相加，可得

$$I_{y_1}+I_{z_1}=I_y+I_z \tag{Ⅰ-12}$$

这表明截面对于通过同一点的任意一对正交坐标轴的两惯性矩之和为一常数，并等于截面对该坐标原点的极惯性矩[见(Ⅰ-7)式]。

二、截面的主惯性轴和主惯性矩

若将 $\alpha=\alpha_k$ 及 $\alpha=\alpha_k+90°$ 分别代入(Ⅰ-11c)式，则惯性积的正负号相反，这说明至少存在某一个特殊的角度 α_0，使截面对相应的 y_0、z_0 轴的惯性积 $I_{y_0z_0}=0$，这一对坐标轴就称为**主惯性轴**(简称**主轴**)。截面对主轴的惯性矩称为**主惯性矩**。

现在来确定主轴的位置。设主轴与原坐标轴之间的夹角 α_0，将 $\alpha=\alpha_0$ 代入(Ⅰ-11c)式，并令其等于零，得

$$\frac{I_y-I_z}{2}\sin2\alpha_0+I_{yz}\cos2\alpha_0=0$$

所以

$$\tan2\alpha_0=\frac{-2I_{yz}}{I_y-I_z} \tag{Ⅰ-13}$$

将求出的 α_0 值代入(Ⅰ-11a)和(Ⅰ-11b)式，就可求得截面的主惯性矩。为了计算方便，现导出直接由 I_y、I_z 和 I_{yz} 来计算主惯性矩的算式。由公式(Ⅰ-13)可以求得

$$\cos2\alpha_0=\frac{1}{\sqrt{1+\tan^2 2\alpha_0}}=\frac{I_y-I_z}{\sqrt{(I_y-I_z)^2+4I_{yz}^2}} \tag{a}$$

$$\sin2\alpha_0=\frac{\tan2\alpha_0}{\sqrt{1+\tan^2 2\alpha_0}}=\frac{-2I_{yz}}{\sqrt{(I_y-I_z)^2+4I_{yz}^2}} \tag{b}$$

将其代入(Ⅰ-11a)式和(Ⅰ-11b)式，经化简后即可得到主惯性矩的计算公式

$$I_{y_0}=\frac{I_y+I_z}{2}+\frac{1}{2}\sqrt{(I_y-I_z)^2+4I_{yz}^2} \tag{Ⅰ-14a}$$

$$I_{z_0}=\frac{I_y+I_z}{2}-\frac{1}{2}\sqrt{(I_y-I_z)^2+4I_{yz}^2} \tag{Ⅰ-14b}$$

由(Ⅰ-13)式解出 α_0 值，就确定了两主轴中 y_0 轴的位置，此时的 I_{y_0} 值恒大于 I_{z_0} 值。若将(Ⅰ-13)式分子上的负号移到分母上，并将(a)、(b)两式作相应的改变，由此解出的 α_0 值所确定的 y_0 轴位置，必与前者相差 90°，这时的 I_{y_0} 值就恒小于 I_{z_0} 值。

惯性矩 I_{y_1}(或 I_{z_1})的值随 α 角而连续变化，若将 $\alpha=\alpha_j$ 及 $\alpha=\alpha_j+180°$ 分别代入(Ⅰ-11a)式，所得 I_{y_1} 的值是相等的，这说明 I_{y_1}(或 I_{z_1})必然存在极值。设 $\alpha=\alpha_1$ 时 I_{y_1} 有极值，则有

$$\frac{\mathrm{d}I_{y_1}}{\mathrm{d}\alpha}=-(I_y-I_z)\sin2\alpha_1-2I_{yz}\cos2\alpha_1=0$$

所以
$$\tan2\alpha_1=\frac{-2I_{yz}}{I_y-I_z}$$

由此求出的 α_1 角与按(Ⅰ-13)式所求得的 α_0 角完全相同。由于截面对过同一点的任一对正交坐标轴的两惯性矩之和为一常数，故上述主惯性矩 I_{y_0} 是截面对过该点的所有坐标轴的惯性矩中之最大值，而 I_{z_0} 则为最小值。

当主轴的交点与截面的形心重合时，这对坐标轴就称为**形心主惯性轴**(简称**形心主轴**)。截面对形心主轴的惯性矩称为**形心主惯性矩**。如上所述，截面对过形心的诸轴的惯性矩中，两形心主惯性矩之一为最大值，另一为最小值。一般可根据截面面积离形心主轴的远近，直观判定对哪个轴的惯性矩为最大值，对哪一个的是最小值。在弯曲问题的计算中，都需要确定形心主轴的位置，并算出形心主惯性矩之值。

若截面有两个对称轴，这两个对称轴就是截面的形心主轴。因为对称轴必通过截面的形心，且截面对于对称轴的惯性积等于零(见例Ⅰ-4)。当截面只有一个对称轴时，则该对称轴及过形心并与对称轴相垂直的轴即为截面的形心主轴。假如截面没有对称轴，则需要① 确定截面的形心位置，选取便于计算惯性矩和惯性积的一对形心轴为参考轴；② 求出截面对参考轴的惯性矩和惯性积；③ 由(Ⅰ-13)式解出 α_0 值，从而确定形心主轴 y_0 的位置。再利用(Ⅰ-14a)和(Ⅰ-14b)式，即可求得截面的形心主惯性矩。

例Ⅰ-10 试确定图示 Z 形截面的形心主轴的位置，并计算形心主惯性矩。

解

(1) 确定截面的形心位置。

由于 Z 形截面有一对称中心 C，故 C 点即为该截面的形心。选取通过形心 C 的水平轴 z 和竖直轴 y 为参考轴。

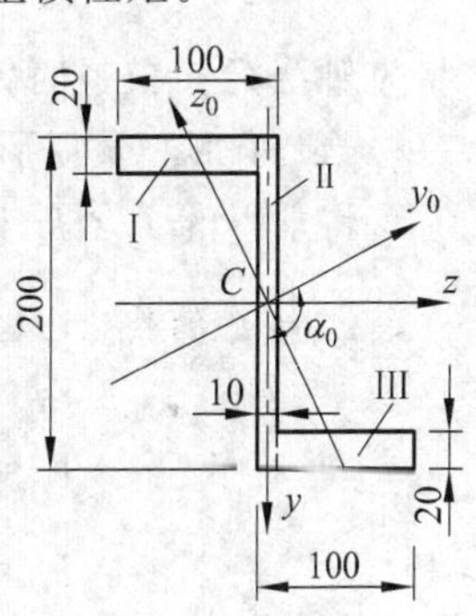

例Ⅰ-10 图

(2) 求 I_y、I_z 和 I_{yz}。

将此截面划分成图示三个矩形。矩形Ⅱ的形心与 C 点重合，矩形Ⅰ和Ⅲ的形心均不与 C 点重合，需利用平行移轴公式，分别求出各矩形对 y、z 轴的惯性矩和惯性积

矩形Ⅰ
$$I_{z\text{Ⅰ}}=\frac{(90\ \text{mm})(20\ \text{mm})^3}{12}+(-90\ \text{mm})^2(90\ \text{mm})(20\ \text{mm})$$
$$=1\,464\times10^4\ \text{mm}^4$$
$$I_{y\text{Ⅰ}}=\frac{(20\ \text{mm})(90\ \text{mm})^3}{12}+(-50\ \text{mm})^2(90\ \text{mm})(20\ \text{mm})$$
$$=571.5\times10^4\ \text{mm}^4$$
$$I_{yz\text{Ⅰ}}=0+(-90\ \text{mm})(-50\ \text{mm})(90\ \text{mm})(20\ \text{mm})$$
$$=810\times10^4\ \text{mm}^4$$

矩形Ⅱ
$$I_{z\text{Ⅱ}}=\frac{(10\ \text{mm})(200\ \text{mm})^3}{12}=666.7\times10^4\ \text{mm}^4$$
$$I_{y\text{Ⅱ}}=\frac{(200\ \text{mm})(10\ \text{mm})^3}{12}=1.67\times10^4\ \text{mm}^4$$

$I_{yz\,\mathrm{II}}=0$

矩形Ⅲ $I_{z\,\mathrm{III}}=I_{z\,\mathrm{I}}=1\ 464\times10^4\ \mathrm{mm}^4$

$I_{y\,\mathrm{III}}=I_{y\,\mathrm{I}}=571.5\times10^4\ \mathrm{mm}^4$

$I_{yz\,\mathrm{III}}=I_{yz\,\mathrm{I}}=810\times10^4\ \mathrm{mm}^4$

所以整个截面对 y、z 轴的惯性矩和惯性积为

$$I_z=I_{z\,\mathrm{I}}+I_{z\,\mathrm{II}}+I_{z\,\mathrm{III}}=2(1\ 464\times10^4\ \mathrm{mm}^4)+(666.7\times10^4\ \mathrm{mm}^4)\approx3.59\times10^7\ \mathrm{mm}^4$$

$$I_y=I_{y\,\mathrm{I}}+I_{y\,\mathrm{II}}+I_{y\,\mathrm{III}}=2(571.5\times10^4\ \mathrm{mm}^4)+(1.67\times10^4\ \mathrm{mm}^4)\approx1.14\times10^7\ \mathrm{mm}^4$$

$$I_{yz}=I_{yz\,\mathrm{I}}+I_{yz\,\mathrm{II}}+I_{yz\,\mathrm{III}}=2\times810\times10^4\ \mathrm{mm}^4+0=1.62\times10^7\ \mathrm{mm}^4$$

(3) 确定形心主轴的位置。

将求得的 I_y、I_z 和 I_{yz} 代入(Ⅰ-13)式

$$\tan2\alpha_0=\frac{-2I_{yz}}{I_y-I_z}=\frac{-2\times(1.62\times10^7\ \mathrm{mm}^4)}{1.14\times10^7\ \mathrm{mm}^4-3.59\times10^7\ \mathrm{mm}^4}\approx\frac{-3.24}{-2.45}\approx1.322$$

因为 $\tan2\alpha_0$ 的分数表达式中，其分子和分母均为负值，故 $2\alpha_0$ 应在第三象限中。由此解得

$$2\alpha_0=180^\circ+52.9^\circ,\quad \alpha_0=116.45^\circ$$

将 y 轴绕 C 点按逆时针旋转 α_0 角即可确定形心主轴 y_0 的位置。

(4) 求形心主惯形矩 I_{y_0} 和 I_{z_0}。

将求得的 I_y、I_z 和 I_{yz} 代入(Ⅰ-14a)和(Ⅰ-14b)式

$$I_{y_0}=\frac{I_y+I_z}{2}+\frac{1}{2}\sqrt{(I_y-I_z)^2+4I_{yz}^2}$$

$$I_{z_0}=\frac{I_y+I_z}{2}-\frac{1}{2}\sqrt{(I_y-I_z)^2+4I_{yz}^2}$$

得

$$I_{y_0}\approx4.396\times10^7\ \mathrm{mm}^4$$

$$I_{z_0}\approx0.334\times10^7\ \mathrm{mm}^4$$

由例Ⅰ-10图可见，y_0 轴离上、下翼缘较远，而 z_0 轴通过上、下翼缘，据此也可判断出 $I_{y_0}=I_{\max}$，$I_{z_0}=I_{\min}$。

例Ⅰ-11 证明图示正五边形截面的形心轴均为形心主轴，且截面对所有形心轴的惯性矩均相等。图中 C 为形心。

解 取 y 为对称轴，则截面对 y、z 轴的惯性积 $I_{yz}=0$。设 y_1、z_1 为任意形心轴(角 α 为任意值)，只需证明截面对 y_1、z_1 轴的惯性积 $I_{y_1z_1}=0$，则过形心的轴均为形心主轴。

由转角公式(Ⅰ-11c)，得

$$I_{y_1z_1}=\frac{I_y-I_z}{2}\sin2\alpha+I_{yz}\cos2\alpha \tag{1}$$

因为 α 为任意角，$I_{yz}=0$，要证 $I_{y_1z_1}=0$，还需证明 $I_y=I_z$。取 y_2 为对称轴，则有 $I_{y_2z_2}=0$。利用转角公式(Ⅰ-11c)得

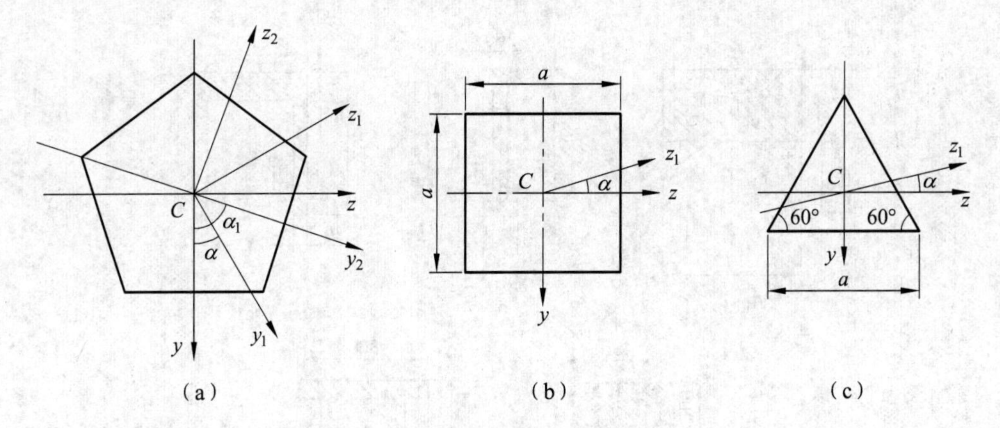

例Ⅰ-11图

$$I_{y_2 z_2}=\frac{I_y-I_z}{2}\sin 2\alpha_1+I_{yz}\cos 2\alpha_1=0$$

因为 $I_{yz}=0$，$\sin 2\alpha_1\neq 0$，得

$$I_y=I_z \tag{2}$$

把(2)式代入(1)式，得

$$I_{y_1 z_1}=0$$

所以过形心的轴均为形心主轴。

由转轴公式(Ⅰ-11a)，得截面对 y_1 轴的惯性矩为

$$I_{y_1}=\frac{I_y+I_z}{2}+\frac{I_y-I_z}{2}\sin 2\alpha-I_{yz}\cos 2\alpha \tag{3}$$

把 $I_{yz}=0$ 及 $I_y=I_z$ 代入(3)式，得

$$I_{y_1}=\frac{I_y+I_z}{2}=I_y=I_z$$

所以截面对所有形心轴的惯性矩均相等。

以上证明中，并没有用到正五边形的个体性质。因此，可以推论，对任意正多边形截面，过形心的轴均为形心主轴，截面对所有形心轴的惯性矩均相等。例如图(b)所示边长为 a 的正方形截面对形心轴 z_1 的惯性矩 $I_{z_1}=\dfrac{a^4}{12}$；图(c)所示边长为 a 的等边三角形截面，对过形心轴 z_1 的惯性矩 $I_{z_1}=\dfrac{a\left(\dfrac{\sqrt{3}}{2}a\right)^3}{36}=\dfrac{\sqrt{3}a^4}{96}$。

习　　题

Ⅰ-1　试确定图示各截面的形心位置(各截面均有竖直对称轴 y)，并求各截面对其水平形心轴的惯性矩。

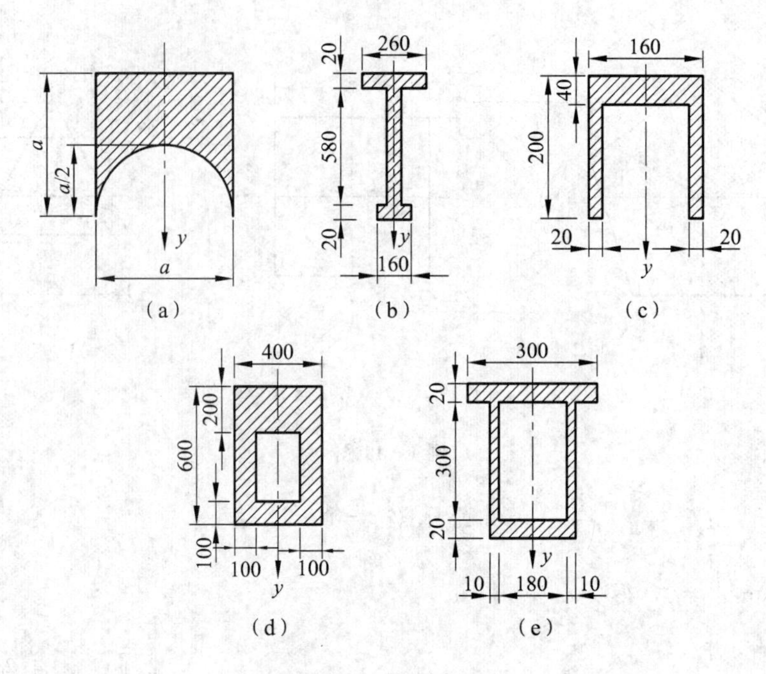

题Ⅰ-1图

Ⅰ-2　试确定下列各截面的形心位置。

Ⅰ-3　求图示四分之一圆形截面对 y、z 轴的惯性矩和惯性积。

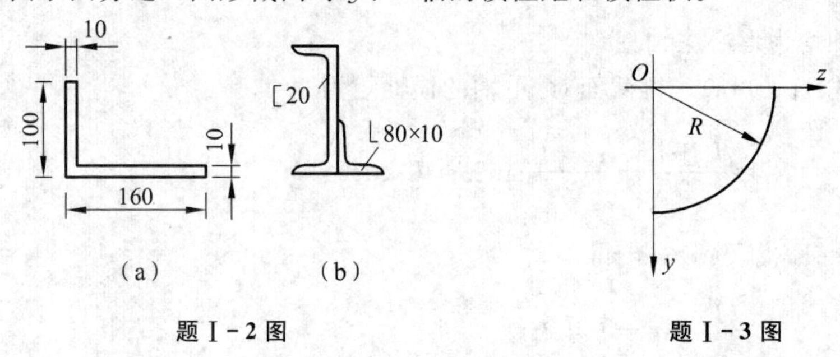

题Ⅰ-2图　　题Ⅰ-3图

Ⅰ-4　已知三角形截面对与底边重合的 z 轴的惯性矩 $I_z = bh^3/12$，试利用平行移轴公式求它对通过其顶点且平行于底边的 z_1 轴的惯性矩。

Ⅰ-5　图示由两个 20a 号槽钢组成的组合截面，如欲使此截面对其对称轴的惯性矩 I_y 和 I_z 相等，则两槽钢的间距 a 应为多少？

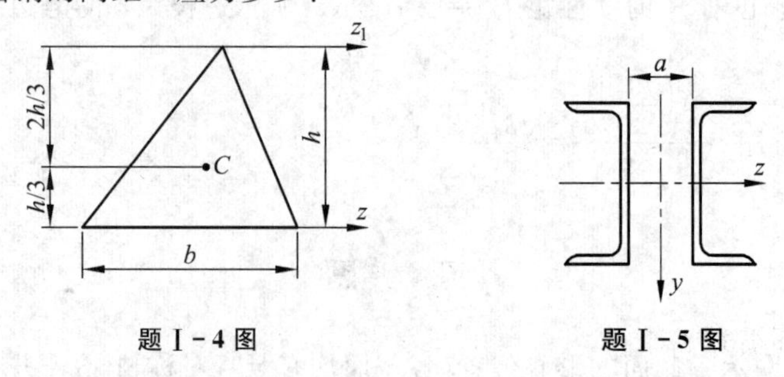

题Ⅰ-4图　　题Ⅰ-5图

Ⅰ-6　求图示各截面对形心轴 y、z 的惯性矩 I_y 和 I_z。图(a)为边长为 a 的正六边形。

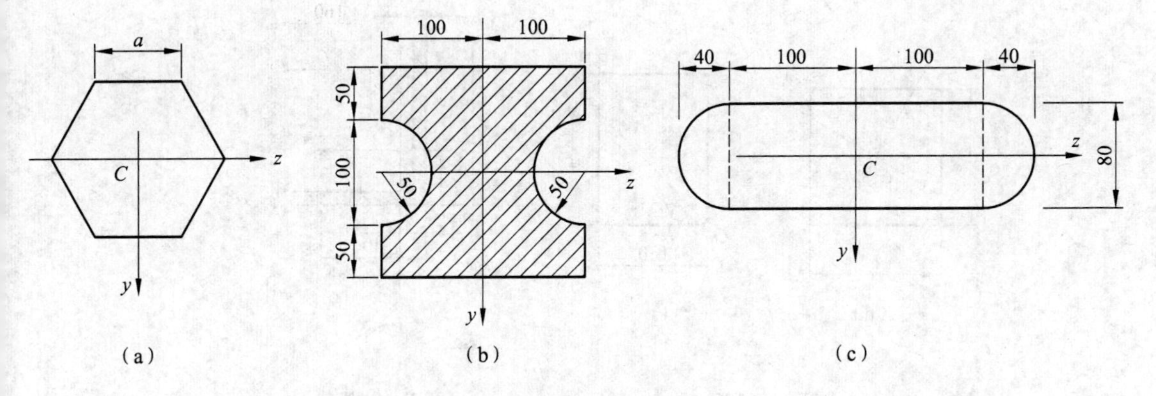

题Ⅰ-6图

Ⅰ-7 在直径为 d 的圆截面中，挖出边长为 a 的正方形，$a=100$ mm，$d=\sqrt{2}\,a$ mm。求图中阴影线部分面积对 z 轴的惯性矩。α 为任意角。

Ⅰ-8 试求图示各组合截面对其水平形心轴的惯性矩。

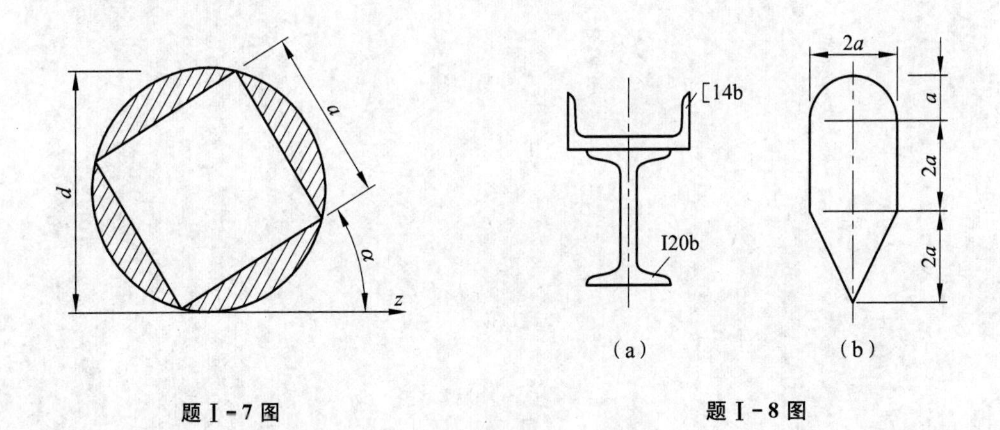

题Ⅰ-7图

题Ⅰ-8图

Ⅰ-9 试求下列各截面的惯性矩 I_y、I_z 和惯性积 I_{yz}。

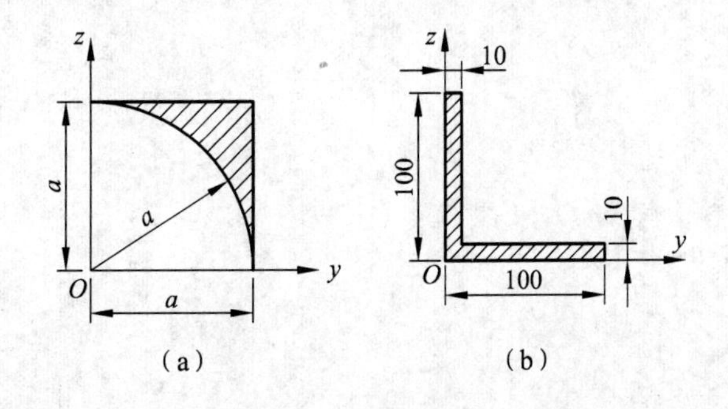

题Ⅰ-9图

Ⅰ-10 求图示各截面对 y_1、z_1 轴的惯性矩和惯性积。

Ⅰ-11 试确定图示截面的形心主轴位置，并计算形心主惯性矩。

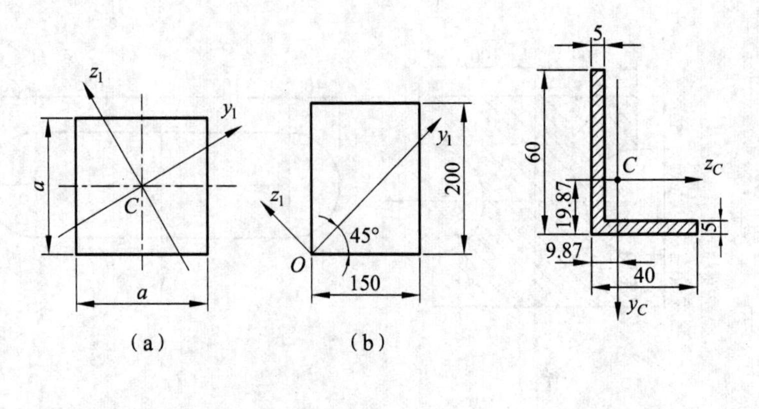

题Ⅰ-10 图　　　　题Ⅰ-11 图

Ⅰ-12　试根据型钢表上查得的已知数据，求不等边角钢 160 mm×100 mm×16 mm 的最大形心主惯性矩 $I_{\max}$。

附录Ⅱ 型钢规格表

表 1 热轧等边角钢（GB9787—1988）

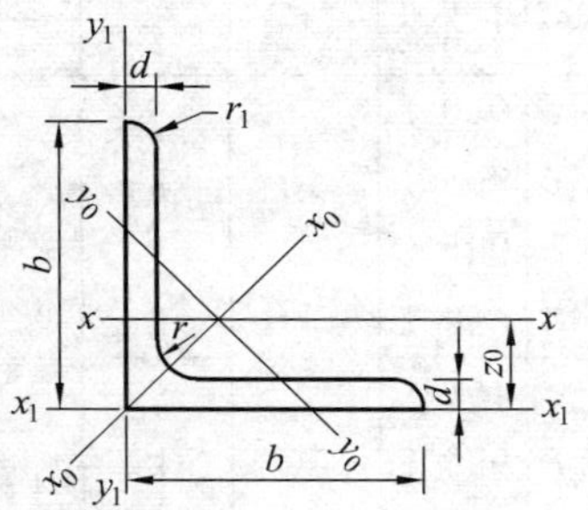

符号意义：

b——边宽度；　　I——惯性矩；

d——边厚度；　　i——惯性半径；

r——内圆弧半径；　　W——弯曲截面系数；

r_1——边端内圆弧半径；　　z_0——重心距离。

角钢号数	尺寸/mm			截面面积/cm²	理论重量/(kg/m)	外表面积/(m²/m)	参考数值										z_0 /cm
							$x-x$			x_0-x_0			y_0-y_0			x_1-x_1	
	b	d	r				I_x /cm⁴	i_x /cm	W_x /cm³	I_{x_0} /cm⁴	i_{x_0} /cm	W_{x_0} /cm³	I_{y_0} /cm⁴	i_{y_0} /cm	W_{y_0} /cm³	I_{x_1} /cm⁴	
2	20	3	3.5	1.132	0.889	0.078	0.40	0.59	0.29	0.63	0.75	0.45	0.17	0.39	0.20	0.81	0.60
		4		1.459	1.145	0.077	0.50	0.58	0.36	0.78	0.73	0.55	0.22	0.38	0.24	1.09	0.64
2.5	25	3		1.432	1.124	0.098	0.82	0.76	0.46	1.29	0.95	0.73	0.34	0.49	0.33	1.57	0.73
		4		1.859	1.459	0.097	1.03	0.74	0.59	1.62	0.93	0.92	0.43	0.48	0.40	2.11	0.76

续表1

角钢号数	尺寸 /mm			截面面积 /cm²	理论重量 /(kg/m)	外表面积 /(m²/m)	参考数值										z_0 /cm
							$x-x$			x_0-x_0			y_0-y_0			x_1-x_1	
	b	d	r				I_x /cm^4	i_x /cm	W_x /cm^3	I_{x_0} /cm^4	i_{x_0} /cm	W_{x_0} /cm^3	I_{y_0} /cm^4	i_{y_0} /cm	W_{y_0} /cm^3	I_{x_1} /cm^4	
3.0	30	3	4.5	1.749	1.373	0.117	1.46	0.91	0.68	2.31	1.15	1.09	0.61	0.59	0.51	2.71	0.85
		4		2.276	1.786	0.117	1.84	0.90	0.87	2.92	1.13	1.37	0.77	0.58	0.62	3.63	0.89
3.6	36	3	4.5	2.109	1.656	0.141	2.58	1.11	0.99	4.09	1.39	1.61	1.07	0.71	0.76	4.68	1.00
		4		2.756	2.163	0.141	3.29	1.09	1.28	5.22	1.38	2.05	1.37	0.70	0.93	6.25	1.04
		5		3.382	2.654	0.141	3.95	1.08	1.56	6.24	1.36	2.45	1.65	0.70	1.09	7.84	1.07
4.0	40	3	5	2.359	1.852	0.157	3.59	1.23	1.23	5.69	1.55	2.01	1.49	0.79	0.96	6.41	1.09
		4		3.086	2.422	0.157	4.60	1.22	1.60	7.29	1.54	2.58	1.91	0.79	1.19	8.56	1.13
		5		3.791	2.976	0.156	5.53	1.21	1.96	8.76	1.52	3.01	2.30	0.78	1.39	10.74	1.17
4.5	45	3		2.659	2.088	0.177	5.17	1.40	1.58	8.20	1.76	2.58	2.14	0.90	1.24	9.12	1.22
		4		3.486	2.736	0.177	6.65	1.38	2.05	10.56	1.74	3.32	2.75	0.89	1.54	12.18	1.26
		5		4.292	3.369	0.176	8.04	1.37	2.51	12.74	1.72	4.00	3.33	0.88	1.81	15.25	1.30
		6		5.076	3.985	0.176	9.33	1.36	2.95	14.76	1.70	4.64	3.89	0.88	2.06	18.36	1.33
5	50	3	5.5	2.971	2.332	0.197	7.18	1.55	1.96	11.37	1.96	3.22	2.98	1.00	1.57	12.50	1.34
		4		3.897	3.059	0.197	9.26	1.54	2.56	14.70	1.94	4.16	3.82	0.99	1.96	16.69	1.38
		5		4.803	3.770	0.196	11.21	1.53	3.13	17.79	1.92	5.03	4.64	0.98	2.31	20.90	1.42
		6		5.688	4.465	0.196	13.05	1.52	3.68	20.68	1.91	5.85	5.42	0.98	2.63	25.14	1.46
5.6	56	3	6	3.343	2.624	0.221	10.19	1.75	2.48	16.14	2.20	4.08	4.24	1.13	2.02	17.56	1.48
		4		4.390	3.446	0.220	13.18	1.73	3.24	20.92	2.18	5.28	5.46	1.11	2.52	23.43	1.53
5.6	56	5	6	5.415	4.251	0.220	16.02	1.72	3.97	25.42	2.17	6.42	6.61	1.10	2.98	29.33	1.57
		8	7	8.367	6.568	0.219	23.63	1.68	6.03	37.37	2.11	9.44	9.89	1.09	4.16	47.24	1.68

续表 1

角钢号数	尺寸/mm			截面面积/cm²	理论重量/(kg/m)	外表面积/(m²/m)	参考数值										
							$x-x$			x_0-x_0			y_0-y_0			x_1-x_1	z_0/cm
	b	d	r				I_x/cm⁴	i_x/cm	W_x/cm³	I_{x_0}/cm⁴	i_{x_0}/cm	W_{x_0}/cm³	I_{y_0}/cm⁴	i_{y_0}/cm	W_{y_0}/cm³	I_{x_1}/cm⁴	
6.3	63	4	7	4.978	3.907	0.248	19.03	1.96	4.13	30.17	2.46	6.78	7.89	1.26	3.29	33.35	1.70
		5		6.143	4.822	0.248	23.17	1.94	5.08	36.77	2.45	8.25	9.57	1.25	3.90	41.73	1.74
		6		7.288	5.721	0.247	27.12	1.93	6.00	43.03	2.43	9.66	11.20	1.24	4.46	50.14	1.78
		8		9.515	7.469	0.247	34.46	1.90	7.75	54.56	2.40	12.25	14.33	1.23	5.47	67.11	1.85
		10		11.657	9.151	0.246	41.09	1.88	9.39	64.85	2.36	14.56	17.33	1.22	6.36	84.31	1.93
7	70	4	8	5.570	4.372	0.275	26.39	2.18	5.14	41.80	2.74	8.44	10.99	1.40	4.17	45.74	1.86
		5		6.875	5.397	0.275	32.21	2.16	6.32	51.08	2.73	10.32	13.34	1.39	4.95	57.21	1.91
		6		8.160	6.406	0.275	37.77	2.15	7.48	59.93	2.71	12.11	15.61	1.38	5.67	68.73	1.95
		7		9.424	7.398	0.275	43.09	2.14	8.59	68.35	2.69	13.81	17.82	1.38	6.34	80.29	1.99
		8		10.667	8.373	0.274	48.17	2.12	9.68	76.37	2.68	15.43	19.98	1.37	6.98	91.92	2.03
7.5	75	5	9	7.367	5.818	0.295	39.97	2.33	7.32	63.30	2.92	11.94	16.63	1.50	5.77	70.56	2.04
		6		8.797	6.905	0.294	46.95	2.31	8.64	74.38	2.90	14.02	19.51	1.49	6.67	84.55	2.07
		7		10.160	7.976	0.294	53.57	2.30	9.93	84.96	2.89	16.02	22.18	1.48	7.44	98.71	2.11
		8		11.503	9.030	0.294	59.96	2.28	11.20	95.07	2.88	17.93	24.86	1.47	8.19	112.97	2.15
		10		14.126	11.089	0.293	71.98	2.26	13.64	113.92	2.84	21.48	30.05	1.46	9.56	141.71	2.22
8	80	5	9	7.912	6.211	0.315	48.79	2.48	8.34	77.33	3.13	13.67	20.25	1.60	6.66	85.36	2.15
		6		9.397	7.376	0.314	57.35	2.47	9.87	90.98	3.11	16.08	23.72	1.59	7.65	102.50	2.19
		7		10.860	8.525	0.314	65.58	2.46	11.37	104.07	3.10	18.40	27.09	1.58	8.58	119.70	2.23
		8		12.303	9.658	0.314	73.49	2.44	12.83	116.60	3.08	20.61	30.39	1.57	9.46	136.97	2.27
		10		15.126	11.874	0.313	88.43	2.42	15.64	140.09	3.04	24.76	36.77	1.56	11.08	171.74	2.35

续表 1

角钢号数	尺寸 /mm			截面面积 /cm²	理论重量 /(kg/m)	外表面积 /(m²/m)	参考数值										z_0 /cm
							$x-x$			x_0-x_0			y_0-y_0			x_1-x_1	
	b	d	r				I_x /cm⁴	i_x /cm	W_x /cm³	I_{x_0} /cm⁴	i_{x_0} /cm	W_{x_0} /cm³	I_{y_0} /cm⁴	i_{y_0} /cm	W_{y_0} /cm³	I_{x_1} /cm⁴	
9	90	6	10	10.637	8.350	0.354	82.77	2.79	12.61	131.26	3.51	20.63	34.28	1.80	9.95	145.87	2.44
		7		12.301	9.656	0.354	94.83	2.78	14.54	150.47	3.50	23.64	39.18	1.78	11.19	170.30	2.48
		8		13.944	10.946	0.353	106.47	2.76	16.42	168.97	3.48	26.55	43.97	1.78	12.35	194.80	2.52
		10		17.167	13.476	0.353	128.58	2.74	20.07	203.90	3.45	32.04	53.26	1.76	14.52	244.07	2.59
		12		20.306	15.940	0.352	149.22	2.71	23.57	236.21	3.41	37.12	62.22	1.75	16.49	293.76	2.67
10	100	6	12	11.932	9.366	0.393	114.95	3.01	15.68	181.98	3.90	25.74	47.92	2.00	12.69	200.07	2.67
		7		13.796	10.830	0.393	131.86	3.09	18.10	208.97	3.89	29.55	54.74	1.99	14.26	233.54	2.71
		8		15.638	12.276	0.393	148.24	3.08	20.47	235.07	3.88	33.24	61.41	1.98	15.75	267.09	2.76
		10		19.261	15.120	0.392	179.51	3.05	25.06	284.68	3.84	40.26	74.35	1.96	18.54	334.48	2.84
		12		22.800	17.898	0.391	208.90	3.03	29.48	330.95	3.81	46.80	86.84	1.95	21.08	402.34	2.91
		14		26.256	20.611	0.391	236.53	3.00	33.73	374.06	3.77	52.90	99.00	1.94	23.44	470.75	2.99
		16		29.627	23.257	0.390	262.53	2.98	37.82	414.16	3.74	58.57	110.89	1.94	25.63	539.80	3.06
11	110	7	12	15.196	11.928	0.433	177.16	3.41	22.05	280.94	4.30	36.12	73.38	2.20	17.51	310.64	2.96
		8		17.238	13.532	0.433	199.46	3.40	24.95	316.49	4.28	40.69	82.42	2.19	19.39	355.20	3.01
		10		21.261	16.690	0.432	242.19	3.38	30.60	384.39	4.25	49.42	99.98	2.17	22.91	444.65	3.09
		12		25.200	19.782	0.431	282.55	3.35	36.05	448.17	4.22	57.62	116.93	2.15	26.15	534.60	3.16
		14		29.056	22.809	0.431	320.71	3.32	41.31	508.01	4.18	65.31	133.40	2.14	29.14	625.16	3.24
12.5	125	8	14	19.750	15.504	0.492	297.03	3.88	32.52	470.89	4.88	53.28	123.16	2.50	25.86	521.01	3.37
		10		24.373	19.133	0.491	361.67	3.85	39.97	573.89	4.85	64.93	149.46	2.48	30.62	651.93	3.45
		12		28.912	22.696	0.491	423.16	3.83	41.17	671.44	4.82	75.96	174.88	2.46	35.03	783.42	3.53

续表 1

角钢号数	尺寸 /mm			截面面积 /cm²	理论重量 /(kg/m)	外表面积 /(m²/m)	参考数值										
							$x-x$			x_0-x_0			y_0-y_0			x_1-x_1	z_0 /cm
	b	d	r				I_x /cm⁴	i_x /cm	W_x /cm³	I_{x_0} /cm⁴	i_{x_0} /cm	W_{x_0} /cm³	I_{y_0} /cm⁴	i_{y_0} /cm	W_{y_0} /cm³	I_{x_1} /cm⁴	
12.5	125	14	14	33.367	26.193	0.490	481.65	3.80	54.16	763.73	4.78	86.41	199.57	2.45	39.13	915.61	3.61
14	140	10		27.373	21.488	0.551	514.65	4.34	50.58	817.27	5.46	82.56	212.04	2.78	39.20	915.11	3.82
		12		32.512	25.522	0.551	603.68	4.31	59.80	958.79	5.43	96.85	248.57	2.76	45.02	1 099.28	3.90
		14		37.567	29.490	0.550	688.81	4.28	68.75	1 093.56	5.40	110.47	284.06	2.75	50.45	1 284.22	3.98
		16		42.539	33.393	0.549	770.24	4.26	77.46	1 221.81	5.36	123.42	318.67	2.74	55.55	1 470.07	4.06
16	160	10	16	31.502	24.729	0.630	779.53	4.98	66.70	1 237.30	6.27	109.36	321.76	3.20	52.76	1 365.33	4.31
		12		37.441	29.391	0.630	916.58	4.95	78.98	1 455.68	6.24	128.67	377.49	3.18	60.74	1 639.57	4.39
		14		43.296	33.987	0.629	1 048.36	4.92	90.95	1 665.02	6.20	147.17	431.70	3.16	68.244	1 914.68	4.47
		16		49.067	38.518	0.629	1 175.08	4.89	102.63	1 865.57	6.17	164.89	484.59	3.14	75.31	2 190.82	4.55
18	180	12	16	42.241	33.159	0.710	1 321.35	5.59	100.82	2 100.10	7.05	165.00	542.61	3.58	78.41	2 332.80	4.89
		14		48.896	38.388	0.709	1 514.48	5.56	116.25	2 407.42	7.02	189.14	625.53	3.56	88.38	2 723.48	4.97
		16		55.467	43.542	0.709	1 700.99	5.54	131.13	2 703.37	6.98	212.40	698.60	3.55	97.83	3 115.29	5.05
		18		61.955	48.634	0.708	1 875.12	5.50	145.64	2 988.24	6.94	234.78	762.01	3.51	105.14	3 502.43	5.13
20	200	14	18	54.642	42.894	0.788	2 103.55	6.20	144.70	3 343.26	7.82	236.40	863.83	3.98	111.82	3 734.10	5.46
		16		62.013	48.680	0.788	2 366.15	6.18	163.65	3 760.89	7.79	265.93	971.41	3.96	123.96	4 270.39	5.54
		18		69.301	54.401	0.737	2 620.64	6.15	182.22	4 164.54	7.75	294.48	1 076.74	3.94	135.52	4 808.13	5.62
		20		76.505	60.056	0.787	2 867.30	6.12	200.42	4 554.55	7.72	322.06	1 180.04	3.93	146.55	5 347.51	5.69
		24		90.661	71.168	0.785	2 338.25	6.07	236.17	5 294.97	7.64	374.41	1 381.53	3.90	166.55	6 457.16	5.87

注：截面图中的 $r_1 = d/3$ 及表中 r 值的数据用于孔型设计，不作为交货条件。

表 2　热轧不等边

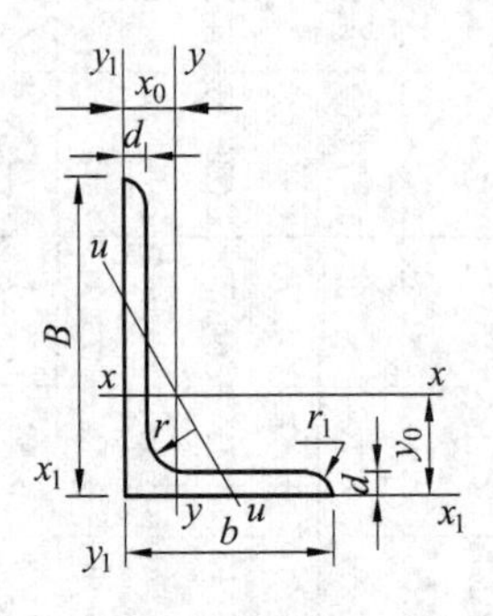

角钢号数	尺寸 /mm				截面面积 /cm²	理论重量 /(kg/m)	外表面积 /(m²/m)	x－x		
	B	b	d	r				I_x /cm⁴	i_x /cm	W_x /cm³
2.5/1.6	25	16	3	3.5	1.162	0.912	0.080	0.70	0.78	0.43
			4		1.499	1.176	0.079	0.88	0.77	0.55
3.2/2	32	20	3		1.492	1.171	0.102	1.53	1.01	0.72
			4		1.939	1.522	0.101	1.93	1.00	0.93
4/2.5	40	25	3	4	1.890	1.484	0.127	3.08	1.28	1.15
			4		2.467	1.936	0.127	3.93	1.26	1.49
4.5/2.8	45	28	3	5	2.149	1.687	0.143	4.45	1.44	1.47
			4		2.806	2.203	0.143	5.69	1.42	1.91
5/3.2	50	32	3	5.5	2.431	1.908	0.161	6.24	1.60	1.84
			4		3.177	2.494	0.160	8.02	1.59	2.39
5.6/3.6	56	36	3	6	2.743	2.153	0.181	8.88	1.80	2.32
			4		3.590	2.818	0.180	11.25	1.79	3.03
			5		4.415	3.466	0.180	13.86	1.77	3.71
6.3/4	63	40	4	7	4.058	3.185	0.202	16.49	2.02	3.87
			5		4.993	3.920	0.202	20.02	2.00	4.74
			6		5.908	4.638	0.201	23.36	1.96	5.59
			7		6.802	5.339	0.201	26.53	1.98	6.40

角钢（GB 9788—1988）

符号意义：

B——长边宽度；　　b——短边宽度；

d——边厚度；　　r——内圆弧半径；

r_1——边端内圆弧半径；　I——惯性矩；

i——惯性半径；　　W——弯曲截面系数；

x_0——形心坐标；　　y_0——形心坐标。

参考数值										
$y-y$			x_1-x_1		y_1-y_1		$u-u$			
I_y /cm^4	i_y /cm	W_y /cm^3	I_{x_1} /cm^4	y_0 /cm	I_{y_1} /cm^4	x_0 /cm	I_u /cm^4	i_u /cm	W_u /cm^3	$\tan\alpha$
0.22	0.44	0.19	1.56	0.86	0.43	0.42	0.14	0.34	0.16	0.392
0.27	0.43	0.24	2.09	0.90	0.59	0.46	0.17	0.34	0.20	0.381
0.46	0.55	0.30	3.27	1.08	0.82	0.49	0.28	0.43	0.25	0.382
0.57	0.54	0.39	4.37	1.12	1.12	0.53	0.35	0.42	0.32	0.374
0.93	0.70	0.49	6.39	1.32	1.59	0.59	0.56	0.54	0.40	0.386
1.18	0.69	0.63	8.53	1.37	2.14	0.63	0.71	0.54	0.52	0.381
1.34	0.79	0.62	9.10	1.47	2.23	0.64	0.80	0.61	0.51	0.383
1.70	0.78	0.80	12.13	1.51	3.00	0.68	1.02	0.60	0.66	0.380
2.02	0.91	0.82	12.49	1.60	3.31	0.73	1.20	0.70	0.68	0.404
2.58	0.90	1.06	16.65	1.65	4.45	0.77	1.53	0.69	0.87	0.402
2.92	1.03	1.05	17.54	1.78	4.70	0.80	1.73	0.79	0.87	0.408
3.76	1.02	1.37	23.39	1.82	6.33	0.85	2.23	0.79	1.13	0.408
4.49	1.01	1.65	29.25	1.87	7.94	0.88	2.67	0.78	1.36	0.404
5.23	1.14	1.70	33.30	2.04	8.63	0.92	3.12	0.88	1.40	0.398
6.31	1.12	2.71	41.63	2.08	10.86	0.95	3.76	0.87	1.71	0.396
7.29	1.11	2.43	49.98	2.12	13.12	0.99	4.34	0.86	1.99	0.393
8.24	1.10	2.78	58.07	2.15	15.47	1.03	4.97	0.86	2.29	0.389

续

角钢号数	尺寸/mm				截面面积/cm^2	理论重量/(kg/m)	外表面积/(m^2/m)	x－x		
	B	b	d	r				I_x/cm^4	i_x/cm	W_x/cm^3
7/4.5	70	45	4	7.5	4.547	3.570	0.226	23.17	2.26	4.86
			5		5.609	4.403	0.225	27.95	2.23	5.92
			6		6.647	5.218	0.225	32.54	2.21	6.95
			7		7.657	6.011	0.225	37.22	2.20	8.03
(7.5/5)	75	50	5	8	6.125	4.808	0.245	34.86	2.39	6.83
			6		7.260	5.699	0.245	41.12	2.38	8.12
			8		9.467	7.431	0.244	52.39	2.35	10.52
			10		11.590	9.098	0.244	62.71	2.33	12.79
8/5	80	50	5	8	6.375	5.005	0.255	41.96	2.56	7.78
			6		7.560	5.935	0.255	49.49	2.56	9.25
			7		8.724	6.848	0.255	56.16	2.54	10.58
			8		9.867	7.745	0.254	62.83	2.52	11.92
9/5.6	90	56	5	9	7.212	5.661	0.287	60.45	2.90	9.92
			6		8.557	6.717	0.286	71.03	2.88	11.74
			7		9.880	7.756	0.286	81.01	2.86	13.49
			8		11.183	8.779	0.286	91.03	2.85	15.27
10/6.3	100	63	6	10	9.617	7.550	0.320	99.06	3.21	14.64
			7		11.111	8.722	0.320	113.45	3.29	16.88
			8		12.584	9.878	0.319	127.37	3.18	19.08
			10		15.467	12.142	0.319	153.81	3.15	23.32
10/8	100	80	6	10	10.637	8.350	0.354	107.04	3.17	15.19
			7		12.301	9.656	0.354	122.73	3.16	17.52
			8		13.944	10.946	0.353	137.92	3.14	19.81
			10		17.167	13.476	0.353	166.87	3.12	24.24

表 2

参考数值										
$y-y$			x_1-x_1		y_1-y_1		$u-u$			
I_y /cm^4	i_y /cm	W_y /cm^3	I_{x_1} /cm^4	y_0 /cm	I_{y_1} /cm^4	x_0 /cm	I_u /cm^4	i_u /cm	W_u /cm^3	$\tan\alpha$
7.55	1.29	2.17	45.92	2.24	12.26	1.02	4.40	0.98	1.77	0.410
9.13	1.28	2.65	57.10	2.28	15.39	1.06	5.40	0.98	2.19	0.407
10.62	1.26	3.12	68.35	2.32	18.58	1.09	6.35	0.98	2.59	0.404
12.01	1.25	3.57	79.99	2.36	21.84	1.13	7.16	0.97	2.94	0.402
12.61	1.44	3.30	70.00	2.40	21.04	1.17	7.41	1.10	2.74	0.435
14.70	1.42	3.88	84.30	2.44	25.37	1.21	8.54	1.08	3.19	0.435
18.53	1.40	4.99	112.50	2.52	34.23	1.29	10.87	1.07	4.10	0.429
21.96	1.38	6.04	140.80	2.60	43.43	1.36	13.10	1.06	4.99	0.423
12.82	1.42	3.32	85.21	2.60	21.06	1.14	7.66	1.10	2.74	0.388
14.95	1.41	3.91	102.53	2.65	25.41	1.18	8.85	1.08	3.20	0.387
16.96	1.39	4.48	119.33	2.69	29.82	1.21	10.18	1.08	3.70	0.384
18.85	1.38	5.03	136.41	2.73	34.32	1.25	11.38	1.07	4.16	0.381
18.32	1.59	4.21	121.32	2.91	29.53	1.25	10.98	1.23	3.49	0.385
21.42	1.58	4.96	145.59	2.95	35.58	1.29	12.90	1.23	4.18	0.384
24.36	1.57	5.70	169.66	3.00	41.71	1.33	14.67	1.22	4.72	0.382
27.15	1.56	6.41	194.17	3.04	47.93	1.36	16.34	1.21	5.29	0.380
30.94	1.79	6.35	199.71	3.24	50.50	1.43	18.42	1.38	5.25	0.394
35.26	1.78	7.29	233.00	3.28	59.14	1.47	21.00	1.38	6.02	0.393
39.39	1.77	8.21	266.32	3.32	67.88	1.50	23.50	1.37	6.78	0.391
47.12	1.74	9.98	333.06	3.40	85.73	1.58	28.33	1.35	8.24	0.387
61.24	2.40	10.16	199.83	2.95	102.68	1.97	31.65	1.72	8.37	0.627
70.08	2.39	11.71	233.20	3.00	119.98	2.01	36.17	1.72	9.60	0.626
78.58	2.37	13.21	266.61	3.04	137.37	2.05	40.58	1.71	10.80	0.625
94.65	2.35	16.12	333.63	3.12	172.48	2.13	49.10	1.69	13.12	0.622

续

角钢号数	尺寸 /mm				截面面积 /cm^2	理论重量 /(kg/m)	外表面积 /(m^2/m)	$x-x$		
	B	b	d	r				I_x /cm^4	i_x /cm	W_x /cm^3
11/7	110	70	6	10	10.637	8.350	0.354	133.37	3.54	17.85
			7		12.301	9.656	0.354	153.00	3.53	20.60
			8		13.944	10.946	0.353	172.04	3.51	23.30
			10		17.167	13.476	0.353	208.39	3.48	28.54
12.5/8	125	80	7	11	14.096	11.066	0.403	227.98	4.02	26.86
			8		15.989	12.551	0.403	256.77	4.01	30.41
			10		19.712	15.474	0.402	312.04	3.98	37.33
			12		23.351	18.330	0.402	364.41	3.95	44.01
14/9	140	90	8	12	18.038	14.160	0.453	365.64	4.50	38.48
			10		22.261	17.475	0.452	445.50	4.47	47.31
			12		26.400	20.724	0.451	521.59	4.44	55.87
			14		30.456	23.908	0.451	594.10	4.42	64.18
16/10	160	100	10	13	25.315	19.872	0.512	668.69	5.14	62.13
			12		30.054	23.592	0.511	784.91	5.11	73.49
			14		34.709	27.247	0.510	896.30	5.08	84.56
			16		39.281	30.835	0.510	1 003.04	5.05	95.33
18/11	180	110	10	14	28.373	22.273	0.571	956.25	5.80	78.96
			12		33.712	26.464	0.571	1 124.72	5.78	93.53
			14		38.967	30.589	0.570	1 286.91	5.75	107.76
			16		44.139	34.649	0.569	1 443.06	5.72	121.64
20/12.5	200	125	12		37.912	29.761	0.641	1 570.90	6.44	116.73
			14		43.867	34.436	0.640	1 800.97	6.41	134.65
			16		49.739	39.045	0.639	2 023.35	6.38	152.18
			18		55.526	43.588	0.639	2 238.30	6.35	169.33

注:1. 括号内型号不推荐使用。2. 截面图中的 $r_1 = d/3$ 及表中 r 的数据用于孔型设计,不作为交

表 2

参考数值											
$y-y$			x_1-x_1		y_1-y_1		$u-u$				
I_y /cm^4	i_y /cm	W_y /cm^3	I_{x_1} /cm^4	y_0 /cm	I_{y_1} /cm^4	x_0 /cm	I_u /cm^4	i_u /cm	W_u /cm^3	$\tan\alpha$
42.92	2.01	7.90	265.78	3.53	69.08	1.57	25.36	1.54	6.53	0.403
49.01	2.00	9.09	310.07	3.57	80.82	1.61	28.95	1.53	7.50	0.402
54.87	1.98	10.25	354.39	3.62	92.70	1.65	32.45	1.53	8.45	0.401
65.88	1.96	12.48	443.13	3.70	116.83	1.72	39.20	1.51	10.29	0.397
74.42	2.30	12.01	454.99	4.01	120.32	1.80	43.81	1.76	9.92	0.408
83.49	2.28	13.56	519.99	4.06	137.85	1.84	49.15	1.75	11.18	0.407
100.67	2.26	16.56	650.09	4.14	173.40	1.92	59.45	1.74	13.64	0.404
116.67	2.24	19.43	780.39	4.22	209.67	2.00	69.35	1.72	16.01	0.400
120.69	2.59	17.34	730.53	4.50	195.79	2.04	70.83	1.98	14.31	0.411
146.03	2.56	21.22	913.20	4.58	245.92	2.12	85.82	1.96	17.48	0.409
169.79	2.54	24.95	1 096.09	4.66	296.89	2.19	100.21	1.95	20.54	0.406
192.10	2.51	28.54	1 279.26	4.74	348.82	2.27	114.13	1.94	23.52	0.403
205.03	2.85	26.56	1 362.89	5.24	336.59	2.28	121.74	2.19	21.92	0.390
239.06	2.82	31.28	1 635.56	5.32	405.94	2.36	142.33	2.17	25.79	0.388
271.20	2.80	35.83	1 908.50	5.40	476.42	2.43	162.23	2.16	29.56	0.385
301.60	2.77	40.24	2 181.79	5.48	548.22	2.51	182.57	2.16	33.44	0.382
278.11	3.13	32.49	1 940.40	5.89	447.22	2.44	166.50	2.42	26.88	0.376
325.03	3.10	38.32	2 328.38	5.98	538.94	2.52	194.87	2.40	31.66	0.374
369.55	3.08	43.97	2 716.60	6.06	631.95	2.59	222.30	2.39	36.32	0.372
411.85	3.06	49.44	3 105.15	6.14	726.46	2.67	248.94	2.38	40.87	0.369
483.16	3.57	49.99	3 193.85	6.54	787.74	2.83	285.79	2.74	41.23	0.392
550.83	3.54	57.44	3 726.17	6.02	922.47	2.91	326.58	2.73	47.34	0.390
615.44	3.52	64.69	4 258.86	6.70	1 058.86	2.99	366.21	2.71	53.32	0.388
677.19	3.49	71.74	4 792.00	6.78	1 197.13	3.06	404.83	2.70	59.18	0.385

货条件。

表 3　热轧工字钢（GB 706—1988）

符号意义：

h——高度；

b——腿宽度；

d——腰厚度；

δ——平均腿厚度；

r——内圆弧半径；

r_1——腿端圆弧半径；

I——惯性矩；

W——弯曲截面系数；

i——惯性半径；

S——半截面的静矩。

型号	尺寸 /mm						截面面积 /cm²	理论重量 /(kg/m)	参考数值						
									$x-x$				$y-y$		
	h	b	d	δ	r	r_1			I_x /cm⁴	W_x /cm³	i_x /cm	$I_x:S_x$ /cm	I_y /cm⁴	W_y /cm³	i_y /cm
10	100	68	4.5	7.6	6.5	3.3	14.3	11.2	245	49	4.14	8.59	33	9.72	1.52
12.6	126	74	5	8.4	7	3.5	18.1	14.2	488.43	77.529	5.195	10.85	46.906	12.677	1.609
14	140	80	5.5	9.1	7.5	3.8	21.5	16.9	712	102	5.76	12	64.4	16.1	1.73
16	160	88	6	9.9	8	4	26.1	20.5	1 130	141	6.58	13.8	93.1	21.2	1.89
18	180	94	6.5	10.7	8.5	4.3	30.6	24.1	1 660	185	7.36	15.4	122	26	2
20a	200	100	7	11.4	9	4.5	35.5	27.9	2 370	237	8.15	17.2	158	31.5	2.12
20b	200	102	9	11.4	9	4.5	39.5	31.1	2 500	250	7.96	16.9	169	33.1	2.06
22a	220	110	7.5	12.3	9.5	4.8	42	33	3 400	309	8.99	18.9	225	40.9	2.31
22b	220	112	9.5	12.3	9.5	4.8	46.4	36.4	3 570	325	8.78	18.7	239	42.7	2.27
25a	250	116	8	13	10	5	48.5	38.1	5 023.54	401.88	10.18	21.58	280.046	48.283	2.403
25b	250	118	10	13	10	5	53.5	42	5 283.96	422.72	9.938	21.27	309.297	52.423	2.404
28a	280	122	8.5	13.7	10.5	5.3	55.45	43.4	7 114.14	508.15	11.32	24.62	345.051	56.565	2.495
28b	280	124	10.5	13.7	10.5	5.3	61.05	47.9	7 480	534.29	11.08	24.24	379.496	61.209	2.493

续表 3

型号	尺寸/mm						截面面积 /cm²	理论重量 /(kg/m)	参考数值						
									$x-x$				$y-y$		
	h	b	d	δ	r	r_1			I_x /cm⁴	W_x /cm³	i_x /cm	$I_x:S_x$ /cm	I_y /cm⁴	W_y /cm³	i_y /cm
32a	320	130	9.5	15	11.5	5.8	67.05	52.7	11 075.5	692.2	12.84	27.46	459.93	70.758	2.619
32b	320	132	11.5	15	11.5	5.8	73.45	57.7	11 621.4	726.33	12.58	27.09	501.53	75.989	2.614
32c	320	134	13.5	15	11.5	5.8	79.95	62.8	12 167.5	760.47	12.34	26.77	543.81	81.166	2.608
36a	360	136	10	15.8	12	6	76.3	59.9	15 760	875	14.4	30.7	552	81.2	2.69
36b	360	138	12	15.8	12	6	83.5	65.6	16 530	919	14.1	30.3	582	84.3	2.64
36c	360	140	14	15.8	12	6	90.7	71.2	17 310	962	13.8	29.9	612	87.4	2.6
40a	400	142	10.5	16.5	12.5	6.3	86.1	67.6	21 720	1 090	15.9	34.1	660	93.2	2.77
40b	400	144	12.5	16.5	12.5	6.3	94.1	73.8	22 780	1 140	15.6	33.6	692	96.2	2.71
40c	400	146	14.5	16.5	12.5	6.3	102	80.1	23 850	1 190	15.2	33.2	727	99.6	2.65
45a	450	150	11.5	18	13.5	6.8	102	80.4	32 240	1 430	17.7	38.6	855	114	2.89
45b	450	152	13.5	18	13.5	6.8	111	87.4	33 760	1 500	17.4	38	894	118	2.84
45c	450	154	15.5	18	13.5	6.3	120	94.5	35 280	1 570	17.1	37.6	938	122	2.79
50a	500	158	12	20	14	7	119	93.6	46 470	1 860	19.7	42.8	1 120	142	3.07
50b	500	160	14	20	14	7	129	101	48 560	1 940	19.4	42.4	1 170	146	3.01
50c	500	162	16	20	14	7	139	109	50 640	2 080	19	41.8	1 220	151	2.96
56a	560	166	12.5	21	14.5	7.3	135.25	106.2	65 585.6	2 342.31	22.02	47.73	1 370.16	165.08	3.182
56b	560	168	14.5	21	14.5	7.3	146.45	115	68 512.5	2 446.69	21.63	47.17	1 486.75	174.25	3.162
56c	560	170	16.5	21	14.5	7.3	157.85	123.9	71 439.4	2 551.41	21.27	46.66	1 558.39	183.34	3.158
63a	630	176	13	22	15	7.5	154.9	121.6	93 916.2	2 981.47	24.62	54.17	1 700.55	193.24	3.314
63b	630	178	15	22	15	7.5	167.5	131.5	98 083.6	3 163.38	24.2	53.51	1 812.07	203.6	3.289
63c	630	180	17	22	15	7.5	180.1	141	102 251.1	3 298.42	23.82	52.92	1 924.91	213.88	3.268

注：截面图和表中标注的圆弧半径 r，r_1 的数据用于孔型设计，不作为交货条件。

表 4　热轧槽钢（GB 707—1988）

符号意义：

h——高度；

b——腿宽度；

d——腰厚度；

δ——平均腿厚度；

r——内圆弧半径；

r_1——腿端圆弧半径；

I——惯性矩；

W——弯曲截面系数；

i——惯性半径；

z_0——$y-y$ 轴与 y_1-y_1 轴间距。

型号	尺寸 /mm						截面面积 /cm^2	理论重量 /(kg/m)	参考数值							
									$x-x$			$y-y$			y_1-y_1	z_0
	h	b	d	δ	r	r_1			W_x /cm^3	I_x /cm^4	i_x /cm	W_y /cm^3	I_y /cm^4	i_y /cm	I_{y_1} /cm^4	/cm
5	50	37	4.5	7	7	3.5	6.93	5.44	10.4	26	1.94	3.55	8.3	1.1	20.9	1.35
6.3	63	40	4.8	7.5	7.5	3.75	8.444	6.63	16.123	50.786	2.453	4.50	11.872	1.185	28.38	1.36
8	80	43	5	8	8	4	10.24	8.04	25.3	101.3	3.15	5.79	16.6	1.27	37.4	1.43
10	100	48	5.3	8.5	8.5	4.25	12.74	10	39.7	198.3	3.95	7.8	25.6	1.41	54.9	1.52
12.6	126	53	5.5	9	9	4.5	15.69	12.37	62.137	391.466	4.953	10.242	37.99	1.567	77.09	1.59
14^{a}_{b}	140	58	6	9.5	9.5	4.75	18.51	14.53	80.5	563.7	5.52	13.01	53.2	1.7	107.1	1.71
	140	60	8	9.5	9.5	4.75	21.31	16.73	87.1	609.4	5.35	14.12	61.1	1.69	120.6	1.67
16a	160	63	6.5	10	10	5	21.95	17.23	108.3	866.2	6.28	16.3	73.3	1.83	144.1	1.8
16	160	65	8.5	10	10	5	25.15	19.74	116.8	934.5	6.1	17.55	83.4	1.82	160.8	1.75

续表 4

型号	尺寸 /mm						截面面积 /cm^2	理论重量 /(kg/m)	参考数值							
									$x-x$			$y-y$			y_1-y_1	z_0
	h	b	d	δ	r	r_1			W_x /cm^3	I_x /cm^4	i_x /cm	W_y /cm^3	I_y /cm^4	i_y /cm	I_{y_1} /cm^4	/cm
18a	180	68	7	10.5	10.5	5.25	25.69	20.17	141.4	1 272.7	7.04	20.03	98.6	1.96	189.7	1.88
18	180	70	9	10.5	10.5	5.25	29.29	22.99	152.2	1 369.9	6.84	21.52	111	1.95	210.1	1.84
20a	200	73	7	11	11	5.5	28.83	22.63	178	1 780.4	7.86	24.2	128	2.11	244	2.01
20	200	75	9	11	11	5.5	32.83	25.77	191.4	1 913.7	7.64	25.88	143.6	2.09	268.4	1.95
22a	220	77	7	11.5	11.5	5.75	31.84	24.99	217.6	2 393.9	8.67	28.17	157.8	2.23	298.2	2.1
22	220	79	9	11.5	11.5	5.75	36.24	28.45	233.8	2 571.4	8.42	30.05	176.4	2.21	326.3	2.03
a	250	78	7	12	12	6	34.91	27.47	269.597	3 369.62	9.823	30.607	175.529	2.243	322.256	2.065
25b	250	80	9	12	12	6	39.91	31.39	282.402	3 530.04	9.405	32.657	196.421	2.218	353.187	1.982
c	250	82	11	12	12	6	44.91	35.32	295.236	3 690.45	9.065	35.926	218.415	2.206	384.133	1.921
a	280	82	7.5	12.5	12.5	6.25	40.02	31.42	340.328	4 764.59	10.91	35.718	217.989	2.333	387.566	2.097
28b	280	84	9.5	12.5	12.5	6.25	45.62	35.81	366.46	5 130.45	10.6	37.929	242.144	2.304	427.589	2.016
c	280	86	11.5	12.5	12.5	6.25	51.22	40.21	392.594	5 496.32	10.35	40.301	267.602	2.286	426.597	1.951
a	320	88	8	14	14	7	48.7	38.22	474.879	7 598.06	12.49	46.473	304.787	2.502	552.31	2.242
32b	320	90	10	14	14	7	55.1	43.25	509.012	8 144.2	12.15	49.157	336.332	2.471	592.933	2.158
c	320	92	12	14	14	7	61.5	48.28	543.145	8 690.33	11.88	52.642	374.175	2.467	643.299	2.092
a	360	96	9	16	16	8	60.89	47.8	659.7	11 874.2	13.97	63.54	455	2.73	818.4	2.44
36b	360	98	11	16	16	8	68.09	53.45	702.9	12 651.8	13.63	66.85	496.7	2.7	880.4	2.37
c	360	100	13	16	16	8	75.29	50.1	746.1	13 429.4	13.36	70.02	536.4	2.67	947.9	2.34
a	400	100	10.5	18	18	9	75.05	58.91	878.9	17 577.9	15.30	78.83	592	2.81	1 067.7	2.49
40b	400	102	12.5	18	18	9	83.05	65.19	932.2	18 644.5	14.98	82.52	640	2.78	1 135.6	2.44
c	400	104	14.5	18	18	9	91.05	71.47	985.6	19 711.2	14.71	86.19	687.8	2.75	1 220.7	2.42

注：截面图和表中标注的圆弧半径 r, r_1 的数据用于孔型设计，不作为交货条件。

附录Ⅲ 构件连接的实用计算

§Ⅲ-1 概 述

构件之间需要彼此连接起来，就钢结构和机械中的连接而言，其连接方式有螺栓连接、销钉连接、铆钉连接、键连接、焊接等。

下面以图Ⅲ-1(a)所示的螺栓连接为例来说明连接部分的受力和可能的破坏形式。当不计钢板之间的摩擦力时，螺栓和钢板的受力图分别如图Ⅲ-1(b)、(c)所示。在螺栓左右两侧面上受到一对大小相等、方向相反、作用线很近的 F 力作用，螺栓将产生剪切变形[图Ⅲ-1(b)]；同时还伴随发生拉伸和弯曲变形。此外，螺栓与钢板相互传递力时，在螺栓杆与

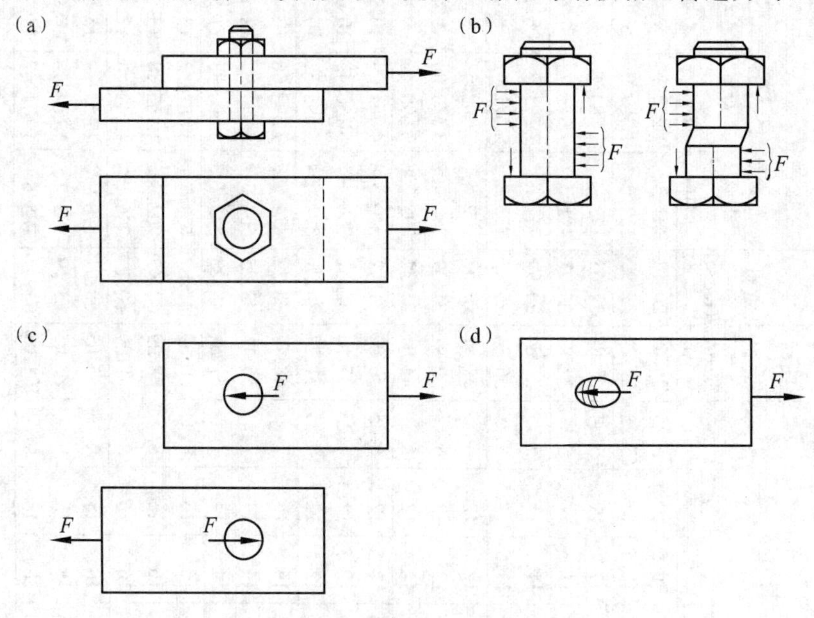

图 Ⅲ-1

孔壁的接触面上将彼此压紧，这种在局部面积上的受压称为**挤压**或**承压**。要弄清挤压力在接触面上如何分布是相当复杂的问题，而且螺栓一般都不是细长的杆件，所以要对连接部分作精确的应力分析是十分困难的，更不用说在连接部位有多个螺栓的情况了。工程上对螺栓连接的强度计算，均采用直接实验为依据的实用计算。对螺栓连接的破坏实验表明，其破坏形式主要有三种：一是螺栓被剪断；另一种是钢板的孔壁和螺栓杆由于挤压而产生显著的塑性变形[图Ⅲ-1(d)表示钉孔被挤成长圆孔的情形]；还有一种是由于钢板的截面被钉孔削弱，而大致沿削弱截面被拉断。其他的一些破坏形式则是次要的，可以在构造上采取必要的措施

来加以避免，这在一些规范中均有具体的规定。所以螺栓连接的实用计算，也就针对这三种可能的破坏形式来进行。在第二章中已经知道受轴向拉伸的杆件在圆孔附近有应力集中现象，由于钢材具有良好的塑性，因而在静荷载作用下对有圆孔的拉杆进行强度计算时，可不考虑应力集中的影响。故下面着重介绍剪切和挤压的实用计算方法。

§Ⅲ-2 剪切、挤压的实用计算

一、剪切的实用计算

螺栓受剪面上的内力，可用截面法求得。例如在图Ⅲ-2中，假想沿受剪面 $m-m$ 将螺栓截开，取上部(或下部)为研究对象，由分离体的平衡条件可得 $m-m$ 横截面上的切向内力 F_S 为

$$F_S=F$$

F_S 称为剪切面上的剪力。

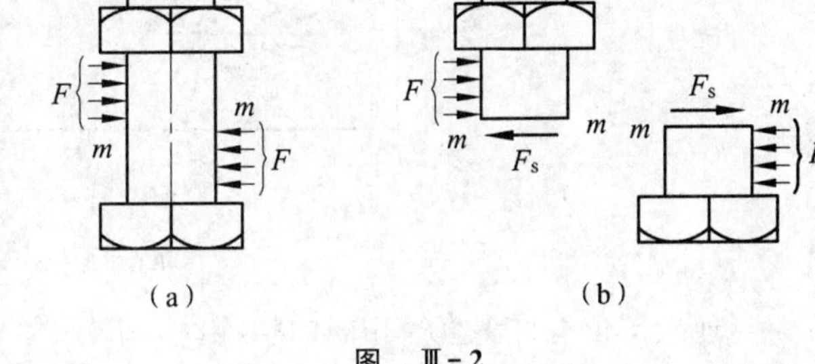

图 Ⅲ-2

在弹性范围内螺栓剪切面上的切应力分布情况是比较复杂的，但在实用计算中，均假设剪切面上的切应力为均匀分布，因而剪切面上的平均切应力为

$$\tau=\frac{F_S}{A_s} \qquad (Ⅲ-1)$$

式中，A_s 为螺栓剪切面的面积。

螺栓材料的许用切应力，可通过螺栓连接的剪切破坏实验来确定。当螺栓的直径相对于钢板的厚度来说比较小时，就可由实验得到螺栓剪断时的荷载，将它除以剪切面的面积，便得到材料的剪切强度极限。它虽是抗剪强度的近似值，但却能较好地反映螺栓的实际受力情况。在考虑安全因数之后，就可得到螺栓材料的许用切应力$[\tau]$。具体数值可在有关的设计规范中查到，它与钢材在纯剪切应力状态时的许用切应力显然是不同的。

这样，螺栓的剪切强度条件可表示为

$$\tau=\frac{F_S}{A_s}\leqslant[\tau] \qquad (Ⅲ-2)$$

二、挤压的实用计算

螺栓与钢板在挤压面上相互作用的**挤压力**用 F_{bs} 表示。在弹性范围内，F_{bs} 在挤压面上的分布情况是十分复杂的[图Ⅲ-3(a)]。实际的挤压面是半个圆柱面，而在实用计算中用其直径平面来代替，并将挤压力除以该直径平面面积[图Ⅲ-3(b)]来计算**挤压应力** σ_{bs}，即

$$\sigma_{bs}=\frac{F_{bs}}{\delta d} \qquad (Ⅲ-3)$$

式中，δ 为钢板的厚度；d 为螺栓孔的直径。这样计算的结果与实际的最大挤压应力比较接近。于是，螺栓连接的挤压强度条件可表示为

$$\sigma_{bs}=\frac{F_{bs}}{\delta d}\leqslant[\sigma_{bs}] \quad (Ⅲ-4a)$$

式中，$[\sigma_{bs}]$为材料的许用挤压应力。它需通过挤压破坏实验来确定，具体数值可由有关的设计规划中查得。

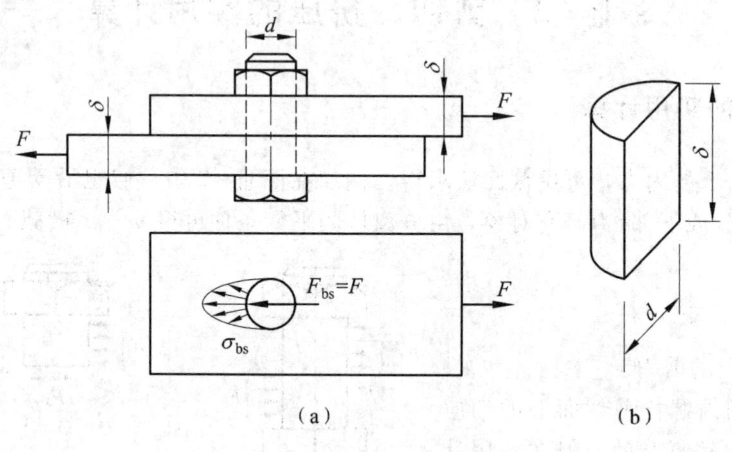

图 Ⅲ-3

当连接部位有许多直径相同的螺栓时，若 F 力通过螺栓群的几何中心，在实用计算中则假设每个螺栓所传递的力相等。这是因为螺栓材料具有良好的塑性，当螺栓产生一定的塑性变形后，各螺栓所承受的力也就趋向一致。

以上虽是以螺栓连接为例来说明剪切和挤压的实用计算方法的，它也完全适用于铆钉连接和销钉连接；至于键连接，由于接触面为平面，故假设挤压应力在挤压面上均匀分布。这样键连接的挤压强度条件可表示为

$$\sigma_{bs}=\frac{F_{bs}}{A_{bs}}\leqslant[\sigma_{bs}] \quad (Ⅲ-4b)$$

式中，A_{bs}为挤压面面积。

例Ⅲ-1 在图(a)所示的螺栓连接中，已知：盖板厚度 $\delta_1=10$ mm；主板厚度 $\delta_2=20$ mm；板宽均为 $b=150$ mm；螺栓直径 $d=27$ mm。螺栓的许用切应力$[\tau]=135$ MPa；钢板材料为 Q235 钢，许用挤压应力$[\sigma_{bs}]=305$ MPa，许用拉应力$[\sigma]=170$ MPa。若 $F=313$ kN，试校核该接头的强度。

解

(1) 受力分析。

因为螺栓直径相同，且外力作用线通过螺栓群的几何中心，故可假设每个螺栓受力均相等。据此，可画出螺栓、主板、盖板的受力图分别如图(d)、(b)、(e)所示。

(2) 螺栓的剪切强度校核。

由图(d)可见，螺栓有两个剪切面，称为**双剪**，利用截面法可求得剪力为

$$F_S=\frac{F}{6}$$

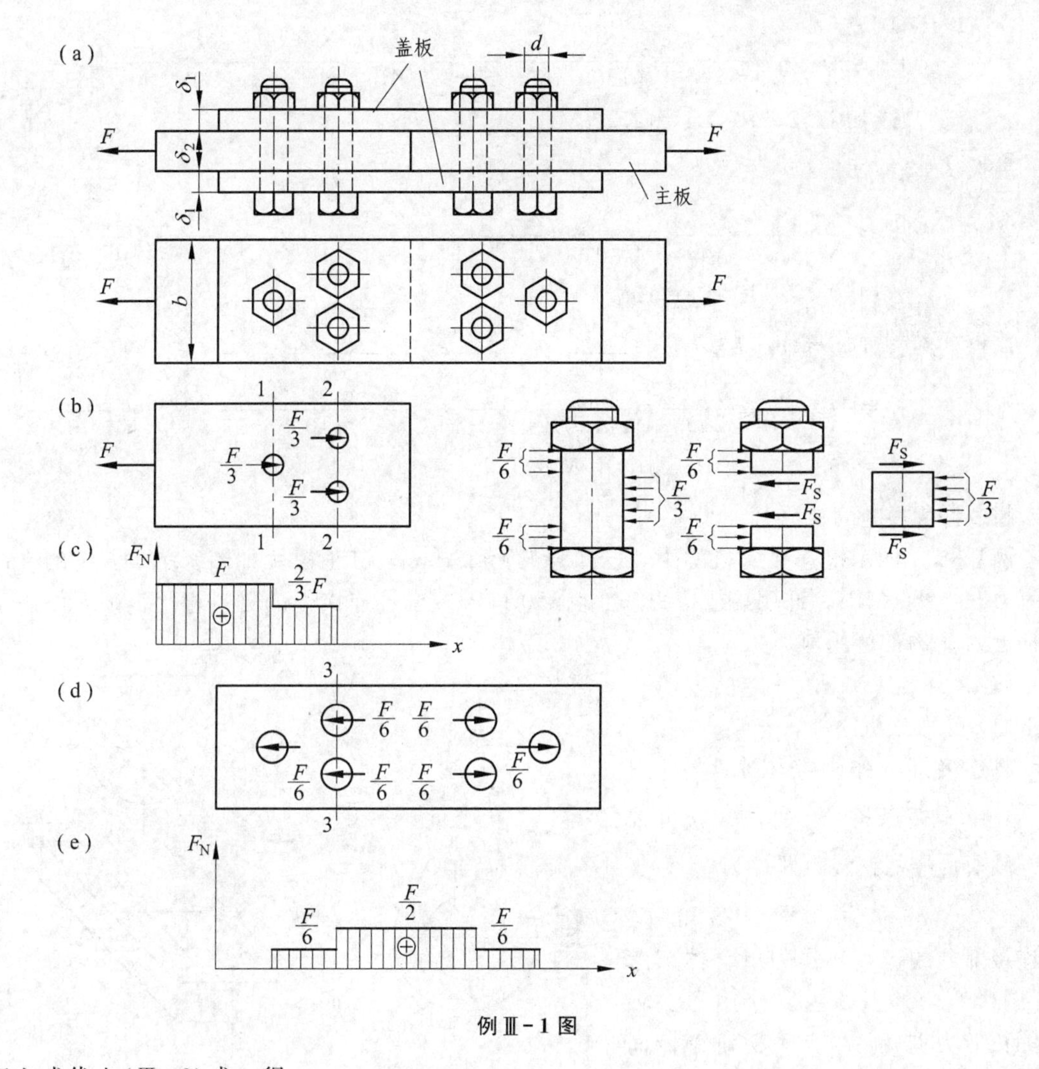

例Ⅲ-1图

把上式代入(Ⅲ-2)式，得

$$\tau=\frac{F_S}{A_s}=\frac{F/6}{\pi d^2/4}=\frac{2F}{3\pi d^2}=\frac{2(313\times10^3\ \text{N})}{3\pi\times(27\times10^{-3}\ \text{m})^2}$$
$$=91.1\times10^6\ \text{Pa}=91.1\ \text{MPa}<[\tau]$$

(3) 螺栓连接的挤压强度校核。

因为主板的挤压力和挤压面面积均为盖板的2倍，故它们的挤压应力相等。由(Ⅲ-4a)式并按主板计算得

$$\sigma_{bs}=\frac{F_{bs}}{\delta_2 d}=\frac{F/3}{\delta_2 d}=\frac{313\times10^3\ \text{N}}{3\times(20\times10^{-3}\ \text{m})\times(27\times10^{-3}\ \text{m})}$$
$$=193.2\times10^6\ \text{Pa}=193.2\ \text{MPa}<[\sigma_{bs}]$$

(4) 连接板的抗拉强度校核。

主板和盖板的轴力图分别如图(c)和图(f)所示。根据轴力图和截面尺寸可知，危险截面可能为图(b)中的1—1、2—2和图(e)中的3—3截面，应分别进行校核。

主板1—1截面的拉应力为

$$\sigma_1=\frac{F_{N1}}{A_1}=\frac{F}{(b-d)\delta_2}=\frac{313\times10^3\ \text{N}}{(150\times10^{-3}\ \text{m}-27\times10^{-3}\ \text{m})\times(20\times10^{-3}\ \text{m})}$$
$$=127.2\times10^6\ \text{Pa}=127.2\ \text{MPa}$$

主板 2—2 截面的拉应力为

$$\sigma_2=\frac{F_{N2}}{A_2}=\frac{2F/3}{(b-2d)\delta_2}=\frac{2\times313\times10^3\ \text{N}}{3(150\times10^{-3}\ \text{m}-2\times27\times10^{-3}\ \text{m})\times(20\times10^{-3}\ \text{m})}$$
$$=108.7\times10^6\ \text{Pa}=108.7\ \text{MPa}$$

盖板 3—3 截面的拉应力为

$$\sigma_3=\frac{F_{N3}}{A_3}=\frac{F/2}{(b-2d)\delta_1}=\frac{313\times10^3\ \text{N}}{2(150\times10^{-3}\ \text{m}-2\times27\times10^{-3}\ \text{m})\times(10\times10^{-3}\ \text{m})}$$
$$=163.0\times10^6\ \text{Pa}=163.0\ \text{MPa}$$

均未超过许用拉应力。

例Ⅲ-2 图示键连接的机构中，已知键长为 35 mm，其他尺寸如图所示。若键的许用切应力$[\tau]=80$ MPa，许用挤压应力$[\sigma_{bs}]=150$ MPa。设各连接件的材料相同，试求作用于手柄上的 F 力的许用值。

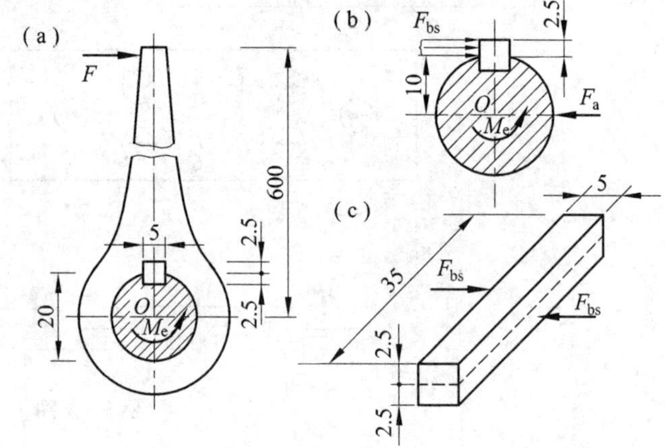

例Ⅲ-2 图

解

(1) 受力分析。

将连接部分作为整体来考虑[图(a)]，由平衡条件$\sum M_O=0$，可求得圆轴所传递的扭转力偶矩为

$$M_e=F\times0.6\ \text{m}$$

将连接部分的键和轴作为组合体来考虑[图(b)]，其上的主要作用力有轴上的扭转力偶矩 M_e 和手柄对键侧面的挤压力 F_{bs}，以及手柄给轴的推力 F_a。由平衡条件$\sum M_O=0$，可得

$$F_{bs}\times\left(0.01\ \text{m}+\frac{0.002\ 5\ \text{m}}{2}\right)=M_e$$

或
$$F_{bs}=\frac{M_e}{0.011\ 25\ \text{m}}=53.3F$$

F_{bs}是作用于键左侧面上半部分的挤压力。再由键[图(c)]的平衡条件可知，作用于键右侧面下半部分的挤压力也为 F_{bs}。

(2) 由键的剪切强度条件确定 F 的最大值。

键的剪切面为它的中央纵截面[图(c)中虚线所示]，其面积为 $A_s=5\ \text{mm}\times35\ \text{mm}$。剪切面上的剪力为 $F_S=F_{bs}=53.3F$。由(Ⅲ-2)式

$$\tau=\frac{F_S}{A_s}=\frac{53.3F}{(5\times10^{-3}\ \text{m})\times(35\times10^{-3}\ \text{m})}\leqslant[\tau]=80\ \text{MPa}$$

可得
$$F\leqslant\frac{(80\times10^6\ \text{Pa})\times(5\times10^{-3}\ \text{m})\times(35\times10^{-3}\ \text{m})}{53.3}=262.7\ \text{N}$$

(3) 由键的挤压强度条件确定 F 的最大值。

键的挤压面为它的左侧面上半部分(或右侧面下半部分)，其面积为 $A_{bs}=35\ \text{mm}\times 2.5\ \text{mm}$。由(Ⅲ-4b)式

$$\sigma_{bs}=\frac{F_{bs}}{A_{bs}}=\frac{53.3F}{(35\times10^{-3}\ \text{m})\times(2.5\times10^{-3}\ \text{m})}\leqslant[\sigma_{bs}]=150\ \text{MPa}$$

可得
$$F\leqslant\frac{(150\times10^{6}\ \text{Pa})\times(35\times10^{-3}\ \text{m})\times(2.5\times10^{-3}\ \text{m})}{53.3}=246.2\ \text{N}$$

所以作用于手柄上的 F 的许用值为

$$[F]\leqslant 246.2\ \text{N}$$

例Ⅲ-3 两根 20a 号工字钢用普通螺栓连在一起组成单根梁，如图(a)所示。已知螺栓的间距 $a=90$ mm，直径 $d=22$ mm，其许用切应力$[\tau]=100$ MPa。若梁横截面上的剪力 $F_S=200$ kN，试校核螺栓的剪切强度(不计两工字钢之间的摩擦力)。

解 两根工字钢作为整体弯曲时，中性层即是两根工字钢的接触面，其上的切向力将由螺栓来承担。由于该段梁各横截面的剪力 F_S 均相等，且螺栓的直径及其间距又分别相同，故可假设各螺栓传递的切向力相等。

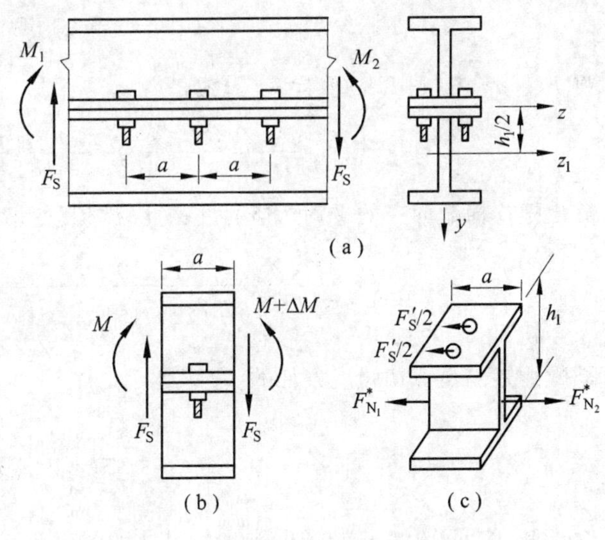

例Ⅲ-3图

为求螺栓横截面上的剪力，可从梁中取出长为 a 的一段梁，如图(b)所示；再沿中性层将螺栓截开取出下面一块作为分离体[图(c)]。由于横力弯曲时两相邻横截面上的弯矩不等，故该分离体左、右两个侧面上的法向力之差将由两个螺栓横截面上的总剪力来平衡。即

$$F_S'=F_{N_2}^*-F_{N_1}^* \tag{1}$$

而
$$F_{N_1}^*=\int_{A_1}\sigma\mathrm{d}A=\frac{M}{I_z}\int_{A_1}y\mathrm{d}A=\frac{M}{I_z}S_z$$

这里的 A_1 是一个工字钢的横截面面积；S_z 是 A_1 对中性轴的静面矩。

同理
$$F_{N_2}^*=\frac{(M+\Delta M)}{I_z}S_z$$

将 $F_{N_1}^*$、$F_{N_2}^*$ 的结果代入(1)式，得

$$F_S'=\frac{\Delta M}{I_z}S_z \tag{2}$$

由图(b)所示微段梁的平衡条件 $\sum M=0$，可得

$$\Delta M=F_S a$$

将它代入(2)式，得

$$F_S'=\frac{F_S a}{I_z}S_z$$

而每个螺栓横截面上的剪力 F_{S_1}' 为

$$F_{S_1}'=\frac{F_S'}{2}=\frac{F_S a S_z}{2I_z} \tag{3}$$

由型钢表查得 20a 号工字钢的截面高度 $h_1=200$ mm，面积 $A_1=3\ 550\ \text{mm}^2$，它对本身形心轴的惯性矩 $I_{z_1}=2\ 370\times10^4\ \text{mm}^4$。于是，可求出 A_1 对中性轴的静面矩 S_z 以及整个横截面对中性轴的惯性矩 I_z 如下

$$S_z=A_1\times\frac{h_1}{2}=(3\ 550\ \text{mm}^2)\times\left(\frac{200\ \text{mm}}{2}\right)=355\times10^3\ \text{mm}^3$$

$$\begin{aligned}I_z&=2\left[I_{z_1}+A_1\left(\frac{h_1}{2}\right)^2\right]\\&=2\left[2\ 370\times10^4\ \text{mm}^4+(3\ 550\ \text{mm}^2)\times\left(\frac{200\ \text{mm}}{2}\right)^2\right]=1\ 184\times10^5\ \text{mm}^4\end{aligned}$$

将 F_S、a、S_z 和 I_z 的值代入(3)式，得

$$F_{S_1}'=\frac{F_S a S_z}{2I_z}=\frac{(200\ \text{kN})\times(90\ \text{mm})(355\times10^3\ \text{mm}^3)}{2\times(1\ 184\times10^5\ \text{mm}^4)}=27\ \text{kN}$$

算出螺栓横截面上的平均切应力并据此校核其剪切强度

$$\tau=\frac{F_{S_1}'}{\pi d^2/4}=\frac{27\times10^3\ \text{N}}{\frac{\pi}{4}(22\times10^{-3}\ \text{m})^2}=71\times10^6\ \text{Pa}=71\ \text{MPa}<[\tau]$$

故螺栓是满足剪切强度条件的。

习　　题

Ⅲ-1　水轮发电机组的卡环的尺寸如图所示。已知轴向荷载 $F=1\ 450$ kN，卡环材料的许用切应力 $[\tau]=80$ MPa，许用挤压应力 $[\sigma_{bs}]=150$ MPa。试对卡环进行强度校核。

Ⅲ-2　试确定摇臂轴销钉 B 的直径 d。已知：$F_1=50$ kN，$F_2=35.4$ kN，销钉材料的许用切应力 $[\tau]=100$ MPa，许用挤压应力 $[\sigma_{bs}]=240$ MPa。

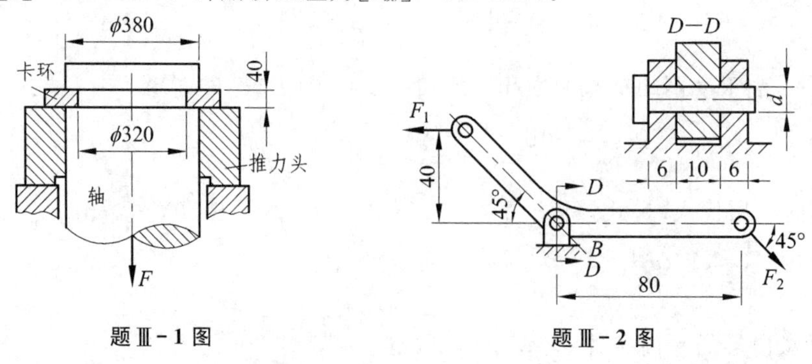

题Ⅲ-1图　　　　题Ⅲ-2图

Ⅲ-3　图示螺栓连接。已知：$b=80$ mm，$\delta=10$ mm，$d=22$ mm，螺栓的许用切应力 $[\tau]=135$ MPa，钢板材料为 Q235 钢，其许用挤压应力 $[\sigma_{bs}]=305$ MPa，许用拉应力 $[\sigma]=$

170 MPa。试确定许用拉力$[F]$。

Ⅲ-4 两段直径为$D=100$ mm的圆轴，由凸缘和螺栓连接为一个整体，共有8个螺栓布置在$D_0=200$ mm的圆周上，螺栓直径为$d=20$ mm，其许用切应力$[\tau]=60$ MPa。若轴在扭转时的最大切应力为70 MPa，试按剪切强度条件校核螺栓的强度。

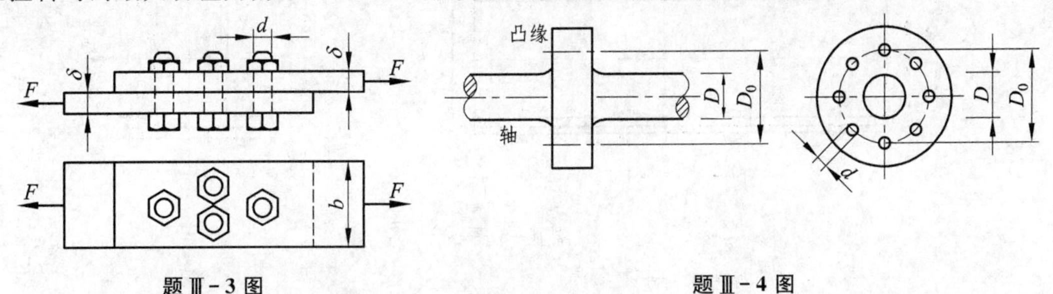

题Ⅲ-3图　　　　**题Ⅲ-4图**

Ⅲ-5 图示键连接中，轴的直径$d=80$ mm，键的尺寸$b=24$ mm、$h=14$ mm，键材料的许用切应力$[\tau]=40$ MPa、许用挤压应力$[\sigma_{bs}]=100$ MPa，被连接件的材料相同。若该轴所传递的力偶矩$M_e=3.2$ kN·m，试确定键的长度l。

Ⅲ-6 图示为装有安全联轴器的车床的传动光杆，当力偶矩M_e达到一定值时，安全销即被剪断。已知安全销的平均直径$d=5$ mm，材料为45号钢，其剪切极限应力为$\tau_u=370$ MPa，光杆的直径$D=20$ mm。试求该安全联轴器所能传递的力偶矩M_e。

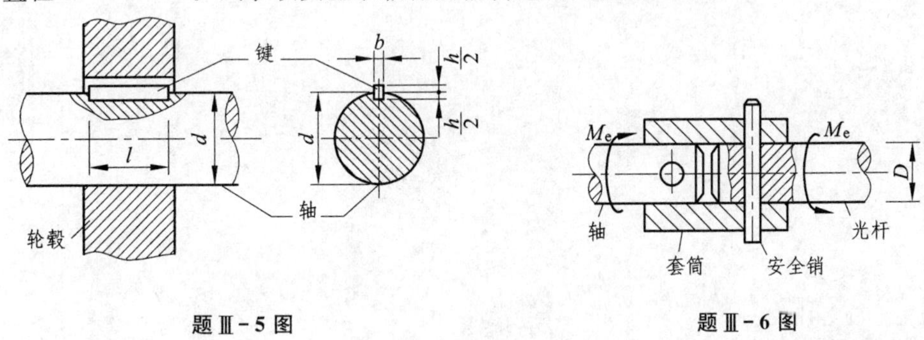

题Ⅲ-5图　　　　**题Ⅲ-6图**

Ⅲ-7 两矩形截面木杆，用两块钢板连接如图所示。如截面宽度(垂直于纸面)$b=250$ mm，沿木杆顺纹方向承受轴向拉力$F=50$ kN，木材的顺纹许用挤压应力$[\sigma_{bs}]=10$ MPa，顺纹许用切应力$[\tau]=1$ MPa。试求接头处所需的尺寸δ和l。

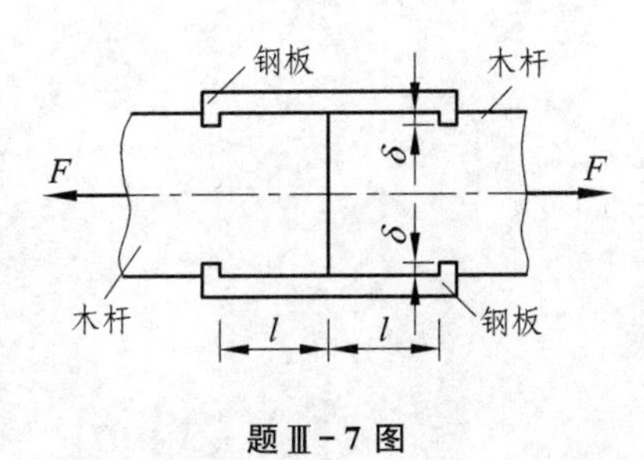

题Ⅲ-7图

Ⅲ-8 图示组合梁，由两根18号槽钢和两块200 mm×10 mm的钢板用铆钉铆接而成，铆钉的间距$a=150$ mm，直径$d=20$ mm，许用切应力$[\tau]=120$ MPa，许用挤压应力$[\sigma_{bs}]=$

340 MPa，梁横截面上的剪力 $F_S=150$ kN。试校核铆钉的剪切强度和挤压强度。

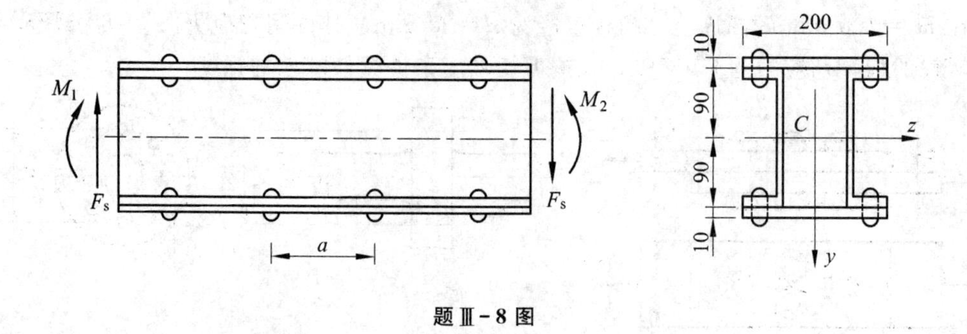

题Ⅲ-8 图

附录Ⅳ　材料力学实验应注意的问题

1　关于材料力学基本实验部分应注意的问题

1.1　基本实验内容

材料力学的6个基本实验包括：低碳钢与灰口铸铁的拉伸、压缩实验，低碳钢拉伸时弹性模量和泊松比测定实验，低碳钢与灰口铸铁的扭转实验，矩形梁纯弯曲电测实验，弯扭组合的主应力电测实验，弹性压杆稳定实验。这些实验均要求学生自己动手进行实验操作测量，通过实验，学生能够掌握低碳钢与灰口铸铁这两类代表性材料的力学特性，同时对材料力学的一些重要假设进行论证，并具有一定的对实际问题的分析能力和实验能力。

1.2　每个实验的基本要求

需要对每个实验的实验目的、测定参数及其力学原理等具有较为清楚的认识。由于6个基本实验中的3个实验均涉及电阻应变片和电阻应变计的使用，也称为电测实验，应对电测实验的测量原理及测量方法具有初步的认识和了解。

(1) 低碳钢与灰口铸铁的拉伸、压缩实验：注意观察材料的弹性、屈服、强化、颈缩、断裂等物理现象；对典型的塑性材料和脆性材料进行受力变形现象比较；测定应力-应变关系曲线及其所对应的强度指标和塑性指标。

(2) 低碳钢拉伸时弹性模量和泊松比测定实验(电测实验)：使用双向引伸计测量材料的弹性模量 E 和泊松比 ν；初步了解电阻应变片(图1(a))的工作原理，初步掌握电阻应变计的工作原理，初步掌握半桥接线、全桥接线的读数公式。半桥接线(图1(b))：R_1 和 R_2 接测量应变片(即接入整个电桥的半桥)，R_3 和 R_4 仍为电阻应变计内接电阻(即不更换)，则电阻应变计读数为 $\varepsilon_{读数}=\varepsilon_1-\varepsilon_2$，一般情况下，$R_1$ 接测量应变片，R_2 接温度补偿片。也可以 R_1 和 R_2 均接测量应变片，实现自动温度补偿。

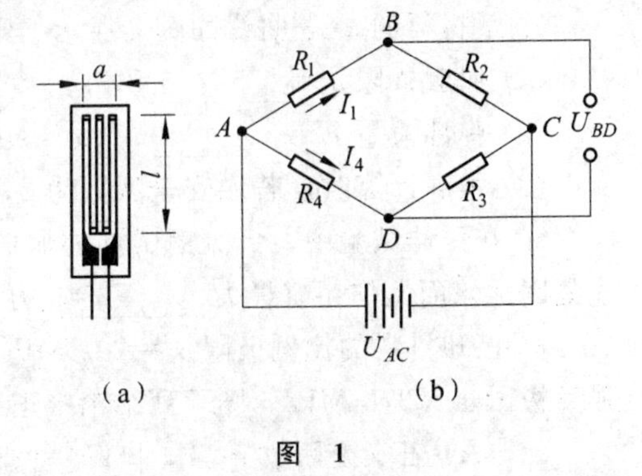

图　1

全桥接线(图1(b))：R_1、R_2、R_3 和 R_4 均接入测量应变片，则电阻应变计读数为 $\varepsilon_{读数}=\varepsilon_1-\varepsilon_2+\varepsilon_3-\varepsilon_4$，一般情况下，需实现自动温度补偿。

(3) 低碳钢与灰口铸铁的扭转实验：了解杆件在扭转力偶作用下的受力和变形的行为；观察塑性材料和脆性材料不同的破坏方式；测定低碳钢的剪切弹性模量 G。

(4) 矩形梁纯弯曲电测实验(电测实验)：测量纯弯曲梁上应变随高度的分布规律，验证平面假设的正确性。

(5) 弯扭组合的主应力电测实验(电测实验)：用实验方法测定应变从而确定平面应力状态下一点处的主应力；在弯扭组合作用下，用电测分离法单独测量弯矩和扭矩。

(6) 弹性压杆稳定实验：观察细长中心受压杆件丧失稳定的现象；用电测实验方法测定各种约束情况下试件的临界力 F_{cr}，增强对压杆承载及失稳的感性认识，加深对压杆承载特性的认识，理解材料力学的压杆是实际压杆的一种抽象模型。

2 基本实验部分习题

考察实验原理的选择及填空题(以下的选择题为单项选择)。

1. 低碳钢拉伸试件的应力-应变曲线大致可分为四个阶段，这四个阶段是________。
   A. 弹性变形阶段、塑性变形阶段、屈服阶段、断裂阶段
   B. 弹性变形阶段、塑性变形阶段、强化阶段、局部变形阶段
   C. 弹性变形阶段、屈服阶段、强化阶段、断裂阶段
   D. 弹性变形阶段、屈服阶段、强化阶段、局部变形阶段

2. 灰口铸铁在压缩实验中的破坏表现为倾斜的断面，其主要原因是________。
   A. 断面上的拉应力过大　　B. 断面上的压应力过大
   C. 断面上的切应力过大　　D. 断面上的拉应变过大

3. 下列说法错误的是________。
   (A) 低碳钢试样在压缩实验中不会发生压缩破坏
   (B) 灰口铸铁试样在压缩实验中不会发生压缩破坏
   (C) 低碳钢试样在拉伸实验中会在发生颈缩后破坏
   (D) 灰口铸铁试样在拉伸实验中会发生脆性断裂

4. 低碳钢的冷作硬化现象会出现________。
   (A) 弹性模量升高　　(B) 屈服极限升高
   (C)比例极限升高　　(D) 强度极限升高

5. 某材料的 σ-ε 曲线如图 2 所示，则材料的
(1) 屈服极限 $\sigma_s=$ ________MPa;
(2) 弹性模量 $E=$ ________GPa;
(3) 强度计算时，若取安全因数为 2，那么材料的许用应力$[\sigma]=$ ________MPa。

6. 在拉伸试验中，低碳钢试件屈服时试件表面会出现与轴线约成________的滑移线，这是因为该面上作用有最大________应力。

7. 已知材料的比例极限 $\sigma_p=200$ MPa，弹性模量 $E=200$ GPa，屈服极限 $\sigma_s=235$ MPa，强度极限 $\sigma_b=376$ MPa。则下列结论中正确的是________。
   (A) 若安全因数 $n=2$，则$[\sigma]=188$ MPa
   (B) 若 $\varepsilon=1.100\times10^{-3}$，则$[\sigma]=E\varepsilon=220$ MPa
   (C) 若安全系数 $n=1.1$，则$[\sigma]=213.6$ MPa
   (D) 若加载到使应力超过 200 MPa，则若将载荷卸载后，试件的变形必不能完全消失。

8. 低碳钢材料在轴向拉伸和压缩时，下列答案中**错误**的为________。

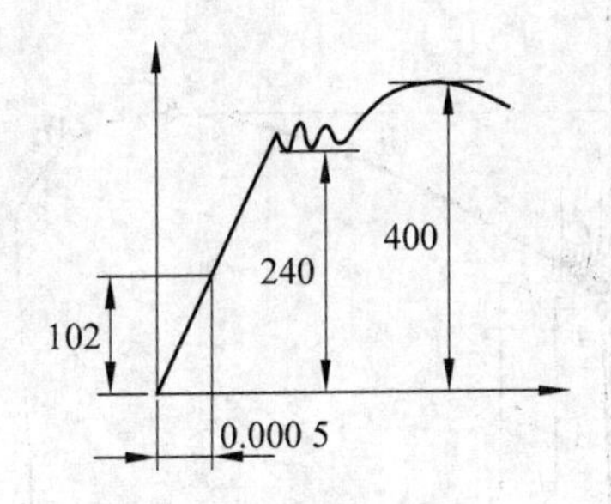

图 2(图上单位：纵轴 MPa)

A. 比例极限相等　　　　B. 屈服极限相等

C. 强度极限相等　　　　D. 弹性模量相等

9. 当低碳钢试件的实验应力 $\sigma=\sigma_s$ 时，试件将________。

(A) 完全失去承载能力　　　　(B) 破断

(C) 发生局部颈缩现象　　　　(D) 产生较大的塑性变形

10. 对低碳钢试件进行拉伸实验，测得弹性模量 $E=200$ GPa，屈服极限 $\sigma_s=235$ MPa。当试件横截面上正应力 $\sigma=300$ MPa 时，测得轴向线应变 $\varepsilon=4.0\times10^{-3}$，然后把荷载卸为零，则试件的轴向塑性线应变为(　　)。

(A) $\varepsilon_p=\dfrac{\sigma}{E}=\dfrac{300}{200\times10^3}=1.5\times10^{-3}$

(B) $\varepsilon_p=\varepsilon=4.0\times10^{-3}$

(C) $\varepsilon_p=\varepsilon-\dfrac{\sigma_s}{E}=4.0\times10^{-3}-\dfrac{235}{200}\times10^{-3}=2.825\times10^{-3}$

(D) $\varepsilon_p=\varepsilon-\dfrac{\sigma}{E}=4.0\times10^{-3}-\dfrac{300}{200}\times10^{-3}=2.5\times10^{-3}$

11. 低碳钢拉伸时的应力 应变曲线：

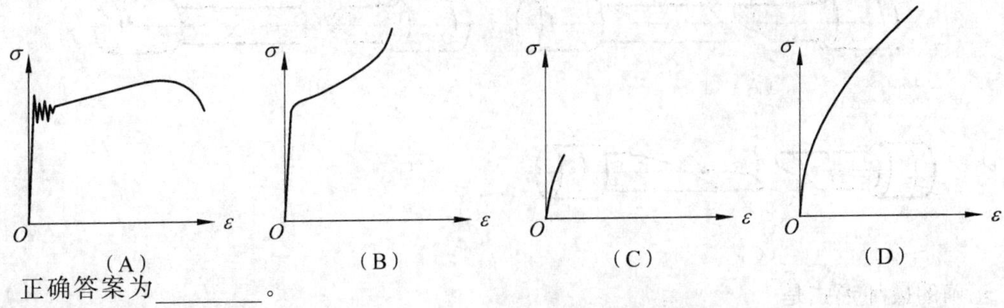

正确答案为________。

12. 由低碳钢制成的钢筋经过冷作硬化后，力学性能的改变为________。

(A) σ_p 增大，σ_b 不变　　　　(B) σ_p 不变，σ_b 增大

(C) σ_p 增大，σ_b 增大　　　　(D) σ_p 减小，σ_b 增大

13. 通过材料的单向拉伸力学性能实验，获得了如图所示的应力-应变关系曲线，图中________表示材料的屈服强度。

(A) A 点的 σ_p　　　　(B) B 点的 σ_e

(C) D 点的 σ_s　　　　(D) G 点的 σ_b

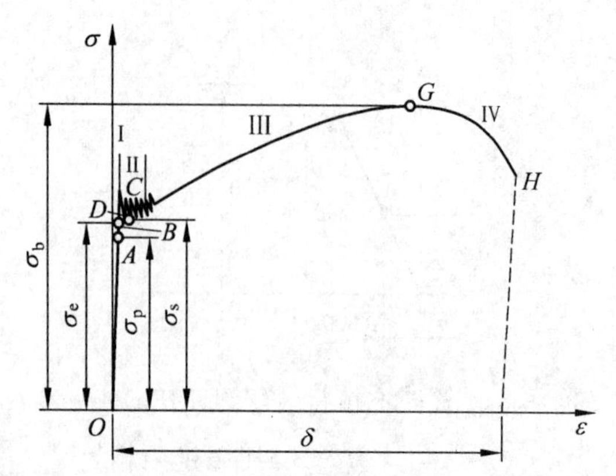

14. 做低碳钢拉伸实验时，试件表面的滑移线出现在________阶段。

15. 在扭转实验中，灰口铸铁的破坏是________。

A. 扭转造成的塑性破坏　　　　B. 脆性断裂

C. 断口呈螺旋状的塑性破坏　　D. 断口呈平直状的脆性断裂

16. 以下表示材料力学性能实验试件破坏形式的图中哪个一个是正确的？________

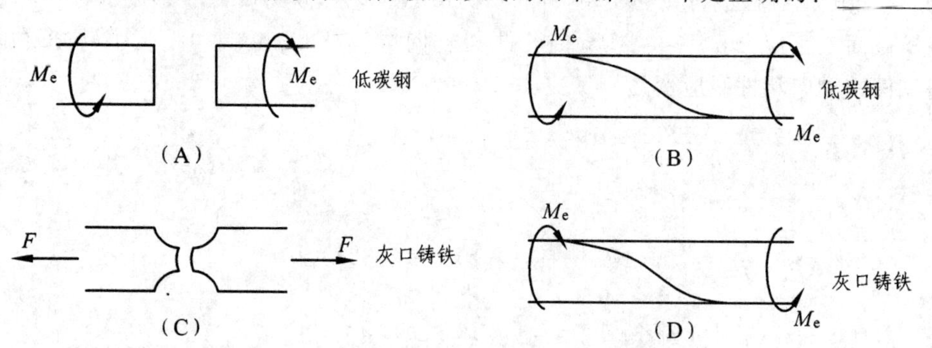

17. 灰口铸铁试件受外力偶矩 M_e 作用，下图所示破坏情况有 3 种：

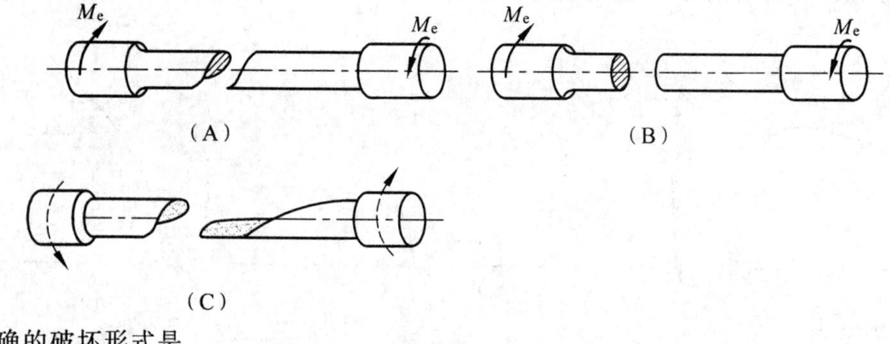

正确的破坏形式是________。

18. 梁的纯弯曲实验是为验证________。

A. 弯曲切应力计算公式　　　　B. 平面假设

C. 胡克定律　　　　　　　　　D. 小变形假设

19. 梁的纯弯曲电测实验中，如按标准实验步骤进行实验，一般情况下中性层处测得的纵向线应变不为零的原因是________。

[A] 加载形式不准确，导致主梁的测试段不是纯弯曲梁

[B] 电阻应变仪没有精确调零

[C] 施加了初级载荷

[D] 中性层处的应变片粘贴的位置不准确

20. 在纯弯梁电测实验中采用分级加载的目的是________。

[A] 模拟静载的效果　　　　　　　[B] 消除温度变化造成的测试误差

[C]消除电阻应变仪的初读数造成误差 [D] 将载荷控制在线弹性的工作范围之内

21. 如图所示曲拐，受载时 A 处的应力状态单元体是下图 a、b、c、d 中哪一种；

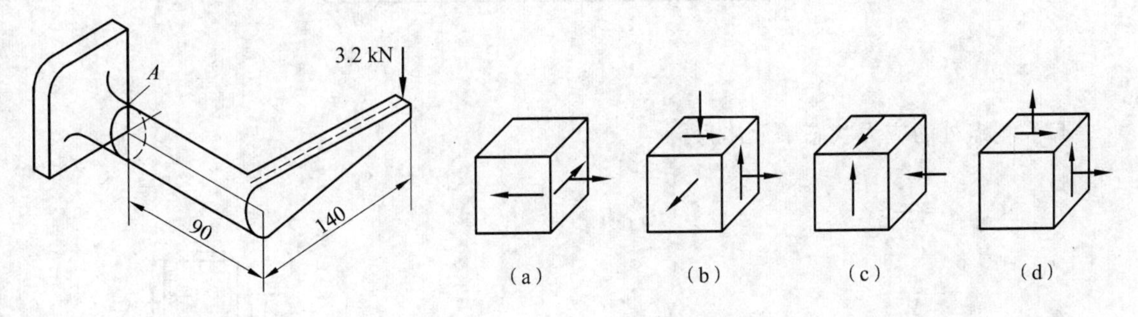

22. 如图所示压杆稳定实验原理图，如将中间支撑 C(左右都有)向下移动一小段距离，则压杆的临界载荷将________。

A. 增大；　　B. 减小；　　C. 不变；　　D. 无法判别；

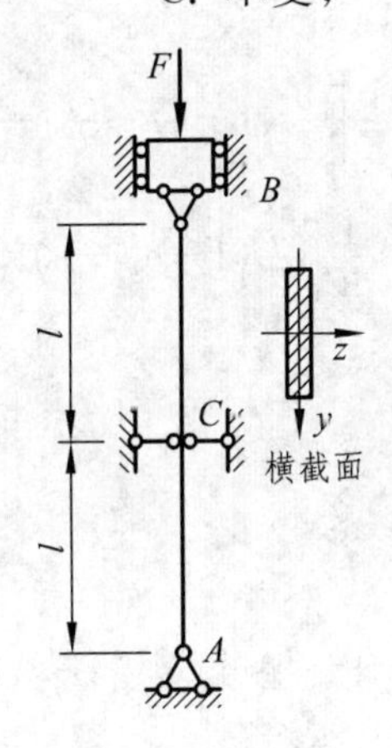

选择题及填空题答案：

1. D；　2. C；　3. B；　4. C；　5. 240，204，120　6. 45°，切；　7. C；　8. C；　9. D；　10. C；　11. A；　12. A；　13. C；　14. 屈服；　15. B；　16. A；　17. A；　18. B；　19. D；　20. C；　21. A；　22. B

3　实验部分较难习题(电测部分应注意的问题)

第一类问题：常规问题——已知测量步骤及测量数据，只需按一般电测方法就可求解。

23. 直径 $d=20$ mm 的圆轴，受轴向拉力 F 和力偶矩 M_e 作用，材料的弹性模量为 $E=$

200 GPa，泊松比 $\upsilon=0.3$。现测得圆轴表面与轴线成 45°方向线应变为 $\varepsilon_{45^\circ}=565\times10^{-6}$，$-45^\circ$方向的线应变为 $\varepsilon_{-45^\circ}=-341\times10^{-6}$，求轴向拉力 F，力偶矩 M_e。

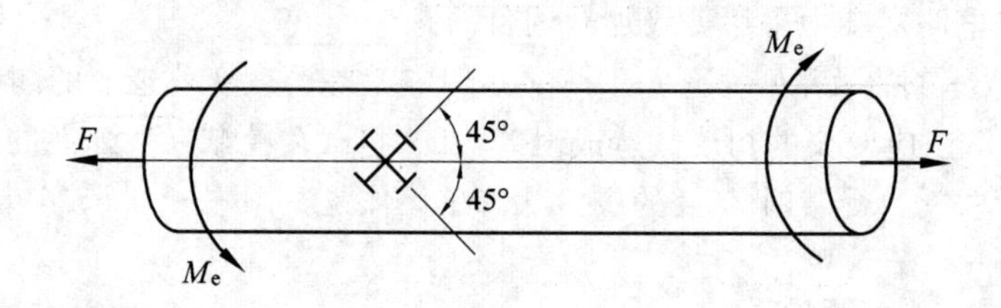

解：测点处的应力状态单元体为：

$$\sigma=\frac{F}{A}$$

$$\tau=\frac{M_e}{W_p}$$

则
$$\sigma_{45^\circ}=\frac{\sigma}{2}+\tau$$

$$\sigma_{-45^\circ}=\frac{\sigma}{2}-\tau$$

所以
$$\varepsilon_{45^\circ}=\frac{1}{E}(\sigma_{45^\circ}-\upsilon\sigma_{-45^\circ})=\frac{1}{E}\left[\frac{\sigma}{2}(1-\upsilon)+\tau(1+\upsilon)\right]$$

$$\varepsilon_{-45^\circ}=\frac{1}{E}(\sigma_{-45^\circ}-\upsilon\sigma_{45^\circ})=\frac{1}{E}\left[\frac{\sigma}{2}(1-\upsilon)-\tau(1+\upsilon)\right]$$

所以
$$\sigma=\frac{E}{1-\upsilon}(\varepsilon_{45^\circ}+\varepsilon_{-45^\circ})$$

$$\tau=\frac{E}{2(1+\upsilon)}(\varepsilon_{45^\circ}+\varepsilon_{-45^\circ})$$

所以
$$F=A\sigma=\frac{AE}{1-\upsilon}(\varepsilon_{45^\circ}+\varepsilon_{-45^\circ})=20.1\times10^3\ (\text{N})$$

$$M_e=W_p\tau=\frac{W_pE}{2(1+\upsilon)}(\varepsilon_{45^\circ}+\varepsilon_{-45^\circ})=109\ (\text{N}\cdot\text{m})$$

第二类问题：非常规问题，实验测量步骤未知，需自行设计。一般需考虑温度补偿，如遇到需提高测量精度的问题，要采用提高测量精度的自动温度补偿。该类问题难度较大。

24. 一矩形截面悬臂梁如图，在 $l_1=l/4$ 处的上、下表面贴有应变片 a 和 b（其应变可分别用 ε_a 和 ε_b 表示），在梁的 B 处作用有竖直向下的集中力 F，在考虑自动温度补偿的要求下，试进行如下分析：

(1) 画出应变片 a 和 b 的电桥接线方式，并给出电阻应变计的输出表达式；

(2) 如应变片 a 和 b 的贴片均出现一微小角度 α 的偏差（如下图），给出相应的电阻应变计输出表达式，并用 F、l、b、h、E、υ、α 表示出来。

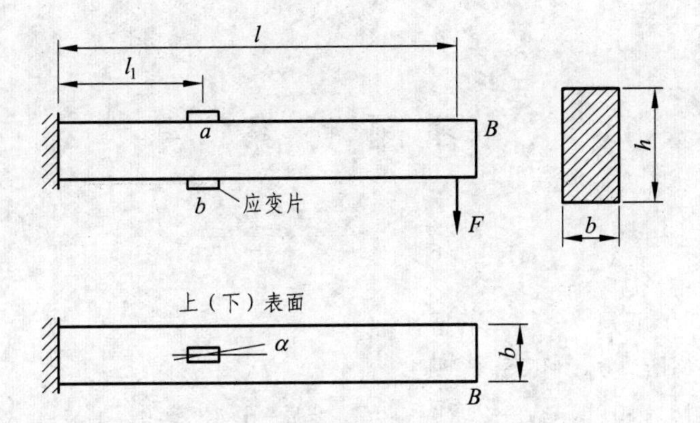

解：（1）

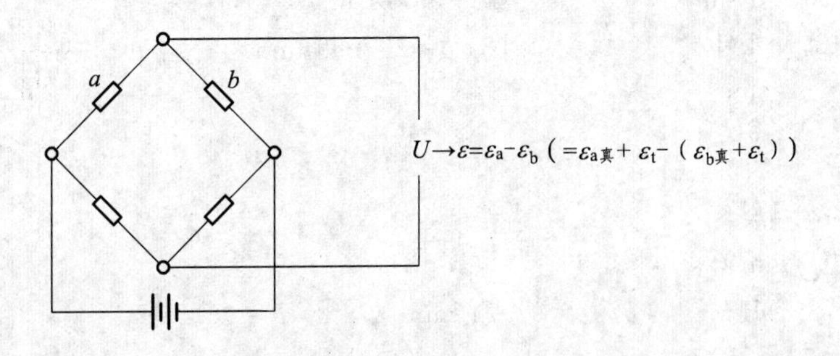

（2）

$$\sigma_\alpha=\frac{\sigma}{2}+\frac{\sigma}{2}\cos2\alpha$$

$$\sigma_{\alpha+90^\circ}=\frac{\sigma}{2}-\frac{\sigma}{2}\cos2\alpha$$

$$\varepsilon_\alpha=\frac{1}{E}(\sigma_\alpha-\upsilon\sigma_{\alpha+90^\circ})$$

$$=\frac{\sigma}{2E}[1-\upsilon+(1+\upsilon)\cos2\alpha]$$

$$\varepsilon_{\alpha,a测}=\varepsilon_{\alpha,a真}+\varepsilon_t$$

$$\varepsilon_{\alpha,b测}=\varepsilon_{\alpha,b真}+\varepsilon_t$$

$$\varepsilon_{输出}=\varepsilon_{\alpha,a测}-\varepsilon_{\alpha,b测}=\varepsilon_{\alpha,a真}-\varepsilon_{\alpha,b真}$$

$$=\frac{\sigma}{E}[1-\upsilon+(1+\upsilon)\cos2\alpha]$$

$$=\frac{1}{E}[1-\upsilon+(1+\upsilon)\cos2\alpha]\cdot\frac{\frac{3}{4}Fl}{\frac{bh^2}{6}}$$

习 题 答 案

第 二 章

2-1 (a) 是 (b) 不是 (c) 不是

2-4 $\sigma_{AE}=159.3\text{ MPa}$，$\sigma_{EG}=155.4\text{ MPa}$

2-5 (1) $\varepsilon_{AB}=4.46\times10^{-4}$，$\varepsilon_{BC}=2.23\times10^{-3}$，$\varepsilon_{CD}=1.43\times10^{-3}$

(2) $\Delta l_{AB}=0.781\text{ mm}$(伸长)，$\Delta l_{BC}=2.790\text{ mm}$(伸长)，

$\Delta l_{CD}=2.145\text{ mm}$(伸长)，$\Delta l=5.714\text{ mm}$(伸长)

(3) $\Delta_C=3.571\text{ mm}$ (↓)，$\Delta_D=5.714\text{ mm}$ (↓)

2-6 (2) $F=13.74\text{ kN}$ (3) $\delta=29.999\text{ mm}$

2-7 $\Delta_{AB}\approx-0.252\dfrac{\nu F}{\delta E}$

2-8 $\Delta l=\dfrac{4Fl}{\pi E d_1 d_2}$

2-9 $\Delta_{Ay}=1.365\text{ mm}$ (↓)

2-10 (1) $\sigma=735\text{ MPa}$ (2) $\Delta=83.74\text{ mm}$ (3) $F=96.3\text{ N}$

2-11 $\Delta_{Cx}=0.476\text{ mm}$ (→)，$\Delta_{Cy}=0.476\text{ mm}$ (↓)

2-12 $\Delta_{Dy}=2.298\text{ mm}$ (↓)

2-13 $F_{\text{N,max}}=F+ql$，$\sigma_{\max}=\dfrac{F}{A}+\dfrac{ql}{A}$，$\Delta l_{\max}=\dfrac{1}{EA}\left(Fl+\dfrac{1}{2}ql^2\right)$

2-14 $\Delta_{Bx}=0.433\text{ mm}$ (→)，$\Delta_{By}=3.25\text{ mm}$ (↓)

2-15 $\sigma=127.3\text{ MPa}$，$E=210\text{ GPa}$，$\nu=0.28$

2-16 a 强度最高，b 弹性模量最大，c 塑性最好。

2-17 $\sigma=125\text{ MPa}$

2-18 杆 AB：100 mm×100 mm×10 mm，杆 AD：80 mm×80 mm×6 mm

2-19 $\Delta=0.396\text{ mm}$ (↓) $A_1=0.511\text{ m}^2$ $A_2=0.523\text{ m}^3$

2-20 $[F]=103.19\text{ kN}$

2-21 $d=65.6\text{ mm}$

2-22 $\theta=54.74°$

第 三 章

3-1 (a) 最大正扭矩值 $T=10\text{ kN}\cdot\text{m}$ (b) 最大负扭矩值 $T=6\text{ kN}\cdot\text{m}$

3-2 最大负扭矩值 $T=2.00\text{ kN}\cdot\text{m}$

3-3 最大负扭矩值 $T=2\text{ m}l$

3-4 (1) $\tau_{maxAB}=48.9$ MPa

(2) $\varphi_{BC}=-1.22\times10^{-2}$ rad, $\varphi_C=-2.13\times10^{-2}$ rad

3-5 $\varphi_{AB}=\frac{32M_e l}{3\pi G}\times\frac{d_1^2+d_1d_2+d_2^2}{d_1^3d_2^3}$

3-6 $\varphi_B=\frac{16\ ml^2}{G\pi d^4}$

3-7 $E=216$ GPa, $G=81.6$ GPa, $\nu=0.324$

3-8 (1) $F=785.4$ N (2) $\Delta_{Dy}=37.5$ mm (↑)

3-9 $\varphi_C=\frac{48M_e l}{G\pi d^4}$, $\varphi_D=\frac{32M_e l}{G\pi d^4}$, $\Delta_C=\frac{32M_e la}{G\pi d^4}$(向外), $\Delta_D=\frac{32M_e la}{G\pi d^4}$(向里)

3-11 $d=85.13$ mm

3-12 $\tau_{max}=71.3$ MPa, $\varphi'_{max}=1.02$ (°)/m

3-13 $d=83.6$ mm

3-14 $\tau_{max}=325$ MPa

3-15 (1) $\tau_{max}=40.14$ MPa(长边中点) (2) $\tau_C=34.44$ MPa (3) $\varphi'=0.564$ (°)/m

3-16 $r_0=\sqrt[3]{4R^3-\frac{6T}{\pi\tau_s}}$

第 四 章

题 号	F_{S_1}	M_1	F_{S_2}	M_2	F_{S_3}	M_3
4-1(a)	$-2F$	$-Fa$	0	Fa	$-2F$	Fa
(b)	$2qa$	$-\frac{7}{2}qa^2$	$2qa$	$-\frac{3}{2}qa^2$	$2qa$	$-\frac{3}{2}qa^2$
(c)	qa	0	qa	0	qa	$-qa^2$
(d)	2 kN	0	−2 kN	0	−2 kN	3 kN·m
(e)	q_0a	0	0	$\frac{4}{3}q_0a^2$	0	$\frac{4}{3}q_0a^2$
(f)	$\frac{1}{2}q_0l$	$\frac{1}{6}q_0l^2$				

题 号	最大正剪力	最大负剪力	最大正弯矩	最大负弯矩
4-2(a)		qa		$\frac{3}{2}qa^2$
(b)		$2qa$	$\frac{1}{2}qa^2$	$2qa^2$
(c)		$\frac{5}{2}qa$	$\frac{1}{2}qa^2$	$\frac{5}{2}qa^2$
(d)	3.5 kN	3 kN	3.125 kN·m	9 kN·m
(e)	$2qa$	$2qa$	qa^2	$2qa^2$
4-3(a)	$\frac{5}{8}ql$	$\frac{3}{8}ql$	$\frac{1}{8}ql^2$	$\frac{9}{128}ql^2$
(b)		qa	qa^2	

题　号	最大正剪力	最大负剪力	最大正弯矩	最大负弯矩
4-3(c)	3 kN	1 kN	2 kN·m	2 kN·m
(d)	25 kN	15 kN	31.25 kN·m	20 kN·m
(e)	6 kN	5 kN	6 kN·m	8 kN·m
(f)	10 kN	7.5 kN	0.625 kN·m	10.625 kN·m
(g)	$\frac{3}{4}qa$	$\frac{5}{4}qa$	$\frac{1}{2}qa^2$	$\frac{1}{2}qa^2$
(h)	$\frac{5}{2}F$		Fa	$2Fa$
(i)	74 kN	66 kN	57.68 kN·m	40 kN·m
(j)	$\frac{1}{2}qa$	$\frac{1}{2}qa$	qa^2	
(k)	$\frac{1}{6}q_0 l$	$\frac{1}{3}q_0 l$	$\frac{\sqrt{3}}{27}q_0 l^2$	
(l)	$\frac{1}{18}q_0 l$	$\frac{7}{36}q_0 l$	$\frac{1}{18}q_0 l^2$	$\frac{1}{18}q_0 l^2$

4-4　(a) $M_{\max}=0.25Fl$　(b) $M_{\max}=0.167Fl$　(c) $M_{\max}=0.15Fl$　(d) $M_{\max}=0.125Fl$

4-5　$x=\frac{l}{2}-\frac{c}{4}$，　$M_{\max}=\frac{F}{l}\left(\frac{l}{2}-\frac{c}{4}\right)^2$

4-6　(a) $x=\frac{\sqrt{2}-1}{2}l$　(b) $x=\frac{1}{5}l$

题　号	最大正剪力	最大负剪力	最大弯矩	最大拉力	最大压力
4-7(a)	20 kN		80 kN		10 kN
(b)	15 kN	17.5 kN	26.25 kN·m		17.5 kN
(c)	$2F$	F	$2Fa$		F
(d)	qa	$\frac{3}{2}qa$	qa^2	$\frac{1}{2}qa$	
(e)	qa	$\frac{3}{2}qa$	qa^2		$\frac{3}{2}qa$
4-8(a)	F		FR	F	
(b)	F	F	FR	F	
(c)	F	F	$2FR$	F	F

第　五　章

5-1　$\sigma_{\max}=995$ MPa

5-3　$F=47.38$ kN

5-4　$\Delta l=\frac{ql^3}{2Ebh^2}$

5-5　(1) $d=121.6$ mm

(2) $d=115.9$ mm，　$D=144.9$ mm

(3) 截面面积之比 1.96∶1

5-6 $\sigma_{\max}=176$ MPa

5-7 $[F]=29.87$ kN

5-8 (1) $x=1.4645$ m

(2) $h=124.5$ mm，$h=83$ mm

5-9 $a=1.385$ m

5-10 $h/b=\sqrt{2}$

5-11 $b=186.7$ mm

5-12 $\tau'=\dfrac{3}{2}\dfrac{qx}{bh}$， $F_S'=\dfrac{3ql^2}{4h}$， $F_N'=\dfrac{3ql^2}{4h}$

5-13 $\tau=\dfrac{q}{b}\left[\dfrac{6}{h^2}\left(\dfrac{h^2}{4}-y^2\right)-1\right]$

5-14 $b=107$ mm， $h=214$ mm

5-15 20b 号

5-16 $\sigma_{\max}=154$ MPa， $\tau_{\max}=96.7$ MPa

5-17 $\sigma_{\max}=9.67$ MPa， $\tau_{\max}=0.72$ MPa， $\tau_{\max腹}=0.34$ MPa

5-18 $[F]=3.94$ kN

5-19 25a 号

5-20 $b_{\max}=600$ mm， $b_{\min}=3$ mm

5-21 $\sigma_{\max}=168.4$ MPa， $\tau_{\max}=29.5$ MPa

5-22 (1) 最大负剪力 $F_S=62$ kN，最大正弯矩 $M=56.1$ kN·m，最大负弯矩 $M=40$ kN·m

(2) 距上边缘 $y_c=181.25$ mm $I_z=234.6\times10^6$ mm^4

(3) $\sigma_{t,\max}=30.9$ MPa， $\sigma_{c,\max}=43.3$ MPa， $\tau_{\max}=10.5$ MPa

5-23 (1) $F_{S,\max}=40$ kN， $M_{\max}=40$ kN·m， $M_{\min}=-40$ kN·m

(2) $\sigma_{\max}=118.9$ MPa， $\tau_{\max}=7.0$ MPa

第 六 章

6-1 $M_e=\dfrac{EI}{R}$ (↓)

6-2 $a=\dfrac{2}{3}l$

6-4 (a) $\theta_B=\dfrac{q_0l^3}{24EI}$ (↓)，$w_B=\dfrac{ql^4}{30EI}$ (↓)

(b) $\theta_A=-\dfrac{13qa^3}{6EI}$ (↓)，$w_A=\dfrac{71qa^4}{24EI}$ (↓)

6-5 (a) $\theta_A=\dfrac{7q_0l^3}{360EI}$ (↓)，$\theta_B=-\dfrac{q_0l^3}{45EI}$ (↓)，$w_{\max}=0.00652\dfrac{q_0l^4}{EI}$ (↓)

(b) $\theta_A=\dfrac{19Fl^2}{48EI}$ (↓)，$\theta_B=-\dfrac{11Fl^2}{48EI}$ (↓)，$w_{\max}=0.0844\dfrac{Fl^3}{EI}$ (↓)

(c) $\theta_A=\frac{5q_0l^3}{192EI}$ (↘), $\theta_B=-\frac{5q_0l^3}{192EI}$ (↙), $w_{max}=\frac{q_0l^4}{120EI}$

6-7 (a) $w_C=\frac{7ql^4}{384EI}$ (↓), $\theta_B=\frac{ql^3}{12EI}$ (↘)

(b) $w_C=\frac{5qa^4}{48EI}$ (↓), $\theta_B=-\frac{7qa^3}{48EI}$ (↙)

(c) $w_C=\frac{11Fa^4}{6EI}$ (↓), $\theta_B=-\frac{3Fa^2}{2EI}$ (↙)

(d) $w_C=\frac{19qa^3}{8EI}$ (↓), $\theta_B=-\frac{11qa^3}{6EI}$ (↙)

(e) $w_C=\frac{5Fa^3}{6EI}$ (↓), $\theta_B=-\frac{11Fa^2}{12EI}$ (↙)

(f) $w_C=\frac{Fa^3}{3EI}$ (↓), $\theta_B=-\frac{5Fa^2}{6EI}$ (↙)

6-8 $w_A=\frac{3Fl^3}{16EI}$ (↓), $\theta_A=-\frac{5Fl^2}{16EI}$ (↙)

6-9 (a) $\theta_A=-\frac{5qa^3}{6EI}$ (↙), $\theta_B=\frac{2qa^3}{3EI}$(↙), $w_A=\frac{19qa^4}{24EI}$ (↓), $w_C=-\frac{3qa^4}{8EI}$ (↑)

(b) $\theta_A=\frac{49qa^3}{48EI}$ (↘), $\theta_B=-\frac{7qa^3}{48EI}$ (↙), $w_A=\frac{41qa^4}{48EI}$ (↓), $w_C=-\frac{7qa^4}{48EI}$ (↑)

6-10 $\Delta_B=8.217$ mm (↓)

6-11 $\Delta_{Cx}=\frac{Fl^3}{2EI}$ (→), $\Delta_{Cy}=\frac{Fl}{EA}+\frac{4Fl^3}{3EI}$ (↓), $\theta_C=\frac{3Fl^2}{2EI}$ (↘)

6-12 $\Delta_{Cy}=\frac{44Fl^3}{E\pi d^4}$ (↓)

6-13 (a) $f(x)=-\frac{F}{6EI}x^3$

(b) $f(x)=-\frac{F}{3EIl}(l-x)^2x^2$

6-14 $\Delta l=2.29$ mm, $\Delta=7.39$ mm (↓)

6-15 $d=157.77$ mm

6-16 $w_{max}=13.74$ mm

第 七 章

7-1 $F_{N_1}=8.45$ kN(拉), $F_{N_2}=2.68$ kN(拉) $F_{N_3}=11.55$ kN(压)

7-2 $F_{N_1}=30$ kN, $\sigma_1=30$ MPa(拉); $F_{N_2}=60$ kN(拉), $\sigma_2=60$ MPa(拉)

7-3 $F_{N_1}=11.35$ kN(拉), $F_{N_2}=12.30$ kN(拉), $F_{N_3}=11.35$ kN(拉)

7-5 $\sigma_1=177.6$ MPa(拉), $\sigma_2=29.9$ MPa(拉), $\sigma_3=-19.4$ MPa(压)

7-6 (a) $\sigma_1=187.5$ MPa(拉), $\sigma_2=62.5$ MPa(拉), $\sigma_3=187.5$ MPa(拉), $\sigma_4=62.5$ MPa(拉)

(b) $\sigma_1=125$ MPa(拉)， $\sigma_2=0$ MPa， $\sigma_3=250$ MPa(拉)， $\sigma_4=125$ MPa(拉)

7-7 $F_B=15$ kN(↑)

7-8 $\sigma_1=28$ MPa(拉)， $\sigma_2=-56$ MPa(压)， $\sigma_3=28$ MPa(拉)

7-9 (1) $F=31.4$ kN

(2) $\sigma_1=131.27$ MPa(拉)， $\sigma_3=-34.37$ MPa(压)， $\sigma_2=131.27$ MPa(拉)

7-10 $F_{N_1}=\frac{2}{3}\sqrt{2}F$(压)， $F_{N_2}=\frac{2}{3}F$(拉)

7-11 $A=468.75\ \text{mm}^2$

7-12 $F_{N_1}=0.24$ kN (压)， $F_{N_2}=75.12$ kN (拉)

7-13 (1) $\sigma_{AC}=-45.64$ MPa(压)， $\sigma_{CB}=-91.28$ MPa (压)

(2) $\sigma_{AD}=-61.03$ MPa(拉)， $\sigma_{DC}=-39$ MPa(压)， $\sigma_{CB}=-211.28$ MPa(压)

7-14 $p=1.44$ MPa， $\sigma_1=72$ MPa(拉)， $\sigma_2=-18$ MPa(压)

7-15 当 $0<h\leqslant\frac{l}{3}$ 时，$F_{AC}=10+15=25$ kN，$F_{BC}=0$

当 $\frac{l}{3}<h\leqslant l$ 时，$F_{AC}=10+15\,\frac{h}{l}$，$F_{BC}=\frac{5(3h-l)}{l}$ (用叠加原理求解)

7-16 (1) $\sigma_1=127.3$ MPa， $\sigma_2=-36.4$ MPa

(2) $\sigma_1=185.1$ MPa(拉)， $\sigma_2=-7.4$ MPa(压)

(3) $\sigma_1=22.3$ MPa(拉)， $\sigma_2=-6.36$ MPa(压)

(4) $\sigma_1=207.3$ MPa(拉)， $\sigma_2=-13.8$ MPa(压)

7-17 $\sigma_1=39.6$ MPa(拉)， $\sigma_2=102$ MPa(拉)， $\sigma_3=73$ MPa(拉)

7-18 $M_A=\frac{32}{33}M_e$(↓)， $M_B=\frac{1}{33}M_e$(↓)

7-19 $T_{A1}=\frac{2G_1I_{p_1}+G_2I_{p_2}}{2(G_1I_{p_1}+G_2I_{p_2})}M_e$， $T_{B1}=-T_{B2}=-\frac{G_2I_{p_2}}{2(G_1I_{p_1}+G_2I_{p_2})}M_e$

7-20 $T_{AB}=-\frac{3}{4}Fa$， $T_{CD}=\frac{1}{4}Fa$

7-21 外管：$\tau_{max}=17.25$ MPa，$\tau_{min}=15.52$ MPa；

内管：$\tau_{max}=21.65$ MPa，$\tau_{min}=19.24$ MPa

7-22 $F_N=\frac{EAaM_e}{GI_p+2a^2EA}$， $T=\frac{GI_pM_e}{GI_p+2EAa^3}$

7-23 $l_1=l_2$

7-24 (a) $F_B=\frac{17}{16}ql$ (↑)

(b) $F_B=\frac{14}{27}F$ (↑)

(c) $F_B=\frac{5}{8}ql$ (↑)

(d) $F_B=\frac{3}{4a}M_e$(↓)

(e) $M_A=-M_B=-\frac{1}{12}ql^2$

(f) $F_C=\frac{3}{32}P$ (↓)， $F_B=\frac{11}{16}F$(↑)

7-25 (1) $F_C=\frac{5}{4}F$

(2) $M_{\max}=\frac{1}{2}Fl$，减少的百分数为 50%。$w_B=\frac{13Fl^3}{64EI}$，减少的百分数为 39.1%。

7-26 $F_{C_2}=\frac{l_1^3 I_2 F}{l_1^3 I_2+l_2^3 I_1}$

7-27 $\Delta=\frac{7ql^4}{72EI}$

7-28 $M_B=\frac{3kFa^2l^2}{16(3EI+kla^2)}$

7-29 (1) $\theta_C=1.2\times10^{-3}$ rad (↓)

(2) $\Delta_A=0.6$ mm (←)

7-30 $F_N=\frac{l^3Aq}{16(4I+l^2A)}$(拉)

7-31 $\Delta_{Cy}=\frac{(Al^2+3I)l^3F}{9EI(Al^2+2I)}$(↓)

7-32 $\tau=39.37$ MPa

第　八　章

8-3 (a) $\sigma_A=\frac{F+ql}{bh}$

(b) $\tau_{AB}=\frac{32M_e}{\pi d^3}$

(c) $\tau_A=\frac{16M_e}{\pi d^3}$，$\sigma_A=\frac{32Fl}{\pi d^3}$

8-4 $\sigma_{-30^\circ}=3.48$ MPa，　$\tau_{-30^\circ}=62.63$ MPa

8-5 (a) $\sigma_{45^\circ}=30$ MPa，　$\tau_{45^\circ}=20$ MPa

(b) $\sigma_{30^\circ}=38.7$ MPa，　$\tau_{30^\circ}=12.3$ MPa

(c) $\sigma_{-45^\circ}=-5$ MPa，　$\tau_{-45^\circ}=-35$ MPa

8-6 (a) $\sigma_1=40$ MPa，$\sigma_2=0$ MPa，$\sigma_3=-10$ MPa，$\alpha=-26.6^\circ$

(b) $\sigma_1=32.2$ MPa，$\sigma_2=0$ MPa，$\sigma_3=-152.2$ MPa，$\alpha=-24.7^\circ$

(c) $\sigma_1=0$ MPa，$\sigma_2=-17$ MPa，$\sigma_3=-53$ MPa，$\alpha=16.9^\circ$

(d) $\sigma_1=106$ MPa，$\sigma_2=0$ MPa，$\sigma_3=-166$ MPa，$\alpha=8.6^\circ$

8-7 (a) $\sigma_1=46.1$ MPa，$\sigma_2=0$ MPa，$\sigma_3=-26.1$ MPa，$\tau_{\max}=36.1$ MPa，$\alpha=16.8^\circ$

(b) $\sigma_1=60$ MPa，$\sigma_2=20$ MPa，$\sigma_3=0$ MPa，$\tau_{\max}=30$ MPa，$\alpha=-45^\circ$

(c) $\sigma_1=0$，$\sigma_2=-7.6$ MPa，$\sigma_3=-52.4$ MPa，$\tau_{\max}=26.2$ MPa，$\alpha=-31.7^\circ$

(d) $\sigma_1=80$ MPa，$\sigma_2=50$ MPa，$\sigma_3=-50$ MPa，$\tau_{\max}=65$ MPa

(e) $\sigma_1=83.2$ MPa，$\sigma_2=-43.2$ MPa，$\sigma_3=-60$ MPa，$\tau_{\max}=71.6$ MPa，$\alpha=-9.2^\circ$

(f) $\sigma_1=52.2$ MPa，$\sigma_2=30$ MPa，$\sigma_3=-42.2$ MPa，$\tau_{\max}=47.2$ MPa，$\alpha=-29^\circ$

8-8 $\sigma_1=220.7$ MPa，$\sigma_2=79.3$ MPa，$\sigma_3=0$ MPa，$\alpha=-67.5^\circ$，$\beta=45^\circ$

8-9 $\sigma_1=56.01$ MPa，$\sigma_2=21.33$ MPa，$\sigma_3=0$

8-10 $\sigma_1=\sigma_2=0$ MPa，$\sigma_3=-30$ MPa

8-11 $\sigma_1=62.27$ MPa，$\sigma_2=17.72$ MPa，$\sigma_3=0$，$\alpha=48.5^\circ$

8-12 $\sigma_1=\sqrt{\tau_1^2+\tau_2^2-2\tau_1\tau_2\cos2\alpha}$，$\sigma_2=0$，$\sigma_3=-\sigma_1$，$\tau_{\max}=\sigma_1$

8-14 $\varepsilon_3 = -9.0\times10^5$

8-15 $\sigma_1 = 0$ MPa，$\sigma_2 = -10.5$ MPa，$\sigma_3 = -35$ MPa

8-16 铝柱中主应力：$\sigma_1 = \sigma_2 = -1.63$ MPa，$\sigma_3 = -22.9$ MPa

钢筒中的主应力：$\sigma_1 = 20.4$ MPa，$\sigma_2 = 0$ MPa，$\sigma_3 = -1.63$ MPa

8-17 $M_e = 8.713$ kN·m

8-18 $F = 20.1$ kN，$M_e = 109.5$ N·m

8-19 $\Delta l_{AC} = 0.084\ 1$ mm

8-20 $F = 38.17$ kN

8-21 $F = 134.0$ kN

8-22 $\varepsilon_{0^\circ} = 24.2\times10^{-5}$，$\varepsilon_{90^\circ} = -7.26\times10^{-5}$，$\varepsilon_{45^\circ} = 51.1\times10^{-5}$

8-23 $\Delta l_{AB} = \dfrac{\sqrt{2}M_e(\nu-1)a^2}{8EI_z}$

8-24 $G = \dfrac{8M_e}{\pi\varepsilon d^3}$

第　九　章

9-1 $\sigma_{r_1} = 28.0$ MPa，$\sigma_{r_2} = 30$ MPa

9-2 (a) $\sigma_{r_3} = \sqrt{\sigma^2 + 4\tau^2}$，$\sigma_{r_4} = \sqrt{\sigma^2 + 3\tau^2}$；　(b) $\sigma_{r_3} = \sigma + \tau$，$\sigma_{r_4} = \sqrt{\sigma^2 + 3\tau^2}$；

9-3 $F = 10.1$ kN

9-4 $\sigma_{r_3} = 250$ MPa，$\sigma_{r_4} = 229.1$ MPa

9-5 $\sigma_{max} = 165.3$ MPa，$\tau_{max} = 77.2$ MPa，$\sigma_{r_3} = 189$ MPa，$\sigma_{r_4} = 179$ MPa

9-6 $\sigma_{r_3} = 173.1$ MPa，$\sigma_{r_4} = 149.9$ MPa

9-7 $\delta \geqslant 16.66$ mm

9-9 $\sigma_{rM} = 30.7$ MPa

9-10 $\sigma_{r_2} = 27.0$ MPa

9-11 $\sigma_{rM} = 29.9$ MPa

9-12 $\sigma_1 = 100$ MPa，$\sigma_3 = -300$ MPa

第　十　章

10-1 (a) 平面弯曲，　(b) 平面弯曲和扭转，　(c) 斜弯曲，　(d) 斜弯曲和扭转

10-2 A 位于 z 轴上，到形心 C 左边的距离为 $e = 2R_0$

10-3 (a) $\sigma_{max} = 10.53$ MPa，$w_{max} = 20.56$ mm

(b) $\sigma_{max} = 87.8$ MPa，$w_{max} = 12.37$ mm

(c) $\sigma_{max} = 114.22$ MPa，$w_{max} = 15.72$ mm

10-4 (a) $\sigma_{max} = 14.82$ MPa，$w_{max} = 39.05$ mm

(b) $\sigma_{max} = 15.3$ MPa

10-5 $\sigma_{max} = 141$ MPa

10-6 (a) $\sigma_t = \dfrac{8F}{a^2}$，$\sigma_c = -\dfrac{4F}{a^2}$

(b) $\sigma_t = 9.11\dfrac{F}{a^2}$，$\sigma_c = -6.35\dfrac{F}{a^2}$

10-8　$F=\frac{bhE\varepsilon_{45^\circ}}{2(1-\nu)}$

10-9　$\sigma_t=3.14$ MPa，$\sigma_c=-3.98$ MPa

10-10　$\sigma_t=9.77$ MPa，$\sigma_c=-15.11$ MPa

10-11　$\sigma_t=2.14$ MPa，$\sigma_c=-6.43$ MPa

10-12　$\Delta l_{AB}=\frac{3F_2 l^2+7F_1 lh}{Ebh^2}$

10-13　$\varepsilon_{45^\circ}=-1.184\times10^{-4}$

10-14　$\sigma=175.5$ MPa

10-15　(a) $F_N=37.5$ kN(拉)，　(b) $F_N=41.75$ kN(拉)

10-17　$\sigma_{r_3}=107.1$ MPa，$\sigma_{r_4}=102.9$ MPa

10-18　$d=35.3$ mm

10-19　$\sigma_{r_3}=5.92$ MPa

10-20　$\sigma_{r_4}=131.4$ MPa

10-21　$\sigma_{r_4}=249.3$ MPa

10-22　$\sigma_{max}=166.0$ MPa

10-23　$\sigma_{r_3}=12.7$ MPa，$\sigma_{r_4}=12.0$ MPa

10-24　$[F]=158$ N

10-25　$\Delta_{Ax}=-\frac{ql^2}{2Ebh}$ (→)，$\Delta_{Ay}=\frac{2ql^3}{Ebh^2}$　(↓)

10-27　$\sigma_1=17.2$ MPa，　$\sigma_2=129.8$ MPa

第　十　一　章

11-1　(a) 过圆心的任一轴；　(b) y 轴；　(c) y 轴；　(d) y_0 轴

11-2　轴向压力最大为(d)，(f)；轴向压力最小的为(b)

11-3　$\theta=\arctan(\cot^2\beta)$

11-4　$F_{cr}=\frac{\pi^2 EI}{(4l)^2}$

11-5　$F_{cr}=\frac{\pi^2 EI}{(1.28l)^2}$

11-6　xy 平面内失稳时 $F_{cr}=\frac{\pi^2 Ehb^3}{6l^2}$，$xz$ 平面内失稳时 $F_{cr}=\frac{\pi^2 Ebh^3}{24l^2}$，$h=2b$(杆件在 xy 平面内失稳时，可取 $\mu=1$，而在 xz 平面内失稳时，取 $\mu=2$)

11-7　$F_{cr}=153$ kN

11-8　$q=48.7$ kN/m

11-9　$F_N=120$ kN，$\sigma_{max}=170.2$ MPa，$\tau_{max}=72.5$ MPa，$[F_{N,cr}]=117.8$ kN

11-10　(1) $d=43.2$ mm，　　(2) $F_{cr}=457.1$ kN

11-11　$F_{cr}=541.1$ kN

11-12　$[F]=40.4$ kN

11-13　$[F]=492.5$ kN

11-14　$[F]=3\,955.2$ kN

11-15　$[F]=225.46$ kN

11-16　$[F]=654.2$ kN

第 十二 章

12-1　$\Delta_{Ay}=1.365\ \mathrm{mm}$（↓）

12-2　$\Delta_{AB}=\dfrac{Fl}{EA}(2+\sqrt{2})$（← →）

12-3　(a) $\nu_{\varepsilon}=\dfrac{1}{2E}(\sigma_1^2+\sigma_2^2-2\nu\sigma_1\sigma_2)$，　　(b) $\nu_{\varepsilon}=\dfrac{1}{2E}[\sigma_x^2+\sigma_y^2-2\nu\sigma_x\sigma_y+2(1+\nu)\tau_x^2]$

12-4　(a) $w_A=\dfrac{19Fl^3}{243EI}$（↓），$\theta_B=\dfrac{41Fl^2}{162EI}$（↻）；(2) $w_A=\dfrac{9Fl^3}{128EI}$（↓），$\theta_B=\dfrac{11Fl^2}{48EI}$（↻）

12-5　$w(x)=\dfrac{qx^2}{24EI}(6l^2-4lx+x^2)$

12-6　(a) $\Delta_{Ay}=\dfrac{(9+10\sqrt{3})Fl}{6EA}$（↓），$\Delta_{Ax}=\dfrac{\sqrt{3}Fl}{2EA}$（→）

(b) $\Delta_{Ay}=\dfrac{(18+20\sqrt{3})Fl}{3EA}$（↓），$\Delta_{Ax}=\dfrac{2\sqrt{3}Fl}{EA}$（←）

12-7　(a) $\Delta_{Ax}=\dfrac{17M_e l^2}{6EI}$（→），$\theta_B=\dfrac{5M_e l}{3EI}$（↻）

(b) $\Delta_{Ax}=\dfrac{12ql^4}{EI}$（→），$\Delta_{Ay}=\dfrac{3ql^4}{2EI}$（↑），$\theta_B=\dfrac{4ql^3}{EI}$（↺）

(c) $\Delta_{Ax}=\dfrac{5Fl^2}{12EI}$（→），$\Delta_{Ay}=\dfrac{13Fl^3}{12EI}$（↓），$\theta_B=\dfrac{3Fl^2}{4EI}$（↻）

(d) $\Delta_{Ax}=\dfrac{5Fl^3}{3EI}$（→），$\Delta_{Ay}=0$，$\theta_B=\dfrac{Fl^2}{2EI}$（↺）

12-8　(a) $\Delta_{AB}=\dfrac{(2+\sqrt{2})Fl}{EA}$（← →）

(b) $\Delta_{AB}=\dfrac{(4+\sqrt{2})Fl}{2EA}$（↘↖）

(c) $\Delta_{AB}=\dfrac{14Fl^3}{3EI}$（←→），$\theta_C=\dfrac{5Fl^2}{EI}$（↗ ↖）

(d) $\theta_C=0$

12-9　(a) $F_D=\dfrac{3}{32}F$（↑）

(b) BC 杆的中央截面处 $F_N=-\dfrac{9l}{12}$，$M=\dfrac{5}{72}ql^2$，$F_s=0$

(c) 竖直杆的中央截面处 $F_N=-\dfrac{F}{2}$，$M=\dfrac{Fl}{16}$，$F_s=0$

(d) 对称截面处 $F_N=-0.4591F$，$F_{S左}=\dfrac{F}{2}$（↓），$F_{S右}=\dfrac{F}{2}$（↓），$M=0.1515FR$

12-10　$\Delta_{BC}=\dfrac{8Fl^3}{3EI}$（↘↖）

12-11　(a) $\Delta_{Ay}=\dfrac{Fl^3}{2EI}$（↓），$\Delta_{Ax}=\dfrac{Fl^3}{2EI}$（→），$\theta_A=\dfrac{3Fl^3}{2EI}$（↺）

(b) 无水平面内线位移，竖向位移 $\Delta=69.33\dfrac{ql^4}{\pi Ed^4}$（$\downarrow$）；绕平行 BC 轴的角位移 $\theta_A=50.667\dfrac{ql^3}{\pi Ed^4}$（$\downarrow$）；绕平行 AB 轴的角位移 $\theta_A=\dfrac{32ql^3}{\pi Ed^4}$

(c) $\Delta_{Ay}=\dfrac{(4+2\sqrt{2})Fl}{EA}$（$\downarrow$），$\Delta_{Bx}=\dfrac{4Fl}{EA}$（$\rightarrow$）

(d) $\Delta_{Ax}=\dfrac{FR^3}{2EI}(\pi-1)$（$\leftarrow$），$\Delta_{Ay}=\dfrac{(28+9\pi)FR^3}{12EI}$（$\downarrow$），$\theta_A=\dfrac{(3+\pi)FR^3}{2EI}$（$\downarrow$）

12-12　$\theta_{AB}=\dfrac{2(1+2\sqrt{2})F}{EA}$（$\downarrow$）

12-13　$\Delta_{AB}=173.7\dfrac{Fl^3}{\pi Ed^4}$ $(\updownarrow)$

12-14　(a) $\Delta_A=\dfrac{152FR^3}{Ed^4}$（$\downarrow$），　(b) $\Delta_A=\dfrac{2qR^4}{E\pi d^4}(16+5\pi^2-20\pi)$（$\downarrow$）

12-15　(a) BC 杆的中央截面处，$F_N=-\dfrac{5}{24}ql$，$M=\dfrac{1}{72}ql^2$，　$F_{S左}=\dfrac{1}{7}ql$（$\uparrow$），$F_{S右}=\dfrac{1}{7}ql$（$\downarrow$）

(b) C 截面处，$F_{S左}=\dfrac{3}{14}F$（$\uparrow$），$F_{S右}=\dfrac{3}{14}F$（$\downarrow$）

(c) AB 杆的 B 截面处 $F_{Bx}=\dfrac{3}{3\pi+32}F$（$\leftarrow$），$F_{By}=\dfrac{F}{2}$（$\downarrow$）

12-16　(a) $\Delta_{Cx}=\dfrac{31Fl^3}{192EI}$（$\rightarrow$）；　(b) $\Delta_{Cy}=\dfrac{5Fl^3}{6EI}$（$\downarrow$）；　(c) $\Delta_{Cy}=\dfrac{M_e l^2}{8EI}$（$\uparrow$）

12-17　(a) BC 杆的中央截面处 $M=\dfrac{17}{168}ql^2$，$F_S=0$，$T=0$

(b) BC 杆的中央截面处 $F_{S左}=\dfrac{12}{19}F$（$\uparrow$），$T=-\dfrac{16}{57}Fl$

12-18　$w_A=\dfrac{1}{6EI}\int_0^l q(x)(3lx^2-x^3)\mathrm{d}x$（$\downarrow$）

12-19　$\dfrac{\Delta_A}{A}=\dfrac{4(1-\nu)}{\pi Ed}F$

12-20　$\Delta_B=\dfrac{\alpha_l tl^2}{h}$（$\downarrow$）

第　十三　章

13-1　$F_{Nd}=90.6\ \text{kN}$

13-2　$\sigma_{max}=139.9\ \text{MPa}$

13-3　$\Delta l=\dfrac{l^2\omega^2}{3EAg}(3P+P_1)$

13-4　$\sigma_{max}=105.9\ \text{MPa}$

13-5　$\sigma_{max}=109.3\ \text{MPa}$

13-6　$\sigma_{max}=134\ \text{MPa}$

13 - 7　(a) $\sigma_{\max}=124.1$ MPa；　(b) $\sigma_{\max}=33.4$ MPa；　(c) $\sigma_{\max}=33.4$ MPa

13 - 8　$\sigma_{\max}=4.6$ MPa

13 - 9　$\sigma_{\max}=167.5$ MPa

13 - 10　$\sigma_{\max}=54.5$ MPa

13 - 11　$\sigma_{\max}=\dfrac{3Pl}{bh^2}\left(1+\sqrt{1+\dfrac{8HFbh^3}{5Pl^3}}\right)$

13 - 12　$F_B=\dfrac{5}{16}P\left(1+\sqrt{1+\dfrac{1\,536EIh}{7Pl^3}}\right)$

13 - 13　$F_{c,d}=41.75$ kN，$\sigma_{\max}=142.13$ MPa

13 - 14　$\sigma_{\max a}=\dfrac{Pl}{W}\sqrt{\dfrac{3EIv^2}{2gPl^3}}$，$\sigma_{\max b}=\dfrac{Pl}{2W}\sqrt{\dfrac{6EIv^2}{gPl^3}}$

13 - 15　$w_D=\Delta\sqrt{\dfrac{1}{2}+\dfrac{h}{\Delta}}$

第　十四　章

14 - 1　$K_\sigma=1.55$，$K_\tau=1.26$，$\varepsilon_\sigma=0.77$，$\varepsilon_\tau=0.81$

14 - 2　$n_f=1.69$

14 - 3　安全

14 - 4　Ⅰ-Ⅰ截面 $n_\sigma=1.62$；Ⅱ-Ⅱ截面 $n_\sigma=2.03$

14 - 5　安全

附　录　Ⅰ

Ⅰ-1　(a) 距下边缘 $y_C=\dfrac{10a}{3(8-\pi)}$，$I_{z_C}=0.022\,9a^4$

(b) 距上边缘 $y_C=280$ mm，$I_{z_C}=1.063\,5\times10^9$ mm^4

(c) 距上边缘 $y_C=70$ mm，$I_{z_C}=46.51\times10^6$ mm^4

(d) 距上边缘 $y_C=283.3$ mm，$I_{z_C}=6.553\times10^9$ mm^4

(e) 距上边缘 $y_C=150$ mm，$I_{z_C}=2.949\,3\times10^8$ mm^4

Ⅰ-2　(a) 距左边缘 $z_C=53$ mm，距下边缘 $y_C=23$ mm

(b) 距槽钢右边线 $z_C=5.93$ mm，距下边缘 $y_C=75.87$ mm

Ⅰ-3　$I_y=I_z=\dfrac{\pi}{16}R^4$，$I_{yz}=\dfrac{1}{8}R^4$

Ⅰ-4　$I_{z_1}=\dfrac{1}{4}bh^3$

Ⅰ-5　$a=111.2$ mm

Ⅰ-6　(a) $I_y=I_z=\dfrac{5\sqrt{3}}{16}a^4$；(b) $I_z=128.42\times10^6$ mm^4，$I_y=83.22\times10^6$ mm^4；

(c) $I_z=10.544\times10^6$ mm^4，$I_y=122.70\times10^6$ mm^4

Ⅰ-7 $I_z=39.84\times10^6\ \mathrm{mm}^4$

Ⅰ-8 (a) 距槽钢下边缘 $y_C=59.1$ mm；　$I_{z_C}=44.463\times10^6\ \mathrm{mm}^4$；

(b) 距半圆底边 $y_C=1.145a$，$I_{z_C}=10.472a^4$

Ⅰ-9 (a) $I_y=0.137a^4$，$I_z=0.137a^4$，$I_{yz}=\frac{1}{8}a^4$

(b) $I_y=3.363\times10^6\ \mathrm{mm}^4$，$I_z=3.363\times10^6\ \mathrm{mm}^4$，$I_{yz}=4.975\times10^5\ \mathrm{mm}^4$

Ⅰ-10 (a) $I_{y_1}=\frac{a^4}{12}$，$I_{z_1}=\frac{a^4}{12}$，$I_{y_1z_1}=0$

(b) $I_{y_1}=87.5\times10^6\ \mathrm{mm}^4$，$I_{z_1}=537.5\times10^6\ \mathrm{mm}^4$，$I_{y_1z_1}=87.5\times10^6\ \mathrm{mm}^4$

Ⅰ-11 $I_{y_1}=2.007\times10^5\ \mathrm{mm}^4$，$I_{z_1}=3.593\times10^4\ \mathrm{mm}^4$，$\alpha_0=113.77°$

Ⅰ-12 $I_{max}=11.221\times10^6\ \mathrm{mm}^4$

附　录　Ⅲ

Ⅲ-1 $\tau=30.4$ MPa，　$\sigma_{bs}=44.0$ MPa

Ⅲ-2 $d=15$ mm

Ⅲ-3 $[F]=81.6$ kN

Ⅲ-4 $\tau=54.7$ MPa

Ⅲ-5 $l=114.3$ mm

Ⅲ-6 $M_e=145$ N·m

Ⅲ-7 $\delta=10$ mm，$l=100$ mm

Ⅲ-8 $\tau=107$ MPa，$\sigma_{bs}=168$ MPa